U0885480

公路交通安全保障技术

张巍汉　刘洪启　狄胜德　等　编著

人民交通出版社

内 容 提 要

本书以“山区公路网安全保障技术体系研究与示范工程”课题的研究成果为基础，对我国公路交通安全保障技术研究进行了总结和凝练。全书共分七章，主要内容包括：绪论，公路交通安全保障现状与对策，交通安全意识与驾驶技能提升，汽车安全性提升，公路基础设施交通安全保障技术，恶劣气象条件下公路安全保障技术与公路交通安全法律保障。

本书可供公路交通安全科研人员、交通管理与设计人员、工程施工技术人员学习和参考。

图书在版编目(CIP)数据

公路交通安全保障技术/张巍汉等编著. ——北京：人民交通出版社，2012.8

ISBN 978-7-114-10022-2

Ⅰ. ①公… Ⅱ. ①张… Ⅲ. ①公路运输—交通运输安全—安全管理—中国 Ⅳ. ①U492.8

中国版本图书馆 CIP 数据核字(2012)第 196686 号

书　　名： 公路交通安全保障技术
著 作 者： 张巍汉　刘洪启　狄胜德　等
责任编辑： 吴有铭　李　农　郝瑞苹
出版发行： 人民交通出版社
地　　址： (100011)北京市朝阳区安定门外外馆斜街 3 号
网　　址： http://www.ccpress.com.cn
销售电话： (010)59757973
总 经 销： 人民交通出版社发行部
经　　销： 各地新华书店
印　　刷： 化学工业出版社印刷厂
开　　本： 787×1092　1/16
印　　张： 33.25
字　　数： 777 千
版　　次： 2012 年 8 月　第 1 版
印　　次： 2012 年 12 月　第 2 次印刷
书　　号： ISBN 978-7-114-10022-2
定　　价： 150.00 元

(有印刷、装订质量问题的图书由本社负责调换)

丛书编委会名单

主任委员　李　华

副主任委员　成　平　王　太　王笑京

主　　编　李爱民　唐琤琤

编　　委　（按姓氏笔画排序）

王　炜　王　琰　邓　涛　冯明怀　刘兴旺　刘洪启

孙传姣　邬洪波　吴大元　吴京梅　吴春耕　张　帆

张建军　张铁军　张高强　张巍汉　李长城　李春风

李　健　李　琳　杨盛福　汪双杰　狄胜德　陈永耀

陈国靖　陈　瑜　侯德藻　姜　明　赵娜乐　钟连德

姬为宇　郭忠印　郭　艳　高海龙　矫成武　蒋树屏

韩　直　蔡团结

序　言

汽车作为人类工业文明的伟大发明之一，拓展了人类的生活空间，提高了人类的生活质量，解放和发展了生产力，促进了现代经济的发展和繁荣。但在人类发明和使用汽车已有百年历史的今天，以汽车为主要载体的现代道路交通却无法回避这样一个事实：道路交通事故已成为影响人类生命和健康的重要因素。据世界卫生组织预计，如果不立即采取有效行动，到2030年，交通事故将成为威胁人类的第五大“杀手”。采取积极有效措施，减少交通事故导致的死亡和受伤，已成为世界各国政府的共识。

文明因生命而传承，世界因生命而精彩。在以科学发展观为主题的我国社会主义现代化建设总体战略中，“以人为本”是核心，“安全发展”是重要理念。改革开放30多年来，我国经济实现了高速增长，社会面貌发生了翻天覆地的变化，城市化进程不断加快，机动化水平快速提高，这些都决定了我国的人、车、路、环境、管理等影响道路交通安全的因素比任何国家都要复杂。如何在加快建设适度超前的道路运输网络、支撑经济和社会持续稳步发展的同时，实现道路交通的安全发展，为广大人民群众提供安全、高效的交通环境和运输服务，是我们面临的一项严峻挑战。

为有效降低道路交通事故率，科技部、公安部、交通运输部三部门联合组织开展了国家级重大科技支撑项目——《国家道路交通安全科技行动计划》一期研究，重点实施了《重特大道路交通事故综合预防与处置集成技术开发与示范应用》项目研发工作。这一项目以前所未有的科研资源投入和大规模的示范应用，开创了我国道路交通安全科技研发与应用的新局面。该丛书是在归纳总结科技行动计划一期项目，由交通运输部负责的课题二《山区公路网安全保障技术体系研究与示范工程》研究工作基础上编写的，是项目的重要成果之一。丛书由课题承担单位交通运输部公路科学研究院组织编写，凝聚了交通运输行业50家项目参与单位、300多名科研人员的智慧与心血。

理论研究的生命力在于指导工作实践。丛书从人的因素出发，围绕山区公路重特大交通事故的预防和人员生命保障，对公路设计、交通安全设施设置、公路安全运营管理、恶劣气象条件下的公路通行保障、施工区安全管理、公路网交通安全风险评估等技术进行了研究，全面介绍了我国山区公路交通安全技术的最新发展和安全保障综合解决方案，既是一套理论研究专著，又是一套先进实用的工具书，具有重要的指导意义和实用价值。希望这套丛书的出版发行，能够为公路交通行业广大建设者和管理人员提供有益的借鉴，促进我国山区公路交通安全保障技术水平迈上一个新台阶。

冯正霖

二〇一二年三月

丛书前言

自人类进入汽车社会以来，道路交通事故就如影随形，道路交通安全问题已经成为当今世界一个严重的社会问题。为了遏制道路交通事故的发生，降低道路交通事故的危害，人类做出了不懈的努力。进入21世纪，国际社会对道路交通安全问题愈发重视，在全球范围内掀起了提高道路交通安全性的新高潮。但是遏制道路交通事故发生、缓解道路交通安全压力仍是一项长期、漫长和艰巨的任务。

与世界各国相比，我国的道路交通安全问题显得尤为严重。统计数据显示，2001年至2003年我国连续3年交通事故死亡人数超过10万人，占全世界交通事故死亡人数的10%以上，高居世界第一，而同期的汽车保有量只占世界的2%。自2003年开始，我国政府首次全面部署道路交通安全工作，逐步形成了政府统一领导、有关部门各司其职、齐抓共管、综合治理、标本兼治的工作格局，采取了一系列系统性和针对性措施，在短时间内遏制了我国道路交通事故高发的态势，使我国道路交通安全形势得到迅速改善。截至2011年，道路交通事故六大指标已连续7年大幅下降，2011年我国道路交通事故死亡人数已降至6.2万余人，比最高峰2002年降低了43%。虽然道路交通安全形势逐步好转，但由于影响我国道路交通安全的诸因素还没有发生根本性的改变，交通事故仍然存在伤亡惨重，万车死亡率居高不下，重特大交通事故特别是群死群伤的特大恶性事故时有发生的特点，这与改善民生的要求，与发达国家的情况相比还存在较大差距。

国际经验表明，科技进步和新技术应用是解决道路交通安全问题的重要手段。为构建安全和谐的道路交通环境，充分发挥科技创新对交通安全保障的重要支撑作用，2008年2月18日，科技部、公安部和交通部正式在人民大会堂共同签署《国家道路交通安全科技行动计划》合作协议，旨在动员和集成相关科技、产业和政府资源，通过科技创新建立和完善我国道路交通安全保障技术、措施和标准体系，提升道路交通可持续发展能力，以全面提高我国道路交通安全保障水平。它标志着我国最大规模的一次道路交通安全科技合作行动正式全面启动。

《山区公路网安全保障技术体系研究与示范工程》课题是《国家道路交通安全科技行动计划》第一期项目《重特大道路交通事故综合预防与处置集成技术开发与示范应用》的重要组成部分。课题从我国交通安全问题最严重的山区公路网出发，但不局限于山区公路，围绕重特大交通事故的预防和人员生命保障，对公路设计、交通安全设施设置、公路安全运营管理、恶劣气象条件下的公路通行保障、施工区安全管理、公路网交通事故风险评估等技术进行了研究，目的是在充分分析我国山区公路网交通安全的现状和特点的基础上，通过自主创新和山区国省干线安全保障技术的集成应用，形成可用、实用的山区公路网交通安全保障成套技术及装备，组织大规模的示范工程，提高山区公路网对交通事故的主动和被动防护能力，并在此基础上形成一系列标准、规范和技术指南，以促进整个交通行业安全水平的提升。

《山区公路网安全保障技术体系研究与示范工程》课题在科技部、交通运输部和公安部三部委的高度重视下，调动了在各相关方向有专长的科研单位、高校、企业及交通运输行业主管单位等50家单位、300余位研究人员参加研究、示范工程建设及标准规范制修订工作，取得了丰富的研究成果，并通过“产、学、研、用”相结合的方式，保证研究成果达到了“实际、实用、实效”的要求。本丛书是对《山区公路网安全保障技术体系研究与示范工程》课题成果的总结，是《国家道路交通安全科技行动计划》项目的重要成果之一。本丛书从驾驶行为、道路安全设计、路侧安全及防护、速度管理、公路网交通事故风险评估与安全管理、恶劣气象条件下公路运行安全保障、施工作业区安全管理等方面，介绍了我国山区公路交通安全技术的最新发展和安全保障综合解决方案，为公路行业的运营管理及交通安全改善工作提供指导，有助于进一步提升山区公路交通安全保障能力，具有重要的指导意义和实用价值。

丛书有幸得到交通运输部冯正霖副部长的题序，感谢冯正霖副部长对丛书的指导和认可。正如他在序言中所说，“在以科学发展观为主题的我国社会主义现代化建设总体战略中，‘以人为本’是核心，‘安全发展’是重要理念。”“如何在加快建设适度超前的道路运输网络，支撑经济和社会持续稳步发展的同时，实现道路交通的安全发展，为广大人民群众提供安全、高效的交通环境和运输服务，是我们面临的一项严峻挑战。”“希望这套丛书的出版发行，能够为公路交通行业广大建设者和管理人员提供有益的借鉴，促进我国山区公路交通安全保障技术水平迈上一个新台阶。”

丛书在编写过程中，得到了交通运输部公路局李华、成平、李春风、李健，交通运输部科技司赵冲久，交通运输部公路科学研究院周伟、王笑京、高海龙、蔚晓丹等领导的鼎力支持，得到了交通运输部杨盛福、中交第一公路勘察设计研究院有限公司陈永耀、交通运输部公路科学研究院陈国靖等专家的热情指导，交通运输部公路科学研究院等50家课题参加单位领导、同仁给予了大力配合，在此表示衷心的感谢！丛书中参阅了大量的国内外文献，引述文献已尽量予以标注，但难免存在疏漏，在此对各文献作者一并致谢！

在今后一段时期内，我国仍将处于机动化水平快速提高的进程中，机动车数量和居民人均出行量将进一步快速增长，道路交通安全形势仍然不容乐观，改善道路交通安全的压力和难度将逐步增大，保障道路交通安全的任务仍十分艰巨。希望通过我们大家的共同努力，为我国交通安全事业的发展贡献微薄之力。

前 言

公路交通安全问题已经成为世界上很多国家面临的主要社会问题之一。尽管我国的交通安全形势在不断好转，但仍然是世界上交通事故最严重的国家之一。

我国政府一直致力于公路交通安全的改善工作。2008 年 2 月 18 日，科学技术部、公安部、交通部在北京人民大会堂签署合作协议，联手启动《国家道路交通安全科技行动计划》。这是中国最大规模的一次道路交通安全科技合作行动，通过建立官方三部委的联合工作机制，成立领导小组和专家组，安排专项及配套资金，开展道路交通安全领域关键技术研发，并组织实施示范工程，构建适合中国国情的道路交通安全技术保障体系。“山区公路网安全保障技术体系研究与示范工程”（课题编号：2009BAG13A02）是此次道路交通安全科技合作行动的主要内容。笔者以该课题的研究成果为基础，对我国公路交通安全保障技术研究进行了总结和凝练，撰写了这本专著。

本书第一章概括介绍我国的交通安全概况以及国内外交通安全保障工作开展的情况，提出了我国公路交通安全保障工作面临的持续挑战。第二章对我国公路交通总体情况和我国的交通事故特征进行了分析，并提出了我国公路交通安全保障工作的目标、对策和迫切任务。第三章从人的角度阐述了公路交通安全保障工作中交通安全意识和驾驶技能提升的有关内容。第四章从车的角度阐述了公路交通安全工作中车辆的安全性特征，以及车辆主动安全技术。第五章从路的角度对公路线形、构造物、平交口以及交通标志和防护设施等的交通安全设计技术进行了探讨。第六章阐述了恶劣气象条件下的公路交通安全对策。第七章介绍了我国公路交通安全保障开展的法律基础和相关法律内容。

本书编写过程中得到了交通运输部公路科学研究院唐琤琤研究员、李爱民研究员和周荣贵研究员的大力支持和热情指导。编写过程中，引用了大量“山区公路网安全保障技术体系研究与示范工程”课题各个专题的研究成果，感谢所有课题参研人员细致努力的工作。同时，本书参考并引用了大量的国内外相关文献，在此向上述人员以及这些文献的作者表示诚挚的谢意！

本书第一章由张建军撰写，第二、五、六章由张巍汉撰写，第三章由狄胜德撰写，第四章由矫成武撰写，第五章由刘洪启（平交口部分）、刘兴旺（速度管理部分）撰写，第七章由陈宏云撰写，全书由张巍汉统稿。

尽管笔者努力想将我国公路交通安全保障技术的理念、内容和方法介绍给读者，但由于水平有限，书中的错漏恐难避免，恳请读者批评斧正。

作　者

2012年6月

目　录

第一章　绪　　论

新中国成立初期，我国公路通车里程仅为 8.07 万 km，公路等级都在二级以下，有路面铺装的公路里程只有 3 万 km，公路交通基础设施的不足成为长期困扰我国国民经济发展的“瓶颈”。60 余年来，经过几代交通人的不懈努力，我国的公路交通建设取得了巨大的成就，特别是改革开放以来，我国公路交通的发展速度堪称全球之冠。至 2010 年底，全国公路总里程突破 400 万 km，达 400.82 万 km，是新中国成立初期的 50 倍。特别是我国高速公路建设经历了从无到有，到高速发展的过程，2010 年底高速公路总里程已达 7.41 万 km，居世界第二位。新中国成立初期，全国民用汽车保有量只有 5.09 万辆，而截至 2010 年 11 月，全国机动车保有量达2.23 亿辆，机动车驾驶人数量达 2.34 亿人，汽车保有量达 1.04 亿辆，许多城市已进入汽车社会。

但是在我国交通运输飞速发展，取得丰硕成果的同时，也不可避免地面临着交通安全的巨大挑战，我国因交通事故导致的伤亡人数一直居世界前列，尽管经过我国政府和社会的努力，交通安全状况有了较大的改善，但是在我国机动化程度飞速发展的今天，保障交通安全仍然是一项巨大、长期的挑战。

第一节　我国公路交通安全概况

一、安全现状

根据公安部的统计数据，新中国成立以来，我国公路交通事故呈现先升后降的总体趋势。新中国成立初期，公路交通事故总量较少；改革开放后公路交通事故迅猛增长，2002 年公路交通事故达到历史最高峰，当年全国公路交通事故死亡人数达 109 381 人，受伤人数达 562 074 人。2004 年之后，公路交通事故逐年迅速下降。公路交通事故死亡人数与交通事故的变化趋势一致(图 1-1)。自 1951 年至 2010 年底，我国累计有 1 046.84 万人次受到公路交通事故伤害，其中 223.88 万人死亡(注：1968、1969 年无公路交通事故统计数据，下同)、822.96 万人受伤。相当于一个特大城市消失在车轮之下。

为了遏制公路交通事故高发的态势，我国政府采取了一系列针对性措施。以 2003 年 10 月 22 日全国公路交通安全工作部际联席会议成立和 2004 年 4 月 1 日《中华人民共和国公路交通安全法》实施为标志[1]，我国公路交通安全进入一个崭新的发展阶段。

随着一系列政策和措施效果的逐步显现，我国公路交通事故自 2005 年起迅速回落。我国成功实现了公路交通事故从高发到基本遏制、直至逐年下降的工作目标，交通安全形势逐年好转。公路交通事故起数、死亡人数、受伤人数、万车死亡率、10万人口死亡率等交通事故五大

[1] 自 2004 年起，根据《中华人民共和国道路交通安全法》的规定，我国道路交通事故统计范围有较大变化。

指标均呈现不同程度的下降。2010 年，全国共发生公路交通事故 219 512 起[1]，造成 65 225 人死亡、254 075 人受伤，万车死亡率降至 3.23，10 万人口死亡率降至 4.87，分别为 2004 年的 42.39%、60.91%、52.84%、32.53%和 59.10%。

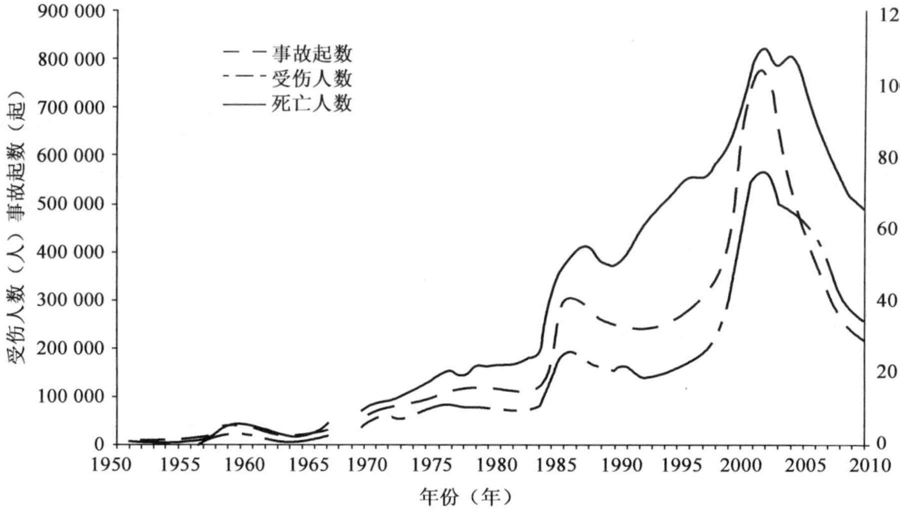

图 1-1　我国公路交通事故变化趋势(1951～2010 年)

图 1-2 为与 2004 年相比 2010 年公路交通事故指标变化情况(2004 年为 100)。

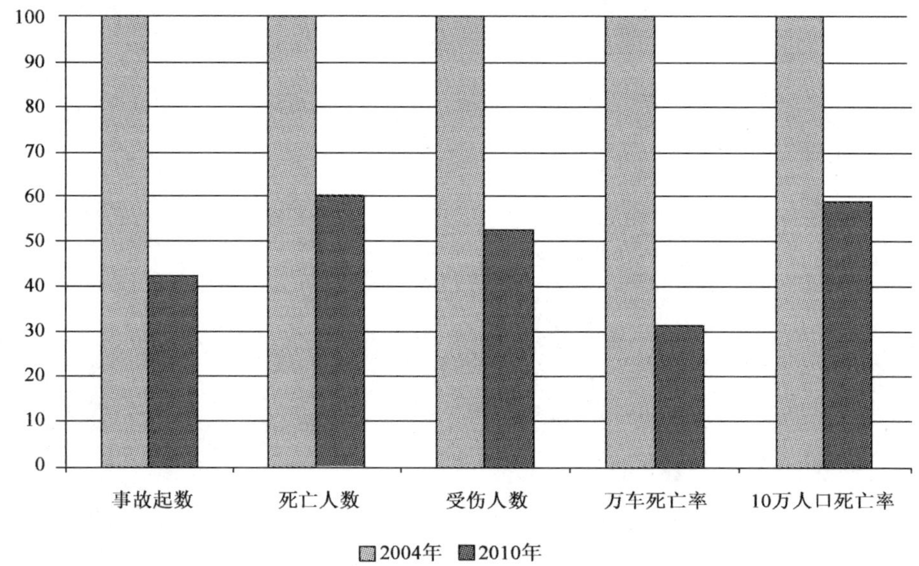

图 1-2　与 2004 年相比 2010 年公路交通事故指标变化情况(2004 年为 100)

这一时期，我国公路交通事故年死亡人数从 10.7 万余人降至 6.5 万余人，降幅达 39.09%，年均降低 8.61%，是我国公路交通事故降幅最快也是最大的时期。2010 年公路交通事故死亡

[1]仅指涉及人员伤亡的道路交通事故，不包括适用简易程序处理的道路交通事故，下同。

人数与 1994 年相当。而这些成绩是在我国经济快速发展、公路通车里程快速增长、机动车保有量快速增长、交通量迅速增长的背景下取得的。

在公路交通安全形势逐年好转的大背景下，公路交通安全形势也逐年好转。公路交通事故逐年降低。公路交通事故呈逐年下降的趋势，其中 2010 年公路交通事故死亡人数与 2004 年相比，降低 43.99%。公路交通事故所占公路交通事故的比例也呈逐年下降的趋势。其中公路交通事故死亡人数所占比例已由 2004 年的 77.59%降至 2010 年的 71.34%，降低了 6.25 个百分点。

二、主要特点

(1)交通事故大幅降低。2010 年我国公路交通事故死亡人数已降至 6.5 万余人，比最高峰的 2002 年降低 40.37%。假设交通事故死亡人数保持与上一年死亡人数一致，那么从 2005 年至 2010 年，我国公路交通事故共计少死亡 41 852 人。也就是说，由于我国交通安全形势的改善，自 2005 年至 2010 年，有近 4.2 万人得以避免了公路交通事故致死伤害。依照我国 2006 年度交通事故伤亡平均成本[1]，死亡一人的平均成本为 94.887 7 万元。由此可以得出，2005 年至 2010 年，因交通事故少死亡 41 852 人就避免了 397 亿元的损失。更重要的是，交通事故死亡人数的减少，避免了成千上万个家庭的痛苦和亲人的离别！

随着公路交通事故死亡人数的持续下降，自 2006 年以来，我国公路交通事故年死亡人数已降至世界第二位。图 1-3 为我国、印度和美国公路交通事故死亡人数(1970～2009)。

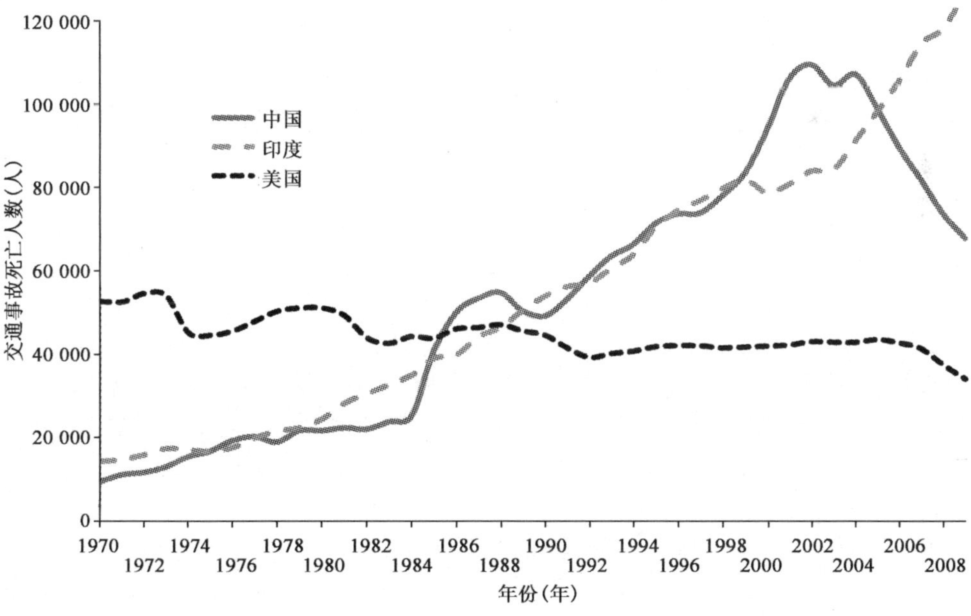

图 1-3　我国、印度和美国公路交通事故死亡人数(1970～2009 年)

[1]参见文献[交通部公路科学研究院. 公路交通安全应用技术研究(技术总报告)]。伤亡平均成本是指在计算年度内，区域内的交通事故中没伤亡一人的平均损失费用，包括医疗费用、产出损失、疼痛悲伤损失、生活质量下降损失和丧葬费用等。

(2)交通事故率也大幅降低。亿车公里事故率和亿车公里死亡率可以客观地反映公路交通安全水平。以承担主要运输任务的全国国道网(包含部分高速公路)和高速公路为例,近年来全国国道网、高速公路亿车公里事故率和死亡率均呈明显的下降趋势。2010 年全国国道网、高速公路亿车公里事故率分别降至 4.9 和 2.0,亿车公里死亡率分别降至 2.2 和 1.3,如图 1-4 所示。

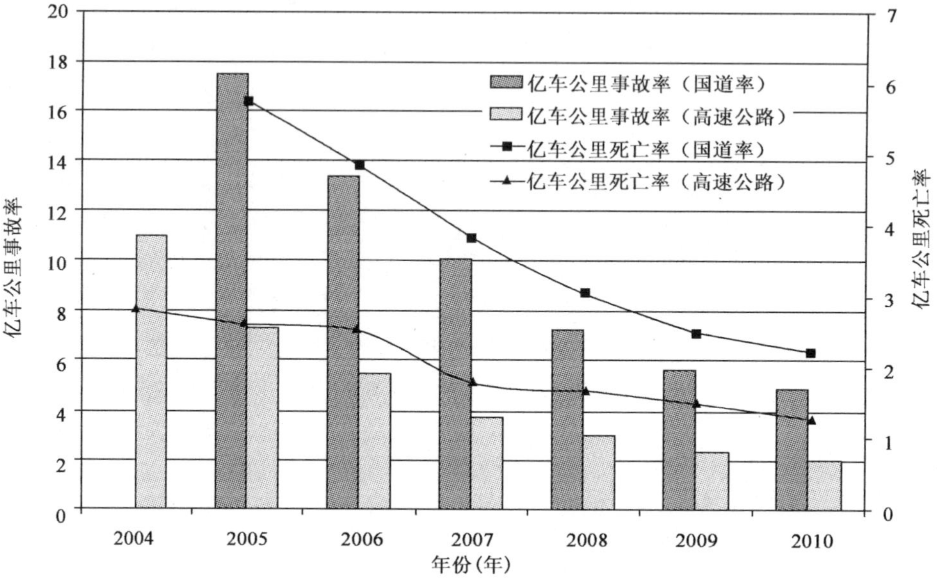

图 1-4 我国国道网和高速公路事故率情况(2004~2010 年)

公路交通事故死亡人数和交通事故事故率的持续下降,充分说明了近年来中国公路交通安全形势正逐步好转。这是在中国经济快速发展、机动车保有量快速提高的情况下取得的,成绩来之不易。

三、面临的形势

1. 事故反弹动力大

自 2005 年以来,我国公路交通事故一直呈快速下降趋势,年均降幅达 8.61%,是我国公路交通事故降幅最快也是最大的时期。2010 年公路交通事故死亡人数与 1994 年相当,比最高峰的 2002 年降低了 40.37%,我国公路交通安全形势大幅改善。但不可否认的是,我国公路交通事故仍处于事故高发期,交通事故年死亡人数仍高居世界第二位,面临的交通安全形势依然很严峻。

此外,我国仍处于机动化初期阶段,交通需求的日益增长与公路交通基础设施承受能力之间的矛盾依然没有改变,公路交通的不安全因素依然存在。从发达国家经验看,人均 GDP 大约 8 600 美元(以 1985 年美元国际价格为准),公路交通事故人口死亡率将达到顶峰。2010 年我国人均 GDP 仅为 4 382 美元,以发达国家的经验看,我国公路交通事故人口死亡率仍存在较大的上升空间。人、车、路等方面存在的影响公路交通安全的现实问题还没有得到根本解决,国民整体文化素质和公路交通安全意识等仍处于较低水平,促使公路交通安全改善的基础仍比较薄弱。由于影响和制约公路交通安全的一些问题尚未得到全面解决,随着我国社会经济的快速发展，人流、车流、物流的高速增长，在交通事故历经 6 年快速下降之后，遏制公路交通事故高发的压力将愈发增大，工作上稍有放松，公路交通事故极有可能强力反弹。

2. 交通事故率、致死率高

虽然我国近年来公路交通安全取得了巨大成绩，国道网、高速公路亿车公里事故率和死亡率均呈明显的下降趋势，但不可否认的是，与发达国家相比，我国公路交通事故率仍然偏高，如万车死亡率、亿车公里死亡率仍远高于美国、日本、英国和瑞典等发达国家，如图 1-5 所示。因此，虽然从纵向看，我国公路交通安全工作取得了巨大成绩，但从横向看，我国公路交通安全形势仍不容乐观。

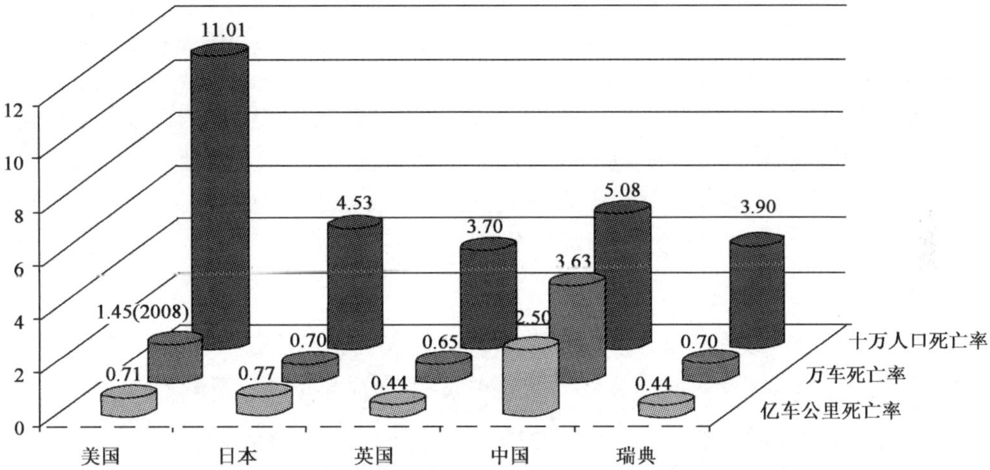

图 1-5　我国与其他国家公路交通事故率比较(2009 年)[❶]

我国公路交通事故致死率[❷]较高。根据公安部公布的我国公路交通事故统计数据计算，近年来我国公路交通事故致死率总体上呈上升趋势，如图1-6所示。2010年，我国公路交通

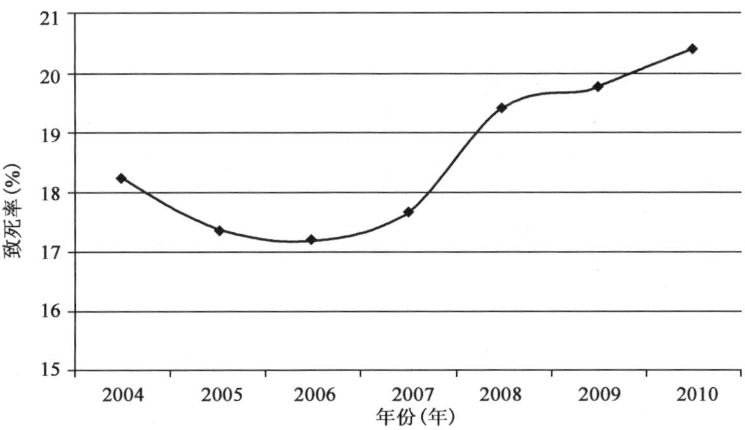

图 1-6　我国公路交通事故致死率(2004～2010 年)

❶中国亿车公里死亡率为全国国道网亿车公里死亡率。

❷道路交通事故致死率＝道路交通事故死亡人数/道路交通事故伤亡总数。

事故致死率达到20.43%。这意味着，在我国每5个公路交通事故伤者中，就有1人将会死亡。我国公路交通事故致死率远高于发达国家。以2009年为例，我国公路交通事故致死率为19.76%，而美国仅为1.50%，日本仅为0.63%，英国仅为1.00%。我国公路交通事故致死率大约为发达国家的20倍，见表1-1。

我国与发达国家交通事故致死率(2009年)　　表1-1

国　家	公路交通事故		
	死亡人数(人)	受伤人数(人)	致死率(%)
美国	33 808	2 217 000	1.50
日本	5 772	910 115	0.63
英国	2 222	219 924	1.00
中国	67 759	275 125	19.76

我国公路交通事故致死率居高不下、远高于发达国家的现实反映出我国交通事故应急救援与医疗救护水平不能满足公路交通事故救援需求，与发达国家相比差距较大，其结果直接导致了交通事故伤者错过最佳救治时间而致死或致残，导致交通事故致死率和伤员致残率居高不下。因此，应加快我国公路交通事故应急救援和医疗救护水平体系和能力建设。

3.农村地区交通安全形势严峻

(1)农村公路交通事故所占比例高。近年来，随着我国公路交通事故的下降，农村公路交通事故也逐年下降。2010年，农村公路上共发生公路交通事故48 488起，造成14 331人死亡，57 374人受伤。与2005年相比，2010年农村公路交通事故起数、死亡人数和受伤人数分别下降47.87%、34.16%和44.76%。虽然近年来农村公路交通事故逐年降低，但其所占公路交通事故比例一直较高。近年来，这一比例呈整体上升态势(2010年比2009年有所降低)。2010年，农村公路交通事故起数、死亡人数和受伤人数分别占公路交通事故总数的38.81%、30.80%和38.50%，也就是说，公路交通事故中每死亡3人就有1人死于农村公路交通事故。与2005年相比，2010年农村公路交通事故起数、死亡人数和受伤人数分别上升4.72、2.42和3.10个百分点。图1-7为农村公路交通事故死亡人数占公路交通事故死亡总数的比例(2005～2010年)。

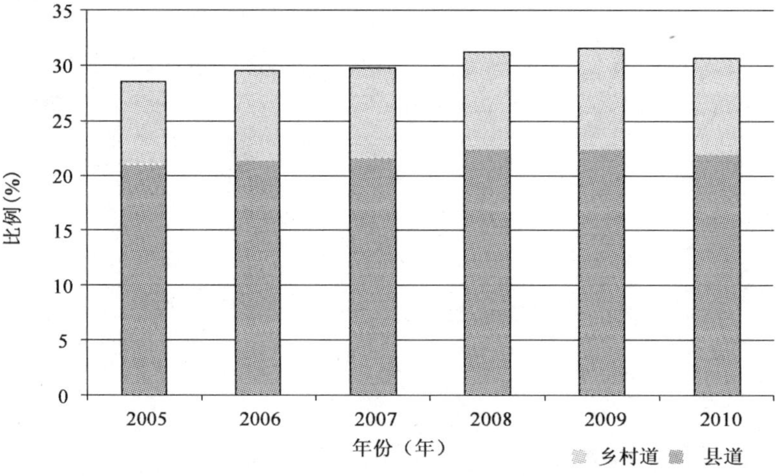

图1-7　农村公路交通事故死亡人数占公路交通事故死亡总数的比例(2005～2010年)

(2)农村公路群死群伤事故时有发生。2005～2010 年，农村公路上共发生一次死亡 10 人以上的特大交通事故 43 起，共造成 586 人死亡、532 人受伤。近 6 年来，农村公路上发生的一次死亡 10 人以上的特大交通事故起数、死亡人数、受伤人数平均占一次死亡 10 人以上特大交通事故总数的 21.72%、19.40%和 18.36%，见表 1-2。

农村公路一次死亡 10 人以上的特大交通事故(2005～2010 年) 表 1-2

年 份(年)	事故起数		死亡人数		受伤人数	
	数量(起)	百分比(%)	数量(起)	百分比(%)	数量(起)	百分比(%)
2005	7	14.89	82	10.16	115	16.31
2006	11	28.95	162	29.03	136	29.37
2007	7	26.92	110	28.28	121	26.95
2008	5	17.24	79	16.60	43	8.53
2009	5	20.83	59	17.93	64	18.55
2010	8	23.53	94	20.39	53	12.27
合计	43	21.72	586	19.40	532	18.36

农村公路上发生的一次死亡 10 人以上的特大交通事故中坠车(包括坠崖、坠河、坠沟、坠桥)事故最为常见。2005～2010 年，在农村公路上发生的一次死亡 10 人以上的 43 起特大交通事故中坠车事故共 33 起，比例高达 77%。坠车进一步加重了事故的严重程度，应把预防坠车事故作为农村公路上事故预防工作的重要内容。图 1-8 为农村公路一次死亡 10 人以上特大交通事故形态(2005～2010 年)。

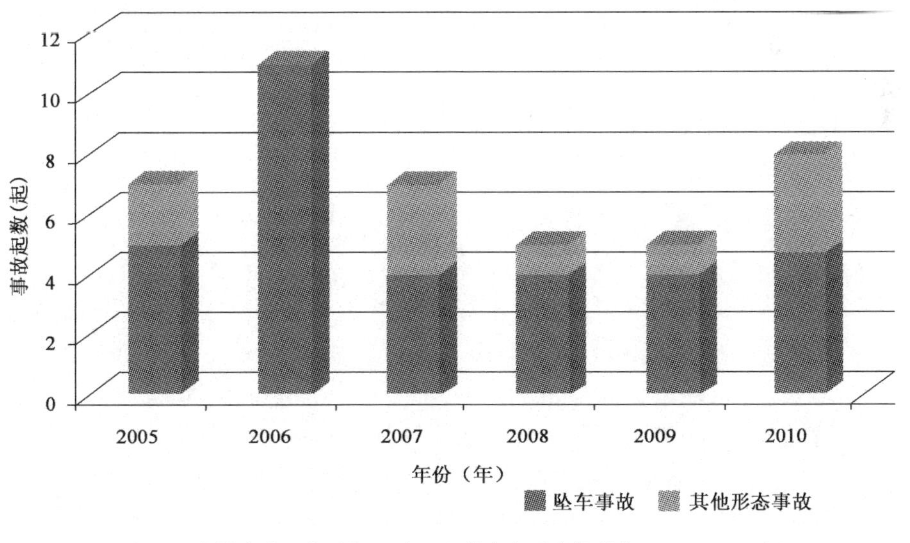

图 1-8 农村公路一次死亡 10 人以上特大交通事故形态(2005～2010 年)

我国农村公路坠车特大公路交通事故高发，与农村公路交通安全设施缺乏有较大关系。近年来，我国农村公路建设取得了辉煌的成就，通车里程大幅增加，路面等级和质量大幅改善，但由于建设资金和发展理念等的局限，相当一部分农村公路缺乏必要的交通安全设施。在农村公路路况大幅改善、行车速度大幅增加的情况下，在没有路侧防护设施有效拦阻的情况下，极易发生车辆坠车事故。

(3)农民成为公路交通事故最大受害群体。伴随着农村经济的发展和农村公路建设的深入推进,农民接触机动车、拥有和驾驶机动车的机会大大增加,涉及农民的交通事故逐渐增多。随着我国公路交通事故的降低,近年来公路交通事故伤亡人员中农民的数量也大幅下降。与2006年相比,2010年公路交通事故中农民伤亡人数分别下降30.86%和38.79%。但从公路交通事故伤亡人员行业类型看,农民伤亡的比例依旧是最高的,2010年分别占公路交通事故伤亡总数的41.99%和38.18%,远高于其他行业人员。图1-9为农民公路交通事故伤亡情况(2006~2010年)。

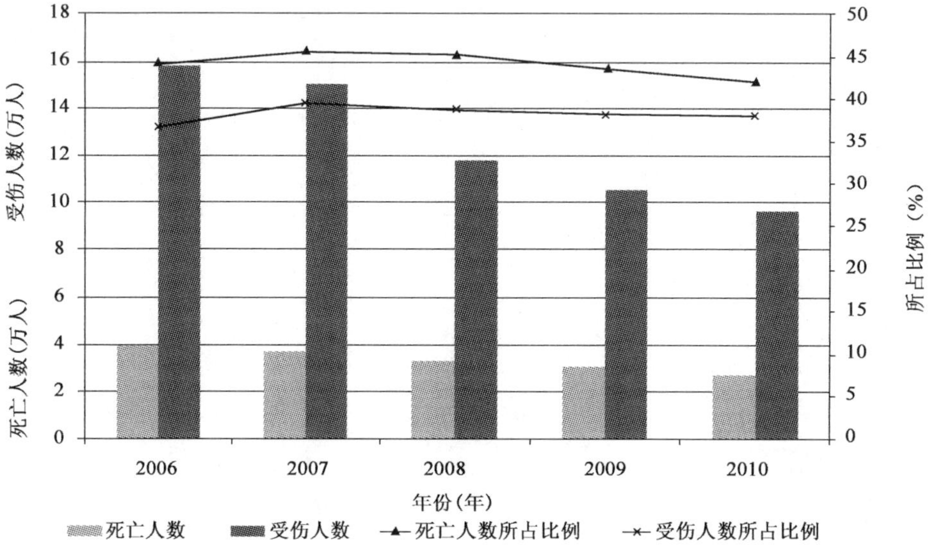

图1-9 农民公路交通事故伤亡情况(2006~2010年)

4.营运车辆交通事故高发

(1)营运车辆公路交通事故仍然较多。近年来,我国因营运车辆引发的公路交通事故总量呈现逐年下降的趋势,死亡人数和受伤人数也逐年下降。同时,因营运车辆引发的公路交通事故比例也在逐年降低,但是比例依然很高。2010年,营运车辆肇事起数58 756起,造成24 335人死亡、66 614人受伤,分别占总数的28.37%、39.01%和27.55%。而同期,全国营运车辆保有量2 042余万辆,仅占机动车保有总量的9.86%。因此,虽然营运车辆引发的公路交通事故逐年下降,但是相对其车辆保有量,公路交通事故数量依然较多。因此,应把遏制和预防营运车辆交通事故作为我国公路交通事故预防的重点领域之一。

图1-10为我国营运车辆公路交通事故情况(2005~2010年)。

(2)营运车辆死亡率仍远高于非营运车辆。近年来,随着公路交通事故的下降和机动车保有量的持续增长,我国公路交通事故万车死亡率逐年降低,营运车辆万车死亡率也随之下降,且降幅明显。2010年,营运车辆万车死亡率已降至11.91,但是仍远高于非营运车辆万车死亡率,如图1-11所示。这主要是由于营运车辆保有量所占比例较低,而其导致的公路交通事故所占比例较大所致。

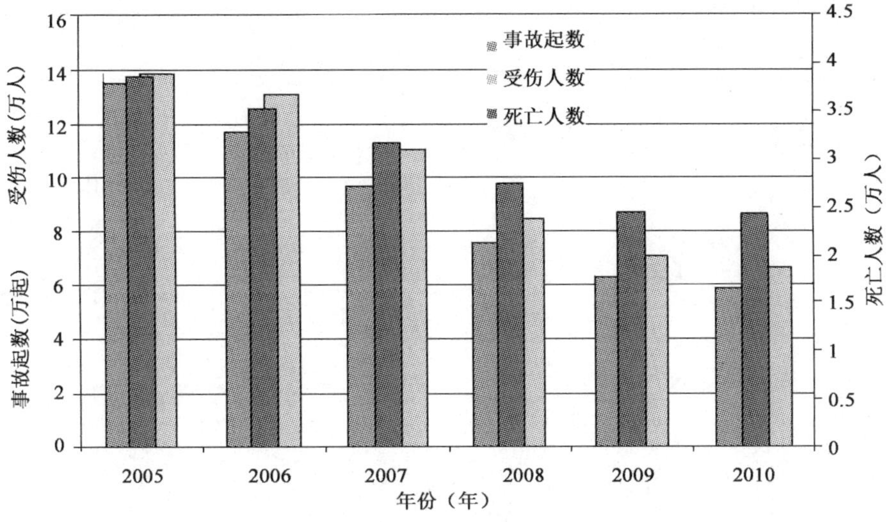

图 1-10　我国营运车辆公路交通事故情况（2005～2010 年）

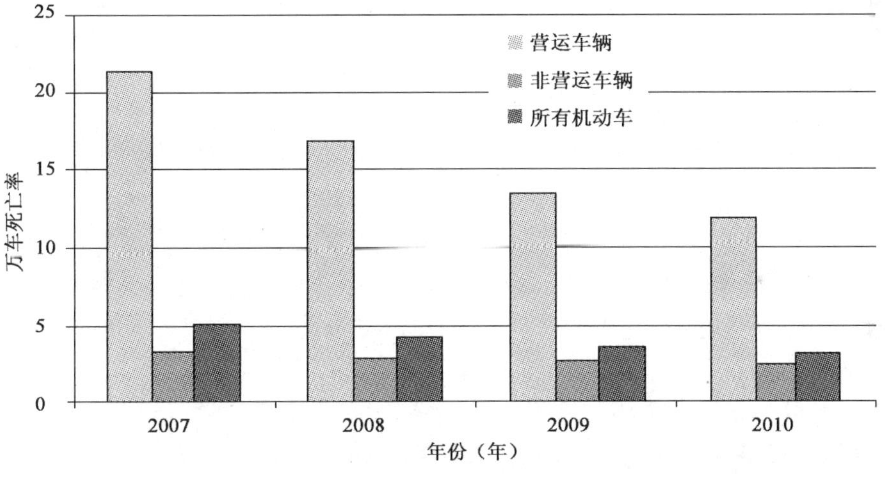

图 1-11　我国营运车辆与其他车辆公路交通事故万车死亡率（2007～2010 年）

（3）营运车辆仍然是群死群伤事故肇事主体。近 6 年来，因营运车辆肇事而引发的一次死亡 10 人以上的特大交通事故起数虽有起伏，但总体上呈现下降趋势。2005 年因营运车辆肇事而引发的一次死亡 10 人以上的特大交通事故为 43 起，2009 年已降至 18 起，降幅达 58.14％，但 2010 年增至 24 起，比上年增加 6 起，如图 1-12 所示。在一次死亡 10 人以上的特大交通事故中，因营运车辆肇事所占的比例也整体上呈现下降的趋势，但比例仍然较大。2005 年，比例高达 91.49％，2010 年降至 70.59％。因此，营运车辆仍然是我国一次死亡 10 人以上特大交通事故的肇事主体，需要重点预防因营运车辆肇事引发的群死群伤交通事故。

在营运车辆肇事引发的一次死亡 10 人以上的特大交通事故中，绝大部分是由客运车辆肇事引发的。近 6 年来，在营运车辆肇事引发的一次死亡 10 人以上的特大交通事故中，客运车辆引发的事故约占 3/4，货运车辆引发的事故占 1/4。这主要是由于客运车辆装载乘客较多，发生事故后极易造成群死群伤事故。

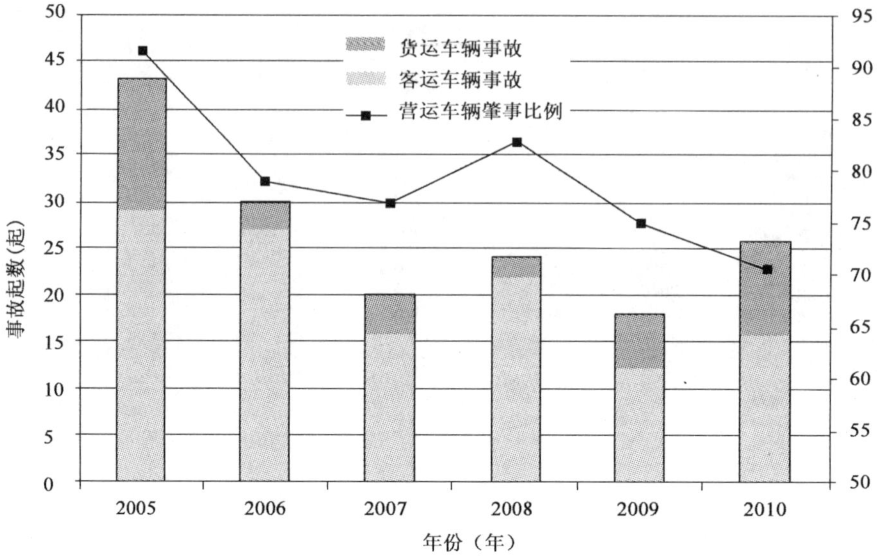

图 1-12 因营运车辆肇事引发的一次死亡 10 人以上的特大交通事故情况(2005～2010 年)

5. *群死群伤特大公路交通事故仍然频发*

群死群伤事故因为死伤人数多、社会影响和危害大,因此,遏制包括一次死亡 10 人以上的事故在内的群死群伤事故一直是我国公路交通安全工作的重要内容之一。自 20 世纪 90 年代以来,我国每年一次死亡 10 人以上的特大公路交通事故呈现先升后降的整体趋势,有两个明显的波峰。1996 年,一次死亡 10 人以上的特大公路交通事故起数达 80 起,造成 1 279 人死亡、1 495 人受伤。2004 年,一次死亡 10 人以上的特大公路交通事故起数为 55 起,造成 852 人死亡、877 人受伤。2005～2007 年,随着我国整体公路交通安全形势的好转,一次死亡 10 人以上的特大交通事故也呈现快速下降的趋势。但自 2008 年以来,一次死亡 10 人以上的群死群伤事故呈波浪形变化趋势。2009 年,一次死亡 10 人以上的特大交通事故起数为 24 起,造成 329 人死亡、345 人受伤。事故起数、死亡人数和受伤人数创近 20 年来新低。但是 2010 年,一次死亡 10 人以上的特大交通事故起数猛增至 34 起,造成 461 人死亡、432 人受伤。群死群伤特大公路交通事故频发也说明了我国公路交通事故仍处于高发期,交通安全形势进一步好转的基础并未巩固,仍需要加倍努力,才能实现我国交通安全的持续好转。

图 1-13 为一次死亡 10 人以上的特大公路交通事故情况(1990～2010 年)。

(1)群死群伤事故呈现明显的地域性特征。西部地区发生的一次死亡 10 人以上的特大公路交通事故数量远高于东部地区和中部地区。2005～2010 年,西部地区发生一次死亡 10 人以上的特大公路交通事故 91 起,东部地区 53 起,中部地区 54 起,分别占总数的 45.96%、26.77%和 27.27%。而且,西南地区是我国一次死亡 10 人以上事故的高发地区,尤以云南省、贵州省和西藏自治区最为严重。其中云南省 2005～2010 年 6 年间发生一次死亡 10 人以上的特大公路交通事故 25 起,死亡 356 人、受伤 339 人,分别占事故总数的 12.63%、11.79%和 11.70%。2006 年,云南省就发生了 10 起一次死亡 10 人以上的特大公路交通事故,造成

162 人死亡、109 人受伤，分别占事故总数的 26.32%、29.03%和 23.54%。

图 1-14 为一次死亡 10 人以上的特大公路交通事故地域分布情况（2005～2010 年）。

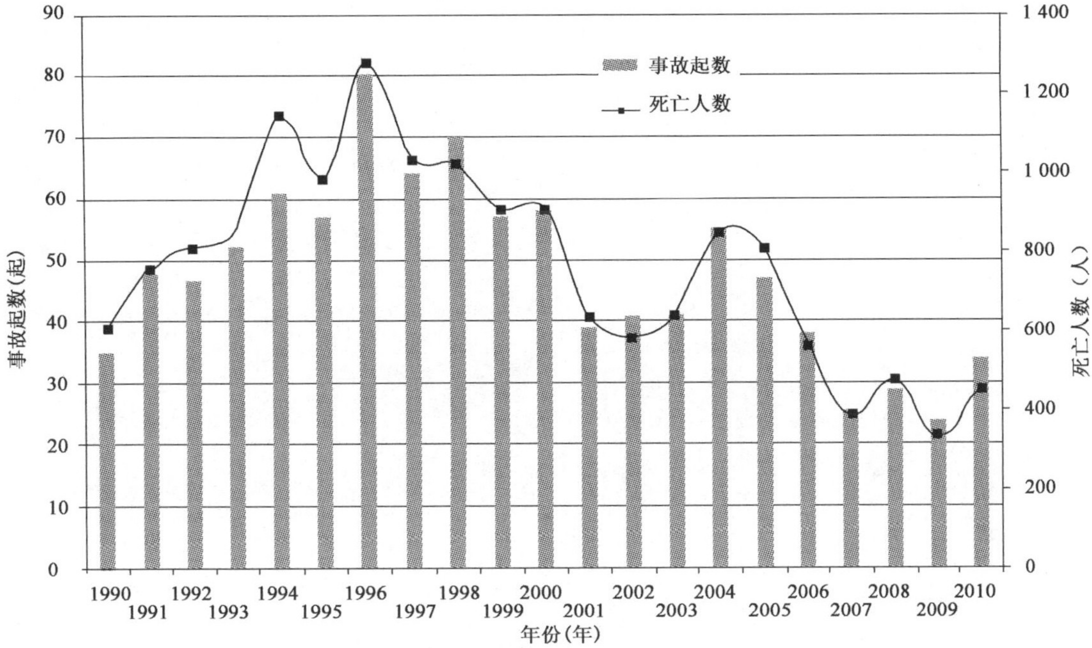

图 1-13　一次死亡 10 人以上的特大公路交通事故情况（1990～2010 年）

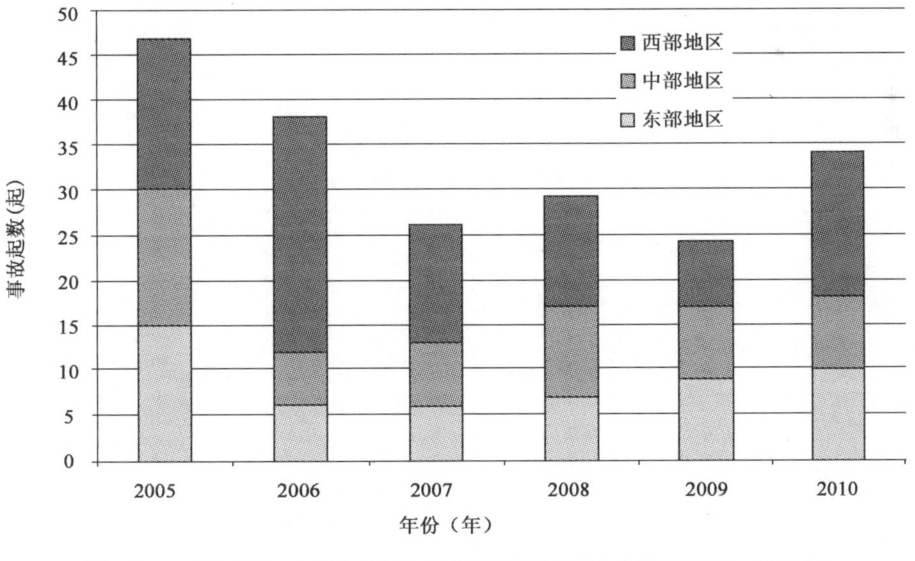

图 1-14　一次死亡 10 人以上的特大公路交通事故地域分布情况（2005～2010 年）

（2）事故形态多样，但以坠车事故为主。一次死亡 10 人以上的特大交通事故的事故形态多样，有十余种之多，包括：正面碰撞、侧面碰撞、对向刮擦、翻车、碾压、碰撞行人、撞固定物、追尾、失火、爆炸、坠车等。其中，尤以坠车（包括坠崖、坠谷、坠河、坠桥等事故形态）事故发生起数最多。2005～2010 年共发生 96 起一次死亡 10 人以上的坠车特大公路交通事故，占一次死亡 10 人以上的特大公路交通事故总数的 48.48%。其中 2006 年，坠车事故比例高达 63.16%。虽然在 2007～2009 年间，坠车事故比例有所下降，但均高于 40%。

图 1-15 为一次死亡 10 人以上的特大公路交通事故中坠车事故情况（2005～2010 年）。

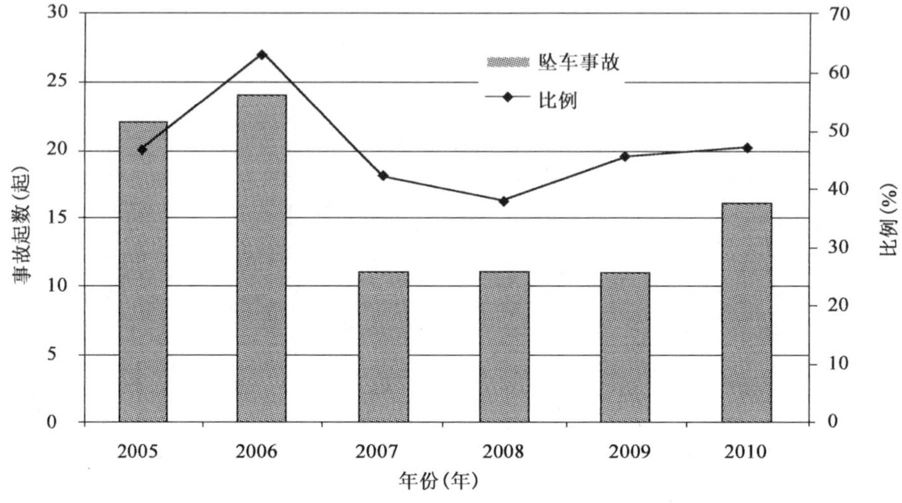

图 1-15　一次死亡 10 人以上的特大公路交通事故中坠车事故情况（2005～2010 年）

坠车加重了公路交通事故的严重程度，一般都会导致人员群死群伤。因此，在遏制群死群伤事故工作中，应把预防坠车事故作为其中一项重要内容。同时，坠车事故高发也从一个侧面说明了部分路段路侧防护设施缺乏或防护等级不足的情况。因此，应重点加强山区公路事故多发路段的路侧防护设施建设，补齐路侧防护设施并适当提高路侧防护设施防护等级。

第二节　公路交通安全影响因素

一、公路交通参与者的交通安全意识淡薄

公路交通事故的发生是由于人的不安全行为和物（公路、车辆、环境）的不安全状态所造成的。分析公路交通动态系统人、车、路和环境四大要素在交通事故中所起的作用，就目前世界各国官方机构和各类组织公布的统计报告和相关数据而言，都指出完全由于驾驶人的过失而导致交通事故的产生是最主要的原因，其次是车辆故障和车辆维护不当。据统计，认为交通事故中驾驶人负主要责任的比例，意大利为 41%，美国为 57%，巴西和前苏联为 75%，联邦德国为 82%，匈牙利为 74%，波兰为 96%，中国约为 90%。而交通事故与公路因素相关的一份统计资料数据表明，巴西为 6%，联邦德国为 8%，爱尔兰为 17%，美国为 35.5%，日本为 48%，前苏联为 7.4%～12.1%，而中国不到 1%。国际驾驶人行为研究协会（IDBRA）早期进行的一项面对驾驶人的调查报告也列出了与官方机构公布材料大致相符的数据，见表 1-3。

交通事故中相关因素所占比例表(%)　　表 1-3

国家	英国	西班牙	前苏联	法国	瑞典	南美洲	前南斯拉夫	日本	平均
驾驶人过失	56.1	92	52.7	85.5	81.1	85.7	69.7	44	70.8
公路条件	6.7	6.5	20.6	10.8	6.1	4.1	20.4	17.3	11.6

虽然发达国家交通事故死亡人数比发展中国家少,但是其事故数量、受伤人数和经济损失均大大高于发展中国家。发达国家依靠长期积累的公路交通伤害数据,对公路交通安全的事故致因因素进行了细致的分析,对不同技术手段能够起到的作用进行了评估,其结论基本是一致的,即:公路交通事故的 90%是由于驾驶人的错误引起的;公路设施的主要作用是减少错误的产生和减少错误发生后的损害程度;车辆的防护性能(被动安全性)可提高减少错误发生后的损害程度。

交通参与者的交通行为受社会环境、遵章守纪意识、安全意识所主导。据我国交通运输部门的统计资料分析,我国公路交通参与者的交通安全意识淡薄,人的因素是造成交通事故的主要原因,由此造成的交通事故约占总事故的 95.30%。其中,因机动车驾驶人的过失造成交通事故的占 87.5%,其中尤以机动车驾驶人的违法行为造成的交通事故比例最大。根据公安部的统计,2010 年因机动车违法行为导致的交通事故起数、死亡人数和受伤人数已分别占总数的 91.08%、92.02%和 91.95%。驾驶人违章驾驶、注意力不集中、驾驶技术水平低而引发的交通事故大量存在,超载(超员)、违章超车和超速行驶等“三超”现象更是引发重特大交通事故的主要原因。人的安全意识和交通行为改善是提高交通安全水平、减少交通事故的决定性因素。

图 1-16 为机动车违法行为肇事情况(1998～2010 年)。

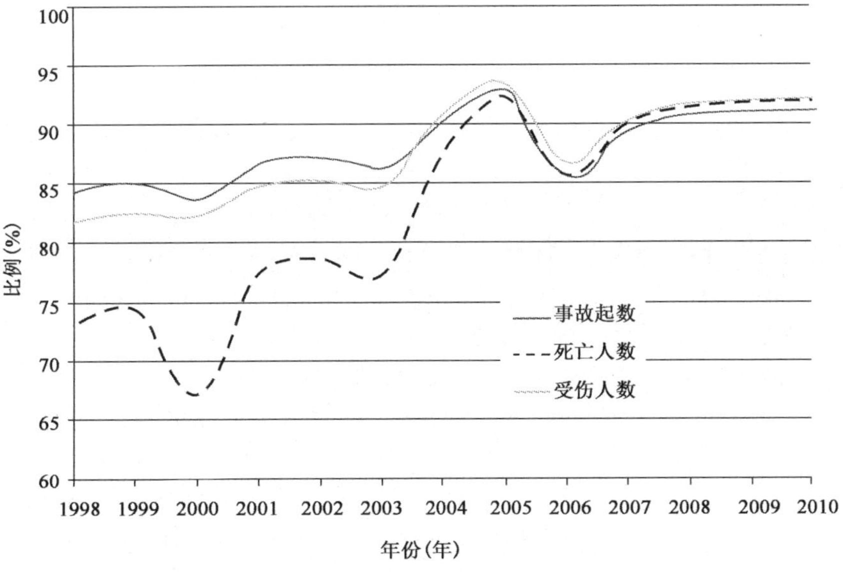

图 1-16　机动车违法行为肇事情况(1998～2010 年)

二、车辆可靠性和安全性不高

在人—车—路—交通环境构成的交通系统中，影响交通安全的因素既有人，还有公路、车辆和交通环境，它们相互作用，相互影响。长期以来，世界各国交通管理部门在对事故进行统计分析时，把人的因素，特别是人的交通违章行为放在了第一位，并逐步得到了社会舆论和公众的认同。导致这样的结果，其客观原因是交通管理部门在事故现场处理、责任认定和事故后处置(尤其是经济赔偿)等工作时，常常有将事故原因(责任认定)判定为人(驾驶人)占主要因素的倾向。这样处置，一是易于操作，二是从事故的直接因素来看，无疑是正确的，且对交通安全宣传教育具有积极意义。

造成上述现象的直接原因，是交通管理部门往往因为确定和追究事故责任者的需要会过分强调人的因素，而且在调查交通事故时，有时会轻易地或惯性地将事故的原因归于驾驶人。从交通系统各要素中，从人为主动因素这一点而论，也无可厚非。但从深层次分析，这种方法切割了人—车—路—交通环境构成的动态系统中四个因素之间存在的相互联系，对于事故的潜在诱因——由车辆、公路、交通环境对驾驶人所造成的间接影响却没有充分考虑在内，特别对车辆和公路条件因素在交通安全中的作用认识不足。

现代交通要求有性能较好的车辆与之相匹配。我国公路交通流组成与国外不同，大车所占比例较大，且车辆构成复杂，各车型之间性能差距较大。虽然近几十年来我国的汽车工业有了较大发展，车辆性能有了较大提高，但是与国外相比，总体性能仍然偏低，特别是货车超载现象仍在一定范围内存在，这就造成了车的因素对交通安全影响较大。主要表现在：

(1)有些车辆后备功率小，动力性能低，在长距离、长时间，满负荷工况下汽车极易出现发动机过热、拉缸等现象，容易诱发交通事故。

(2)有些车辆可靠性差。公路持续高速运行要求汽车的主要总成匹配合理，国产载货汽车的主要总成品种少、技术性能落后、可靠性差，造成整车性能差、安全可靠性差，从而造成当载货汽车持续高速行驶时，故障明显增多，直接诱发交通事故。

(3)有些车辆制动性能差。由于载货车辆制动性能差，常出现因车辆制动距离过长、跑偏等引发的车辆甩尾、追尾、碰撞等重大交通事故。为了有效控制交通安全，必须切实加强国产汽车的主被动安全性。

(4)有些车辆操纵稳定性差。高速行驶时汽车的操纵稳定性主要包括：直线行驶的方向稳定性、快速变换车道特性、侧向风稳定性等。目前，国产载货汽车高速行驶时“发摆”、“发飘”等现象时有发生，其主要原因是国产载货汽车底盘技术性能以及车身造型设计落后。

(5)有些车辆乘坐舒适性差。乘坐舒适性差主要原因是国产载货汽车缺乏人机工程学设计。有些交通事故的直接原因虽不是车辆本身，但是与车辆有关。比如车辆驾驶作业空间的人机工程学设计上的缺陷，导致驾驶人感知作业疲劳、判断决策作业疲劳以及动作疲劳，从而引发公路交通事故。车辆不安全状态会引发人的不安全行为，比如驾驶作业空间人机工程学设计上的缺陷等。

另外，随着农村公路通行条件的改善以及农民群众生活水平的提高，摩托车、三轮汽车、小四轮货车等低速车辆作为农民群众出行的代步工具和生产工具越来越普及。据报道，截至2010年底，公安机关和农机部门管理的三轮汽车、低速载货汽车、拖拉机共2 750万余辆，占全国机动车保有量的 13.28%以上。另据保守估计，在农村公路上至少还有 1 000 万无牌无证车辆。由于农村购买力低，一些非法拼装车、城市报废车大量流入农村，这些机动车安全性能得不到任何保证。总体来看，农村地区机动车的安全性能较差。这样的机动车犹如一颗“流动的炸弹”，待一定条件具备时就会诱发“爆炸”。同时，由于农村短途客运发展滞后，农民出行往往只能搭乘三轮车、拖拉机或摩托车等交通工具，这也在一定程度上使得货车违法载客有了一定的市场，也使得发生群死群伤等恶性交通事故的可能性增加。

三、公路建设的安全防护设施相对不足

我国公路交通发展已经取得了举世瞩目的成绩，但公路建设仍滞后于交通需求。交通工程设施不足，交通出行者的交通安全意识和法规意识淡薄，机动车安全性能不足，造成了我国交通事故受伤和死亡人数多。从公路设施看，尽管经过近年来的大规模建设，公路总体技术状况有了很大改善，但三、四级及四级以下等级公路里程仍在总通车里程中约占 70%。这些公路大多受当时资金、技术水平和自然条件等因素的限制，路况差，混合交通严重，安全设施不足。特别是一些早期建成的山区公路“先天不足”，安全防护设施不到位，群死群伤的特大交通事故在一些地势险峻路段时有发生。这种状况，显然难以满足公众的安全期望和全面建设小康社会的要求。

通过对事故多发段和容易造成群死群伤事故路段的调查分析，可以看出，二级及二级以下公路上的交通事故约占我国事故总数的 70%，群死群伤的特大事故在山区公路上发生的概率比平原区要高得多、严重得多，其中急弯、陡坡、连续下坡、视距不良和路侧险要五种类型的路段是事故的高发路段。

交通管理部门因为确定和追究事故责任者的需要而强调人的因素，从交通系统各要素中人为主动因素这一点而论，也无可厚非。但对车辆和公路条件因素在交通安全中的作用认识不足。因为如果交通参与者的行为是事故发生的主要原因的话，交通事故的发生具有随机性，也就是说，公路交通事故在一定区域路网中应是均匀分布的。但实际情况却是，公路交通事故在路网中的分布是不均匀的。这种不均匀性是由于路网中局部路段的公路状况、交通设施、交通量、交通环境、地形地貌以及交通管理水平、车辆状况等的差异引起的。这种差异的影响反映到驾驶人身上，就体现为不同程度的交通违章行为或过失操作。

事实上，一起交通事故的发生，不能把它仅仅看作是人—车—路—交通环境因素中某一独立环节的失调引起的，其往往是由两个或多个因素共同作用的结果。有研究报告指出，一起交通事故平均可能找到 1.5～1.6 个影响因素。但在一般事故处理现场或资料统计时，只能或常常确定其中一种作为主要原因，公路条件这一重要因素往往被忽视。理论上，要求驾驶人对驾驶中各种因素的变化应立即有所反应，而且在某种程度上应预见到，并用相应的适当方式补偿这些因素变化的影响，力求安全行驶。但是，这种要求是苛刻的。因为人在有限的时间内，要直观地根据眼前出现的复杂情况及时判断应付方案，神经处于高度紧张状态，极有可能犯错误或失误，并导致事故，尤其是当人的身体状况不佳时，更易因其他因素导致不当行为。如果考虑到这些情况，则相当部分管理部门统计的事故成因中的“人为因素”，除部分事故是真正由于驾驶人过失引起的以外，大量的应是由于困难的行驶条件引起的，而困难的行驶条件则与车况、公路条件、交通条件和交通环境等有关。比较普遍的认识是：人为事故占 80%～85%，车

辆因素造成的事故占5%～10%，公路因素造成的事故则占10%左右。但客观的分析是，上述因素约各占三分之一，即上述因素各占事故主要诱因的三成，环境诱因占一成，事故是由两个或多个因素共同作用的结果。

指明公路条件和车辆因素在交通事故中的作用是极其重要的。否则，将从思想上导致对车辆安全性能提高，对公路规划、设计研究工作不断改进的偏废，其对交通安全的影响是十分危险的。目前，对车辆安全性能的要求已经获得广大社会民众和汽车生产厂商的认同及高度重视，车辆的主动安全和被动安全技术正日趋完善。但公路条件在交通事故中的作用却常常被忽视，这种倾向时时会使公路工作者产生自满的情绪，促使他们对公路交通安全工作采取冷漠甚至回避的态度。其有害之处在于：一是思想上冷漠或回避公路交通安全工作；二是在公路规划、设计和维护改造时，过度强调降低造价，采取的建设方案往往牺牲了公路交通安全的保障功能；三是不愿意为公路交通安全研究和公路交通安全设施的不断完善提供资金或帮助。

可喜的是，公路条件在交通事故中的作用正逐渐得到决策者的重视。中国正在广泛开展以“消除隐患，关爱生命”为主题的“公路安全保障”工程，我国和世界大多数国家、国际组织对公路交通安全工作的重视，对公路安全保障功能及研究的关注就是最好的例证。考虑到公路条件对交通安全工作的影响，研究制订更加完善的公路规划、设计、施工和养护方法，一些先进建设理念已获得广泛应用。例如，为保障车辆安全有效地运行，不仅应尽可能地消除对行车不利的路段，而且尽可能创造“容错”公路条件，使得驾驶人操作失误时，仍能保障行车安全。

根据正式的统计报告分析，大多数交通事故是由于驾驶人的失误或过失造成的，但在某些路段事故数却过度引人注目地集中，而在几何特征匹配良好的路段却鲜有交通事故，这都从正反两个方面表明了公路条件对交通安全所起的重要作用。人是产生交通事故的主因，但通过改善公路条件将减少驾驶人犯错误的可能性，从而使交通事故大大减少，使事故严重度大大降低，这一点是毫无疑问的。公路设计不应加大驾驶者的工作负荷或迫使其改变驾驶状态来适应公路的缺陷。相反，良好的公路设计应努力减轻驾驶者的工作负荷，使公路条件尽量符合驾驶者的心理预期，帮助其选择适当的运行路径和保持良好的驾驶状态，从而提高公路安全性。这一观点已获得愈来愈多公路交通工作者的赞同。

需提出的是，强调车辆和公路条件对交通安全工作的重要性，深入研究其在公路交通事故中的作用，是希望车辆制造者和交通工作者担负起对交通安全工作的责任。这个责任不仅是法律意义上的，更大程度是道义上的。

在公路交通系统中，人、车因素如驾驶人在行驶过程中的心理、生理反应，车辆的技术状况尽管会随时间变化，但在一个特定的时间段内其变化量均较小，而由公路线形、路面、沿线景观、交通量等参量构成的公路交通环境因素则随时间、地点的不同迅速变化。因而，在驾驶人、车辆因素确定后，公路环境因素则在一定程度上成为决定公路交通系统的重要因素。大量的实例反复证明：对于公路交通系统而言，在驾驶人、车辆因素确定后，良好舒适的公路环境能够避免交通事故，反之则可能诱发交通事故。也就是说，公路环境是否与人、车保持协调，对高速公路交通安全有重要影响。公路环境未能满足安全行车条件，往往会形成事故多发区。目前，一些公路上存在的事故易发区、多发区，实际上就是不良的公路环境使公路交通系统不能满足安全行车条件所致。

影响公路交通事故的公路因素主要有公路几何线形要素、路面状况、车道宽度、交通安全设施等，具体内容如下。

(1)线形不良导致事故。如山区高速公路S形曲线对行车具有潜在的危险性，汽车在弯道上行驶时，受到离心力的作用，常需在平曲线路段设置超高。其作用是为了使汽车在平曲线上行驶时能获得一个指向内侧的横向分力，用以克服离心力，减少横向力，从而保证汽车行驶的稳定性及乘客的舒适性。S形曲线是由两个反向圆曲线用两个回旋曲线连接的平面线形。两个反向曲线均应设置超高，而且因为这两条曲线是反向的，所以两条曲线各自的超高是不同向的。如果连接两个反向圆曲线间的回旋曲线长度不足，驾驶人没有足够的时间操纵转向盘使车辆顺势转向，由于第二个圆曲线的超高方向与第一个圆曲线超高方向相反，这将会出现"反向超高"现象，高速行驶的车辆不仅受到离心力的作用，同时还受到离心力同向的横向分力的作用，在这种情况下，速度过快的车辆极易发生侧翻或冲出路外。

(2)连续长大下坡导致事故多发。为了维持一个相对来讲比较安全的下坡速度，在下长大下坡时，货车驾驶人必须持续地对货车实施制动。长时间连续制动使得货车制动器温度迅速升高，产生热衰退现象，制动效能迅速降低，严重时完全丧失制动。因此，连续长大下坡路段往往是事故多发段。在当前货车普遍超载的情况下，连续长大下坡路段事故多发状况尤其让社会关注。

(3)路面状况不良导致事故多发。影响车辆高速行车安全的主要因素有路面的强度、稳定性、平整度和抗滑性能等。这也是行车安全、舒适应具备的条件。路面平整度主要是车辆对路面质量的要求，路面的抗滑性能则是交通安全的要求，抗滑性差常会诱发交通事故。

(4)护栏端头设置不合理。护栏端头指的是护栏在起终点处所做的一种特殊处理结构，汽车与护栏端头碰撞是极其危险的事故，因为汽车与护栏端头类似于正面碰撞，危害程度要远远大于汽车与路侧护栏的刮擦碰撞。在碰撞速度很高的情况下，波形护栏端头将直接插入汽车前部薄弱的车厢内部，或与前端较低的小轿车碰撞后护栏端头抬起，顺着发动机盖滑行插破小轿车的前挡风玻璃，直接将车内乘员致伤或致死。因此，护栏端头的设计应使其具有以下独特的性能：

①与失控车辆正面碰撞时具有很好的吸能效果；

②端头护栏板不会穿透乘客车厢，危及乘客安全；

③端头侧板应具有很好的导向性能，使失控车辆不会在端头处突然停住；

④护栏端头结构连接牢固，整体性好。

但是，目前我国公路上安装的护栏其端头普遍不具备上述性能。

(5)农村公路安全设施不完善。目前在农村公路建设过程中普遍存在重通车里程、轻公路安全设施的问题。限于经费等原因，各地更愿意把有限的农村公路建设资金投入到公路本身的主体设施建设之中，尽可能增加农村公路的通车里程，对安全因素考虑不够，公路建成以后往往忽视了公路安全设施的设置，甚至一些农村公路没有任何交通安全设施。县乡公路交通环境复杂，路面急弯、易滑、岔口多、行车视距不良等路段较多。一些公路设计不合理，路桥不配套，弯道转弯半径小，再加上没有相应的交通安全设施，往往易诱发交通事故。农村公路通车以后，由于行车条件大为改善，行车速度也将大幅提高，一些安全问题将逐渐显现出来，而交通安全设施是行车安全的重要保障。在一些急弯、陡坡、连续下坡、视距不良和路侧险要路段，必须设有一定量的标志、标线、诱导标和防撞护栏等交通安全设施，才能有效保证这些危险地区的交通安全。从一定程度上说，农村公路交通安全设施不足已经成为导致农村公路事故多发的重要原因。

四、交通安全管理体制和运行机制存在缺陷

交通安全是一项综合性社会管理工作，只有举全社会之力，依据国家交通安全战略，制订各级政府各部门的阶段性重点工作目标和考核完善计划，循环往复，不断从国家安全战略的高度和宏观政策层次着手，强化公路交通安全治理，确保法律法规的完备性和持续稳定的资金投入，经过长期、综合性的全社会的协同努力，才可能遏制公路交通事故。欧洲、北美及日本、韩国等发达国家治理交通事故的历程充分论证了这一点。我国现阶段公路交通安全管理一是交通管理的职能划分过细，不同职能分散在不同部门，缺乏一个统一、权威的综合管理机构；二是同一职能由不同部门共同管理，导致机构重叠，协调难度大。利益多的环节多部门重复管理，利益少的环节存在管理盲区。而涉及多部门的决策则缺乏统一的意志，缺乏有效的执行和监督体系，进而导致各部门、各地区缺乏统一的认识和行动，甚至在具体问题上互相推诿乃至相互掣肘也就不足为奇了。我国涉及交通管理的部门包括宣传、公安、司法、计划、交通、建设、工商、农机、财政、卫生、教育、安全监督、保险等 17 个之多的部门，彰显了我国公路交通安全管理的复杂现状。

我国现阶段公路交通安全管理体制的弊端，即政出多门、条块分割反映在公路交通管理方面的问题包括：

(1)技术管理缺陷，如对交通工具的设计、结构上存在的问题管理不善，对驾驶作业空间人机工程学设计上的缺陷、公路缺少必要的交通安全设施、路面设计等问题未给予足够的重视。

(2)人员管理缺陷，如对驾驶人的选拔、教育、培训机制上存在缺陷，难以保障驾驶人具有良好的身体素质、较高的驾驶素质以及良好的职业道德、交通道德；对于行人缺乏必要的公路交通行车安全教育。

(3)交通安全管理和控制、安全监察、检查以及交通事故防范措施存在缺陷等。

另外，农村公路交通安全管理的职责交叉和缺位也是农村公路事故多发的重要原因之一。在农村机动车从业人员中，相当一部分没有经过正规培训，有些甚至是在“实践”中练出来的，这些驾驶人员有的连最基本的交通法律法规都不懂，根本没有交通安全的意识；无证驾驶的情况普遍存在，即使有了驾驶执照，交通安全的意识也十分淡薄，导致农村公路超速超载、酒后驾车、逆向行驶、越线行驶、违章超车等交通违法违章现象十分突出，加剧了农村公路行车秩序的混乱；农用车本是农作的工具，但农用车用来运输、经营、违法载客问题严重，常常是人随货走、人货混装，造成了极大的安全隐患，农村公路上发生的群死群伤事故往往是违法载客引起的；农民群众受教育程度普遍不高，交通安全意识淡薄，缺乏基本的交通安全常识和自我保护的能力，在公路上行走、骑车不遵守公路交通法规，随意横穿公路，驾驶乘坐机动车不系安全带、乘坐摩托车不戴头盔现象严重；农忙季节在公路上打谷晒粮现象时有发生，严重阻碍交通，加之大型农业收割机械、车辆频繁进出，给农村公路交通带来了极大的安全隐患，一定程度上导致了农村公路事故多发的现象。

五、公路交通应急处理和救护水平偏低

2006 年出台的《国务院关于全面加强应急管理工作的意见》明确指出:“加快国务院应急平台建设,完善有关专业应急平台功能,推进地方人民政府综合应急平台建设,形成连接各地区和各专业应急指挥机构、统一高效的应急平台体系。”目前,我国已经积累了一定的应急机制的经验,在公共卫生、安全生产、社会稳定、自然灾害四大重点领域基本构建了突发事件应急机制和管理结构,但就大多数部门而言,固有的分散管理机制并没有大的突破,横向联动效果不是很明显,造成应急处置能力低下。对于公路交通突发事件的应急处置也不例外,主要体现在下列方面。

(1)管理体系条块分离无根本改变

目前,国家现行的公路行政管理体制是条块结合,在不同的系统和部门“条”和“块”结合的紧密程度各不相同。部门和部门之间的横向合作、联系和沟通缺乏有力的制度保障。各部门应急资源分散在有关职能部门中,各应急处置力量各自为战,在人力资源、经费投入、物资装备、信息系统、指挥系统等方面都进行封闭式的建设,没有将各方面的力量有机地统筹和整合起来。

(2)联动机制还存在问题

目前各部门都制订了各类公路应急预案,但这些预案从国家到地方十分雷同,没有体现出各自的功能特性。在应急处置方面,各部门之间的职责划分,具体的工作沟通机制规定都不是很明确, 没有一套成熟的体系来指导,实施起来存在着一些问题和困难。一些地区对于事故的应急处置还缺少与当地的相关部门包括医院、公安消防等建立联动机制。其结果是在实践中不同程度地表现出“不联不动,联而不动,联而慢动,联而乱动”等现象。

(3)应急预案的针对性较差

不同部门、不同地区的公路应急管理实际需求存在很多差异,应急平台的核心是应用系统,其应与需求分析紧密结合,才能在应急管理中发挥效用。例如,东南沿海地区的应急系统必须要考虑台风等事件对公路交通带来影响的应急需要,而西北地区则不需要,相反的要重点考虑大雪、严寒等带来的公路交通应急事件。但目前各地应急预案的针对性普遍不强。

(4)重即时管理,轻前防后思

我国突发事件应急处置的一个普遍现象就是“重中间,轻两头”,即过分重视事件发生后的即时应急管理,而忽视事前预防和事后的反思,不进行积累和总结。

(5)重临时组织,轻常设机构

我国各级政府普遍缺乏专门的、常设的、权威的公路突发事件应急管理部门和专业人员,缺乏一个将政府各个相关部门组织起来共同行动、共同面对突发事件和解决事件的协调机构;缺乏专业技术人员和应急运行规则,跨部门协调能力严重不足。缺乏常设机构,致使公路应急管理政出多门,投资分散,指挥混乱,联动困难,公路应急管理的预防、预警和预控机制很不健全。

(6)事故检测方式有局限性

我国目前对于公路交通事故的检测大多是基于路旁的紧急电话、路人电话报警和路政、交

警的巡逻而发现事故。这是很常规的方式，但仅仅依靠这几种方式是不完善的。如果路旁没有人去报警，加上巡逻也是有时间间隔的，在这种时候若发生重大交通事故的话，就难免会造成事故处理的延误，从而造成重大的人员伤亡和财产损失等严重后果。

(7)重领导经验，轻专家理论

当前公路应急决策者结构单一、知识片面，缺乏综合型、复合型、高技能的突发事件决策人才。对于突发事件的应急处理，主要是凭借领导者个人的素质和经验，我国各行业专家参与政府决策的机制还不健全，专家的参与带有很大的随意性，易受人为因素的影响。

(8)重文字表述，轻物质保障

由于认识上的差距，加上投入的不足，不少地方应对公路交通突发事件的应急处理还只限于纸上的预案。有些部门对突发事件的发生抱有侥幸心理，对制订的预案不宣传、不培训、不预演，而且相当一部分预案缺乏实施的物质基础和系统保障。

2002 年 1 月公安部、卫生部联合下发了《关于建立交通事故快速抢救机制的通知》，明确要求各地建立交通事故快速抢救机制，实现“110”、“120”和“122”急救信息联动和反馈制度，切实提高交通事故现场急救能力。部分省、直辖市也设立了公路交通救援委员会，并且在县市成立了相应的委员会，指导其交通事故紧急救援工作。上述形式的交通事故救援对控制我国交通事故损害有一定的积极意义，但从总体来说，我国交通事故救援工作还只是处于起步阶段，救援工作还存在很多问题。

(1)救援力量分散，救援职能交叉

公路交通事故紧急救援工作，涉及诸多的业务部门，如：交通警察部门、医务部门、消防部门、特殊物品处置部门等，这些救援力量往往缺乏协调和统一的工作机制，造成资源的分散，在临时组织救援力量时，存在责任不明、机制不顺等问题，影响了救援力量作为统一整体作用的发挥。

(2)重伤员抢救，轻交通管制

我国公路交通事故的救援工作，大多数只注重伤员的医护救援工作，而轻视交通基础设施的维护、现场交通秩序的疏导和事故前方路段的交通诱导等工作，产生甚至加剧由交通事故造成的交通拥堵问题，并时常导致二次事故的伴生。

(3)反应迟缓，装备落后

在我国交通事故救援工作中，由于救援信息网络化建设的落后和部分参与救援的人员对事故现场的不熟悉，导致救援车辆不能及时出发和选择最佳的救援路径，延误了事故的救援时间，以致救援效率不高。

另外，由于救援力量的分散和救援经费的缺乏，我国公路交通事故紧急救援装备数量和技术也较为落后，尤其是在广大的乡村地区，相当一部分乡镇卫生院没有救护车，部分县级医院的救护车也已不完备。一旦发生重大交通事故，这些地区只好从其他地方调集救援设备(如车辆破拆器)，严重延误了宝贵的救援时间。而更快捷的直升机救援体系的建立需要时机。

公路交通应急处理和救护水平偏低，其结果是导致死亡率和致残率上升，使事故后果加重。因此，救援体系建设工作强化“黄金半小时”救护制是关键，即对机动车驾驶人接受必要的医疗急救知识培训，掌握在交通事故现场对受伤人员的初步救护技能，并且从法律上规定对途经事故现场的车辆驾驶人都有责任和义务对事故伤害者进行救助并发送呼救信号。总之，提高公路交通事故的快速反应、救援能力和科学决策水平，使我国的交通急救事业更快地走向完善和成熟，是全社会的期盼。

第三节　国内外公路交通安全保障开展情况

一、国外情况

1. 瑞典

瑞典位于欧洲北部，面积约 45 万 km^2，人口 911 余万(2007)，境内森林密布、河湖众多。瑞典是世界上经济最发达、最富有的国家之一。第二次世界大战后至 20 世纪 60 年代末，瑞典经济一直保持上升态势。进入 20 世纪 80 年代，经济一度陷入滞缓状态。1982 年以来，瑞典经济又呈现持续上升状态。2007 年人均国民总收入为 46 060 美元，机动车保有量为 550 万辆。

近几十年来，瑞典公路交通事故死亡人数一直处于较低水平。1996 年至 2003 年，瑞典公路交通事故死亡人数一直维持在 550 人左右。死亡人数保持相对稳定的主要原因是 1996 年至 2003 年车辆行驶里程的增加。2008 年，公路交通事故死亡人数仅为 397 人，10 万人口死亡率为 4.3，如图 1-17 所示。

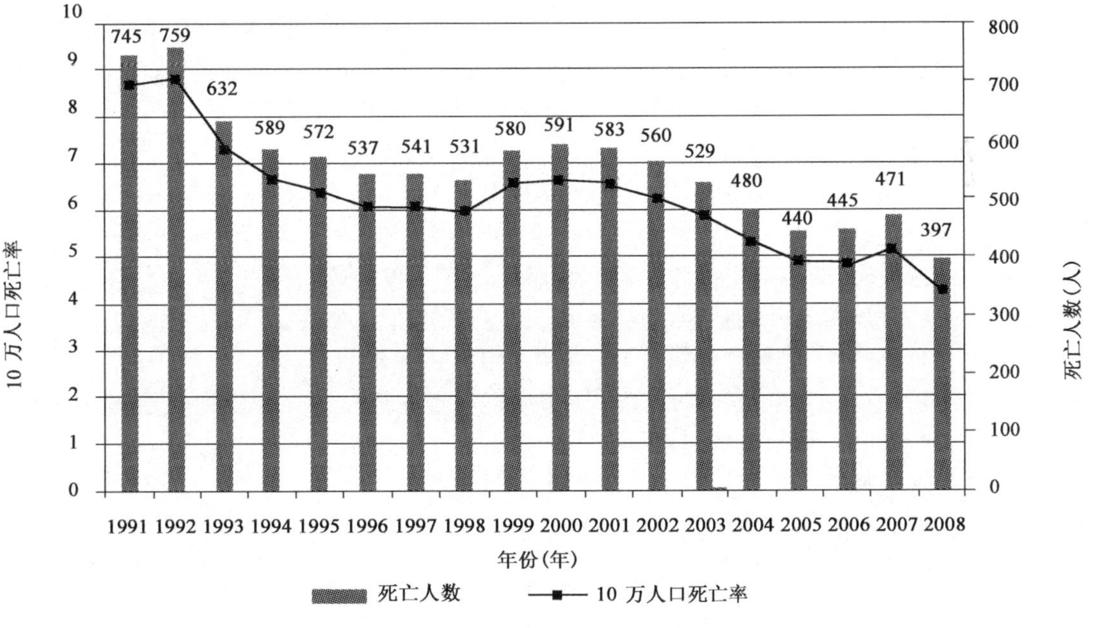

图 1-17　瑞典公路交通事故趋势(1991～2008 年)

1967 年瑞典公路交通规则由左行改为右向通行规则，通行规则的改变对公路交通安全产生了重大影响。在公路交通安全优先的观念指导下，瑞典有关部门对车辆的行驶速度作了严格的限制。针对不同区域行驶的车辆进行速度限制，限速范围为 50～110km/h。

在车辆安全带使用方面，1975 年出台了汽车前排乘客强制佩带安全带的政策。1978 年出台了摩托车驾乘人员强制戴安全头盔的规定。1977 年，出台了汽车白天行驶需开启灯光的规定。在一系列的政策措施的影响下，1975 年至 1983 年间，瑞典公路交通事故的死亡人数从 1975 年的 1 200 人降低到 1983 年的 700 人，使得瑞典成为 20 世纪 80 年代初世界公路交通最安全的国家。在 1983 年至 1989 年间，瑞典经历了一个经济高速发展的阶段，公路交通安全受到很大影响，死亡事故上升到 900 人。

1988 年，瑞典有关部门出台了儿童乘车强制佩带安全带的规定。在 1996 年，出台了车辆后排乘客强制佩带安全带的规定。因为公路交通事故的增加，1989 年车辆最高限速从 110km/h 降低到 90km/h。

1990 年，为了切实改善公路交通安全形势，瑞典出台了一系列公路交通安全战略和目标，提出到 2000 年公路交通事故死亡人数降低至 600 人以下。

1993 年，瑞典公路交通安全办公室和瑞典国家公路交通管理局合并，成立了新的国家公路交通安全管理机构，并提出了新的公路交通安全目标，提出到 2000 年公路交通事故死亡人数要小于 400 人。在此基础上提出了交通事故"零远景"的理念，并制订了相应的规划。2000 年瑞典全国的公路交通事故实际死亡人数是 591 人，伤 4 103 人，没有达到预定的目标。

交通事故"零远景"理念是一个长期的目标，也是公路交通安全的努力方向。此项计划得到了瑞典官方的认可。在采取的措施方面，重点领域从增强交通参与者的意识扩大到公路的安全设施的设计和建设以及车辆的安全性设计，使得公路和车辆更加安全可靠。

根据"零远景"理念制订的规划，所有的公路交通参与者、公路的建设者、车辆制造商、公路运营商、地方政府等，在共享公路交通带来便利和商业利润的同时应承担起交通安全的责任。

1999 年，根据"零远景"的长期目标，瑞典国家公路交通管理部门制订了具体措施，重点在十一个方面加大交通安全的管理力度。

(1)加大危险路段的改造(例如，优先进行公路中心隔离栏的建设，解决车辆迎面碰撞的问题)。

(2)通过地方政府，对 102 个城市的市区公路进行安全设施改造。

(3)规范公路交通参与者的行为。重点放在超速、安全带的使用、酒后驾车的防范上。

(4)规范自行车骑车安全，开展骑自行车戴头盔专项整治。

(5)加强运输企业的安全教育。对于一些大型运输企业进行详细的公路交通安全的指导。

(6)强制执行冬季防滑轮胎的使用。

(7)促进先进科技手段的使用。重点放在安全带使用提醒装置、车辆速度控制装置、酒精浓度报警装置、电子号牌等。

(8)实行公路交通安全设施责任制。建立由各方人士参加的独立的委员会，检查公路交通安全设施的设计、建设、维修等工作。

(9)加强公众的公路交通安全意识的教育。

(10)发挥公路交通安全志愿者协会的作用。

(11)建立新的公路安全设施的模式。

瑞典的公路交通安全管理机构分为三个层次，即中央、地区、地方。在中央层次上，主要有议会、政府主管部门、中央政府咨询机构。在这个层次上，主要是制定宏观政策，保证社会的稳定和公众的安全。在地区层面上，瑞典划分了21个县(地区)，每个县有相应的管理部门，地区管理部门代表中央政府行使职权。在地方层次上，瑞典全国划分289个地方行政当局。在一定范围内，地方行政当局和地区立法会对一些重大的公路交通事故有独立的裁决权。在瑞典，公路划分为国道、地方公路和专用公路三种，且绝大多数交通事故是发生在公路上的。

瑞典国家公路管理局是瑞典管理全国公路交通安全和公路运输系统的主管部门。公路交通运输系统包括交通参与者、公路基础设施、交通法规、交通信息等。瑞典国家公路管理局担负着全国公路的规划设计、运输规划、公路维修、交通安全等责任。交通警察在公路交通安全管理中主要起着执法和监管的作用。地方政府对辖区内城市公路的交通安全负责，瑞典国家公路管理局对国道、县乡公路负责。瑞典国家公路管理局还和瑞典汽车工业联合会、保险公司、瑞典机动车检测联合会等机构合作开展公路交通安全管理工作。

2. 荷兰

荷兰面积为4.153万km^2，人口1 641.88余万(2007年)，是世界上人口密度最大的国家之一，2007年人均国民收入为45 820美元，机动车保有量为8 862 935辆(2007年)。2000年公路网通车里程为125 839km。荷兰在1999年的全球国际竞争力排行榜中位居第一。

1991～2008年，荷兰公路交通事故整体呈现明显下降趋势。2003年死亡人数出现轻微增长，这仅仅是因荷兰交通事故处于较低水平而导致的统计的正常波动。自2004年以来，每年公路交通事故死亡人数均在1 000人以下(图1-18)。2009年公路交通事故死亡人数为644人。

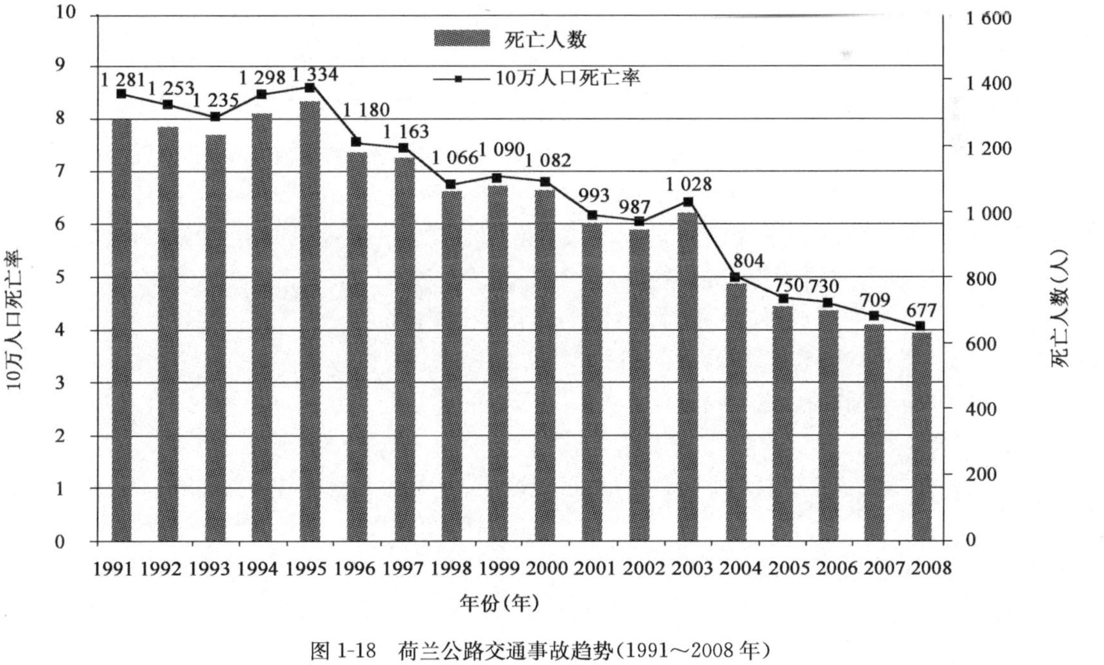

图1-18 荷兰公路交通事故趋势(1991～2008年)

1945年第二次世界大战结束至1970年，荷兰公路交通事故的死亡人数每年从1 000人上升到3 000人，这个严峻的事实引起了荷兰政府的高度重视。为了缓解交通安全的状况，1970

年荷兰政府制订了交通安全第一个十年规划，力争在较短的时间内，遏制交通事故死亡人数上升的势头。

1983 年，荷兰政府出台了“国家公路交通安全规划”。1987 年，荷兰政府制订了第一版“公路交通安全长远规划”。规划中明确提出了在 1985 年至 2000 年间伤亡事故减少 25%的目标。防范重点确定在酒后驾驶、超速、危险路段整治、儿童和老年人事故预防以及安全装置的使用上，以及建立交通事故紧急救援机制等方面。

1988 年，荷兰运输部提出了一个雄心勃勃的公路交通安全计划。这个计划以 1986 年为参照年，计划到 2010 年将公路交通事故死亡人数降低 50%，重伤人数降低 40%，将事故黑点、超速、酒后驾车以及削减涉及重型车辆、自行车和机动脚踏两用车事故作为重点领域加以治理。但是到了 20 世纪 90 年代早期，荷兰运输部已经认识到这个计划不能根本解决问题，而且制订的目标无法实现。因此，荷兰公路安全研究所(The Institute for Road Safety Research，简称 SWOV)提出一个新的被称为“可持续安全”的理念，并依此定义了一个新的公路安全政策。这个理念的基本观点是任何公路安全措施应聚集于人的行为，预防措施应首选使人的行为更加安全或得到更充分的保护。可持续安全理念基于以下三个安全原则。

(1)功能性原则，预防基础设施无目的的使用。

(2)协调性原则，避免以中速和高速行驶的车辆在速度、方向和车辆质量方面产生大的差异。

(3)可预测性原则，预防公路使用者行为的不确定性。

1989 年，第二版“公路交通安全规划”出台。新的安全规划除了进一步明确事故防范的重点以外，还着重强调了地方、行政以及其他职能部门的作用。

1990 年，荷兰政府有关部门出台了“交通运输结构方案”，公路交通安全指标再次调整，确认在 1986 年至 2010 年间交通事故死亡人数下降 50%，受伤人数下降 40%，同时提出了建立公路交通安全的长效机制。在建立交通安全长效管理的理念指导下，荷兰政府制订了 1997 年至 2002 年交通安全实施方案。中央政府提供改造公路交通安全设施总额一半的资金(约 1.1 亿欧元)，其余资金由公路运营商、车辆制造商等合作者筹集。

(1)公路的分类。从交通安全的角度出发，将全国 12 万 km 公路进行分类。通过分类，加大危险路段和事故多发路段综合治理。

(2)在城市公路中增加慢车道替代原先的自行车专用道。

(3)在城市交叉路口，实行行人和自行车优先的原则。

(4)建立公路交通状况信息系统。

(5)完善公路交通安全的法律法规体系。

荷兰公路交通管理部门在以下几个方面采取了一系列具体措施：加强公路的安全设施建设，重点保护公路交通安全的弱势群体；合理规划路网结构，在车辆的速度、运输路线方面合理安排，使得公路发挥最大的作用；并在公路的设计和建设方面等加入交通安全方面的内容。

荷兰运输和公共事务及水管理部是全国公路交通安全的主管部门。

1994 年，荷兰运输部、12 个省以及各地方政府就公路交通安全问题作出了安排，作出了“地方自治”的决定。各地的公路交通安全由各地按照本地区的实际情况制订具体措施。

主要措施有：

(1)在国家公路交通安全的框架内，各地尽可能制订符合本地实际情况的措施。

(2)地方政府和各地市政当局有责任落实各项交通安全措施。

(3)每个省建立专门的公路交通安全机构，解决地区性的公路交通安全问题。

(4)秘书处作为各省交通安全机构的办事部门，监督各个地方市政当局交通安全措施的落实情况。

(5)1998 年，将公路交通安全规划和措施方面的内容增加到交通和运输法中。

3. 英国

英国位于欧洲西部，人口 6 076.89 余万(2007 年)。2003 年公路网通车里程 417 140km。2000 年，英国经济规模超过法国跃居世界第四，并首次超过美国成为最大的海外投资国。英国经济在经历了 20 世纪 80 年代末和 90 年代初的衰退后，从 1992 年起开始复苏。2000 年，英国政府采取加强宏观调整力度和加速调整经济结构等一系列经济政策，实现了经济稳定发展。2007 年人均国民收入为 42 740 美元，机动车保有量为 3 432 余万辆(2006 年)。

1991～2008 年，英国公路交通事故基本呈现稳步下降的趋势。2008 年公路交通事故死亡人数为 2 645 人，10 万人口死亡率降至 4.3，如图 1-19 所示。

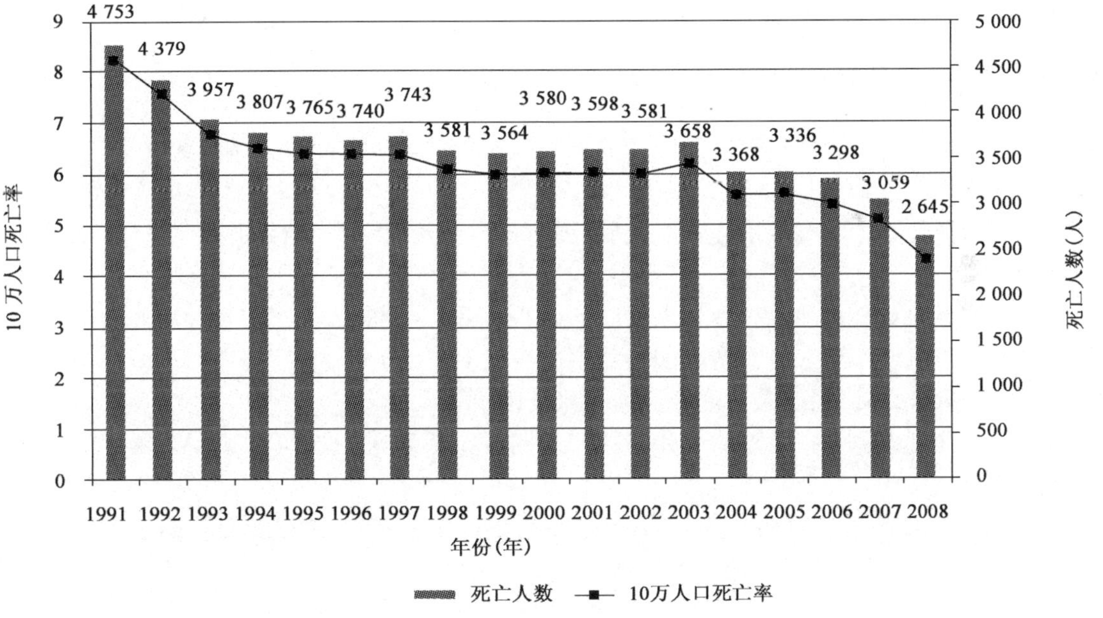

图 1-19 英国公路交通事故趋势(1991～2008 年)

英国有着重视公路交通安全的传统。作为一个经济发达国家，早在 1903 年，英国就制订并实施了驾驶证、车辆制动系统等交通安全措施。1931 年，英国就出台了第一部交通法规。三年以后，第一条人行横道出现。实际上，在 20 世纪的头 70 年中，英国在公路交通安全领域一直处于领先地位。

1987 年，英国政府制订了公路交通安全的目标，计划到 1998 年公路交通伤亡人数要比 1981～1985 年减少 1/3。到 1998 年，公路事故死亡人数降低了 39%，重伤人数下降了 45%，但是,轻伤人数上升了16%。

1996年,英国政府有关部门投资500万英镑,在中小城市开展了“安全城市工程”。此举引起了各界对交通安全的重视。2000年,政府发布了新的公路交通安全战略,并规划了2010年的交通安全目标:

(1)交通事故的死亡和严重受伤人数降低40%。

(2)儿童的交通事故死亡和严重伤害人数降低50%。

(3)亿车公里轻伤人数降低10%。

实事求是地说,达到上述目标是有相当困难的,需要社会各个方面的配合。为了达到上述目标,英国公路交通管理部门出台了十条相应的措施:

(1)儿童的公路交通安全问题。内容包括学校的交通安全教育,在学校的教育内容中增加交通安全教育的内容,鼓励学校组织学生参加旅行等活动,通过交通实践来加强学生的交通安全意识。鼓励骑自行车戴头盔。

(2)加强驾驶人的培训和考核。通过交通安全学校,加强驾驶人的公路交通安全意识的教育,对新驾驶人,在一段时间内实行跟踪制度,建立新驾驶人档案。提高新驾驶人的考核标准,通过一系列的事故案例,使新驾驶人充分地认识到驾驶车辆是一种高危险性的工作。

(3)加强对酒后驾车和疲劳驾驶的治理。提高酒后驾车和疲劳驾驶的处罚标准。

(4)加强公路交通安全基础设施建设。重点放在提高公路规划的科学性,将交通安全的内容融入到交通组织规划中去。通过示范工程,建立交通安全示范区域,在总结经验的基础上,在全国的范围内推广。

(5)加强对超速车辆的治理。制定新的车辆限速标准,增加20km/h限速区域。建立新的限速区域和标准。

(6)车辆安全。采取有效措施,包括制定强制性的法规,提高安全带的佩带率,推广采用智能安全带。

(7)摩托车的安全。加强新摩托车驾驶人的管理,制定新的摩托车头盔标准。

(8)行人和骑自行车人的安全。加大对事故高发人群的教育,推广骑自行车戴头盔。

(9)加大执法力度,提高公众遵守交通规则的意识。

(10)运用信息技术,在危险路段和事故多发路段提醒驾驶人谨慎驾驶。提高公路交通安全水平。

英国公路与车辆安全联合会是英国公路交通安全的主管部门,它是运输部下属的一个部门。几个与运输部相关的组织担负着公路交通安全的各个方面的工作。公路协会担负着公路的规则、交通安全设施的建设和维护。驾驶人和车辆协会担负着驾驶人和车辆执照的发放工作。驾驶标准协会负责驾驶人培训标准和考官的注册工作。车辆牌证协会负责车辆安全标准和车辆通行规则方面的工作。交通警察作为公路交通安全管理的一个重要部分,担负着执法和监管的作用。

在英国,公路交通安全政策是国家运输政策的一个重要部分。根据2010年运输10年规划,确定的基本原则为“让人们的旅行安全、放心,无论是步行、自行车、汽车、火车、飞机、轮船”。在国家公路交通安全战略中提出“明天的公路更加安全”的政策,提出至2010年,将公路交通事故死亡和严重受伤人数下降40%,儿童死亡人数下降50%。这个目标需要全社会的参与，这其中包括中央政府、地方当局、交通警察、汽车制造商等。在公路交通十年规划中，制订了从中央政府、公路管理部门、地方当局各方协调、综合治理的方案。通过各级的公路运输规划，制订相应的公路交通安全措施。地方当局必须每年向议会汇报公路交通安全的目标以及执行的情况。

在英国，大量的非官方组织积极地参与到公路交通安全活动中来，这些非官方组织包括一些民间团体，例如：自行车协会、摩托车协会、汽车协会等。

二、我国情况

交通安全形势的迅速好转与我国政府全面应对公路交通安全所作出的不懈努力是分不开的。自 2003 年开始，我国政府首次全面部署公路交通安全工作，逐步形成了政府统一领导、有关部门各司其职、齐抓共管、综合治理、标本兼治的工作格局，采取了一系列系统性和针对性措施，在短时间内遏制了我国公路交通事故高发的态势，公路交通安全形势迅速改善。党和政府高度重视交通安全工作，实施一系列行之有效的对策措施是我国公路交通安全形势迅速好转的根本性原因。

1. 中央政府设定公路交通安全目标

2003 年 9 月 2 日，国务院第 20 次常务会议听取了公安部关于进一步加强公路交通安全情况的汇报。2003 年 9 月 5 日，国务院召开电视电话会议，首次以国务院名义部署公路交通安全工作。会议提出了在本届政府任期(注：2003～2007 年)内实现公路交通事故从高发到基本遏制、直至逐年下降的工作目标。

2008 年 4 月 30 日，新一届政府成立后，张德江副总理在全国公路交通安全工作部际联席会议第四次会议上提出了新阶段我国公路交通安全的目标，即："确保本届政府任期(注：2008～2012 年)内公路交通事故起数特别是群死群伤特大事故起数进一步下降，伤亡人数进一步减少，公路交通安全形势进一步好转，为促进经济社会发展和社会和谐稳定作出更大的贡献。"

2010 年 4 月 28 日，国务委员、公安部部长孟建柱代表国务院在第十一届全国人民代表大会常务委员会第十四次会议上代表国务院所作的《国务院关于贯彻实施公路交通安全法加强公路交通安全工作情况的报告》提出了当前和今后一个时期，进一步加强公路交通安全工作的总体思路：以邓小平理论和"三个代表"重要思想为指导，深入贯彻落实科学发展观，坚持安全发展理念，进一步推动《中华人民共和国道路交通安全法》的贯彻实施，加强统筹规划，加强科学管理，加大安全投入，强化综合治理，不断加强和改进公路交通安全工作，努力走出一条具有中国特色的公路交通安全管理工作新路子，确保公路交通安全形势继续保持平稳，特大公路交通事故进一步减少，为促进经济社会发展、保障人民群众平安出行创造良好的公路交通环境。

2. 成立全国公路交通安全工作部际联席会议

为切实加强对全国公路交通安全工作的组织领导，协调、整合部门力量，形成政府统一领导，有关部门各司其职、齐抓共管、综合治理、标本兼治的工作格局，促进公路交通安全与经济社会协调发展，2003 年 10 月 22 日，经国务院批准(国函〔2003〕110 号)，全国公路交通安全工作部际联席会议(以下简称"联席会议")成立。

联席会议在国务院领导下，掌握全国公路交通安全情况，分析公路交通安全形势，研究政策，制订中长期战略规划；统筹研究全国公路交通安全工作，对全国公路交通安全工作进行部署，指导和监督各省、自治区、直辖市人民政府及其职能部门的公路交通安全工作；协调解决涉及相关部门的公路交通安全问题，促进部门协作配合，实现信息共享，建立长效机制，预防和减少公路交通事故，全面推进公路交通安全工作。

此外，国务院安全生产委员会办公室完善了指导和督促检查机制，对发生重特大公路交通事故的省份及时进行通报和约谈。有关部门建立并落实了公路交通事故调查处理和责任追究机制，2003 年以来，对 1 145 名负有领导或者直接责任的政府机关工作人员给予了党纪政纪处分，责成 12 个因一年内发生一次死亡 30 人以上或者 3 起一次死亡 10 人以上重特大公路交通事故的省份向国务院作出了检查。

3. 完善相关法律、法规和规章

1986 年 10 月，国务院发出《关于改革公路交通管理体制的通知》，决定全国城乡公路交通由公安机关统一管理。1988 年和 1991 年，国务院先后公布了《中华人民共和国道路交通管理条例》和《中华人民共和国道路交通事故处理办法》，此后公安部相继制定了《交通违章处理程序规定》等 18 个部门规章。1996 年，公安部着手开展《中华人民共和国道路交通安全法》的研究论证和起草工作。2003 年 10 月 28 日，十届全国人大五次会议审议通过了《中华人民共和国道路交通安全法》，自 2004 年 5 月 1 日起施行。2004 年 4 月 30 日，国务院颁布了《中华人民共和国道路交通安全法实施条例》，明确了贯彻落实公路交通安全法的实施细则。2006 年 3 月 21 日，国务院颁布了《机动车交通事故责任强制保险条例》，建立了机动车交通事故强制保险制度。各地区、各部门围绕实施《中华人民共和国道路交通安全法》，先后制订、修订了 50 多个地方法规、规章，60 多个部门规章，150 多个国家和行业技术标准。公安部颁布了《机动车登记规定》、《机动车驾驶证申领和使用规定》、《道路交通安全违法行为处理程序规定》、《道路交通事故处理程序规定》等四个部门规章。财政部等部门联合发布了《道路交通事故社会救助基金管理试行办法》，加大交通事故受伤人员的应急救治力度。

目前，全国基本建立了以《中华人民共和国道路交通安全法》为龙头、一个行政法规和多个部门规章为主体、地方性法规及政府规章为补充的较为完善的公路交通管理法律法规体系。

4. 开展交通安全专项治理

2003 年以来，各地先后组织开展了“预防特大公路交通事故百日竞赛”、“预防重特大公路交通事故专项行动”、“双超（超速、客车超员）专项整治”、“公路客运交通安全集中整治行动”、“高速公路交通秩序集中整治行动、交通安全宣传集中统一行动”、“农村公路交通安全集中整治行动”、“公路危险化学品运输车辆集中整治行动”、“涉牌涉证违法行为集中整治行动”、“中小学幼儿园校车交通安全集中整治行动”、“全国公安机关奥运公路交通安全攻坚战”、“预防特大公路交通事故百日会战”等一系列全国范围的统一专项治理行动。与此同时，各地公安机关还会同有关部门联合开展了针对三轮汽车、低速载货汽车、拖拉机违法载人以及客运车的专项整治等行动。另外，各地还针对本辖区公路交通违法行为和公路交通事故的特点及暴露出的突出问题，组织开展区域性整治，对严重交通违法行为形成了长期严管严控的态势，有效遏制了严重交通违法行为多发的势头。

2004～2009 年，年均查处超速行驶 1 900 万起、酒后驾驶 100 万起、无证驾驶 320 万起，因超速行驶、酒后驾驶等交通违法行为导致的交通事故年均下降10%以上;深入开展了校园周边及校车交通安全专项整治行动,校车和涉及学生的公路交通事故年均下降17%;集中开展了交通肇事逃逸案件专项侦破工作。积极实施城市交通管理畅通工程,有效缓解城市交通拥堵问题,全国660个城市已有29个达到畅通工程一等管理水平,166个达到二等管理水平。

5. 提高驾驶人驾驶技能

加强公路交通安全管理基础性工作,尤其是培养驾驶人的安全意识、普及安全知识是交通部门多年一直努力的方向。交通部门以培养驾驶人"安全第一、珍爱生命"的职业素质为总体目标,从提高驾驶人安全意识和操作技能入手,通过开展市场整顿、改革培训方法、提高培训效能、完善监管机制、加强舆论宣传等综合措施,深入实施了驾驶人素质教育工程。先后取消了1 900多所不符合条件的机动车和拖拉机驾驶培训学校,9 700多不符合条件的教练员被清退,驾驶人培训市场环境得到明显改善。在大量借鉴国外先进经验、充分调研基层实际的基础上,交通部门组织专家制订了驾驶人素质教育大纲,修订了机动车驾驶人培训教学大纲,着力提高驾驶人的安全意识和紧急情况下的操作技能。2003年以来,3年以下驾龄机动车驾驶人交通肇事率年均下降5.5%。

6. 加强运输行业管理

全面审查运输企业经营资格,严把营运车辆技术状况关和从业人员资格关,健全公路运输质量信誉考核机制,淘汰了一批不符合安全生产条件的运输车辆,吊销了234家企业的经营许可证,运输企业的安全管理水平逐步提高。

从20世纪90年代以来至21世纪初,我国运输车辆超限超载现象十分普遍和严重,车辆超限超载引发了大量的交通事故,成为公路交通安全的重大隐患。根据国务院的统一部署,从2004年起,交通部、公安部、国家发展改革委等八个部委,从宣传教育、路面执法、车辆生产和改装、吨位标定和牌照发放、运输市场秩序、公路收费政策等多个环节入手,综合采取经济、行政、法律、科技手段,在全国集中开展车辆超限超载治理工作,取得了明显成绩。全国干线公路货车超限率由80%以上下降到6%左右,车辆超限超载现象得到有效遏制,公路交通安全形势也明显好转。同时加强了对危险货物运输的行业管理,取消了25 186家不符合资质的运输企业,注销了一批不符合条件的驾驶人和押运员的从业资格证,使公路危险货物运输市场秩序有了明显好转。

7. 提高机动车安全性能

(1)开展制售假冒伪劣汽车配件专项整治。严厉打击了制售假冒伪劣汽车配件等违法犯罪活动,规范了汽车配件市场的秩序,并进一步清理整顿和规范了汽车维修市场。

(2)加强公路运输车辆改装管理。深入整顿汽车生产和改装企业,对4 000多家非法改装企业进行了取缔或吊销执照,撤销了2.9万个型号已不符合国家标准的机动车产品。对非法改装等不符合技术标准的车辆,一律不得允许进入公路运输市场。

(3)严格机动车安全技术检验。加强对检验机构的监督和检验人员的管理,严格按照检验标准和规程等技术规范开展机动车安全技术检验,进一步规范检验行为,不得伪造检测数据,确保检验公正。

(4)建立并实施缺陷汽车召回制度。2004年3月12日,国家质量监督检验检疫总局、国家发展和改革委员会、商务部和海关总署联合发布《缺陷汽车产品召回管理规定》，标志着我国缺陷汽车召回制度正式建立。据统计，2004 年以来，全国共召回了 320 万辆存在隐患的机动车。

(5)建立中国新车评价规程(C-NCAP)。将在市场上购买的新车型按照比我国现有强制性标准更严格和更全面的要求进行碰撞安全性能测试，评价结果按星级划分并公开发布，旨在给予消费者系统、客观的车辆信息，促进企业按照更高的安全标准开发和生产，从而有效减少公路交通事故的伤害及损失。

8. 开展交通基础设施安全整治工程

(1)公路安全保障工程。从 2004 年起，交通部在国省干线公路上实施为期三年的以"消除隐患、珍视生命"为主题的公路安全保障工程，2007 年进一步将县乡公路纳入安保工程范围。2004 年以来，公路安保工程累计投入资金 147.4 亿元，整治隐患路段 42.4 万处、13.4 万 km。安保工程的实施有力地保障了公路行车安全，促进了中国公路交通安全形势的持续好转。仅 2007 年，全国公路上装有波形防护栏、防撞墙、防护墩的路段事故同比分别下降 12.4%、11.2% 和 19.7%。

(2)危桥改造工程。截至 2010 年底，我国公路桥梁达 65.81 万座、3 048.31 万延米，其中大部分是在最近一二十年内建造的。由于桥梁的老化、结构性损伤以及过去相对较低的设计标准，部分桥梁变为危桥，对交通安全造成较大隐患。"十五"期间，交通部已投入了 150 亿元，改造了 7 000 多座危桥。2008 年，交通部又决定用三年时间(2008～2010 年)基本完成现有国省干线公路上全部危桥以及县道、乡道公路危桥中重要危桥的改造任务。

9. 完善应急工作

(1)公路气象灾害预报预警。雾、冰雪、暴雨等不利气象条件，泥石流、滑坡、水毁等自然灾害和各类危险品运输泄漏事件对公路交通运输安全和通畅的影响正日趋强烈。交通运输部和中国气象局共同开展了公路交通气象预报工作，根据水毁、雾害等中国公路影响最普遍的气象灾害形式，结合汛期大范围强降雨预报和公路沿线雾监测工作，及时发布相关气象信息，建立相关的应急处置、信息反馈与评估等制度。公安部和中国气象局建立了公路交通气象信息交换和发布制度。

(2)完善应急工作，提升事故处理和救援能力。2003 年以来，各地针对影响公路交通安全的不同情况，分级分类制订了应急工作预案。据不完全统计，全国所有省(区、市)、97.9%的市(地)和 92.8%的县已制订了交通管理应急预案 1 813 项，并纳入地方政府统一管理，最大限度地降低了恶劣气象和突发事件对公路交通安全的影响。公安、卫生部门建立了公路交通事故救援绿色通道，完善了公路交通事故快速抢救机制。公安部制定了高速公路交通应急管理规定，建立了以消防、交警为主的应急救援队伍，完善了部门、警种联动协作机制和应急救援预案。据不完全统计，仅 2008 年全国因及时实施公路交通事故现场救援，共挽回 2.5 万人的生命。交通运输部门构建了部、省两级公路网管理与应急处置平台，加强了路网运行监测与路况信息发布工作。

10. 加强交通安全宣传与教育

为充分发挥交通安全宣传在预防和减少公路交通事故中的重要作用，自 2003 年以来，公安部等部门在全国陆续开展了以"关爱生命，安全出行"交通安全宣传进农村、进社区、进企业、进学校、进家庭的“五进”活动(2004年10月20日～2005年2月底)以及“保护生命、平安出行”交通安全宣传教育工程(2006～2008年)等交通安全宣传与教育活动,充分利用社会力量和现代传媒,大力开展交通安全宣传教育,使交通安全宣传深入人心,进一步提高全民交通法治意识、交通安全意识和交通文明意识,打造安全、畅通、和谐的交通环境。

11.发挥科技改善安全的支撑作用

为了遏制中国公路交通事故多发的态势和为公路交通安全保障提供技术支持,交通运输部组织实施了一系列交通安全基础性研究。针对我国低等级公路交通安全现状以及建设、管理养护的需求,为公路安全保障工程提供技术支持,2004年交通部立项开展了“公路交通安全应用技术研究”项目的研究工作,旨在解决目前中国公路交通安全中亟待解决的部分重大技术问题。2008年2月28日,科技部、公安部、交通部共同启动了“国家公路交通安全科技行动计划”。国家公路交通安全科技行动计划打破了行业壁垒,第一次将交通安全的两个主要责任部门,即公安部和交通部的资源整合起来,建立数据和资源共享机制,以科技创新为突破点,互相配合,群策群力,共同致力于提升我国公路系统的交通安全水平。目前,一大批交通安全研究成果已成功应用于工程实践,并取得了较高的效果,为我国公路交通安全的持续改善起到了重要的技术支撑作用。

第四节　公路交通安全保障工作面临的持续挑战

一、安全隐患仍比较突出

(1)机动化程度快速提高带来的隐患。截至2010年底,我国机动车保有量已增至2.07亿辆,2004～2010年年均增长11.49%。千人机动车保有量已从2004年底的83辆增至2010年底的155辆,6年间增长了86.31%。机动化程度的快速提高必然对公路交通安全带来隐患。

此外,我国机动化程度仍有大幅提高空间。与发达国家相比,我国机动化程度仍然较低,仍处于机动化初级阶段。2009年,我国千人机动车保有量为140辆,美国为846辆,日本为650辆,英国为571辆,瑞典为586辆。由于我国经济的快速发展,机动化程度仍将快速提高,且仍有较大的提高空间。这将对我国公路交通安全带来长期影响。

表1-4为我国与发达国家的机动化程度(2009年)。

我国与发达国家的机动化程度(2009年)[1]　　表1-4

国　家	机动车保有量(万辆)	人口数(百万)	机动化水平(辆/千人)
美国	25 749 *	307	846
日本	8 293	128	650
英国	3 426	60	571
瑞典	—	—	586
中国	18 658	1 335	140

注:* 为2008年数据。

[1] 数据来源:经济合作与发展组织《IRTAD ANNUAL REPORT 2010》。

(2)摩托车数量庞大带来的隐患。摩托车一直占据我国机动车的主体地位。2004 年,我国机动车保有量中,摩托车保有量比例高达 62.63%,而同期汽车保有量比例仅占 33.28%。随着我国经济社会的快速发展,近年来越来越多的人选择购买汽车作为出行代步工具,汽车保有量比例不断提高,摩托车保有量比例不断下降。截至 2010 年底,我国摩托车保有量比例降至 48.30%,汽车保有量比例增至 43.88%。目前,虽然我国机动车保有量类型结构正由摩托车为主向汽车为主转变,但摩托车在绝对数量上仍多于汽车。截至 2010 年底,摩托车保有量已达 1 亿辆。可以预见,在未来一段时间,我国摩托车保有量仍将继续增长。

图 1-20 为我国机动车组成情况(2004～2010 年)。

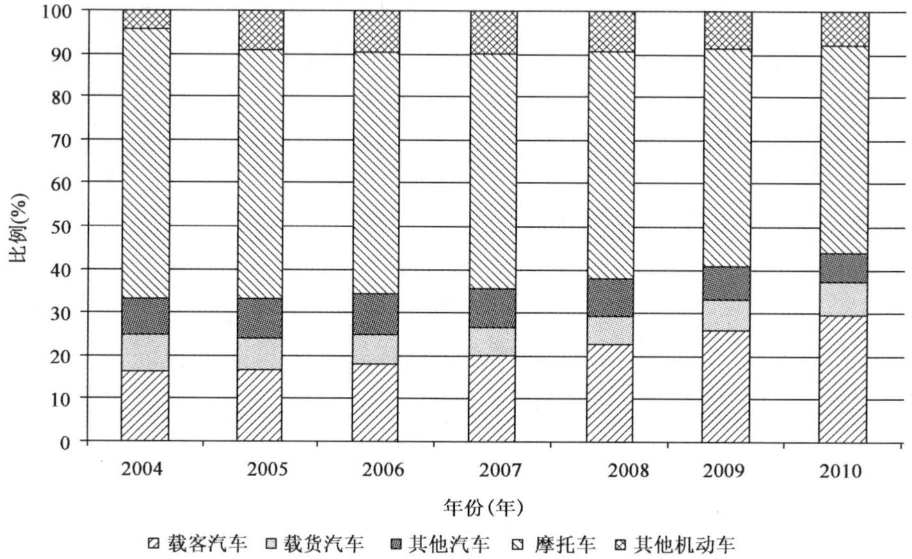

图 1-20　我国机动车组成情况(2004～2010 年)

我国大部分摩托车在中小城市和农村地区行驶,在农村已成为农民代步、赶集、载运生产生活资料的主要交通运输工具。但数量庞大的摩托车已成为农村地区的交通安全隐患,突出表现在:违法上路行驶的多、无牌无证的多、无证驾驶的多、交通事故多、治安隐患多。加之农村地区存在大量违法改装的摩托车,其安全性能得不到任何保障,这些都使摩托车安全隐患日益突出。根据公安部的统计,2010 年全国摩托车共肇事 58 160 起、造成 13 501 人死亡、74 825 人受伤,分别占事故总数的 24.40%、19.92%和 27.20%。驾驶摩托车肇事数量仅次于驾驶客车肇事数量。可以预见,随着摩托车数量的继续增长,摩托车安全隐患问题将日益突出。

(3)公路基础设施仍然存在隐患。由于受资金、环境和理念等众多因素的制约,我国一些早期建成的山区公路,坡陡弯急,傍沟临涧,公路等级低,行车环境恶劣,安全隐患大,事故频发。虽然经过多年的公路安全保障工程建设,但由于建设资金等因素限制,目前仍有部分安全隐患路段没有得到治理。此外,近年来农村公路得到了快速发展,但大部分农村公路标准较低,缺乏必要的安全防护设施,在缺乏农村公路交通安全管理的情况下,农村拖拉机、三轮汽车、低速载货汽车无牌无证、违法载人现象普遍,导致农村公路交通事故高发。2003～2009 年发生的一次死亡 10 人以上的重特大公路交通事故中,发生在农村公路上的就占 54%。

二、公民安全意识不强

(1)机动车交通违法行为仍很突出。虽然近年来全国处理机动车违章(法)次数、教育人次和处罚人次起伏较大,但绝对数量一直很高。2010 年,全国处理机动车违章(法)次数、教育人次和处罚人次分别高达 2.26 亿、3 793 万和 1.88 亿。这说明我国机动车交通违法行为数量一直维持在高位,机动车交通违法行为仍很突出。在纠正的机动车违法行为中,超速行驶、货车超载、无证驾驶、饮酒驾驶、客车超员和醉酒驾驶是较为常见和突出的违法行为。

图 1-21 为全国处理机动车交通违法情况(2004～2010 年)。

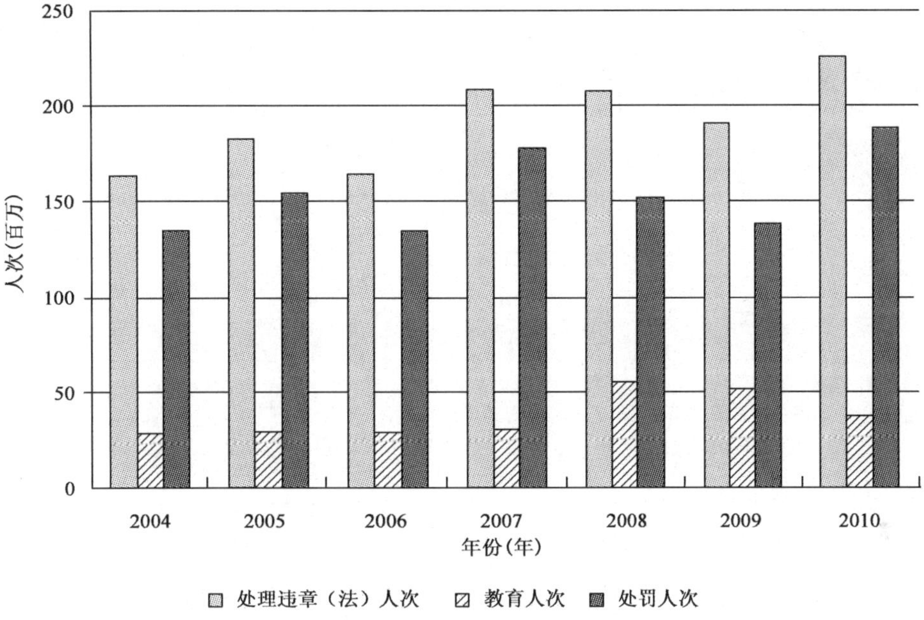

图 1-21　全国处理机动车交通违法情况(2004～2010 年)

由于机动车交通违法行为一直居高不下,使得因机动车违法行为导致的交通事故比例逐年增长。根据公安部的统计,2010 年因机动车违法行为导致的交通事故起数、死亡人数和受伤人数已分别占总数的 91.08%、92.02%和 91.95%,如图 1-22 所示。

(2)非机动车、行人和乘车人遵守交通法规意识淡薄。与机动车违法行为一样,近年来全国处理非机动车、行人和乘车人违章(法)次数、教育人次和处罚人次也起伏较大。与处理的机动车违法行为相比较,虽然非机动车、行人和乘车人违法行为数量上相对较少,但绝对数量仍然较大。2010 年,全国处理非机动车违章(法)次数、教育人次和处罚人次分别高达 2 684 万、1 956万和 728 万;处理行人和乘车人违章(法)次数、教育人次和处罚人次分别高达 2 152 万、1 650 万和 502 万。

图 1-23 为全国处理非机动车交通违法情况(2004～2010 年),图 1-24 为全国处理行人和乘车人交通违法情况(2004～2010 年)。

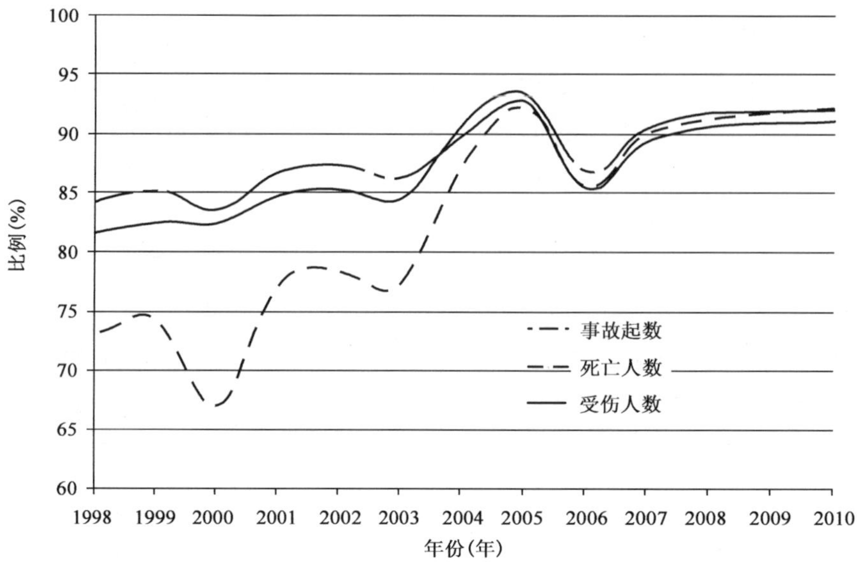

图 1-22　机动车违法行为肇事情况(1998～2010 年)

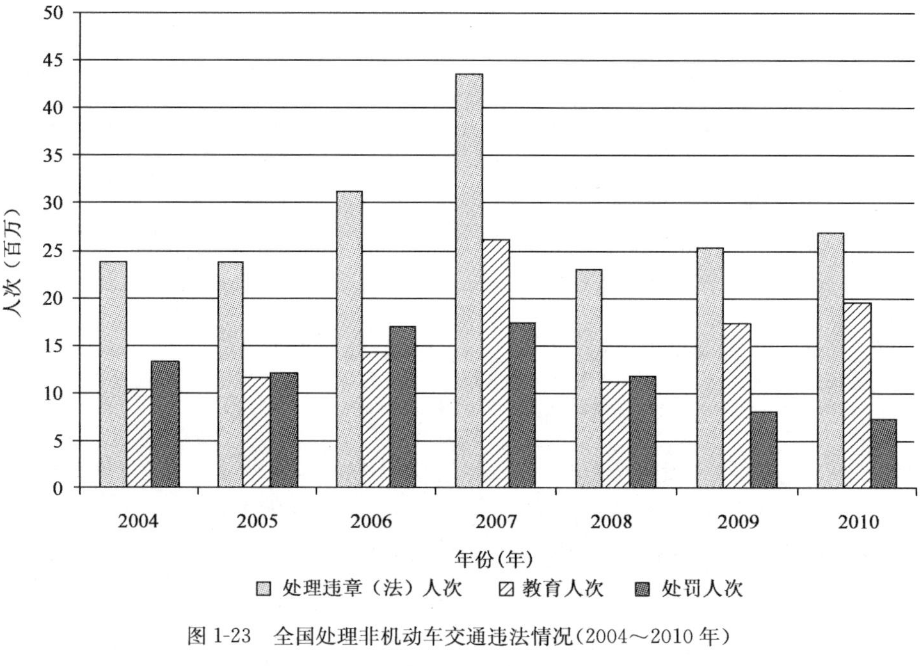

图 1-23　全国处理非机动车交通违法情况(2004～2010 年)

三、管理、执法和交通事故应急、救护水平仍然偏低

我国公路交通科学管理的理念、机制、手段、方法以及管理人员的素质、能力还不适应经济社会发展的需要。特别是交通安全管理警力不足问题比较突出。到 2009 年底,全国农村公路达 350.65 万 km,但管理农村公路的警力只有 2.1 万人,人均管理超过 160km,部分农村公路交通安全处于无人管理的状态;有的新建高速公路虽已开通,但交警警力配备没有同步跟上。

近年来，虽然我国公路交通事故应急救援和救护水平有了很大进步，但从总体来说，我国公路交通事故应急救援和救护水平仍处于起步阶段，水平仍然偏低，其结果是导致我国交通事故致死率和致残率居高不下，加重了交通事故损失和社会负担。因此，应对机动车驾驶人实施必要的医疗急救知识培训，掌握在公路交通事故现场对受伤人员的初步救护技能，强化“黄金半小时”救护制度，提高公路交通事故应急救援和救护水平。

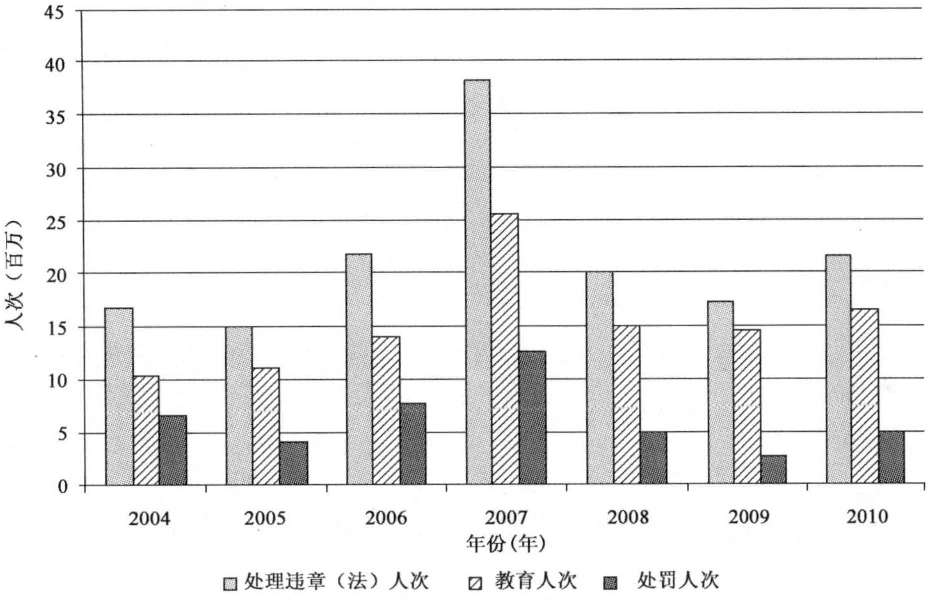

图 1-24　全国处理行人和乘车人交通违法情况(2004～2010 年)

随着经济社会的进一步发展以及机动化水平的进一步提高，我国公路交通安全保障工作面临的压力将愈加增大，面临的挑战将持续增强，需要系统、长期、持续的努力才能应对这些挑战，保障我国公路交通安全形势的持续改善。

第二章　公路交通安全保障现状与对策

自2003年起，我国政府认识到交通安全是涉及全民生活幸福的重要工作，国务院明确提出了遏制交通事故，促进道路交通安全形势进一步好转的执政目标，公安部、交通部等部委和省市各级人民政府也都十分重视交通安全保障工作，开展了“公路交通安全保障工程”、“高速公路交通秩序集中整治行动、交通安全宣传集中统一行动”、“农村道路交通安全集中整治行动”等全国性的交通安全行动，同时加大了对超速、酒驾等交通违法行为的惩治力度，促使我国的交通安全形势出现了根本性的好转。

但是，我国的交通事故数和交通事故导致的死亡人数仍然居于世界前列，交通安全整体形势仍然不容乐观，而且我国目前仍处于机动车以及驾驶人数量急剧增长的阶段，交通事故率反弹的压力很大，而且我国在交通安全法制、公路基础设施、交通安全教育和车辆管理等环节仍然存在着很大的提升空间，因此，公路交通安全保障在我国是一项需要长期持续开展的工作。

众所周知，交通安全是一项复杂的系统工程，需要社会多个部门的群策群力，而且应该紧密结合当前存在的主要问题展开针对性的工作，因此，公路交通安全保障工作的开展必须在对我国交通参与者、公路交通环境、车辆制造和交通安全综合管理水平等因素深入分析的基础之上，总结出当前我国交通安全工作中存在的主要矛盾，然后采取针对性的技术和管理措施，实现我国交通安全水平的持续改善。

第一节　我国公路交通条件总体分析

一、公路发展情况

改革开放以来，我国公路基础设施建设取得了举世瞩目的发展。公路总里程从1978年的不到90万km增加到超过400万km。截至2011年底，全国公路网通车里程达407.96万km，其中高速公路通车里程达到8.51万km。2006年至2011年间，我国公路建设、道路运输和交通出行发展态势见图2-1、图2-2，可见五年间，我国公路通车里程呈快速增长趋势，其中全国公路网通车里程近两年来有所放缓，高速公路建设从2009年起持续快速增长，路网行驶量持续增长，2010年，全国国道网年平均日行驶量达到195 505万车公里，全国高速公路年平均日行驶量达到134 587万车公里。

同时，我国公路桥梁隧道建设也得到了大发展。2010年全国公路桥梁共65.8万座，3 048.3万延米；公路隧道共7 384道，512.3万延米，其中，特长隧道265道、长隧道1 218道、中隧道1 357道、短隧道4 544道。

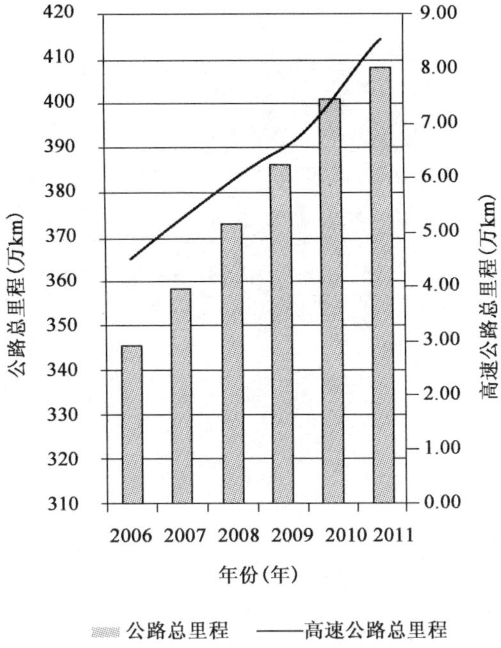

图 2-1　全国公路网通车里程发展趋势

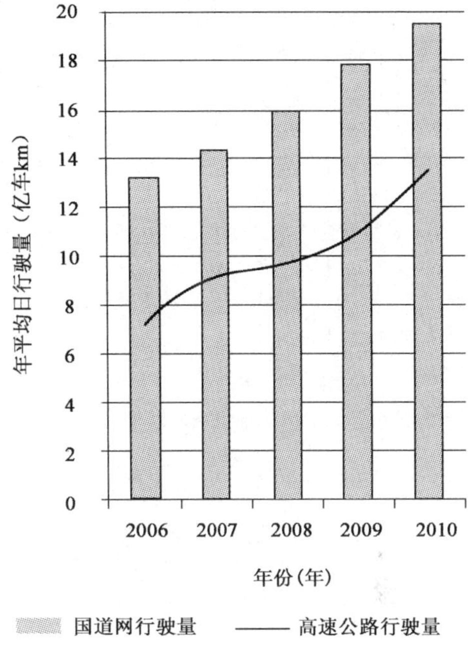

图 2-2　国道网和高速公路行驶量发展趋势

在公路通车里程增长的同时，我国公路的技术条件也得到了持续的提高。目前我国公路基础设施技术条件主要表现出以下五个方面特点。

(1)等级公路比例迅速增加，整体技术等级仍较低

等级公路比例从 60%左右(2006 年以前的数据不含村道)提高的 80%左右(含村道)。特别是“十一五”期间，随着全国范围内农村公路建设的开展，等外公路占公路通车总里程的比例迅速减少。到 2010 年，等外公路的比例由 2006 年的 34%降至 17.5%，显示出我国公路基础设施技术条件得到迅速改善。图 2-3 为公路技术等级发展趋势。

但目前我国公路整体技术等级仍较低，2010 年全国二级及二级以上高等级公路里程只占总里程的 11%，设计速度 20km/h 的四级及四级以下公路里程占总里程的近 80%，如图 2-4 所示。在 40 多万公里国省干线公路中，有近 28%为二级以下低等级公路；在县、乡、村道组成的农村公路中，有近 20%仍为等外路。低等级公路设计标准低，线形和安全设施条件较高等级公路有较大差距，而等外公路目前尚未有针对性的设计标准规范，为交通参与者提供的行车安全保障水平不高。

(2)路面技术条件得到显著改善，高等级路面比例仍较低

1980 年在我国纳入统计口径的全部 8.9 万 km 公路中(未包括村道)，7.3 万 km 为砂石路，占总里程的 82%。到 2010 年，即使将村道计算在内，这一比例也已降至 40%以下，我国大部分公路敷设了铺装路面，如图 2-5 所示。

但我国公路高等级路面比例仍不到公路总里程的一半。占公路总里程大多数的简易铺装路面和砂石路面摩擦系数较低、路面平整度差，于行车安全不利，如图 2-6 所示。

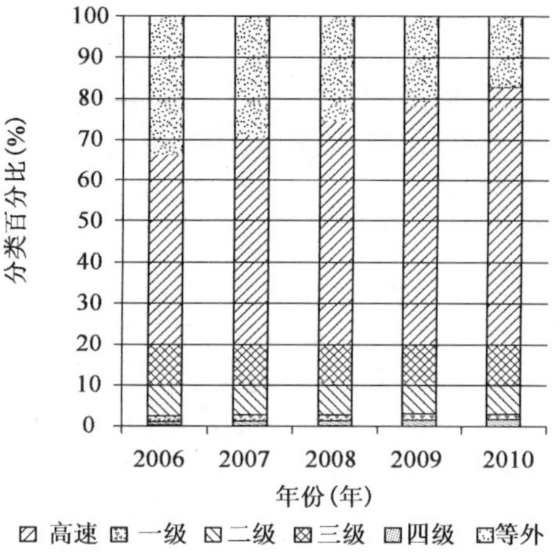

图 2-3 公路技术等级发展趋势

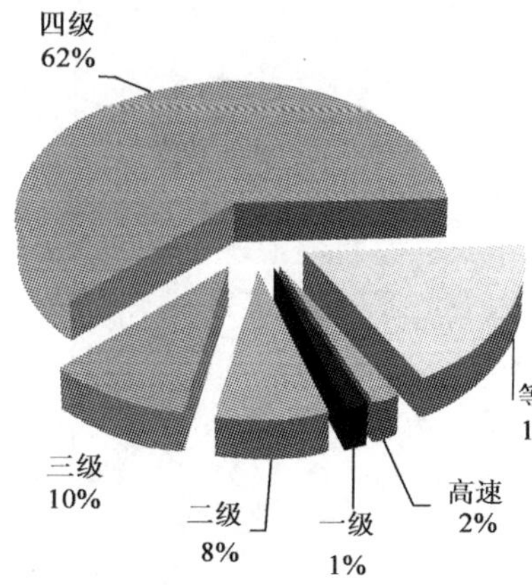

图 2-4 2010 年公路技术等级里程比例

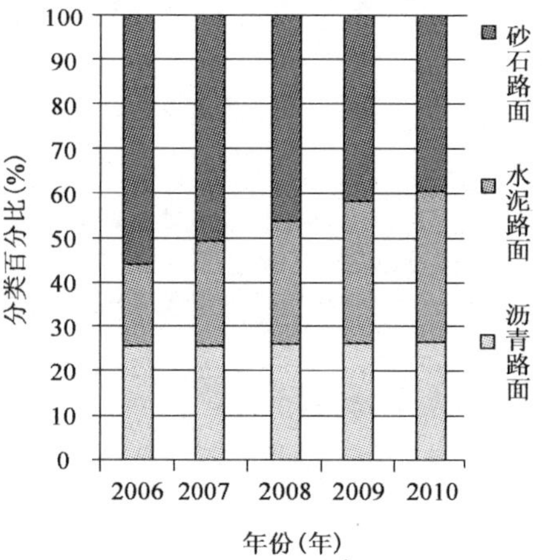

图 2-5 公路路面条件发展趋势

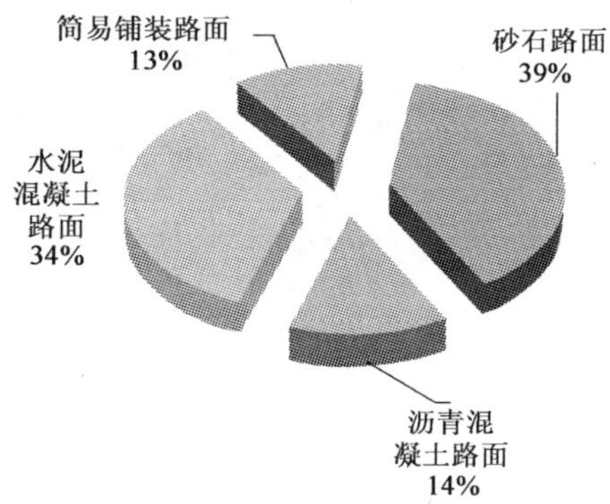

图 2-6 2010 年公路路面类型比例

图 2-7 为 2006～2010 年公路路面条件发展趋势。

(3)养护覆盖率不断提高,公路技术状况有待进一步提高

2006 年以来,我国公路养护里程比例不断增加,养护投资不断增加。2010 年,全国公路养护里程 387.59 万 km,占公路总里程的 96.7%,其中国省干线公路全部实现养护覆盖。2010 年全国公路晴雨通车里程 3 532 374km,占总里程 88.13%,其中国道 99.73%,省道 98.99%,县道 96.53%,乡道 90.97%,专用公路 74.26%,村道 82.04%,公路养护大大提高了我国公路的通行保障能力。

与此同时,我国公路养护技术状况仍不平衡,在反映公路综合技术状况的优良率方面,高速 99.23%、国道 78.75%、省道 75.24%,县、乡、村道和专用公路养护管理质量优良率 61.74%、路面质量优良率 57.76%。行政等级较低公路的技术状况与高速公路和国省干线公路相比仍存在较大差距。国省干线公路养护水平也有待进一步提高。

另外,仍有部分建设较早的公路桥梁技术状况较差。2010 年全国公路仍有危桥 93 525

座，占公路桥梁总量的 14.2%。

(4)农村公路实现跨越式发展，为我国公路交通安全保障带来了新的挑战

农村公路实现跨越式发展，投资规模取得历史性突破，通达深度和通畅程度明显提高。"十一五"期间，农村公路建设总投资约 9 000 多亿元，其中国家投资接近 2 000 亿元，占公路建设国家投资的 1/3 强，新增农村公路 53.5 万 km。农村地区交通条件明显改善，大部分地区农村居民出行难的问题得到解决。同时，由于国家实施"汽车下乡"的惠农政策导致农村地区机动车保有量增加，特别是微型轿车、面包车增长迅速。农村公路在交通量快速增长的同时，农村驾驶人的安全意识并没有得到相应的提升，同时部分山区农村公路的线形指标较低，环境复杂，导致农村公路交通事故有增加的趋势，为我国公路交通安全保障带来了新的挑战。

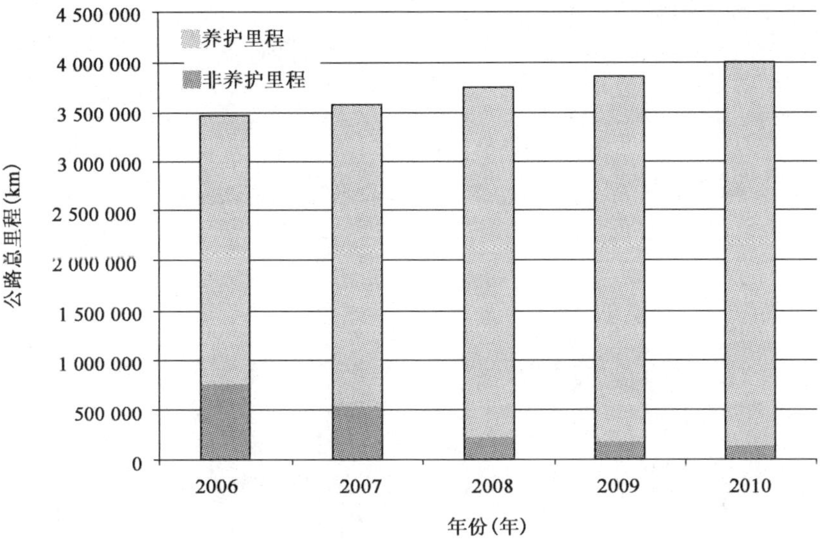

图 2-7　公路路面条件发展趋势

二、机动车制造与使用情况

1. 我国机动车发展总体情况

随着公路基础设施建设和道路运输的持续快速发展，我国机动车，特别是汽车数量持续增长，"十一五"期间，呈现加快增长的态势。到 2011 年底，我国机动车保有量达到 2.25 亿辆，其中汽车 1.06 亿辆，与 2006 年相比，五年间分别增长 55%和 112%。仅 2011 年一年，就新增汽车 1 500 万辆。我国 2006～2011 年机动车和汽车发展总体态势见图 2-8。

2. 机动车车型比例现状与趋势分析

按公安交通管理部门的统计方式，我国机动车按形式特点分为汽车、摩托车、挂车、进入公路行驶的拖拉机和其他机动车五类。2006 年以来，各类车辆数量虽均有增长，但发展不平衡，其中汽车数量增长最快，在各类车辆中比例呈逐年快速上升趋势，同时挂车比例也呈逐年增加趋势；摩托车和拖拉机比例呈逐年减小趋势(图 2-9)。不容忽视的是，摩托车所占比例虽然逐年减小，但仍是我国数量最多的一类机动车(2010 年占机动车总数比例为 48.3%)，摩托车由于

速度快,缺乏对驾驶人的有效保护,加之中国摩托车驾驶人驾驶的随意性较大,公路上对摩托车的监管和执法均存在较大难度,因此,摩托车肇事已经成为我国公路交通安全必须重视的问题。

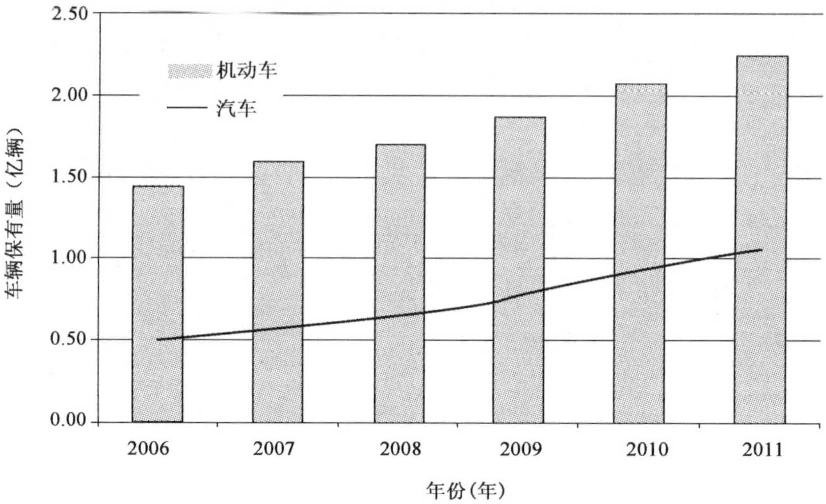

图 2-8 机动车保有量发展趋势

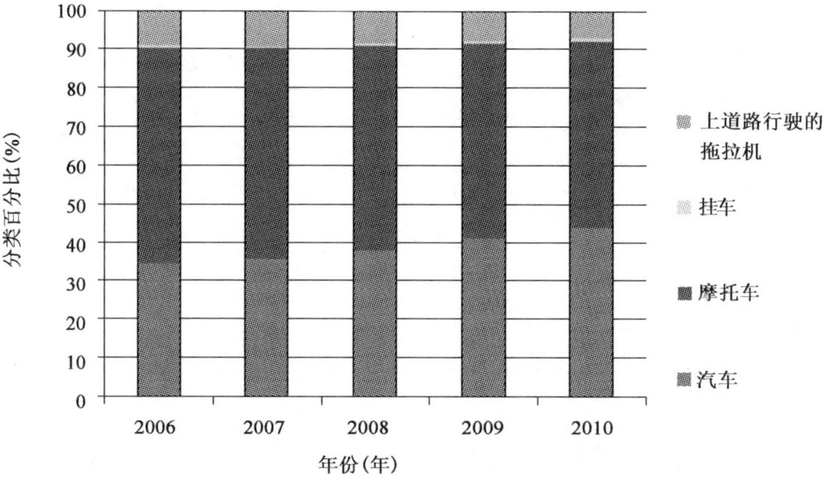

图 2-9 各类机动车发展趋势

我国各类汽车的分类比较与趋势分析中(图 2-10),载客汽车发展速度最快,占汽车总数量的比例逐年快速增加。载货汽车数量虽逐年增加,但占汽车总量比例保持稳定。需要注意的是,在我国,"其他汽车"主要是三轮汽车和低速载货汽车,这两类车辆安全标准较低、技术性能差,对公路的交通安全和通行能力均有不利的影响。虽然"其他汽车"占总量比例逐年减少,但到 2010 年仍占总量的 15%,数量达 1 300 余万辆。

在各类载客汽车中,轿车数量最多且发展迅速,所占比例逐年增加(图 2-11);在各类载货汽车中,轻型货车虽然所占比例最大,但重型货车的比例逐年上升,而中型货车的比例则不断下降(图 2-12)。因此,总体而言,我国汽车车型发展总体趋势可以归纳为"客车小型化,货车重型化"。

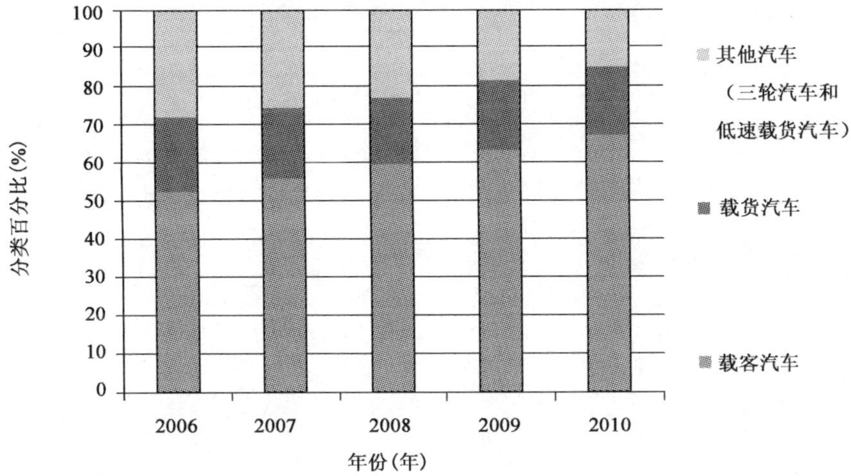

图 2-10　各类汽车发展趋势

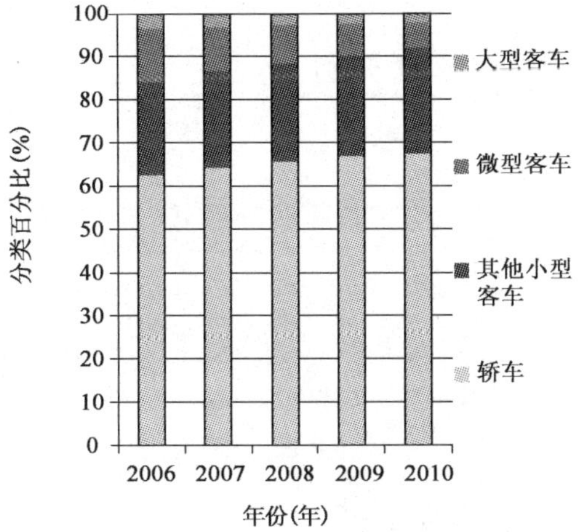

图 2-11　载客汽车发展趋势

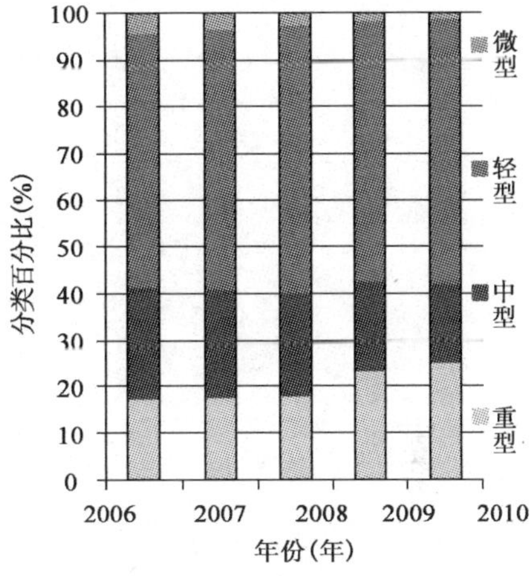

图 2-12　载货汽车发展趋势

3. 汽车尺寸与车重情况分析

根据公安交通管理部门的车型分类，在我国汽车保有量中，各类汽车数量与比例见表 2-1，可见我国车辆类型向两级发展。

对我国 10 个省的 32 条高速公路、26 条国道、146 条省道的交通量数据的分析和研究后获得的在公路上实际运行的不同车辆类型的占有率见表 2-2、表 2-3。

可见，在载货汽车方面，尽管大型、重型载货汽车保有量的统计比例不高，但其占公路实际交通出行量的比例很高。这一点在高速公路出行方面表现尤为明显。出现这种情况与从事公路长途货运的企业追求运输利润率有关，在道路条件允许的情况下，单车运载量越大，单位载重的人力、通行费用、机械损耗、油耗等成本越低。这也是我国货运车辆“重型化”发展趋势的致因。

2010 年公安交通管理部门统计的各车型数量与比例 表 2-1

分类	规格术语	说明	数量(辆)	百分比(%)
载客	大型	车长大于等于 6m 或乘坐人数大于等于 20 人。乘坐人数是可变的，以上限确定。乘坐人数包括驾驶人(下同)	1 160 695	1.90
	中型	车长小于 6m，乘坐人数大于 9 人，小于 20 人	1 463 426	2.39
	小型	车长小于 6m，乘坐人数小于 9 人	54 948 145	89.79
	微型	车长小于等于 3.5m，发动机总排量小于等于 1L	3 622 181	5.92
	小计		61 194 447	100.00
载货	重型	车长大于等于 6m，总质量大于等于 12 000kg	3 978 087	24.92
	中型	车长大于等于 6m，总质量大于等于 4 500kg，且小于 12 000kg	2 679 314	16.78
	轻型	车长小于 6m，总质量小于 4 500kg	9 103 353	57.02
	微型	车长小于等于 3.5m，总质量小于等于 1 800kg	204 842	1.28
	小计		15 965 596	100.00

高速公路按普通车型划分标准累计占有率统计表 表 2-2

车型	载质量	占有率(%)	累计占有率(%)
小型载货汽车	载质量≤2t	12.77	12.77
中型载货汽车	2t<载质量≤7t	28.67	41.44
大型载货汽车	7t<载质量≤14t	22.61	64.05
特大型载货汽车	载质量>14t	35.95	100.00
拖挂车			
集装箱车			

国省道按普通车型划分标准累计占有率统计表 表 2-3

车型	载质量	占有率(%)	累计占有率(%)
小型载货汽车	载质量≤2t	34.46	34.46
中型载货汽车	2t<载质量≤7t	27.38	61.84
大型载货汽车	7t<载质量≤14t	18.66	80.50
特大型载货汽车	载质量>14t	19.50	100.00
拖挂车			
集装箱车			

从高速公路和国道通行车型组成上的区别来看，在高速公路上通行的大型、重型货车超过50%，而在国道则基本符合车辆保有量的分布，反映出高速公路的运营管理和通行条件在一定程度上影响了大型、重型货车的通行。同时，不容忽视的是，国道上通行的货运车辆中仍有近40%为大型、重型货车。

对已开展高速公路计重收费的江苏、广东两省高速公路计重收费数据进行收集和分析的结果表明，江苏省高速公路 90％位累积货车交通占有率所对应的货车车重为 35～43t；广东省高速公路 90％位累积货车交通占有率所对应的货车车重为 46.15t。

高速公路计重收费数据真实地反映了货运车辆的实际装载情况。从调查的情况来看，货车的实际总重比汽车销售和车型统计数据反映的额定总重数据要高。尽管高速公路上实际运行的大部分货车其总重低于 40t，但仍有超过 10％的货车总重超过 40t。按货车大型化的发展趋势，总重超过 40t 的货车比例在未来几年内仍可能快速增加。

货运车辆是交通事故发生率较高的车型，特别是重型货运车由于载质量较大，与小型车的运行速度有较大差距，因此发生制动失灵和追尾事故的概率较高，因此，必须认真考虑重型货车比例不断升高对交通安全带来的负面作用，通过完善车辆制造与管理环节，以及提高公路对货运车的适应性消除这种影响。

4. 山区公路货车超载超限情况调查分析

超载超限是众多山区公路交通事故的致因之一。大量有关山区公路长下坡路段交通安全问题的研究均认为，货车超载超限是导致这类路段发生交通事故的主要原因。为此，针对山区公路货车超载超限问题，对典型山区公路货车载重情况进行了专项调查。表 2-4 为样本各车型组成。

样本各车型组成　　表 2-4

轴　数	二　轴	三　轴	四　轴	五　轴	≥六　轴
样本量(量)	46 976 789	4 951 368	4 103 723	645 091	1 189 445
比例(％)	81.2	8.6	7.1	1.1	2.0

调查收集了 2008 年初至 2009 年底四川省辖高速公路 325 个进出口的通行货车总质量（计重收费）记录，其中包括各通行货车实际总质量、载质量、车型、轴数等车型的信息。超载超限认定标准根据原交通部、公安部、国家发改委联合发布的交公路发[2004]455 号文件《关于进一步加强车辆超限超载集中治理工作的通知》，不同轴数货车对应的车货总重的限值见表 2-5。

超载超限认定标准　　表 2-5

轴　数	二　轴	三　轴	四　轴	五　轴	≥六　轴
车货总质量(t)	20	30	40	50	55

1)货车总重分布

图 2-13 给出了基于调查数据的典型山区公路货车总质量分布情况。在所有样本中，总质量在 10t 及以下的数量最多，占 65.59％。超过 95％的货车总质量不超过 40t。不同轴数货车平均总质量见表 2-6。在两年的调查期间，有超过 0.5％的货车总质量超过 60t，数量为 291 450 车次。在总质量超过 60t 的货车中，有 615 辆总质量超过 100t，135 辆总质量超过 110t，即使按六轴车计算也已超载 100％，车质量最大的样本达到 150t 以上。

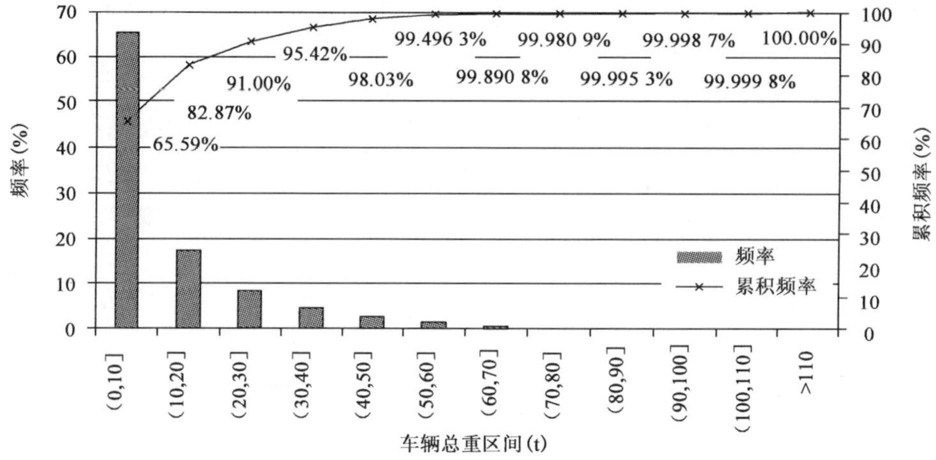

图 2-13　典型山区公路货车总重分布

各轴数货车总质量与超载超限情况统计　　表 2-6

轴　　数	二　　轴	三　　轴	四　　轴	五　　轴	≥六　　轴
平均总质量(t)	7.87	23.47	31.14	34.70	37.87
超载超限车辆比例(%)	7.51	27.81	30.34	12.16	9.48
平均超载超限率(%)	33.69	29.51	29.98	15.56	18.91
最大超载超限率(%)	475.00	162.50	287.50	170.00	145.45

2)货车超载超限情况分析

从超载超限车辆统计的结果来看,各轴数货车均有相当数量的超载超限,各类货车总计有10.96%存在不同程度的超载超限。各轴数货车总质量情况具体分析如图 2-14～图 2-17 所示。

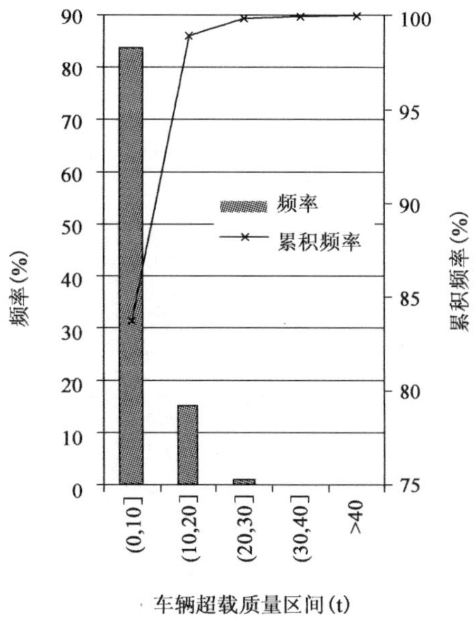

图 2-14　二轴货车超载质量分布

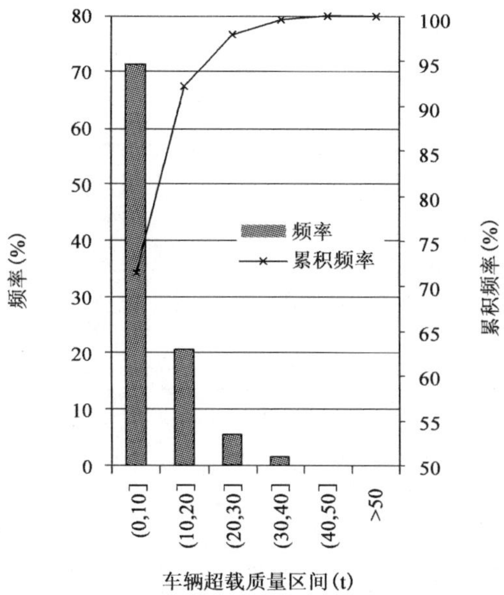

图 2-15　三轴货车超载质量分布

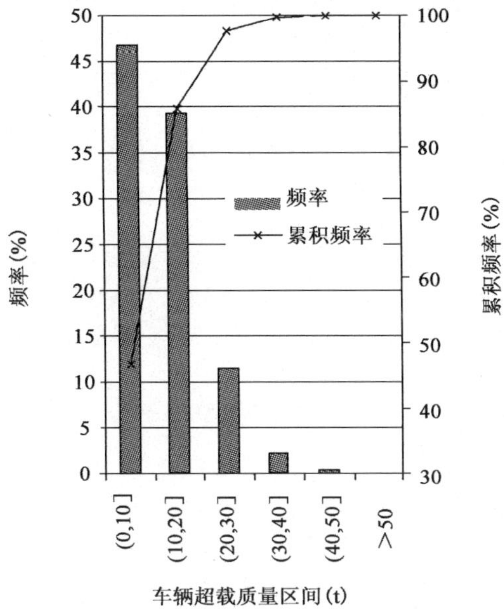

图 2-16　四轴货车超载质量分布

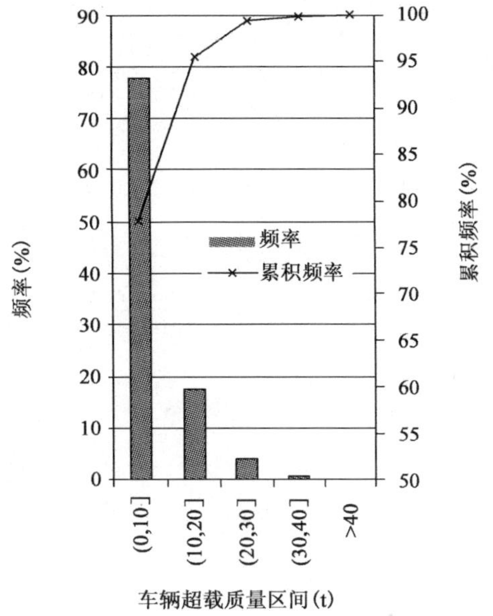

图 2-17　五轴货车超载质量分布

通过分析，能够得出如下结论：

(1)超载的二轴货车总质量主要在 40t 以内。超载 10t 以内，即车货总质量在 30t 以内的货车占超载车辆总数的 83.8%。超载 10～20t，即车货总质量 30～40t 的货车占货车总数的 15.2%。超载 20t 以上的车辆则较少。

(2)超载的三轴货车总质量主要集中在 50t 以内。超载 10t 以内，即车货总质量在 40t 以内的货车占超载车辆总数的 71.47%。超载 10～20t，即车货总质量 40～50t 的货车占货车总数的 20.76%。超载 20t 以上的车辆则较少，约有 7.76%。

(3)超载的四轴货车总质量主要在 60t 以内。超载 10t 以内，即车货总质量在 50t 以内的货车占超载车辆总数的 46.81%。超载 10～20t，即车货总质量 50～60t 的货车占货车总数的 39.25%。超载 30t 以上的车辆则较少，约有 3.44%。

(4)超载的五轴货车总质量主要在 70t 以内。超载 10t 以内，即车货总质量在 60t 以内的货车占超载车辆总数的 77.78%。超载 10～20t，即车货总质量 60～70t 的货车占货车总数的 17.52%。超载 20t 以上的车辆则较少，约有 4.69%。

(5)超载的六轴车及六轴以上货车总质量主要在 70t 以内(即超载 15t 以内)，超载 25t 以上的货车较少，约有 5.85%，如图 2-18 所示。

通过对典型山区公路货车载质量情况的调查，可以发现，经过 2004 年以来的多部委联合治理，山区公路货车超载超限情况已得到明显好转。但尽管超载车辆比例不高，总数量仍很大(两年内超过 1 000 万车次超载)。各类货车超载情况不均衡，三轴与四轴货车超载超限数量比例最高(近 30%)，超载的严重程度也最高(平均超载超限率接近 30%)；二轴车超载比例虽然不高，但超载车总数大，超载严重程度最高。相比之下，五轴及以上货车超载数量比例和超载率均较低。

超载超限是严重的交通违法行为，而且对交通安全有十分不利的影响，超载车辆速度慢、机动性差，而且制动和轮胎的工作负荷都超出了安全允许的范畴。近年来由超载引起的交通事故频繁发生，因此，治理超载仍然是我国交通安全工作的重点之一。

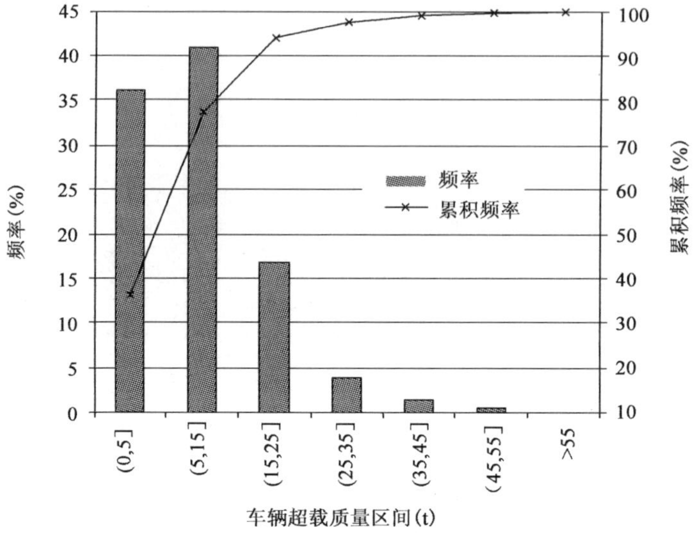

图 2-18 六轴及以上货车超载质量分布

三、机动车驾驶人发展情况

1. 我国机动车驾驶人发展总体态势

随着公路交通基础设施的发展和车辆保有量的增加，我国机动车驾驶人数量迅速增长。特别是 2006 年至 2011 年间，机动车驾驶人数量年均增长超过 9%，其中汽车驾驶人数量年增长接近 13%，如图 2-19 所示。

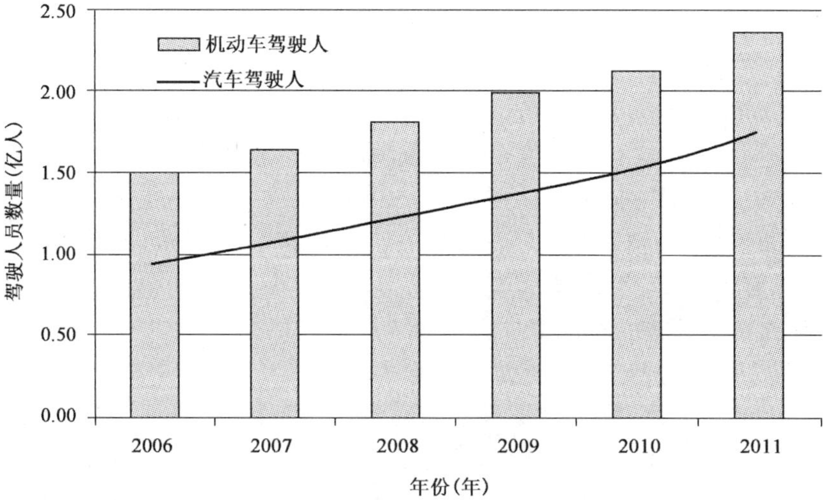

图 2-19 我国机动车驾驶人发展趋势

驾驶人数量的迅速增加,表明道路上的驾驶人新手将增多,而且驾驶人总体的发展趋势已经由原来专门的一个职业转变为全民皆是驾驶人的态势,可以预见的是,随着机动车保有量和交通出行量的不断增长,我国机动车驾驶人数量仍会以较快的速度增长,特别是私家车驾驶人的数量将出现持续的井喷态势。

2. 机动车驾驶人年龄与驾龄现状与趋势

年龄方面,近年来我国驾驶人年龄分布趋于稳定。从图 2-20 中给出的我国驾驶人年龄段分布比例来看,除 18～25 岁年龄段驾驶人数量比例略有增加外,近三年来各年龄段数量比例变化不大。同时,我国驾驶人年龄段相对集中,26～50 岁年龄段的驾驶人占 79%以上,大于 60 岁的驾驶人数量很少(图 2-21)。

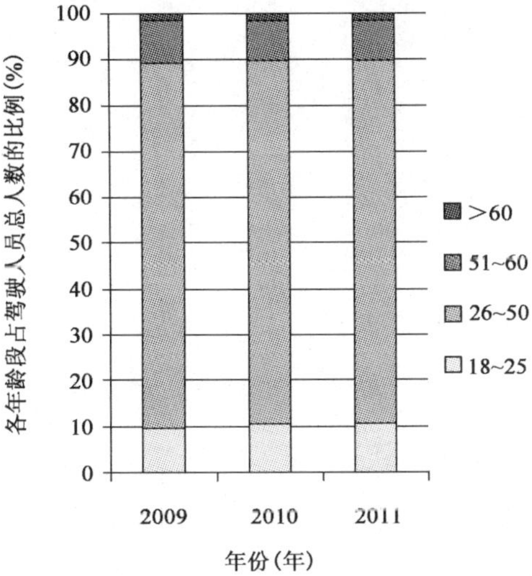

图 2-20　驾驶人年龄比例变化趋势

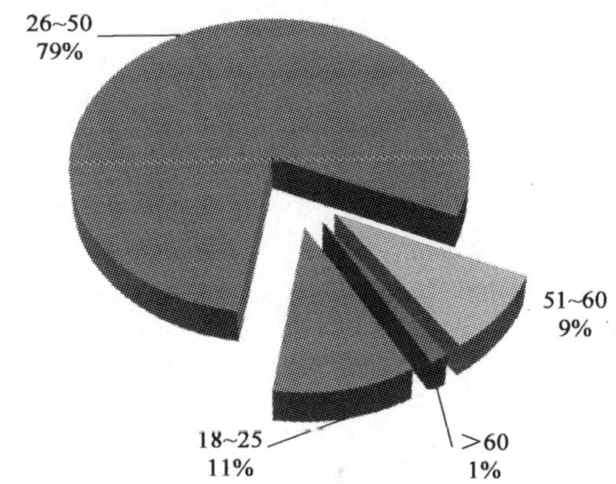

图 2-21　2011 年驾驶人年龄比例

驾龄方面,2006 年以来我国驾驶人驾龄组成比例变化不大,驾龄小于 3 年的驾驶人数量比例有所提高,特别是驾龄小于 1 年的比例逐年上升,反映出我国每年新增驾驶人数量不断增加(图 2-22)。从 2011 年各驾龄段驾驶人数量比例来看,我国驾龄小于 3 年的驾驶人比例占全部驾驶人数量的 1/3 以上,考虑到普遍存在的取得驾驶执照却多年没有车开的情况,我国驾驶人中驾驶经验较少的人员比例偏高(图 2-23)。

很多研究都表明,驾龄低的驾驶人新手和年轻驾驶人群体是交通事故高发群体,因此,从我国机动车驾驶人的发展趋势看,我国未来的交通安全形势依然面临挑战,对驾驶人的培训和继续教育必须作为一项重要的工作坚持不懈地做下去。

3. 交通参与者交通行为的总体情况

通过公安交通管理部门公布的历年交通违法行为数据,对我国机动车驾驶人行为的总体情况进行了分析。

从图 2-24 来看,近年来我国各类交通参与者交通违法行为数量总体呈上升趋势,特别是机动车驾驶人的违法行为数量,始终没有实质性下降。相对而言我国非机动车驾驶人、行人和乘车人违法行为数量趋于稳定。这说明我国机动车驾驶人的交通安全意识和遵纪守法意识还有待提升。

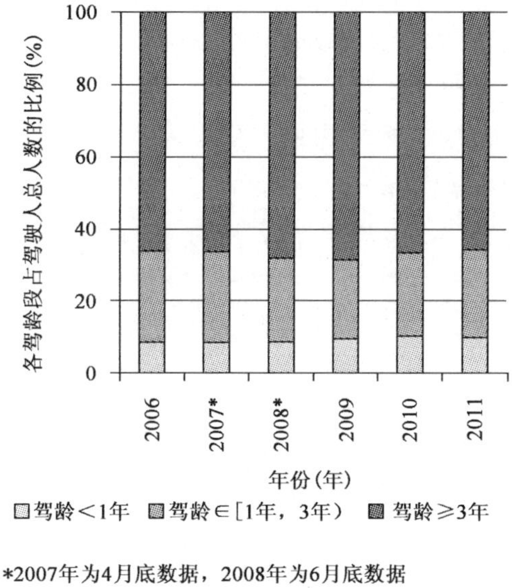

图 2-22 驾驶人驾龄比例变化趋势

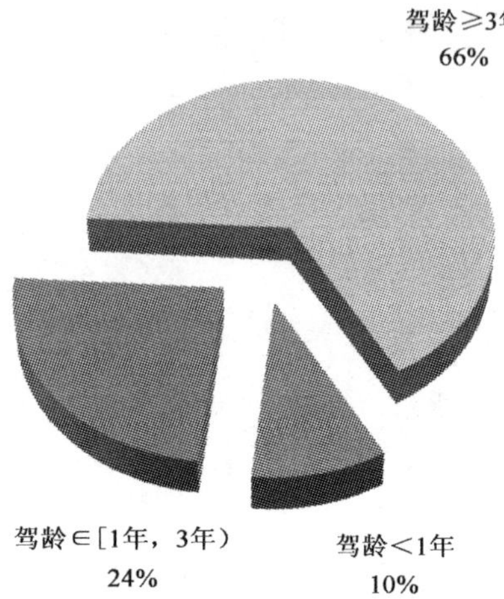

图 2-23 2011 年驾驶人驾龄比例

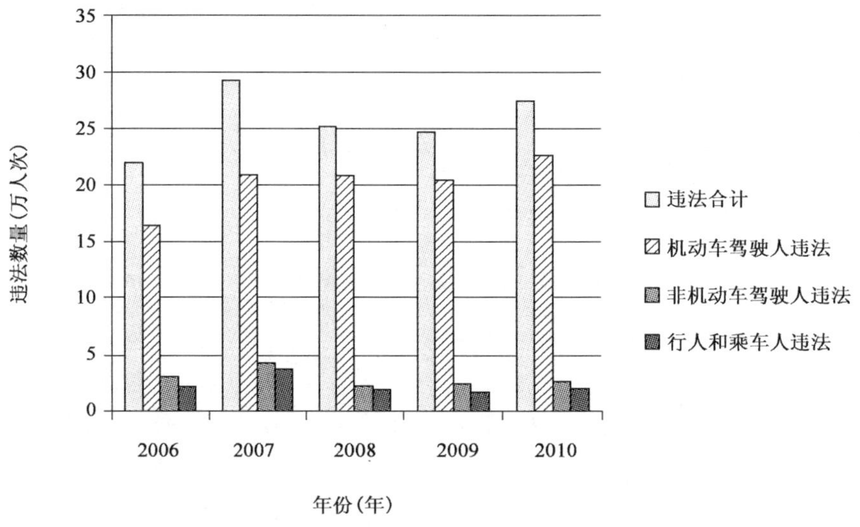

图 2-24 我国各类交通参与者交通违法行为发展趋势

从总量来看，我国交通参与者违法情况仍非常严重。近年来，仅公安交通管理部门记录的交通违法行为每年就有 2.1 亿～3 亿人次，其中机动车驾驶人违法最多，年均 2 亿左右，平均下来，几乎每个驾驶人每年都会因交通违法被公安部门处罚一次。图 2-25 给出了 2007～2010 年受到暂扣、吊销驾驶证和拘留处罚的严重交通违法行为统计，尽管这一数字近年来呈下降趋势，但 2010 年全国仍有上百万驾驶人因严重交通违法而丧失驾驶资格甚至受到刑事处罚。

上述统计分析均基于公安交通管理部门处罚和记录的交通违法行为统计资料，实际中有相当一部分取得驾驶人资格的人员并没有上路行车，同时也并不是所有的违法行为都会被公安部门处罚和记录。遵守《中华人民共和国道路交通安全法》是对我国驾驶人和所有交通参与者交通行为的最低要求。从目前有关交通违法行为的记录和实际情况来看，我国交通参与者的交通行为亟待改善。

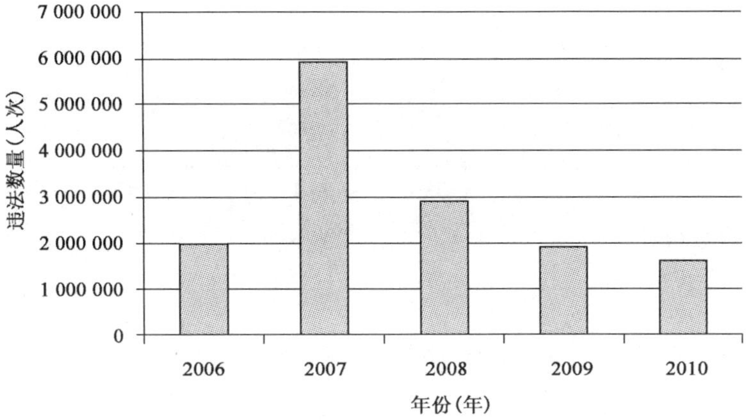

图 2-25　我国交通参与者严重交通违法行为发展趋势

四、恶劣气象对安全的影响分析

我国每年大约有 10%的道路交通事故与雨、雪、雾恶劣气象条件有关(图 2-26)，冰雪湿滑路面条件、雾霾等低能见度天气成为道路交通事故，特别是高速公路交通事故的主要诱因之一。在路面积水、积雪、结冰、凝冻等路面湿滑行车条件下，交通事故率较高。2009 年，高速公路上 21.43%的交通事故与路面的湿滑条件有关(数据来源：全国道路交通事故统计年报白皮书)。

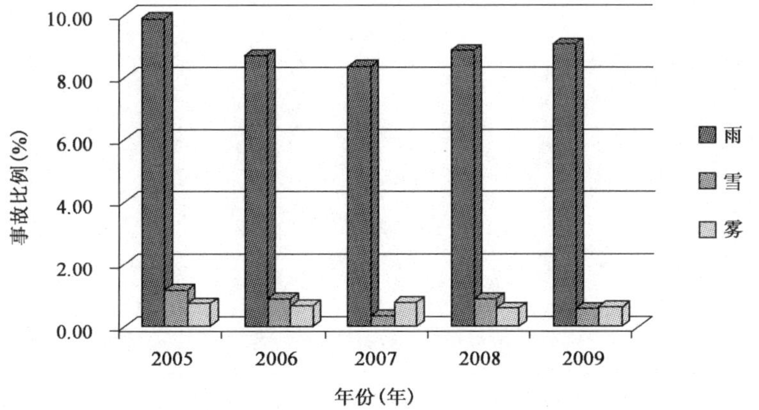

图 2-26　2005～2009 年雨、雪、雾气象条件下的事故比例

根据 2010 年全国公路交通阻断信息统计分析，全年 31 个省(区、市)累计报送高速公路及国省干线公路发生的交通阻断事件共计 6 452 起，其中，由于施工养护和恶劣气象(雨、雪、雾

等)造成阻断事件比例分别为 37.66%和 36.6%。全年公路累计阻断里程共计约 26 万 km,公路交通阻断累计持续时间约 108 万 h。公路交通阻断事件主要阻断原因分布如图 2-27 所示。具体原因主要包括施工养护(占 37.66%)、大雾(占 17.1%)、降雪结冰(占 13.0%)和交通事故(占 11.2%),四方面原因引发的阻断事件占全部阻断事件的 79%。大雾和降雪等恶劣气象因素是导致公路受阻的主要原因。

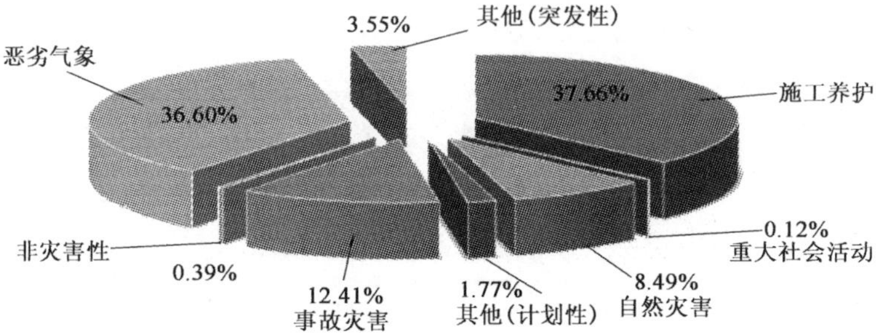

图 2-27　阻断事件主要成因分布

同时,必须引起重视的是因恶劣气象条件引发的交通事故具备死亡率高、二次事故率高和事故规模大的特征。近年来,因恶劣气象引起的恶性交通事故不断见诸报端,引起了社会各界的严重关注。例如:2001 年 8 月 22 日清晨,我国京沪高速公路山东临沂段因大雾弥漫,造成一百多辆车追尾相撞,死伤 20 余人。

我国是一个幅员辽阔的国家,国土跨越的纬度较大,涵盖的气候带从热带至寒带,气候条件复杂,大雾、冰雪等不利于交通安全的气候条件屡见不鲜,如何保障恶劣气候条件下公路的交通安全水平已经成为我国交通安全保障工作必须面对的重要问题。

第二节　我国公路交通事故特征

一、我国公路交通事故总体特征

根据公安部交通管理局发布的《中华人民共和国道路交通事故统计年报》,从 2000 至 2010 年的所有交通事故原因统计如表 2-7 所示。

统计数据中事故原因分类　　表 2-7

年　份　(年)	事故原因类型
2000～2003	机械故障、机动车驾驶人、非机动车驾驶人、行人乘车人、道路、其他
2004～2006	意外、机动车驾驶人、非机动车驾驶人、行人乘车人、道路、其他
2007～2010	机动车驾驶人、非机动车驾驶人、行人乘车人、道路、意外

注:尽管"2004～2006"和"2007～2010"年的统计大类是相同的,但是由于每个大类下面的细类原因不同,因此把这两部分单列。

在统计数据中，统计口径从2004年、2007年发生了变化，2000～2003年的事故原因“机械故障”在2004～2006年的统计中归为“意外”（机件故障）和“机动车驾驶人”（驾驶制动失效机动车、驾驶制动不良机动车、驾驶转向失效机动车、驾驶灯光失效机动车、驾驶其他隐患机动车、其他机动车原因），而在2007～2010年的统计中只有“机动车驾驶人”（制动不当、转向不当、油门控制不当）中体现部分车辆原因。

为了便于比较，将相同事故原因进行合并，将“机动车驾驶人”中“驾驶制动失效机动车、驾驶制动不良机动车、驾驶转向失效机动车、驾驶灯光失效机动车、驾驶其他隐患机动车、其他机动车原因”以及“意外”中“机件故障、爆胎、其他意外”全部归类到“车辆”原因，而“意外”中“自然灾害”归类到“其他”。所得到的主要事故原因比例如图2-28所示。

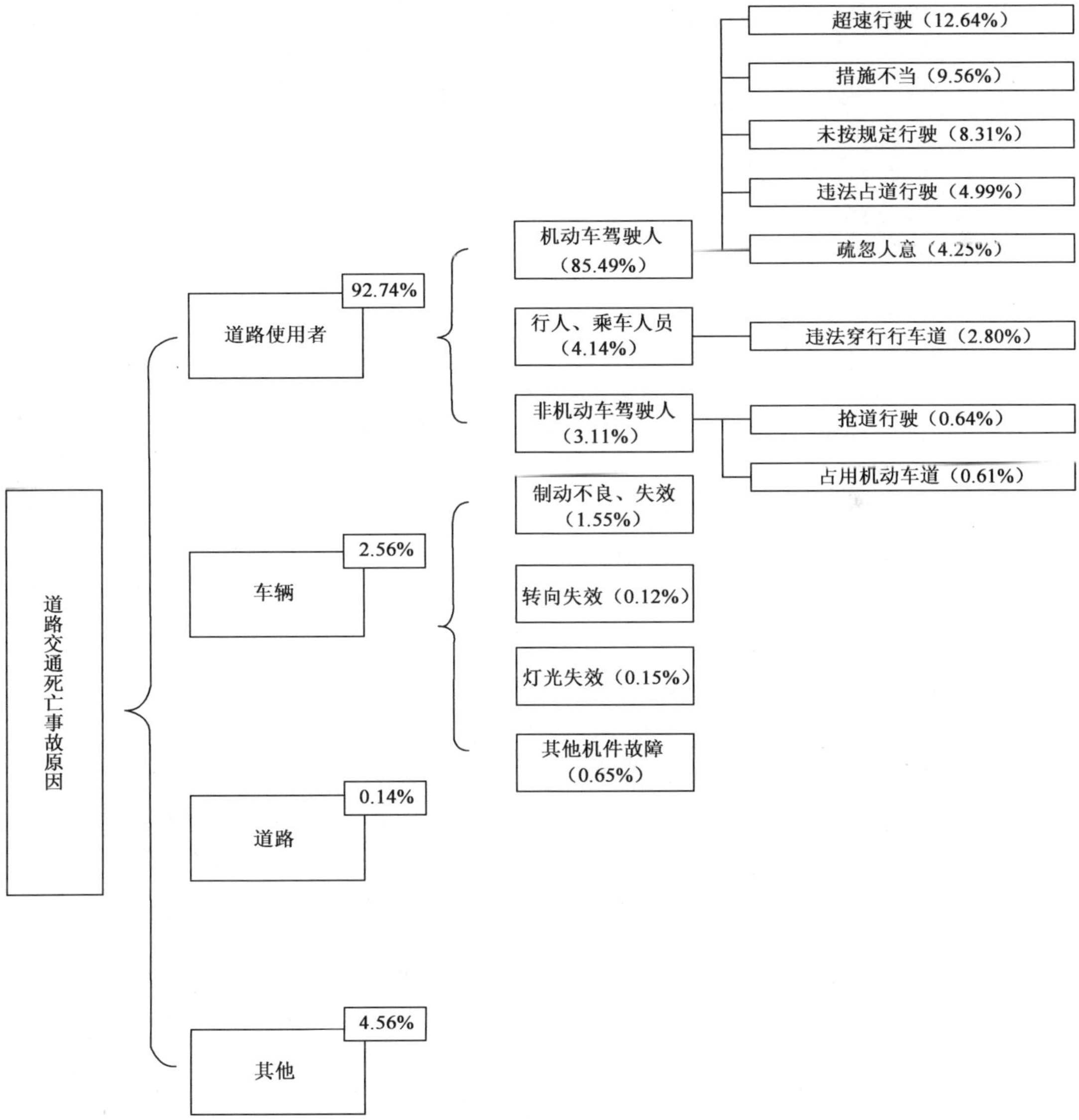

图2-28　道路交通事故死亡原因分解图

从图 2-28 中可以看出，造成道路交通死亡事故的主要原因中，道路使用者占 92.74%，车辆占 2.56%，道路占 0.14%，其他占 4.56%。其中机动车驾驶人占了事故原因的 85.49%，而不安全的驾驶行为，如超速、措施不当、酒后驾车以及疏忽大意是造成事故的主要原因。

在人—车—路—环境构成的交通系统中，影响交通安全的因素既有人，还有道路、车辆和交通环境，相互作用，相互影响。长期以来，管理者一般是把人的因素放到第一位，原因在于易于操作，而且易于确定交通事故的责任人，而且从事故的直接因素来看，这也是正确的。但是，一起交通事故的发生，往往是两个或者多个因素共同作用的结果。而统计结果中，道路使用者的因素中，除了驾驶人的违法或者失误行为因素之外，还可能与车况、道路条件、交通条件和交通环境有关，因此，简单地认为全部是驾驶人原因的观点难免片面。目前国际上关于交通事故成因的研究成果比较普遍的认识为：人为因素约占 80%～85%，车辆因素占 5%～10%，道路因素约占 10%左右。虽然目前我国尚未对事故成因各因素的比例构成获得更加可靠的研究成果，但是可以确认车辆和交通环境的因素对交通事故的发生也有十分重要的作用。

二、我国群死群伤交通事故特征分析

交通事故的危害程度包含两个方面，一个是交通事故率，另一个是交通事故的严重程度，对于交通安全工作而言，这两个方面都是很重要的，但是从保障人生命的角度，控制交通事故的严重程度，尽可能避免交通参与者在交通事故中出现伤亡是更加急迫的任务。因此，对交通事故后果严重的群死群伤重特大交通事故应该引起特别的关注。

根据公安部交通管理局发布的《中华人民共和国道路交通事故统计年报》(2000～2010年)，具有详细事故过程的一次死亡 10 人以上的特大交通事故共 260 起，其中 2000 年 10 起，2001 年 10 起，2002 年 10 起，2003 年 11 起，2004 年 55 起，2005 年 47 起，2006 年 38 起，2007 年 26 起，2008 年 29 起，2009 年 24 起，2010 年 34 起，总计 294 起。其中，2000～2003 年为不完全统计的特大交通事故。我国一次死亡 10 人以上的交通事故的数量、死亡及受伤人数(完全统计)，如图 2-29、图 2-30 所示。

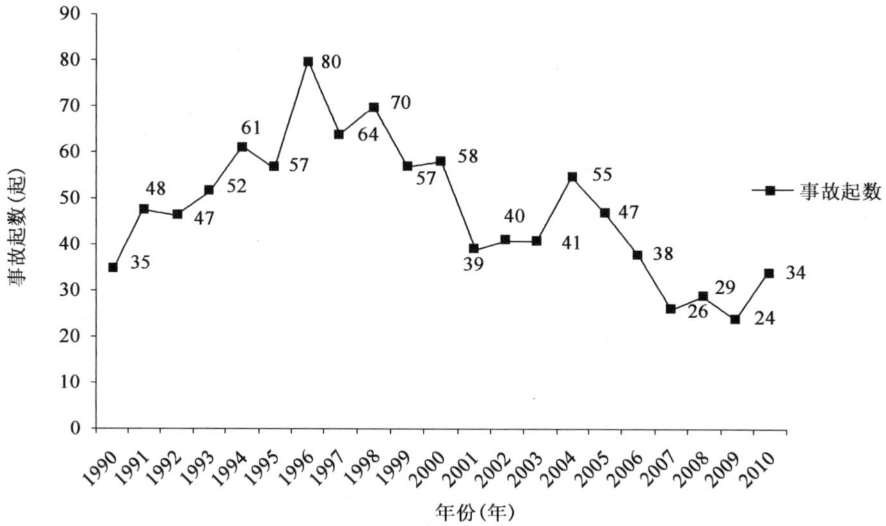

图 2-29　一次死亡 10 人以上的交通事故数量(1990～2010 年)

从图 2-29 和图 2-30 可以看出，我国一次死亡 10 人以上的交通事故的数量自 1996 年达到顶峰(全面 80 起)后开始呈总体下降趋势，特别是 2007 年至 2009 年呈平稳态势，每年保持在 20 多起左右。尽管已经呈稳定态势，但并不意味着可以放松，因为每一起重特大事故均意味着十数个生命的离去和数个家庭的悲痛，在 2010 年重特大事故的发生数量出现了比较大的反弹，说明对恶性交通事故的控制仍然要继续加强。

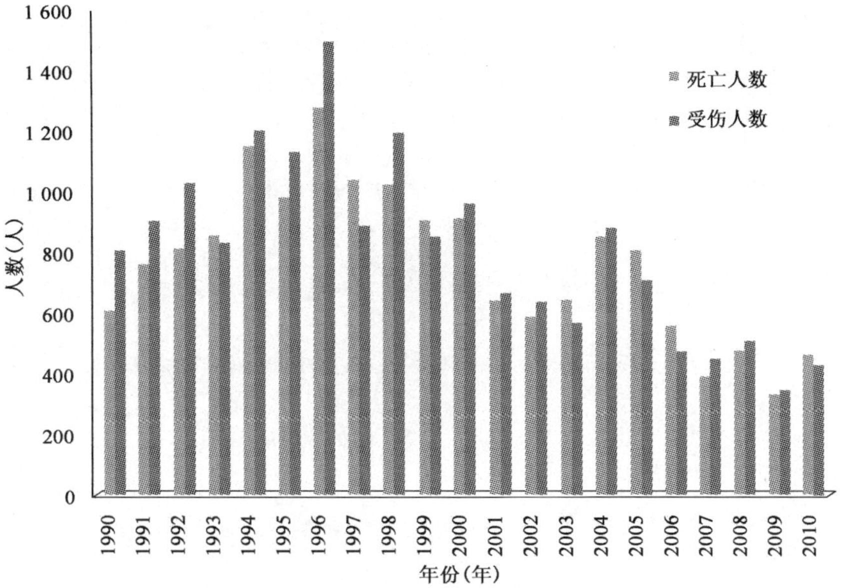

图 2-30　一次死亡 10 人以上的交通事故死亡及受伤人数(1990～2010 年)

1. 公路群死群伤交通事故的时间分布特征

从图 2-31 中可以看出，1 月、2 月、3 月、8 月是四个特大事故死亡人数相对比较突出的事故月份，特别是 8 月份的死亡人数以及 1 月份的受伤人数都相对其他月份的高很多。分析特大事故月份分布的主要原因在于 1 月、2 月、3 月，此时我国进入冬天，而 8 月份我国为夏季，全国大部分地区进入雨季。冬天由于我国雨雪增多，会出现路面结冰，导致道路摩擦力下降，容易出现交通事故。而夏天则主要是进入雨季以及部分地区容易出现大雾天气，路面湿滑且视线不良，不良天气情况下容易发生交通事故。因此，在进入特大事故增多的月份之前，各管理机构应提前准备，进行宣传、教育工作以及采取相关的安全保障措施，将起到更加良好的效果。

通过图 2-32 可以看出，一次死亡 10 人以上的特大交通事故的时间分布呈波浪峰型，有两个比较突出的峰值，为早上的 6 点到 8 点以及下午的 13 点到 15 点为事故发生的两个高峰区间。在早上发生事故的一般多为晚上连续开车，到清晨时分太阳升起，光线发生变化，出现视线变化，加之驾驶人放松紧张状态，疲劳驾驶的累积，容易发生事故。而下午 13:00～15:00，则主要是由于中午吃完饭之后容易产生困意，反应时间降低、精力不集中，因此容易出现事故。对于一般的运输企业，需要加强对其员工的宣传与教育工作，特别注意事故多发时段，需要采取多种手段保证，例如强制休息、轮流驾驶以及 GPS 监控等方式。管理机构也应该在事故易发生时段在特殊路段设置提醒和警示标识，要求驾驶人提高安全驾驶的意识。

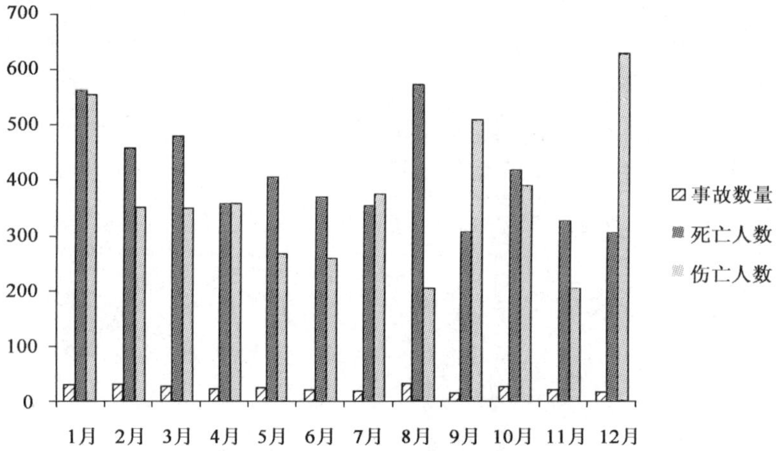

图 2-31 一次死亡 10 人以上的交通事故月份分布(2000～2010 年不完全统计)

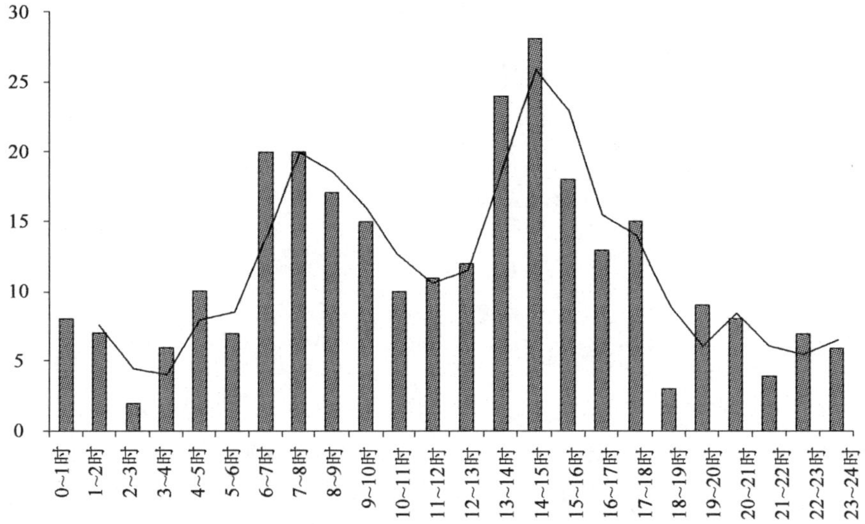

图 2-32 一次死亡 10 人以上交通事故事件分布图(2000～2010 年不完全统计)

2. 群死群伤事故发生的行政区划

从图 2-33 及图 2-34 中可以看出,从 2004 年至 2010 年发生的一次死亡 10 人以上的特大交通事故中,云南、贵州、四川、山西等省份交通事故数量较多,2004 年至 2010 年期间天津和海南未发生过一次死亡 10 人以上的特大交通事故。云南在 2008 年一年期间发生 10 人以上的特大交通事故 10 起,而这 10 起的事故大部分是客车事故、坠车事故。整体上看,西南地区的云南、贵州、四川是特大事故发生频繁的省份,这与这些省市的特殊地形条件密不可分。我国西南地区地形以山区为主,由于地壳运动形成的深涧、悬崖、沟壑等导致公路线形受限,而且路侧的危险程度很高,这些地形地貌特征是事故发生后造成重大死伤的客观原因,但是交通违法行为比如驾驶人不按规定行驶、超速行驶、违法超车等却是造成事故的主要原因和根本原因。

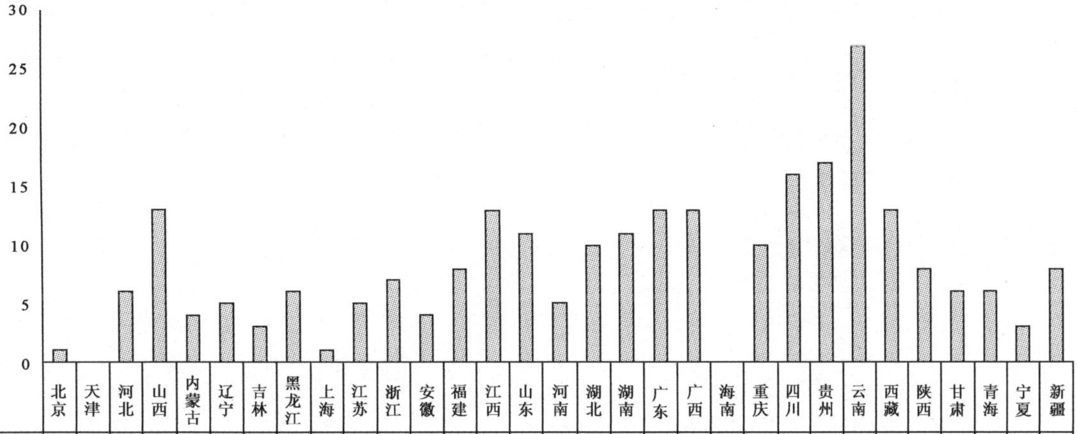

地区	北京	天津	河北	山西	内蒙古	辽宁	吉林	黑龙江	上海	江苏	浙江	安徽	福建	江西	山东	河南
事故数量	1	0	6	13	4	5	3	6	1	5	7	4	8	13	11	5

地区	湖北	湖南	广东	广西	海南	重庆	四川	贵州	云南	西藏	陕西	甘肃	青海	宁夏	新疆
事故数量	10	11	13	13	0	10	16	17	27	13	8	6	6	3	8

图 2-33　各省、直辖市一次死亡 10 人以上交通事故数量(2004～2010 年完全统计)

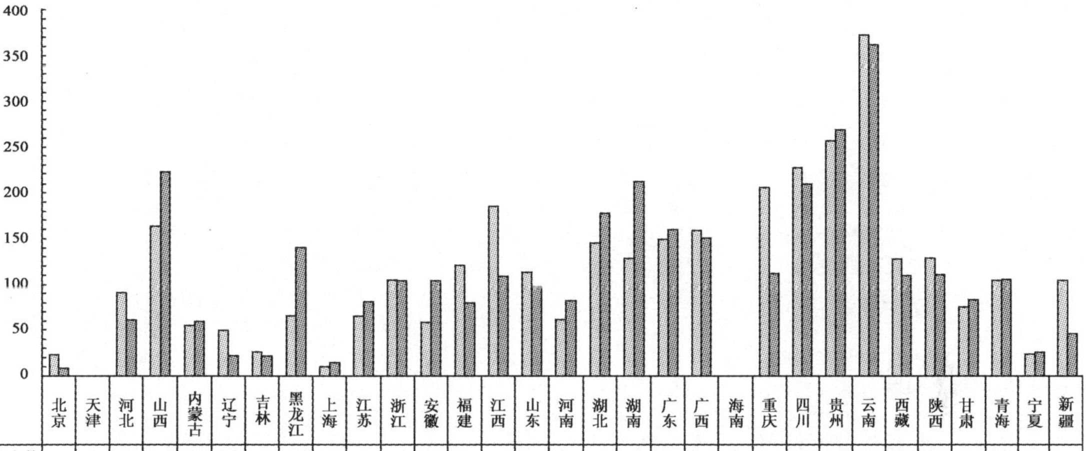

地区	北京	天津	河北	山西	内蒙古	辽宁	吉林	黑龙江	上海	江苏	浙江	安徽	福建	江西	山东	河南
死亡人数	24	0	92	164	55	50	27	66	10	66	105	59	121	185	114	61
受伤人数	9	0	61	223	60	22	22	141	15	81	104	104	80	109	97	82

地区	湖北	湖南	广东	广西	海南	重庆	四川	贵州	云南	西藏	陕西	甘肃	青海	宁夏	新疆
死亡人数	146	129	150	159	0	206	227	257	372	128	129	76	105	24	104
受伤人数	178	213	160	151	0	112	209	269	362	110	111	84	106	26	43

图 2-34　各省、直辖市一次死亡 10 人以上交通事故受伤及死亡人数(2004～2010 年完全统计)

3. 群死群伤事故肇事车型

从肇事车型的比例图 2-35 可以看出，大客车以及卧铺大客车占了事故数量的 44%，将近一半的事故都与大客车有关，既有省际的长途客运车辆，也有一般的大客车，其他的客运车辆类型中中型客车占 15.77%，另外还有 1.34%的公交车事故以及小客车事故占 3.36%。总体上看，大客车、中型客车、小客车以及公交车四种客运运输方式，基本上占群死群伤事故总数的 57%，因此，加强对客运车辆的交通安全投入和交通管理对于减少重特大交通事故具有重要的意义。大货车是特大交通事故的另外一个源头，占了事故总量的 9.06%。大货车导致的群死群伤事故大多是由于经济利益驱使，严重超载，导致车辆制动性能下降，且部分驾驶人疲劳驾驶，在特殊路段及天气情况下，极易发生事故。因此，对于货运车辆超限超载的治理仍然是当前交通安全工作的重点。

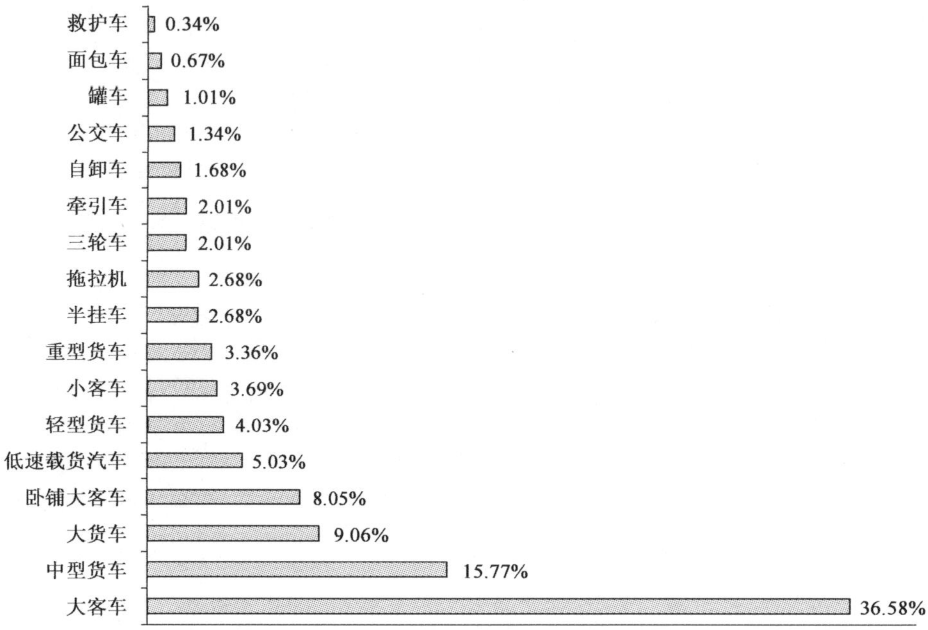

图 2-35 一次死亡 10 人以上肇事车型比例图

4. *群死群伤事故与公路等级*

根据图 2-36，从道路的行政等级看，国道上的事故数量比例最大为 41.84%，省道次之，为 22.45%，县道的比例为 14.63%。可见，道路的行政等级越高，在路网中的重要性越高，车流量大，发生事故的比例相对较高。

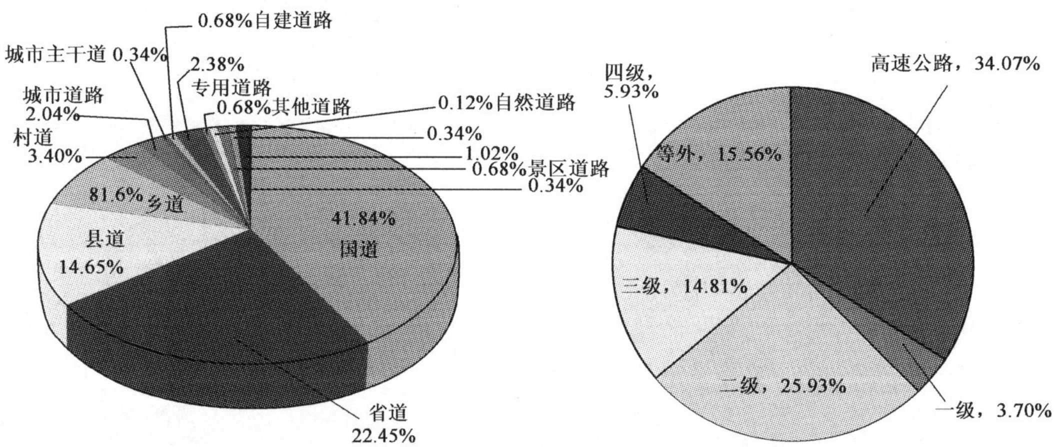

图 2-36 一次死亡 10 人以上交通事故发生地点道路行政等级比例图

而从道路的技术等级上来看，高速公路的比例最高，达到 34.07%，其次是二级公路，占 25.39%；一级公路和四级公路比例较低。值得重视的是，高速公路的通车里程远远低于普通双车道公路，但是发生在高速公路上的群死群伤恶性事故却最高，这与高速公路具有较高的线形指标、更好的路面和交通工程设施，以及全封闭管理的条件是极不相称的。这一现象一方面说明高速公路对于客运车和货运车有很强的吸引力，另一方面也说明对于高速公路上的大型客运车和货运车的管理应该更加重视。

此外，在双车道公路上，技术指标更高的二级公路的群死群伤事故率高于三级和四级公路，说明群死群伤事故的发生与交通流量，特别是大客车和货运车辆的交通量有关系。因此，对于客货运发达的公路，应该采取针对性的技术和管理措施，尽可能避免群死群伤事故的发生。

5. 群死群伤事故形态

从表 2-8 中可以看出，在一次死亡 10 人以上的特大交通事故中，比例最高的是坠车事故，为 40.14%，另外坠崖事故、坠河事故和坠水事故也属于坠车事故，因此总计约有 45%的事故为与坠车相关的事故，占群死群伤事故总数的近一半。图 2-37 的交通事故形态分析图中表明，2000～2010 年群死群伤坠车事故中的死亡人数已经累计 2 083 人。坠车事故通常发生在路侧地形比较险要路段，如山崖、峡谷、河流或者位于桥上，因此，应该重点在这些路段加强路侧的防护设施，并在弯道和陡坡等危险路段增加警示。另外，正面碰撞事故占 17.6%，翻车事故占 16.4%，也是比较主要的特大交通事故类型。正面碰撞事故一般发生在中央无分隔带的双车道公路上，翻车事故一般发生在弯道上，因此在双车道公路上保证视距和控制车速对于交通安全是十分重要的。

一次死亡 10 人以上交通事故形态比例（2000～2010 年）　　表 2-8

序　　号	事故形态	事故比例(%)	序　　号	事故形态	事故比例(%)
1	坠车	40.14	9	坠河	1.36
2	正面碰撞	17.01	10	冲出路外	1.36
3	翻车	14.63	11	侧翻	1.36
4	追尾碰撞	8.50	12	碾压	1.02
5	侧面碰撞	3.74	13	碰撞起火	1.02
6	坠崖	2.38	14	碰撞	1.02
7	撞固定物	1.70	15	碰撞行人	0.68
8	对向刮擦	1.70	16	坠水	0.68

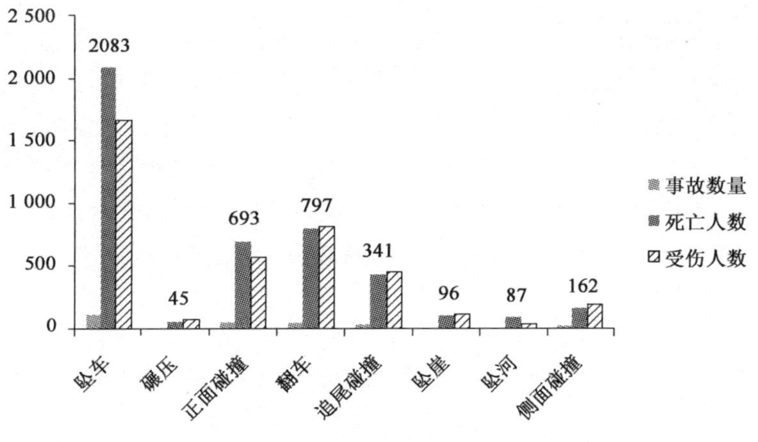

图 2-37　交通事故形态（2000～2010 年）

6. 群死群伤事故原因分析

对收集到的 294 起特大交通事故进行事故原因分析，如图 2-38 所示。由于造成一起事故的原因可能是多方面的，汇集了当时的天气、路况、驾驶人的驾驶行为以及车辆的情况等各方面原因，为了较好地分析事故的情况，先对交通事故原因进行单因素分析，即只要一起事故发生时候存在这种原因就进行统计。因此这种统计方法是非完全统计，只显示出相对情况。

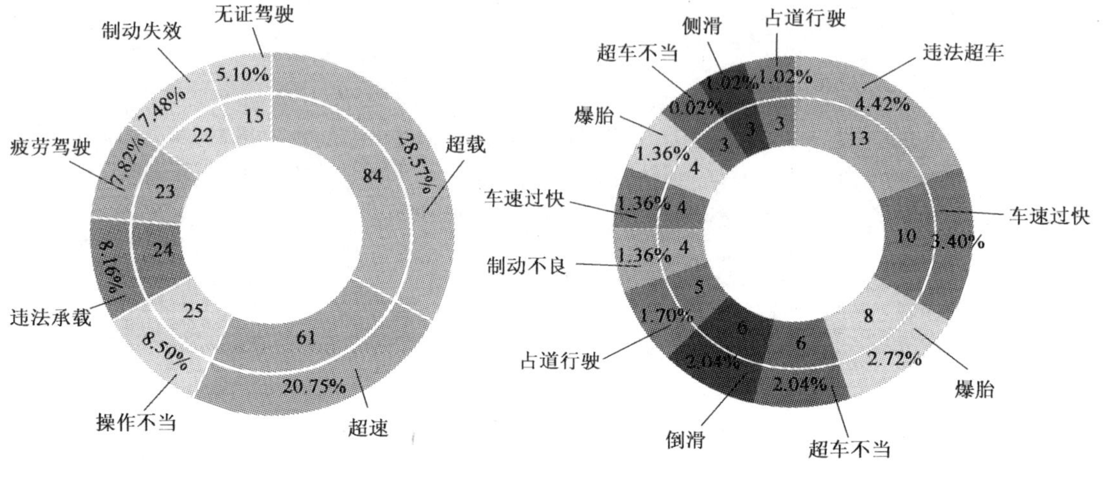

图 2-38　一次死亡 10 人以上交通事故原因分析(2000～2010 年不完全统计)

通过图 2-38 的分析可以看出，在一次死亡 10 人以上的交通事故原因中，超载和超速是在事故原因统计中最经常出现的两种原因。对于车辆方面的原因，主要有制动失效、爆胎和转向失效三个重要的方面，其中制动失效占事故原因的比例最大，多是由于车辆超载导致的。因此在进行车辆的管理和保养方面，需重点考虑这三方面的因素。而在驾驶人的驾驶行为方面，疲劳驾驶、违法承载和操作不当是造成事故的重要方面，特别是疲劳驾驶所占比重较大，多为大客车驾驶人跑长途时容易出现的疲劳驾驶行为所致。另外违法超车、超车不当以及占道行驶、避让不当等都是造成事故的原因，需要对驾驶人的驾驶行为进行规范，特别是容易造成事故的大客车以及大货车驾驶人应对其进行重点规范。

如表 2-9 所示，选择肇事车型中最为典型的大客车、中型客车、大货车，以及低速载货汽车等进行分析，分析过程中充分考虑了典型的道路形态、道路等级、事故原因等。分析结果表明，最为典型的群死群伤事故是大客车(包括卧铺大客车)的坠车事故，约占整个事故的 20%。从事故成因角度分析，大客车的超载、大客车的超速都是比较重要的原因，在所有的一次死亡 10 人以上的特大事故中(2000～2010 年不完全统计)，约有 10.54%为大客车超载，9.25%为大客车超速，因此，需要大力治理客车的超载、超速现象，消灭事故隐患。

三、我国山区公路死亡交通事故特征分析

山区公路是我国交通事故的重灾区，为此，“国家道路安全行动计划”在实施过程中专门针对山区公路的交通事故进行了分析和研究，分析的重点是出现死亡的交通事故(死亡一人及以上)。

1. 山区公路死亡交通事故中人的因素分析

山区公路交通事故致因分析表明，人的因素是造成事故的主导因素。绝大部分事故均由人的原因直接或间接引起。因此有必要深入分析事故致因中人的特点以及人的因素的基本情况。只有掌握了交通事故中的人因特性，才能有针对性地在教育、监管、政策方面提出建议。

一次死亡 10 人以上特大交通事故多因素分析表　　表 2-9

车　型	技术等级	行政等级	公路线形	事故形态	事故原因	事故比例(%)
卧铺大客车	高速公路					2.04
大客车	高速公路					7.14
大客车					超载	10.54
大客车					超速	9.52
大客车					疲劳驾驶	4.42
大货车					疲劳驾驶	0.68
大货车					超速	1.36
大货车					超载	1.02
低速载货汽车					违法乘载	2.04
中型客车					超载	6.12
大客车				坠车		18.37
卧铺大客车				坠车		2.04
中型客车		国道				4.08
中型客车		省道				3.06
大货车	高速公路					1.70
大货车		国道				4.08
大货车		省道				2.38
中型客车			弯道			4.42
中型客车		国道	弯道			0.68
大客车			弯道			7.14
大客车		国道	弯道			2.72
低速载货汽车			弯道			0.68

1)年龄分布

在山区公路交通事故中，主要责任驾驶人年龄呈偏正态分布，31～35 岁的肇事驾驶人所占比例最高，见图 2-39。

2)驾龄分布

由图 2-40 和图 2-41 可以看出，事故主要责任驾驶人驾龄呈递减趋势，驾龄越高其肇事比例越低。从驾驶人驾龄分布可以看出，驾龄在 0～5 年之间肇事驾驶人比例最高，而驾龄在 1～5年的肇事驾驶人中，驾龄为 1 年的驾驶人所占比例最高。

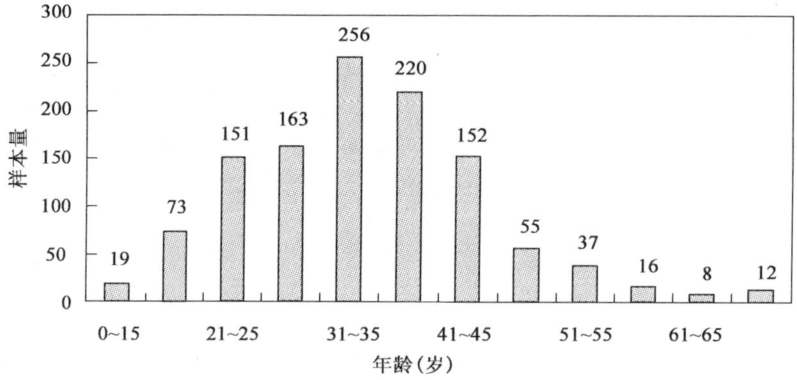

图 2-39　总体年龄分布

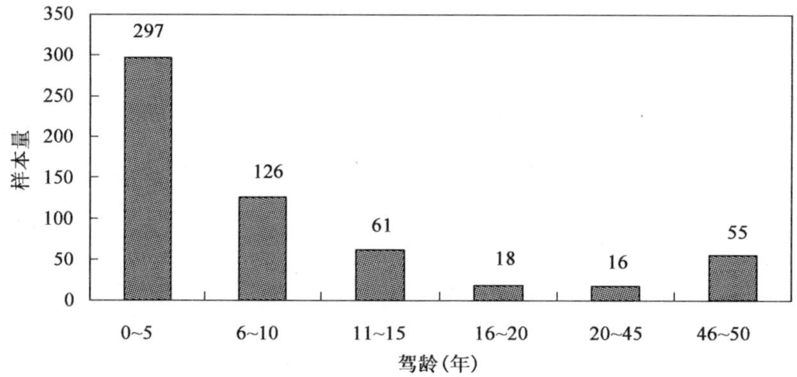

图 2-40　驾龄总体分布

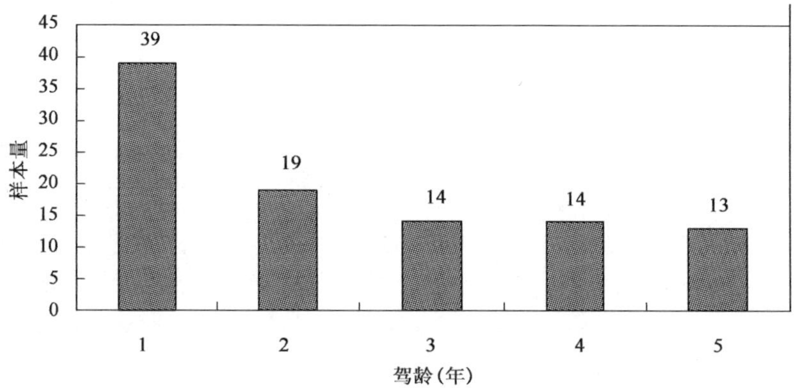

图 2-41　驾龄在 5 年以内的样本分布

3)违法行为总体分析

根据表 2-10 和图 2-42，在山区公路交通事故中，驾驶人的主要违法行为从多到少依次为超速、超载超限、行人违法、未戴安全头盔、违法占道、酒后驾驶、未按规定让行、违法超车，各类别违法行为事故数量占事故总数量的比例分别为 19.2%、13.9%、13.2%、13.0%、10.7%、10.6%、8.6%、6.1%，这些违法行为约占总违法行为的 85%。违法会车、违法停车、违反交通信号、疲劳驾驶、空挡滑行等违法行为比例相对较低。

山区公路交通事故违法行为分布情况汇总　　表 2-10

违法行为类别	各类别违法行为比例(%)	违法行为类别	各类别违法行为比例(%)
超速	19.2	非法停车	2.5
超载超限	13.9	违反信号	2.2
行人违法	13.2	未设标志	2.0
未戴安全头盔	13.0	疲劳驾驶	1.3
酒后驾驶	10.7	未系安全带	1.0
违法占道行驶	10.6	违法载人	0.9
未按规定让行	8.6	非机动车违法	0.9
违法超车	6.1	违法装载	0.7
未保持安全车距	4.0	空挡滑行	0.2
违法会车	2.9		

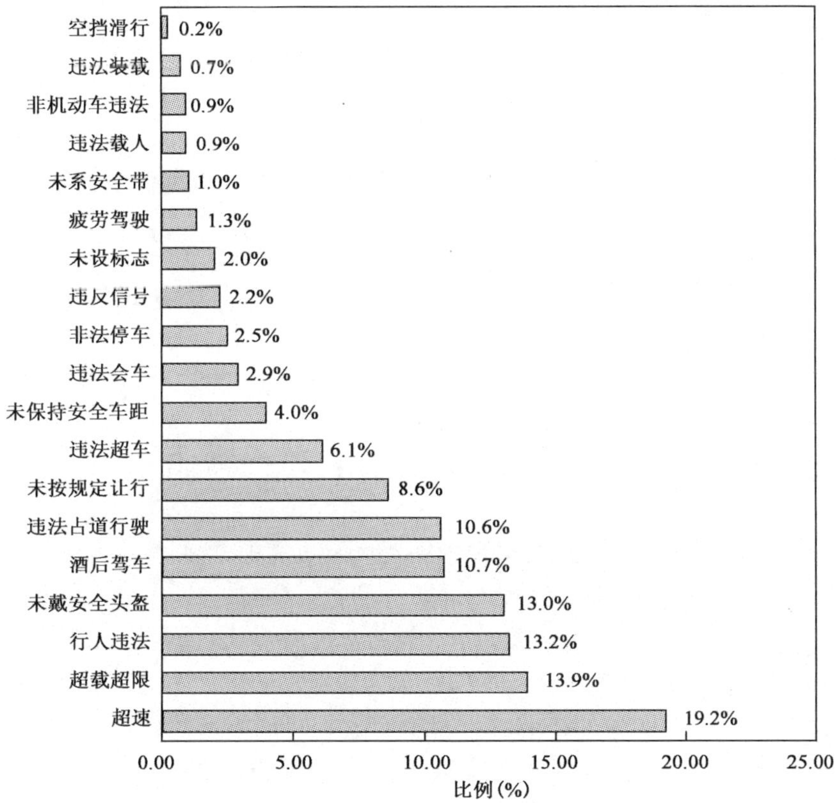

图 2-42　山区公路交通事故驾驶人违法行为分布情况汇总

4)违法行为车辆类型分布

主要违法行为中各车型的分布情况如下：

(1)在超速方面，主要肇事车型为小、中、大客车的事故中，超速车辆比例分别为 30.4%、

43.5%和22.6%；主要肇事车型为货车的事故中，超速大型货车比例最高，为24.7%，小货和中货超速比例分别是15.4%和13.9%；主要肇事车型为摩托车的事故中，超速车辆比例为15.9%；主要肇事车型为拖拉机的事故中，超速车辆比例也达到了11.1%，见表2-11。

不同类型车辆违法行为情况统计(单位:%)　　表2-11

主要车型	超速	超载超限	未戴头盔	占道行驶	酒后驾驶	未按规定让行	违法超车
小客车	30.4	6		9.2	16.1	9.2	4.6
中客车	43.5	4.3		8.7	4.3	13	8.7
大客车	22.6	0		6.5	0	12.9	3.2
小货车	15.4	13.3		4.2	7.7	6.3	6.3
中货车	13.9	15.7		24.1	1.8	4.8	10.2
大货车	24.7	25.8		7.9	6.7	5.6	4.5
摩托车	15.9	12.6	29.7	11.4	21.1	8.9	7.7
拖拉机	11.1	11.1		0	0	33.3	0

(2)在超载超限方面，大货车超载超限的现象最为突出，超载超限车辆比例达到了25.8%，小型货车、中型货车、摩托车、拖拉机的超载超限车辆比例为11.1%～15.7%，客车超载超限比例相对较小，样本中无大客车超载超限案例，超载超限的小客车和中型客车比例分别占各车型的6%和4.3%。

(3)在骑摩托车未戴头盔方面，以摩托车为主要肇事车型的246起交通事故中，未戴头盔的比例为29.7%。

(4)在违法占道行驶方面，货车违法占道行驶情况最为严重，违法占道行驶比例达到了24.1%，摩托车违法占道行驶情况也比较突出，比例达到了11.4%。其他车型中，客车违法占道行驶比例在6.5%～9.2%之间，小货车和大货车违法占道行驶比例分别为4.2%和7.9%。

(5)在酒后驾驶方面，以摩托车和小客车为主要责任车型的酒后驾驶比例最为突出，分别为21.1%和16.1%，小货车和大货车酒后驾驶比例相对较高，酒后驾驶比例分别是7.7%和6.7%，大客车酒后驾驶比例最低，31起由大客车为主要车型的交通事故中，没有发现酒后驾驶的情况。

(6)在未按规定让行方面，拖拉机未按规定让行的交通事故尤为突出，未按规定让行的比例高达33.3%。在客货车方面，客车未按规定让行的比例明显高于货车，客车未按规定让行的比例为9.2%～12.9%，货车未按规定让行的比例为4.8%～6.3%。

(7)在违法超车方面，除拖拉机之外，各车型车辆均存在违法超车的情况，违法超车导致交通事故较为突出的车型为中型客车、中型货车和摩托车，违法超车比例分别为8.7%、10.2%和7.7%。其他车型中，小客车、大客车、小货车和大货车违法超车的比例分别为4.6%、3.2%、6.3%和4.5%。拖拉机由于本身车速较慢，未发现违法超车现象。

不同违法行为在车辆类型方面的分布见图2-43。

5)车辆类型违法行为分布

主要的车辆类型驾驶人违法行为分布情况如下：

(1)小客车主要违法行为为超速和酒后驾驶，比例分别是30.4%和16.1%，其他违法行为所占比例在10%以内。

(2)中型客车超速行为尤为突出，比例达43.5%，其次是未按规定让行，比例为13%，其他违法行为所占比例在10%以内。

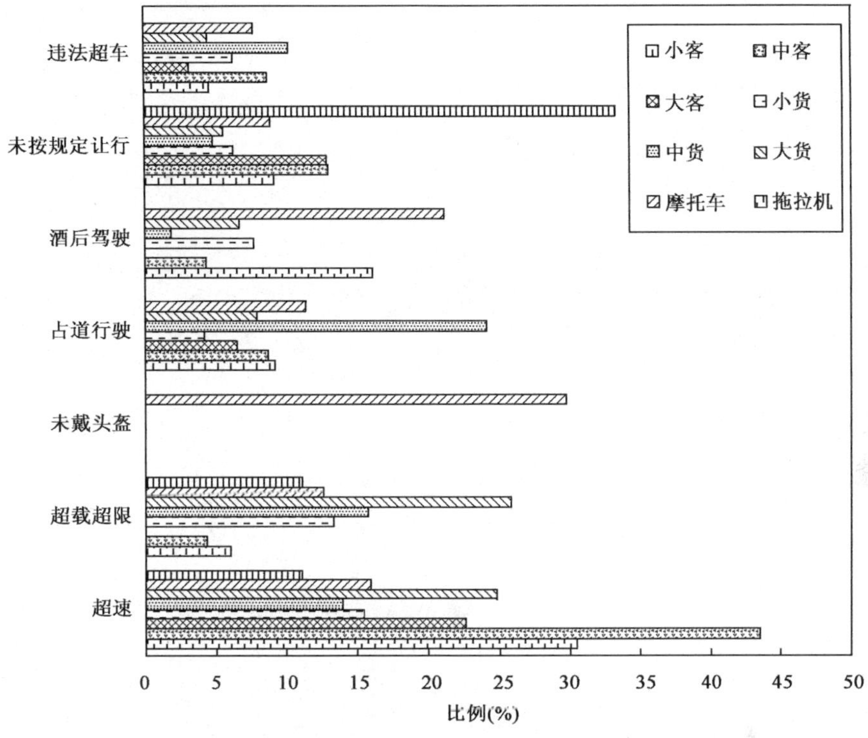

图2-43　不同违法行为在车辆类型方面的分布

(3)大型客车违法行为相对较少，其中未按规定让行占12.9%，其他各项违法行为比例在7%以内。

(4)小型货车违法行为主要是超速和超载超限，比例分别是15.5%和13.3%。其他违法行为比较接近，均在8%以下。

(5)中型货车违法行为比例较高，其中占道行驶、超载超限、超速、违法超车均超过了10%，其中占道行驶达到了24.1%。

(6)大型货车比较突出的违法行为是超速和超载超限，比例分别是24.7%和25.8%。其他各项违法行为比例均在8%以下。

(7)摩托车各项违法行为比例均比较高，主要违法行为均超过了7%，其中未戴头盔比例最高，为29.7%，其次是酒后驾驶，比例是21.1%。

(8)拖拉机比较突出的问题是未按规定让行，比例达到了33.3%，其次是超速和超载超限，比例均是11.1%，由于拖拉机事故样本量较小，主要违法行为中还未发现其他因素。

2.山区公路交通事故中车的因素分析

重特大事故中车的原因直接或间接造成事故的比例仅次于人的原因。深入地分析事故中的车因特性对车辆的有效运营监管有重要的作用。

1)事故车型分布情况

主要肇事车辆类型所占比例由高至低分别是货车(41.4%)、摩托车(25.8%)、小型客车(22.8%)、农用车(3.4%)、大型客车(3.2%)、中型客车(2.8%)及其他(0.7%),如图2-44所示。

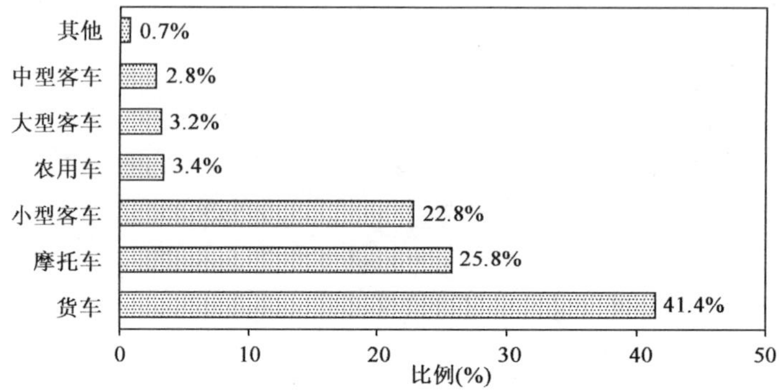

图2-44　主要肇事车型

表2-12为实际调研统计的交通组成情况。可以看出,除货车外大部分车型组成与其肇事比例接近。虽然货车在其中所占比例为22.2%,但由其肇事的事故比例则达到41.4%,可见货车应该作为重点的监管对象。

云贵渝实际调查的交通组成　　表2-12

车型	小客车	大客车	货车	摩托车	其他
组成(%)	36.5	8.0	22.2	32.8	0.5

从次要肇事车型来看,摩托车事故尤为突出,摩托车所占比例达到了41.9%。次要肇事车型中货车和小型客车的比例也在10%以上,如图2-45所示。

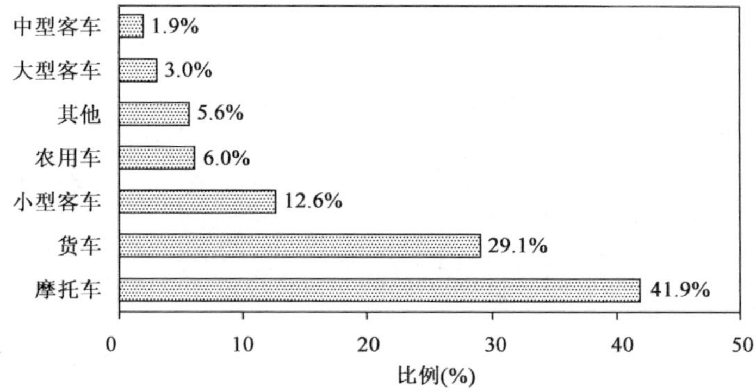

图2-45　次要肇事车型

2)车辆因素总体情况

经过分析,主要的车辆因素包括车辆性能和机件不符合标准、制动不良、机件故障、制动失效、车辆改装、转向失效、报废车辆等。由上述原因引起的事故所占总事故的比例由高到低分别为4.8%、2.6%、1.7%、1.5%、1.0%、0.8%、0.4%,见表2-13和图2-46。

山区公路交通事故中车辆因素总体分布情况　　表 2-13

车辆因素类别	占与车辆相关肇事原因的比例(%)	占全部肇事原因的比例(%)
车辆性能和机件不符合标准	37.5	4.8
制动不良	20.3	2.6
机件故障	13.3	1.7
制动失效	11.7	1.5
车辆改装	7.8	1.0
转向失效	6.3	0.8
报废车辆	3.1	0.4

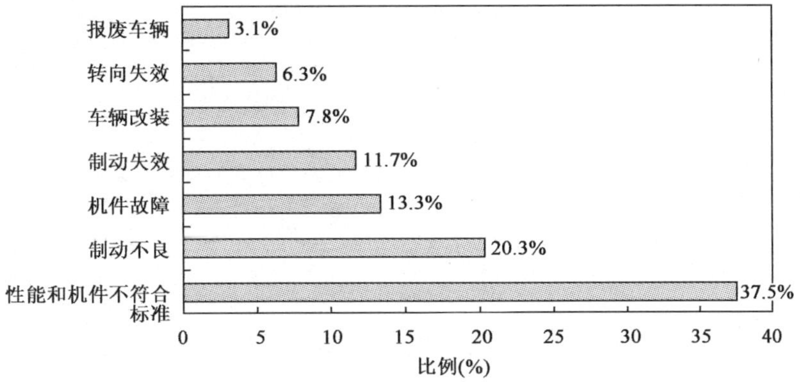

图 2-46　山区公路交通事故中车辆因素总体分布情况

3)车辆因素在车辆类型中的分布

车辆因素在车辆类型方面的分布情况如下(表 2-14,图 2-47):

在制动失效方面,大货车和中客车为主要责任车型的制动失效事故较多,分别占 4.5%和 4.3%。货车以小、中货车为主要事故车型的制动失效比例分别为 1.4%和 2.4%。客车中以小型客车为主要事故车型的制动失效比例较低,为 0.9%,大客车未发生制动失效事故,摩托车和拖拉机也未发生制动失效事故。

车辆因素在车辆类型方面的分布比例情况(%)　　表 2-14

车型	车辆性能和机件不符合标准	制动失效	制动不良	转向失效	车辆改装	报废车辆	机件故障
小客车	2.8	0.9	0.9	0.5	0.5	0	1.4
中客车	0	4.3	4.3	0	8.7	0	0
大客车	3.2	0	0	0	0	0	3.2
小货车	7	1.4	4.2	0.7	0.7	0.7	1.4
中货车	2.4	2.4	1.8	0.6	0.6	0	0
大货车	6.7	4.5	7.9	1.1	2.2	1.1	1.1
摩托车	5.7	0	0.8	1.6	0.4	0.4	2
拖拉机	16.7	0	0	0	5.6	0	5.6

在制动不良方面，大货车为主要责任车型的制动不良事故较多，占 7.9%，小、中货车比例分别为 4.2%和 1.8%。客车中以中型客车为主要事故车型的制动不良比例较高，为 4.3%，小客车和大客车基本未发生制动不良事故，摩托车和拖拉机也基本未发生制动不良事故。

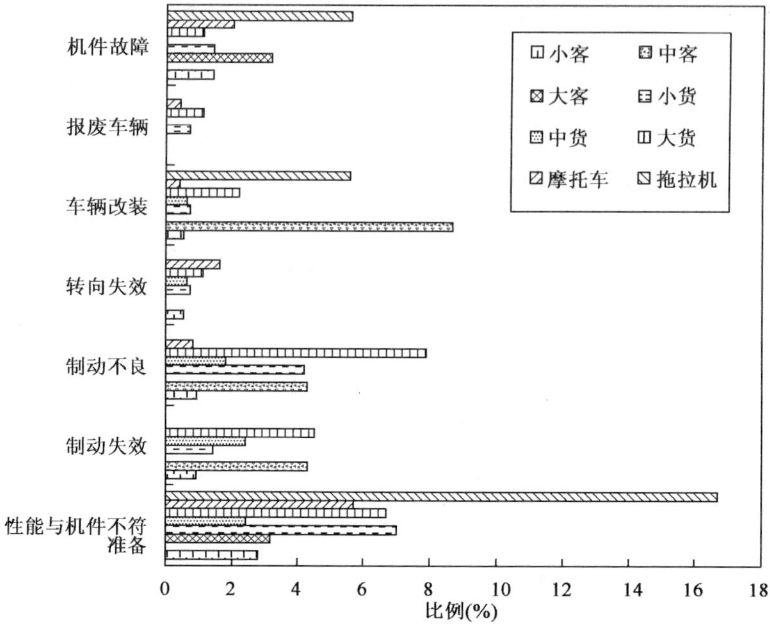

图 2-47　车辆因素在车辆类型方面的分布比例情况

在转向失效、车辆改装、报废车辆方面，由于事故样本量较小，分散到各主要车型中，难以看出规律。

在机件故障方面，摩托车为主要责任车型的机件故障事故较多，占 2%。中小型货车和大货车分别占 1.4%和 1.1%，小型客车和大型客车分别占 1.4%和 3.2%，拖拉机占 5.6%。

4)车辆类型的车辆因素分布

各车辆类型的车辆隐患因素分布情况如下(图 2-48)：

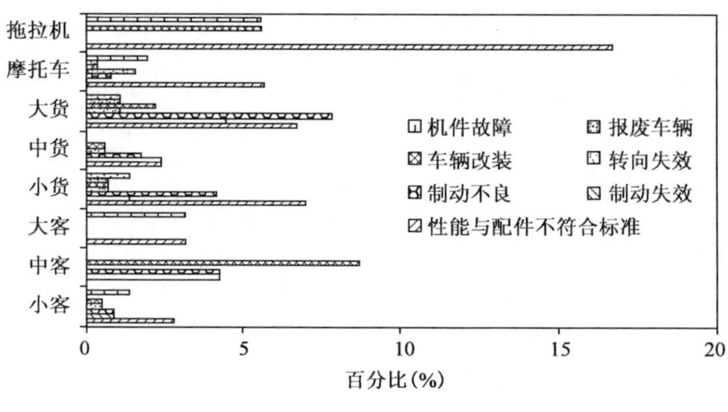

图 2-48　车辆类型的车辆因素分布情况

(1)小客车车辆各项因素比例较小,车辆因素最大的是车辆性能与配件不符,比例为2.8%,其他方面的因素均在1%以下。

(2)中型客车最突出的因素为车辆改装,改装比例高达8.7%,其次制动不良和制动失效比例也较高,比例均为4.3%,未发现车辆报废等方面的问题。

(3)大型客车主要存在的问题是车辆性能与配件不符和机件故障,两者比例均是3.2%,尚没有发现制动失效、制动不良、转向失效、报废车辆等方面的问题。

(4)小型货车最突出的问题是车辆性能与配件不符,比例高达7%,制动不良比例也相对较高,为4.2%,同时存在制动失效、转向失效、车辆改装、报废车辆、机件故障等方面的问题,比例为0.7%～1.4%。

(5)中型货车主要问题是车辆性能与配件不符、制动失效和制动不良,三者的比例分别是2.4%、2.4%和1.8%。车辆改装和转向失效情况相对较少,比例均是0.6%。

(6)大型货车最突出的问题与中型货车一致,均是车辆性能与配件不符、制动失效和制动不良,但其比例明显高于中型货车,比例分别是6.7%、4.5%和7.9%。其他因素为1.1%～2.2%。

(7)摩托车中车辆性能与配件不符问题最为突出,比例为5.7%,未发现制动失效的情况,其他因素为0.4%～1.6%。

(8)拖拉机三个突出的问题是车辆性能与配件不符、车辆改装和机件故障,其中车辆性能与配件不符比例高达16.7%,车辆改装和机件故障比例均是5.6%,尚没有发现其他隐患因素,这可能与拖拉机事故样本量较少有关,累计拖拉机为主要肇事车型的事故为18起。

5)车辆因素在各技术等级公路的分布

车辆因素在各技术等级公路分布情况如下(表2-15):

不同等级公路交通事故车辆因素情况统计表(%)　　表2-15

公路等级 车辆因素	一级公路	二级公路	三级公路	四级公路
车辆性能和机件不符合标准	8.6	3.6	5.6	4
制动失效	2.9	1.4	0.8	2.8
制动不良	2.9	1.4	2.5	6.2
转向失效	5.7	0.5	0.8	0.6
车辆改装	0	1.4	0.6	1.1
报废车辆	0	0.5	0.2	0.6
机件故障	2.9	1.2	1.4	3.4

(1)在车辆性能与配件不符方面,各等级公路分布较均匀,其中一级公路车辆性能与配件不符比例最高,比例达到了8.6%,其他三个等级公路的车辆性能与配件不符比例分别是3.6%、5.6%和4%。

(2)在制动失效方面,各等级公路比例分布较均匀,其中一级和四级公路车辆制动失效比例相对较高,分别占了2.9%和2.8%,其他两个等级公路的车辆制动失效比例分别是1.4%和0.8%。

(3)在制动不良方面,四级公路车辆制动不良比例相对较高,占6.2%,其他三个等级公路的车辆制动不良比例分别是2.9%、1.4%和2.5%。

(4)在转向失效方面,一级公路车辆转向失效比例相对较高,占 5.7%,其他三个等级公路的车辆转向失效比例分别是 0.5%、0.8%和 0.6%。

(5)在车辆改装方面,二级公路车辆改装事故数较高,有 6 起。一级公路未发生车辆改装事故。其他两个等级公路的车辆改装失效比例分别是 0.6%和 1.1%。

(6)在报废车辆方面,一级公路未发生报废车辆事故,其他三个等级公路的报废车辆事故比例分别是 0.5%、0.2%和 0.6%。

(7)在机件故障方面,一级公路仅发生一起机件故障事故,占 2.9%,其他三个等级公路机件故障事故数差不多,比例分别是 1.2%、1.4%和 3.4%。

3. 山区公路交通事故中路的因素分析

尽管重特大事故和特大事故的专项分析反映出,人—车—路道路交通系统中,人的因素是事故的主要致因,由车直接或间接造成的事故比例也高于因路的原因引起事故的比例,但基于人的角度和车的角度,改善交通安全是一个长期的过程,该过程需要从教育、技术、管理等诸多方面逐步完善。公路部门从宽容的角度考虑,分析和把握现阶段山区公路交通事故中路与事故的关系,是从路的角度开展安全改善的有力支持。

1)道路线形分布

发生过多起交通事故的道路线形有平直、一般坡、一般弯、急弯、一般弯坡、急弯陡坡、陡坡、一般坡急弯、连续下坡几种类型。其中,平直路段事故比例最高,占总事故的 51.5%,其次是一般弯、一般坡和一般弯坡路段,三者合计占事故总数的 31.8%,急弯、陡坡和急弯陡坡合计占事故总数的 14.3%,如图 2-49 所示。

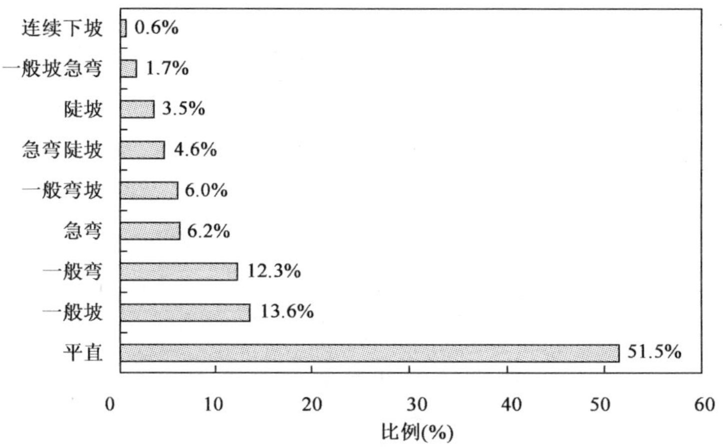

图 2-49 道路线形

表 2-16 表明,急弯陡坡、一般坡急弯、一般弯坡、一般弯、急弯、陡坡起均致死人数较高。特别是急弯陡坡路段,起均致死 2.2 人,一般弯坡和一般坡急弯路段起均致死分别达 1.55 人和 1.58 人。平直路段起均致死人数约为 1.1 人。

2)路段类型

调查中,明确记录路段类型的有效交通事故样本共计 1 132 个,其中 79.8%的交通事故发生在普通路段。此外,发生在交叉口(三支交叉和四支交叉)和桥梁路段的事故也占有较高比例，其比例分别达到11%和6.3%，如图2-50所示。

各种道路线形的伤亡统计　　表2-16

道路线形	事故数(起)	死亡人数(人)	受伤人数(人)	致死率(%)	事故比例(%)
连续下坡	7	8	7	53	0.6
一般坡急弯	19	30	40	43	1.7
陡坡	39	48	59	45	3.5
急弯陡坡	51	112	87	56	4.6
一般弯坡	67	104	84	55	6.0
急弯	69	84	81	51	6.2
一般弯	137	174	183	49	12.3
一般坡	151	169	130	57	13.6
平直	573	631	461	58	51.5

注：致死率＝死亡人数÷(死亡人数＋受伤人数)，其准确性取决于事故伤亡数统计。

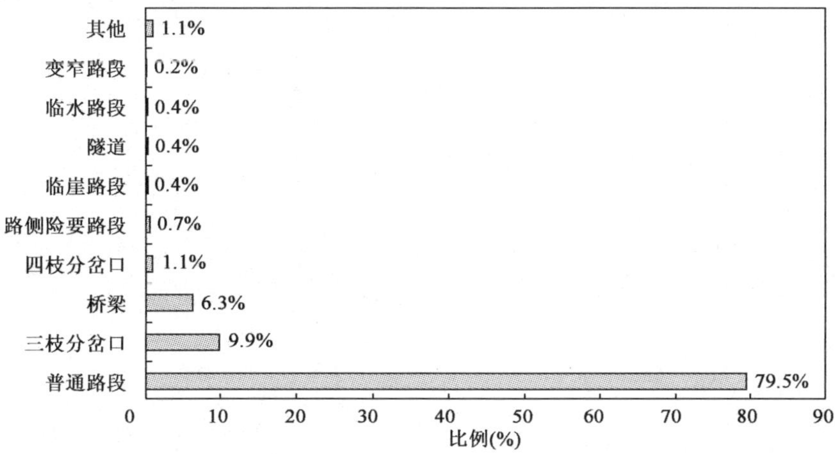

图2-50　事故点路段形式

路段形式的伤亡统计(表2-17)表明，从路段形式的致死率来看，变窄路段、桥梁、分岔路口、隧道等路段致死率较高；虽然普通路段事故比例高达79.5%，但其致死率相对较低。目前安全保障重点应放在致死率较高的路段。

4.山区公路交通事故中管理的因素分析

在管理中人与车的因素主要由无证驾驶、无牌照和车辆未按期检验三种类型组成。

如表2-18所示，在无证驾驶方面，摩托车、拖拉机和中型货车比例较高，分别为51.6%、38.9%和24.1%，小客车无证驾驶比例最低，为5.5%。

在无牌照方面，摩托车、拖拉机和中型货车比例较高，分别为32.5%、16.7%和12.7%，小客车无证驾驶比例最低，为3.2%。

在车辆未按期检验方面，各车型比例相对较低，拖拉机是最为突出的车辆类型，未按期检验比例为11.1%，其他车型均在5%以下。

各路段形式的伤亡统计　　表 2-17

路段类型	事故数(起)	死亡人数(人)	受伤人数(人)	致死率(%)	事故比例(%)
普通路段	896	1 101	942	54	79.5
三枝分岔口	112	114	57	67	9.9
桥梁	71	100	30	77	6.3
四枝分岔口	12	14	6	70	1.1
路侧险要路段	8	14	11	56	0.7
临崖路段	5	8	40	17	0.4
隧道	5	9	4	69	0.4
临水路段	4	7	51	12	0.4
变窄路段	2	4	0	100	0.2
其他	12	18	18	50	1.1

注:致死率=死亡人数÷(死亡人数+受伤人数),其准确性取决于事故伤亡数统计。

各车型管理因素分布情况　　表 2-18

主 要 车 型	无证驾驶比例(%)	无牌照比例(%)	车辆未按期检验比例(%)
小客车	5.5	2.8	1.4
中客车	13	0	4.3
大客车	12.9	3.2	0
小货车	11.2	4.9	2.1
中货车	24.1	12.7	0
大货车	7.9	7.9	2.2
摩托车	51.6	32.5	4.9
拖拉机	38.9	16.7	11.1

各管理因素车型分布情况见图 2-51。

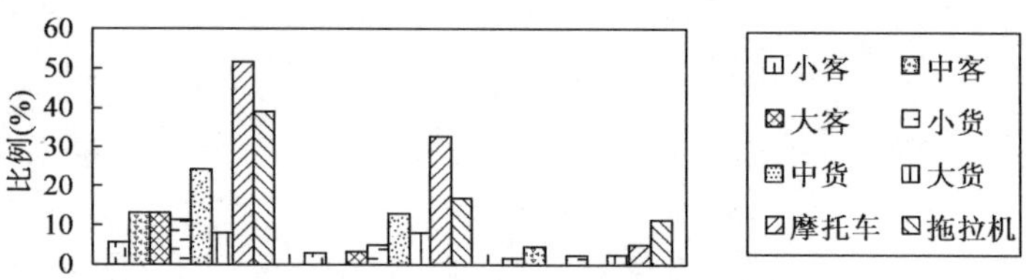

图 2-51　各管理因素车型分布情况

与管理中路的因素有关的交通事故样本较少,在全部有效的交通事故中,有 2 起交通事故中存在路面养护不及时的管理问题,1 起交通事故中存在路面清理不及时的管理问题,25 起交通事故中存在公路违规施工、标志不全的情况。

经上述分析，我国山区公路上的死亡交通事故有如下特点：

(1)事故的原因主要是其中与人有关的事故占总数的95.7%，与车有关的事故占总数的14.3%，与路有关的事故占总数的8.3%。总体而言，交通事故影响因素中，人的影响最大，车的影响次之，路的影响最小。这与示范路网内的所有事故的事故原因统计分析结果相一致，事故的发生因素以与人相关为主。

(2)事故形态主要是刮撞行人和正面相撞，分别占总数的28.7%和25.8%；其次是翻车、撞固定物、侧面相撞、撞静止车辆和尾随相撞为主，所占比例分别为12.4%、9.4%、5.5%、5.2%和4.7%；驶出路外、坠车、同向刮擦和对向刮擦发生比例相对较低。

(3)平直路段重特大事故比例最高，占事故总量的51.4%，其次是一般弯、一般坡和一般弯坡路段，这三者合计占总事故的31.6%，急弯、陡坡和急弯陡坡合计占总事故的14.6%，以上组合占总事故的97.6%。

(4)从事故路段类型来看，交叉口和桥梁路段事故所占事故比例较高，应作为重点防护和处置的路段。

(5)主要肇事车型车辆所占比例由高至低分别是货车(41.4%)、摩托车(25.8%)、小客车(22.8%)。肇事货车普遍存在性能与机件不符合标准、制动失效、制动不良等问题。

第三节　公路交通安全发展目标与对策

一、我国公路交通安全保障的目标

公路的主要作用是为人们提供出行服务，避免人在出行的过程中受到伤害。1993年，瑞典国家道路交通安全管理机构提出了交通事故“零远景”的理念。交通事故“零远景”理念是一个长期的目标，也是道路交通安全的努力方向。考虑到我国目前的交通安全环境，短时间内无法达到瑞典的安全水平。适合当前我国公路特征的交通安全愿景为：逐步减小道路交通事故的严重程度和事故数量，逐渐达到发达国家的交通安全水平。尽管在使用公路的过程中，道路使用者不可避免地犯某些错误，但是不应该以付出生命为代价。因此必须提供更为可靠的公路交通出行环境，采取提供更安全的道路基础设施、增强出行者的安全意识、加强车辆的安全性等一系列措施。

为了实现这一交通安全愿景，我国公路交通安全保障的目标为：构建全方位的山区公路交通安全文化环境。

交通安全涉及方方面面的工作，与每个人都相关，责任团体包括政府部门、企事业单位、居民、学校等，需要共同努力才能构建良好的交通安全文化环境。每个人都是交通安全的参与者——道路的规划者、设计者、建设者、车辆工程师、物流运输者、政策制定者、道路使用者，每个人的活动都与交通安全有关。因此，构建全方位的山区公路交通安全文化环境，需要每个人的参与和努力，从政策制定到具体公路的规划、设计与建设，到运营过程中的交通出行参与过程，将交通安全的理念渗透到每个人的心中，提供一个系统安全的交通环境，尽最大可能减少人员在山区道路交通出行的过程中死亡或者受到严重伤害。

为了实现公路交通安全保障的目标，构建全社会的公路交通安全文化环境，有以下两个基本的原则需要考虑：

(1)人在出行过程中可能会犯错误。从统计数据可以看出，交通事故原因分析中人的因素占了绝大部分的比例，在今后，人依然会在出行过程中出现失误，但是不能以人的生命或者严重受伤作为代价。因此，要求道路设计与建设、车辆的制造与生产、管理更加科学合理，有容错能力。

(2)交通系统的容错能力。交通系统需要具有良好的容错能力，保证人在事故碰撞过程中受到的冲击力不大于人体的承受能力。系统的设计者、运营者在设计道路和进行车辆以及车速管理的时候，需要系统考虑人体的承受能力。

二、我国公路交通安全保障对策综述

通过对我国道路交通事故的宏观分析、群死群伤事故特征的重点分析以及山区公路交通事故特征的重点分析，可以看出，在我国，交通安全问题是一个综合“人、车、路”的多方面问题，是一项社会系统工程。从安全技术规范到牌证管理，从人、车、路、环境的治理，到针对不同层次、不同群体、不同年龄人员的宣传教育，都必须实施综合治理。其中人的问题是根本问题，同时需要加强安全管理，提高车辆的安全性以及道路基础设施的安全性。

根据分析结果，我国公路交通安全保障对策可以分为安全的公路、安全的车辆、安全的人、科学的管理和完善的保障措施五个主要方面，如表 2-19 和图 2-52 所示。

公路交通安全保障对策 表 2-19

安全的公路	安全的公路及路侧的设计、维护，完善的安全设施。安全的公路能够诱导使用者采取正确的出行行为
安全的车辆	车辆不仅要能保护出行者，而且要更智能化，使得驾驶变得更简单。增加道路与车辆之间的交互；在发生碰撞事故时，提供自动保护
安全的道路使用者	鼓励更安全的驾驶行为，加强驾照管理、宣传教育、道路执法等
科学的管理	严格的道路执法，针对特殊车型的管理对策
完善的保障措施	安全领导，安全投入，科技水平以及交通人才培养

根据交通事故分析获得的我国主要的交通安全问题和交通事故特征，针对性地提出公路交通安全保障对策。由于交通事故的原因分析可以是多角度、多因素分析，因此，从交通事故的主要原因入手，给出了影响交通安全的主要因素，包括道路问题：道路环境差、道路技术等级低、安保设施不到位；从碰撞类型可以看出，坠车和证明碰撞事故最为明显，车辆类型中大客车、大货车、摩托车事故突出；道路使用者的违法行为中包括“三超一疲劳”，同时还有诸多不良的驾驶行为；车辆缺陷中主要是车辆的制动、转向失效。不同角度的事故原因，给出的对策重点不同，表 2-20 给出了事故特征对应的安全保障对策，

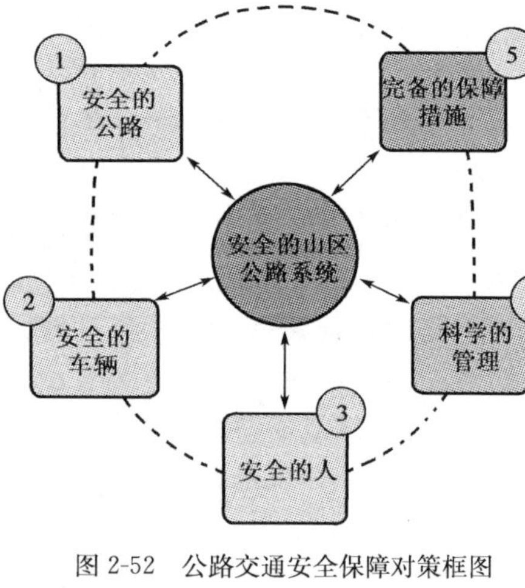

图 2-52 公路交通安全保障对策框图

其中"●"代表高度影响因素。

交通安全问题与交通安全保障对策　　表 2-20

交通安全问题	安全的公路	安全的车辆	安全的人	科学的管理	完备的保障措施
道路问题					
道路环境差					
道路技术等级低	●				●
安保措施不足	●				
碰撞类型					
坠车	●	●			
正面碰撞	●				
车辆类型					
大客车		●	●	●	●
大货车		●	●	●	●
摩托车		●	●	●	●
道路使用者的违法行为					
超速			●	●	
超载超限			●	●	
疲劳驾驶			●	●	
不良驾驶行为			●	●	
车辆缺陷					
车辆制动失效		●			
车辆转向失效		●			

三、交通安全保障对策中人的因素

由于交通安全问题涉及人、车、路、管理等多方面的因素，人是最关键的核心因素。一切交通安全问题如果舍弃人的因素，都将是空谈。我国政府也一向重视交通安全法制建设和对全社会的交通安全教育工作。

为了规范道路交通参与者的权利与义务，我国已经在 2003 年出台了《中华人民共和国道路交通安全法》以及实施条例，道路交通安全法的主要目的就是预防和减少交通事故，保护人身安全，保护公民、法人和其他组织的财产安全及其他合法权益，提高通行效率。《中华人民共和国道路交通安全法》是道路交通安全管理工作的基础和保障。从实施情况来看，《中华人民共和国道路交通安全法》为全国的交通秩序的根本好转和遏制交通事故上升提供了强有力的法律保障，提高了全民交通安全意识和交通法律素质。但是由于我国幅员辽阔，各地发展情况不均衡，部分偏远地区由于与外界沟通交流较少，交通安全意识依然很薄弱。

在交通安全领域，法律原则"有法可依，有法必依，执法必严，违法必究"的中国特色社会主义法律体系基本形成。道路交通安全法已经建立，如何更好地贯彻实施，一方面需要加强交通安全的宣传教育工作，保证出行者都能够了解、清楚安全出行的规定，并坚决遵守；另外一方面，则是加强执法检查，加大惩罚力度，保证法律执行的严肃性和严格性。

为了更好地进行交通安全宣传教育工作，我国已经进行了多方面的努力。2006 年中宣部、公安部、教育部、司法部和国家安全监管总局等部门联合发起在全国实施"保护生命、平安出行"交通安全宣传教育工程，其目标是通过三年的努力，深化交通安全宣传"五进"工作，普及交通安全法规和安全常识，使广大驾驶人、学生、居民的交通法制观念和安全意识明显增强，使无证驾驶、疲劳驾驶、超速、超载超限、酒后驾驶、低速载货汽车和拖拉机载人等严重违法行为明显减少，交通事故死亡人数保持下降趋势。

但是应该看到，我国的驾驶人、行人等交通参与者群体的交通安全意识依然淡薄，交通违法行为仍然是我国交通事故发生的重要原因，同时疲劳驾驶、不遵守路权、超载超限等忽视交通安全的行为层出不穷，这些都为交通事故的发生埋下了伏笔。因此，在交通安全保障工作中，应对人的因素格外重视，很重要的就是进行交通安全的教育宣传工作，而且要长期不懈地坚持下去，要把培养广大群众文明交通的意识、提高现代交通的水平，作为社会主义精神文明建设的一项内容，采取多种教育方式，逐步养成自觉文明的交通习惯，才能从根本上改善交通状况。根据目前我国的交通安全现状，对于交通参与者的教育应该从以下几个方面入手：

(1)加强新驾驶人的培训教育工作。

在我国汽车驾驶人迅速增加、全民皆驾驶人的大背景下，从肇事驾驶人驾龄变短的发展趋势来看，加强对于新驾驶人的培训教育工作非常必要。现实复杂的交通状况会让新驾驶人束手无策。驾驶人欠缺的并不是技能，而是交通安全意识和安全知识，要在驾驶人培训工作中更关注安全意识和安全知识，学习可能遇到的紧急情况和相应处理措施。严格驾照的管理和培训工作。

(2)提高安全带的使用率。

使用安全带可以大大降低公路撞车受伤的严重程度。研究表明，如果坐在前排座位的人使用安全带，发生撞车时死亡危险大约可以降低 61%。但是我国目前的安全带的佩带意识非常低，有调查表明，23.5%的调查者从来不佩带安全带，这个比例在山区公路上应该更高。所以加强车辆安全带的佩带是紧迫而必要的。应开展有针对性的宣传教育活动，提高安全带的使用率，加大安全带佩带的检查力度；同时加强安全带的生产管理，对安全带进行质量检查鉴定，使安全带发挥其应有的性能。

(3)努力营造道路交通安全的浓厚舆论氛围。

宣传、公安、交通、农机、发改、广电、教育等部门要建立道路交通安全宣传长效机制，每年定期组织开展"道路交通安全宣传月"活动。在电台、电视台和报刊等媒体开辟道路交通安全宣传专栏，经常播放道路交通安全常识和公益广告。大力推进交通安全"示范村"、"示范社区"、"示范学校"、"平安农机"、"平安畅通县区"创建活动。创新宣传模式，采用群众喜闻乐见的互动方式，例如，通过文艺演出、知识竞猜、有奖竞猜等形式进行宣传。结合传统宣传方式，如标志牌、宣传标语、电视、广播、网络等，抓好全社会的宣传教育，普及交通安全知识，宣传交通管理政策。

(4)利用真实、典型的案例进行警示宣传。

选择有代表性的交通事故编成案例宣传册，通过图文并茂的表现形式，增加可读性，更容易被群众接受和记住。大力开展互动式、体验式交通安全宣传教育。建设包括典型特大交通事故体验教育模拟环境、危险驾驶行为体验平台、儿童交通安全情景教育、青少年交通安全互动游戏、移动式交通安全宣教设施等功能在内的大型交通安全宣传教育基地。

(5)提高重点群体的交通安全意识。

突出运输企业驾驶人、中小学生、农村居民等教育宣传的重点，提高重点群体的交通安全意识。利用机动车驾驶人的交通安全再教育，教育驾驶人员遵纪守法，提高职业道德素质，做好日常教育、年审教育和违法肇事后的教育。针对中小学生好奇心和求知欲强烈的特点，提高他们的自我防护意识和能力，将交通安全宣传教育辐射到各个家庭和全社会。对农村居民进行安全常识的教育。采取农民朋友喜闻乐见的形式，因地制宜、因人而异、广泛地进行安全宣传。通过典型的交通事故安全讲解、宣讲等形式，用血淋淋的事实去警醒他们，改变他们不良的交通习惯。

四、交通安全保障对策中车的因素

加强机动车的安全管理，预防和消除机动车因存在车辆缺陷或者故障造成的人身和财产损害。可以采取以下几个方面的对策：

(1)加强车辆主动安全技术的研发，将成熟技术纳入中国新车评价规程(C-NCAP)。

随着汽车技术的发展，被动的车辆安全技术如安全带、安全气囊已经在车辆上得到了普遍的应用。更多的车辆生产厂家转向了汽车主动安全技术的研发，如防抱死系统(Antilock Braking System，ABS) 、驱动防滑转系统(Acceleration Slip Regulation，ASR)、汽车电子稳定程序(Electronic Stability Program，ESP)、汽车主动避撞系统、主动修正方向的车道偏离警示系统等。这些新技术目前多在高端车辆上应用，应进一步研究车辆主动安全技术，降低成本和费用，使得新的安全技术得到普遍应用，并推动成熟技术纳入中国的新车评价规程(C-NCAP)中。

(2)完善国家标准，鼓励使用新的主动安全技术，提高机动车的安全性。

进一步修订完善《机动车运行安全技术条件》等国家标准，提高机动车安全性标准。提高重型货车、大型客车等重点车辆的安全装置配备要求和结构安全要求，适当提高卧铺客车和栏板货车等安全性能低的道路车辆的安全技术要求，提高道路运行机动车的整体运行安全技术性能。

(3)强化汽车改装行业监管。

加快修订机动车强制报废规定和报废汽车回收管理办法，进一步完善缺陷机动车召回的相关法规和措施。杜绝有缺陷的机动车上路行驶，提高车辆的整体安全性。在车辆年检时严格把关，不符合出厂技术标准、擅自改型的车辆，不予注册登记。查处非法改装、拼装、报废汽车的违法行为，凡不按规定解体报废回收的企业和非法改装单位，一律停业整顿，情节严重的取消其经营资格，并派员到现场监督报废车辆的解体工作。健全汽车生产及改装企业行业管理制度，建立和完善国家车辆生产和管理信用体系。

五、交通安全保障对策中路的因素

根据对我国公路交通事故数据的分析，影响公路交通安全的因素如表 2-21 所示，包括道路的几何线形、结构物、安全设施和环境因素等方面。

山区公路影响安全的因素 表 2-21

几何线形	道路结构物	交通安全设施	环境因素
平曲线半径	路肩类型	交通标志	路侧
曲线转角	路侧宽度	防护设施	地质灾害
竖曲线半径	道路净空		村镇集市
纵坡坡度	路基边坡		
平纵组合	路面附着系数		
视距	桥梁		
	隧道		

由于历史的原因，我国的一些公路上仍然存在着一些不利于交通安全的公路环境，特别是在我国的山区公路上，公路的线形指标差，视距不足，急弯陡坡等危险路段依然影响着公路交通安全。从公路设计技术指标的角度分析，影响公路安全的重要技术条件包括：

(1)平曲线半径的一致性差；

(2)竖曲线不平顺；

(3)弯道超高不足；

(4)路肩较窄，稳定性差；

(5)视距不良；

(6)路面抗滑能力差；

(7)交通标志、标线数量少；

(8)被动防护设施缺乏；

(9)路侧环境险恶。

图 2-53～图 2-58 是一些我国公路上存在的典型的不利于交通安全的公路环境。

图 2-53 连续弯道

图 2-54 视距不良

我国交通运输部十分重视公路交通安全，近年来采取了很多举措逐步完善我国的公路交通环境。2004 年，原交通部在全国国道、省道干线公路和重要县道公路上开展了以“消除隐患，珍视生命”为主题的“安全保障工程”。针对影响行车安全路段的缺陷类型，结合事故数量和形态综合进行整治，实现提高公路行车安全水平，降低交通事故率和重大事故发生率，贯彻

"以人为本，以车为本"的道路交通服务理念。公路安全保障工程包括对影响行车安全的急弯、陡坡、连续下坡、路侧险要、桥头（宽路窄桥、弯路直桥等）、隧道、平交叉口、路面抗滑能力不足、路面标志标线等影响行车安全路段采用交通工程及交通标志等措施进行综合整治，以起到公路行车被动安全防护和主动引导警示的作用。至 2009 年，公路安全保障工程累计投入资金 147.4 亿元，整治隐患路段 42.4 万处、13.4 万 km。

图 2-55　连续下坡、视距不良

图 2-56　临水临崖路段

图 2-57　路侧高山峡谷路段

图 2-58　超载现象严重

以云南、贵州、四川、重庆和海南地区为例，根据主要国、省干线公路安保工程实施前后的数据对比分析，能够确定公路安全保障工程的实施取得了良好的效果。

(1)从 2004 年山区公路网安保工程开始实施以来，交通安全总体改善水平效果明显，交通事故发生次数以及交通事故死亡人数都较安保工程实施前有了较大的下降，取得了较好的社会经济效益。安保工程实施路段年均交通事故起数从安保工程实施前的 7 211 起降至 2 182 起，减少 5 029 起，降幅达 69.74%；年均重特大交通事故起数从实施前的 822 起降至实施后的 188 起，减少 634 起，降幅达 77.13%；年均死亡人数由 2 739 人减至 507 人，减少 81.49%；年均受伤人数从 5 406 人降至 1 498 人，降低率达 72.29%。

(2)从部分安保工程实施路段实施前后的交通事故变化率来看，多处路段事故减少率达到了 80%。从安保工程实施后近几年的交通事故变化趋势来看，虽然交通事故的发生起数还呈现出波动起伏的变化，但交通事故的死亡人数总体趋于下降。一些地区如四川省、重庆市死亡人数在个别年份中略有上升，但 3 人以上人员死亡的特大交通事故比例逐年减少，交通安全运营总体状况良好。

(3)通过对安保工程实施后近几年不同地区的交通事故数据分析，急弯、陡坡、连续下坡、视距不良以及路侧险要等五类危险路段的交通事故起数以及伤亡人数占事故总数的比例较小。从不同地区的抽样数据显示，五类危险路段交通事故所占比例最高不超过 20%。

(4)安保工程的实施对翻车和坠车等极易造成大量人员伤亡的重特大交通事故治理效果明显，挽救了大量驾乘人员的生命，从近期交通事故的抽样数据来看，翻车或者坠车等交通事故所占比例不超过 10%。

(5)针对五类危险路段所采用的安全保障措施对交通安全的改善效果明显，根据不同地区典型山区公路安保工程实施路段的交通事故数据显示，经过治理后的危险路段交通事故起数以及死亡人数均有大幅度的下降，部分路段已杜绝了交通事故的发生，交通安全状况良好。

(6)公路安全保障工程的实施也普遍受到了广大驾乘人员以及周边沿线居民的欢迎和认可，90%的受访者认为安保工程的实施对交通安全整体状况改善明显，90%的受访者对公路安全保障设施的作用效果满意。

但是，我国仍然有部分公路存在着比较危险的路段，为了更好地改善交通安全环境，贯彻宽容、以人为本的公路建设理念，提高我国公路基础设计整体的安全性，应该采取以下的交通安全保障对策。

1.新建公路的交通安全保障对策

对于新建公路，需要重点考虑道路安全性，从方案确定、选线、设计、建设的全过程，将公路安全性考虑充分。

(1)新建公路必须具有容错能力及良好的安全性。

山区公路交通系统需要具有良好的容错能力，山区公路的设计者、运营者在设计道路、车辆以及车速管理的时候，需要系统考虑人体的承受能力，保证具有一定的容错能力和良好的安全性。必须将山区公路的安全性理念贯穿到整个道路的修建过程中，从方案确定、选线、设计、建设的全过程中始终以保证安全性为重要的考虑因素。

(2)提高公路建设过程中安全设施的投资比例。

我国对于公路的安全设施投资比例并无明文规定，但一般情况下，高速公路的交通工程投资约占总投资的10%左右，而交通安全设施投资约为3%左右。普通公路的交通工程投资比例应该还要低。要提高公路的安全性，需要在设计、建设阶段提高安全设施的投资比例，高速公路、普通公路的交通安全设施的投资比例不能低于5%，保证安全投入是建设安全公路的基础。

(3)公路安全设施应同步设计、同时施工、同时投入使用。

我国公路建设重主线建设、轻安防设施的思想仍很严重。我国的交通工程设计主要内容就是在主线设计完成后，沿路线设置标志、标线，而没有按照“三同时”的要求做到同时设计、同时施工、同时投入使用。在山区公路的建设工作中应该在设计环节就重视交通安全设计，保证“三同时”，避免在出现安全事故后再重新进行交通安全设施的补允和完善。

(4)新建改建的公路，技术指标应满足规范要求。

在公路建设过程中，往往由于受到资金、地形条件等的限制，存在突破规范或者不满足规范要求的路段，形成了安全隐患。在新建、改建公路中，技术指标应满足规范要求，保证公路的安全性。在恶劣的自然条件中修建的公路，在资金允许的条件下，公路的平、纵设计技术指标、安保设施等级应当适当提高。

(5)重视在设计过程中开展交通安全评价，保证公路设计方案的安全性。

公路交通安全评价已经被证明是提高公路设计安全性的重要方法，通过公路交通安全评价，能够在设计阶段即发现公路上存在的交通安全隐患，并通过完善设计方案，以及采取针对性的技术措施等手段消除隐患，保证通车以后的交通安全。因此，应在公路设计环节中重视交通安全评价的作用，重要的公路项目在设计阶段必须进行交通安全性评价。

2.已建公路的交通安全保障对策

对于已建成的公路，在安全设施不完备的情况下，需要继续进一步整治道路交通安全隐患。继续开展公路安全保障工程，对国省干线公路上急弯、陡坡、视距不良、路侧险要等危险路段实施综合治理，并将公路安全保障工程逐步向农村公路延伸。重点完善山区公路的急弯陡坡、临水临崖路段和交通事故多发段的安全防护措施。主要的措施如下：

(1)识别事故多发点，并对重点路段进行综合整治。

通过对不同安全隐患路段的详细勘察，针对不同事故的具体特征，逐路段拟订治理方案。对事故多发的重点路段，会同交警、安监部门，现场勘察、分析造成事故的主要因素，采取设警示标志、画振荡标线、设置连续防护设施和紧急避险车道等措施进行综合治理。

(2)加强公路的速度控制。

降低车辆速度是防止交通事故的一个优先事项。根据关于速度对公路交通影响的研究，速度每减1%，出现受伤的情况就减少2%～3%，而且造成死亡事故的发生率大约减少4%～6%。车辆速度对行人受伤也有很大影响，如果汽车车速从每小时30km增加到50km，造成行人死亡的可能性则增加7倍。因此，在山区公路中进行速度控制是降低交通事故的有效途径。

在交通量相对较小的山区公路上，应对长大坡路段、急弯路段进行强制限速来保证行车安全，即在要求限速行驶路段的前方50～100m处和限速起始点处设置警告标志、限速标志或告示牌，加强驾驶人对标志指令的接受效果。在长下坡路段以及穿村镇、交叉口等处设置减速带降低车速，减少受伤。

(3)改善视距是保障公路行车安全的重点措施。

公路视距不良是行车安全的隐患因素之一，为保证车辆在公路平曲线和竖曲线上行驶时的视距，应对妨碍驾驶人视线的树木、路堑边坡、广告牌、小半径凸形竖曲线等进行清理改造，辟建视距台。

对路面较窄的小半径弯道，可在弯道外侧安装凸面镜来弥补行车视距的不足。

(4)加强交通安全设施的设置，完善安全保障工程。

①在事故多发路段，交通安全设施的设置应结合道路两侧的地形、植被、构造物以及公路线形等综合考虑，以弥补道路环境中存在的潜在危险因素。

②在事故路段合理设置线形诱导标、轮廓标和交通标线，引导驾驶人及时改变行车方向，弥补公路线形可视性的不足。

③在急弯陡坡和临崖路段设置防护栏或防护墙，防止失控车辆冲出路外。

④在公路的连续下坡、连续弯路、傍山险路、过水路面、易滑等地段设置交通标志，标志内容应尽量明确反映前方道路环境情况，使驾驶人产生正确的心理预期，提前保持适度的紧张心理。

⑤对公路深边沟路段采用边坡卸载土方回填，改做浅碟形水沟，为抛锚侵入路侧的车辆提供一个平缓而有效的缓冲平台。

(5)对公路交叉口、穿村路段进行综合安全处置。

①公路的交叉口，穿越学校、集镇、村庄路段主要的安全隐患是快速行驶的车辆和横穿行人、自行车的碰撞，解决的基本原则是规范行人的过路行为，给车辆提供必要的警告，并使车辆降速行驶。

②穿越学校的路段，应设置注意儿童标志和限速标志，在学校学生集中穿越公路的地方应设置人行横道线。视距不良路段还可采取强制性减速措施。

③穿越集镇和村庄路段，设置限速标志、村庄警告标志或注意行人等警告标志。易超速路段可以采取强制性减速措施。

④在横向干扰严重的事故多发路段可设置护栏等隔离设施。

⑤在街道化较严重的路段，设置信号灯、黄闪灯和安全岛等设施。

(6)在条件允许的情况下，对公路的局部道路进行升级改造。

在道路安全状况恶劣的路段，增设交通设施或对道路进行局部改造在事故防范方面的作用有限，较好的办法仍是对该路段进行升级改造。特别是许多公路是20世纪五六十年代修建的，基本上不满足标准要求，因此，需要在条件允许的情况下，对局部道路进行改线，满足标准规范的要求。改线时，除了应结合事故原因和事故形态进行有针对性的设计外，还应结合新旧道路的几何尺寸和交通环境进行均衡设计，尽可能使道路线形缓和平顺，保持道路设计要素之间的连续性，符合人的驾驶特性，避免采用突变的几何指标或孤立选用技术指标。

(7)加强对桥梁的养护与监管，及时治理桥梁安全隐患。

①加强桥梁的养护与监管，抓好桥梁安全隐患的排查治理和改进工作。

②对桥梁进行定期检测，建立桥梁安全档案。

③在桥梁处设置限速标志，提醒过往驾驶人注意桥梁路段，避免超速。严格交通执法，严格车速管理。

④清除桥头净区范围内障碍物，提高桥梁可视性，确保行车视距；合理设置桥梁护栏，预防车辆撞击护栏端部和坠桥事故发生。

⑤完善桥梁路段断面几何设置安全性，将车辆行车保持在本方车道内；完善桥头搭板设置，减少桥头行车冲突。

⑥重视桥梁路段夜间和雨雾天气行车安全，增设照明设施和雨雾天气行车提醒标志。

⑦加强超限超载车辆治理，减少超出桥梁承载能力导致桥梁出现坍塌的事故。

六、公路交通安全管理对策

管理是提高公路交通安全水平、降低交通事故风险的有效手段。一般而言，对于新出现的交通安全问题，最优先的对策是采取针对性的管理措施，然后再通过技术升级或者工程措施从根本上消除交通安全隐患。

当前，我国公路上交通事故，特别是重特大交通事故的成因分析表明，大客车和货运车是群死群伤事故的主体，同时在我国山区和城镇路段摩托车肇事的致死率极高，因此，建议当前要针对这些重点问题进行专项的交通安全管理。

1.加强客运车辆的交通安全管理

根据一次死亡10人以上的交通事故的肇事车型统计情况，大客车、中型客车、小客车以及公交车四种乘客运输方式，基本上占总体事故的近57%。因此，客运车辆交通事故的减少对于总体交通事故的降低具有非常重要的意义，而加强营运客车的管理则是减少客运事故的重要方面。从分析特征来看，减少客运事故的关键在于加强客运的监管、严格客运驾驶人的从业资格管理以及加强车辆的安全性检查。

(1)加强客车运行线路的评估与监管。

严格客运班线线路的选择，在可供选择的线路方案中，优先考虑道路等级高、安全条件较好的营运线路；对于危险路段较多的三、四级公路，在开通山区客运线路之前，必须对线路进行客运安全性评估，对危险路段进行安全防护改造，保证安全性；对申请的营运线路属于非等级公路的，应由当地政府组织交通、公安交通管理部门进行实地勘察，确认不具备道路交通安全通行条件的，严禁许可经营；山区长途客运线路在允许的情况下应尽可能选择道路条件较好的高速公路。另外在选择客运车辆时，需要考虑车辆与线路的匹配性，根据道路宽度、弯道半径、最大纵坡等因素考虑车辆的长度、动力性、通过性等技术因素。对于行驶里程超过 400km 以上的长途客运班线，要在沿途至少设置两处以上的中途休息站点，强制长途驾驶人休息；对夜间运行的长途客运班线，要严格落实更换驾驶人并强制驾驶人落地休息的措施。

(2)严格客运驾驶人的从业资格管理。

严格客运驾驶人的从业资格管理。提高山区客运驾驶人的准入条件，把具有三年以上的本地山区公路驾驶经验且无责任事故，作为客运车辆驾驶人从业资格的必要条件，严加审查。对发生超员、酒后驾驶、超速行驶等交通违法行为或者发生道路交通事故负有责任的客运驾驶人，由公安交通管理部门进行道路交通安全法律、法规和相关知识的复训教育；对 1 年内累计 2 次超员、超速或 1 次超员 20%、超速 50%及以上的违法客运车辆，所属运输企业视情节严重情况对其进行再教育、调离岗位、解聘等处理。

(3)全面落实客运企业的主体责任。

对道路运输经营者所属客运车辆发生一次死亡 10 人以上特大道路交通事故并负主要责任的，除收回肇事车辆的经营许可证件外，交通部门不再受理该经营者新增客运经营申请。

(4)加强对驾驶人的培训管理。

提高培训质量，加强驾驶人的安全操作技能和应急操作能力，强化对营运驾驶人从业资格的监督检查。发现安全意识薄弱、技术水平不过关的驾驶人，要责令运输企业对其进行再教育和培训，培训考试不合格的，要责令运输企业予以解聘或调整工作岗位。

(5)完善运输车辆源头管理措施。

督促运输企业定期维护和检测车辆并健全车辆技术档案。凡不符合国家标准非法改装、技术等级不合格的营运车辆，要责令运输经营者限期整改或退出道路运输市场，并严格按照《中华人民共和国道路运输条例》及有关规章予以处理。制定更严格的车辆养护和检查程序，并定期开展安全隐患排查工作，采取针对性措施，减少车辆隐患。对于推广的客运车辆 GPS 定位系统，需保证其良好运行，使设备能够及时、有效地发挥作用。

2.加强摩托车的安全管理

摩托车由于价格便宜、出行便捷等原因，在城郊结合部、山区和部分农村地区出行比例比较高，因此，由摩托车引发的交通事故造成的伤亡也同步增加。

根据国家道路安全行动计划的有关研究，我国山区公路上摩托车交通事故占事故总数的 28.3%。当前我国公路上摩托车运行存在的主要交通安全问题包括如下内容：

(1)无证驾驶。多数人认为驾驶摩托车简单，会骑自行车即可，因此，常有人无视法规，买了摩托车，不挂牌不办证，就上路行驶。根据统计，58.1%的摩托车驾驶人属于无证驾驶，未受过专门的驾驶训练，遇突发性情况时不能控制车辆，发生碰撞车辆、行人或其他物件等事故。

(2)超速行驶。在路面平坦、视线开阔的道路上，驾驶人易出现超速现象。

(3)超员超载。有的人一辆二轮摩托车搭载一家三、四口人，有的则一伙人挤乘一辆车；有的人图省事、省钱，将货物随车搭载，严重超重或超长超宽，造成摩托车重心不稳，易在行驶中发生意外。

(4)强行超车。由于摩托车体积小，行驶灵活，有的驾驶人往往见缝就钻，不顾客观条件盲目超车；在条件受限的道路上，有人追求高速，必然出现从右边超车或路口强行超车等违章现象，容易同逆向行驶车辆发生碰撞。

(5)酒后驾驶。交通法规意识淡薄，不仅酒后驾驶，还情绪兴奋开快车，有的开车时与后座闲谈、开玩笑，行驶不稳，会车不闭远光灯等，不少事故由此酿成。

(6)不戴安全头盔。驾驶人自我保护意识差，驾驶摩托车不戴安全头盔，出事后头部得不到保护，造成颅脑损伤，加重了事故后果。

针对上述摩托车运行中暴露出的主要问题，应采取如下管理措施：

加大宣传教育。农村交通安全宣传教育，内容上要突出重点，即抓住法律法规有关条文，利用本地交通事故典型案例拍摄制作警示宣传片进行广泛宣传，进行有针对性的安全教育；形式上要大密度、多样化，利用文字形式的墙报、宣传单，图像形式的电视宣传，声音形式的广播等，进行宣传教育。另外，利用每次摩托车证照考试前办一期交通安全培训班，讲法律法规，分析案例，放警示片，抓住源头，防微杜渐；利用乡镇有线电视播放交通安全公益广告，组织宣传教育讲座，放映警示片。

查处违法行为。严格查处摩托车的违法行为，重点包括无牌无证行车行为、酒后驾驶和严重超员超速行为等；对不戴安全头盔等现象，要多提醒、多警示，令其整改。

完善农村地区的安全设施。乡村公路平交路口多，平交口容易出事故，主干道来往车辆多，两旁岔道车辆若不减速，平交口绿化又影响视线，极有可能发生事故。可采取的措施包括在农村道路所有平交路口设置减速提示牌和减速路障，对平交口进行综合治理，减少冲突点，客观上可减少摩托车等机动车和自行车安全事故的隐患。

简化摩托车的牌照办理手续。摩托车牌照主要为方便管理，主管部门可以简化办理牌照手续，将办理摩托车证照业务下放到基层中队办理，方便乡镇群众，提高摩托车的牌照发放率。

实行长效管理。抓好农村摩托车安全管理工作，不是一朝一夕的事，必须建立长效管理机制，常抓不懈。要将机制管理逐步延伸到乡、村，及至偏远山区农村，积极争取乡镇、村组支持，提高农村广大交通参与者的安全意识，切实排除摩托车在道路交通中存在的不安全隐患，预防和减少安全事故的发生。

3.加强货车安全管理与整顿工作

货运车辆发生交通事故的主要原因包括：超载、超速、疲劳驾驶。另外，货运车辆也存在着技术状况不良、未按期检验、车辆手续不齐全等问题。部分货车驾驶人为了赶时间，长时间开车，超速行驶，遇到紧急情况时，制动不及，以致酿成大祸。为了节省成本，有的驾驶人严重超载，使得货车车身笨重，遇到障碍时，难以灵活变速、拐弯、让道。而在交通事故中货车由于制动、转向失灵，车轴折断等车辆硬件突然损坏造成的事故，后果往往更加严重。在这样的事故中，由于驾驶人已经无法正常控制车辆的方向，加之这些车的冲击力都很大，最终往往会造成车毁人亡和群死群伤事故。

大货车事故发生不是由单一因素引起的，其中涉及大货车本身的车况（是否经过年检、日常保养维护）和人的因素（是否超载超速、疲劳驾驶和酒后驾车等），所以遏制大货车事故是一个长期的系统工程。

对于大货车的安全管理工作，涉及各个方面，如加大宣传、加强执法、提供休息场所以及加强车辆的安全性检查和维修保养等方面。

深入货运企业、场站和高速公路服务区等场所，开展交通安全和运输安全常识的宣传活动，利用典型事故案例加强警醒作用。

加强道路执勤执法，加大对货运车辆驾驶人超速行驶、疲劳驾驶和货车超载等严重交通违法行为的查处力度。

在长下坡等危险路段起始段设立警示标志，在服务区内设置过水降温池，引导行驶在长下坡路段的大型货车进入服务区过水降温池对制动进行降温、冷却，确保不因驾驶人长时间使用制动形成热衰退效应而引发的交通事故，同时提醒驾驶人检查车况，提醒驾驶人休息，确保安全后通行。

严格对货运车辆的定期检验，在道路执法过程中加强对货车检验情况的检查。对达到报废标准的大型货车要坚决予以强制报废。有条件的地方要在大型货车上组织安装使用符合国家标准的汽车行驶记录仪。

4. 加强恶劣气象情况下的道路交通安全管理

我国每年大约有 10％的道路交通事故与雨、雪、雾恶劣气象条件有关，冰雪湿滑路面条件、雾霾等低能见度天气成为道路交通事故，特别是高速公路交通事故的主要诱因之一。在路面积水、积雪、结冰、凝冻等路面湿滑行车条件下，交通事故率较高。

表 2-22 为异常气象情况下一次死亡 10 人以上交通事故案例。

异常气象情况下一次死亡 10 人以上交通事故案例 表 2-22

气象	典型事故
雨天	2004 年 1 月 14 日，江西省大客车因严重超载，大客车乘载 37 人（核载 35 人），因雨天路滑、超速行驶，车辆翻入距路面 9m 的桥下，造成 16 人死亡，21 人受伤
	2004 年 6 月 16 日，江西省中型客车因严重超载，乘载 27 人（核载 19 人），因雨天路滑、驾驶人操作不当，车辆右轮驶出路外坠入河中，造成 21 人死亡
雾天	2002 年 3 月 14 日，山西省半挂车因大雾能见度差，越过道路中心线，驶入逆行车道，与对向大客车相撞，造成 16 人死亡，22 人受伤
	2004 年，河南省中型客车在大雾情况下超速行驶，与集装箱货车追尾。后另外一辆半挂车追尾客车，造成 20 人死亡，5 人受伤
雪天	2003 年 1 月 5 日，云南省中型客车雪天前风挡玻璃结雾，驾驶人在视线不清的情况下盲目行车，致使车辆驶出公路左侧，坠入江内，造成 26 人死亡，1 人受伤
	2006 年，内蒙古自治区大客车因雪天视线不良，违法超车，与对向大客车正面相撞，造成 13 人死亡，27 人受伤
路面潮湿	2005 年 4 月 12 日，四川省大客车超载，乘载 39 人（核载 38 人），在下坡处，与对向车会车时，因积雪湿滑，路基塌陷倾斜，驾驶人冒险通过，使车辆发生侧滑驶出路外，坠入 179m 深的山崖，造成 26 人死亡，13 人受伤
路面结冰	2004 年，陕西省大客车因严重超载，乘载 72 人（核载 51 人），超速行驶，在冰雪路面制动时发生侧滑，车辆驶出路外，坠入 8m 的深沟内，造成 26 人死亡，46 人受伤
	2008 年 1 月 2 日，安徽省大型客车因严重超载，乘载 72 人（核载 51 人），超载，冰雪路面下坡，车辆失控向右侧滑并翻入 6m 深的边坡，造成 11 人死亡，51 人受伤

为了减少气候条件，特别是大雾、路面凝冰等恶劣气候条件对交通安全的影响，管理部门应采取以下措施：

及时排查并整治容易受天气影响的危险路段，在恶劣气象情况下应认真排查辖区临水、临崖、桥梁、隧道、涵洞、背阴等易积水、易积雪、易结冰路段，公路养护单位备好铲冰除雪设备及防滑物资，设置警告提示标志，增加安全防护设施。出现路面结冰积雪情况时，要及时组织人员进行清除作业，并铺洒融雪剂和沙石，迅速消除交通安全隐患。

在恶劣气象情况下，加强重点路段交通秩序管理。对易积雪、易结冰路段和事故多发路段加强速度管理，通过广播电台、电视台、电子显示屏和提示牌，广泛宣传超速违法行为的危害，提示驾驶人谨慎驾驶、严禁超速；在危险路段设置减速垄、振动减速带等减速设施，强制降低速度；增加流动测速点或采取区间测速措施；对薄雾、降雪、结冰路段采取警车带道、限制车型、分段放行等措施，控制驾驶人车速。

客货运输企业建立雨、雪、结冰、雾等恶劣气象下的车辆运输安全保障方案和应急预案，及时根据天气预警信息，提示驾驶人特殊天气、路况下的行车注意事项，提高驾驶人的安全驾驶意识。建立天气预报与客货运输的联动机制，要及时将获得的有关气候与道路信息告知道路运输企业和汽车客运站。预案可根据具体情况设置禁止通行路线、危险点段、通行时间、限行速度等。开展对客运车辆驾驶人的安全教育，重点对冰雪路面、恶劣气候条件下的注意事项及故障处理等安全常识进行教育学习，以此提高驾驶人在冰雪路面、恶劣气候条件下的安全意识和驾驶技能。

5. 交通安全工作的组织保障

为构建安全的交通系统，除了针对措施外，很重要的是需要系列的组织、经费和政策等保障措施，主要包括如下内容。

(1)加强交通安全的组织领导工作

①加强道路交通安全工作的组织领导及各部门间的组织协调工作。交通安全是一项系统工程，涉及人、车、路、环境、管理等多方面的因素。为使交通安全工作取得良好成效，必须明确各级、各部门的工作职责，认真落实交通安全管理责任。根据国外经验以及我国现状，要抓好交通安全问题必须提高政府部门对交通安全的重视程度。强化道路交通安全工作部际联席会议制度，保证其工作落到实处。在部际联席会议制度的基础上，进一步加强对道路交通安全工作的组织领导，加强统筹协调，加大投入保障。

在已经建立的国家、省、市道路交通安全工作组织领导机构的基础上，进一步深化，延伸到县、乡，充分发挥乡镇领导和村委会干部、农村交通安全专(兼)职协管人员、义务和志愿人员的作用，普遍建立农村乡镇道路交通安全委员会或者联席会议制度，并积极争取地方人民政府加大对农村道路安全设施的投入，完善国家、省、市、县、乡五级道路交通安全工作组织领导机构，努力构建“政府主导，部门联动，各司其职，齐抓共管，群众参与”的预防道路交通事故工作的新格局。

建立完善道路交通安全部门联动机制。充分发挥各级道路交通安全委员会作用，进一步细化各部门的工作职责，明确监管责任，形成合力，推动重点、难点问题的解决和落实。建立工作通报、监督检查、联席会议等制度，形成部门管理的联动机制。

②健全安全生产责任制。落实道路交通安全部门的监管责任、健全安全生产责任制，将预防道路交通运输事故的责任落实到地方政府、落实到部门、落实到运输企业，强化企业主体责任和行业部门监管责任。深入落实交通安全领导责任制、部门责任制、单位责任制，特别是交通运输企业责任制和责任追究制，企业法定代表人要切实履行企业安全生产第一责任人的职责。各地区、各有关部门切实加强对道路交通安全工作的组织领导，严格落实交通安全领导责任制，真正使道路交通安全工作层层有人抓、有人负责，坚决防止层层衰减现象。

③全面落实道路交通安全领导责任。各级人民政府、市政府有关部门、有关单位的主要领导是道路交通安全的第一责任人，分管领导是直接责任人。加强对道路交通安全的领导，建立并落实道路交通安全管理责任制，结合本地区、部门的实际，开展季度、半年、年度道路交通安全形势分析研判，研究重大问题，制订道路交通安全发展规划并组织落实、检查和督促落实。把道路交通安全作为安全生产的考核指标，纳入各级领导的政绩考核内容之中，实施年度考核。

④落实道路运输企业交通安全主体责任。运输企业是道路交通安全的责任主体，要切实贯彻执行道路交通安全法律、法规、规章和行业标准，对本单位的道路交通安全承担主体责任。运输企业的主要负责人是企业道路交通安全的第一责任人，负责本企业道路交通安全生产管理的组织、协调、隐患排查。依法制定完善的规章制度，并落实到具体的岗位、人员。

⑤严格重、特大交通事故责任倒查和责任追究制度。建立健全道路交通安全告诫与问责制度，建立发生事故约谈、检讨等制度，加强对地方政府和部门及有关单位履行道路交通安全管理职责的监督力度。发生群死群伤特大道路交通事故的地方，相关部门要立即成立工作组，按事故原因未查清不放过、责任人未受到追究不放过、安全隐患未消除不放过、群众未受到教育不放过的原则，认真进行道路交通事故责任倒查，严肃追究因工作不落实、管理不到位而导致重、特大道路交通事故的企业、地方政府及有关部门相关责任人的责任。

(2)加大交通安全投入

加大交通安全保障的投入是提高我国交通安全水平的有力保障。中央政府、各有关部门、省级人民政府设立专项安全资金，全面加强和改善道路条件、交通安全设施、交通执法人员、交通执法装备、医疗卫生救援装备；设立交通安全科技进步奖励基金，对应用后产生重大效果的科技项目给予奖励。鼓励国内大专院校开展交通安全研究，全面提升我国交通安全研究水平。加强交通安全科技队伍培训建设，建立一支结构合理、人员精干、富有创新思维的并具有国际先进水平的交通安全科研队伍。加强与各国政府、国际组织、国外交通安全研究机构在交通安全领域的交流与合作。

各级人民政府建立道路交通安全专项资金预算使用制度，落实交通安全宣传专项固定资金；各县、市、区人民政府要将保障路面交通安全设施、道路交通事故多发点段和道路危险隐患点段治理、交通科技建设、交通安全宣传教育、人员经费及执法装备等道路交通安全工作所必需的经费纳入财政预算，并随着经济社会的发展和道路交通安全管理任务的增加逐步增加。

(3)提高交通安全科技水平

随着信息技术的发展、物联网技术的普遍应用，在道路交通安全性方面，要推广使用信息化技术和先进管理方法，提高道路、营运车辆和危险化学品、易燃易爆物品运输车辆的信息化水平，利用先进技术提高道路交通安全性。

坚持依靠科学技术的进步，建立安全生产预防机制的理念，在交通安全管理领域大力推广应用安全生产认证管理、职业安全管理体系等先进管理方式以及 GPS 卫星定位系统、行车记录仪等科技手段，逐步实现交通安全管理工作由传统管理向现代化管理过渡，不断提高交通安全管理水平和对交通安全事故的防范能力。

加强道路交通电子监控设备、测速仪、酒精检测仪、机动车查缉布控等交通执法装备的开发、升级与推广应用。

加强区域高速公路网交通组织和安全管理技术的研究，提高高速公路突发事件应急反应能力。研究建立道路交通预警机制，提前向社会发布预警信息。

第四节　我国公路交通安全保障工作的迫切任务

发达国家的交通安全工作经验表明，随着机动化社会的到来，交通事故往往经历一个高峰期，目前我国正处于这一发展阶段。但随着交通安全问题受重视程度的提高，采取一定的措施后交通安全事故是可以预防的。

我国的交通安全工作经验表明，公路交通安全水平的改善不是某一个部门的任务，而需要全社会群策群力，共同努力。同时，也应该认识到，改善公路交通安全是一项长期、持续性的工作，在不同的时期和阶段都应该有针对性地解决当前最迫切和典型的问题。在前面的章节中，根据我国当前的交通安全态势提出了针对人、车、路、管理几个方面的交通安全保障对策，通过对多种对策有效性和紧迫性的分析，以及综合各领域专家的意见，提出了当前条件下比较急迫的公路交通安全保障任务，具体包括如下内容：

(1)提高公路出行参与者的安全意识。

交通事故统计资料表明，有 50%以上的事故与驾驶人的驾驶行为有关，因此，提高驾驶人的素质和职业道德对保证交通安全有重要作用。由于公路的穿村镇路段较多，随意横穿马路、儿童在公路上玩耍、随意占道等现象比较严重，需要加强对山区乘员、骑自行车者及行人的宣传教育工作，同时配合减速标志、振动带等设施的设计，保证公路出行者的安全。加强公路出行者的安全意识的培养、增强路权观点，是提高公路安全性的重点。

(2)加强公路客车管理。

从特大交通事故的统计分析中可以看出，大客车是特大交通事故的重灾区，占了总体事故的 48%，因此，保证大客车的运行安全性是减少特大事故的重要方面。加强大客车的运行安全性，主要需要从驾驶人、车辆安全性以及管理三方面入手。以道路运输企业为主，坚持长期开展驾驶人素质的教育工作，提高驾驶人的安全操作技能和应急操作能力。坚持车辆隐患的排查，制订更严格的车辆养护和检查程序，并定期开展安全隐患排查工作，采取针对性措施，减少车辆隐患。对于推广的客运车辆 GPS 定位系统需保证良好运行，使设备能够及时有效地发挥作用。

山区客运容易出现客运驾乘人员为多赚钱而不顾超载、超员强塞的现象。因此，需要加大山区客运管理力度，改变管理混乱局面；定期举办驾驶人培训班，提高驾驶人的驾驶技能；强化客运车辆安全检查，严格坚持车辆“日检”、“月检”、“季检”及“特检”等。通过客运车辆的管理来保障山区客运安全，减少重特大交通事故。

(3)继续加强超载超限车辆的治理工作。

超载超限运输使得公路路面、桥梁出现大量断裂破碎、沉陷等，缩短了交通基础设施的使用寿命，同时，因超载超限运输引发的交通事故也日益增多，直接威胁着人民的生命安全。

应加强对驾驶人的宣传、教育，认识到超载对道路以及对自身安全的危害，提高他们的守法意识。加大查处违规企业力度，加强汽车生产环节的控制管理，禁止生产违规超限车辆，禁止非法改装车辆。改进交通管理措施，将车辆吨位利用率控制在合理范围内，保障驾驶人或运输企业的合理经济效益。

(4)严格控制农村地区违法承载现象。

在农村地区存在比较严重的违法乘载现象，包括拖拉机、改装拖拉机、三轮车以及低速载货汽车等载客的情况。加之农村地区的道路条件比较差，等级较低，在等外公路以及便道、河滩等上违法乘载的农用车，汇集了路况差、车辆条件差、超载、驾驶人驾驶水平无法保证等多方面的不利因素，一旦出现交通事故就无法挽回。因此采取的主要措施为，在有条件的地区继续推动农村客运的发展，保证农村客运的覆盖率，给农民出行提供选择性的公共服务方式。在村、镇开展以违法乘载为主题的安全教育宣传工作，晓以利弊，说明违法后果的严重性，加强广大农村居民违法乘载危害性的意识。

(5)严格规范驾驶人的驾驶行为。

并非每一次交通违法都会酿成大祸，但是每一起事故当中都存在交通违法行为，特别是特大交通事故中，驾驶人的违法行为基本上是必然存在的，这几乎成了交通违法和交通事故之间的固有规律。违法会车，包括不变换灯光、强行会车、盲点会车；违法占道，主要是长期占用快车道、占道超车、占道停车等；违法装载，就客运车辆来说主要是超员或者违法乘载，大货车的超载甚至非法乘载乘客等；超速行驶，不按照限速行驶，甚至车速过快等，这些常见的交通违法行为，一般驾驶人认为无伤大雅，可是这种违法行为往往是以生命作为代价的。

因此，需要特别注意驾驶人的违法驾驶行为，对于客运驾驶人要加强教育，并加强执法，加强路面纠察。在全社会范围内开展文明驾驶的宣传活动，使得全社会形成一种文明驾驶的氛围，减少由于驾驶行为不当引发的交通事故。

(6)实施速度管理并加快车辆安全技术的发展。

从事故原因的统计中可以看出，超速原因占了统计事故总量的 18.85%。而大客车的超速更是占了所有事故的 9.23%。高速公路、城市快速路等以“快”为特点的道路，满足了现代人的快节奏生活，但同时带来了交通事故的“增长”。因为在通常情况下，驾驶人在行车过程中普遍存在追求更高速度的心理，对遵守公路限速的意愿不强。因此，针对超速现象突出路段的具体情况，相应采取减速标线、振动标线、薄层铺装、减速垄和测速装置等限速及监控措施。除此之外，应大力发展汽车的安全技术，推广新的汽车安全装置如防止翻覆的电子稳定控制装置(ESC)等，有效控制正在行驶当中的车辆的稳定性，从而有效减少超速带来的翻车事故。

(7)在公路摩托车驾驶人中推广头盔的使用。

在我国山区，摩托车由于价格便宜、出行便捷等原因，出行比例比较高，由于摩托车引发的交通事故造成的头部受伤的情况也同步增加。根据高收入国家的研究显示，使用设计合理的头盔可以将在公路撞车中头部受伤的危险减少 20%至 45%。然而，在我国摩托车头盔不经常使用，原因可能包括头盔太热、不舒服、价格贵等。建议在山区推广摩托车头盔的使用，加强适合我国环境和情况的头盔设计、加大使用头盔的宣传和推广活动，加强使用头盔的有效执法。综合多方面措施，降低摩托车使用者的死亡和受伤人数。

(8)加强车辆安全带的使用。

使用安全带可以大大降低公路撞车受伤的严重程度。研究表明，如果坐在前排座位的人使用安全带，发生撞车时死亡危险大约可以降低61%。但是我国目前的安全带的佩带意识非常低，有调查表明，23.5%的调查者从来不佩带安全带，这个比例在公路上应该更高。所以加强车辆安全带的佩带是紧迫而必要的。开展有针对性的宣传教育活动以提高安全带的使用率，加大安全带佩带的检查力度；同时加强安全带的生产管理，对安全带进行质量检查鉴定，使安全带发挥其应有的性能。

(9)完善公路应急救援系统。

一旦发生公路撞车事故，缺乏充足的创伤管理就显得非常突出。缺乏及时有效的入院前护理以及撞车和入院之间间隔时间太长(特别是在农村地区)，都是会对公路交通伤的结果产生影响的因素。欧美、日本等发达国家的成功经验表面，拥有完善的道路交通事故的紧急救援系统，是减少道路交通事故死亡人数和其他后延损失的重要手段。目前，尽管受到财力的限制，还不可能一下建立完善的交通事故紧急救援处置系统，但是可以从完善交通事故紧急呼叫系统开始，逐步建立和完善"医救联动"、"医警联动"机制，最终建立起真正的道路交通事故紧急处置系统。

(10)逐步实施道路安全评价。

道路安全评价已经成为道路交通安全保障系统的重要组成部分。对现状山区道路进行安全评价，主要评估现状道路潜在事故危险性，同时提出改进措施以降低未来发生事故的可能性。在有条件的地区逐步开展道路安全评价是保证交通安全的重要手段，能够有效预防交通事故，提高道路交通安全性。

(11)继续加强酒后驾车的管理。

根据世界卫生组织报告，对世界低收入国家的调查表明，33%～69%死于交通事故的驾驶人和8%～29%的受伤驾驶人与酒精有关。体内有任何酒精含量的驾驶人和行人发生路上撞车的可能性高于那些没有饮酒的人，而且其伤势也可能更为严重。我国从2009年下半年开展了严厉的酒后驾车的专项治理活动，并对酒后驾车的处罚力度加大，收到了较好的效果。

但是由于公路警力的限制、出行者的安全出行意识不够等，依然存在部分酒后驾车的行为。建议加大酒后驾车危害性的宣传力度，在节假日等饮酒集中期，对长途货运驾驶人等重点人群进行重点检查，保证减少由于酒后驾车造成的交通事故。

(12)改善公路交通安全需提高政府安全意识。

根据联合国与道路安全对于交通事故的介入策略，改善公路安全需要政府具有强烈的政治意愿。例如，波兰和泰国的国家公路安全方案分别由两国的副总理主持。因此要改善公路的交通安全状况，必须提高各级政府的交通安全意识，有部分省市已经启动了特大交通事故问责制，对相关的领导人进行问责，这对于改善交通安全环境有一定的促进作用。因此，应全面提高公路地区政府的安全意识，保证对于交通事故常抓不懈，建立良好的制度保证。

(13)对于异常天气及时发布预警，完善应急方案。

通过事故分析可以看出，在冬、夏两季，特大交通事故发生频率相对其他月份较高，重要的原因是受到了冬季和夏季不利天气的影响，如雾和冰雪。另外，在一般交通事故原因分析中，天气也是很重要的事故发生原因之一。主要是雨天视线不好、路面湿滑；雪天路面结冰，大雾等天气往往都是交通事故的诱因。若正好在特殊路段以及驾驶人存在不安全驾驶行为，就将直接造成交通事故，造成无法挽回的损失。因此，需要完善特殊气象条件下的车辆通行条件，对于营运车辆需进行更严格的天气预警控制，保证其行车的安全性；除了高速公路目前具有天气预警以及应急方案外，应考虑将重要的国、省干线纳入应急方案的体系中。

(14)加强交通安全设施的设置，完善安全保障工程。

在事故多发路段，交通安全设施的设置应结合道路两侧的地形、植被、构造物以及公路线形等综合考虑，以弥补道路环境中存在的潜在危险因素。

在事故路段合理设置线形诱导标、轮廓标和交通标线，引导驾驶人及时改变行车方向，弥补公路线形可视性的不足。

在急弯陡坡和临崖路段设置防护栏或防护墙，防止失控车辆冲出路外。

在公路的连续下坡、连续弯路、傍山险路、过水路面、易滑等地段设置交通标志，标志内容应尽量明确反映前方道路环境情况，使驾驶人产生正确的心理预期，提前保持适度的紧张心理。

对公路深边沟路段采用边坡卸载土方回填，改做浅碟形水沟，为抛锚侵入路侧的车辆提供一个平缓而有效的缓冲平台。

(15)加强公路安保设施资金的投入。

目前，公路的安保设施资金的主要来源是交通运输部的“安全保障工程”专项资金以及省市及地方的配套财政资金。而安全保障工程的专项资金主要是针对新发现的隐患点，缺少对现有安保设施的维护和更新费用。因此，建议加大公路安保设施资金的投入，并保证持续性和稳定性。

(16)提高天然落差大的(临崖临水)地区道路弯道的防护等级。

坠车是特大交通事故的主要事故形态，特大事故容易发生在具有剧烈落差地形的路段。这种类型的特大事故有主、客观两方面的因素：由于地壳运动形成的深涧、悬崖、沟壑等地形地貌是事故发生后造成重大死伤的客观原因，而一些交通违法行为比如因驾驶人不按规定行驶、超速行驶、违法超车等是主要原因。虽然无力改变天然落差的地貌，但是可以通过其他方式降低其危险性。对险峻地形需要重视并及时排查危险性，应重视公路的路侧安全。多设置警示性标志，提高弯道地区的防护等级，特别需要重点考虑有客运车辆通行的危险路段，需要进一步提高防护等级，并辅以路边轮廓标、线形诱导标志、路肩隆声带、减速标线等危险警示和限速措施；在长大下坡路段视情况增设缓坡、避险车道、淋水站和提高路面抗滑性；另外，营运客车及其驾驶人方面的原因也不能忽视，正是车辆的不堪重负、车况不良、驾驶人的超速、抢道、超车以及操作不当，才引发交通事故。所以，坠车的根本途径，除了“治路”，还要综合考虑“治人”和“治车”的方案才能遏制事态的恶化。

(17)识别事故多发点，并对重点路段进行综合整治。

通过对不同安全隐患路段的详细勘察，针对不同事故的具体特征，逐路段拟订治理方案。对事故多发的重点路段，会同交警、安监部门，现场勘察、分析造成事故的主要因素，采取设警示标志、画振荡标线、设置连续防护设施、紧急避险车道等措施进行综合治理。

(18)加强公路的速度控制。

降低车辆速度是防止交通事故的一个优先事项。根据关于速度对公路交通伤影响的研究,速度每减1%,出现受伤的情况就减少2%～3%,而且造成死亡事故的发生率减少4%～6%。车辆速度对行人受伤也有很大影响,如果汽车车速从每小时30km增加到50km,造成行人死亡的可能性则增加7倍。因此,在公路中进行速度控制是降低交通事故的有效途径。

在交通量相对较小的公路上,应对长大坡路段、急弯路段进行强制限速来保证行车安全,即在要求限速行驶路段的前方50～100m处和限速起始点处设置警告标志、限速标志或告示牌,加强驾驶人对标志指令的接受效果。在长下坡路段、穿村镇、交叉口等处设置减速带降低车速,减少受伤。

(19)改善公路视距条件,保障行车安全。

公路视距不良是行车安全的隐患因素之一,为保证车辆在公路平曲线和竖曲线上行驶时的视距,应对妨碍驾驶人视线的树木、路堑边坡、广告牌、小半径凸形竖曲线等进行清理改造,辟建视距台。

对路面较窄的小半径弯道,可在弯道外侧安装凸面镜来弥补行车视距的不足。

(20)按照轻重缓急的原则,对公路局部危险路段进行道路改线。

道路安全状况恶劣的路段,增设交通设施或对道路进行局部改造在事故防范方面的作用有限,较好的办法仍是对该路段进行改线。特别是许多公路是20世纪50、60年代修建的,基本上不满足标准要求。因此,需要在条件允许的情况下,对局部道路进行改线,以满足标准规范的要求。改线时,除了应结合事故原因和事故形态进行有针对性的设计外,还应结合新旧道路的几何尺寸和交通环境进行均衡设计,尽可能使道路线形缓和平顺,保持道路设计要素之间的连续性,符合人的驾驶特性,避免采用突变的几何指标或孤立选用技术指标。

第三章 交通安全意识与驾驶技能提升

在道路交通人—车—路—环境系统中，人是最主要的因素。国外已有经验表明，从根本上提升国民的交通安全意识和驾驶人的驾驶技能是保障道路交通安全水平的基础。

第一节 国外交通安全教育和宣传措施

交通安全管理是一个系统工程，为了降低交通事故发生率，世界各国都在探索交通安全性，达到人、车、路的和谐一体。已有的经验证明，一国的经济高速发展期，也往往是交通安全状况严重恶化的危险期。我国目前严峻的交通安全形势也印证了这一点。因此，国外的交通安全教育经验很有借鉴意义。

19世纪末，英国和法国最先意识到道路交通安全的重要性，并开始制订与道路安全有关的规定，如规定设置交通标志、车辆限速、汽车安全设施等，道路交通安全教育和宣传工作随之展开。早期的道路交通教育和宣传工作主要通过报刊、传单、广播等传递信息，内容简单、形式单一。到20世纪中期，西方发达国家的道路交通事故死亡人数逐年增多，为减少道路交通事故的伤亡人数，英国、加拿大、美国等相继出台了安全带法、头盔法等法律，同时开展大规模的交通安全法律法规和交通安全常识教育和宣传，重点针对酒后驾驶、超速、安全带等主要交通违法行为。

1997年，瑞典率先提出了道路交通事故“零死亡”目标，之后英国、加拿大、澳大利亚、日本等发达国家纷纷效仿，分别制订了各自的道路安全策略和减少道路交通事故伤亡人数的目标。但这些发达国家也认识到，仅有政策法规和策略目标是不够的，大量深入的交通安全教育和宣传工作在改善道路交通安全中发挥着举足轻重的作用。为此，发达国家除不断完善与道路安全有关的法律法规和进行严格的交通执法外，还主动出资拍摄交通安全宣传片和公益广告，在电视中滚动播放，同时免费向中小学(包括私立学校)提供和发放交通安全宣传图片、交通安全常识手册等资料，并通过多种措施积极鼓励和动员社会各界共同参与交通安全教育和宣传工作，尤其是积极利用各种大众传媒(包括互联网)广泛进行交通安全教育和宣传。从20世纪80年代开始，发达国家的交通事故死亡人数开始呈逐年下降的趋势。

1. 美国

美国是世界上汽车最多也最为普及的国家，号称“车轮上的国度”，平均每10个人拥有8辆车。从30多年前到今天，美国汽车保有量增长了3倍，而交通事故死亡率却从每年5万人下降至4万人。这一升一降，体现了美国交通安全管理的卓有成效。美国的交通安全管理经验表明，安全管理是一个系统工程，要在快速发展机动车的同时有效减少事故率和死亡率，必须“软硬兼施”。

在软件方面，鉴于几乎一人一车的特殊国情，美国尤为重视向申领驾照者灌输安全和礼让意识。如果驾驶人从一开始就养成正确和良好的开车习惯，交通事故自然会相应减少。许多在美国开车的中国人都深有感触地说，要在美国顺利拿到驾照，并不需要有多高的车技，最重要的是严格按照交通规则行事，该停就停，该让就让，只要动作规范到位，便可过关。

在美国行车，必须深刻理解“优先权”的概念。因为交通标志、信号灯和路标并不总能解决车辆间可能发生的冲突。正确理解和执行行车优先权，可有效避免事故。美国交规对于优先权的规定细致入微，几乎无所不包。在美国的大城市，尽管上下班高峰期车流量也很大，但极少出现争道和抢行的现象，车辆都是自觉地按优先权行驶，车多而不乱。

在有关车祸责任与赔偿认定的交通法规方面，美国强调以人为本，但不是一味偏向行人，而是注重责任认定。美国法律认为，驾车是一种“特权”，而非基本权利。此外，美国法律强制车主购买车险，无保险的汽车不许上路。

作为世界公路系统最发达的国家，美国十分重视投资建设道路等硬件设施，以进一步提高交通安全。研究表明，车道变更引发的事故率最高。对此，美国交管部门在弯道、交叉道、学校、医院和贸易市场地段均设立减速地段；设立限速灯、文字、音响等指示、警告信号；在路面设置让驾驶人一目了然的安全指示图标；在事故高发地段、公路交叉口则采取增设交通管制信号、延长交叉路口线外停车等候距离、增设红外线摄像头、扩大道口视野和增加机动车转弯道口等措施。

2. 新西兰

新西兰交通管理部门统计显示，2004 年新西兰有 325 人死于交通事故，这对一个有 406 万人口的国家而言，交通事故死亡率还是比较低的，这与新西兰的交通管理既严格又颇具以人为本的温情，有着很大关系。

为保证驾车者遵守交规，新西兰交管部门执法非常严格，无论城市还是乡村都配备了流动交警，随时对酗酒驾车和超速行驶进行查处，全国各地还大量设置了电子拍照系统，驾车者只要违规，很难避免缴纳高额罚款的惩处。新西兰人生性豪爽，爱开快车，但由于法律的“威慑”，绝大多数驾车者都非常小心地遵守交规。

如果说交通法规唱“红脸”，那么充满温情、以人为本的交通标志唱的就是“白脸”。新西兰近 27 万平方公里国土上，基本没有严格意义的高速公路，很多国道为双向双车道，最高限速为时速 100km，只算得上高等级公路。但驾车行驶在新西兰的道路上，处处能感受到交通标志的人文关怀。

新西兰交通标志的设置不仅科学规范，最大限度地预防交通事故的发生，而且非常细致。尤其是那些从驾车者角度、结合实际路况设立的提示性标志，有效、准确、设身处地。

新西兰没有汽车制造业，人们也不靠车辆显示身份，道路上绝大部分是从日本、欧洲进口的二手车。但新西兰车检非常严格。尽管是二手车，必须保证车况良好，并且所有车辆必须定期送检，一到淘汰年限就立即报废。逃避车检者将受到重罚。另外，新西兰还严格把住驾照考核关，“挡住”了不少不合格的驾驶人上路。

新西兰高水准的驾车文化令人赞赏。以首都惠灵顿为例，整个城市依山傍海，道路狭窄，单行道繁多，市内基本限速在时速 60km 以内。尽管如此，这里很少见到驾车者有不文明行为，倒是常见他们相互礼让的情况。

3. 法国

法国汽车普及率很高，几乎每个家庭都拥有汽车。但因交通管理措施得力，法国交通事故率相对较低，每年交通事故死亡人数不足5 000人。

法国在20世纪50年代就通过法律明文规定学校有义务对学生进行交通安全教育。学校每月必须有两个半小时的交通安全教育、安全理论和安全技术训练。并且，政府还在全国设立了390所交通公园，指导孩子们怎样骑自行车和摩托车。

总的说来，法国政府和交管部门降低交通事故有“五大法宝”，即严格的驾照考试制度、良好的道路状况、完备的交通标志和交通信息提示、对酒后驾驶等违章行为的严厉惩处、对提高汽车安全性能的重视。

其中，“学为所用”的驾照考试制度可以说是法国低交通事故率的基础。在法国考驾照，须通过交规考试和道路驾驶考试。交规学习通常需历时半年，考题涉及交规的每个细节和汽车机械常识。路考则在马路上进行，只要出现一个明显失误就会被判不及格。

法国政府认为，好的道路条件也是降低事故率的重要因素。法国不仅道路状况好，更难得的是其交通标志设置在世界上也堪称首屈一指。什么地方需要让行，什么路段禁止超车，什么道路需要减速，一切都标得清清楚楚。

常有人说，法国警察可能是世界上最不严厉的警察，这是因为人性化的管理模式在当地深入人心，警方并不把处罚作为交通管理的目的。但是，法国警察对严重超速和酒后开车却非常严厉，因为这两者通常是恶性交通事故的主要原因。

保证车辆行驶状况也是法国降低交通事故率的重要手段。在法国，负责车检的是各私营车检中心，而非交管部门。车主根据具体车况，须定期将爱车送到车检中心做全面检查。检测人员认可车况后必须在有关单据上签字，检测过的车如在一定期限内因车况问题导致事故，检测人员将负法律责任。这一制度保证了上路车辆都是“安全车”。

4. 丹麦

在丹麦，当孩子两岁半时，即开始接受交通安全教育，并被邀请加入儿童交通俱乐部；6岁时，开始在学校接受交通安全教育；8岁时开始了解为实现交通安全目标所应该采取的行动、预防和减少交通事故的手段和措施。

总体上整个丹麦的交通非常发达。丹麦首都哥本哈根市区内几乎没有一个公路立交，但极少有堵车的现象。不仅如此，在整个丹麦都很少看到大型的公路立交。哥本哈根的城市主干道大都为二车道或三车道，每个车道宽度为3.5m，较我国稍窄，同时还担负着道路停车场的任务。由于具有较高的国民素质和严厉的处罚措施，大家都非常遵守道路交通规则，道路上的车流井然有序，基本上没有抢占车道超车的现象。

丹麦总人口数量约500万，交通安全死亡事故从1970年的约2.4件/万人下降到2000年的约1件/万人。这和丹麦井然有序的道路交通以及他们对交通安全的高度重视是密不可分的，也是他们交通事故下降的根本原因。

5. 瑞典

瑞典的交通安全教育从幼儿抓起，当幼儿2周岁时，幼儿园对他们进行交通安全教育，使他们掌握交通法规最初步、最基本的知识。瑞典特别重视对驾驶人的教育，认为年轻驾驶人一般有以下特点：一是驾驶经验不足，多为非职业驾驶人，驾驶经验相对较少，不能预见到危险情况的存在，在紧急情况下容易因缺乏经验、措施不当而造成事故；二是心态浮躁、行事莽撞，盲目超速、超车，引发事故。瑞典还重视对卡车驾驶人的教育。因为实践证明，卡车驾驶人常常超速、超载，极易引发重大交通事故。

6. 日本

日本的交通安全教育从幼儿就开始，并制订了一整套系统的交通安全教育体系。每年春、秋两季都要举行交通安全运动，让学生学习掌握交通常识，并在学校举办交通知识讲座，使学生掌握交通事故的急救措施。

第二节　交通安全意识提升方法

综观发达国家在交通安全教育和宣传上的做法，我国道路交通安全教育和宣传工作要取得实效，需要注重以下几个方面。

一、国家层面高度重视，各职能部门积极参与

发达国家良好的交通秩序和交通环境，与政府重视、各职能部门及社会团体的积极参与是分不开的。

从 20 世纪末至 21 世纪初，发达国家普遍制订了为期 4～10 年不等的全国道路安全规划或策略（一般由交通运输部门负责制订）。交通运输部门通过分析近年来全国道路交通事故的伤亡情况、涉及的重点群体、事故原因等，从人、车、路、环境等方面，围绕交通工程、教育、执法、安全评估等确定规划期内计划实现的安全目标，提出改善道路交通安全的举措，明确将要采取的措施和行动以及各相关部门在规划期内的工作重点与方向。在确定了道路交通安全总体目标后，其卫生部、交通运输部、教育部等相关部门会依此制订各自的道路交通安全工作策略，逐级落实道路安全教育和宣传工作。如图 3-1 所示为新西兰的道路交通安全工作总体框架。

发达国家在国家层面都设有全国道路交通安全委员会，该委员会由相关政府职能部门的代表组成，根据全国道路安全策略制订全国道路安全教育和宣传策略，主要通过明确重点宣传教育对象、措施、方法、资金保障、责任部门、参与机构等，明确相关部门在交通安全教育和宣传工作中的职责和义务，确保教育和宣传工作落到实处。

二、充分发挥政府各职能部门的作用

发达国家提出的道路安全目标都具有很大的挑战性，需要交通运输部门、警察部门、卫生服务机构、学校、媒体、企业、有关民间组织或团体以及所有交通参与者乃至整个社会的共同参与和支持。在发达国家的全国道路安全策略中，明确规定了交通运输部门、警察部门、教育部门、卫生部门等相关部门在落实全国道路安全策略中应采取的措施和承担的责任，确保权责分明。如英国等发达国家的道路交通法明确规定：每个地方政府职能部门都有预防道路交通事

故、宣传交通安全、教育和培训交通参与者的法定责任。因此，国外各地方政府职能部门，如教育、警察、消防、卫生等部门，除了积极制作和发放交通安全教育和宣传资料、实施交通安全宣传项目外，还与有关企业和民间团体建立合作伙伴关系，积极开展形式多样的交通安全教育和宣传活动。同时，政府职能部门之间也相互建立合作关系，在各自的领域中配合交通运输部门共同推进交通安全教育与宣传工作。

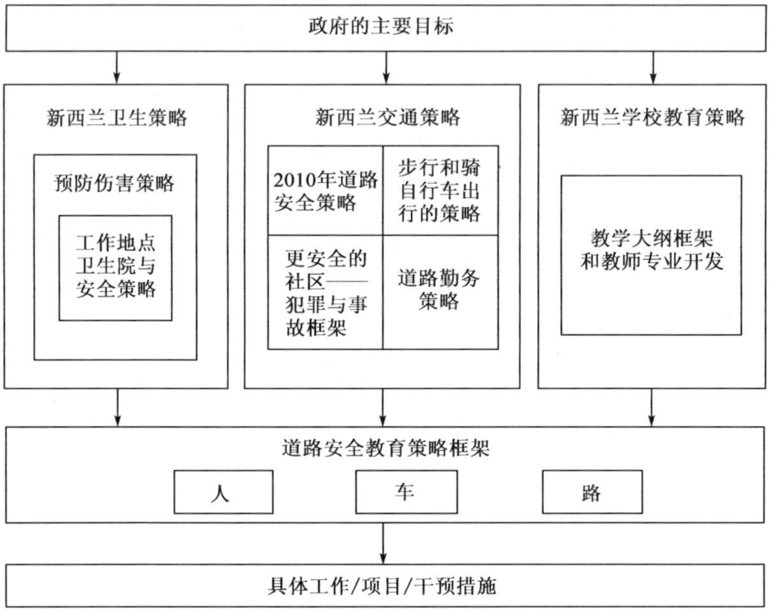

图 3-1　新西兰的道路交通安全工作总体框架❶

1)交通运输部门

交通运输部门通常在交通安全教育和宣传中承担主要角色，负责制定全国的交通安全教育与宣传规划、策略、政策、法规、标准等，同时开展各种交通安全宣传和教育活动与项目。交通运输部门的另一个主要作用是为相关部门和组织机构提供项目实施经费。

2)警察部门

发达国家的警察部门主要通过加强执法来强化教育和宣传的效果。警察在交通执法中通过口头教育、警告、发放宣传单等方式对接受检查的交通参与者进行教育或处罚。国外警察部门也采用多种途径和方式，积极配合相关部门参与交通安全教育和宣传活动，如给过往车辆发放与安全带有关的宣传手册、在路边宣传酒后驾驶的危害、利用各种机会走进学校等开展交通安全宣传工作。

3)教育部门

在交通安全教育和宣传方面主要负责制订全国交通安全教育大纲，规定中、小学生及学龄前儿童应当接受道路交通安全知识与技能的教育，学校负责通过与警方、志愿者团体或民间组织合作等多种方式开展交通安全教育和宣传活动。

❶来源：汶爱萍，邱惠敏. 国外交通安全教育和宣传措施简介. 道路交通与安全. 2010，10(3)：60.

4)消防部门

消防部门在交通安全教育和宣传中也发挥着重要作用。在发达国家,如果交通事故仅导致一些财产损失或轻伤,警察是不出事故现场的,一般由事故双方当事人协商后通知各自的保险公司进行处理。一旦发生导致人员重伤或死亡的交通事故,警察和消防部门都会出动,而且消防部门在事故现场的救援中发挥主要作用,警察在事故现场的主要任务是保护现场、提取证据、疏导交通等。由于消防部门参与了很多交通事故的救助工作,其安全宣传更具说服力和影响力。

5)卫生部门

卫生部门针对救护交通事故受伤人员的特点,从救治角度开展交通安全宣传,以警示人们注意安全、珍惜生命。

6)其他政府部门

其他政府部门如环境部、司法局、劳动局等也有积极实施和参与交通安全教育和宣传活动的责任和义务。新西兰的劳动局负责企业针对员工的交通安全教育和宣传、制定企业宣传和培训安全驾驶人的制度与政策等;司法局从司法层面宣传交通事故给社会带来的危害等北爱尔兰的环境部负责幼儿和儿童的道路安全教育;英国市委会道路安全小组有开展交通安全教育和宣传的责任等。

三、社会团体的广泛参与

道路交通安全工作涉及多个行业,没有一个政府或组织能够独立完成。因此,必须认识到非政府组织、以社区为基础的组织、私营企业、捐助者等不同机构具有的不同长处和能力,在国家层面和国际层面上建立合作伙伴关系和网络,充分发挥各机构和组织的作用。发达国家的非政府组织在道路交通安全教育和宣传中发挥着举足轻重的作用,各民间团体、企业、协会、慈善机构等都以各种方式积极参与,一方面提高了自身的知名度,另一方面也尽到了社会责任。英国的各种民间团体如驾驶人俱乐部、母亲反对酒后驾驶组织、汽车协会、志愿者团体、儿童事故预防信托基金会等,在交通安全教育和宣传中发挥着重要的作用。他们会主动组织形式多样的安全教育和宣传活动,提高所在社区的安全性。如母亲反对酒后驾驶组织、驾驶能力减弱型驾驶人联盟与警方一起设立路边检查站,检查酒后驾驶行为。此外,保险公司、汽车生产厂家等也会主动赞助一些民间机构或志愿者团体开展交通安全教育和宣传活动。保险公司也为接受过额外培训的驾驶人提供折扣优惠等。

相比之下,我国的民间团体在交通安全教育和宣传方面的参与度较低,迫切需要政府部门为其创造条件和机会,鼓励媒体积极参与交通安全教育和宣传工作,充分发挥媒体的宣传引导作用。

四、重点群体重点对待

发达国家十分重视儿童、青少年、老年人和驾驶人等重点群体的交通安全教育和宣传工作,开发了各种各样的教育和宣传项目,印制了许多有针对性的教育和宣传资料,有效地减少了弱势交通参与者的伤亡人数。不同年龄段的群体参与交通的方式不同,因此交通安全教育的内容和形式也应有所区别。

1. 儿童和青少年

儿童和青少年属于交通安全教育和宣传的重点群体之一，该群体的出行方式主要是步行、骑车和乘车。因此，针对他们的教育和宣传项目包括理论知识的教育和实践性质的培训，如英国的“安全过街技能”培训项目，针对儿童的6条“绿色穿行法则”(Green Cross Code)，内容简洁易记，包括了行人过马路时需要注意的所有安全信息。国外还建立了专门的交通安全网站，利用互联网宣传交通安全常识，并有宣传交通安全的游戏，让儿童在游戏中学习和掌握交通安全知识。如英国的“家庭教育”网站、加拿大的“与埃尔默一起玩”网站等。

国外研究人员认为，加强中小学生的交通安全教育，需要中央政府和地方政府给予更多指导。只有把道路安全教育纳入现有课程和当地政府的工作目标与预算中，才能在地方层面和国家层面提高道路安全工作的地位。目前，学校的各课程都在扩展教学时间，学校的教学内容已超负荷，如果没有国家层面的要求(在教学课程中设置道路安全教育的内容)，那么道路安全教育将会继续处于学校教学的边缘位置。只有政府重视，学校才会真正重视交通安全教育，学生的交通安全意识才能快速提高，并影响他人一起遵守交通法规。

2. 成年人

根据是否属于普通驾驶人或职业驾驶人，对其开展有重点、有针对性的交通安全教育和宣传工作。针对普通驾驶人的教育和宣传内容重点集中在超速、安全带、酒后驾驶等方面；针对职业驾驶人长时间、长距离驾驶的工作特征，对这一群体的交通安全教育和宣传重点以防止疲劳驾驶为主；对于步行和骑车的成年人，主要通过社会面上的广泛宣传，提醒人们注意交通安全，在光线不好时身着带反光材料的服装出门等。国外针对驾驶人的安全教育措施主要包括以下三种方式。

1)以教代罚

警察针对轻微交通违法人员开设教育课程，用以教育代处罚的方式对驾驶人进行安全教育。如英国有些地区的警察部门为驾驶人提供一个接受超速违法后再教育课程的机会，作为不对其进行处罚和起诉的条件。目的是利用这种机会，让这些驾驶人认识到超速的后果，从而教育他们采用安全的驾驶方式。

2)为驾驶人提供提升驾驶技能的培训机会

英国制订了驾驶考试通过后的再培训方案，主要为刚考取驾驶证的人提供在不同天气状况下驾驶、夜间驾驶、在双车道和高速公路上驾驶等方面的技能培训，保险公司会为接受过此项培训的驾驶人下浮保险费率，从而鼓励驾驶人不断提高自己的安全驾驶技能。

此外，针对摩托车事故不断增加的情况，英国、加拿大等国也努力通过各种方式为这类驾驶人提供教育和培训，如英国巡逻警察配备有300C的雅马哈摩托车，无论动力还是质量都会引来摩托车爱好者羡慕的目光。在摩托车爱好者聚会时，接受过专业培训的警察会驾驶这类摩托车到聚会场所，吸引大家围观，利用这种机会向摩托车驾驶人宣传交通安全，警察义务为摩托车驾驶人讲解和演示安全驾驶技术，从而达到提高摩托车驾驶人的驾驶技能、减少交通事故的目的。

3)加强执法与交流

国外警察主要在执法检查中对驾驶人进行交通安全教育和宣传。为加强职业驾驶人与警方的交流、增加双方的相互理解、为职业驾驶人安全驾驶提供更多帮助，国外警方采取了类似“警营开放日”等做法，走近职业驾驶人，宣传交通安全知识，帮助他们排忧解难。如德国警方从2000年开始，率先采取一种名为“营运车驾驶人定期会谈”的做法，选择某一固定日期在服务区或路边设立站点，开展“定期会谈”活动，为职业驾驶人提供与警方交流和接受安全意识培训的机会。这一做法受到职业驾驶人的热烈欢迎，很快在欧洲许多国家流行起来。

3. 其他重点群体

1)教育工作者

儿童和青少年的交通安全教育主要依赖学校，因此，英国、加拿大、美国等国非常重视对教育工作者的教育和培训，通过对教育工作者进行培训，使其率先理解和掌握交通安全教育和宣传的资料和技能，确保学校的交通安全教育和培训工作有成效。

2)轻度交通违法人员

发达国家的交通违法人员主要分为两大类，一类是交通违法行为严重，需要通过刑事程序或民事程序处理的；另一类是交通违法行为较轻，被警察罚款或扣分的。为加强对轻微交通违法行为人的交通安全教育，有些国家给轻微交通违法行为人提供两个选择，要么接受罚款和扣分，要么缴纳相当于罚款金额的培训费接受相关交通安全教育。这种做法的主要目的是为此类违法人员提供接受交通安全教育和宣传的机会。

3)外来移民

发达国家外来移民较多，这些外来移民的交通安全意识较为淡薄，引发的交通事故较多。针对这一现象，美国、加拿大、新西兰等国专门在外来移民聚集的社区，利用当地大多数居民使用的文字和语言进行有针对性的交通安全教育和宣传。

五、重视社会老龄化问题

随着老龄化问题的不断加重，发达国家的老年人也成为交通安全教育和宣传的重点群体之一。如英国开展了专门针对老年驾驶人和患病一段时间后又开始驾驶的人员设计的名为“老年人安全驾驶”的项目。该项目除为老年驾驶人提供安全驾驶技能培训外，还介绍与老年人驾驶有关的交通法规、视力要求等信息，以帮助该群体熟悉驾驶技能，掌握安全的驾驶方式。据预测，我国60岁以上的人口到2050年将占到总人口的25%以上。届时，我国将成为高度老龄化的国家，在道路交通安全教育和宣传方面，这一群体将成为重点宣传对象之一，为此，需要尽早关注这一群体在交通参与者中所占的比例和对交通安全的影响，研究和开发有针对性的交通安全教育和宣传项目，提高这一群体的交通安全意识，培养其安全参与交通的行为习惯。

六、确保交通安全教育和宣传经费

发达国家的交通安全教育和宣传活动的项目实施经费，一般由交通部、国家陆运基金以及地方政府拨款。相关政府部门如卫生和教育部门以及一些社会组织、基金会和企业也会为交通安全教育和宣传工作提供资金。相比之下，我国在交通安全教育和宣传经费方面缺乏明确的经费渠道，制约了交通安全教育和宣传工作的有效开展。

七、确保交通安全教育和宣传工作的系统性、持续性和终身教育性

发达国家从20世纪70年代开始重视交通安全教育和宣传工作，至今仍把交通安全教育和宣传工作放在重要位置。发达国家的专家认为，养成一种习惯需要较长时间，要人们将已养成的某种不安全的交通行为习惯在短期内改变是很难奏效的。因此，国外开展交通安全教育和宣传的特点是长期、持续、大范围地针对某一突出问题开展形式多样的教育和宣传活动（如加拿大连续5年全国统一重点抓安全带的宣传和执法）。从20世纪90年代末开始，我国上路的汽车数量逐年激增，道路交通安全教育和宣传工作才逐步受到重视。至21世纪初，有关加强交通安全教育和宣传工作的政策和法规才陆续出台。与发达国家相比，我国的交通安全教育和宣传工作才刚刚起步，要使人们养成安全的交通行为习惯和态度还有很长的路要走，需要长期、持续、大范围地常抓不懈。

学习和了解发达国家在道路交通安全教育和宣传方面的成功做法和先进经验，可以帮助我们清楚地认识我国目前在这方面存在的差距，从而促进我国交通安全教育与宣传工作的积极开展。发达国家的做法和经验告诉我们，交通安全是一个社会性的问题，交通安全教育和宣传是一项长期、艰巨的工作，不但需要建立长效机制、持之以恒，还需要各级政府的支持和帮助，更需要政府各相关部门的积极参与和合作。只有社会各界共同参与，努力营造更安全的社区，倡导更安全的道路使用方法，使交通参与者成为对自己和他人的安全负责任的交通参与者，大家才会拥有真正安全的交通环境。

第三节　学校交通安全教育

一、中、小学交通安全教育的必要性与迫切性

中、小学生是祖国的未来和希望，也是未来交通活动的主体。中小学生是否具有良好的交通文明素质，不仅直接关系到我国今后道路交通能否健康发展，而且也关系到我国精神文明建设整体水平的提高。同时，中小学生思维活跃，好奇心强，是养成交通安全行为习惯教育的最佳时期，从小培养他们良好的社会公德意识和交通行为习惯，具有现实的和长远的意义。国内外的经验证明，交通安全教育从儿童、青少年抓起，是做好交通安全工作的根本，是提高和改善人类社会交通文明整体素质的百年大计。因此，交通安全教育是素质教育的重要组成部分，是增强青少年尤其是中、小学生的交通法规观念，提高遵纪守法自觉性的必然要求。

从中、小学生参与交通活动的行为特征看，中、小学生是一个比较特殊的交通参与群体，他们出行多以步行或骑车为主，而且由于年龄小，自我保护意识淡薄，因此，中小学生一直是交通参与者当中的弱势群体，一旦发生交通事故，会对他们造成很大伤害。据统计，我国2004年有10万多人在各类道路交通事故中死亡，其中学龄前儿童、小学生和中学生分别为2 880人、2 656人和1 767人，其中有1 000多中、小学生是由于自己交通违章而导致死亡的，平均每天有将近12名中小学生丧生在车轮下，另有20 000多名中、小学生因交通事故受伤。交通事故已成为造成中、小学生伤亡最主要的原因之一，给每个受害者及家庭都带来了巨大伤害，对社会稳定造成负面影响。

为了减少交通事故对少年儿童造成的伤害，迫切需要从儿童时期开始对他们进行交通安全教育。

二、我国交通安全教育现状与问题分析

我国交通安全教育状况不容乐观，许多学生的交通法规、交通安全意识淡漠。一到放学，不少学生一窝蜂似的涌出校门，蹿上交通干道，置交通安全、交通规则于不顾，在马路上横冲直撞，影响机动车和非机动车的正常行驶。造成这种状况的原因主要有以下几个方面：

(1)教育缺乏系统性。交通安全教育没有真正引起全社会的重视，没有较为完整和系统的教育规划，现有的教育活动也只是小范围的短期行为，有的是一种临时活动形式，有的是为配合某项运动，往往是公安交管部门一厢情愿地被动灌输，教育活动零敲碎打，毫无系统性可言。

(2)教育活动经费短缺，一些地方领导不重视中、小学生的安全教育，往往是“说起来重要，忙起来次要，做起来不要”，无论是人力、还是财力都难以保障。职能部门没有此项开支，不得不硬着头皮东拼西凑，做“无米之炊”，教育活动也只是做做表面文章，起不到教育学生系统掌握交通法规和交通安全知识的作用。

(3)教育和职能部门心存顾虑，担心增加学生负担，害怕冲击文化课教学，影响升学率，致使交通安全教育的社会意识不强，没有形成良好的教育氛围。甚至出现交警部门去学校联系开展交通安全教育活动，学校往往以学习任务重，课程安排紧为由借故推辞。

(4)教学大纲和教材缺乏。按照《中华人民共和国道路交通安全法》第六条规定：“教育行政部门、学校应当将道路交通安全教育纳入法制教育的内容。”但目前对中、小学生的道路交通安全教育还缺少教学大纲和教材，仅停留在交管部门教育和学校的自发状态。

(5)教育内容和形式不符合中、小学生特点。对中小学生进行交通安全教育所使用的案例大都是酒后驾车、无照驾车及交通事故等方面内容，不符合中、小学生的年龄特点。在他们的年龄阶段，应重点对横过马路、骑车沿路追逐等现象进行教育。许多案例过于“成人化”，缺少孩子们喜爱的卡通材料，不利于孩子接受。

(6)家庭交通安全教育匮乏。多数家长不重视对孩子进行交通安全教育，甚至起着不好的表率作用。在中、小学校门前接送孩子的家长们，有许多人自身就缺乏交通安全意识，围堵在校门口的马路上，有的在机动车道上逗留，这不仅直接影响道路交通和城市秩序，也对孩子造成极为不良的影响。

三、中、小学生交通行为的特点

中、小学生与成年人的交通行为存在着明显的差异，这些行为特点往往成为交通事故的隐患。

(1)活泼好动，行为无常。中小学生精力充沛，一举一动都充满生机和活力。这种活泼好动的生理特点，使他们在通行公路和街道时，或互相追逐嬉戏，或蹦蹦跳跳，或在马路上踢足球、溜旱冰、踩滑板，捉迷藏、做游戏，行走路线变化无常，不顾前后左右，不理车辆行人，任意穿行，极具突然性，因此发生交通事故的概率很高。

(2)好奇心强，敢于冒险。中小学生思维简单，思想单纯，参与社会活动少，辨别是非的能力和应变能力较差。但求知欲望强烈，什么都敢接触，什么都想尝试，尤其对错综复杂、纷繁变

幻的大千世界感到新奇，富于幻想和敢于探索。

这些心理特点，易于产生盲目的冲动和冒险行为。如会引起攀登险径、穿越隔离障碍，与车辆赛跑、追车扒车、骑车追逐嬉戏、胡钻乱窜、截头猛拐、骑车撒把等行为，从而诱发交通事故。

(3)交通活动频繁。中、小学生交通活动的路线虽不复杂，但是每日需数趟往返通行于学校和家庭之间的街道和公路。另外节假日和课余时间还经常上路嬉耍，是参与交通活动比较频繁的群体。就一天而言，几次交通高峰都与中、小学生上学、放学息息相关，这在城市尤为突出。

(4)法制观念和交通安全意识淡薄。中、小学生处在启蒙教育和基础教育阶段，知识面窄，加之只注重文化课的学习，缺乏对交通法规和交通安全知识的系统学习和了解，不懂得机动车辆的行驶特点，不明确行人的行走规则，不知道自己违反交通规则将会导致怎样的后果，对违章的危险性没有足够的预料。在交通活动中，往往充满幼稚的自信，想跑就跑，想走就走，想过马路就立即横穿，令正常行驶的车辆防不胜防。因此，中、小学生是交通活动中非常危险的一个群体。

(5)交通活动具有群体性和时间性强的特点。中、小学生上学、放学时间性强，且基本上都是集体行动。放学时蜂拥而出，少则数百人，多则上千人，迅速充斥特定路段。上学时，怕迟到而抢时间，三五成群，你追我赶，行走匆忙，甚至走捷径。中、小学生上学放学时间又正逢机关单位上、下班，是车辆、行人的最高峰期，机动车流、自行车流、人流和学生群迅速交汇，交通环境立刻复杂起来。近年来中、小学生骑自行车上学的人数急剧上升，城市中、小学生达到了50%以上，农村也达到了20%左右。他们骑车技术不熟练，上路晃晃悠悠，往往还仨俩一组并排骑行或追赶、赛车，成为交通安全的一大隐患。

四、我国交通安全教育建议

中、小学生的交通安全不容忽视，提高中、小学生的交通安全意识，预防和减少学生伤亡事故的发生是全社会共同的责任。

(1)政府部门应在交通安全宣传中发挥主导作用。孩子们的教育工作不只是教育部门的事，如在开展大型安全知识竞赛、文艺表演、救援演练等活动时的组织、策划、人力、物力、财力方面，还需要政府各部门的大力支持、鼓励和拥护。只要政府下了决心，落实监督考察、考核、责任追究并重的机制，各个职能部门就不敢怠慢，职能部门各司其职的格局就可形成，从而带动社会共同参与。

(2)交警部门应成为交通安全管理的主力军。交警部门应不断地健全和完善中小学交通安全宣传教育工作机制，除按照“三定三包”落实民警到学校宣传教育责任外，应加强通过政府和教育行政主管部门做好全县中、小学校交通安全宣传和指导、协调及监督工作。具体操作可以由教育局下文，每所学校指定一名领导或教师负责抓师生的安全教育，明确职责和任务，倒查责任；交通民警则定期对分管的教师进行培训指导，提供宣传素材，同相关部门进行监督。切实解决宣传民警少、学校多、分布广的矛盾。

(3)教育行政主管部门和学校要高度重视学生的交通安全工作。学校应将交通安全教育纳入中、小学素质教育内容，将学生的交通法规、交通安全教育纳入日常教育规划中，使交通安全教育实现规范化、制度化、经常化，不断增强中小学生的交通安全意识和交通法制观念，引导中小学生正确地走路、骑车、乘车，提高自我防护能力，减少交通安全事故。

(4)交通安全教育的形式要丰富多彩，符合青少年特点。要针对儿童、青少年的特点经常开展丰富多彩、形式多样的交通安全教育，坚持开展交通安全特色教育活动，包括发放交通安全知识宣传折页、中小学安全知识挂图、中小学应急避险读本等安全宣传材料，组织观看交通安全录像片、举办交通安全讲座、主题班会、知识竞赛等多种形式的活动。北京市编写了《幼儿交通安全教材》、《小学生交通安全教材》，参与编写了《中学生安全教材》中有关交通安全的部分，其中幼儿教材已于 2002 年 9 月开始在全市 1 700 多所幼儿园推广使用；中学教材将在今年 9 月在全市初二年级使用。

(5)全社会齐抓共管，形成合力。中、小学生交通安全教育是一项社会系统工程，需要全社会的共同努力。

首先，要充分发挥教育主管部门和学校自身教育与管理的主力军作用。尤其是在普及九年义务教育阶段，让学生了解掌握交通安全常识，规范参与交通行为，自觉克服违章现象。

其次，交警部门要将中、小学生中典型的交通事故案例汇总整理，向学校通报，以示警醒。

第三，家长要重视家庭交通安全教育，并率先垂范，自觉遵守交通安全规则，给孩子正确的引导。

第四，加大社会宣传，让社区和其他社会成员都对学生的交通安全给予必要的关注和支持，营造良好的社会氛围。

(6)家长和教师要做好学习遵守交通安全法律法规的表率。家长和老师在学生面前言行一致，严格遵守道路交通安全法，做学生们的表率，这样才能使学生信服，才能逐步引导学生们养成遵守道路交通安全法律法规的良好习惯，从而形成孩子们遵守交规的习惯，养成“从我做起，从小做起”的良好风气。

(7)开辟学生安全通道。在交通安全教育还不很到位、全社会交通文明素质有待提高的情况下，要采取措施保障中、小学生上、下学的安全，例如在校园周边交通道口完善和新增指示设施、信号灯、治安岗亭、报警点；严格监管校车的运行；整顿学校周边的市场、商贩、摊点，清除影响交通安全的障碍；学校采取适当错开放学时间等有效措施来缓解交通拥挤状况。

第四节　驾驶技能培训与考核

人、车、路、环境构成了道路交通系统。按照系统观点，道路交通系统功能应当大于系统中全部元素功能的总和。驾驶人是道路交通系统重要元素之一，为达到整体系统功能最优，对驾驶人的教育应在不影响其效益的前提下尽可能处于最优状态。驾驶人最优的基本标准有两个，首先是驾驶安全；其次是最多的工作量和最高的效益。安全是前提和基础。

一、驾驶人的信息感知与行为决策

驾驶人的工作是一种不断感知信息、处理信息的劳动，信息是驾驶人安全行驶的保证。在行车中，驾驶人不断接受来自外界的各种行驶条件的信息和车辆自身行驶状况的信息，凭借自己的理解(驾驶经验)，在头脑中进行分析和处理，并发出指令，传向运动器官(手和脚)，从而对转向盘、操作杆等操作装置进行操作，使汽车正常运行。汽车行驶的轨迹，相对于道路的适应程度，车辆的振动、速度等行驶状态以及各种操作后车辆的变化，这些信息回馈给驾驶人；与此同时，驾驶人仍接受道路状况及行驶环境的信息。这样，驾驶人在大脑中把信息模型转化为观念模型，结合出行的目标，不断驱使运动器官调节操作。如此循环，直到实现预期目标，安全完成人、机位置的转移。

驾驶人的行车过程就是一个信息加工的过程。各国研究学者利用信息处理的有关理论对驾驶人的信息加工过程进行了分析，建立了信息加工模型。信息加工模型包括信息的接收、处理、存储和提取等一系列阶段，涉及知觉、决策、选择反应及行为反应等心理过程。驾驶人依据经验、知识和刺激（信息）的某些特征，对输入的信息进行判断分析的过程，即为信息加工。在对信息加工后，得出一个与外界环境相适应的决策，这个决策信息就可以通过人的效应器官（手脚）作用在车辆上，使车辆按驾驶人的期望轨迹运行。

驾驶人驾车在路上行驶时，其驾驶行为是信息感知、判断决策和动作所组成的一个不断往复进行的信息加工处理过程，亦即感知作用于判断决策后影响动作。首先是道路上来往车辆、行人、道路交通标志、路面状况以及汽车本身的运行工况等外界信息，通过驾驶人视觉、听觉和触觉等感觉器官传入驾驶人的大脑，驾驶人依据其经验予以加工后，作出相应的判断和决策，然后再通过手脚等运动器官发出调整方向和速度的指令，从而改变汽车运动状态和操纵目的。而汽车行驶轨迹、相对道路的适应程度、振动、速度以及各种操纵后汽车的行驶变化再通过上述过程反馈给驾驶人，同时驾驶人仍在不断接受道路及环境信息，调节自身驾驶状态以适应新的道路环境信息，确保汽车的操纵稳定性、可靠性和安全性。

二、驾驶技能培训

1. 我国机动车驾驶人培训制度的历史沿革

新中国成立后，我国机动车驾驶人的培训考试由交通部门管理，驾驶人的培训多采取以师带徒或报经省批准的技工学校学习驾驶操作和保修技术的方式，培训期限一般为 2 年左右，并实行机动车驾驶人技术等级分级制标准。最早对机动车驾驶人进行分类并对其考试和核发执照等予以规定的是 1960 年由原交通部颁布的《机动车管理办法》。20 世纪 80 年代初，为适应改革开放，省交通部门对考试员、教练员实行考试领证制度，考试员、教练员必须持证上岗，取消采用师傅带徒弟的培训办法，但仍有大部分地区的驾驶人仍通过师傅带徒弟方式培养。1985 年，公安部发布《城市机动车驾驶人考试暂行办法》，对报考机动车驾驶人的年龄、文化程度、身体条件等作了明确规定，同时规定了学习驾驶的期限，即学习汽车驾驶至少要 6 个月 150 个驾驶操作小时以上的学习时间，并明确了考试内容和要求。但只限于部分城市，其他各城市及农村广大地区仍由交通监理部门监管。

1986 年 10 月，国务院下发了《关于改革道路交通管理体制的通知》，决定全国城乡道路交通由公安机关统一管理。1987 年，全国基本完成道路交通体制改革相关交接工作，各省、自治区普遍建立了交通公路公安机构。驾驶人培训及考试一并移交给了公安交通管理部门管理。在当时的特定条件下，“驾驶”作为单独的职业技能仍只掌握在少数人手中，驾驶人培训考试管理人员相对较少，驾驶人申领驾驶证的过程也颇为不易，专门的驾驶人培训学校也颇为少见。1988 年，国务院发布《中华人民共和国道路交通管理条例》。1989 年，公安部颁布 1 号令《机动车驾驶人培训学校(班)管理办法》以及《启用机动车新驾驶证的规定》(〔89〕公(交管)字第 38 号文件),将驾驶证分为正式、实习、学习以及临时四种,并对职业驾驶人和非职业驾驶人作了不同规定,同时规定"不论驾驶何种机动车,经过学习、考试合格后,一律发给实习驾驶证,实习期一年,在实习期间无不适宜开车等行为、驾驶实践达到二十个小时以上的,实习期满一月内即可申请换领正式驾驶证。"由公安机关车辆管理部门负责管理机动车驾驶人培训学校(班),对其执行教学计划的情况和培训质量进行检查、监督,并对培训学校(班)的场地、教练车、教练员等作了相关规定。以上规定实施后,有效管理了我国机动车驾驶人的培训、考试工作,统一了全国的机动车驾驶证,适度放宽了机动车驾驶证的申领条件,为日后的机动车驾驶人规范管理奠定了基础。

随着改革开放的不断发展、我国公路里程的无限拉长、机动车辆保有量的持续增加、人员流动和就职的多样化,我国申请和持有驾驶证的人员也发生了很大变化。机动车保有量的增长之快和人员流动包括跨地区流动的范围之大、频率之高,超过了历史上任何时期。学习驾车的人员已经扩展到了社会各个层面。驾驶车辆已经由原来的单纯的职业技能变成了人们日常生活、工作和求职谋生所需要掌握的一种基本生活技能,"会开车"成为了人们追求的时尚。过去制定的许多管理规定已明显不适应这些客观情况的变化。在此情况下,公安部为简化烦琐的手续、放开过多的限制、加强对薄弱环节的管理,自 1989 年以来,就开始针对社会主义市场经济体制过程中道路交通管理工作面临的新情况开展了大量的调查研究,并借鉴了国外通用的驾驶证管理方法和一些重要规定,经过了长达 8 年的探索和论证,于 1996 年发布公安部第 28 号令《中华人民共和国机动车驾驶证管理办法》和公安部第 29 号令《中华人民共和国机动车驾驶人考试办法》(以下简称为两个办法),并于当年 9 月 1 日起实施。在此背景下,各地公安机关为适应道路交通运输事业的不断发展,逐步开办了一批驾校并形成垄断,引发了人民群众的质疑。为避免公安交通管理部门既当裁判员又当教练员,影响机动车驾驶证申领人的考试质量,国务院于 1994 年重新划分了驾驶培训管理职责,将机动车驾驶人培训学校(班)的管理划归为交通部门管理,规定各级公安机关不得举办或者参与举办驾校,但也就此为日后"教考捆绑"模式的出现埋下了伏笔。原交通部于 1995 年 3 月发布了《汽车驾驶人培训行业管理办法》(交公路发〔1995〕246 号文件),明确汽车驾驶人培训实行社会化并将培训分为了职业驾驶人培训和非职业驾驶人培训。

"两个办法"的颁布实施,在当时的情况下确实简化了手续、减少了环节、放宽了限制、方便了群众。但由于各地公安交通管理部门与交通部门协调管理情况不一,各地对于机动车考试和培训管理的力度也不一。各地相继发生恶劣买卖驾驶证、考试走过场的问题,造就了大批"马路杀手",严重危害了交通安全和公共安全。

2003 年 10 月 28 日,十届全国人大常委会第五次会议通过了《中华人民共和国道路交通安全法》,于 2004 年 5 月 1 日起执行。2004 年 4 月 30 日,国务院以国务院第 405 号令发布了《中华人民共和国道路交通安全法实施条例》,并与《中华人民共和国道路交通安全法》同步实施,由此拉开了我国道路交通安全管理社会化的帷幕。另外,2004 年 4 月 30 日,公安部发布第 71 号令《机动车驾驶证申领和使用规定》以及其后发布的修改版 91 号令,更是对机动车驾驶人申领驾驶证的申请、考试和发证以及换证、补证和注销等均作了明确规定。

2. 我国现行驾驶培训管理体制

我国驾驶人按驾驶工作的用途分为兼职驾驶人和职业驾驶人两种。驾驶人培训分为初期驾驶人培训、营业性驾驶人培训和技术等级培训等,他们分属于不同的管理部门。理顺管理体制,有利于驾驶人培训行业整体技术的进步。

1)初期驾驶人培训

自改革开放以来,我国的初期驾驶人培训有了较大的发展。初期培训是我国驾驶人培训的重要组成部分,是驾驶人的启蒙教育期。新中国成立后至改革开放之前,由于交通发展较慢,初期培训主要通过交通系统的驾驶技工学校和随车带徒的方式进行;改革开放后转交给公安部门;后根据我国交通行业的科技优势,驾驶人培训管理划归交通部门管理。

2)营业性驾驶人培训

交通运输部门为提高营业性道路运输机动车驾驶人队伍素质,几年来实行上岗证制度,1999 年 10 月 1 日正式发布实施《中华人民共和国营业性道路运输机动车准驾证管理规定》,明确提出了营业性机动车驾驶人培训考试的若干规定。营业性运输是我国公路运输的主要组成部分,营业性驾驶人的素质影响着交通运输的安全与效益。

3)技术等级培训

驾驶人作为职业来讲,早有《中华人民共和国驾驶人技术等级标准》出台,归属劳动部门管理。但因各种原因,其他部门也参与管理。在确立驾驶人技术等级鉴定资质上,许多培训部门教学条件较差、设施不全、不够规范。

4)其他培训

除了以上驾驶人培训外,目前公安部门对违章、肇事、换证、转籍等情况依据《中华人民共和国道路交通条例》,要求限期接受培训教育。

3. 我国现行驾驶技能培训存在的问题

机动车驾驶教学作为一门技术性较强的实践课程,要求学员在有限时间内掌握驾驶技能。教练员作为公民驾驶知识技能的传播者,对于传播交通安全知识,提高安全驾驶防御能力,起着重要的作用。驾驶教学根据教学特点选择合理的教学方法,才能不断提高教学水平;总结成功的经验和失败的教训,不断提高驾驶人新手的安全技能;在教学过程中增加学员心理素质教育,才能不断提升学员应急处理能力。尽管我国驾驶人培训方式已经得到了不断的完善,但仍然存在一些问题,表现在以下几个方面。

1)初期驾驶培训

初期驾驶技能的培训方式目前仍然采取了几十年来惯用的传统的训练方法。有些学习内容和训练方式已过时。

(1)理论知识学习课时“缩水”。《机动车驾驶人培训教学大纲》规定,C1、C2 类驾驶证,在考试前需要接受 31h 的理论课程培训和 55h 的实际操作培训。为了保证学习质量、防止突击练习,大纲还规定每个学员的理论培训时间每天不得超过 6h,实际操作培训时间每天不得超过 4h。据调查,目前我国驾驶培训行业混乱,理论培训尤其是法规课程培训不规范,如法规培训课花钱雇人代上、理论培训课时远低于法定时间等。

(2)培训教练员水平参差不齐。教练员对训练过程的组织实施、教学方法的运用,以及个人的驾驶技术、言谈举止、思想观点、精神境界、道德品质等，无不对学员产生着熏陶、感染和潜移默化的作用。但目前，教练员素质普遍不高，有些教练员甚至变相向学员索要财物，“吃、拿、卡、要”现象突出，造成了极坏的社会影响。

(3)驾驶学员心理素质训练缺乏。大量的资料说明，在影响交通安全的各种因素中，人的因素最为主要。在人、车、路、环境组成的交通系统中，驾驶人要通过人的注意、观察、判断、反应等处理道路信息，从而达到对车辆的控制，才能实现车辆的行驶安全。目前交通运输主管部门对于道路和车辆采取的安全保证措施已较为完善，但是对于来自驾驶人方面的因素却很难全面控制。许多驾驶人心理方面存在的问题虽然在分析交通事故时有所发现，但是在初始阶段如何对驾驶学员进行“心理”教学仍没有较为明确规范的方法。

(4)培训手段单一、缺乏针对性。学员的个体差异客观存在，不同的职业、不同的年龄、不同的性格、不同的生活背景等因素决定了每个人的心态及学习接受能力必然不同。然而在实际教学培训中，统一的课时安排、统一的训练计划忽视了每位学员的个体差异和接受力，未能正确处理好教学中难易、快慢等问题，使得教学进度和方法与实际脱离。

由于我国道路以普通公路为主、交通则以混合式交通为主，车辆增加迅速，公路增加缓慢，所以汽车驾驶技术应体现“既不撞人，又防被撞”的模式。在驾驶培训中，应充分利用驾驶适应性检测的有关数据，了解学员的心理特点，选择实施相应的心理训练，提高因材施教的力度。

国内外科学工作者对驾驶培训方面有许多新的研究成果、新的设备、新的技术和科学的方法，目前看来几乎没有被利用。如果能根据我国的国情，按照科学的训练方法，适当投入驾驶训练模拟器，是完全可以做到的。如基本操作训练使用单功能模拟器，可以减少油耗、减少空气污染、减轻道路的交通流量负荷、减少教练员的工时消耗、减缓学员的紧张情绪、减轻学员的疲劳，并且符合学员驾驶技术提高的递进规律；如交通情况处理采用计算机模拟，除具有以上好处外，还能增加学员的处理信息量，提高学习的速度，减短训练工时。一次性投入成本尽管较高，但综合起来计算，成本将大大下降。

2)职业驾驶人培训和营业性驾驶人培训

职业驾驶技能培训中的驾驶操作部分目前在实际培训中过于简单。如定点停车、公路掉头等，只能考察速度判断和车体判断，对于考察驾驶人的交通动态能力、安全态度、反应能力、注意能力以及个性心理在驾驶中的作用等还缺乏科学的论证和研究。

4.提高我国驾驶培训效果的建议

1)提高机动车驾驶学员知识技能水平

理论知识和实际操作技能的穿插化、阶段化训练，有利于提高驾驶学员技术技能的操作能力，加深对理论知识的理解能力。为了发挥学员在培训学习中的主观能动性，应当充分发挥学员学习的想像空间，而不是一味地灌输知识。要根据学员的特点不同对待，将情景式教学与实际培训需求有机结合起来，提高学员学以致用的能力。

2)加强机动车驾驶学员的心理训练

心理训练是培养驾驶人在各种交通情况下，能具有正确感知、注意、思维、想像、情绪、意志等一系列的心智技能。通过心理训练，促使驾驶人学会自觉控制和调节心理状态，培养驾驶人在极其复杂的交通情况下“扬长避短”，控制自己的不当行为。心理训练必须与动作技能训练互相配合，才能充分调动学员的主观能动性、积极性，引导学员自发地学习，从而获得最佳的训练效果。

3)加强特殊路况、恶劣天气、事故应急处理等内容的训练

在特殊路况、恶劣天气等不良环境中行车，不仅会对驾驶人的心理产生负担，还要求驾驶人具备良好的操作技能。通过对驾驶学员进行典型交通环境交通风险的专业培训，使驾驶学员掌握在恶劣交通环境中的驾驶技巧理论。同时，利用特殊环境和情景模拟驾驶装置训练驾驶人的安全驾驶技能，通过加强驾驶人强烈的责任意识和忧患意识，提高驾驶人面对紧急情况时的应急处置能力。

4)加强不同类型学员的针对性训练

学员来自各行各业，层次不一，年龄不一，他们的理解能力、接受能力也大相径庭，这就需要教练员根据他们的特点分别对待。例如，教练员针对悟性较差的学员可以采取分解知识或动作的方法，有针对性地加以训练，通过耐心教育、启发式引导，提高他们的驾驶水平。

5)改变学员学习技能的现有模式

通过借鉴体育技能训练的模式，在培训中着重强化学员的感觉等系列训练，通过反复的练习和驾驶实践，从而形成一种条件反射，使得驾驶人在操作中减少分析、判断、选择、确定的时间，增强驾驶人遇到复杂情况时也能游刃有余、从容自如的心理因素，提高其防御性驾驶的能力。

6)强化驾驶学员培训考核手段

根据我国交通安全现状和驾培现状的国情，建议增加“模拟驾驶装置路考”训练环节。它可以模拟各种动态路况，根据动态路况来考核学员各种反应和操作的正确性、合理性，还可以模拟设置各种路面状况、障碍状况、突发状况、紧急状况、危险状况、事故状况等。

近年来，虽然我国的道路交通事故发生率正逐年减少，但总体形势仍不容乐观，随着机动车驾驶人数量的不断增加，如何实现驾驶学员“应试教育”向“素质教育”的转变，让学员在训练过程中树立安全意识和驾驶道德意识，提高其在实际驾驶中的应急处置能力和独立规范的驾驶能力，承担起安全驾驶、保护生命的社会责任是摆在我们面前亟待解决的问题。

三、驾驶适应性

1.驾驶适应性的定义

所谓驾驶适宜性，是指人具备圆满、不出差错地完成驾驶工作的素质以及经过驾驶培训可获得从事驾驶工作的潜在性能。一般来说，驾驶适应性主要应满足以下几方面要求：

(1)应具备驾驶工作所必须具备的基本心理和生理素质；

(2)从事驾驶工作产生失误或发生交通事故的概率应该很小；

(3)预计完成驾驶任务的数量和质量高于中等水平；

(4)安全需要动机应占优势(即思想上能把安全要求放在第一位)。

众所周知，在成为驾驶人之前，驾驶人都必须经过严格的体检，医院会对驾驶人身高体重、血压、心电图、静视力、色觉、听觉等身体各部作全面的检查，进而判断出该驾驶人是否符合安全驾驶要求，这些检查都是对驾驶人的初步检查。有些人完全符合驾驶人的体检标准，但在实际驾驶操作中，仍然经常发生不安全驾驶行为，有时甚至造成交通事故。因此，仅靠医院对驾

驶人作出判断是不够的，还要根据行驶中驾驶人的特性对驾驶人进一步检测，即驾驶适宜性检测。

2. 驾驶适应性检测的内容

目前的驾驶适应性检测内容一般包括如下内容。

1)速度估计检测

驾驶人在行车时，总是处于迅速运动中。能否准确地估计速度对安全行车非常重要，如果驾驶人不能对前面车辆、并行车辆、对面驶来的车辆以及自己车辆的速度准确估计，不能正确判断空间距离，是发生交通事故的一个重要原因。该项检查的目的是诊断驾驶人的速度感觉和焦躁性。如果驾驶人在会车、让车、超车和各种复杂道路情况下行车时，对车辆的速度没有相应而确切的速度感觉(估计)，则不能正确估计空间距离，这是引起交通事故的原因之一。

2)处置判断检测

注意是驾驶人安全行车的必要条件。由于注意，驾驶人才能迅速获得行车过程中的各种交通信息，才能及时对交通情况作出正确判断和操作决策，从而才能保证行车安全。因此，驾驶人注意品质的好坏是影响行车安全性的重要因素，应作为驾驶人适宜性检测项目，检查驾驶人在驾驶中注意力分配及其持续的能力，还可以衡量驾驶人方向操作的正确性。

3)复杂反应判断检测

反应速度取决于驾驶人评价道路上的行人或车辆与自己的距离等，以及操纵驾驶机构所用的时间。这个时间越短，驾驶人的反应速度越快。驾驶人的反映除了应具有快速性，还应有准确性和灵活性。该项目检查驾驶人在行车中，对交通场面相继发生的变化能否正确而迅速地进行处置的能力。

4)动视力检测

视力是驾驶人安全行车的基本保证，驾驶人只有具备良好的视力才能在行车中读出沿公路分布的交通标志，看清路面，辨明道路上的行人和物体，并据此来决定是否改变车辆运行状态。行车途中，驾驶人一直处于高速运动状态下，动视力就尤为重要。车速越高，驾驶人的动视力越低。一般来说，动视力比静视力低10%～20%，特殊情况下低30%～40%。常规的静视力良好者，动视力未必就好，而影响交通安全的主要是动视力。

5)夜间视力检测

驾驶人由明亮的环境突然进入黑暗中，要经过一段时间眼睛才能习惯，视力才能恢复，从而可以辨认黑暗环境下的物体，这一过程称之为“暗适应”。暗适应可能需要半小时或更长时间才能完成(取决于实现眼睛的曝光水平)，对行车安全影响最大。应测定驾驶人在黑暗中看到物体的程度以及突然进入黑暗后对视力下降的恢复能力。夜间行驶时，由于汽车前灯及其他各种照明，光亮度和黑暗度在时刻变化，这种情况下，若驾驶人辨认事物的功能低下，易酿成车祸。

3. 驾驶适宜性检测的优点

驾驶人适宜性检测是对驾驶人的心理和身体状况进行科学的测定，这项措施可以说是事故预防的拐杖，对降低道路交通事故的发生率，提高道路交通的安全性作用极大。

在驾驶培训过程中引进驾驶人适宜性检测，可以全面提高驾驶人的整体素质，包括心理和生理素质。通过常规的驾驶人考核，首先可以确保驾驶人掌握基本的行车常识和操作技能，在此基础上引入驾驶人适宜性检测，则可以发现新驾驶人在安全驾驶方面存在的潜在缺陷和危险，比如个人差异(性格、情绪等)、事故倾向等。如果通过专门针对性的训练之后依旧不能通过检测，说明该新驾驶人确实不具备安全行车条件，劝其趁早放弃。且驾驶适宜性检测项目是根据驾驶人的行为特性对安全行车的影响，结合车辆人机工程学而确定，这些由驾驶人确定的检测项目与交通事故息息相关。若能通过适宜性检测，驾驶人行驶安全性可以大大提高，从根本上减少交通事故发生的可能性。适宜性训练中，除了驾驶人的心理素质训练之外，还可以通过加大安全宣传教育及交通肇事现场急救知识的宣传，警钟长鸣，减轻事故损伤程度。

驾驶人的驾驶适宜性并不是持久的，随着年龄的增大，驾驶人的驾驶适宜性程度就会降低。因此，对已获取驾驶执照的驾驶人，应定期(每隔 3 年)对其进行驾驶适宜性检测，保证在职驾驶人都有较好的心理、生理素质。

分析驾驶人发生交通事故的原因，对肇事驾驶人有针对性地培训，改正其操作方法；对有些不适宜从事驾驶工作的人员，劝其从事其他行业工作，从而确保驾驶人队伍的高素质。

第四章　汽车安全性提升

第一节　汽车安全技术概述

在人—车—路—环境等要素构成的道路交通系统中，车辆作为一种复杂的人造机器，是影响道路交通安全诸要素中最具可控性的一环。早在汽车进入工业化生产之初，安全就是汽车工业领域极为重视的重要目标。

一、汽车安全技术的发展历程

为了提高汽车安全性，世界各国在汽车工业发展过程中，基于大量技术研究与开发，先后制定和实施了多种与安全相关的法律和技术法规，这些法律和技术法规随着技术进步和人们不断提高的安全需求而不断发展。汽车安全技术的发展史是汽车技术发展史的重要组成部分。

1. 欧洲的 UNECE 汽车技术法规

英国从 1929 年开始实施“道路车辆照明法”，1931 年开始实施“汽车构造和使用”法规，对 1977 年 10 月 1 日以后生产的车辆开始执行型式认证制度。德国于 1952 年公布了包含汽车及其零部件安全法规的道路交通法。第二次世界大战后，欧洲各国为消除贸易障碍，大力推行法规的国际化，制订了统一的 EEC(欧洲经济共同体)指令和 UNECE(联合国欧洲经济委员会)法规。前者是强制性的，后者是各成员国任意选用的。

2. 美国的 FMVSS 汽车技术法规

美国的约翰逊总统在 1966 年 3 月第 89 届国会上，提出了“1966 年交通安全法”并进行辩论，1966 年 8 月 31 日，美国参、众两院通过该法，同年 9 月 9 日，总统正式签署了交通安全法。同时规定，对 1968 年型汽车(轿车、货车及摩托车)开始实施安全法。美国从 1966 年 9 月 28 日开始实施 17 项规定，不久又增加了 9 项，结果变成 26 项规定(这些规定是 FMVSS 的先导)。制造商为了销售产品也相应地采取了满足标准的措施，例如采用能量吸收式转向柱、双管路制动等，从而推动了安全技术的进步。加拿大车辆及零部件安全法令基本上与美国 FMVSS 相同，并从 1971 年 1 月 1 日开始实施。

日本也是制定汽车法规最早的国家之一，1951 年颁布了“道路运输车辆法”，确立了法律体系，对汽车产品实行定期检查和型式认证。澳大利亚于 1968 年制定了设计法规(ADR)。

3. 安全试验车(ESV)计划

为了推动汽车安全性水平进一步提高，美国运输部(DOT)部长于 1970 年 2 月提出开发安全试验车(ESV)计划，该计划要求开发以 80km/h 正面壁障撞车试验具有高度安全性能的

1 800kg 级试验样车。其目的是了解汽车碰撞时增加乘员生存的可能性，掌握如何预先改进设计来减少伤亡和经济损失的一般规律，促进世界汽车工业界安全研究，将安全试验车试验研究所得到的技术资料用于制订新的安全标准。同年费却特·海勒公司、AMC（美国汽车公司）、GM 公司与 DOT（美国运输部）签署了 ESV 开发合同。与此同时，日本与欧洲对 900 辆 1 360kg级的 ESV 进行了开发工作。1970 年 11 月，日美签署了“开发 ESV 备忘录”。在日本汽车工业协会中设立了 ESV 分会，制定了日本 ESV 规范。丰田、日产和本田等公司参加了这项工作。

欧洲，德国、英国、法国和意大利等国政府也与美国 DOT 签订了推进 ESV 的协议。ESV 计划的成果为制定 20 世纪 80 年代后期的安全标准起了重要作用。

4. 新车评估程序（NCAP）

新车评估程序（New Car Assessment Program，NCAP）不同于那些由政府机构组织实施的强制性安全认证，它是一个民间性质的测评。NCAP 最早在美国开展并已经在欧洲、日本等发达国家运行多年，一般由政府或具有权威性的组织机构，按照比国家法规更严格的方法对在市场上销售的车型进行碰撞安全性能测试、评分和划分星级，向社会公开评价结果。

NCAP 碰撞测试具体内容大约包括两个方面，正面和侧面碰撞。正面碰撞速度为 64km/h，侧面碰撞速度为 50km/h。碰撞测试成绩则由星级（★）表示，共有五个星级，星级越高表示该车的碰撞安全性能越好。NCAP 的星级包括成人保护、儿童保护、行人保护三部分。一般来说，成人保护一项得分在 30 分以上的可获 5 星，25～29 分的可获 4 星，20～24 分的可获 3 星……实际的星级评定并不是完全按分数换算的，比如某车型虽然总体得分较低，但假人没有受致命伤，其星级可以上浮。同理，某车型虽然分数不算低，但假人受到了致命创伤，其星级可能会下浮。另外，在国内备受争议的加分在欧洲 NCAP 中也有，比如有安全带提醒功能一般会加 2 分。

成人保护的最高评级是 5 星，目前很多主流厂商的行政级和家用级轿车都达到了 5 星标准，虽然一些最新的紧凑型甚至微型车也撞出了 5 星，但总体上，大型车的安全水平高于小型车仍然是不争的事实。跑车的动力性能相对较好，安全性也应该更高才是，但遗憾的是，时至今日，没有一款跑车在欧洲的 NCAP 碰撞试验中获得 5 星。

儿童保护的最高评级也是 5 星，但这一桂冠至今无人认领；行人保护的最高评级是 4 星，但不幸的是大多数车的成绩只有 1～2 星，能取得 3 星的已经是凤毛麟角。

NCAP 最早由美国国家公路交通安全管理局（NHTSA）创建于 1979 年。1978 年美国高速公路交通安全管理局（NHTSA）就开始对国内常见车型进行碰撞测试。从此以后，世界各大厂商开始注重车辆的安全结构，其他国家和地区也效仿该标准制订了自己的 NCAP 程序，现在汽车的安全性和碰撞标准日益提高，很大程度上归功于 NHTSA 的测试。1997 年欧洲也创建了 NCAP，并发展成为影响力最大的一个。

尽管测试没有本质的区别，但各国的 NCAP 均有所不同。如，美国的碰撞测试与欧洲稍有不同，其碰撞的车速稍慢，而其评估指标则分为正面碰撞中驾驶人和乘客保护、侧面碰撞中驾驶人和乘客保护，以及滚翻事故中乘员保护等 5 项。

5. 部分重要汽车安全技术的应用

欧洲各国普遍重视提高汽车操纵性能和制动性能，即重视主动安全性。例如，在 1977 年波尔舍 928 的半摆臂式后悬架上应用了所谓巴扎哈型后轴，从而提高了行驶稳定性。为防止高速行驶时轮胎爆破或轮胎气压过低引起行驶事故，开发了各种安全轮胎。

为提高被动安全性，美国决定从 1973 年 8 月 15 日起，在所有车上实施被动式乘员保护装置，推广使用安全带并准备使其法制化。但由于时间紧，伤害标准过严，遭到制造商反对而未能按时实施。1976 年 12 月，美国运输部长宣布对被动式乘员保护系统实行大规模、全国性示范计划，其内容是从 1978 年秋天开始在 50 多万辆车上装备安全气囊或其他乘员保护装置。1977 年 6 月又公布了修正案，并规定从 1982 年型车到 1984 年型车按轴距大小顺次装备被动式乘员保护装置。根据这个决定，FMVSS208 标准才最终定下来。

日本为进一步提高汽车安全性，其运输技术审议会于 1972 年 9 月向运输大臣提出一项提议，即“保证机动车安全的对策——机动车安全法规第一期提高和加严目标”。其内容包括：

(1)避免事故对策(识别性、操纵性等)；

(2)减少损伤对策(乘员保护、行人保护、车身等)；

(3)火灾预防对策(内饰阻燃性和电气系统安全性等)。

1980 年 10 月，日本运输技术审议会又提出了机动车安全法规第二期的提高和加严目标，其重点放在高速行驶产生的事故、大型货车的事故及火灾事故等方面。由于汽车交通事故一直在恶化，为进一步改进汽车安全性，日本运输省于 1990 年 3 月发布了“提高机动车安全对策”的通知，拟实行一系列对策，例如从 1991 年 10 月 1 日起为大型牵引车和装载危险物品的大型挂车以及从 1991 年 4 月 1 日起为高速公路上行驶的大型客车义务安装 ABS 等。

1979～1984 年为德国乘员约束系统发展的里程碑。奔驰公司首先向顾客提供了气囊和安全带张紧器。1984～1989 年，欧洲开展了偏置前碰撞研究，广泛开展真实的室内试验，扩展了乘员计算机模拟计算和有限元分析。

二、汽车安全技术对提升道路交通安全的作用

在道路交通系统中，以汽车为主要组成部分的机动车是一种快速性交通工具，是能量最大的交通工具，相对于自行车与行人来说，汽车是交通强者。为了减少道路上所发生的交通事故，必须严格要求作为交通强者的汽车。对于交通安全来说，汽车的关键在于它的制动性能，也就是平常所说的(制动器)制动是否灵敏。车辆的制动过程大致包括如下步骤：

首先是驾驶人见到危险物体，这个交通信息通过人的眼睛传至大脑，在大脑中经过分析和判断，作出决定，然后由大脑指挥脚踩制动踏板。这个过程所需要的时间，称为人的反应时间。反应时间的长短因人而异，与车辆本身无关，可看成是交通安全三要素中人的因素。

其次是驾驶人踩制动踏板后到制动起作用(即车辆开始减速)，这个过程也需要时间。按交通安全的要求，这个时间越短越好，这可以看成车辆本身安全性能好坏的重要因素。

除此之外，交通安全中的因素还包括刮水器是否良好、转向盘是否失效、喇叭是否失灵以及灯光是否失去作用，以及对碰撞发生后车辆、车内驾驶人和乘员、车外人员等的保护。据国内外交通事故的统计表明，由于车辆因素所造成的交通事故，在工业发达国家占 5%左右，在我国和其他发展中国家占 10%左右。

基于汽车在道路交通系统中的功能特点和对交通安全的影响，汽车行业总结了与车辆有关的以下交通安全对策。

(1)撞车时的安全性(被动安全性能)。结构具有能量吸收及保证乘员生存空间的能力;具有乘员保护装置(如安全带、座椅、气囊、头枕、转向器、安全玻璃、内饰等)。

(2)事故预防性能(主动安全性能)。包括:汽车耐久性、可靠性;汽车的动力性、制动性;操纵性与稳定性;轮胎可见区、视野性;居住性、舒适性;防滑移装置等。

(3)对行人和自行车的对策。包括:对行人和非机动车的视野性;外部形状;车辆缓冲;防止卷人。

(4)发生事故后的对策。包括:防止燃料系火灾;阻燃;脱出与救出;必要备品。

汽车安全技术对提升道路交通安全具有显著作用。表4-1是美国对主要的几种乘员保护措施效果的分析,可以看出,随着作为被动安全技术之一的车辆乘员保护技术的逐步普及,其对汽车乘员的防护作用也愈发突出,挽救了大量生命。正因为如此,目前世界上大部分国家都通过立法,强制要求汽车制造厂商安装这类设施,并要求车辆使用者在行车中使用。

汽车乘员保护措施效果(挽救生命人数)的统计数据(美国) 表4-1

年度(年)	年度效果(人)			累计效果(人)		
	安全带	安全气囊	儿童乘员保护系统	安全带	安全气囊	儿童乘员保护系统
1989①				31 498	15	1 607
1990	6 592	37	222	38 090	52	1 829
1991	7 011	68	247	45 101	120	2 076
1992	7 390	100	268	52 491	220	2 344
1993	8 347	169	286	60 838	389	2 630
1994	9 206	276	308	70 044	665	2 938
1995	9 790	470	279	79 834	1 135	3 217
1996	10 414	686	365	90 248	1 821	3 582
1997	10 750	842	312	100 998	2 663	3 894

注:①表示1975～1989年度累计数据。

美国运输部(DOT)对总统和议会的报告中,共列出了37项对策,对这些对策,开展了费用效果预测(表4-2)。使用安全带是最有效的对策,在减少死亡人数和费用/效果方面占第一位。其他车辆安全措施也表现出了较高的费用/效果比。

各类交通安全对策的费用/效果对比分析 表4-2

序号	对策	死者的减少(人)	费用(百万美元)	死者每减少一人所需费用(美元/人)
1	使用安全带	89 000	45.0	506
2	维持道路建设达到交通安全标准	459	9.2	20 000
3	培养对自行车和行人的指导人员	649	13.2	20400
4	55mile/h速度法规	31 900	676.0	21 200
5	对驾驶人的教育	2 470	53.0	21 400
6	充实法规和警戒标志	3 670	125.0	34 000
7	充实护栏			

续上表

序　号	对　策	死者的减少（人）	费用（百万美元）	死者每减少一人所需费用(美元/人)
8	对行人的教育	490	18.0	36 800
9	路面的防滑措施	3 740	158.0	42 200
10	充实桥梁用护栏	1 520	69.8	46 000
11	强化禁止进入无交叉点公路干线的对策	779	38.5	49 400
12	对青年驾驶人的教育	692	36.3	52 500
13	二轮车使用头盔	1 650	61.2	53 300
14	强化二轮车的灯光设施	65	5.2	80 600
15	路侧缓冲设施	6 780	735.0	108 000
16	标志和照明灯的柔性化	3 250	379.0	116 000
17	事故多发点的特别对策	7 560	1 010.0	133 000
18	酒后驾驶对策	13 000	2 130.0	164 000
19	实施负伤者救护教育	3 750	78.0	209 000
20	充实中央隔离带的屏障	529	121.0	228 000
21	提高对自行车和行人的视野	1 440	332.0	230 000
22	强化对制动系和轮胎的检查	4 591	1 150.0	251 000
23	对有问题的驾驶人发出警告	192	50.5	263 000
24	为脱离路面车确保路侧空间	533	151.0	284 000
25	对初级驾驶人的教育	3 050	1 170.0	385 000
26	改善交叉点视野	468	196.0	420 000
27	充实急救对策	8 800	4 300.0	538 000
28	充实强化交通信号	3 400	2 080.0	610 000
29	充实照明设施	759	710.0	936 000
30	交通渠化	645	1 080.0	1 680 000
31	强化车辆的周期性检查	1 840	3 890.0	2 120 000
32	充实路面标线和视线引导标	237	639.0	2 700 000
33	主要道路的控制进入	1 300	3 780.0	2 910 000
34	加宽桥梁	1 330	4 600.0	3 460 000
35	道路的设置等	276	974.0	3 530 000
36	路肩强化	928	5 380.0	5 800 000
37	公路线形、坡度的改善	590	4 530.0	7 680 000

三、我国汽车安全技术的发展

建国以来我国汽车工业一直沿用前苏联的质量管理办法管理汽车产品质量，无论是新车的定型还是生产过程中的质量抽检，均以产品的可靠性为主要内容进行审查，并以当时的标准及质量蓝皮书为依据。从 1992 年 8 月成立中国汽车产品认证委员会时起才明确提出对汽车产品实行安全认证。1994 年 7 月 4 日国务院批准的《汽车工业产业政策》中明文规定了“国家依据技术法规实行形式认证制度”。从此,中国汽车产品质量管理才走上与国际接轨的道路。

我国从 20 世纪 50 年代末开始制定汽车专业标准,20 世纪 70 年代末 80 年代初对老标准进行修订,还制定了一些新的国家标准。1989 年 4 月,国务院颁布了《中华人民共和国标准化法》,我国的标准化工作从此走上了法制道路。根据标准化法,汽车行业对其标准进行了清理整顿,建立了以贸易型标准为主的标准体系。汽车标准分为国家标准和行业标准,并明确划分了强制性和推荐性标准范围。截至目前,汽车行业有国家标准 430 项,强制性国家标准 100 项。强制性标准包括安全、污染控制和节能三部分,这些强制性标准已成为产品认证的论据,是推动我国汽车安全技术水平发展的基本要求。

在充分研究并借鉴其他国家 NCAP 发展经验的基础上,结合我国汽车标准、技术和经济发展水平,中国汽车技术研究中心也于 2006 年正式建立了 C-NCAP(中国新车评价规程)。

中国汽车技术研究中心在深入研究和分析国外 NCAP 的基础上,结合我国的汽车标准法规、道路交通实际情况和车型特征,并通过广泛的国内外技术交流和实际试验确定了 C-NCAP 的试验和评分规则。与我国现有汽车正面和侧面碰撞的强制性国家标准相比,不仅增加了偏置正面碰撞试验,还在两种正面碰撞试验中在第二排座椅增加假人放置,以及更为细致严格的测试项目,技术要求也非常全面。C-NCAP 对试验假人及传感器的标定、测试设备、试验环境条件、试验车辆状态调整和试验过程控制的规定都要比国家标准更为严谨和苛刻,与国际水平一致。

C-NCAP 实施六年来,国内车型整体安全技术水平及评价成绩大幅提高,车辆安全装置的配置率也逐渐增加,大多数企业已将 C-NCAP 作为产品开发和改进的目标。随着 C-NCAP 的顺利实施及研究的深入,中国汽车技术研究中心对最初于 2006 年实施的《C-NCAP 管理规则(2006 年版)》进行了完善和补充,在侧面碰撞试验中增加了 SID-IIs(D 版)假人,并引入了儿童乘车安全的概念,增加了对便于安装车用儿童座椅的刚性固定装置——ISOFIX 的加分要求,形成新的《C-NCAP 管理规则(2009 年版)》,并于 2010 年实施。之后,C-NCAP 管理中心又根据国际 NCAP 发展趋势,经过与业内专家的研讨,设计更新了《C-NCAP 管理规则(2012 年版)》。

根据《C-NCAP 管理规则(2012 年版)》,C-NCAP 试验项目要求为:碰撞试验、低速后碰撞颈部保护试验(“鞭打试验”)为 C-NCAP 的正式评价项目,燃料消耗量试验为 C-NCAP 附加试验项目。

1. 碰撞试验

1)正面 100%重叠刚性壁障碰撞试验

试验车辆 100%重叠正面冲击固定刚性壁障。碰撞速度为 50_{0}^{+1} km/h(试验速度不得低于 50km/h)。试验车辆到达壁障的路线在横向任一方向偏离理论轨迹均不得超过 150mm。在前排驾驶人和乘员位置分别放置一个 Hybrid III 型第 50 百分位男性假人,用以测量前排人员受伤害情况。在第二排座椅最左侧座位上放置一个 Hybrid III 型第 5 百分位女性假人,用以测量第二排人员受伤害情况。在第二排最右侧座位上放置一个 P 系列 3 岁儿童假人,用以考核乘员约束系统性能及对儿童乘员的保护。

2)正面 40%重叠可变形壁障碰撞试验

试验车辆 40%重叠正面冲击固定可变形吸能壁障。碰撞速度为 64^{+1}_{-1}km/h,偏置碰撞车辆与可变形壁障碰撞重叠宽度应在 40%车宽±20mm 的范围内。在前排驾驶人和乘员位置分别放置一个 Hybrid III 型第 50 百分位男性假人,用以测量前排人员受伤害情况。在第二排座椅最左侧座位上放置一个 Hybrid III 型第 5 百分位女性假人,用以测量第二排人员受伤害情况。

3)可变形移动壁障侧面碰撞试验

移动台车前端加装可变形吸能壁障,对车辆驾驶人侧进行冲击试验。移动壁障行驶方向与试验车辆垂直,移动壁障中心线对准试验车辆 R 点,碰撞速度为 50^{+1}_{0} km/h(试验速度不得低于 50km/h)。移动壁障的纵向中垂面与试验车辆上通过碰撞侧前排座椅 R 点的横断垂面之间的距离应在±25mm 内。在驾驶人位置放置一个 Euro SID II 型假人,用以测量驾驶人位置受伤害情况。在第二排座椅被撞击侧放置 SID-IIs(D 版)假人,用以测量第二排人员受伤害情况。

2. 低速后碰撞颈部保护试验(以下简称“鞭打试验”)

将试验车辆驾驶人侧座椅及约束系统仿照原车结构,固定安装在移动滑车上,滑车以速度变化量为 $15.65^{+0.8}_{-0.8}$km/h 的特定加速度波形发射,模拟后碰撞过程。座椅上放置 Bio RID II 型假人,通过测量后碰撞过程中颈部受到的伤害情况,用以评价车辆座椅头枕对乘员颈部的保护效果。

3. 附加试验——燃料消耗量试验

试验车辆置于温度为 24℃±3℃的室内进行预处理,之后进行预置,预置时间控制在 18~24h。试验前发动机的润滑油和冷却液温度达到室温的±2℃范围内。按照 GB/T 19233—2008、GB 18352.3—2005 的规定进行试验。

C-NCAP 的评价结果通过以下方法确定:

C-NCAP 中最高得分为 62 分。其中,“碰撞试验”所述的三项试验每项试验满分为 18 分,三项试验总得分满分为 54 分。鞭打试验满分为 4 分。对安全带提醒装置和 ISOFIX 装置分别有 1.5 分和 0.5 分的加分,对侧气帘(及侧气囊)和电子稳定控制系统(ESC)分别有 1 分的加分。将以上三项碰撞试验和鞭打试验的得分及加分项得分之和(四舍五入至小数点后一位)记为总分,并按以下条件确定评价星级。除总分外,5 星级车和 4 星级车还必须满足其他条件。

根据总分,按照表 4-3 星级评分标准对试验车辆进行星级评价。

C-NCAP 星级评分标准　　表 4-3

总　分	星　级	总　分	星　级
≥60 分	5+ (★★★★★☆)	≥36 且<44 分	3 (★★★)
≥52 且<60 分	5 (★★★★★)	≥28 且<36 分	2 (★★)
≥44 且<52 分	4 (★★★★)	<28 分	1 (★)

第二节　汽车的碰撞特性

汽车在交通事故发生时与道路设施、周边环境、其他车辆或行人发生碰撞。这种碰撞的过程中，车辆所表现出来的力学和运动特性是开展汽车安全技术研究与应用的重要基础。

一、汽车的碰撞形态

汽车的碰撞形态根据碰撞方向来区分，可大致分为前碰、侧碰、后碰和翻车等；根据碰撞的障碍物来分，有车对车碰撞，车对固定障碍物碰撞以及移动货物对车碰撞等；根据碰撞负荷可分为集中碰撞负荷与分配碰撞负荷。表4-4所列为汽车碰撞形态分类。

汽车碰撞形态分类　　表4-4

碰撞方向	负荷类型	障碍物类型
正碰，两车都是前碰	分配	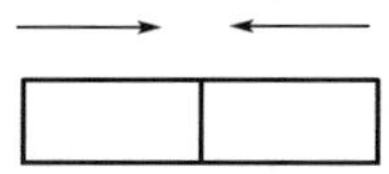
非正碰，两车都是前碰	集中	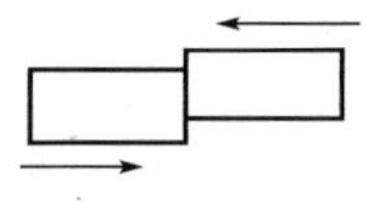
正碰，车对固定障碍物前碰	集中	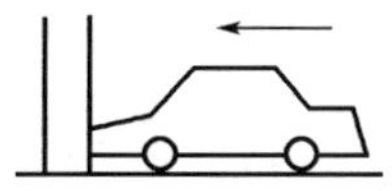
追尾，轿车为前碰，货车是后碰	集中	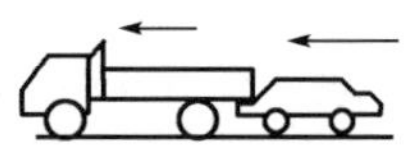
正碰追尾，后车为前碰，前车为后碰	分配	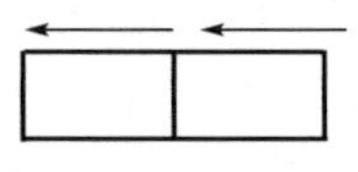
非正碰追尾，后车为前碰，前车为后碰	集中	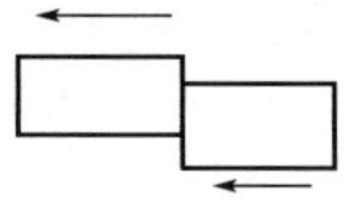
移动散装货物对车碰撞	分配	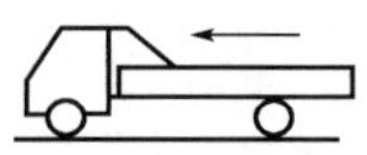
移动杆柱等对车碰撞	集中	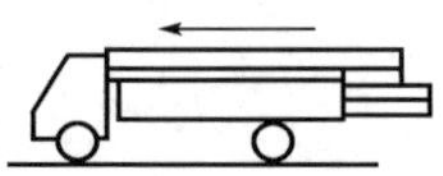

续上表

碰撞方向	负荷类型	障碍物类型
90°侧碰，被碰车是侧碰，碰撞车是前碰	分配	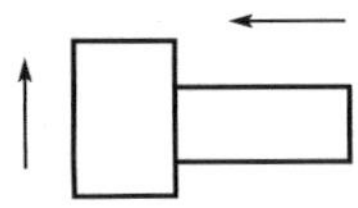
斜角侧碰，被碰车为侧碰，碰撞车是前碰	集中	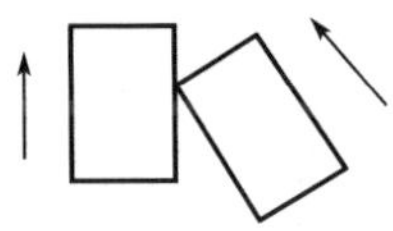
边擦，两侧都是侧碰	分配	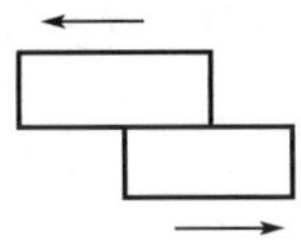
侧碰，制动侧滑时对杆碰撞	集中	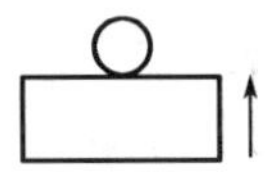
翻车，车顶全面积触地	分配	
翻车，车顶边角触地	集中	
翻车，车顶前或后角触地	集中	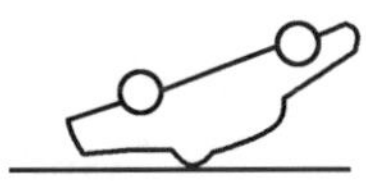

事故分析表明，碰撞方向最多的是前碰。在以上碰撞类型中，除边擦外，车对车碰撞中至少有一辆汽车是前碰。在正碰和非正碰中，两辆车都是前碰；在追尾中，后车为前碰；侧碰中，撞车的车辆属于前碰。此外，车对固定障碍物的碰撞大多数是前碰。表 4-5 和图 4-1 是对事故碰撞方向的两组统计分析结果。

事故碰撞方向的统计分析　　表 4-5

碰撞方向	所占比例(%)	碰撞方向	所占比例(%)
前	46.5	翻车	1.6
侧	19.4	其他	6.3
后	17.1	总计	100.0
边擦	9.1		

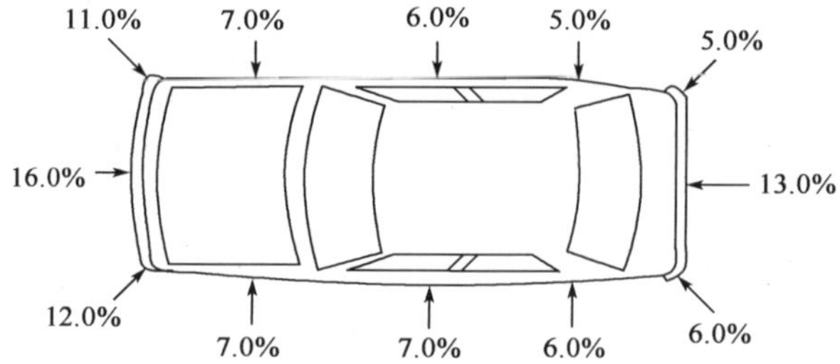

图 4-1 各方向碰撞事故的发生概率分布

二、小客车与大型车的碰撞

从已发表的几个轿车对客车及载货汽车实车相撞的试验资料可知，由于轿车与大型车车身地板高度不同，当轿车对大型车追尾相撞时，会楔进大型车的下面，轿车上乘员的头部将受到大型车车身地板的严重伤害。轿车的损坏情况因是否楔进大车的下面而完全不同。

三、轿车与摩托车、自行车的碰撞

摩托车与汽车、自行车与汽车的碰撞事故大多是如下几种形式：

(1)摩托车在交叉路口与汽车的侧面迎头相撞；

(2)汽车与摩托车或自行车的侧面碰撞；

(3)汽车从后面碰撞自行车。

当摩托车垂直碰撞汽车侧面时，摩托车的驾驶人以车把为轴，上身向前弯，使上身旋转，头部撞在被撞车的车身上。由于人体的回弹系数几乎等于零，被撞车停车时，摩托车驾驶人就落在撞车的地方。被撞车在行驶时，由于摩擦力的作用，硬拉着摩托车驾驶人向被撞车的前进方向飞去。对方车辆车顶低时，也有发生摩托车驾驶人越过车顶，落在汽车另一侧的情况。

汽车撞摩托车的侧面时，摩托车的驾驶人以冲撞车的前面上沿为轴横转，碰在发动机罩上，然后飞到汽车前边或撞倒在地上滚动。

四、汽车与行人碰撞

图 4-2 为成年人与轿车碰撞后的人体模型运动状态。

在模拟试验中，当汽车以 20km/h 以下的低速碰撞行人模型时，行人模型首先从腰部到下腿部撞上汽车的前面。对于成人，其重心位于比汽车还高的位置，向后的旋转力作用在行人身体上，所以行人跳到发动机罩上，头脸、胸、腹部撞在发动机罩上。然后模型从发动机罩上滑下去，落在汽车的前方。

但是，在车速为 40km/h 以上的高速时，模型头部撞在前挡风玻璃上后，在发动机罩上跳起来，成倒立状态，一边旋转一边飞到汽车前方掉在路上。这时，是头先着地还是脚先着地，根据情况而异。掉在地上的行人模型，在路面上滑行后停止运动。其运动时间，大约在 2s 以内。碰撞后成人的运动如图 4-3 所示。

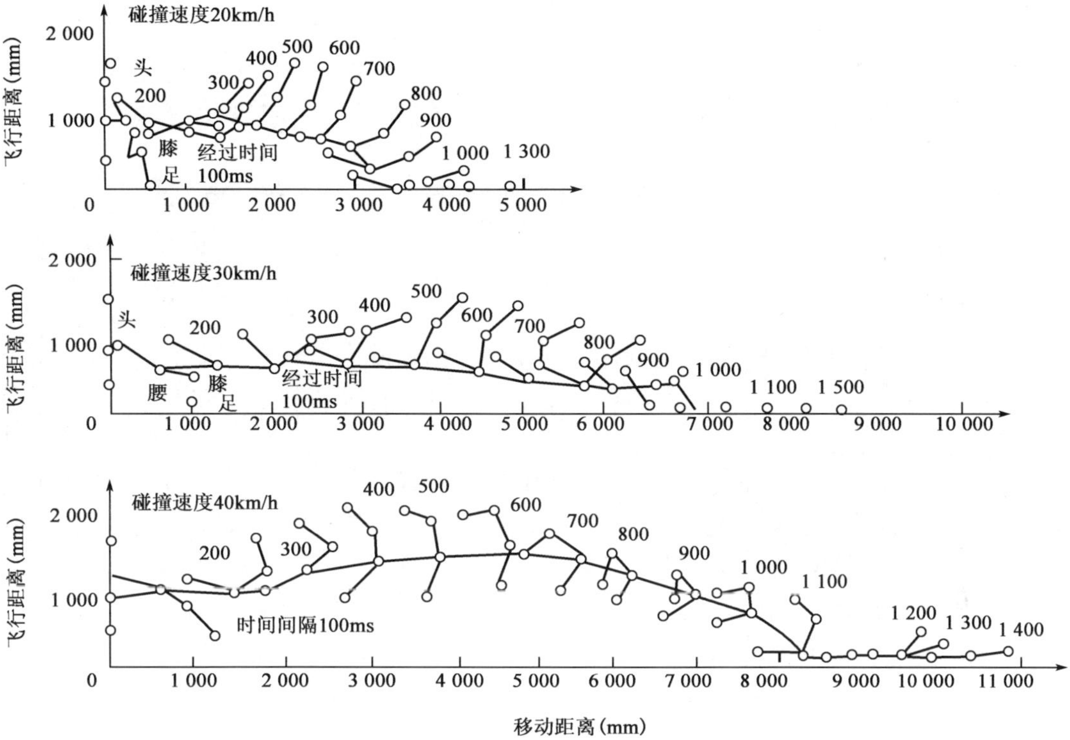

图 4-2 成年人与轿车碰撞后的人体模型运动状态

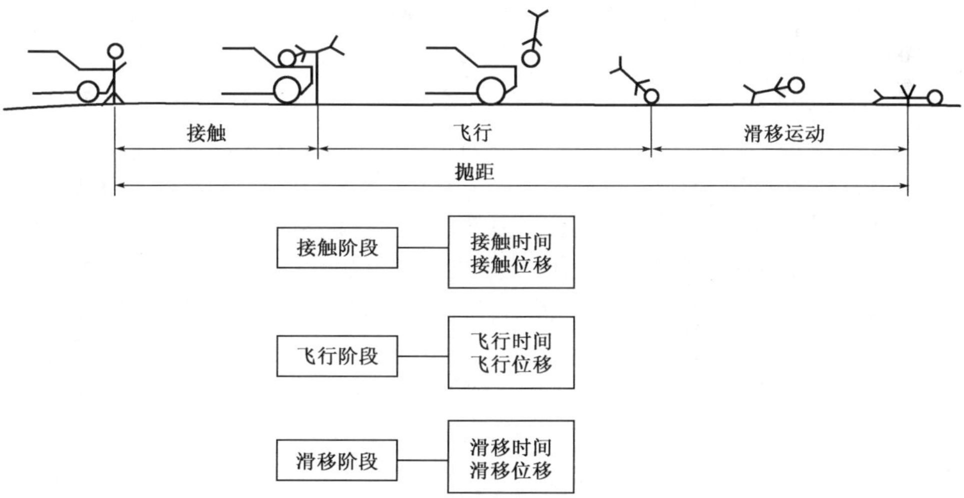

图 4-3 碰撞后成人的运动

对于身材矮小的小孩模型，由于其重心位置比发动机罩低，所以不会被抛到发动机罩上来，总是被压倒，头部撞在路面上（图 4-4）。小孩被撞击的过程时间比较短，约为成人模型的 1/2。

图 4-4　轿车碰撞儿童后的情况

五、单车事故

汽车的单独事故有汽车在路上碰撞驻车车辆、工作物，翻车，汽车驶出滚落公路，碰撞护栏、电线杆、分隔带等类型。它不是两辆及以上的汽车相撞的事件，而是由汽车的驾驶人单独判断失误引起的事故现象。

汽车碰撞驻车车辆或工作物，是由于错觉而未能及时辨别路上静止物的尾撞现象，事故原因主要是驾驶人的辨别过失。但是，路上翻倒、滚落路外、与护栏和分隔带的碰撞，是由驾驶操纵失误引起的事故。驾驶操纵失误最典型的是错误操作导致的车辆不规则旋转。

不规则旋转，是由于刹住后车轮，使横向滑动的摩擦力消失，同时围绕被制动的前轮车轴中心点，由惯性力矩而引起的。紧急制动时，汽车的重心处于离路面较高的位置，使前端点头现象的惯性力作用在车身上，结果前轮的荷载增加，后轮的荷载相应地减少，因此后轮先抱死。轮胎在旋转期间横向阻力大，但是，车轮抱死时，摩擦系数急剧减小，横向阻力消失，汽车就开始旋转。一旦开始旋转，由于汽车重心相对于旋转中心（前轴的中心点）向外侧偏高，因而使车身旋转的力矩逐渐增大，直到使车身横过来为止。导致车辆不规则旋转最常见的原因是驾驶人一边转动转向盘，一边紧急制动，这种驾驶行为导致后轮横向滑出，车身绕前轮的中心点旋转。一旦开始旋转，便不能控制。即使采用反向转动转向盘也不能制止这种旋转，这就是不规则旋转。驾驶人发现跑到路上的行人较晚时，一边突然转动转向盘，一边踏下制动踏板。这样，即使好容易避免了正面碰撞，但由于车身绕前轴中心点旋转，也会使车身的侧面撞上行人。

此外，汽车的单独事故还表现为：紧急制动时，制动器单侧起作用，或者由于左右车轮与路面摩擦系数差别较大而转动转向盘，驶出路外；转弯时，转向幅度大了点，使外侧车轮撞在路缘石上而翻到路外；为避免其他碰撞，而反应过敏，转向盘转得角度过大导致驶出路外；为躲避剧烈的阵风，转向盘转得角度过大而驶出路外；转弯时，观看别的地方而驶出路外。

第三节　基于人因的汽车安全设计

在道路交通系统中，汽车在驾驶人的操纵下沿道路行驶。驾驶人能够准确、顺畅、舒适地操纵车辆，确保行车意图的顺利实现，是道路交通系统安全运行的基础。适应人的生理、心理特点和行为特性的设计，是汽车安全设计的重要组成部分。

一、汽车设计中人体的尺寸与运动学因素

在汽车行驶过程中，驾驶人通过视觉、听觉、触觉等感受器，获得有关汽车运行和道路环境

等交通信息。然后由手、脚等运动器官进行各种操作，使汽车安全行驶。因此，在汽车设计中，应把驾驶人和汽车作为一个人—机系统来对待。要尽量保障汽车的各种结构和性能，适应驾驶人的生理和心理特征，充分发挥驾驶人的效能。另一方面，要确保行车安全，从汽车结构上设法减小碰撞的可能，尽量减小碰撞时造成伤亡的可能性。

1. 人体尺寸

在进行汽车设计、确定汽车的主要尺寸时，必须考虑人体各部的测量数据。只有这样，汽车才能适应人的需要。国家标准《中国成年人人体尺寸》(GB 10000—88)按照人机工程学的要求提供了我国成年人人体尺寸的基础数据。标准中总共给出7类47项人体尺寸基础数据。成年人的年龄范围界定为：男18～60岁；女18～55岁。

1)人体主要尺寸

人体主要尺寸包括身高、体重、上臂长、前臂长、大腿长、小腿长6项，表4-6列出了我国成年人的人体主要尺寸。

人体主要尺寸　　表4-6

测量项目 \ 类别 \ 年龄分组	男(18～60岁)							女(18～55岁)						
	1	5	10	50	90	95	99	1	5	10	50	90	95	99
1.1　身高(mm)	1 543	1 583	1 604	1 678	1 754	1 775	1 814	1 449	1 484	1 503	1 570	1 640	1 659	1 697
1.2　体重(kg)	44	48	50	59	71	75	83	39	42	44	52	63	66	74
1.3　上臂长(mm)	279	289	294	313	333	338	349	252	262	267	284	303	308	319
1.4　前臂长(mm)	206	216	220	237	253	258	268	185	193	198	213	229	234	242
1.5　大腿长(mm)	413	428	436	465	496	505	523	387	402	410	438	467	476	494
1.6　小腿长(mm)	324	338	344	369	396	403	419	300	313	319	344	370	376	390

2)立姿人体尺寸

立姿人体尺寸包括眼高、肩高、肘高、手功能高、会阴高、胫骨高6项。表4-7列出了我国成年人的立姿人体尺寸。

立姿人体尺寸　　表4-7

测量项目 \ 类别 \ 年龄分组	男(18～60岁)							女(18～55岁)						
	1	5	10	50	90	95	99	1	5	10	50	90	95	99
2.1　眼高(mm)	1 436	1 474	1 495	1 568	1 643	1 664	1 705	1 337	1 371	1 388	1 454	1 522	1 541	1 579
2.2　肩高(mm)	1 244	1 281	1 299	1 367	1 435	1 455	1 494	1 166	1 195	1 211	1 271	1 333	1 350	1 385
2.3　肘高(mm)	925	954	968	1 024	1 079	1 096	1 128	873	899	913	960	1 009	1 023	1 050
2.4　手功能高(mm)	656	680	693	741	787	801	828	630	650	662	704	746	757	778
2.5　会阴高(mm)	701	728	741	790	840	856	887	648	673	686	732	779	792	819
2.6　胫骨点高(mm)	394	409	417	444	472	481	498	363	377	384	410	437	444	459

3)坐姿人体尺寸

坐姿人体尺寸包括坐高、坐姿颈椎点高、坐姿眼高、坐姿肩高、坐姿肘高、坐姿大腿厚、坐姿膝高、小腿加足高、坐深、臀膝距、坐姿下肢长 11 项，表 4-8 列出了我国成年人的坐姿人体尺寸。

坐姿人体尺寸　　表 4-8

测量项目 \ 类别 \ 年龄分组	男(18～60 岁)							女(18～55 岁)						
	1	5	10	50	90	95	99	1	5	10	50	90	95	99
3.1　坐高(mm)	836	858	870	908	947	958	979	789	809	819	855	891	901	920
3.2　坐姿颈椎点(mm)	599	615	624	657	691	701	719	563	579	587	617	648	657	675
3.3　坐姿眼高(mm)	729	749	761	798	836	847	868	678	695	704	739	773	783	803
3.4　坐姿肩高(mm)	539	557	566	598	631	641	659	504	518	526	556	585	594	609
3.5　坐姿肘高(mm)	214	228	235	263	291	298	312	201	215	223	251	277	284	299
3.6　坐姿大腿厚(mm)	103	112	116	130	146	151	160	107	113	117	130	146	151	160
3.7　坐姿膝高(mm)	441	456	464	493	523	532	594	410	424	431	458	485	493	507
3.8　小腿加足高(mm)	372	383	389	413	439	448	463	331	342	350	382	399	405	417
3.9　坐深(mm)	407	421	429	457	486	494	510	388	401	408	433	461	469	485
3.10　臀膝距(mm)	499	515	524	554	585	595	613	481	495	502	529	561	570	587
3.11　坐姿下肢长(mm)	892	921	937	992	1 046	1 063	1 096	826	851	865	912	960	975	1 005

4)人体水平尺寸

人体水平尺寸包括胸宽、胸厚、肩宽、最大肩宽、臀宽、坐姿臀宽、坐姿两肘间宽、胸围、腰围、臀围 10 项，表 4-9 列出了我国成年人的人体水平尺寸。

我国成年人的人体水平尺寸　　表 4-9

测量项目 \ 类别 \ 年龄分组	男(18～60 岁)							女(18～55 岁)						
	1	5	10	50	90	95	99	1	5	10	50	90	95	99
4.1　胸宽(mm)	242	253	259	280	307	315	331	219	233	239	260	289	299	319
4.2　胸厚(mm)	176	186	191	212	237	245	261	159	170	176	199	230	239	260
4.3　肩宽(mm)	330	344	351	375	397	403	415	304	320	328	351	371	377	387
4.4　最大肩宽(mm)	383	398	405	431	460	469	486	347	363	371	397	428	438	458
4.5　臀宽(mm)	273	282	288	306	327	334	346	275	290	296	317	340	346	360
4.6　坐姿臀宽(mm)	284	295	300	321	347	355	369	295	310	318	344	374	382	400
4.7　坐姿两肘间宽(mm)	353	371	381	422	473	489	518	326	348	360	404	460	478	509
4.8　胸围(mm)	762	791	806	867	944	970	1 018	717	745	760	825	919	949	1 005
4.9　腰围(mm)	620	650	665	735	859	895	960	622	659	680	772	904	950	1 025
4.10　臀围(mm)	780	805	820	875	948	970	1 000	795	824	840	900	975	1 000	1 044

5)人体头部尺寸

人体头部尺寸包括头全高、头矢状弧、头冠状弧、头最大宽、头最大长、头围、形态面长 7 项，我国成年人的人体头部尺寸如表 4-10 所示。

我国成年人的头部尺寸 表 4-10

年龄分组 / 类别 / 测量项目	男(18～60 岁)							女(18～55 岁)						
	1	5	10	50	90	95	99	1	5	10	50	90	95	99
5.1　头全高(mm)	199	206	210	223	237	241	219	193	200	203	216	228	232	239
5.2　头矢状弧(mm)	314	324	329	350	370	375	384	300	310	313	329	344	349	368
5.3　头冠状弧(mm)	330	338	344	361	378	383	392	318	327	332	348	366	372	381
5.4　头最大宽(mm)	141	145	146	154	162	164	168	137	141	143	149	156	158	162
5.5　头最大长(mm)	168	173	175	184	192	195	200	161	165	167	176	184	187	191
5.6　头围(mm)	525	536	541	560	580	586	597	510	520	525	546	567	573	585
5.7　形态面长(mm)	104	109	111	119	128	130	135	97	100	102	109	117	119	123

6)人体手足部尺寸

人体手足部尺寸包括手长、手宽、食指长、食指近位指关节宽、食指远位指关节宽 5 项，表 4-11 列出了我国成年人的人体手部尺寸，表 4-12 列出了我国成年人的人体足部尺寸。

人 体 手 部 尺 寸 表 4-11

年龄分组 / 类别 / 测量项目	男(18～60 岁)							女(18～55 岁)						
	1	5	10	50	90	95	99	1	5	10	50	90	95	99
6.1　手长(mm)	164	170	173	183	193	196	202	154	159	161	171	180	183	189
6.2　手宽(mm)	73	76	77	82	87	89	91	67	70	71	76	80	82	84
6.3　食指长(mm)	60	63	64	69	74	76	79	57	60	61	66	71	72	76
6.4　食指近位指关节宽(mm)	17	18	18	19	20	21	21	15	16	16	17	18	19	20
6.5　食指远位指关节宽(mm)	14	15	15	16	17	18	19	13	14	14	15	16	16	17

人 体 足 部 尺 寸 表 4-12

年龄分组 / 类别 / 测量项目	男(18～60 岁)							女(18～55 岁)						
	1	5	10	50	90	95	99	1	5	10	50	90	95	99
7.1　足长(mm)	223	230	234	247	260	264	272	208	213	217	229	241	244	251
7.2　足宽(mm)	86	88	90	96	102	103	107	78	81	83	88	93	95	98

了解成年人人体结构尺寸的基础数据，是为了导出人在作业位置上的活动空间尺度的数据。把汽车与人有关的各种部件设计得更符合驾驶人的要求。

随着汽车业的发展、驾驶人的不断增加，不同性别、不同年龄、不同民族的人都可以通过考核，领取驾驶证，驾驶汽车。所以，设计汽车时，需要对各种各样的人进行调查和统计，找出适应大多数人的人体基本尺寸的标准值，依据这一标准尺寸，设计出的汽车才能正确地满足绝大多数驾驶人的要求。

2. 手、脚运动的特征和操作力

在驾驶人与汽车构成的人—机系统中，驾驶人的驾驶活动主要靠四肢控制操纵装置，使汽车安全运行。因此，操纵装置的设计必须符合手脚运动的特点和规律。

1)手的运动特征

(1)手部动作速度，是指手部在单位时间内移动的距离。在一般情况下，动作完成的速度在5～800mm/s范围内。手部运动速度的特点是：在垂直面的速度比水平面的快；从上向下比从下往上快；在水平方向的前后运动比左右运动快，旋转运动比直线运动快；右手运动比左手快，同时右手向右比向左运动快；手朝向身体的运动比向离开身体方向的运动快；顺时针方向的操作动作比逆时针方向快；单手在外侧500mm左右的直线动作和双手在外侧300mm左右同时进行的直线动作速度最快；手的最大运动速度与动作的负荷成反比，到达最大速度所需的时间与动作负荷成正比。

(2)手部动作的力量，是指手在运动中遇到阻力时表现出来的力量。手部动作力量与人体姿势、着力部位、用力方向和用力方式都有关系。测量表明，一般人右手握力约38kg(1kgf=9.8N)，左手握力约35kgf。手的拉力，在手臂伸直的情况下，男子平均短时间拉力为70.3kgf，女子平均为38.6kgf。当手做前后运动时，拉力较推力大。瞬时拉力最大可达110kgf；坐姿短时拉力可达113.4kgf，而长时间持续拉力约29.5kgf。当手沿胸前平面运动时，推力大于拉力，最大推力约40kgf。

(3)手部动作的准确性，是指手部动作是否达到预期的目的要求。凡达到预期要求的动作是准确的动作，反之则为不准确的动作或错误的动作。研究表明：手部定位动作是垂直方向的准确性高于水平方向，离开身体的动作高于接近身体的动作，在身体前方外侧550mm处定位准确性最高；当肩与上臂不动，仅以肘为转轴时，准确度较高，腕关节有依托时，手指动作准确性较高。

在行车时，往往要求驾驶人一面注视仪表盘或交通情况，同时用手去操作操纵器，而不用视觉帮助，这是盲目定位动作。这时，驾驶操作的准确性取决于盲目定位的准确性。试验表明，坐姿时，身体正前方的盲目定位错误最少，右方稍优于左方；在同一方位，下方错误较少。这种研究对于汽车驾驶室内操纵器的布置具有一定的参考价值。

2)脚的运动特征

(1)运动的范围。驾驶操作时，脚的活动主要是膝关节、小腿和脚掌的运动。坐姿时，小腿屈伸最大范围为160°～180°；左右活动各为30°。脚掌活动范围向上可达75°，向下伸至120°～145°，脚掌向内侧转动可至45°，外展至50°。

(2)脚部动作的力量。脚部动作力量的大小，与人体的姿势、脚的位置和方向有关。坐姿有靠背支撑时，脚部力量最大。

二、汽车设计中人的视觉因素

1. 视野

人的眼睛注视前方，两眼能够看到的范围称为视野。在行车过程中，驾驶人需要处理车外信息如道路、车辆、行人等情况，几乎全靠视觉去感知。因此，汽车具有良好的视野，便可使驾驶人清晰、准确地获得这些信息，减轻心理负担，从而提高行车的安全性和舒适性。

汽车视野良好，主要是指视野广阔，而且视野内死角少。在汽车的行驶中，驾驶人必须不断从挡风玻璃和后视镜观察车外的情况。把从挡风玻璃看到的范围称为直接视野，在此范围可以观察到汽车前方及左右方向的交通情况。把从后视镜所看到的范围称为间接视野。通过间接视野可以观察后方车辆、交通情况。

影响直接视野的因素有：风窗玻璃的面积；风窗立柱；风窗玻璃的透光率和反射率；驾驶座椅、车体构件的位置和尺寸；驾驶室形状等。

影响间接视野的因素有：后视镜的位置和大小；靠枕构造和后座乘员头部位置等。

影响雨刮视野的因素，主要是雨刮大小和雨刮器的性能可靠程度。

扩大汽车视野的措施有：

(1)选用优质风窗玻璃，经常保持光洁透明。

(2)尽可能加大风窗玻璃的面积，降低窗台，使前风窗玻璃上端的高度，接近驾驶人上方视野，缩小支架和框条的宽度。

(3)选择风窗玻璃的最佳安装位置，风窗玻璃安装的倾斜度与驾驶人的视认距离有关。可以看出，玻璃安装角度与驾驶人视线垂直时为最好，而这与车辆的其他要求发生矛盾，如减少阻力，节省能源，要求玻璃倾斜度大为好，因而设计中应综合考虑视觉、阻力等各种因素，合理设置玻璃倾斜度。前风窗玻璃与转向盘前缘的间距不小于 8cm，以保持驾驶人眼睛和玻璃的合理间距，避免在心理上产生压迫感。

另外，玻璃的颜色、透明度等对视觉也有较大影响，选择玻璃时应选择透明性能好、不影响视觉能见度的玻璃。有人研究发现，绿色玻璃对能见度影响甚小。

(4)雨刮器设计要满足清晰和擦拭面积的要求。雨天，挡风玻璃上的雨点和脏物会阻碍驾驶人的视线，因而设置雨刮器很有必要。对雨刮器的设计一般要求是：驾驶人视野边缘部分擦拭面积可在 80%左右，视野最关键部分应擦拭 99%，其他部分要求擦拭 94%。雨刮器停用时设置的位置应尽量不缩小视野。

(5)根据车辆性能的要求，选用平头驾驶室为佳。这样可以减小盲区，扩大视野。如图4-5所示。

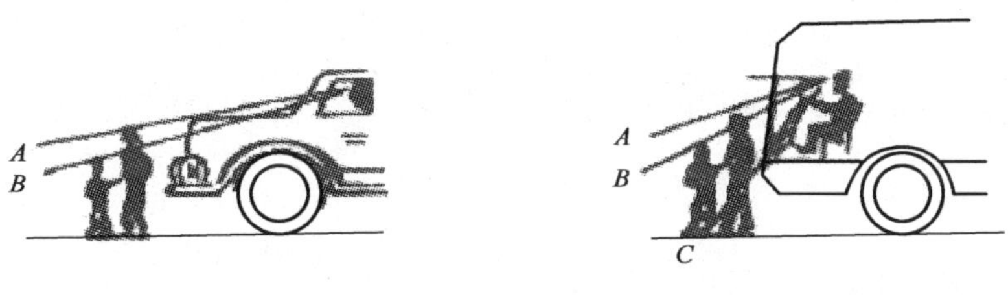

图 4-5　驾驶室的视野盲区

(6)采用后视区较大、视认效果较好的后视镜。研究表明，后视镜表面曲率半径越小，驾驶人能见范围就愈大；但成像的失真度也就愈大，而远近感觉的清晰度减弱。为了获得较大的后视区和不歪曲影像，较为普遍的做法是适当加大后视镜的面积；也有许多卡车采用凸面和平面两种后视镜。

2. 汽车仪表的视认性

汽车仪表是视觉信息源之一，一般汽车上的仪表有车速表、里程表、电流表、水温表、燃油表、机油压力表，对于气压制动的汽车还有气压表。这些仪表反映了车辆的工作情况，驾驶人通过观察仪表，能及时、准确地了解车辆的工作和行驶情况。但是行车中，尤其是高速行驶中，驾驶人需要注意观察的信息量很大，不可能用过多的时间去观看仪表显示，因此仪表的形式、安装的位置应考虑人的感知特征与思维特点，易于观察判断。

汽车仪表设计牵涉的问题很多，有仪表形状和式样的设计、指针设计、刻度设计、照明设计、仪表字体设计以及仪表板设计等。工程心理学对仪表设计中的各因素与人的生理、心理因素之间的关系，进行了系统的、深入细致的研究，积累了大量有科学价值的资料和数据，可供设计人员参考。这里仅对仪表的安装，即仪表板设计要求作一介绍。

(1)仪表盘应安置在驾驶人良好的视野范围内，以保证仪表的视认性。根据视觉运动规律，仪表板面一般应呈左右方向为长边的长方形，板面上的仪表排列顺序最好与它们的认读顺序相一致。相互联系越多的仪表应当布置得越靠近，仪表的排列顺序还应当考虑它们彼此间逻辑上的联系。

最常用、最主要的仪表应尽可能安排在视野中心 3°范围内，这是人的最优视区。一般性仪表允许安排在 20°～40°视野范围内。40°～60°视野范围只允许安排次要的仪表。

图 4-6 是美国 SAE J209 号标准(美国汽车工程师协会第 J209 号标准)推荐的一种仪表板上仪表的区分和排列形式。

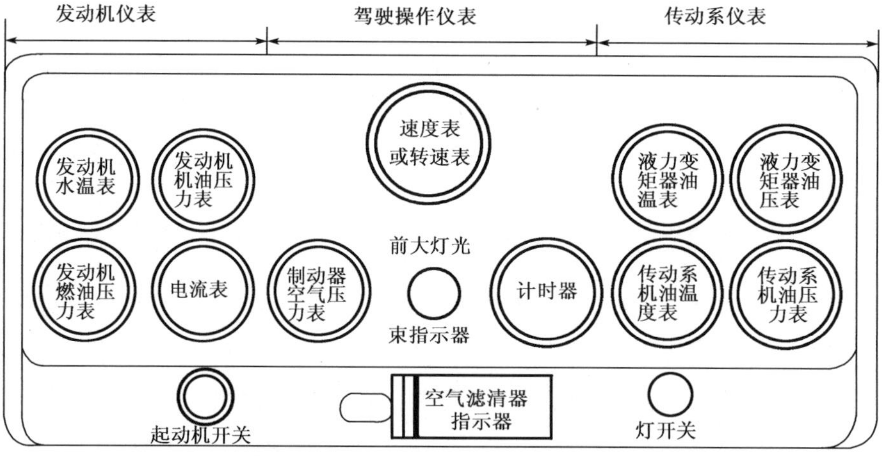

图 4-6　一种推荐的仪表盘布局

(2)仪表盘离人眼睛距离最好是 710mm 左右，其高度最好与眼平齐，板面上边缘的视线与水平视线的夹角不大于 10°，下边缘的视线与水平视线的夹角不大于 45°。仪表板应与操作者的视线成直角，至少不应小于 60°。当人在正常坐姿下操作时，头部一般略自然前倾，所以布置仪表板时应使板面相应倾斜，如图 4-7 所示，通常，仪表板与地面的夹角为 60°～75°。一般的仪表板都应布置在操作者的正前方。当仪表板很大时，可采用弧形板面或弯折形板面。如图 4-7 所示，操作者的巡检视角一般不能大于 120°，边缘视线与仪表板的夹角不应小于 45°。

单人使用的弯折形仪表板，两侧板面与中间板面之间的夹角以 115°为最优，两人使用的可增大到 125°～135°。

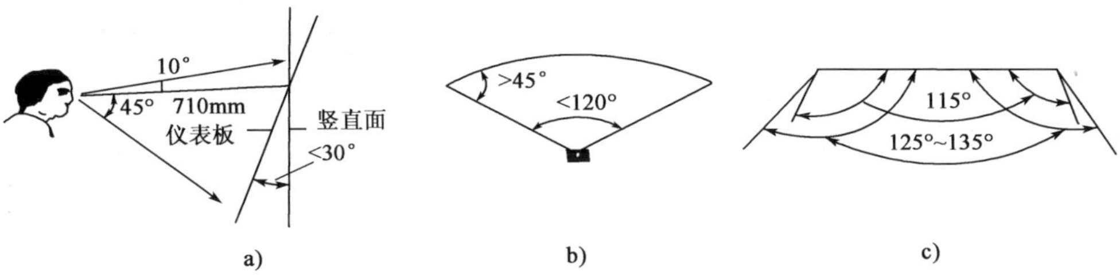

图 4-7　仪表盘的布置位置

仪表板的位置不得妨碍操作者对周围环境的观察。

(3)仪表盘上的旋钮、开关等控制器，要能使驾驶人方便地操作。因此，各操纵器的位置必须布置在人手的最佳操作范围内。一般情况下，95%的驾驶人手最佳操作范围约为 607mm，5%的驾驶人最佳操作范围约为 670mm，最大的操作范围约为 780mm。

3. 汽车照明装置

汽车照明装置包括车外照明、车内照明、车外信号标志灯、车内信号标志灯四类，具体照明灯名称如表 4-13 所示。为确保安全、舒适地驾驶，各国都规定了各种照明装置的主要性能，如明度、颜色、配光、安装位置和闪光频率等。

汽车照明装置的种类　　表 4-13

分　类	名　称
车外照明	前照灯(车头灯)、雾灯、聚光灯、辅助弱光灯(防空灯)、倒车灯
车内照明	室内灯、工作小灯、杂物箱灯、机罩灯、行李舱照明灯
车外信号标志灯	间距灯、停车灯、尾灯、制动灯、转向指示灯、侧向标示灯、速度指示灯、牌照灯
车内信号标志灯	仪表照明灯、开关旋钮照明灯、转向指示闪光灯、各种警报灯

1)前照灯

前照灯有两种功能，一种功能是夜间行驶的远方照明，称为“行车光”。一般要求借助于行车光，驾驶人能辨认 120m 距离以外的障碍物，因而要求照明在 2 000 勒克斯以上。对行车光的散射角有一定的要求，美国 SAE 规定为 240°，欧洲经济委员会 ECE 规定为 100°。前照灯的另一种功能是防眩目的“会车光”。对会车光的要求是，在两车相距 50m 处，双方驾驶人视中心的照度不应大于 0. 3lx。因此，设计汽车前照灯时，要兼顾亮度和防眩的要求。目前我国汽车设计中对前照灯光轴位置的调整还没有引起足够的重视。因而在会车时，如果光轴偏上，灯光会刺激对方车辆驾驶人的眼睛而造成炫目，引起驾驶人的视觉障碍。有人做过试验，如果驾驶人受到对方前照灯光刺激 1s，刺激后，驾驶人会产生 5min 的视觉障碍，这对高速行驶的车辆来说很危险。因此，汽车前照灯的设计与设置应能使对方车辆驾驶人在其会车光作用下具有良好的视力。

2)雾灯

为使驾驶人在浓雾气候条件下仍具有良好的视觉范围，汽车需设计雾灯。雾灯一般采用黄色光，这是因为黄色光具有穿透烟雾的能力，而且对人的色觉影响较小。在安装雾灯时，应适当降低安装高度以增加视觉能见度。

3）尾灯和制动灯

为了防止追尾碰撞事故，要求驾驶人及时把握前车行驶状况的变化，同时又要提醒后续车辆注意本车的行驶状况，这些信息主要是靠汽车的尾灯和制动灯来传递。从保证交通安全角度来看，尾灯和制动灯既要醒目，又要易于识别。也就是说，能使后续车驾驶人很快发现，同时又不致将尾灯与制动灯混淆。因此，尾灯和制动灯的设计大小、颜色应符合标准，以保证驾驶人有足够的视认距离和容易观察与识别。

三、汽车操纵装置设计中人的因素

在交通系统中，汽车操纵装置是把驾驶人经加工处理后而得到的输出指令转换成车辆输出动作的装置，包括转向盘、变速杆、加速踏板、制动踏板、离合器踏板以及各种开关、按钮等。驾驶人的输出指令是通过四肢进行的，因此，在进行操纵装置的设计时，应考虑驾驶人的生理与心理特点，使装置能迅速、有效地传递人的指令，又不太使驾驶人费力、疲劳。

1.汽车操纵装置设计应考虑的生理、心理因素

1）手、脚的最佳操作距离

手、脚的最佳操作距离是操纵装置设计的基本条件，特别是在驾驶过程中，是经常使用并需灵活调节的机构，必须按照手、足运动特征置于伸手（足）运动速度快、准确性高、空间定位准确的位置。只有这样，才能确保操纵正确，不致使驾驶人动作过大而劳累。

2）操作空间

在操纵装置的周围，必须确保足够的操作空间，以保证操作正确和及时。

3）操作力

各操纵机构的操作力，一般来说越轻、越省力越好。但如果过轻，则会因误碰或振动外力使其运动，因此，各种操纵装置应保持有限的力度。

4）适度的调节感

各种操纵开关和控制手柄，在操纵时，既要保证使操作动作平稳，又能使人确切地感觉到动作的位置和操作力的变化状态。

5）操纵装置的功能

每个操纵装置最好只有一种或两种功能，应尽量避免有三种以上的功能。功能多必然使操作方法复杂化，遇有紧急情况，容易发生错误操作。

6）操作程序

汽车行驶时，驾驶人经常是连续地操作各种操纵装置。为此，操纵装置的布置，必须考虑在各种使用条件下，使驾驶人的动作十分自然而有节奏性。例如，（右）转弯时，驾驶人必须连续操作转向信息开关、转向盘和变速杆。因应考虑转向信号开关和变速杆的布置，必须能够分别用两只手进行操作。

7）提高操纵装置的机能

提高操纵装置的机能，可以获得更好的操作性能。提高操纵装置机能的方法主要从以下几个方面考虑：

(1)以自动化取代手工操作。例如,采用自动启动、自动变速、自动空调等自动装置。

(2)减少操作负荷。例如,采用助力转向器、助力制动器和助力离合器等。这些装置多数利用油压或气压装置。

(3)选择有利的结构和安装位置。

2. 转向盘的设计

行车中,驾驶人靠转向盘调节汽车的行驶转向。为减轻劳动强度和保证汽车行驶安全,要求转向盘的设计转向省力、转向灵敏。转向盘与驾驶人距离设置对驾驶人劳动强度影响甚大,一般为150～200mm左右。转向盘越接近水平位置,可能发出的转向力就越大,而转动角速度则减小。图4-8表示转向盘高度位置改变对驾驶人肩部的肌电图的影响。由图4-8可见,转向盘位置仅变化30mm,肩部肌电图就有明显改变,这就是说,改变30mm后,操作的难度加大,劳动强度提高,使驾驶人易疲劳,不利于行车安全。

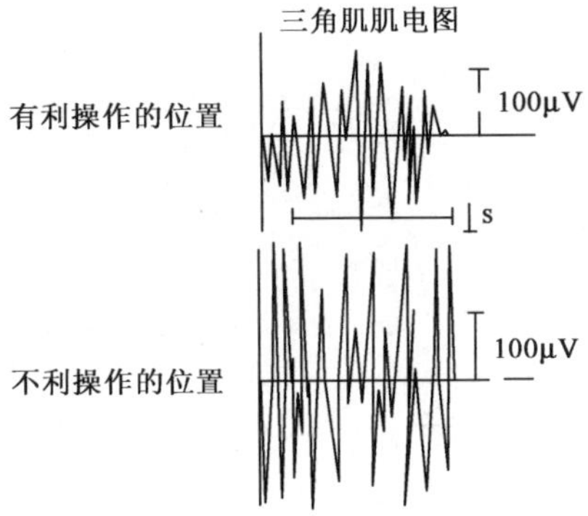

图4-8　转向盘高度位置改变对驾驶人肩部肌电图的影响

转向盘设计中应注意的问题有:

(1)转向盘的直径与汽车类型有关。大型车需较大的转向盘转力,所以转向盘直径也大。

(2)转向盘倾斜角。大型汽车需较大的转力,转向盘应以接近水平设置为佳。中型汽车为适于长时间驾驶,转向盘应倾斜到较舒适的位置,一般为60°～75°。小型车的转向盘倾斜角一般为30°～45°。转向盘的有关尺寸要求如表4-14所示。

(3)转向盘轮缘应便于驾驶人抓握和用力。轮缘一般为圆形或椭圆形。轮缘下部的形状应使驾驶人突然急速转动时不受阻碍和伤害。不同类型的汽车,其转向盘轮缘尺寸也不同,如表4-14所示。

汽车转向盘的有关尺寸要求　　表4-14

汽 车 类 型	直径(cm)	倾斜角度(°)	轮缘直径(cm)
大型载货汽车	45.7～50.8	90(水平)	2.80
中型汽车和公共汽车	40.6～43.2	60～75	2.54
轿车、小型客车	35.6～38	30～45	1.90
赛车	35.6	0～30	1.90

(4)转向盘的灵敏度

汽车在行驶中,驾驶人时刻不停地操作转向盘,以保持正确的运行转向。为了减轻劳动强度,要求转动转向盘时要省力;为了保证安全行车,又要转向灵敏。因此,从转向机构上就要考虑转向盘转动的角度与转向轮的偏转角度之间应保持适当的比例。为了省力,两者之间的比例应加大一些。但比例过大,转向盘转动的距离就要增多,影响转向灵敏度。为使两者之间取得平衡,一般对大型货运车,应以省力为主,对高速轿车,则应以灵敏度为主。

3. 汽车踏板的设计

汽车踏板有制动踏板、加速踏板和离合器踏板等。设计踏板踏力时，一般取最大踏力的1/20～1/10作为基准。踏板应布置在脚最容易用力的位置。比较理想的高度是驾驶人的脚后跟不离开地板就能踩到踏板。这样，平时驾驶人可以将脚自然地放在地板上休息。踏板的面积大小应保证驾驶人能进行正确的操作。一般最小为27.9cm×7.6cm。制动踏板与加速踏板的间距，目前使用值为6.35～12.7cm，合理间距应为10.16～15.24cm，因为大部分人的足宽为13cm。现在许多汽车制动踏板比加速踏板高出5.80cm。如果将两者置于同一平面上，间距为15cm，可获得较高的操作效率。踏板表面应考虑防滑。

4. 变速器操纵杆的布置

根据经验，变速杆布置在转向柱管右侧约100～150mm，距座椅靠背600mm处较适合人的操作。它一般有以下四种布置形式：

(1)布置在转向柱管上，这种形式目前只用在小型车上。

(2)布置在仪表盘上，这种布置由于仪表较多，变速杆具体位置较难确定，且受驾驶室其他部件影响。

(3)布置在车架上，只有在变速器距驾驶人位置很远时，才这样布置。

(4)直接布置在变速器上，这种形式换挡可靠性最好，使用较多。

四、汽车室内空间和驾驶座椅设计中人的因素

1. 汽车室内空间

1)确定车内空间的心理要求

(1)汽车的室内空间设计必须从人的要求出发，保证人的安全、健康，使人感觉舒适方便。

(2)根据人体生物力学、人体解剖学和生理学的特征，合理布置操纵装置和显示装置，做到既能使驾驶人进行高工效的操作，又能使驾驶人感到舒适和不易疲劳。

(3)注意安全，防止汽车振动时，乘员身体因触及车内装置而受伤。

2)确定室内空间的主要因素

(1)确定车内长、高、宽度比。在决定车内空间时，首先要考虑人体的基本尺寸，即从成年女子的5%分布值开始，到成年男子95%分布值之间的尺寸。然后，以选定乘员髋关节点(也称尾椎点)为基准，来考虑适用于汽车各种用途的坐姿以及供身体转动的足够空间，最后确定汽车内的长、高、宽度的比例。

(2)车室前后玻璃平面倾斜角。汽车前后窗玻璃平面的倾斜角过大，会使人感到车内空间狭窄。出现碰撞或较大振动时，容易使头部受伤。近年来，许多汽车由于采用曲面玻璃，因而扩大了室内空间。

(3)车门形状采用凸形车门，以增大操作空间

(4)减少轮胎装置空间和鼓包的尺寸，可以增加脚部空间。

3)室内装饰

对汽车室内的各种装置，除了考虑其尺寸大小外，还必须研究装潢与色调，以适应人的心理要求。

2. 驾驶座椅

1)驾驶座椅的功能

(1)支持驾驶人的身体,保持良好的驾驶坐姿;

(2)缓和汽车传给人体的振动。

2)座椅的生理与心理要求

(1)减少坐姿生理损伤;

(2)乘坐舒适,减少疲劳;

(3)保证驾驶操作自然、方便、省力;

(4)座椅位置与驾驶室视野、操纵装置和仪表盘等布置相互协调。

3)驾驶座椅设计的主要因素

(1)驾驶座椅的尺寸

驾驶座椅的长、宽、高等基本尺寸要与人体的尺寸相适应。理想的办法是驾驶人座椅能够按照其体型进行调整,但这对成批生产困难很大,因此,应研制适应各种不同体型驾驶人的座椅。

设计座椅时,一般把驾驶人坐姿时坐骨关节点作为基准点,基准点以上是靠背高度;基准点以下是座椅的高度,通过基准点的水平面为座椅基准面。根据试验,按座椅的功用,可把座椅分成六种标准型,其尺寸关系如表 4-15 所示。

座椅标准型及其基本数据　　表 4-15

标准型号	座椅功用	靠背倾角(°)	座椅高度(mm)	坐垫倾角(°)
I	作业用	100	370～400	0
II	普通作业用	100	370～400	0
III	轻作业用	105	350～380	5
IV	轻休息用	110	330～360	10
V	休息用	115	280～340	15
VI	带靠枕休息用	123	210～270	23

(2)座椅靠背设计

靠背设计有“一点支撑”和“二点支撑”问题。“一点支撑”主要是为腰椎提供凭靠,称为“腰靠”;“二点支撑”除了为腰椎提供凭靠外,还要为胸椎(肩胛骨部位)提供凭靠,称为“肩靠”,所以,“二点支撑”是人坐着时,腰椎(脊柱下部)和胸椎(脊柱上部)都有座椅靠背的支撑。因为人坐着时,腰椎受力最大,活动也最频繁,所以,“腰靠”是驾驶座椅设计的重要部分。

(3)稳定的坐姿和坐垫设计

人们在长时间内,无论保持任何一种乘坐姿势,都会感到十分难受。但是,正确的乘坐姿势却可以减少难受的程度,增加舒适感。正确的坐姿应能保证脊椎姿势符合生理特征,身体各部位肌肉承受的负荷均匀,内脏所受压迫少。

为了使驾驶人脚踩着地板,同时上身靠在靠背上舒适地进行操作,地板搁脚的部位应当朝前上方倾斜,与水平面的夹角约为 200°。对于某些运输车辆,特别是地板搁脚部位倾斜度不够的车辆,建议将座面设计成稍稍倾斜,沿座深方向前高后低,相差约 25～40mm。

靠背与坐垫之间的夹角应当为95°左右，至少是90°，以避免因骨盆向前歪斜而弯腰，造成肌肉紧张和受束缚。

(4)驾驶座椅的缓冲性能

座椅设计应考虑缓冲汽车振动问题。汽车的振动是通过悬架传到座椅再传到人体的。如果汽车的悬架、座椅和人体三者的共振频率相同或接近时，便会在该共振频率附近产生激烈的共振，使驾驶人和乘客难以忍受。为了避免这种现象，要求座椅的共振频率一定要避开人体和悬架的共振频率。

此外，应使座椅的衰减特性和悬架的振动特性相协调。

例如，轿车由于悬架的缓冲能力强，即使只用普通衬垫和弹簧制成的座椅，也能得到良好的振动特性。但是，对于大型载货车来说，因其悬架缓冲能力低，故多在座椅上提高缓冲性能，以改善共振特性。

(5)座椅安全带

设置安全带的目的，是在发生碰撞事故时保护乘员。实践证明，安全带的效果可使碰撞死亡率降低一半。为此，世界上许多国家，已把设置和使用安全带，作为必须履行的义务。

为了提高安全带的使用效果和舒适性，必须解决安全带系解容易，不妨碍操作，减少采用时的压迫感和失调感，不妨碍上下车和使用简便等问题。

五、车内环境要求中人的因素

车内环境因素主要是指振动、噪声、空气调节和空气污染等。它们对驾驶人和乘员的影响，主要表现为长时间驾驶和乘坐的舒适性。

1.振动

1)汽车振动的来源

汽车振动主要来自以下几方面：

(1)路面凹凸不平；

(2)汽车轮胎质量差或不均匀，使其旋转时不是纯圆滚动；

(3)传动轴不平衡；

(4)发动机的振动。

2)人体对乘坐振动的反应

车辆驾驶人所受的机械振动分为局部振动和全身振动两大类，所谓局部振动，是指作用于人体特殊部位(如头部和四肢)的振动。经由转向盘、脚踏板和各种操纵手柄传递到驾驶人的手或脚上的振动，属于局部振动。这种局部振动一般不会给驾驶人造成损害，只对操作的精确度有影响。但手扶拖拉机运输作业时的手把振动却是一个不容忽视的重要问题。所谓全身振动，指通过人体的支承表面(如站着的人的脚，坐着的人的臀部，躺着的人的支承面积)作为整体传给人体的振动。车辆驾驶人承受的乘坐振动属于全身振动，是对驾驶人可能造成严重伤害的主要振动形式。人体承受全身振动将产生机械的、生理的、病理的和心理的效应。

(1)人体的振动特性

乘坐振动通过驾驶人的臀部、腰背传给驾驶人，激起人体的全身振动。当振动激励频率接近人体主要器官的固有频率时，将引起相应器官的共振而产生相对位移，从而使人感到不舒适，严重时将危害人的身体健康。

人体是由各器官组成的有机体，可视为一个多自由度的振动系统。由于人体的振动呈现非线性特性，每个人的肌肉、肌腱和关节处的弹性各不相同，吸收振动的能力不同，因而使得将人作为振动系统研究时，出现十分复杂的情况。即使是同一个人，在不同的状态下，其振动特性也是不一样的。

关于坐着的人体承受垂直振动时的振动特性，许多测量和研究结果基本一致。总的可将人体视为线性振动系统，用传递函数描述其振动特性。在正常重力环境中，人体对 4～8Hz 频率的振动的能量传递率最大，其生理效应也最大，称为第一共振峰；在 10～12Hz 的振动频率时出现第二共振峰，其生理效应仅次于第一共振峰；在 20～25Hz 的频率时出现第三共振峰，其生理效应较第二共振峰稍低。以后随着频率的增高，振动在人体内的传递逐步衰减，其生理效应也相应减弱。

综合上述试验结果，对于人体的振动特性可得出以下一些初步结论：

①振动向人体的传递特性，取决于振动的频率构成，其变化规律随加振方向和人体姿势的不同而不同。垂直振动在 4Hz 左右时有明显的共振点，立姿前后水平振动在 1Hz 以下时，振动传递率随频率的增加而直线下降，超过 1Hz 后基本上为定值，没有共振点。坐姿左右水平振动的传递率随频率的增高而降低，说明人体左右方向是非常柔软的。

②垂直振动和前、后水平振动的传递率，立姿均明显低于坐姿，这说明人的腿部是吸收振动的重要缓冲器。

③人体肌肉处于紧张状态时和处于放松状态时的振动特性有较大的差别。肌肉紧张时共振点的峰值变低，但高于共振点的频率下，振动传递率却要变高。这说明由于肌肉紧张，人体的阻尼系数要变大。

④人体的骨骼和肌肉之间的联结具有非线性的刚度和阻尼特性，并且这种特性在振动过程中是变化的(例如人体的刚度随位移振幅的增大而降低)。也就是说，人体是一个非恒定的振动系统，它作为一种生物机械系统在一定限度内有着自动调节的功能。

⑤人在坐着工作时的抗振性能要比在站立工作时差，特别是脊柱这样的硬弹簧更易受到损伤，胸腹系统中体积质量比较大的胃也较易受到振动的危害。因此，仅从纯机械观点看，车辆驾驶人也最容易产生脊椎损伤和胃病这两种职业病。

关于人体的振动特性，至今仍在继续研究探讨中，尚未得出明确的结论。

(2)振动的生理效应

全身振动引起的主诉症状及生理反应与振动频率有关。低于 10Hz 的振动主要引起胸腹部不适；高于 10Hz 的振动，引起头部症状的增强。

全身振动对心血管、呼吸、消化、神经及感觉运动系统都有影响，一般说来，弱的振动引起组织和器官的移位、挤压而影响其功能；强的振动则引起组织和器官的机械损伤，如撞伤、压伤、撕伤等。

(3)振动的心理效应

振动严重影响视觉。在不平的路面上高速行驶时，驾驶人的视锐度、视野、颜色视觉都会变差，容易对距离作出错误的判断、识别。长期振动使驾驶人的注意力大大减弱，还会影响驾驶人的能力变化。

(4)人体承受全身振动的评价标准

《人体承受全身振动的评价指南》(ISO 2631—1982)是目前国际上使用最广泛的振动舒适性评价标准,它把振动划分为以下三个不同的人为界限:

①保持舒适性界限(降低舒适性界限)。

在此振动界限内,没有不舒适的感觉,受振者能顺利完成读、写、吃等动作。

②保持工作效率界限(疲劳~降低工效界限)。

在此振动界限内,操作人员能在规定的时间内保持正常的工作效率。超过此界,则因疲劳而降低工作效率

③保持健康与安全界限(或称受振极限)。

它是身体所能承受振动的上限。超过此界限将使受振者的健康受到损害。

2. 噪声

噪声是指由不同频率、不同声强的声波无规律地组合在一起的声音,它干扰人们的工作、学习和生活。通俗地说,噪声就是"难听的声音"或"刺耳的声音"的总称。

车辆噪声的构成如图 4-9 所示。

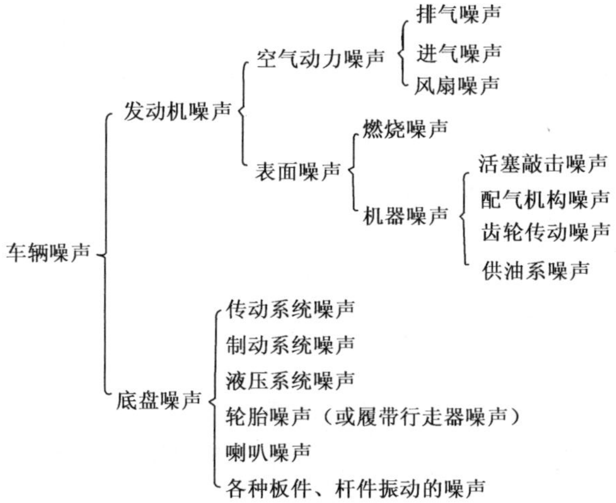

图 4-9　车辆噪声的构成

1)汽车噪声的种类

汽车噪声可分为车外噪声(道路交通噪声)和车内噪声两种。车外噪声造成交通公害,车内噪声影响乘员的舒适性。在各单体噪声中,发动机噪声最大,排气管噪声次之,滑行噪声最小。

在距离交通干线中心 15m 处测量各种车辆的车外噪声,当车速为 50~100km/h 时,拖拉机噪声为 85~95dB,重型卡车为 85~90dB,中型或轻型卡车为 70~85dB,摩托车为 75~85dB,小客车为 65~75dB,车速增加 1 倍,汽车噪声平均增加 7~9dB。

在公路上行驶时,关窗测量车内噪声,2~100Hz 的声压级达 90dB 以上。把车窗打开一些,2~32Hz 的声压级竟高到 110~120dB。车内噪声测量表明,从左耳所测得的噪声级比驾

驶室中心所测得的噪声级平均高 5.7dB。另外，车内噪声还与操作环境因素、路面状况有关。如使用收音机可使瞬时噪声水平增加 10dB。测量表明，车内噪声在高速公路上行驶要比市内道路上行驶约高 2.9dB。

2)车内噪声的影响

噪声对人的危害很大。研究表明，噪声级为 40～45dB 时，对睡眠的影响程度达 10%～20%。睡眠不足是产生积累疲劳的主要原因。人们在噪声级为 80dB(A)以下的环境中长期工作，可能造成听力损失；在 80～85dB(A)，会造成轻度听力损伤；在 85～90dB(A)，会造成少量的噪声性耳聋；在 90～100dB(A)，会造成一定数量的噪声性耳聋；在 100dB(A)以上，会造成相当多的噪声性耳聋。根据车内噪声水平与噪声对听力的影响，一些大型汽车驾驶人会造成职业性听力损失。

国内外研究证实，车内噪声会引起驾驶人一系列生理障碍，如神经系统出现头痛和神经衰弱；心血管系统出现心率过速、心绞痛，血压不正常；胃肠系统出现消化机能减退，胃功能紊乱，胃液分泌异常，食欲下降等。

车内噪声对驾驶人的心理效应主要是烦躁不安、恐惧、视觉模糊、注意力难以集中。长期在噪声环境下工作，情绪易激动，容易与人发生冲突，富于攻击性。

据调查，噪声可使劳动生产率下降 40%～60%。前苏联的研究表明，噪声加大 5%，劳动生产率就降低 5%。

160dB 以上的噪声足以使一些动物丧生。美国曾对 10 名志愿人员进行超音速飞机噪声效应试验。在制订该项试验计划时，由于尚未充分认识噪声对人体的危害程度，当飞机从 10 个人头顶上空 12m 的高度飞过后，致使 10 人全部死亡。据测试，他们所受到的声压级为 200dB。

3)机动车噪声标准

为了控制和减少机动车噪声对驾驶人身心的危害和环境噪声污染，世界各国都制定了噪声标准。根据我国国家标准《机动车辆允许噪声标准》(GB 1495—79)的规定，各类机动车辆加速行驶时，车外最大允许噪声应符合表 4-16 的规定。

机动车噪声标准　　表 4-16

车辆类型		加速行驶车外最大声压级(dB)(A)(7.5m)	
		1985 年 1 月 1 日以前	1985 年 1 月 1 日以后
货车	8t≤载质量＜15t	92	89
	3.5t≤载质量＜8t	90	86
	载质量＜3.5t	89	84
轻型越野车		89	84
客车	4t＜总质量≤11t	89	86
	总质量≤4t	88	83
小轿车		84	82
摩托车		90	84
轮式拖拉机[(45kW)(60hp)]		91	86

此外，在《机动车运行安全技术条件》(GB 7258—2004)(注：GB 7258—2012 即将出版，此后可按此标准执行)中，对机动车噪声控制作了如下规定：客车噪声级应不大于 82dB(A)，汽车驾驶人耳旁噪声声级应不大于 90dB(A)，检验时车辆应处于静止状态且变速器置于空挡，发动机处于额定转速状态，测量位置应符合国标《机动车辆噪声测量方法》(GB 1496—79)的要求；声级计应置于"A"计权、"快"挡。

4)车辆噪声的控制

(1)噪声源的控制

降低发动机噪声和底盘噪声。

(2)噪声传播途径的控制

迄今为止，车辆本身的低噪声化还不是噪声控制的主要着眼点。努力的重点在于利用驾驶室来降低驾驶人耳旁噪声。合理设计的全封闭驾驶室是降低驾驶人耳旁噪声的重要而有效的手段。国外一些车辆上装有这种全封闭驾驶室，它确为驾驶人提供了低噪声的作业环境。但由于驾驶室封闭性好，故在设计时还应充分考虑其他设施，为驾驶人提供一个舒适的小环境。也有人提出，把作为车辆主要噪声源的发动机用隔声罩封闭起来，而不是把驾驶人关在全封闭驾驶室内，有可能为驾驶人提供更为舒适的作业环境。

3. 车内空气

1)汽车室内的温度

汽车室内温度过高或过低对驾驶人的生理、心理和驾驶操作都会产生不利的影响。温度过高，驾驶人的感觉灵敏性降低，注意力涣散，承受操作负荷的耐力下降，动作准确性降低，动作反应时间、协调能力和调节能力都受影响，应变能力降低。试验证明，在车内温度高于 27℃时，驾驶人的反应时间比温度低于 23℃时要慢 0.3s。因此，酷暑行车事故率比常温行车事故率高 50%～80%。

温度过低，降低人的警觉，分散人的注意力，手的力量和灵活性下降。研究表明，当环境温度低于 18～20℃时，长时间的低温暴露会引起触觉分辨力下降；手部皮肤温度低于 15℃以下时，手的操作灵活性会明显降低，精细操作就会出现差错；手部皮肤温度降至 50℃以下时，粗大的手部操作效率也会受到影响。室内空气的湿度和气流速度对驾驶室的舒适性也有很大影响。汽车空气调节的目的，是使室内空气经常保持使乘员舒适的状态。讨论空气调节的目的，主要是使大家从人的生理和心理角度，了解人的温度感觉、汽车室内舒适的温度条件和换气的要求。

(1)人的温度感觉

人的身体，通过食物在体内消化吸收产生热量，又通过皮肤散发着热量，以此维持体温恒定不变的热平衡。在一年当中，由于季节的变化，皮肤的温度也不尽相同。根据有关测定资料，气温在 15.6～21℃时，最适宜于人们的工作和生活，在此温度环境下，人的体力消耗最小而工作效率最高。

(2)舒适的温度条件

①舒适的温度范围。舒适的温度范围是根据人们的工作任务、体质状况、性别、年龄和衣着情况而变化的。此外，也受人的脉搏、血压和皮肤温度变化的影响。根据试验，美国人的舒适温度范围，冬季为 19～20℃，夏季为 21～22℃。日本人的舒适感觉温度，冬季比美国人稍

低，夏季则比其稍高一些。

②人体热特性。人体的热量约有80%是通过皮肤散发的。皮肤和与其相关连的血管，对温度变化反应非常敏感。当外界气温下降时，血管和皮肤迅速收缩，使其向体外发散的热量下降。结果使得离心脏较远的手和脚等部位的血液流量显著减少，所以，人的手、脚很容易感到冷。因此，空气调节时，手、脚部位要求比胸、头部有更高的温度分布。

风可以增加人的舒适感，但风速过大，会使人体局部过度散热，反而感到难受。为此，最好是使大流量的风吹遍全身，但风速不要太大。

人体对环境温度的适应，是需要一定时间的。因为人体具有一定的热容量，当环境温度变化时，要实现新环境下的热平衡，必须要经过一定的时间。如果能在短时间内提供稍许过度的空调条件，就可以缩短这段时间。为此，在开启冷气或暖气设备的最初时间里，提供稍许过度的冷风或暖风，便会增加舒适感。

人们从舒适的室内走出后，多半在较短的时间内就可以进入汽车。如果汽车内的温度能在较短时间里达到与室内的温度相同，人体就会保持舒适感。因此，空调器尽快达到室温稳定的时间是重要的性能。

(3)车内换气

车内换气要设置通风系统，目的是向车内输送新鲜空气，把污浊空气排到车外，使驾驶室或车厢内的空气满足要求。人体吸入的氧气将有80%变成二氧化碳呼出体外，如果车内换气不良，将会使车内二氧化碳的浓度上升。按标准规定，车内二氧化碳的运行浓度极限值为0.5%，但希望它经常保持在0.5%以下。为了达到这一要求，必须保证每个乘员有0.3～0.5m/min的换气量。

车内的通风系统有自然通风和强制通风两种形式。自然通风是利用行车时相对运动所产生的气流压力差形成的。自然通风不需要消耗能源且结构简单。但其缺点是通风不均匀，易造成车型内的穿堂风、靠近窗口或风口处风速会很大。此外，自然通风的进风量取决于车速，而车速变化将会影响通风量。强制通风使用换气扇将空气送入车内，这种措施需要有能源和设备。在备有冷暖气设备的车身上，多半采用通风、采暖和制冷的联合装置。

2)车内空气污染

保持驾驶室的空气新鲜和流通非常重要。因为，汽车的燃气和废气中含有的一氧化碳(CO)、碳氢化合物、氮氧化合物等混合气体，常常会进入驾驶室。碳氢化合物和氧化氮在阳光下会生成有毒物质；一氧化碳也是有毒气体，它们对人体的危害极大。

一氧化碳在空气中的含量只要达到百万分之五，便足以使人产生中毒感觉：恶心、头痛、萎靡不振、眩晕、反应能力和视力下降。长时间呼吸即使是CO含量很少的空气，也会引起危险的后果。因为，一氧化碳非常容易与血液中的血红素(Hb)结合而形成一氧化碳血红素(CU-Hb)，CO与Hb结合的亲和力比氧气与血红素的亲和力大210倍。血红素的功能是向身体各部输送氧气。当一氧化碳血红素占人体内总血红素的20%时，人体各部由于缺氧而出现中毒现象；占60%～65%时，会使人致死。

一氧化氮(NO)与血红素的亲和力比CO大100倍，是一种毒性更大的气体。二氧化氮对人的眼睛、鼻、呼吸道有刺激作用。碳氢化合物(烃类)，主要是烃与氮氧化合物在光的作用下产生有毒物质，对人的眼睛产生刺激作用。如果驾驶室内空气污染超过了允许限度，这些有毒物质就会侵蚀驾驶人的肌体，造成视觉、听觉功能下降，动作不协调、头晕、困倦、疲劳、嗜睡等。

为了保持驾驶室空气清洁，主要应正确调节发动机化油器，使废气中有害成分含量下降到最低点；改善内燃机的工作过程；密封驾驶室的孔洞；经常检查发动机的工作状况；安装通风设备；车内禁止吸烟等。

为减少空气污染对驾驶人的影响，任何时候都不要将车窗完全关死。停车超过 5min 应关闭发动机。汽车库门关闭时不准启动发动机。行车中，如有中毒感觉，立即停车，下车呼吸新鲜空气。绝对禁止在发动机运转的状态下，在车内睡觉，以防中毒身亡。

第四节　汽车被动安全性提升技术

汽车安全设计要从整体上来考虑，不仅要在事故发生时尽量减少乘员受伤的概率，而且更重要的是要在轻松和舒适的驾驶条件下帮助驾驶人避免事故的发生。现代汽车的安全技术包括主动安全技术和被动安全技术两方面。而被动安全技术和主动安全技术是保证汽车乘员安全的重要保障。过去，汽车安全设计主要考虑被动安全系统，如设置安全带、安全气囊、保险杠等。现在汽车设计师们更多考虑的则是主动安全设计，使汽车能够主动采取措施，避免事故的发生。但目前被动安全技术仍是降低交通事故严重程度最有效的措施。

一、安全带

早在 1903 年安全带便被发明出来，但直到 1974 年在德国所有新车才必须在前排座位配备三点式安全带，从 1978 年起后排座位也必须安装。安全带的强制使用于 1976 年实施。但随着 1984 年 8 月未使用安全带罚款强化措施的实施，安全带的使用率才从 60％左右猛增到 90％以上。安全带的保护功能建立在约束车内乘员的基础上。因而避免了乘员与车内空间的坚硬部分相撞。可以肯定地说，在发生事故时没有任何一种车辆被动安全部件能与安全带对改善车内乘员安全的贡献相比拟。

1. 安全带的作用原理

安全带是一条高强度的纤维编织带，具有良好的抗拉性、耐磨性、耐水性、耐寒性、耐热性、不退色性和能量吸收性，平时它卷在转轴上，并装在安全带卷收器内，当乘员使用安全带时，可缓缓地从卷收器内把安全带自由抽出，其抽出长度可依乘员身体的胖瘦而自己选定，然后将安全带端头的快速锁扣与安全带固定锁扣卡接在一起，于是乘员的身体便被安全带以适当的宽松度套住。安全带对乘员保护的原理是当碰撞事故发生时，安全带起作用，将乘员“束缚”在座椅上，乘员的头部、胸部不至于向前撞到转向盘、仪表板及风窗玻璃上，使乘员免受车内二次碰撞的危险，同时使乘员不被抛离座椅。

事故证明，在正面碰撞、追尾碰撞及翻车事故中普通安全带对乘客保护效果很好，尤其是对乘员头部、胸部的保护。为了进一步降低碰撞时乘员下沉（即乘员沿座椅下滑）造成腹部伤害，目前很多汽车生产厂采用带预张紧器或织带夹紧装置的安全带。这种安全带同改进的座椅结构及气囊相结合，便可大大提高乘员的保护性能。

2. 安全带的结构

按在车上固定点的不同，安全带可分为以下几种，如图 4-10 所示。

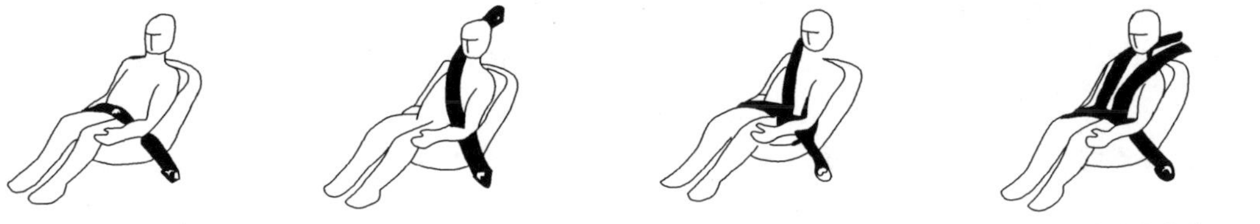

a)二点式安全带——腰带　b)二点式安全带——肩带　c)三点式安全带——腰—肩连续带　d)四点式安全带——全背带式

图 4-10 安全带的形式

1)二点式安全带——腰带

腰带是适用范围最广的一种基本形式。其有两个固定连接点位于座椅下方,通过织带系在乘员的腰部,约束住乘员的重心使之在撞车时不能前移。这是最先发展的一种形式,对保证乘员安全,降低乘员的伤害程度确实起到很大的作用。但是一些事故结果表明,采用腰带约束,在撞车时,乘员头部及上躯体会绕被约束的腰、骨盆关节向前摆动,容易造成头部伤害,甚至有人会因此失明。佩带腰带防护的乘员比不佩带安全带的乘员受伤程度更严重。因此,现在前排座椅很少使用腰带,主要在后排座椅上使用,用于防止乘员被抛出车外。

2)二点式安全带——肩带

肩带形式的安全带在欧洲采用较多。其两个固定连接点一个位于车身侧围立柱上,一个位于座椅另一侧的下方。肩带是限制乘员上躯体运动的安全带。这种安全带克服了腰带的缺点,但由于在撞车时容易产生下半身向前方挤出等不良情况,在日本、澳大利亚等不允许采用这种方式。但肩带与膝部保护装置并用可弥补这一缺点,这一系统在美国也得到了承认。

3)三点式安全带——腰—肩连续带

腰—肩连续带这种安全带是既限制腰部又限制胸肩运动的组合安全带。其有三个固定连接点,两个位于座椅下方,一个位于车身侧围立柱上。这种安全带综合了腰带与肩带的优点,乘员的保护性能优良,实用性也高,作用效果最好,是前座乘员的主要约束形式。这种安全带对前碰撞、侧翻车和翻车有良好的保护作用。

4)四点式安全带——全背带式

全背带式这类安全带多用于赛车和儿童座椅上。

3. 安全带技术的新发展

近年来,安全带技术的发展主要是克服多层织带缠绕在卷轴上导致层与层之间存在缠绕间隙的现象。当碰撞发生时,卷收器开始锁紧织带约束乘员,同时,为消除缠绕间隙,织带将额外多伸长 60～70mm 后才能完全被锁止,这就增加了乘员车内二次碰撞的危险。较新的技术有如下几种。

1)强力限制器

强力限制器设置在卷收器上,由扭杆来起到吸收能量的作用。当发生碰撞时,织带被紧急作用型卷收器卡住无法继续拉出。此时,乘员作用在织带上的冲击力使扭杆发生扭转从而吸收能量。

2)预加荷载(预张器)装置

预加荷载装置的作用是当发生撞车、乘员尚未向前移动时,通过卷收器收卷轴迅速旋转,将安全带卷回盒内，给安全带加载，将乘员身体拉紧，从而消除了卷收器锁紧过程中织带的拉出量及锁紧后消除卷收器中织带间的间隙时织带的拉出量。这一技术在乘员身体尚未向前移动时预加荷载装置就起作用，安全带快速收紧的时间仅为0.02s左右，改善了乘员的约束情况。预加荷载装置有机械式预张紧器、烟火式预张紧器等多种形式。

3)空气安全带

空气安全带(图4-11)是美国联合公司研究的安全带。它的特点是在撞车时利用空气膨胀特性，使安全带膨胀，以分散乘员承受的冲撞荷载，提高安全带对乘员的初始控制性能。空气安全带又称气囊式安全带。在车用保险带肩部及整体，设有标致形气囊装置。该保险带结合了传统安全带和安全气囊的特性，为乘客提供了更高级别的碰撞安全保护。这项技术减少了事故发生时对乘客头部、颈部和胸部的伤害。气囊式安全带当碰到意外情况时，安全带会瞬间膨胀成气囊状，其缓解冲击力的效果是传统安全带的5倍：一是面积大可以有效降低头部与颈部的晃动，二是气囊膨胀时具备一定的反作用力，能减少车祸中乘客容易出现的肋骨骨折、内脏器官受损和淤伤等现象，避免目前因气囊弹伤颈椎的60%以上的伤亡事故。

图4-11　空气安全带

4)座位安全带报警系统

轿车驾驶人座位安全带报警系统可对未系安全带的乘员发出警告。目前已开发了安全带联锁装置。安全带联锁装置的报警装置为蜂鸣器，与起动装置联锁。该联锁装置要求必须先系好安全带才能起动汽车，联锁装置的控制装置为一微电脑。

二、安全气囊

安全气囊是安全气囊系统一个辅助保护设备，它是用带橡胶衬里的特种织物尼龙制成，工作时用无害的氮气填充。在发生碰撞时，安全气囊充气大约需要0.03s。非常快的充气速度对确保当乘客的身体被安全带束缚不动而头部仍然向前行进时，安全气囊能及时到位。在头部碰到安全气囊时，安全气囊通过气囊表面的气孔开始排气。气体的排出有一定的速率，确保让人的身体部位缓慢地减速。

1.安全气囊的分类

安全气囊有多种形式，除了人们熟知的正面安全气囊外，还有如下几种。

1)侧气囊

侧气囊是安装在座椅外侧的，目的是减缓侧面撞击造成的伤害。现在很多厂家的车型都会标配前排两个座椅的侧气囊，而装配后排侧气囊的车型则很少。

2)膝部气囊

大多数车型都只配备了主、副驾驶安全气囊、侧气囊等，其实车辆在真正发生正面碰撞时，下面是更应该受保护的，下面的膝部与中控台的距离最短，是最易造成骨折损伤的部位。膝部安全气囊是用来降低乘员在二次碰撞中车内饰对乘员膝部的伤害的。膝盖部分的气囊位于前排驾驶座椅内，一旦打开便能够有效保护后排乘客的腰下肢体部位，从而也能缓解来自正面碰撞的前冲力。

3)头部气囊

头部气囊也称侧气帘,在碰撞时弹出遮盖车窗,以达到保护乘客的效果。头部气囊主要针对侧撞时乘车人的头部进行保护。B柱侧、窗玻璃,甚至安全带侧面支撑扣都有可能成为车祸中的杀手,而头部气囊会把成员和这些东西隔开。头部气囊安装在车顶弧形钢梁内,通常贯穿前后,受车身内横向加速度传感器控制。当横向加速度大于正常值,且达到危险值时就会控制起爆。对于侧撞、翻车等严重事故有着很好的人员保护功能。

2.安全气囊的作用原理

汽车在行驶过程中,传感器系统不断向控制装置发送速度变化(或加速度)信息,由控制装置(中央控制器)对这些信息加以分析判断,如果所测的加速度、速度变化量或其他指标超过预定值(即真正发生了碰撞),则控制装置向气体发生器发出点火命令或传感器直接控制点火,点火后发生爆炸反应,产生 N_2 或将储气罐中压缩氮气释放出来充满碰撞气袋。乘员与气袋接触时,通过气袋上排气孔的阻尼吸收碰撞能量,达到保护乘员的目的。

汽车的安全气囊内有叠氮化钠(NaN_3)或硝酸铵(NH_4NO_3)等物质。当汽车在高速行驶中受到猛烈撞击时,这些物质会迅速发生分解反应,产生大量气体,充满气囊。叠氮化钠分解产生氮气和固态钠;硝酸铵分解产生大量的一氧化二氮(N_2O)气体和水蒸气。

新型安全气囊加入了可分级充气或释放压力的装置,以防止一次突然点爆产生的巨大压力对人头部产生的伤害,特别在乘客未佩带安全带的时候,可导致生命危险。具体形式有:

(1)分级点爆装置,即气体发生器分两级点爆,第一级产生约40%的气体容积,远低于最大压力,对人头部移动产生缓冲作用;第二级点爆产生剩余气体,并且达到最大压力。总的来说,两级点爆的最大压力小于单级点爆。这种形式,压力逐步增加。

(2)分级释放压力方式,囊袋上开有泄压孔或可调节压力的孔,分为完全凭借气体压力顶开的方式或电脑控制的拉片 Tether。这种方式,一开始压力达到设定极限,然后瞬时释放压力,以避免过大伤害。

为了保证安全气囊在适当的时候打开,汽车生产厂家都规定了气囊的起爆条件,只有满足了这些条件,气囊才会爆炸。虽然在一些交通事故中,车内乘员碰得头破血流,甚至出现生命危险,车辆接近报废,但是如果达不到安全气囊爆炸的条件,气囊还是不会打开。

安全气囊打开需要合适的速度和碰撞角度。从理论上讲,只有车辆的正前方左右大约60°之间位置撞击在固定的物体上,速度高于30km/h,这时安全气囊才可能打开。这里所说的速度不是通常意义上所理解的车速,而是在试验室中车辆相对刚性固定障碍物碰撞的速度,实际碰撞中汽车的速度高于试验速度气囊才能打开。

汽车发生碰撞时的主要受力部位是保险杠和车身纵梁,为了缓冲碰撞时的冲击力,车身前部大都设计有碰撞缓冲区,而且车身的刚度分布也是不均匀的。在一些事故中,例如当轿车与没有后部防护装置的卡车发生钻入性追尾事故,或轿车碰撞护栏后发生翻车事故,或发生车身侧面碰撞等,这样的事故往往没有车身前部的直接撞击,主要是车身上部和侧面发生碰撞,碰撞车身部位的刚度很小,虽然车舱发生了很大的变形,造成了车内乘员受伤或死亡,但是由于碰撞部位不对,有时候气囊并不能打开。尤其是在侧向碰撞中,如未配置侧向安全气囊,主副安全气囊由于不能达到起爆条件而不能引爆。

3. 安全气囊的优点与不足

安全气囊可将撞击力均匀地分布在头部和胸部，防止脆弱的乘客肉体与车身产生直接碰撞，大大减少受伤的可能性。安全气囊对于在遭受正面撞击时，的确能有效保护乘客，即使未系上安全带，防撞安全气囊仍足以有效减低伤害。据统计，配备安全气囊的车发生正面碰撞时，可降低乘客受伤的程度高达64%，甚至在其中有80%的乘客未系上安全带！至于来自侧方及后座的碰撞，则仍有赖于安全带的功能。此外，气囊爆发时的音量大约只有130dB，在人体可忍受的范围内；气囊中78%的气体是氮气，十分安定且不含毒性，对人体无害；爆出时带出的粉末是维持气囊在折叠状态下不黏在一起的润滑粉末，对人体亦无害。

但是安全气囊同样也有它不安全的一面。据计算，若汽车以60km的时速行驶，突然的撞击会令车辆在0.2s之内停下，而气囊则会以大约300km/h的速度弹出，而由此所产生的撞击力约有180kg，这对于头部、颈部等人体较脆弱的部位就很难承受。因此，如果安全气囊弹出的角度、力度稍有差错，就有可能酿出一场"悲剧"。

(1)气囊可能在很低的车速时打开。汽车在很低车速行驶而发生碰撞事故时，乘员和驾驶人系上安全带即可，完全不需要安全气囊展开起保护作用。如果这时展开气囊反而会造成不必要的浪费，甚至还可能因安全气囊的展开加重碰撞伤害。

(2)气囊的启动会对乘员造成伤害。安全气囊系统启动时将冲开气囊盖板，并且在瞬间展开充气，很可能对乘员造成冲击；产生的灼热气体也会灼伤乘员和驾驶人。

(3)当乘客偏离座位或座位上无人或儿童乘坐时，气囊系统的启动不仅起不到应有的保护作用，还可能会对乘员造成一定的伤害。

4. 安全气囊技术的新发展

从安全气囊在使用过程中存在的缺陷可知，现有安全气囊的基本设计目标是用来对付严重交通事故的，但在一些不太严重的事故中，系统反应过度，反而会对驾乘人员施加作用过大，适得其反，造成不必要的伤害。针对实际使用中存在的问题，在安全气囊展开之前，如果安全气囊系统能够精确感应汽车发生的碰撞，并按照程序来判断碰撞事故的严重程度，对于碰撞级别比较低的事故，只需将安全带的预紧机构拉紧即可；对于碰撞级别比较高的事故，根据需要启动安全气囊。因此，要求安全气囊系统能够准确地感应所发生的碰撞事故；并且能模仿人脑，根据实际的碰撞程度来判别安全气囊是否需要展开，有一定灵活性；并且能够针对不同体形的乘员适当地调整安全气囊。在这一指导思想下，安全气囊技术的新发展如下所述。

1)磁电式传感器

传感器的触发通常有：开关式，纯机械式，单点电子式，侧撞式，应变式等。目前国际上对汽车上安全气囊的传感器触发方式也没有一个统一的标准，不仅是因为其种类繁多，而且是因为装于车身上不同位置的传感器触发方式也不同。为使传感器能够方便地安装在各个需要的感应部位，使其能够正确、适时地感应碰撞，可选用磁电式传感器。

磁电式传感器可以安装在车身上的任何位置，只要稍微调整一下某些参数值，使得其能够识别峰值为0.588m/s和时间脉冲为0～20ms的碰撞加速度信号即可。只要碰撞加速度峰值和时间脉冲宽度同时满足条件，就会向气囊发出触发信号，展开气囊，对人体进行保护。传感器结构由外壳(非磁性材料)、磁性材料、惯性体(非磁性材料)、连接在惯性体上的软铁、支持和调节位移幅值的弹簧、安装在与外壳连接的凸柱内的永久磁铁和绕制在软铁上的线圈及引线组成。当传感器受到碰撞产生加速度时,惯性体产生反向加速度,导致通过线圈的磁通量发生变化,在线圈引线两端产生钟形脉冲信号,当调整弹簧刚度时,可改变加速度信号的宽度。传感器的信号判别电路由三部分组成:信号幅度判别电路;信号宽度判别电路;有用、无用信号判别电路。通过对碰撞信号进行多方位的判别,可使控制装置获取的碰撞信号更全面,发出的点火控制更准确,从而确保安全气囊在必要的情况下展开。如何获得稳定的冲击加速度信号是研究传感器的关键,也是保证传感器准确获取碰撞信号的关键。磁电加速度传感器采用落锤冲击试验装置来调整校正其感应敏感度。释放锤头,与橡胶面碰击时,安装在锤头上面的加速度或磁电式传感器将感受到冲击加速度。不同落高对应不同加速度;调整橡胶厚度,可改变信号宽度;调整落锤高度,可改变信号幅度。磁电式传感器不仅电子判别电路出错率低,感应碰撞信号的可信度高而准确;而且通过标锤落定试验可以调节它的感应范围宽度,满足汽车碰撞产生脉冲的再现,从而还可以安装于车身上任何部位。它设计简单,价格低廉,对绝大多数汽车使用者来说都不再是望而却步的奢侈品。

2)智能化控制系统

对安全气囊控制系统的要求是准确判断事故的碰撞强度,控制气囊的展开与否。针对安全气囊在使用中的缺陷,必须进一步提高控制系统的灵活性、准确性。智能式控制系统包括:

(1)碰撞传感器。是安全气囊系统中的重要部件,其功能是检测、判断汽车发生碰撞后的撞击信号,以便决定是否展开缓冲气囊。碰撞传感器主要有三种类型机械式传感器,在早期的安全气囊中使用较多,主要应用惯性原理,利用传感器中元件的惯性力克服弹簧力来触发气体发生器。机械式在加速度较低时保证不启动气囊,可靠性较高;但只能单点传感,对机械部件的品质、精度和耐磨性要求极高。电子式传感器是一种应用最早的碰撞传感器,根据电子原理,利用电信号来反映车身减速度,而后根据电信号来判别是否展开缓冲气囊。机电式传感器采用机电结合的方式,将机械信号转化为电子信号,再利用电子信号点爆安全气囊。既具有机械式的优点,又能克服机械式传感器本身存在的缺陷,安装在车身上任何位置,以便得到较好的减速信号,而且能够在同一位置安装多个传感器。

(2)缓冲气囊。气囊一般由防裂性能好的聚酞胺织物制成,它是一种半硬的泡沫塑料,能承受较大的压力;经过硫化处理,可减少气囊冲气膨胀时的惯性力;为使气体密封,气囊里面涂有涂层材料。气囊的大小、形状、漏气性能是确定安全气囊保护效果的重要因素,必须根据不同汽车的实际情况来确定。目前,安全气囊系统开发人员正在根据神经网络原理开发智能型气囊系统。它主要是利用神经末梢(即各种传感器)将各自探索到的周围环境的各种信息传输给中枢神经(即电脑或微机),并能将碰撞事故的碰撞类型,碰撞事故严重程度以及碰撞时的车速等信息一起传递给电脑,由电脑对这些信息进行加工处理分析,作出相应反应,并执行与这些信息相对应的、正确的气囊保护程序,即所谓的智能式控制系统。智能式控制系统一般由两部分组成,软件部分和硬件部分。硬件部分主要由车载部分的电子控制单元(包括单片机、传感器、点火电路等)和地面部分(包括串行通信电路、计算机系统等)组成;软件部分主要由单片机部分和微机部分组成。

(3)乘员探测系统。针对气囊未能对不同乘员做出相应的保护,可在乘员座位上安装一个乘员探测系统,对车座上是否有人,乘员的体型大小,以及就座时偏离正中情况进行探测。相当于专门安装一个传感器，探测乘员乘坐信息，并传递给中央电脑控制中心。如果发生碰撞的话，控制中心在对各种传感器传过来的信息进行判断的同时综合考虑乘员探测系统探测所得的乘员乘坐信息。这样的话，安全气囊系统就可以针对驾驶人和乘员的乘坐情况适时适量展开气囊，理想的安全气囊可以针对各种不同的特殊情况对汽车的使用者进行保护。安全气囊应尽可能多地收集和利用有关乘员形体位置信息及撞车类型和撞车速度的数据，建立数据库，对碰撞中乘员和车的有关信息进行识别判断，调整安全约束系统参数，使人体获得最佳保护。

(4)气体发生器的多元化。对于气体发生器，不仅要求其工作可靠，性能稳定，耐久性好，符合环保要求，而且要求尽量减轻其质量和降低成本。尤其针对安全气囊气体伤人的情况，更是要求对气体发生器加以改进。目前汽车上的气囊系统大量采用以叠氮化物作为气体发生物质的推进剂型气体发生器，其他类型的气体发生器，包括混合气体型气体发生器、液体(液态气)型气体发生器、压缩空气蓄能型气体发生器和硝化纤维型气体发生器等也在积极研制。如摩尔顿公司生产的一种低密度、无毒的气体型气体发生器，与现用的相比具有体积小、质量轻的优点；布雷德公司开发的一种新型无钠叠氮化物气体发生器，耗用量不到钠叠氮化物发气剂的40%，而能产生等量的气体，从而使其体积减小，质量减轻。即在普通型的基础上增加传感器，以探测出座椅上的乘员是儿童还是成年人，他们系好的安全带以及所处的位置是怎样的高度，通过采集这些数据，由电子计算机软件分析和处理控制安全气囊的膨胀，使其发挥最佳作用，避免安全气囊出现无必要的膨胀，从而极大地提高其安全作用。智能安全气囊比普通型主要多了两个核心元件，即传感器及其与之配套的计算机软件。

此外，网络技术的应用也是安全气囊系统的发展方向。在汽车网络中，有一种应用面比较窄，但是非常重要的网络即Safe-By-Wire。Safe-By-Wire是专门用于汽车安全气囊系统的总线。Safe-By-Wire技术旨在通过综合运用多个传感器和控制器来实现安全气囊系统的细微控制。Safe-By-Wire Plus总线标准是由汽车电子供应商和部件供应商如飞利浦、德尔福等公司提出。与整车系统常用的CAN、FlexRay等总线相比，Safe-By-Wire的优势在于它是专门面向安全气囊系统的汽车LAN接口标准。为了保证系统在汽车出事故时也不受破坏，Safe-By-Wire中嵌入多重保护功能。比如，即使线路发生短路，安全气囊系统也不会因出错而起动。Safe-By-Wire技术将会在汽车安全气囊系统中获得广泛的应用。

三、碰撞能量吸收设计

通过车身和部件的结构设计，将碰撞中的能量吸收或转移，从而降低对乘员的伤害，是近年来汽车被动安全设计的主要内容和有效手段。

1. 能量吸收式转向柱

当车辆发生事故尤其是正面碰撞时，人的胸部及头部由于离转向盘较近，因此很容易就会撞到转向盘，甚至车身撞击溃缩之后转向盘向后挤压，很容易伤及驾驶人，因此法规上对于转向系统都有安全上的规范。以美国联邦安全法规FMVSS为例，对于由转向盘及方向机柱所组成的转向系统，有以下两项规定：一为当以假人以15m/h(约25km/h)的相对速度撞击转向盘时，于假人的胸部产生的冲击力，不得大于2 500磅(约1 134kg)的规定，且当以30m/h(约48km/h)实车正面撞击时，此时转向盘的后移量不得超过5in(约12.7cm)，由此可见转向系统乃是一项非常重要的安全系统。为达到此项法规，方向机柱必须设计成当承受撞击后可溃缩的方式，才能在车辆承受前面撞击时，驾驶人往前撞击到转向盘时能产生溃缩作用来吸收撞击的能量，将人的碰撞伤害降至最低。

1)隔绝首次碰撞影响的对策

隔绝首次碰撞影响的方法是通过转向中间轴的防撞结构来实现的。防撞型转向中间轴除了要保证汽车正常行驶时的传递转向外，当汽车正撞碰撞力达到一定值时，转向中间轴可以伸长、弯曲或断开以消除转向齿轮的后移影响，达到隔绝首次碰撞的影响。

2)保护驾驶人免受二次碰撞伤害的能量吸收式转向柱

能量吸收式转向柱应具有以下性能：

(1)在汽车正常行驶时，转向柱及其中的转向轴有足够的强度和刚度，以保证正常的转向力传递及安装于转向柱上的其他功能件(如变速杆、组合开关等)正常工作；

(2)当汽车发生正撞时，转向柱系统能够从车身结构中以机械的方式脱离；

(3)当汽车发生正撞时，转向柱及其中的转向轴可以被压缩，并且转向柱系统中应具有能量吸收元件，以吸收碰撞能量。

2. 车身结构的吸能设计

乘员舱以外保护乘员的基本思想是利用车身的前、后部有效地吸收碰撞能量，车室要坚固可靠，确保乘员的有效生存空间，奔驰公司将这种思想称为安全室构造准则。图 4-12 所示为该准则的概念示意，阴影线部分描述的是撞车时希望产生变形的区域。

图 4-12　安全室构造准则

从车辆的安全角度划分，可把整个车身分为三个部分：前撞部分、乘员乘坐部分和后撞部分。车身的三个部分的设计要求不尽相同。前、后撞部分结构设计要相对乘员乘坐部分“软”，当车辆发生碰撞时，“碰撞部分”应尽可能多变形以吸收撞击能量，剩余能量尽可能地传至大梁、立柱等处。换言之，通过良好的能量传递途径，尽可能少地将能量传至乘员乘坐部分，为了使车身头部和尾部的刚度较小，可以在粗大的构件或强固的部件上开孔或开槽来削弱其刚度，或者使构件在汽车碰撞时承受弯曲荷载。车身前部安装发动机和前悬架的纵、横梁都较粗大，因此，某些现代轿车的前部纵梁不是平直的，而是有意弯折成 z 字形以便在碰撞时折叠变形并吸收冲击能量。乘员乘坐部分的结构要设计得“硬”，从车辆的安全角度看，乘员区是车辆最重要的部分，为保证乘员安全，这部分应尽可能减少变形，原因是车身变形可直接伤及乘员或直接影响乘员在发生事故时的逃逸性能。考虑撞车安全性的车身结构设计的基本思想是利用车前、后部有效地吸收撞击能量，乘员室要坚固可靠，确保乘员的生存空间，即从安全角度看，车身总的设计原则是：两头“软”，中间“硬”。

图 4-13 为汽车头部理想变形特性曲线。

与正面碰撞相比，侧面碰撞车身变形空间小，对乘员的危害较大，因此，增加车室刚度，保证乘员的有效生存空间显得尤为重要。为了加强乘员保护，车门、门槛和立柱都要设计成刚性

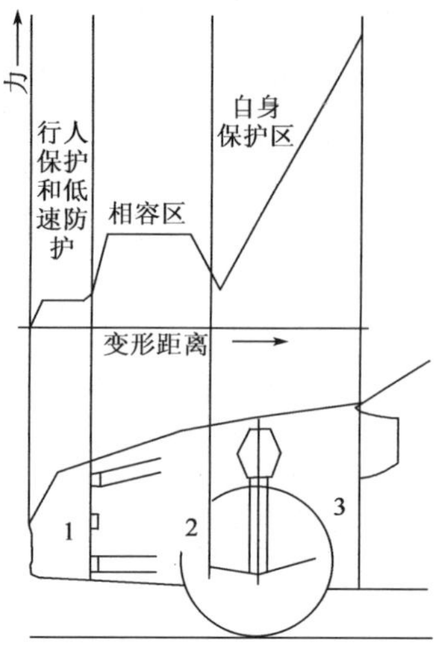

图 4-13　汽车头部理想变形特性曲线
1-行人保护和低速防护区；2-相容区；3-自身保护区

结构，并且越来越多地采用防侧碰安全气囊，来减轻乘员因二次碰撞造成的伤害。实现侧面碰撞防护的指导思想是：将侧碰力有效地转移到车身具有保护作用的梁、柱、地板、车顶及其他部件，使撞击力被这些部件分散、吸收，从而最大限度地把可能造成的损害降低到最小程度。

提高侧面碰撞性能可以采取的措施有：

(1)增加车门强度，例如采用高强度钢板镀锌板(比传统钢板轻 2 600g)或抗凹陷钢板、增加防撞横梁并与刚性车身结合为一体，提高侧面抗撞能力，车门内板采用分体结构，前部加厚，满足受力要求并增加刚性，后部变薄减轻质量。

(2)增加侧围钣金件的强度，包括增大 A、B、C 立柱的截面形状，以及局部加强侧围与门加强件的接触部位、立柱与门槛和车顶纵梁连接部位的强度，保证侧碰力有效地传递到整个车身。

(3)增加门槛梁强度，增强措施包括增大承载面积，在梁内增加加强板，以及填充发泡树脂等。

(4)在车身 B 柱上安装横梁系统，在仪表板下面以及后风窗下面安装加强横梁。

(5)对于前置后驱动车辆，合理设计地板中间的传动轴通道，对提高汽车抗弯强度有一定作用。

(6)合理设计门锁及门铰链，既要防止汽车发生侧面碰撞时车门自动打开，又要保证碰撞后车门不借助工具能够开启。同时，增强车门铰链有利于车门所受的撞击力有效地传给立柱。

四、行人保护措施

1. 行人保护措施的必要性

在机动车辆造成的人员伤亡事故中，行人伤亡的人数仅次于车内乘员伤亡人数而位居第二位。在汽车工业发达的国家，这个问题显得尤为突出。在美国，每年大约有 5 000 名行人在机动车辆事故中丧生；在日本，行人伤害在交通事故伤害中的人数占到了将近 27%；在欧盟，每年在交通事故中死亡的行人人数约为 7 000 人，比例也已经达到了约 24%。

通过对事故数据的研究发现，大部分的行人碰撞事故是行人与车身前部发生碰撞。大多数的严重伤害是因为行人与车辆的发动机罩、风窗以及车顶发生碰撞而造成的，而行人的头部、骨盆以及腿部则是受到严重伤害最常见的部位。表 4-17 所列为各个国家或地区行人在碰撞事故中受伤害部位的分布情况。

行人碰撞保护方面的研究是目前汽车安全性研究的最新领域，其主要的研究方法分为试验和计算机模拟两大方面。

1987 年，欧共体所属的欧洲车辆安全委员会(EEVC)成立了工作组 WG10，负责行人保护指令中肢体模块试验的评价研究，于 1994 年 11 月提交了一个评价汽车前部表面与行人碰撞的推荐试验方法。1994 年以后，EEVC 又成立了行人安全工作组 WG17，继续对 WG10 提出的试验方法进行分析研究，并于 1998 年 12 月提出了改进后的试验方法。目前，该试验方法已经被世界各国普遍采用。该试验方法主要包括以下几项试验：

(1)腿部模块和保险杠的碰撞试验；

(2)大腿模块和发动机罩前端的碰撞试验；

(3)头部模块和发动机罩上表面的碰撞试验。

行人伤害部位的分布(单位:%)　　表 4-17

伤害部位	美　国	欧　洲	日　本	平　均
头部	32.7	29.8	28.6	30.9
面部	3.7	5.3	2.4	4.3
颈部	0.0	1.8	4.5	1.4
胸部	9.5	11.6	8.5	10.3
腹部	7.7	3.8	4.8	5.6
骨盆	5.3	7.9	4.5	6.4
手臂	7.9	8.1	9.0	8.1
所有腿部	7.9	0.7	2.1	3.9
大腿骨	3.2	4.0	9.3	4.3
膝盖	3.0	3.4	4.2	3.3
小腿骨	18.1	19.8	17.2	18.8
脚部	1.1	3.4	2.9	2.4
未知	0.0	0.5	2.1	0.5
其他	0.0	0.0	0.0	0.0

2. 行人腿与膝关节保护

行人腿与膝关节是事故中行人伤害的主要部分之一。研究表明，适当的车辆设计能够减轻事故车辆对行人腿及膝关节的伤害，具有保护作用。

1)保险杠高度及面宽

改变保险杠距地面高度和保险杠面宽可以大大减少行人受较重腿伤的比例。相关研究结果见图 4-14。

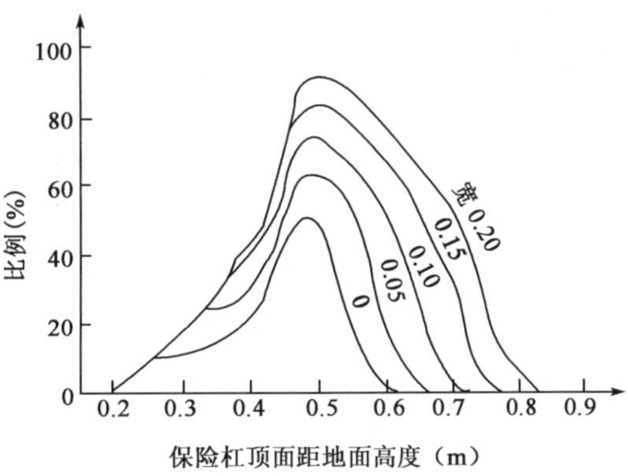

图 4-14　保险杠高度与行人受伤比例

2)吸能式保险杠

吸能式保险杠通过保险杠骨架与保险杠蒙皮间的距离来缓冲；保险杠蒙皮和骨架间填充阶梯状泡沫，使其在碰撞的初期，碰撞力不再集中作用于膝关节位置，而是靠近胫骨的重心。

当保险杠蒙皮变形与上端泡沫接触时，下端的泡沫已经吸收了一定的碰撞能量，而上端泡沫的作用除了吸收后期的碰撞能量外，还可以防止膝关节过度的剪切变形。计算结果表明，保险杠采用120mm阶梯状吸能泡沫的结构改进方案对行人腿部以及膝关节保护效果是十分明显的，多项伤害指标均很好地满足了试验法规的要求。

五、防火设计

据美国密执根公路安全研究大学1974年的研究成果，在美国，汽车火灾事故约占汽车总事故数的0.1%，而由于汽车火灾的死亡人数每年为450～650人，占汽车乘员死亡总数的1%～1.5%。可见汽车火灾事故的起数尽管很少，但是伤亡率相当高，同时，经济损失在各种交通事故中也是最大的。因此，世界上许多国家都在研究和采取措施，预防汽车火灾的发生。

造成汽车火灾发生和火灾骤升的原因是多方面的，比如车内高压电路短路、漏电、松动、化油器回火、油路漏油或蓄电池过热都极易导致火灾的发生。加之汽车的内装修、轮胎为可燃、易燃材料，很容易使火迅速蔓延并发生危险。汽车火灾的起因有自发的和碰撞引起的两种。自发火灾的起因有烟头、火柴、燃油泄漏、排气管火星和高温以及电气系统的火花等；碰撞引起燃油泄漏，进而导致火灾发生。

火灾预防主要有汽车燃料系统、排气系统和电气系统三者之间的布置关系，汽车内饰材料的阻燃特性、燃油箱的布置、碰撞后燃料泄漏的防止等，以及当车辆发生火灾时的乘员紧急撤离，都与火灾的发生有关。

1.排气系的火灾预防

排气系火灾引起的原因是其高温和火星可能将渗漏的燃油和其他可燃物点燃。预防措施主要有以下方面：防漏油、漏气。要注意油箱、汽油滤清器、汽油泵、化油器及气门室垫、排气管垫等处是否有漏油、漏气的现象，防止排气管过热或排出火星、化油器回火等点燃汽油而着火。

车辆在行驶状态或启动时，有时会发生化油器回火现象。这是由于混合气燃烧延续到进气行程，使火焰通过进气门传到进气歧管以至化油器喉管内引起的一种拍击声。主要原因是可燃混合气的比例调节不当、点火过早或者点火顺序错乱等。在这种情况下，车辆常出现加速不灵，如急剧加油也会产生化油器回火或排气管放炮，甚至排出火星。发现回火要检查油路和电路，油路可能是混合气过稀、点火时间过晚等造成，需进行调整，也有可能是气缸垫击穿、进气管垫漏气造成。

2.电气系统的火灾预防

电气系统引起火灾的原因是其所造成的火花，因此火灾的预防措施应从以下方面考虑。

(1)点火系防漏电。发动机工作时，点火线圈的温度很高，使高压点火导线的绝缘层软化、老化、裂损，点火高压电易击穿绝缘层，很容易产生高压电漏电，引发漏电处温度不断升高，引燃发动机进气系统泄漏的汽油，导致着火燃烧。

汽油发动机上都有火花塞，一个气缸有一个，个别的高速汽油发动机每缸还装有两个火花塞。火花塞基本上有两大功用：一是在燃烧室内产生火花，点燃混合气产生动力；二是密封火花塞孔，以维持气缸内的压力。通常从点火线圈透过分电盘经导线而供给火花塞的高压电约

2 万～3 万 V，再加上火花塞的电极必须经常处于高温的燃烧室中和约 45 倍大气压力以上的环境，而且还要保持极高的气密性。由于工作环境十分恶劣，火花塞绝缘体被击穿、电极积炭失效的情况常会发生，若有油垢、脏物，最容易着火。车内的电气接头应适当屏蔽，不得裸露，并且不能设在乘员容易接触的地方，应该用塑料线夹固定在车身上。

蓄电池应安装牢靠，蓄电池支架应有足够的强度和刚度，以避免蓄电池的火线及搭铁因拉扯、摩擦而引起火花，要保持蓄电池通气孔畅通。

(2)正确搭铁。在因线路故障引发的自燃事故中，主要原因是搭铁。特别是很多新购车的用户，对自己刚购置的爱车疼爱有加，可能会给车辆添加防盗器，换装高档音响，改进造型，还可能会添加空调等，但由于不在专业化的修理店改装，没有分析车辆的线路布置和具体的结构，没有进行线路功率复核。为此，也就出现了随便乱引电线，负荷大的地方不加保险，易摩擦处也未有效固定等多种错误改装、维修。一旦出现线路老化、过载、断路、接触不良或磨损搭铁的问题，搭铁处便会产生大量的热能，再加之电线质量差或周围有易燃物品，自燃事故将不可避免。

常见的故障有：电缆线与车架、线夹之间由于振动摩擦产生“破皮”；尾灯、制动灯导线等由于振动摩擦而产生“破皮”；灯座安装处由于振动、连接件的破损而使绝缘件松脱、损坏等。这些都会在车辆行驶或停车时自行搭铁而长时间跳火、产生高温，引起电器、开关、导线的绝缘(或包皮)破坏，进而加大跳火范围，扩大高温区域，最后导致与涂漆、泄漏的汽油、易燃物品等接触而自燃着火。

(3)地线应连接可靠。地线接头应去掉漆层，并使用带齿垫圈。

(4)灯具内不得积水。

(5)防电线短路。

3. 燃油箱布置与防泄漏

由碰撞导致燃料泄漏，很容易引起火灾事故的发生。这就要求对燃料系加以保护，特别应注意燃油箱的布置。

对于轿车，大多为前置发动机，燃油箱一般布置在汽车的后部。在后碰中很容易触及燃油箱。较有利的位置是布置在后桥上方，车轮内侧，这样可借助于车轮和车桥进行保护。但是，在一般情况下，从总体布置来权衡考虑，很难将燃油箱布置在这里。不管布置在哪里，设计的原则是要求碰撞结果应保证燃油箱的完整。

设计时需要综合考虑以下问题：

(1)燃油箱周围的地板不允许变形；

(2)避免燃油箱与后桥壳、悬架等碰撞；

(3)降低减速度水平所需要的最大的后车身压扁行程；

(4)避免乘员舱闯入的最小的车身变形；

(5)有目的地加强边梁刚度，使得地板及地板边梁在后碰时的弯曲程度减小，有利于燃油箱的完整。

载货汽车基于同样考虑，燃油箱大多布置在侧面，考虑与其他车辆的碰撞机会一般是左侧多(左置转向盘)，因此燃油箱布置在右侧较为安全。而排气尾管布置在燃油箱的对面，即左侧，这除了增大燃油箱与排气管的距离以外，还可避免排出的废气将地面上的尘土吹起，妨碍慢车道上的自行车、行人正常通过。此外，对于货车，燃油箱外侧不应有可能造成集中负荷的零部件。例如，从燃油箱防撞角度考虑，可设置防护栏。如果防护栏是由角钢等棒状物构成，在碰撞时，防护栏就会成为集中负荷源，其危险程度可能还要超过不设此防护装置的情况。因此，燃油箱防护栏以网状为好。燃油箱不应布置在车辆的最低位置，周围应有比它低的刚性部件。

车辆碰撞或翻车后很容易导致燃料泄漏，并可能由此而引起火灾。因此，许多国家都对此制订了法规加以限制。美国联邦法规 FMVSS5 71 部分 301 号标准就是这方面比较完整的一个法规。FMVSS301 号法规要求最大总质量不大于 4 536kg 的轿车、客车以及货车，在进行正面固定式障壁 48.3km/h 碰撞、后移动障壁 48.3km/h 碰撞或横向移动障壁 32km/h 碰撞试验时，从碰撞到车辆停止运动，燃料泄漏量不得超过 40mL；在车辆停止运动后 5min 之内，燃料泄漏量不得超过 200mL；在以后的 25min 之内，每隔 1min，燃料泄漏量不得超过 40mL。碰撞试验后，做绕其轴的静倾翻试验。旋转时，纵轴保持水平，在 1～3min 之内旋转 90°，连续增至 90°、180°和 270°，每达到一个 90°旋转增量，车辆在此位置停止 5min。在第一个 5 min 之内，每完成一个 90°翻转增量，燃料泄漏总量不得超过 200mL。在以后的试验过程中，在 1 min 之内，每完成一个 90°翻转增量，燃料泄漏量不得超过 40mL。

4.汽车事故后乘员的紧急撤离

当车辆由于碰撞或其他原因起火时，乘员需要紧急撤离。为此，大客车除正常用于乘客上下车的车门以外，往往还设置有紧急安全门或安全出口。此安全门或安全出口平时不用，只是在车辆着火或翻车以及掉入水中等紧急情况下才使用。一般安全门设在车辆的左侧(左置转向盘)，也有设在车辆后部和顶部的。安全门或安全出口在受到碰撞、翻车等负荷作用下，仍应能够打开。

国家标准《机动车运行安全技术条件》(GB 7258—2004)中规定：车长大于 8m 或乘员座位数多于 40 人的客车，如本身右侧仅有一个供乘客上下的车门，应设有安全门或安全出口。需用安全门时，不用其他器具即可将其向外推开。安全门(安全出口)上应有明显的红色标志，并有开启警报装置，并备有便于取用的击碎出口玻璃的专用工具。安全门的净宽一般不小于 550mm，净高不小于 1 400mm。除此之外，汽车还应装备灭火器。这对运送易燃物品、危险物品的车辆尤其重要。灭火器应安放在驾驶人容易拿取的地方。另外，对点烟器、烟灰盒也有要求，点烟器周围不应有易燃品；烟灰盒应能密闭，带火的烟头放在盒内，密闭后，烟头应在 3min 之内熄灭；在坏路上行驶时，不得将烟灰盒振动脱落；在开窗行驶以及打开暖风机、空调装置时，烟灰盒内的烟灰不能四处飞散。

汽车火灾的扑救措施及逃生方法如下。

(1)当汽车发动机发生火灾时，驾驶人应迅速停车，让乘车人员打开车门自己下车，然后切断电源，取下随车灭火器，对准着火部位的火焰正面猛喷，扑灭火焰。

(2)发现汽车车厢货物发生火灾时，驾驶人应将汽车驶离重点要害部位(或人员集中场所)停下，并迅速向消防队报警。同时，驾驶人应及时取下随车灭火器扑救火灾。当火一时扑灭不了时，应劝围观群众远离现场，以免发生爆炸事故，造成无辜群众伤亡，使灾害扩大。

(3)当汽车在加油过程中发生火灾时，驾驶人不要惊慌，要立即停止加油，迅速将车开出加油站(库)，用随车灭火器或加油站的灭火器以及衣服等将油箱上的火焰扑灭。如果地面有流散的燃料时，应用库区灭火器或沙土将地面火扑灭。

(4)当汽车在修理中发生火灾时，修理人员应迅速上车或钻出地沟，迅速切断电源，用灭火器或其他灭火器材扑灭火焰。

(5)当汽车被撞倒后发生火灾时，由于乘车人员伤亡比较严重，首要任务是设法救人。如果车门没有损坏，应打开车门让乘车人员逃出，以上两种方法也可同时进行。同时驾驶人可利用扩张器、切割器、千斤顶、消防斧等工具配合消防队救人灭火。

(6)当停车场发生火灾时，一般应视着火车辆位置，采取扑救措施和疏散措施。如果着火汽车在停车场中间，应在扑救火灾的同时，组织人员疏散周围停放的车辆。如果着火汽车在停车场的一边时，应在扑救火灾的同时，组织疏散与火相连的车辆。

(7)当公共汽车发生火灾时，由于车上人多，要特别冷静果断，首先应考虑救人和报警，视着火的具体部位而确定逃生和扑救的方法。如着火的部位在公共汽车的发动机，驾驶人应开启所有车门，令乘客下车，再组织扑救的火灾。如果着火部位在汽车中间，驾驶人开启车门后，乘客应从两头车门下车，驾驶人和乘车人员再扑救火灾、控制火势。如果车上线路被烧坏，车门开启不了，乘客可从就近的窗户下车。如果火焰封住了车门，车窗因人多不易下去，可用衣物蒙住头从车门处冲出去。当驾驶人和乘车人员衣服被火烧着时，如时间允许，可以迅速脱下衣服，用脚将火踩灭；如果来不及，乘客之间可以用衣物拍打或用衣物覆盖火势以窒息灭火，或就地打滚滚灭衣服上的火焰。

第五节　汽车主动安全性提升技术

为预防汽车发生事故，避免人员受到伤害而采取的安全设计，称为主动安全设计，如ABS、EBD、TCS、LDWS等都是主动安全设计。它们的特点是提高汽车的行驶稳定性，尽力防止车祸发生。其他像高位制动灯，前后雾灯，后窗除雾等也是主动安全设计。目前安全技术逐渐在完善，有更多的安全技术将被开发并得到应用。

在汽车100多年的发展史中，有关汽车安全性能的研究和新技术的应用也发生了日新月异的变化。从最初的保险杠减振系统、乘客安全带系统、安全气囊到汽车碰撞试验、车轮防抱制动系统(ABS)、驱动防滑系统(ASR)，到无盲点、无视差安全后视镜及儿童座椅系统的研究，汽车的安全性能正日趋完善。特别是近几年，随着科学技术的迅速发展，越来越多的先进技术被应用到汽车上。目前，世界各国都在运用现代高新技术，加紧研制汽车安全技术，一批批有关汽车安全的前沿技术、新产品陆续装车使用，使未来的汽车更加安全。

未来汽车电子控制的重要发展方向之一是汽车安全领域，并向几个方向发展：利用雷达技术和车载摄像技术开发各种自动避撞系统；利用近红外技术开发各种能监测驾驶人行为的安全系统；高性能的轮胎综合监测系统；自适应自动巡航控制系统；驾驶人身份识别系统；安全气囊和ABS/ASR。随着更加先进的智能型传感器、快速响应的执行器、高性能电控单元、先进的控制策略、计算机网络技术、雷达技术、第三代移动通信技术在汽车上的广泛应用，现代汽车正朝着更加智能化、自动化和信息化的机电一体化方向发展。

一、防抱死制动系统(ABS)

普通制动系统在湿滑路面上制动，或在紧急制动的时候，车轮容易因制动力超过轮胎与地面的摩擦力而完全抱死。在这种情况下紧急制动时，虽然车轮能够迅速减速并停止转动，但在有些情况下因汽车的滑移而无法停住，即抱死。汽车轮胎在制动时抱死有时会出现下述问题：

(1)方向稳定性降低。即使操纵转向盘，汽车也会产生侧滑现象，严重时会旋转掉头或产生折叠现象。

(2)操纵性降低。因汽车打滑，即使操纵转向盘也不起作用。

(3)制动距离加长。一般情况下，汽车制动距离都会增加。

防抱死制动系统(Anti-locked Braking System，ABS)是一种具有防滑、防锁死等优点的汽车安全控制系统。ABS是在常规制动装置基础上的改进型技术，可分机械式和电子式两种。它既有普通制动系统的制动功能，又能防止车轮锁死，使汽车在制动状态下仍能转向，保证汽车制动方向的稳定性，防止产生侧滑和跑偏，是目前汽车上最先进、制动效果最佳的制动装置。

1966年带ABS的小客车首次在美国市场上面市，直到1978年才有了电子ABS。起初为选配，直到1985年该系统才成为小客车的标配。当今小客车配备的ABS中的传感器可以不断检测所有四个车轮的转数。这样在低摩擦系数或在不同粗糙度的路面上行驶时或在完成猛烈的制动动作时就能识别某个或多个车轮是否开始抱死。在这种情况下，驾驶人无需将脚踩在制动踏板上，制动压力即被瞬时降低，可将车辆保持在车道内或在完成必要的避让动作时保持车辆的可操控性。

除了刚下过雪的路面或松散的碎石路面情况外，使用ABS可以获得更短的制动距离。据报道，与未使用ABS相比，使用ABS减速可提高12%。

ABS通过传感器侦测到的各车轮的转速，由计算机计算出当时的车轮滑移率，由此了解车轮是否已抱死，再命令执行机构调整制动压力，使车轮处于理想的制动状态(快抱死但未完全抱死)。对ABS功能的正确认识：能在紧急制动状况下，保持车辆不被抱死而失控，维持转向能力，避开障碍物。在一般状况下，它并不能缩短制动距离。汽车防抱制动系统(ABS)制动的目的是实时产生最大可能的制动力矩，同时保持汽车的可操作性和避免产生过大的车轮滑移。目前成熟的ABS系统基本是基于车轮加、减速度门限以及参考滑移率方法，有许多局限性。结合动力学控制的最佳ABS系统应该是以车轮滑移率为控制目标的ABS系统。以滑移率控制为目标的防抱死制动系统是以连续量控制方式，使制动过程中保持最佳的、稳定的滑移率，理论上是一种理想的ABS控制系统。

二、电子制动力分配系统(EBD)

电子制动力分配(Electric Brakeforce Distribution，EBD)是能够自动调节前、后轴的制动力分配比例，提高制动效能(在一定程度上可以缩短制动距离)，并配合ABS提高制动稳定性的系统。

汽车制动时，如果四只轮胎附着地面的条件不同，比如，左侧轮附着在湿滑路面，而右侧轮附着于干燥路面，四个轮子与地面的摩擦力不同，在制动时(四个轮子的制动力相同)就容易产生打滑、倾斜和侧翻等现象。

EBD的功能就是在汽车制动的瞬间，高速计算出四个轮胎由于附着不同而导致的摩擦力数值，然后调整制动装置，使其按照设定的程序在运动中高速调整，达到制动力与摩擦力（牵引力）的匹配，以保证车辆的平稳和安全。

在紧急制动车轮抱死的情况下，EBD在ABS动作之前就已经平衡了每一个轮的有效地面抓地力，可以防止出现甩尾和侧移，并缩短汽车制动距离。EBD实际上是ABS的辅助功能，它可以改善提高ABS的功效。所以在安全指标上，汽车的性能又多了"ABS+EBD"。在制动的时候，车辆四个车轮的制动卡钳均会动作，以将车辆停下。但由于路面状况会有变异，加上减速时车辆重心的转移，四个车轮与地面间的抓地力将有所不同。传统的制动系统会平均将制动总泵的力量分配至四个车轮。从上述可知，这样的分配并不符合制动力的使用效益。EBD系统便被发明以将制动力得到最佳的应用。配置有EBD系统的车辆，会自动侦测各个车轮与地面的抓地力状况，将制动系统所产生的力量，适当地分配至四个车轮。在EBD系统的辅助之下，制动力可以得到最佳的效率，使得制动距离明显地缩短，并在制动的时候保持车辆的平稳，提高行车的安全。而EBD系统在弯道之中进行制动的操作亦具有维持车辆稳定的功能，增加弯道行驶的安全。

图4-15为EBD系统作用示意图。

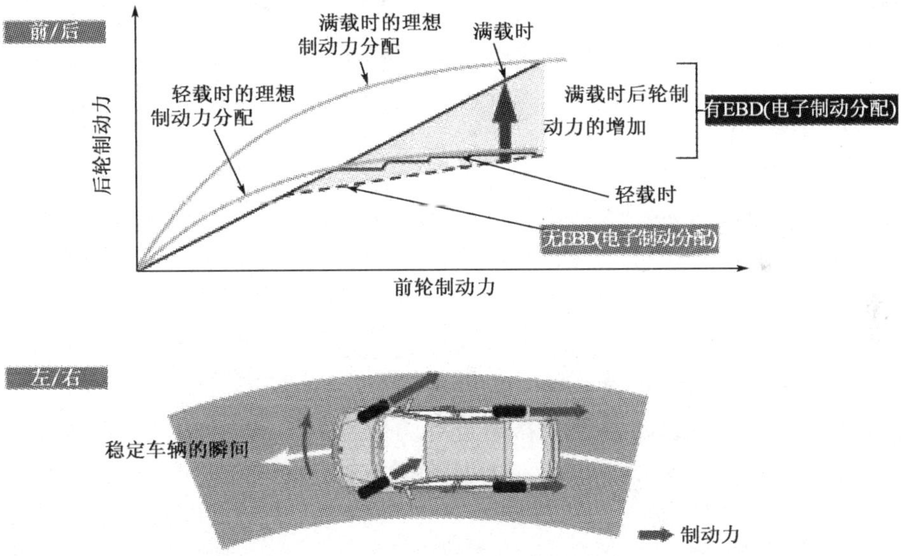

图4-15 EBD系统作用示意图

三、车身电子稳定系统（ESP）

车身电子稳定系统（Electronic Stability Program，ESP），是博世（Bosch）公司开发的一种牵引力控制系统，与其他牵引力控制系统比较，ESP不但控制驱动轮，而且可控制从动轮。如后轮驱动汽车常出现的转向过多情况，此时后轮因失控而甩尾，ESP便会制动外侧的前轮来稳定车子；在转向过少时，为了校正循迹方向，ESP则会制动内后轮，从而校正行驶方向。ESP系统包含ABS（防抱死制动系统）及ASR（驱动防滑转系统），是这两种系统功能上的延伸。因此，ESP称得上是当前汽车防滑装置的最高级形式。ESP系统由控制单元及转向传感器（监测转向盘的转向角度)、车轮传感器(监测各个车轮的速度转动)、侧滑传感器(监测车体绕垂直轴线转动的状态)、横向加速度传感器(监测汽车转弯时的离心力)等组成。控制单元通过这些传感器的信号对车辆的运行状态进行判断,进而发出控制指令。有ESP与只有ABS及ASR的汽车,它们之间的差别在于ABS及ASR只能被动地作出反应,而ESP则能够探测和分析车况并纠正驾驶的错误,防患于未然。ESP对过度转向或不足转向特别敏感,例如汽车在路滑时左拐过度转向(转弯太急)时会产生向右侧甩尾,传感器感觉到滑动就会迅速制动右前轮使其恢复附着力,产生一种相反的转矩而使汽车保持在原来的车道上。当然,任何事物都有一个度的范围,如果驾车者盲目开快车,现在的任何安全装置都难以保全。

1)ESP的组成

(1)传感器。转向传感器、车轮传感器、侧滑传感器、横向加速度传感器、转向盘油门制动踏板传感器等。这些传感器负责采集车身状态的数据。

(2)ESP电脑。将传感器采集到的数据进行计算,算出车身状态然后跟存储器里面预先设定的数据进行比对。当电脑计算数据超出存储器预存的数值,即车身临近失控或者已经失控的时候则命令执行器工作,以保证车身行驶状态能够尽量满足驾驶人的意图。

(3)执行器。ESP的执行器就是4个车轮的制动系统,其实ESP就是帮驾驶人制动。和没有ESP的车不同的是,装备有ESP的车其制动系统具有蓄压功能。简单地说蓄压就是电脑可以根据需要,在驾驶人没制动的时候替驾驶人向某个车轮的制动油管加压,好让这个车轮产生制动力。

(4)与驾驶人的沟通。仪表盘上的ESP灯可与驾驶人沟通。

2)ESP工作过程

(1)当车辆左转出现转向不足的时候,ESP各个传感器会把转向不足的消息告诉电脑,然后电脑就控制左后轮制动,产生一个拉力和一个扭力来对抗车头向右推的转向不足趋势。

(2)后轮抓地不足或者后驱车油门踩猛了出现转向过度的时候,ESP会控制右前轮制动,同时减小发动机输出的功率。纠正错误的转向姿态。

(3)直线制动由于地面附着力不均匀出现跑偏的时候,ESP会控制附着力强的轮子减小制动力,让车按照驾驶人预想的行驶线路前进。同样当一边制动一边转向的时候,ESP也会控制某些车轮,增大制动力或者减小制动力,让车子按照驾驶人的意图行进。

随着ESP的引进,行驶稳定性得到进一步的改善。1995年ESP成为标准配置的首批车型面市。EPS能根据ABS、车辆偏转率和转向角数据识别车辆的转向不足或转向过度并从而对单个车轮进行制动,使车辆稳定在物理极限范围内并保持在驾驶人希望的弯道上(图4-16)。行驶动力调节装置的使用对减少事故数量和减轻受伤严重程度的贡献在不同研究中均得到了证实。为车辆配备了行驶动力调节装置的汽车制造厂家证实了驾驶事故或单车事故率高达42%的大幅度下降(打滑事故甚至高达80%)。瑞典的一项研究得出的评价是,ESP起作用的行驶动力调节装置对人身伤害事故有22%的效果,在潮湿或光滑路面上这种效果更明显。

四、辅助制动系统

货车在山区公路行驶时,需要经常下长坡,为了在下坡时保持稳定的运行速度,不得不频繁地使用连续制动措施。在只有行车制动系统的情况下，这种连续制动措施不仅大大增加制动蹄片的磨耗，更会由于热衰退效应造成制动性能下降甚至失效，造成车辆失控的危险。面对这种情况，欧美国家早在20世纪40年代就开始在行车制动系统之外采用辅助制动措施。20世纪70年代，欧洲国家通过立法，强制要求重载货车安装辅助制动系统。我国在改革开放以后，随着汽车工业和汽车运输业的发展，相当多的重载货车也安装了辅助制动系统。

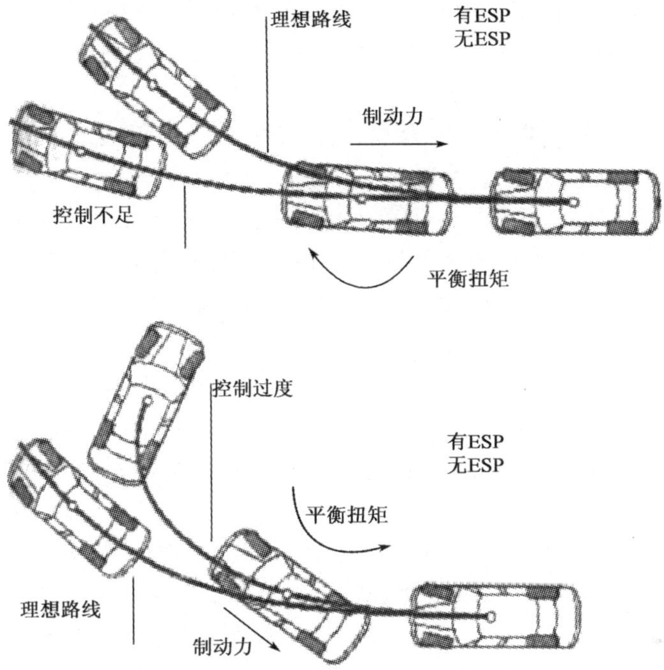

图4-16　ESP在车辆转向不足或转向过度时的影响

常见的货车辅助制动系统装置有：发动机缓速器、发动机排气制动装置、电涡流缓速器、液力缓速器等。

1)发动机缓速器和发动机排气制动装置

发动机缓速器的工作原理是：在汽车行驶的过程中，停止向发动机供给燃料，并将挡位挂到某一前进挡，使汽车通过驱动轮和传动系带动发动机曲轴继续旋转。在这一过程中，发动机在进气、压缩、排气阶段将消耗车辆的动能，从而达到减速的效果。在这一过程中，汽车的水泵、油泵、空压机、发电机等附件也会消耗一部分动能。发动机和各种附件阻碍曲轴旋转的力即为制动力矩，通过传动系的放大传给驱动轮。

为了加强发动机在停止供给燃料后的缓速作用，可以采取多种措施，控制发动机各构件的运转，提高缓速效能。如可以在发动机排气管处设置排气阀，在需要减速时关闭排气阀，阻塞排气通道，使发动机在排气过程中也能压缩空气做功，增大动能消耗。采取这种阻塞排气的方法强化功耗效能措施的发动机辅助制动装置就是发动机排气制动装置。

发动机排气制动装置具有结构简单、工作可靠和使用寿命长的优点，制动效能也很好，其制动功率可达发动机功率的60%左右。其缺点是在压缩比较小的汽油发动机上使用时，效果较差,且结构复杂。

排气制动装置的制动效能与发动机的转速正相关,因此,在使用时应将挡位置于低挡,以获得较大的允许发动机转速。另外,排气制动装置等发动机缓速装置,由于在制动时需要发动机转动做功,因此在使用时,应将离合器置于啮合状态。

2)电涡流缓速器

电涡流缓速器是利用电磁学原理,即转子在磁场中转动形成涡电流。一方面涡电流磁场与外磁场相斥,形成制动力矩;另一方面,涡电流的电热效应产生热能,消耗汽车动能。电涡流缓速器有装在变速器输出端、装在传动轴中间和装在主减速器输入端三类安装方式,其中第一种和第三种适合短轴牵引车,第二种适合传动轴较长的车型。

电涡流缓速器形成磁场的器件可以是电磁铁,也可以是永久磁铁。电磁铁电涡流缓速器受转子温度升高的影响较大,温度较高时会发生退磁现象,失去制动能力。永久磁铁电涡流缓速器具有质量和体积比电磁铁轻、小,不需要电能,无退磁现象和磁力较强的优点。

电涡流缓速器具有结构简单、制造成本低、制动力矩广、适应车型全、响应快、噪声小、易于控制、可靠性高等优点。缺点是体积和质量偏大,且电磁式缓速器需要消耗一定电能。

电涡流缓速器的制动效能很高,能够承担车辆总制动量的80%;电涡流缓速器运转与车辆发动机运转和挡位状态无关,即使发动机停转或空挡时也能发挥制动作用;电涡流缓速器能够与ABS、ESP等电子制动控制设备完整集成,因此,其保障行车安全的能力很强。另外,电涡流缓速器制动过程中的舒适性也是其他制动器无法比拟的。

3)液力缓速器

液力缓速器的作用原理是:缓速器转子在制动时搅动壳体内的油液,利用转子和定子之间油液的阻尼作用,产生制动距,将车辆的动能转化为热能。

液力缓速器具有使用寿命长、噪声小、容易实现扭矩控制、质量轻,以及可为高速大功率车辆提供较大制动力矩的优点,其制动输出也较为平顺、舒适。缺点是车速下降时,其制动力矩下降很快。另外,液力缓速器在非制动状态时有一定空转损失。

总之,无论是何种辅助制动装置,都能够以某种方式较平缓和连续地消耗车辆行驶的动能,合理地使用辅助制动系统能够使车辆以安全速度稳定行驶,能够有效克服甚至避免行车制动系统在连续或频繁使用时的热衰退问题。因此,使用辅助制动装置,能够有效提高货车在山区公路或其他需要频繁制动的道路上行驶的安全性,并大幅度降低行车制动蹄片的磨耗,增加行车制动系统的使用寿命。

五、车路协调系统

车路协调系统又称车路协同系统,是基于无线通信、传感探测等技术进行车路信息获取,通过车—车、车—路信息交互和共享,并实现车辆和基础设施之间、车辆与车辆之间的智能协同与配合,达到优化利用系统资源、提高道路交通安全、缓解交通拥堵的目标。

典型的车路协调系统通过车载装置,路侧装置,数据通信中心处理无线交通传感器网络采集得到的数据,并通过无线通信的方式实现车—车通信、车—路通信、路网之间的通信,最后,将整合得到的交通信息利用专门网络集成到数据处理中心,数据处理中心利用云计算对数据进行有效处理,根据计算结果,可以用来实现交通信息采集,交通协调控制,交通预警,不停车收费，交通执法，交通资源分配及诱导等一系列操作，有效地提高了交通通行效率与行车安全性。

图 4-17 为车路协同系统示意图。

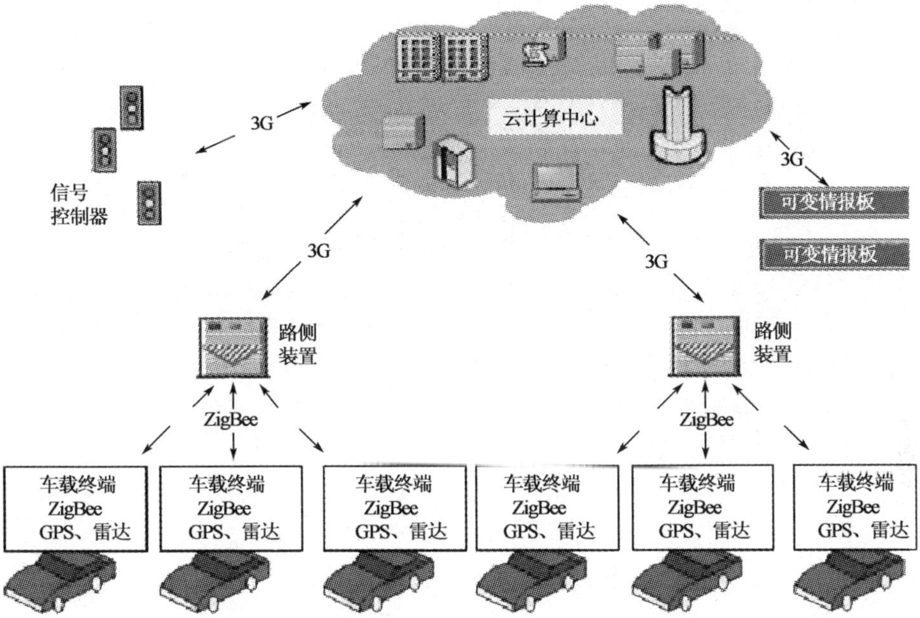

图 4-17　车路协同系统示意图（基于 ZigBee 技术）

六、其他新型技术

近年来，各国在汽车主动安全技术方面投入了大量精力，研发出了多种多样的新颖技术，用于向驾驶人提供提示、引导、预警信息，甚至在紧急情况下接管车辆的控制。比较成熟的技术如下几种。

1）车辆自动巡航系统（ACC）

采用雷达传感器，实时监测车辆与前面车辆（物体）的距离，进而提醒驾驶人注意保持车距。

2）车辆盲点检测系统（BSD）

采用 24GHz 雷达传感器检测车辆盲区内是否有行人或者其他车辆，进而报警。

3）紧急制动辅助系统（EBA）

电脑根据制动踏板上侦测到的制动动作，来判断驾驶人对此次制动的意图，如属于紧急制动，则指示制动系统产生更高的油压使 ABS 发挥作用，从而使制动力更快速地产生，缩短制动距离。

4）车道偏离预警系统（LDWS）

该系统提供智能的车道偏离预警，在无意识（驾驶人未打转向灯）偏离原车道时，能在偏离车道 0.5s 之前发出警报，为驾驶人提供更多的反应时间，大大减少了因车道偏离引发的碰撞事故。此外,使用 LDWS 还能纠正驾驶人不打转向灯的习惯,该系统其主要功能是辅助过度疲劳或长时间单调驾驶引发的注意力不集中等情况。

5)胎压监控系统

美国的 NHTSA 已经作出要求,截至 2003 产品年,车重小于或达到 4 536kg 的所有美国乘用车辆都必须配备胎压监控系统,事后宝马公司就已经把该系统用在全系轿车中。驾驶者可以通过车内提示警告系统来判断轮胎胎压情况是否正常,首先避免了因轮胎亏气出现的行车跑偏,其次在高速行驶时也对乘坐者安全是一种保障。

6)倒车警告/倒车影像/车外摄像头

倒车警告这项技术用于在驾驶期间以及驻车时,针对驾驶人盲区中的轿车或物体向驾驶人发出警告。通常,该系统会在驾驶人行车时已经进行响应。它可能会使后视镜内的一个警告标示进行闪烁,同时会发出声音警告,该系统是一个短程检测系统。如:上海通用别克君越车内后视镜就配备此功能,反光镜左边会有一个车体形状的图标,前/后雷达在侦测障碍物时警告标示会给驾驶者以视觉和听觉上的警告。

倒车影像和后视摄像机是一体的,还能够避免在倒车时意外伤及儿童和动物。倒车时可从向下倾斜后视镜或发出声音警告到实时查看。新一代技术包括一个摄像机,它可以与导航系统协同工作,对驾驶人身后的一切进行广角拍摄,然后反映在车内屏幕上,从而帮助驾驶人倒车或挂接拖车。

7)自动感应大灯和/或夜视辅助系统

自动感应大灯随车辆周边环境光线影响,系统会自动识别判断。雨雾天气光线不够,大灯会自动亮起给驾驶者提供更安全的行车环境。后期厂家又延伸到自适应大灯系统,这种更高级的系统会因方向而调节(在车辆转向时会转动灯光)。它们也可以是车速感应式车灯(可以改变光束的长度或高度),或者对环境光进行补偿。图 4-18 为感应式车辆前照大灯系统。

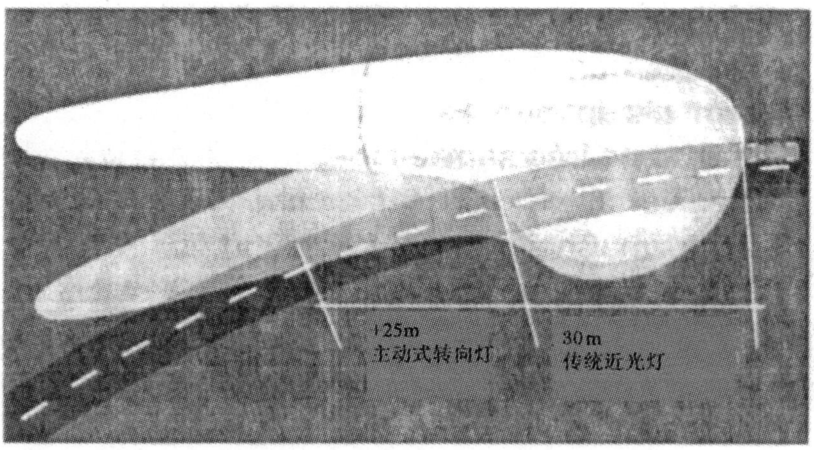

图 4-18　感应式车辆前照大灯系统

8)夜间视线增强系统

夜视系统可以有不同的形式,如基本的红外线大灯或热成像摄像机。但是无论采用何种科技，作用都一样：在夜间或者视线不明的情况下，帮助您看清更远处的路面并且辨别接近1 000in以外道路上的动物、人或树木。图像在驾驶室中的显示屏上形成，使肉眼难于看清的障碍物体提前被驾驶人掌控。目前博世公司开发的夜视系统则具有以上功能，但价格非常昂贵，即使是超豪华轿车目前也基本为选配系统。相信不久将来这一更高级的系统也会被中高级轿车所选用。

此外，驱动防滑控制系统、VSC车辆稳定控制系统、四轮转向控制技术、卫星导航与车距控制系统、自动制动系统、FCWS前碰撞预警系统、HMWS车距监控系统、HUD抬头显示系统等最新汽车主动安全技术，也在不断发展和成熟中。

第五章　公路基础设施交通安全保障技术

公路交通安全是一个涉及人、车、路、环境多方面因素的综合性问题，虽然根据交通事故成因分析，仅有极少的交通事故发生与公路基础设施的缺陷有关，但是研究也表明，公路基础设施的完善能够降低驾驶人的工作负荷和驾驶难度，使驾驶人获取充足的信息，从而有效地减少交通事故的发生，特别是公路防护设施能够在发生交通事故时为车辆提供有效的保护，减轻交通事故的严重程度。因此，尽管公路设施不是导致交通事故的主要因素，但是公路设施对驾驶人和车辆的安全有积极的促进作用。交通运输部主导实施的公路交通安全保障工程计划证明，公路基础的完善有效地改善了公路的交通安全水平。

在影响交通安全的三个客观因素人、车、路中，公路的建设和养护均是由政府部门负责和管理的，而驾驶人意识和技能的提升与个人因素有很大关系，而且需要的周期很长，车辆安全性能的提升则受市场的影响很大，由于经济规律的作用，很难在短时间内取得长足进步，只有政府主导的公路基础设施能够在统一部署下在短期内实现较大的改善。因此，我国和世界上许多国家一样，十分重视公路基础设施的交通安全建设。

第一节　我国公路基础设施交通安全现状分析

国家道路安全行动计划在研究过程中，对我国交通事故发生率较高的西南地区的历史交通事故数据进行了深入的分析，通过从宏观和微观的角度对西南片区公路多条国省干线公路事故多发点(路段)的事故分布规律及成因进行研究，分析交通事故与公路线形公路交通设施之间的关系，可以得出以下主要结论。

1)单纯由道路因素导致的交通事故极少

(1)整理分析云南省、四川省和重庆市的交通事故资料共 1 506 份，确定事故多发路段 21 处，事故多发点 3 处，其中与线形有关的事故多发位置 3 处，包含事故数 12 起，占总交通事故的 0.8%。

(2)在“人、车、路、环境”构成的交通系统中，影响交通安全的因素既有人，还有道路、车辆和交通环境，它们之间相互作用，相互影响。驾驶人是车辆、道路和环境的理解者、指令发出和执行者，因此它是系统的核心。

(3)交通事故发生的绝大部分是由人的因素导致的，由路的原因导致的交通事故所占比例很小。路、车和环境的因素必须通过人才能起作用，人、车、路、环境组成的系统时刻在变化，因此是不稳定的，四者靠人的干预达到平衡，无疑人是道路事故的关键因素。道路交通系统的运行又是一个很难控制的随机过程，由于人的生理特点的原因，在参与交通的过程中，难免会出现各种不利于交通安全的行为。

2)线形指标较高的路段事故频发

(1)平直路段上事故较多。根据本次统计事故的资料,分析得到21处事故多发路段和3处事故多发点,其中有2处事故多发点和事故多发路段重叠,剔除后共有22处事故多发点(路段)。分析事故多发点(路段)的线形容易得出,22处事故多发点(路段)中有18处位于直线段,直线段占事故多发点(路段)总数的81.82%。

(2)车辆在平直路段上超速情况严重,翻车和侧面相撞事故较多。直线段线形单一,行车枯燥。在直线段上行驶的驾驶人会从心理上放松警惕,认为直线路段行车视野好,便于超车而不断加速,但在高速行驶时,驾驶人的动视力会下降。另外,驾驶人在长直路段超速,直线路段末段后的曲线部分对向来车时,会车过程中车速较高,驾驶人避让不及易发生侧面相撞事故,或驾驶人猛打转向盘导致翻车事故。

(3)长直线和短直线路段对交通安全均有影响。因直线路段过长,且道路景观是静止的,容易因驾驶人麻痹松懈、打瞌睡、注意力分散,致使反应迟缓,一旦发生突然的交通情况,就会措手不及而发生事故。在断背曲线中,容易把短直线和两端曲线看成反向弯曲,整个线形缺乏连续性,容易导致驾驶失误。反向曲线之间的直线过短,对于有超高、加宽的反向曲线,将不能实现反向变化的平稳过渡,行车也是不安全的。

3)道路线形以及运行速度不连续路段易发事故

(1)线形指标突变处易发生事故。虽然在总体事故路段分布中,长直线段占据多数,但对重庆、四川以及云南等事故路段的分析中可以得出,在道路线形连续的情况下,平直路段的事故数要大于纵坡段以及弯坡组合段,事故较为集中。

(2)长大纵坡接小半径曲线段的事故数量依旧十分突出。长大纵坡接小半径曲线为线形指标不连续路段,根据事故统计资料结合实地观测数据可得,车辆运行速度突变是导致事故发生的主要原因,事故形态主要表征为超载车辆的侧翻和超重货车的制动失效。

4)交通事故多集中于城镇及交通枢纽路段

(1)城镇及交通枢纽路段交通量大、车况复杂、事故集中。通过对事故资料分析及现场实地调查可知,国省干线尤其是山区公路交通事故主要集中在人口密度较高的城镇周边以及交通枢纽路段。城镇周边交通环境复杂,各种类型的交通工具混行严重,道路红线范围内被违法占用的现象较为普遍,因此对车辆的安全正常行驶影响很大。部分路段的交通事故还集中于交通枢纽路段,这些路段交通量相对较大且车况复杂,增加了发生交通事故的可能性。

(2)夜间无照明增大事故发生的可能。沿线乡镇路段基本无照明设施,夜间行车视线受到局限,而事故分析中大多出现交通事故路段的线形为直线段,行车速度较高,事故发生概率增大。

(3)城镇及交通枢纽路段的事故严重程度高。城镇及交通枢纽路段沿线为居民聚集区,人口密集,横穿道路的情况较多,事故类型中车辆与行人相撞的比例较高。而在平直路段上尤其是夜间车速较快的情况下,事故的严重程度很高。

5)沿线交通环境对行车安全产生影响

(1)交通标志缺失会对行车安全产生影响。当驾驶人由直线方向进入弯道时,由于车速快,而弯道外侧没有行道树等起提示作用的标志,导致驾驶人误以为前方为直线,往往造成车辆驶出路外,这在山区道路中是十分危险的。

(2)公路路基宽度不足也会造成交通事故。很多县乡道路普遍路基宽度不能满足最小路基宽度的要求，缺少土路肩，不能为摩托车、非机动车以及家畜提供行走通道，造成主路行车道上交通混行严重，行车安全存在隐患。

6）交通工程设施不是交通事故的直接致因，但安全保障作用巨大

事故分析表明，公路设施因素中的交通工程设施不是交通事故的直接致因，但交通工程设施对于控制车辆速度、提高驾驶人注意力，进而减少或者降低事故严重程度，避免次生事故发生均有意义。通过对 2005～2009 年 968 个公路典型安保工程实施路段事故变化情况的前后对比分析，和 2007～2009 年 3 176 个公路路段事故空间分布情况的横向对比分析，可以发现，虽然近几年交通事故率还呈现出波动变化的发展规律，但从长期变化情况来看，交通安全状况已有明显的改善，特别是对于实施了以完善交通工程设施为主的安保工程的路段，交通事故起数和死亡人数都有不同程度的下降，部分路段事故减少率达到了 80%，且交通事故致死率逐渐减少，反映出交通工程设施对保障人民群众生命安全方面发挥着极其重要的作用。

7）路侧安全保障是交通安全的最后一道防线，但仍有待完善

对 2010 年 1 月 1 日至今发生的 180 起死亡 3 人以上的公路路侧事故案例进行专项分析，事故类型及伤亡人数分布如图 5-1 所示。

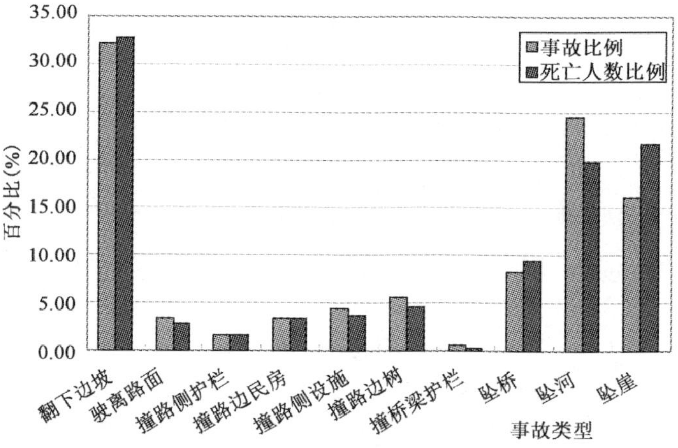

图 5-1　重大以上路侧事故类型及死亡人数比例图

由事故类型分析可知，山区公路路侧事故以翻下边坡事故居多，其次是坠河与坠崖事故，坠桥事故也有较大的比例，约占总事故数的 11%。从死亡人数比例来看，同样是翻下边坡事故居首，其次分别是坠河、坠崖与坠桥事故。进一步分析上述事故可以发现，事故发生的原因是多方面的，事故形态也有较大差别，但有一点是共同的：车辆冲出路外是事故形态进一步恶化或导致二次事故发生的重要原因。

设置必要的路侧安全设施是防止车辆冲出路外的重要手段，特别是路侧护栏的应用。公路护栏是应对交通事故的最后一道防线，护栏之外就是深沟陡崖或对向行车道，护栏的防护性能对于减少人员伤亡和财产损失，降低事故严重程度至关重要。目前我国公路防护设施存在的问题主要有：

(1)护栏端头存在安全隐患。所调研的大部分高速公路波形梁护栏端头一般均采用圆头式，但并未采用外展式的端头渐变段设计，因此当车辆冲撞护栏端头时极易发生护栏板插入车厢的事故，如海南环岛高速、河北石安高速、新疆乌奎高速等。因此，建议对护栏端头形式进一

步规范。

(2)中分带护栏防护能力不足。随着车辆性能的改善、车速的提高以及重型车辆的增加，高速公路上车辆因发生事故而撞毁中央分隔带护栏冲入对向车道的现象时有发生，如河北石安高速等。因此，建议对于重型车辆较多或者特殊地形条件下的高速公路护栏防护能力应重新评估。

(3)刚性、柔性护栏接头处理不当。路侧护栏与桥梁护栏之间存在刚度变化和连接问题。路侧护栏刚度小于桥梁护栏的刚度，在桥梁两端设置波形梁护栏时，应保证两护栏连接处的连续性。调查中发现许多公路桥梁护栏与路侧波形梁护栏之间设置时，都存在很大的间隙，这往往成为桥梁端头安全隐患。

此外，路侧障碍物已成为重要的行车安全隐患。当车辆驶出路外后，为降低车辆与路侧障碍物发生碰撞的可能性，有时候需要将路侧障碍物去除、移至更远处，或是减少可能形成路侧障碍物设施的使用量，常见的适用于该方法处置的路侧障碍物有行道树、路侧灌木、公用设施杆柱、坚硬的堆放物(如石头堆)或孤石等。调研公路中许多路段路侧净空区范围内都存在公共设施杆柱等危险障碍物，这些坚硬的杆柱距离行车道过近，位于车辆冲出路外概率高的路段的路侧时，给行车安全带来很大隐患。对于路侧安全设计，需进一步评估。

8)超速行驶是交通事故的重要致因，速度控制是保障安全的重要措施

交通事故的重要成因之一是超速导致的驾驶人操作不当造成。通过在调研典型事故多发路段的交通流速度观测结果可以看出，多数路段的车辆运行速度接近甚至超过了路段的限制速度，由于这些路段道路条件复杂，当驾驶人超速行驶时很容易失去对车辆的控制，因此对于山区高速公路，交通安全的重点在于如何有效控制车辆的行驶速度。同时，由于车辆的行驶速度普遍偏高，因此小型车以及大型车的车速差较高，平均都在 30km/h 左右，由此也导致在山区公路中尾随相撞所占的比例较大。

随着近几年机动车辆数量的增多，公路通行条件的改善，原以“经验、设计速度”作为公路限速标准的习惯认识已经不能适应我国以公路发展带动经济发展的要求，成为制约我国公路运输效率发挥、浪费公路运输资源的重要因素，也因此在社会上引发了一些具有较大社会影响的争论。驾驶人普遍认为我国公路限速值偏低，限速执法上尚缺人性化。另外，通过对事故多发路段在采用安保设施后的交通流观测也可以发现，减速设施中以减速带、横向减速振动标线的作用较大。

因此对于超速事故多发路段需要合理设定限速值，通过综合的交通安全保障设施，利用提示警告标志告知驾驶人路段的危险性，利用减速设施适当控制车辆的行驶速度，利用开挖视距台、拓宽路基路面、清理路侧视觉障碍物等多种措施改善行车视距，以此可以从一定程度上提高路段行驶的安全性。

9)交通标志设置仍需改进

事故分析表明，夜间 20:00～21:00 时段事故最为突出，其次是午后 15:00～16:00 和凌晨 2:00～3:00 时段事故数较多。夜间事故较午后和凌晨密集，主要是由于夜间无照明设施、超速行驶、沿线居民聚集区较多、视线不足、横穿道路和沿线居民出行情况较多，这些都是引发交通事故的主要因素；在午后行驶，驾驶人身体疲乏、反应迟钝、注意力不易集中而极易导致交通事故；而在凌晨，驾驶人注意力不集中、疏忽大意也是引发交通事故的重要因素。交通标志设

置不当会对行车安全产生影响。如,当驾驶人由直线方向进入弯道时,由于车速快,而弯道外侧没有行道树等起提示作用的标志,导致驾驶人误以为前方为直线,往往造成车辆驶出路外。因此,交通标志设置对于提示危险、改进驾驶人行为、避免交通事故的发生有重要意义。

通过对我国公路的调研发现,我国交通标志在下列方面仍然值得进一步改进:

(1)指路标志信息选取和发布不完善,存在由驾驶人走错路或寻路犹豫引发的交通事故。指路标志信息选取侧重于对单条道路交通流的指引,而对路网功能的考虑较少。指路标志信息发布的系统性、连贯性需要增强。指路标志对重要干线及重要设施或区域的重复频率有待加强。

(2)部分路段标志存在信息量过载的情况,影响标志认读。一些路段(特别是进入事故多发路段之前的位置)存在警告、禁令类标志集中设置,造成信息过载的问题。一些互通立交路段设置的图形类标志过于繁复或文字过多,不利于驾驶人对标志含义的快速理解,如图 5-2 所示。

图 5-2　图形复杂或文字过多导致的信息量过载

(3)部分国省干线公路标志设置位置或内容选择不当。主要是一些在急弯、连续弯道等危险路段设置的禁令、警告标志,其设置位置不恰当,不利于驾驶人及时看到标志的提示,提前作出合理反应,有些甚至容易引起驾驶人的误解。如图 5-3、图 5-4 所示。

图 5-3　急弯警告标志设置位置偏后

通过对我国公路基础设施交通安全现状分析能够发现，公路设施不是导致交通事故的直接原因，但是如果驾驶人不能正确地认识公路交通环境，特别是“过高”地估计了公路设施能够提供的安全保障水平时，就容易形成事故易发路段。因此，完善公路基础设施，使驾驶人能够对公路状况有正确的认识，同时提高公路的防护能力，就能够有效地减少交通事故的发生，安保工程的实施效果已经证明了这一点。

图 5-4　警告标志内容选择不当

而且调查结果也表明，我国公路在线形、横断面、交通标志和防护设施上尚存在较大的提升余地，因此在当前阶段，继续改善我国的公路基础设施状况，为出行人提供更完善的交通安全服务依然是当前公路交通安全保障工作的重点。

但是需要注意的是，由于公路基础设施不是交通事故发生的直接原因，因此公路环境的完善对于交通安全水平的提升是有局限性的，真正从根本上改善我国的公路交通安全状况还需要驾驶人和交通参与者交通安全意识的持续提升。

第二节　公路安全保障理念

“理念是指人的思想和想法”，只有理解并且坚持正确的理念，才有可能做好公路安全保障的工作。我国政府一向秉承坚持“以人为本，树立全面、协调、可持续的发展观，以及促进经济社会和人的全面发展”的执政理念。交通运输部冯正霖副部长在 2004 年 9 月交通勘察设计会上提出了“六个坚持、六个树立”（即坚持以人为本，树立安全至上的理念；坚持人与自然相和谐，树立尊重自然、保护环境的理念；坚持可持续发展，树立节约资源的理念；坚持质量第一，树立让公众满意的理念；坚持合理选用技术指标，树立设计创作的理念；坚持系统论的思想，树立全寿命周期成本的理念）的公路勘察设计新理念。其核心是紧紧围绕科学发展观的要求，通过“灵活设计”和“创作设计”实现“安全”、“生态”、“节约”、“质量优良”、“系统最优”的目标。公路设计新理念是“坚持以人为本，树立全面、协调、可持续的科学发展观”在公路建设中的具体体现，是今后公路勘察设计工作极其重要的指导方针。同时交通运输部公路勘察设计典型示范工程也具体提出了"安全、舒适、环保、和谐"的设计目标。可见，安全已经是当前我国公路建设中最重要的建设理念和指导思想。

但是安全是一个很大的范畴，在具体的公路安全保障工作实施过程中，需要比较具体、具有可操作性的理论指导。根据多年来实践经验的总结，以及多项研究的成果，在公路设计和交通环境完善过程中一定要秉承"以人为本，安全第一"的理念，充分考虑驾驶人认知和行为特性以及公路设施对驾驶人驾驶过程中的引导和警示作用，从主动引导和被动防护两个方面充分考虑交通安全对公路环境的需要，提升公路交通安全的水平。在具体的公路安全保障实践工作中，在交通安全保障技术运用上，应遵循下列具体设计理念。

一、与公路功能相适应的理念

公路是指连接城市、乡区和工矿基地之间，主要供汽车行驶并具备一定技术标准和设施的道路，是公路运输的基础设施，是公路运输得以发展的基本物质条件，公路在本质上是一种功用性设施。在公路网中，不同的公路路段由于在路网结构中的地位和位置不同，其承载的交通需求和交通特征也会存在较大的差异，因此，客观上路网中不同公路具备了不同的功能特性。

一般而言，公路功能是公路在运输系统环境中所起作用的具体表现，是为交通出行提供服务的性质和能力。当公路自身的线形和服务水平等技术属性与路网功能要求一致时，交通基础设施就能够发挥最大的效益，同时也会具备较高的安全性。反之，就会出现交通不畅，而且会形成更多的交通安全隐患，加重发生交通事故的风险。

我国早期建设的某高速公路，在建设之初是按照以小客车为服务对象的旅游公路规划设计的，但是随着地区经济的发展，该高速公路上的货运车辆不断增加，逐渐演化成具备旅游和货物运输双重功能属性的公路通道，由于公路在设计过程中未预料到公路功能属性的改变，因此公路技术参数对于大型货运车辆的安全需求考虑不足，而且小客车和大货车之间的速度差异较大，导致该高速公路交通事故数量急剧上升，特别是大货车频繁发生重特大交通事故。其根本原因是公路的功能与公路基础设施的技术属性之间的不协调导致的。因此，在利用路网的调节功能将货运车辆分流出该高速公路，恢复了该高速公路的旅游公路属性之后，交通事故得到了根本性的遏制。

因此，公路基础设施的技术参数、服务能力和管理水平应该与公路在路网中的功能属性相适应，这就要求在公路规划阶段就要对公路在路网中的功能属性有明确的定义。在具体的设计过程中，应该根据公路的功能要求选择合适的设计指标和设计方案，并在公路的日常管理和养护过程中，根据公路功能属性的变化调整管理的对策，使公路基础设施的设计和管理均能与公路自身的功能相适应，避免公路上的车辆和交通流与公路之间出现不匹配的状况，这是公路设计和管理者应该具备的理念。

根据可达性和机动性要求的程度不同，我国公路根据功能可以划分为主干线公路、干线公路、集散公路和出入道路（地方连接线）；对于部分具有特殊功能的公路，将其列为一类，即专用公路，如旅游专用公路和货运通道。

我国公路功能分类与公路行政等级的对应关系规定如表 5-1 所示。

公路功能分类与公路行政等级的对应关系　　表 5-1

<table>
<tr><th colspan="2">公 路 功 能</th><th>公 路 层 次</th><th>行 政 区 域</th><th>行 政 等 级</th></tr>
<tr><td rowspan="4">干线</td><td rowspan="2">主干线</td><td>国家高速公路网</td><td>国家</td><td rowspan="2">国道</td></tr>
<tr><td>主干线公路</td><td>国家</td></tr>
<tr><td rowspan="2">次干线</td><td>省际公路</td><td>国家与省、自治区</td><td rowspan="2">省道</td></tr>
<tr><td>省内干线公路</td><td>省、自治区、直辖市</td></tr>
<tr><td rowspan="2">集散</td><td>主集散路</td><td></td><td>省、自治区、直辖市</td><td>省道</td></tr>
<tr><td>次集散路</td><td></td><td>地级市</td><td>县道</td></tr>
<tr><td>地方连接线</td><td>农村公路</td><td></td><td>县、乡、村</td><td>乡、村道</td></tr>
</table>

干线公路、集散公路和地方公路，这三类公路构成了整个公路网络体系。其中互通立交和交叉口是实现路线转换的设施。

公路网络中公路的职能应作出清晰划分。换言之，直达交通或长途交通不应大量地出现在地方连接线上，本地交通也不应出现在具有干线功能的公路上。这种要求应体现在公路的具体设计中。地方连接线不应成为长途交通节约时间的可选路线，而具有干线功能的公路也不应提供直达居民区、学校、工厂和体育设施等处的通路。

然而目前的实际情况是，公路的功能往往不止一个，设计功能和实际使用功能不符，造成了不少安全隐患。如前述的高速公路路段，另外一种比较严重的情况是，目前我国现有一些公路部分路段城镇街道化严重，使这些公路具有了居住区街道功能，功能不再单纯，行人、玩耍的儿童、骑自行车者、停靠的车辆以及通过的车辆都在同一区域出现，不利于交通组织。因此，在公路建设和行政管理过程中要特别注意避免这一现象。

从公路交通安全保障的角度出发，公路应该避免功能组合的情况，使公路功能单一化。功能较多往往导致有些设计要求和交通行为规则相互矛盾而引发较高的事故风险。同时公路的设计指标和管理服务水平也应与功能和服务车型相适应，这样才能在根本上避免车与路之间的不协调。

二、与交通参与者特性相一致的设计理念

“人”永远是交通系统的核心要素，提供安全、舒适、快捷的服务是公路行业的立足之本。在公路安全保障工作中，应时刻突出体现公路设计的服务主体为道路使用者，主动适应交通参与者的行为和生理、心理特性。

公安部对全国的交通事故统计数据表明，虽然驾驶人的主观错误(如饮酒、逆行)导致的交通事故是不可原谅的，也更加容易被社会所关注，但是其数量在全部交通事故中所占的比例并没有想象的高，如酒后驾车只占 2.5%。更多的事故是由于驾驶人非主观故意的操作失误、应对措施失当或者注意力不集中等导致的。从心理学的角度分析，这些失误并不是完全由驾驶人自身因素导致的，而是因为驾驶人未能正确地理解交通环境，或者未能正确地认识自己的驾驶技能。在这一过程中，驾驶人对交通环境的认知、理解和瞬间决策是非常重要的。

因此，公路基础设施应该尊重交通参与者的行为和认知规律，并且充分认识到由于人的生理和心理具有的客观局限性，交通参与者犯错误是正常的，在公路基础设施的设计和建设过程

中，不能假设交通参与者在处理与公路环境之间的关系时会永远正确，具体到设计中，就是要充分了解驾驶人在感知外部信息、理解交通环境过程中的认知规律。

根据安全工程理论，切断导致事故发生链条中的任何一环，都可以阻止事故发生。而在任何情况下，驾驶人都是交通事故发生过程中的核心因素之一。因此从理论上讲，如果驾驶人的决策与行为能够很好地适应外界的交通环境特性，或者偏于保守，即趋向于减少和消除道路或车辆因素导致的危险，就能极大地降低和减少交通事故的发生。或者，如果道路条件和车辆状态能够使驾驶人的决策变得简单、使驾驶人行为的正确率大幅度提高，也能够有效地改善交通安全状况。

1978 年，美国《Transportation Research Record》第 681 卷中的“HIGHWAY DESIGN-CONSISTENCY AND SYSTEMATIC DESIGN RELATED TO HIGHWAY SAFETY”论文中，提出了驾驶人对公路环境的心理预期与公路设计的一致性问题。美国联邦公路管理局在 1986 年发布了 FHWA-TO-86-1 研究报告“DRIVER EXPECTANCY IN HIGHWAY DESIGN AND TRAFFIC OPERATIONS”，该报告提出了公路技术人员应该将公路建设得更符合驾驶人的需求。从那以后，对于公路环境中人的因素(human factor)的研究成为国际交通安全领域的主流，欧洲国家也提出了“自解释道路”(SER，Self-Explaining Roads)的概念，其实质是通过对公路环境的完善和改进，使公路环境像一本容易理解的书一样能够被驾驶人简单地阅读和理解，即公路通过自身的环境将公路的特征“解释”给在公路上驾驶车辆的驾驶人，避免出现驾驶人错误判断的情况。这一理念的推行取得了良好的效果，并在很多国家得到了倡导和推广。

例如，荷兰为防止公路使用者之间的不确定性，要求公路在建设、设置标志和标线时必须具备“自解释能力”，即：使公路使用者明确公路上会发生哪些行为。在具体的操作上，荷兰提出：为便于清晰地区分各公路类别，公路等级的数量应受到限制(即不宜有太多的公路等级，这样可以使不同种类的公路之间区别很大，而同一种公路内部之间区别很小，能够避免驾驶人不能清晰地辨识当前公路等级的情况)；同一类型公路的设计和设置标准应尽可能统一，这样公路使用者就会明确他们应采取哪些驾驶行为，也将更好地预测其他公路使用者的驾驶行为。同时在局部公路环境的设计上，重视视距的保障和对驾驶人的诱导，特别重视避免错觉的出现等。

事实上，无论是“驾驶人对公路环境的心理预期与公路设计的一致性”还是“自解释道路”，其基本的理念是公路设计应符合驾驶人的特性，公路环境应体现对人的尊重和关怀，处理好人、车、路的关系，与交通参与者特性相一致，通过建立人和路的和谐关系达到减少交通事故的目标。实践证明，这一理念的践行不但对于交通安全有重要的促进作用，而且对于提升公路品质，降低驾驶负荷，提高驾驶舒适度都有很重要的意义。

从驾驶人的角度出发，理想的公路环境应该让驾驶人知道道路的走向、道路的交通特征以及驾驶人应采取什么交通行为。在实际工作中，实现这一目标是很困难的，但是道路设计和管理者应该对这一理念有深入的理解，并为之而努力。

三、容错和宽容的设计理念

“交通参与者在公路上一定会出现错误”是一个客观的事实，不用去认真剖析这些错误产生的原因,事实上每一个人都有犯错的时候,包括本书的作者和读者。正因为每一个人都是不完美的,才应该认真地考虑如何看待交通参与者在交通环境中的错误。曾经有一种观点:公路设施无须为由于交通参与者自己的错误而发生的交通事故承担责任,也无须为此作出改变。这种观点是十分片面的,从以人为本的角度出发,公路设施不能因为交通参与者犯了错误就纵容这种错误导致严重的交通事故,甚至导致交通参与者的死亡。公路设施应该尽可能地去关怀每一个交通参与者,充分考虑交通参与者在驾驶过程中犯错误的可能性,用宽容的理念允许交通参与者犯错误,不让交通参与者或其他交通参与者为错误付出生命的代价,这就是公路交通安全保障工作中的宽容和容错理念。

宽容的设计理念要求公路基础设施从两个层面对待交通参与者的错误,首先是通过明确的提示和充分的服务设施降低交通参与者犯错误的可能性,其次是在交通参与者出现错误以后,能够通过防护或增加其他设施降低这些错误导致的后果,也就是重视公路设施对交通参与者的"主动引导"和"被动防护"。

诚然,由于投资等因素的限制,公路环境对交通参与者错误的宽容是不可能没有上限的,但是重要的是公路设计和管理人员应该具备这样的理念,在条件允许的范围内尽可能地为交通参与者提供宽容、安全的交通环境。

第三节 公路几何线形的交通安全设计

公路交通安全是一个涉及人、车、路、环境多方面因素的综合性问题,对交通部门而言,提高公路的安全水平就是要力争使公路尽可能地与人、车和环境相协调。具体来说就是公路要能够满足驾驶人在驾驶过程中对公路信息和服务的需求,符合驾驶人的驾驶习惯和车辆的行驶特性,能够与周围的自然环境融为一体。

公路基础设施涉及的部分很多,包括构成公路主体的路基、桥涵、隧道以及保证公路功能正常发挥的排水系统、安全设施、机电系统等,这些组成部分都在不同的程度上对交通安全有影响,但是研究表明,其中最重要、最关键的因素是公路的道路线形。道路线形是驾驶人在驾驶过程中最关注的信息,直接决定了驾驶人采取的驾驶行为,同时线形的走向结合周边的地形也决定了公路的主体和附属工程,因此对于公路基础设施,可以说"交通安全从线形设计开始"。

通常情况下,驾驶人行驶在与他们所预期的路线特征一致的路段上时,有充足的反应时间,判断失误较少。但是,当路线几何要素与驾驶人的预期不一致时,驾驶人仍然会不自觉地按照所预期的线形行驶,那么在这样的路段就容易出现意外情况,驾驶措施不当的可能性也会增多。从路线设计的角度进行分析,线形设计上的任何突变,都将出现不连贯的驾驶行为,造成驾驶人的不适应并使该位置所发生的交通事故具有聚集性。

因此,为了保证交通安全,首先就要求在公路线形设计中要充分考虑人、车和环境的特性,灵活地运用设计指标,从人性化和均衡性的角度进行针对性的设计,使公路线形连续、均衡,符合驾驶人的预期。

但是,在我国的公路线形设计中,长久以来一直存在着忽略驾驶人特性和需求的现象。特别是在经济不够发达的时期,往往片面地强调公路的经济性和通达性,导致公路线形设计上存在着种种安全缺陷，这些缺陷一旦与不利的人、车和环境因素相结合就容易形成交通事故集中发生的路段，例如长直线接小半径平曲线和不恰当的弯坡组合路段，如图 5-5、图 5-6 所示。

图 5-5　长直线接小半径曲线

图 5-6　弯坡组合路段

进入 20 世纪 90 年代以后，我国的公路建设事业得到了极大的发展，但是线形设计与交通安全的关系仍然没有得到足够的关注，导致公路线形设计中出现了片面重视高指标，或者在山区连续运用极限指标的情况。虽然这样的设计是符合设计规范和标准的，但是仍有可能导致不符合驾驶人特性和车辆特征的情况出现，从而引发安全方面的问题。例如，目前在我国受到社会各界极大关注的长大纵坡问题就是如此。

导致上述问题的核心是设计人员还没有将安全的意识融入到公路线形设计中去，在设计方法、流程和指标选择等环节没有充分考虑交通安全的需求。在公路几何线形的设计以及改造过程中，设计人员应该意识到，公路线形设计不仅要保证适用与经济，而且要追求行车的安全与舒适性，能够为用路者提供安全、高效的运输服务，同时还要保护对人类生活至关重要的环境、景观、历史和社会资源，寻求与周围自然条件、人文环境相和谐的解决方案。

无可争议的是，安全是公路线形设计中必须考虑的重要方面，但是除此之外仍然有很多因素需要考虑。限于内容，本书只探讨与安全相关的问题，但是这并不意味着其他方面不重要。

一、公路线形设计标准的安全问题

线形设计标准是设计人员在线形设计时遵循的基本原则，在设计过程中发挥着至关重要的作用。但是问题是有时候设计人员表现得过于依赖标准，他们往往认为满足了标准的要求就同时满足了所有各方面的需求。大部分的公路设计者们相信按标准建设的公路是安全的，而律师和法官在法律纠纷中通常也认为按标准建设的公路是恰好安全的。事实上，这种推论并不是完全正确的，符合设计标准的公路很多时候都是不够安全的，这是因为下列明显的原因。

(1)公路线形设计标准要兼顾很多因素。公路线形设计标准不是专门的安全设计指南，标准必须综合考虑多种因素，例如地质地貌、土地使用、工程造价、施工的便利、车辆的机械性能等，标准的作用就是在众多因素里面寻找一个比较平衡的范围，这必然导致了安全方面的考虑被稀释和削弱了。

例如凸形竖曲线的视距控制，根据障碍物高度和驾驶人视高的不同，相应的曲线长度要求会有很大的变化。对于障碍物的高度，德国标准采用的值为 0cm，美国标准为 10cm，澳大利亚标准是 20cm。显而易见的是，德国标准能够满足任何情况下驾驶人对于路面上障碍物的识别。而美国和澳大利亚的标准则不能，这更多是出于减小竖曲线长度的考虑。因为将障碍物的高度由 0cm 增加到 10cm，所需的竖曲线的长度就会减少 40%，但这就意味着美国和澳大利亚标准只保证某一尺寸以上的障碍物能够被驾驶人识别。因此单纯从安全的角度看，德国凸曲线设计标准是最安全的，美国次之，澳大利亚凸曲线设计标准则考虑安全最少。

可见，安全因素在线形设计标准中往往会受造价或受其他因素影响，从而得到某种程度的削弱。正如澳大利亚的竖曲线设计标准，在某些设计指标中已经包含了一些潜在的不安全因素，通常这些不安全因素发生的概率会比较小，但是在一些特定的情况下，与特殊的交通和环境因素相互作用，也有可能成为诱发交通事故的重要因素，例如在澳大利亚的公路上有一块高度小于 20cm 的较大的障碍物。换言之，参照标准进行的线形设计在绝大多数情况下是安全的，但是并不是绝对安全的，在一些特殊的条件下，设计人员应该从安全的角度进一步分析设计指标的适用性。

(2)公路线形设计标准无法全面地涵盖全国的情况。我国是一个幅员辽阔的国家，涵盖了世界上绝大多数类型的地形地貌和气候特征，这种多样性决定了标准不可能适用于我国所有的场所和条件，更不可能对全部技术指标作出明确的规定，而且随着交通运输相关领域的发展，产生的新的安全问题并不能在标准中得到及时的体现。因此，如果不加分析地套用标准的指标要求，有可能在某些特定地区形成不利于交通安全的状况。

例如，从 20 世纪 90 年代末开始，在我国多条公路的连续长纵坡上频繁出现了严重的交通安全问题。从标准的角度看，这些路段都是符合当时的设计标准的，但是随着重型车的增加和运输效率的提高，山区的这种特定的线形组合逐渐演变为一种不安全的因素，当与车辆超载等因素相结合的时候就会导致货车的制动系统失灵，进而发生交通事故。

这充分说明标准并不能涵盖所有的安全因素，而且通常要滞后于新的安全问题的产生。因此在线形设计中，要关注是否有需要进行深入考虑的特殊情况，是否有新的问题出现，是否有新的研究成果和工程经验可以借鉴，这对保障线形设计的安全水准是十分重要的。

(3)公路线形设计标准规定是界限值，尚需要设计人员合理运用。在我国，公路线形设计标准对于指标值只是规定其界限值，即指标选用不能大于或小于某一数值，而不是采用“设计值域”的方式。这就意味着在满足界限值许可的条件下，设计人员有很大的选择自由度，在此过程中有可能由于设计人员的失误导致指标使用失去均衡的情况。

例如，在设计速度为 60km/h 的二级公路上，标准规定的一般最小半径是 200m，也就意味着允许长直线接 200m 小半径曲线的线形存在，反映到实际的驾驶行为中就会形成较长时间的高速行驶后要急剧减速转弯的情况，众所周知这是比较危险的。如果曲线内侧的视距条件受到了限制则很有可能形成事故频发的路段。这个例子充分说明在标准允许的情况下，仍有可能出现不利于安全的线形设计。

因此，当标准的规定是界限值的时候，对于指标的运用就变得至关重要，特别是相接路段指标选用的均衡和连续性对公路的安全性影响巨大。在现行的设计标准体系下，这需要依靠设计人员的智慧和经验来掌握，因此设计人员自身的安全意识和设计技术水平对公路几何线形设计的安全水准有着至关重要的作用。

前面提及的三个方面并不是否定标准在安全方面作出的贡献，事实上标准保证了一些危险的极限状况不会出现，对于保障公路基本的安全水准是非常重要的，只是由于受自身的定位和功能所限，标准对交通安全的考虑并不全面。因此，认为“符合标准的线形设计必然是安全的”是一种错误的观点，更不能将标准作为安全设计指南使用。

因此，单纯符合标准的线形设计依然有可能存在不利于交通安全的因素，设计人员应该针对项目的地形地貌、气候、交通等具体情况进行深入的分析，立足于对标准的理解，灵活地运用标准才是保证线形设计符合安全原则的关键。

二、速度与公路几何线形

1.设计速度与运行速度

自从 20 世纪形成了系统的公路几何线形设计方法以来，速度一直是线形设计理论的基础。目前，国内外关于公路路线设计理论与设计方法主要有两种：一是以美国、加拿大和前苏联为代表的基于设计速度的路线设计方法，另一个就是近二十年兴起的以德国、澳大利亚等国家为代表的基于运行速度的路线设计方法。我国从 20 世纪 50 年代起引入了设计车速即计算行车速度的概念，作为我国路线设计的基础指标。目前，基于设计速度的设计方法是我国设计规范推荐的方法，并一直为所有的规划设计人员所使用。

设计速度是根据公路的功能、车辆的动力性能和地形条件确定的，各级公路按地形条件的差别，设计速度可以取 20～120km/h。设计速度一经选定，公路的所有相关设计要素，如视距、超高、纵坡、竖曲线半径等指标必须与其配合以获得均衡设计。

运行速度是在特定路段上，在干净、潮湿条件下，85%的驾驶人行车不会超过的行驶速度，简称 v_{85}。剖析运行速度的定义，包含了以下几项要点：

(1)与选定的车型分类有关；

(2)自由流状态；

(3)潮湿路面条件下；

(4)路线某一位置的断面速度；

(5)基于实际观测统计分析获得统计值。

运行速度之所以选择统计数值中的第 85 个百分点的速度，是从安全和投资两方面综合考虑的结果。如果过多地考虑经济性，选择 v_{50} 作为运行速度，这样虽然会带来投资规模的节省，但是须承担 50%的驾驶人因超速而带来的严重的交通事故风险。如果选择 v_{100} 作为运行速度，这样又会产生建设规模和投资的急剧增加。因此，从兼顾安全与经济的角度，达成两者间的综合平衡，通常选择分布曲线的拐点(85%位置)作为运行速度值，这样能够保证绝大多数车辆速度都低于此速度，相应地只有少部分的驾驶人有超速风险。

设计速度被视作线形设计的里程碑，其概念最早是由 AASHTO 在 1940 年提出的，许多国家的设计规范都是基于这个概念而产生的。早期的基于设计速度的设计理论认为，一旦确定设计速度，驾驶人会按照设计速度行驶，这样就能够通过设计速度保证沿线设计指标的运用与驾驶人速度的协调。

在交通和汽车制造业尚不发达的时代，设计速度和驾驶人实际运行速度的差距并不大，这是因为受制于车辆技术的制约，车辆的速度不可能提得很高。但是随着当代车辆技术水平的提高，车辆的加速和高速性能得到了极大的提高，车辆的实际运行速度与设计速度间的差异开始不断扩大，基于设计速度设计方法的缺陷也开始暴露得越来越明显。

设计速度对于整个设计路段而言是一固定值，作为基础参数，设计速度事实上的作用是规定了一个路段的最低设计标准，但是对于设计指标取值的上限并没有规定，这意味着允许设计人员在很大范围内随意地选择设计指标值，而这极有可能导致线形指标的连续性和均衡性得不到保证。以平曲线半径为例，当设计速度为 60km/h 时，一般最小半径为 200m，因此半径 8 000m 的曲线与半径 200m 曲线相接的线形设计也是被允许的，而很多实例证明这种相邻路段指标差异过大的线形往往是不安全的。

事实上，驾驶人实际采用的行驶速度总是随道路线形、车辆动力性能与驾驶人特性等各种条件的改变而变化，而且只要条件允许，驾驶人总是倾向于采用较高的速度行驶，因此在天气良好、服务水平较高的时候，大多数路段上驾驶人采用的运行速度都大于设计速度。如图 5-7 所示，驾驶人在平曲线半径小于 1 000m 时，驾驶人采取的运行速度与设计要求的计算行车速度存在较大的差距：在平曲线半径为 200m 时，实际采用的运行速度比规范规定的最大速度高出 30km/h 左右；随着半径增大，这种差别逐渐变小；当平曲线半径为 1 000m 时，实际运行速度与规范规定的设计速度的差距逐渐缩小，但是也大于设计速度数值。

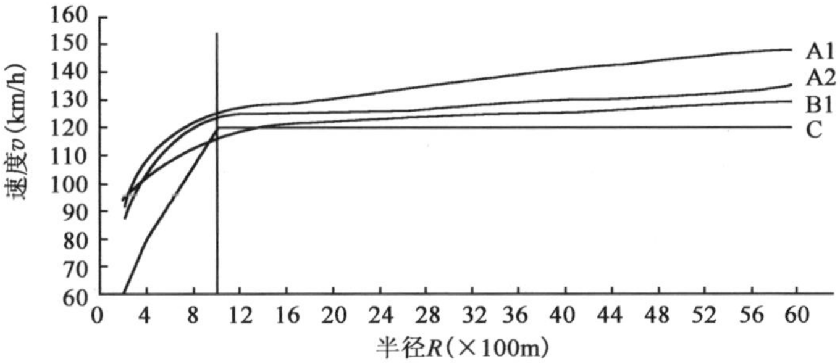

图 5-7　平曲线半径与运行速度关系图

注：A1：在无超车情况下，A 组驾驶人采取的运行速度与平曲线半径的关系；
A2：在超车情况下，A 组驾驶人采取的运行速度与平曲线半径的关系；
B1：在无超车情况下，B 组驾驶人采取的运行速度与平曲线半径的关系；
C：现行《公路路线设计规范》(JTG D20—2006)中要求的各运行速度下的最小平曲线半径。

可见，在实际的驾驶过程中，驾驶人在大多数时间的运行速度都高于设计速度，这样就不可避免地会出现车辆行驶速度不均衡的情况。因此，以设计速度为基础的设计方法并不能保证公路线形的连续性，而且还会导致视距、超高等与实际的驾驶状况不适应的情况，这都会影响公路线形设计方案的安全性。

例如，国内某设计速度为 60km/h 的公路，某路段道路线形是 600m 长直线末端接半径为 125m 的平曲线，坡度为 1%。根据连续三年交通事故资料统计，此处发生事故占全路段事故数的 21%，虽然在曲线前设置了 60km/h 的限速标志，但事故仍屡有发生。观测表明：车辆进入平曲线的实际行驶速度达到 96km/h，远远超出了该曲线 60km/h 的设计速度标准；或者从另一个角度看，此处只有半径大于 400m 的曲线才能保证安全，但是采用设计速度的设计方法并没有保证平曲线指标的选用具有足够的安全性。

因此，从尽可能地保障道路使用者安全的角度考虑，在进行公路路线设计时，不能简单地以设计速度来控制道路线形指标。这是因为车辆是连续行驶的，需要以动态的观点来考虑车辆进入曲线和纵坡时的运行速度，所选择的设计速度要与车辆实际运行的速度相适应。正是为了满足这种设计均衡和连续性的要求，出现了以德国和澳大利亚为代表的基于运行速度的公路线形设计方法。"国家道路安全行动计划"以及交通运输部已经开展的多项与运行速度有关的研究已经建立了适合我国公路运行速度的技术体系，并且提出了基于运行速度的公路几何线形设计方法，这是提高我国公路几何线形设计中交通安全水平的重大进步。

2. 基于运行速度的几何线形设计一致性标准

线形设计的一致性是指车辆在行驶过程中舒畅、自然，不存在驾驶行为发生突然变化的情况。经过多年的研究，国际上公认线形的一致性应该通过相邻路段的运行速度差值来进行校验，差值越小说明连续性越好。

早在 1964 年，国外研究就证明：运行速度与平均车速偏差越大，则事故率也会越高，或者说速度变化量和事故的频率是直接相关的。该结论得到很多国家的认可。1993 年，Monash 大学事故研究中心针对澳大利亚的公路现状模拟出速度梯度与事故率的近似函数关系：

$$I = 500 + 0.8\Delta v^2 + 0.014\Delta v^3 \tag{5-1}$$

式中：I——路段事故率，$1/10^5$(veh · km)；

Δv——速度梯度。

模型反映出速度梯度越大，事故率越高的事故发生规律。联邦德国和美国也都得出了类似的研究结论，并分别建立了对小客车行车速度差的控制值，即在路线线形设计中采用路段间的速度连续性作为安全评价标准。

国内的事故调查资料也反映了同样的规律：即速度变化和事故频率是直接相关的，平均行驶速度与计算行车速度偏差越高，事故率也越高。图 5-8 反映了平曲线与弯坡组合处的事故率与两种速度差之间的关系，其中横坐标为设计速度与实际行驶速度的差别，纵坐标为相对事故数。从图 5-8 可以明显看出：10～20km/h 速度差，所对应的事故次数，是曲线的拐点范围。大于 20km/h，事故率大幅上升；而速度差小于 10km/h，事故发生频率较低，不具备聚集性。图 5-8 显示出 25km/h 速度差所对应的事故次数是 10km/h 的 3 倍。

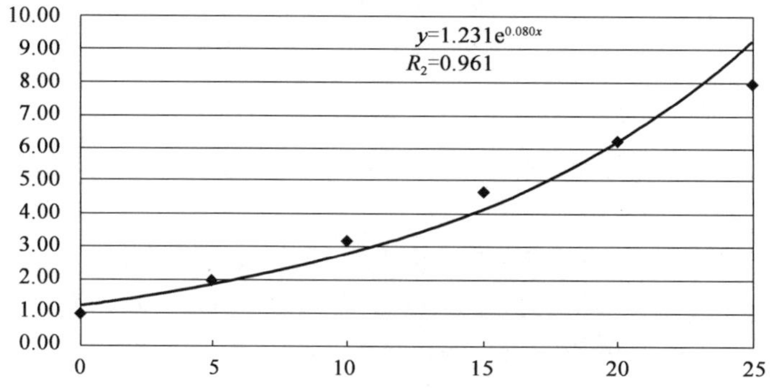

图 5-8 事故率与运行速度差关系图

综上所述，根据国内外的研究，线形设计一致性评价应采用相邻路段速度差 Δv 为检验指标，通常采用的判别标准为：

(1)好的设计：路段间的运行速度差 $\Delta v_{85} \leqslant 10$km/h；

(2)可以接受但是应尽量避免的设计：10km/h<路段间的运行速度差 $\Delta v_{85} \leqslant 20$km/h；

(3)不良设计：路段间的运行速度差 $\Delta v_{85} > 20$km/h。

设计一致性检验能够保证路线在纵向保持局部路段指标的均衡，使驾驶人的驾驶行为不发生不利于安全的突变，但是这样并不能完全保证行车的安全。

以上面提到的国内某设计速度为 60km/h 的公路为例，路段道路线形是 600m 长直线末端接半径为 125m 的平曲线，125m 是设计速度为 60km/h 的极限最小半径。现场调查此路段车辆连续行驶速度，直线与曲线相接处即曲线入口处行驶速度为 96km/h，曲线上行驶速度为 89km/h，虽然相邻的直线段、曲线段速度相差 7km/h，但曲线上行驶速度与设计速度之差达到 29km/h。据连续三年交通事故资料统计，此处发生事故占全路段事故数的 21%。

在本案例中，路段间的运行速度差异较小，没有达到 10km 以上，换言之，相邻路段的线形一致性很好。分析本案例可知：交通事故频发的原因并不是因为相邻路段间的运行速度存在较大差异，而是因为驾驶人选择的速度与道路线形之间存在较大的差异。

平曲线半径 125m 是设计速度 60km/h 情况下的极限最小半径，从车辆动力学的角度来看，超过 60km/h 的速度会导致不安全的状态。但是驾驶人自身并不知道公路曲线的半径，更不会知道 60km/h 以上的行驶速度是不安全的，而是根据自己的预期和判断采用了较高的 89km/h 的速度，由此与公路线形产生了不和谐，当不和谐过于严重时，就会导致交通事故。在实际行驶过程中，车辆的运行速度通常与道路所处环境和地形有关，并不与路线的设计速度保持一致，这就导致驾驶人在实际行车时通常超过曲线的设计速度，特别是在设计速度较低时更容易如此。因此从保障安全的角度出发，仅对车辆前后路段的速度变化差进行控制是不够的，还必须控制车辆运行速度与线形设计对应的设计速度的速度差。

对于某一段特定路段而言，设计速度(设计速度)是一致的，其目的是确保路线指标在某一个水平之上，换言之，使用超出设计速度规定的指标值是被允许的，这种情况下即使运行速度超过了设计速度很多也不会出现车速与线形不协调的情况。如设计速度为 60km/h 时，使用半径为 5 000m 的平曲线是允许的，在这种情况下，即使运行速度达到了 120km/h 也不会与线形发生矛盾。从局部线形上讲，这种情况不会诱发交通事故，但是从宏观的角度看，车辆在行驶过程中运行速度发生很大的变化是不利于交通安全的。而且，设计速度是控制公路功能的基础指标，如果运行速度高于设计速度太多，说明路线实际的设计指标超出了预期的功能，换言之，线形设计与公路的功能保持一致，线形设计前后的指标没能保持一致，这不但会在投资上导致浪费，也不利于交通的安全。很多国内外的研究都表明，保持公路线形设计的一致性是十分重要的。

因此，使设计速度和运行速度相协调是另一重要的安全评价标准。根据我国很多研究的成果，确定了运行速度与设计速度协调性的评价标准。即通过运行速度 v_{85} 与设计速度 v_d 之差，评价路线设计一致性的好坏。

线形设计一致性评价标准如下：

(1)好的设计：$v_{85} - v_d \leqslant 10$km/h；

(2)中等设计:10km/h$<v_{85}-v_d\leqslant$20km/h;

(3)不良设计:$v_{85}-v_d>$20km/h。

当某个路段的设计速度不变时,线形设计指标的选择必须与该设计速度协调,如采用的指标过大则有可能使运行速度与设计速度的差异过大。因此,通过一致性检验还能证保线形设计的均衡性,并且避免过于宽泛指标的运用,从而避免了基于设计速度的设计方法对设计指标上限没有规定的缺陷。

3. 基于运行速度的路线设计方法

按照不同条件下公路设计速度与运行速度变化的特点,在公路几何线形设计过程中可以将公路分为以下三类:

(1)第Ⅰ类公路。在设计速度大于或等于100km/h的高速公路和部分具干线功能的一级公路上,运行速度基本不受线形指标一致的道路几何线形影响,这些道路的平面设计和纵面设计标准通常支持较高的运行速度,因此这些公路一般具有与设计速度一致的运行速度。如图5-9所示案例。

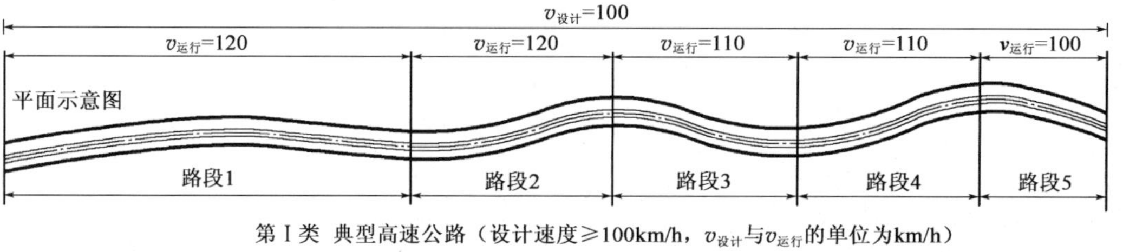

图5-9 速度过渡设计示例一

注:1. 运行速度特点:v_{85}受平纵几何线形影响很小。

2. 速度过渡设计要点:主动性趋于一致,运行速度≈设计速度。

(2)第Ⅱ类公路。设计速度为60~90km/h的高速公路、一级公路和部分二级公路,其运行速度一般受几何设计影响较大。但是,驾驶人常常一有机会(如对任何平直或大半径曲线)就会加速。在可能的情况下,运行速度将高于设计速度,达到直线路段的最大期望车速。对于表现出上述运行速度特征的山区高速公路和一级公路,在设计时要求运行速度规划基本大于或等于设计速度,如图5-10所示案例。其中路段2是设计人员为了保证运行速度连续变化而刻意设置的速度过渡路段。

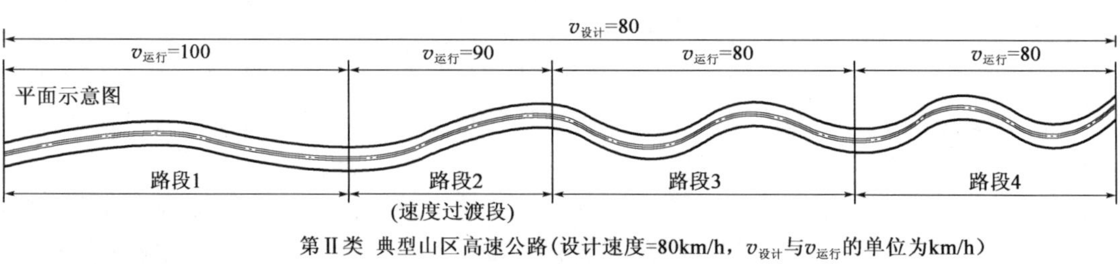

图5-10 速度过渡设计示例二

注:1. 运行速度特点:平纵线形对运行速度均有影响和限制。运行速度受线形和期望速度影响,存在$v_{运行}>v_{设计}$情况。

2. 设计规划要点:控制运行速度过渡均匀,使$|v_{设计}-v_{运行}|\leqslant$20km/h,并对指标进行一致性分析评价与检验。

(3)第 III 类公路。对于设计速度 30～60km/h,是指有许多半径小于 250m 的弯道二、三级双车道公路。弯道的运行速度一般从 40km/h 到 60km/h 不等。公路通常只有在地形复杂且成本费用不容许采用更高几何设计标准时才有这些特点。正如上述第 II 类公路那样,必要时,驾驶人会在平曲线处逐渐减速,然后,只要有机会,就会在大半径平曲线或长直道处加速,较长的陡坡可能会影响运行速度。

针对这一类公路运行速度的变化规律,在设计时要通过平纵设计有意识控制车辆运行速度,对于图 5-11 所示的案例,对于速度控制路段 2 和速度过渡路段 3,因地形条件较好导致曲线指标布设时较为宽松,实际运行速度可能较高甚至可以达到 90km/h。对于设计者则要注意控制线形布设,平、纵设计指标要采用中、低限值,以控制路段 2 的运行速度保持在 80km/h 范围之内,路段 3 的运行速度在 60km/h 范围之内。否则如果该路段 3 的运行速度达到 80km/h 以上时,则无法保证其后与路段 4 之间实现良好的衔接过渡。而对于路段 4,由于地形布设条件困难,路线布设指标较为紧张,设计时尽量保证设计指标采用中高限,提升指标以保证全线速度的协调一致。

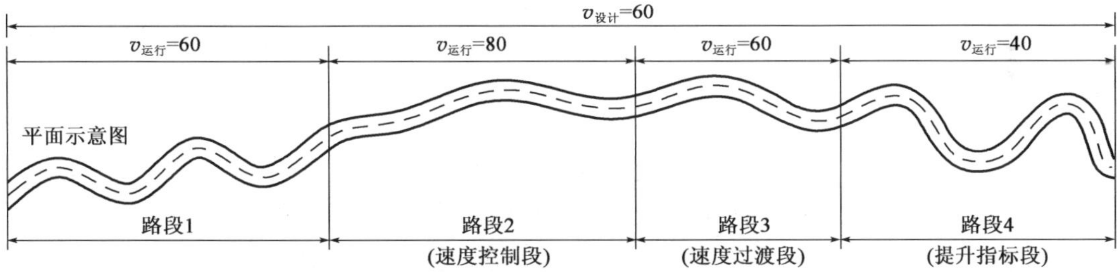

第Ⅲ类　典型双车道公路(设计速度=60km/h，$v_{设计}$与$v_{运行}$的单位为km/h)

图 5-11　速度过渡设计示例三

注:1. 运行速度特点:地形因素导致路段线形对应的运行速度差异较高,要求作好运行速度的过渡段设计。

2. 设计规划要点:路段 2 要控制运行速度,路段 3 是增加的运行速度过渡段,路段 4 需提升指标,使$|v_{运行}-v_{设计}|\leqslant 20$km/h。

可见,第Ⅱ类公路和第Ⅲ类公路上设计速度与运行速度之间有一定差异,运行速度普遍高于设计速度,而第Ⅰ类公路上设计速度和运行速度基本一致,因此对于设计速度大于或等于 100km/h 的高速公路环境,仍采用基于设计速度的设计方法与流程。但对诸如平曲线半径、最大纵坡与坡长限制、视距和加减速车道长度等一些关键性设计指标的选取,都应在原设计速度设计后增加对应的运行速度验算和评价设计指标,要求设计指标适应和满足实际的运行速度,若不满足应进行调整修正。

针对设计速度小于 100km/h 的公路项目,基于运行速度的路线优化设计流程如下:

(1)确定公路设计等级与功能。首先根据公路功能定位、预测交通量与交通组成、沿线地形与自然条件,选择公路等级、设计速度、服务水平等相关技术标准,确定不同路段的设计速度,或者确定不同设计速度的路段。

(2)运行速度过渡段设计。从提高车辆运行安全角度出发,规划公路项目的总体运行速度区间(同一设计速度路段内的划分运行速度单元路段),选择公路路基形式和横断面组成;从运行速度协调性出发,注意速度过渡段设计。

(3)确定平面半径的取值范围。根据公路走廊区域的主要控制点进行选线设计,并根据这一速度范围选定平面设计要采用的半径取值范围,半径范围一般在设计速度对应的极限和一般最小临界值的要求之上。

(4)公路平面设计。平面设计以设计速度为总体设计控制，考虑运行速度的变化，指导具体各曲线单元的设计参数的采用和搭配组合，进行初始平面线形设计。设计时满足规范中平面设计和线形设计的一般规定和要求，同时直线、圆曲线和回旋线三种线形要素满足运行速度对应指标的“一般值”或“最小值”规定。

(5)公路纵断面设计。纵断面设计以路基设计高程、沿线大桥、长隧道、互通式立体交叉、铁路交叉等的位置为高程控制点进行试坡设计。在设计时注意最大坡度、最小坡度、一般坡长、极限坡长、竖曲线半径等的选择，并按照运行速度与坡度坡长的关系考虑路段的实际运行速度。

(6)平纵线形的组合设计。作平面线形设计时，一定要考虑纵面线形问题；同样在作纵面线形设计时，也一定要与平面线形协调配合。平、纵线形组合设计的原则为“相互对应”，且平曲线稍长于竖曲线。国外研究资料表明，竖曲线半径平均一般为曲线半径设计值的 10 倍为宜。当平曲线半径小于 2 000m、竖曲线半径小于 15 000m 时，平、竖曲线的相互对应对线形组合显得十分重要；随着平、竖曲线半径的增大，其影响逐渐减小；当平曲线半径大于 6 000m、竖曲线半径为 25 000m 时，对线形的影响就显得不敏感了。因此线形设计需视平、竖曲线的半径而掌握其对应、符合的程度。同时线形设计应注重与桥、隧和沿线设施的配合。

(7)运行速度检验与评价。初始的平纵几何线形方案通过运行速度预测模型推算各路段单元的运行速度，并以沿线运行速度的协调性和其与线形指标的一致性来评价、验算设计指标的均衡性和安全性，从而检验和修正初期的平、纵设计。

(8)视距检验、超高设置。根据调整后的路线平纵线形和运行速度测算成果，最终确定曲线视距、超高、加宽等设计指标。

这一设计流程视公路等级的不同，在设计中也有所区别。图 5-12 是适合于高速公路和一级公路的基于运行速度的几何线形设计流程，图 5-13 是适合于二、三级等双车道公路的基于运行速度的几何线形设计流程。

4. 公路运行速度计算模型

公路运行速度计算模型是基于公路运行速度的基础和核心，“国家道路安全行动计划”研究中提出了适合我国各等级公路和不同结构物的公路运行速度计算模型，运行速度分为基准模型和修正模型两部分。

1)公路运行速度基准模型

(1)高速公路的基准模型

根据相关高速公路运行速度应用模型的研究成果：不同线形组合典型路段的具体运行速度特征不同，提出各特征路段的划分标准。运行速度预测算法采用的是“先分段，再计算”的基本模式，即先根据路线几何信息进行典型路段划分，再根据不同的路段类型进行相应的特征点速度计算。高速公路基本的典型路段有：平直路段、纵坡路段、曲线路段以及弯坡路段。

①平直路段计算模型。

平直路段是运行速度典型路段之一，其计算模型如下：

$$v(t) = v_0 + k_0(1 - e^{-kt}) \tag{5-2}$$

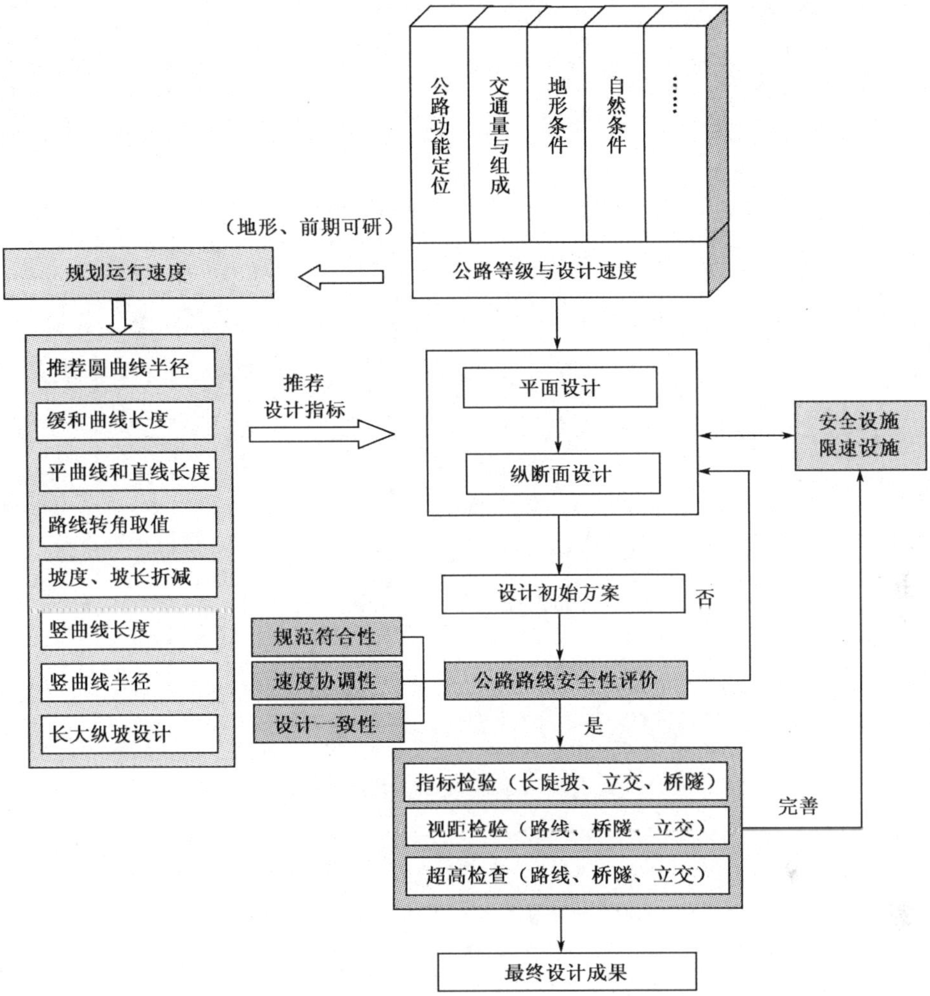

图 5-12　高速公路、一级公路路线安全性优化设计方法与流程

注：本图中深色部分为基于运行速度的公路路线设计相对常规设计流程中增加的环节。

$$a(t) = kk_0 e^{-kt} \tag{5-3}$$

$$S(t) = k_1 t - k_2 (1 - e^{-kt}) \tag{5-4}$$

其中：

$$k = \frac{a_{\max} - a_{\min}}{v_e}$$

$$k_0 = \frac{a_{\max}}{k} - v_0$$

$$k_1 = \frac{a_{\max}}{k}$$

$$k_2 = \frac{k_0}{k}$$

式中：a——平直路段加速度；

a_{max}——最大加速度；

a_{min}——最小加速度；

v_e——期望速度；

v——即时速度。

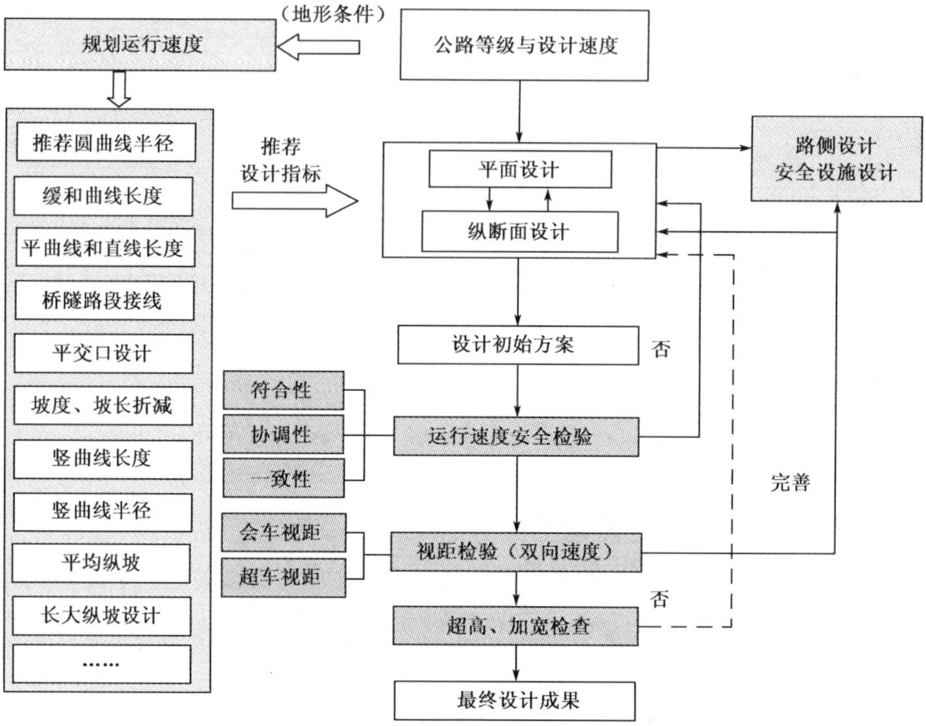

图 5-13　双车道公路路线安全性优化设计方法与流程

注：本图中深色部分为基于运行速度的公路路线设计相对常规设计流程中增加的环节。

相关参数具体取值见表 5-2。

期望速度和加速度上、下限　　表 5-2

车　　型	v_e (km/h)	a_{min} (m/s^2)	a_{max} (m/s^2)
小型车	120	0.15	0.50
大型车	80	0.20	0.25

也可以计算出，加速到期望速度所需的时间：

$$t_e = \frac{1}{k}\ln\left(\frac{k_0}{k_0 + v_0 - v_e}\right) \tag{5-5}$$

将 t_e 代入距离公式 $S(t)$，就可以计算出加速到期望速度所用的距离。

实用中平直路段具体测算方法如下：首先根据平直段起点的初始速度计算加速到期望速度所用的距离。若计算距离小于平直段长度，则直接将计算距离相应的长度作为加速段，剩余部分为期望速度保持段；若计算距离大于平直段长度，则直接将平直段作为加速段。

当在平直路段无法加速到期望速度时，需要计算平直段末端速度。这时可以将平直段长度代入以下方程反算相应的时间：

$$F(t) = k_1 t - k_2(1 - e^{-kt}) - S = 0 \tag{5-6}$$

得到时间后，再根据速度公式计算平直段末端速度。

②纵坡路段计算模型。

a. 上坡路段计算方法。

当前速度 v 小于目标速度 v_0 时，按以下动态加速度加速：

$$a_1 = a_{1\min} + (a_{1\max} - a_{1\min})\left(1 - \frac{v}{v_0}\right) \tag{5-7}$$

当前速度 v 大于目标速度 v_0 时，按以下动态加速度减速：

$$a_2 = a_{2\min} + (a_{2\max} - a_{2\min})\left(\frac{v}{v_0} - 1\right) \tag{5-8}$$

目标速度 v_0 具体取值见表 5-3。

上坡路段各车型目标速度值　　表 5-3

纵坡坡度(%)	2.0	2.5	3.0	3.5	4.0	4.5	5.0	5.5	6.0
小型车(km/h)	120	114	108	102	96	90	84	78	72
大型车(km/h)	80	76	72	68	64	60	56	52	48

注：非表中坡度应插值计算相关目标速度。

加速度具体取值见表 5-4。

上坡路段各车型加速度值　　表 5-4

车　型	$a_{1\min}$ (m/s²)	$a_{1\max}$ (m/s²)	$a_{2\min}$ (m/s²)	$a_{2\max}$ (m/s²)
小型车	0.15	0.50	−0.15	−0.50
大型车	0.20	0.25	−0.20	−0.25

b. 下坡路段计算方法。

下坡路段的速度计算主要是“拟合修正法”。“拟合修正法”的基本方法是，按照坡长对相关速度进行修正。具体方法见表 5-5。

下坡路段各车型的运行速度修正　　表 5-5

<table>
<tr><td colspan="2" rowspan="2">纵 坡 坡 度</td><td colspan="2">速度调整值(km/h)</td></tr>
<tr><td>小 客 车</td><td>大 型 货 车</td></tr>
<tr><td rowspan="2">下坡</td><td>坡度<4%</td><td>增加 10km/h/500m 至期望运行速度</td><td rowspan="2">增加 10km/h/500m
增加 15km/h/1 000m
增加至期望运行速度</td></tr>
<tr><td>坡度≥4%</td><td>增加 20km/h/500m 至期望运行速度</td></tr>
</table>

③曲线路段计算模型。

曲线路段是运行速度典型路段之一，计算模型见表 5-6。

平曲线上速度预测模型　　表 5-6

连接形式	平曲线速度预测模型
入口 直线—曲线	小汽车：$v_{-middle}=-24.212+0.834v_{-n}+5.729\ln R_{-now}$ 卡车：$v_{-middle}=-9.432+0.963v_{-in}+1.522\ln R_{-now}$
入口 曲线—曲曲线	小汽车：$v_{-middle}=1.277+0.942v_{-in}+6.19\ln R_{-now}-5.959\ln R_{-back}$ 卡车：$v_{-middle}--24.472+0.990v_{-in}+3.629\ln R_{-now}$
出口 曲线—直线	小汽车：$v_{-out}=11.946+0.908v_{-middle}$ 卡车：$v_{-out}=5.217+0.926v_{-middle}$
出口 曲线—曲线	小汽车：$v_{-out}=-11.299+0.936v_{-middle}-2.060\ln R_{-now}+5.203\ln R_{-front}$ 卡车：$v_{-out}=5.899+0.925v_{-middle}-1.005\ln R_{-now}+0.329\ln R_{-front}$

注：表中 $v_{-middle}$为曲中点的运行速度；v_{-in}为进入曲线的运行速度；v_{-out}为驶出曲线的运行速度；R_{-front}为曲线前方曲线的半径；R_{-now}为当前曲线半径；R_{-back}为曲线后方的曲线半径。

④弯坡路段计算模型。

弯坡路段计算模型根据上坡和下坡分离为：弯坡上坡公式和弯坡下坡公式。相关公式如下。

a. 曲中速度。

小型车弯坡上坡：
$$v_{m1}=v_m-\frac{1.6R(i-2)}{1\,000}\quad i>2 \tag{5-9}$$

小型车弯坡下坡：
$$v_{m2}=v_m-\frac{0.7R(i+2)}{1\,000}\quad i<-2 \tag{5-10}$$

大型车弯坡上坡：
$$v_{m1}=v_m-\frac{1.8R(i-2)}{1\,000}\quad i>2 \tag{5-11}$$

大型车弯坡下坡：
$$v_{m2}=v_m-\frac{0.8R(i+2)}{1\,000}\quad i<-2 \tag{5-12}$$

上坡计算结果应进行目标速度检测和矫正：
$$v'_{m1}=\mathrm{mid}(v_m,v_{m1},v_{i0})=\min[v_m,\max(v_m,v_{i0}),\max(v_{m1},v_{i0})] \tag{5-13}$$

下坡计算结果应进行期望速度检测和矫正：
$$v'_{m2}=\min(v_e,v_{m2}) \tag{5-14}$$

式中：R——当前半径；

i——当前坡度；

v_e——期望速度；

v_m——曲线段对应的曲中速度；

v_{i0}——坡度 $i\%$对应的目标速度。

b. 出口速度。

小型车弯坡上坡：
$$v_{c1}=v_c-\frac{1.4R(i-2)}{1\,000}\quad i>2 \tag{5-15}$$

小型车弯坡下坡：
$$v_{c2}=v_c-\frac{0.8R(i+2)}{1\,000}\quad i<-2 \tag{5-16}$$

大型车弯坡上坡：

$$v_{c1}=v_c-\frac{2.2R(i-2)}{1\,000}\quad i>2 \tag{5-17}$$

大型车弯坡下坡：

$$v_{c2}=v_c-\frac{1.3R(i+2)}{1\,000}\quad i<-2 \tag{5-18}$$

上坡计算结果应进行目标速度检测和矫正：

$$v'_{c1}=\mathrm{mid}(v_c,v_{c1},v_{i0})=\min[v_c,\max(v_c,v_{i0}),\max(v_{c1},v_{i0})] \tag{5-19}$$

下坡计算结果应进行期望速度检测和矫正：

$$v'_{c2}=\min(v_e,v_{c2}) \tag{5-20}$$

式中：R——当前半径；

i——当前坡度；

v_e——期望速度；

v_{i0}——坡度 i%对应的目标速度；

v_c——曲线段对应的出口速度。

(2)一级公路的基准模型

一级公路与高速公路相比，在线形指标要求和设计速度方面差异并不显著，线形对运行速度的影响与高速公路基本一致，只是由于一级公路在控制出入方面与高速公路存在显著差异，因此，存在不同于高速公路的出入口干扰和路侧干扰等因素。为此，一级公路预测模型的基本方法是：路段划分和线形影响模型依然采用高速公路的相关方法，将出入口和路侧干扰等作为影响因素，对基准运行速度进行折减或修正。

因此，一级公路采用与高速公路相同的基准模型，具体可参看高速公路的相关方法。

(3)双车道公路的基准模型

与高速公路和一级公路相比，双车道公路的干扰因素更为繁杂，因此，对于双车道公路来说，基准模型的准确性十分重要。

①平直路段计算模型。

双车道公路平直路段运行速度计算模型公式如下：

$$a=a_{min}+(a_{max}-a_{min})\left(1-\frac{v}{v_e}\right) \tag{5-21}$$

式中：a——平直路段加速度；

a_{max}——最大加速度；

a_{min}——最小加速度；

v_e——期望速度；

v——即时速度。

相关参数具体取值见表 5-7。

期望速度和加速度上、下限　　表 5-7

车　型	v_e (km/h)	a_{min} (m/s^2)	a_{max} (m/s^2)
小型车	90	0.20	0.50
大型车	70	0.20	0.25

加速到期望速度所用的时间和距离等计算公式与高速公路完全相同，请参看前面相关内容。

②双车道公路纵坡路段计算模型。

当前速度 v 小于目标速度 v_0 时，按以下动态加速度加速：

$$a_1 = a_{1\min} + (a_{1\max} - a_{1\min})\left(1 - \frac{v}{v_0}\right) \tag{5-22}$$

当前速度 v 大于目标速度 v_0 时，按以下动态加速度减速：

$$a_2 = a_{2\min} + (a_{2\max} - a_{2\min})\left(\frac{v}{v_0} - 1\right) \tag{5-23}$$

目标速度 v_0 具体取值见表 5-8。

上坡路段各车型目标速度值 表 5-8

实际坡度(%)	2.0	3.0	4.0	5.0	6.0	7.0	8.0	9.0	10.0
小型车(km/h)	90	83	76	69	62	55	48	41	34
大型车(km/h)	70	64	58	52	46	40	34	28	22

注：非表中坡度应插值计算相关目标速度。

加速度具体取值见表 5-9。

上坡路段各车型加速度值 表 5-9

车　　型	$a_{1\min}$ (m/s^2)	$a_{1\max}$ (m/s^2)	$a_{2\min}$ (m/s^2)	$a_{2\max}$ (m/s^2)
小型车	0.20	0.50	−0.20	−0.50
大型车	0.20	0.25	−0.20	−0.25

需要说明的是，虽然各坡度加速度上、下限均相同，但由于目标速度不同，因此，所反映的加减速能力并不相同。从加速度公式可以看出，坡度越陡，加速能力越弱，减速能力越强。

实用中上坡路段具体测算方法如下：首先比较上坡路起点的初始速度与相应坡度目标速度的大小，从而确定需要加速还是减速；接着计算加速（或减速）到目标速度所用的距离。若计算距离小于上坡段长度，则直接将计算距离相应的长度作为加速（或减速）段，剩余部分为目标速度保持段；若计算距离大于上坡段长度，则直接将上坡段作为加速（或减速）段。

当在上坡路段无法加速（或减速）到目标速度时，需要计算上坡段末端速度，具体方法与平直路段相应方法类似。

由于在分界坡度（2%）处，目标速度与平直路段的目标速度（即期望速度）相同，因此，该方法具有速度计算值在平直路段和纵坡路段分界处平滑过渡的性质。

③双车道公路曲线路段计算模型。

a. 曲中速度（不包括“前曲后弯”）。

小型车：
$$v_m = -244.123 + 0.6v_0 + 40\ln(R + 500) \tag{5-24}$$

大型车：
$$v_m = -80.179 + 0.7v_0 + 15\ln(R + 250) \tag{5-25}$$

式中：v_0 ——入口速度；

R ——当前半径。

注：“前曲后弯”统一在弯坡路段中考虑。

b. 出口速度(不包括“前弯后曲”;出口后接平坡)。

小型车：$v_c = -183.092 + 0.7v_m + 30\ln(R_f + 500)$　　(出口后接平坡)　　(5-26)

大型车：$v_c = -53.453 + 0.8v_m + 10\ln(R_f + 250)$　　(出口后接平坡)　　(5-27)

式中：v_m ——曲中速度；

R_f ——前方半径(前方为直线时，按 $R_f = 600\text{m}$ 计算)，小型车若 $R_f > 5R$，则按 $R_f = 5R$ 取值；大型车若 $R_f > 4R$，则按 $R_f = 4R$ 取值。

注：“前弯后曲”以及出口后接上坡和下坡的情况统一在弯坡路段中考虑。

④双车道公路弯坡路段计算模型。

a. 小型车曲中速度。

平坡+平坡(曲线路段)：　$v_m = -244.123 + 0.6v_0 + 40\ln(R + 500)$　　(5-28)

平坡+上坡(前曲后弯)：　$v_{m01} = v_m + \dfrac{0.5R(i_2 - 2)}{600}$　　(5-29)

平坡+下坡(前曲后弯)：　$v_{m02} = v_m + \dfrac{0.3R(i_2 + 2)}{600}$　　(5-30)

上坡+平坡(前弯后曲)：　$v_{m10} = v_m - \dfrac{1.2R(i_1 - 2)}{600}$　　(5-31)

上坡+上坡(弯坡路段)：　$v_{m11} = v_m - \dfrac{1.2R(i_1 - 2)}{600} + \dfrac{0.5R(i_2 - 2)}{600}$　　(5-32)

上坡+下坡(弯坡路段)：　$v_{m12} = v_m - \dfrac{1.2R(i_1 - 2)}{600} + \dfrac{0.3R(i_2 + 2)}{600}$　　(5-33)

下坡+平坡(前弯后曲)：　$v_{m20} = v_m - \dfrac{0.5R(i_1 + 2)}{600}$　　(5-34)

下坡+上坡(弯坡路段)：　$v_{m21} = v_m - \dfrac{0.5R(i_1 + 2)}{600} + \dfrac{0.5R(i_2 - 2)}{600}$　　(5-35)

下坡+下坡(弯坡路段)：

$$v_{m22} = v_m - \frac{0.5R(i_1 + 2)}{600} + \frac{0.3R(i_2 + 2)}{600} \tag{5-36}$$

式中：v_0 ——入口速度；

R ——当前半径；

i_1 ——来向纵坡坡度(大于 2%为上坡，小于−2%为下坡)；

i_2 ——去向纵坡坡度(大于 2%为上坡，小于−2%为下坡)。

本段上坡三种情况涉及的 v_{m10}，均应进行目标速度检测和矫正：

$$v'_{m10} = \text{mid}(v_m, v_{m10}, v_{i10}) = \min[v_m, \max(v_m, v_{i10}), \max(v_{m10}, v_{i10})] \tag{5-37}$$

所有速度计算值超过期望速度时，按期望速度取值。

b. 大型车曲中速度。

平坡+平坡(曲线路段)：　$v_m = -80.179 + 0.7v_0 + 15\ln(R + 250)$　　(5-38)

平坡+上坡(前曲后弯)：　$v_{m01} = v_m + \dfrac{0.5R(i_2 - 2)}{600}$　　(5-39)

平坡+下坡(前曲后弯)：　$v_{m02} = v_m + \dfrac{0.3R(i_2 + 2)}{600}$　　(5-40)

上坡＋平坡(前弯后曲)： $v_{m10}=v_m-\frac{0.9R(i_1-2)}{600}$ (5-41)

上坡＋上坡(弯坡路段)： $v_{m11}=v_m-\frac{0.9R(i_1-2)}{600}+\frac{0.5R(i_2-2)}{600}$ (5-42)

上坡＋下坡(弯坡路段)： $v_{m12}=v_m-\frac{0.9R(i_1-2)}{600}+\frac{0.3R(i_2+2)}{600}$ (5-43)

下坡＋平坡(前弯后曲)： $v_{m20}=v_m-\frac{0.4R(i_1+2)}{600}$ (5-44)

下坡＋上坡(弯坡路段)： $v_{m21}=v_m-\frac{0.4R(i_1+2)}{600}+\frac{0.5R(i_2-2)}{600}$ (5-45)

下坡＋下坡(弯坡路段)： $v_{m22}=v_m-\frac{0.4R(i_1+2)}{600}+\frac{0.3R(i_2+2)}{600}$ (5-46)

式中：v_0 ——入口速度；

R ——当前半径；

i_1 ——来向纵坡坡度(大于 2%为上坡，小于－2%为下坡)；

i_2 ——去向纵坡坡度(大于 2%为上坡，小于－2%为下坡)。

本段上坡三种情况涉及的 v_{m10}，均应进行目标速度检测和矫正：

$$v'_{m10}=\mathrm{mid}(v_m,v_{m10},v_{i10})=\min[v_m,\max(v_m,v_{i10}),\max(v_{m10},v_{i10})] \tag{5-47}$$

所有速度计算值超过期望速度时，按期望速度取值。

c. 小型车出口速度。

平坡＋下段平坡： $v_c=-183.092+0.7v_{m0}+30\ln(R_f+500)$ (5-48)

平坡＋下段上坡： $v_{c01}=v_c+\frac{0.5R(i_f-2)}{600}$ (5-49)

平坡＋下段下坡： $v_{c02}=v_c+\frac{0.3R(i_f+2)}{600}$ (5-50)

上坡＋下段平坡： $v_{c10}=v_c-\frac{1.1R(i_2-2)}{600}$ (5-51)

上坡＋下段上坡： $v_{c11}=v_c-\frac{1.1R(i_2-2)}{600}+\frac{0.5R(i_f-2)}{600}$ (5-52)

上坡＋下段下坡： $v_{c12}=v_c-\frac{1.1R(i_2-2)}{600}+\frac{0.3R(i_f+2)}{600}$ (5-53)

下坡＋下段平坡： $v_{c20}=v_c-\frac{0.6R(i_2+2)}{600}$ (5-54)

下坡＋下段上坡： $v_{c21}=v_c-\frac{0.6R(i_2+2)}{600}+\frac{0.5R(i_f-2)}{600}$ (5-55)

下坡＋下段下坡： $v_{c22}=v_c-\frac{0.6R(i_2+2)}{600}+\frac{0.3R(i_f+2)}{600}$ (5-56)

式中：R ——当前半径；

R_f ——前方半径(前方为直线时，按 $R_f=600$m 计算)，若 $R_f>5R$，则按 $R_f=5R$ 取值；

i_2 ——去向纵坡坡度(大于 2%为上坡，小于－2%为下坡)；

i_f ——前方纵坡坡度(大于 2%为上坡，小于－2%为下坡)。

v_{m0} 采用检测矫正过的曲中速度。

本段上坡三种情况涉及的 v_{c10}，均应进行目标速度检测和矫正：

$$v'_{c10} = \text{mid}(v_c, v_{c10}, v_{i10}) = \min[v_c, \max(v_c, v_{i10}), \max(v_{c10}, v_{i10})] \tag{5-57}$$

所有速度计算值超过期望速度时，按期望速度取值。

d. 大型车出口速度。

平坡＋下段平坡：
$$v_c = -53.453 + 0.8v_{m0} + 10\ln(R_f + 250) \tag{5-58}$$

平坡＋下段上坡：
$$v_{c01} = v_c + \frac{0.5R(i_f - 2)}{600} \tag{5-59}$$

平坡＋下段下坡：
$$v_{c02} = v_c + \frac{0.3R(i_f + 2)}{600} \tag{5-60}$$

上坡＋下段平坡：
$$v_{c10} = v_c - \frac{1.0R(i_2 - 2)}{600} \tag{5-61}$$

上坡＋下段上坡：
$$v_{c11} = v_c - \frac{1.0R(i_2 - 2)}{600} + \frac{0.5R(i_f - 2)}{600} \tag{5-62}$$

上坡＋下段下坡：
$$v_{c12} = v_c - \frac{1.0R(i_2 - 2)}{600} + \frac{0.3R(i_f + 2)}{600} \tag{5-63}$$

下坡＋下段平坡：
$$v_{c20} = v_c - \frac{0.6R(i_2 + 2)}{600} \tag{5-64}$$

下坡＋下段上坡：
$$v_{c21} = v_c - \frac{0.6R(i_2 + 2)}{600} + \frac{0.5R(i_f - 2)}{600} \tag{5-65}$$

下坡＋下段下坡：
$$v_{c22} = v_c - \frac{0.6R(i_2 + 2)}{600} + \frac{0.3R(i_f + 2)}{600} \tag{5-66}$$

式中：R——当前半径；

R_f——前方半径（前方为直线时，按 R_f＝600m 计算），若 $R_f > 4R$，则按 $R_f = 4R$ 取值；

i_2——去向纵坡坡度（大于 2%为上坡，小于－2%为下坡）；

i_f——前方纵坡坡度（大于 2%为上坡，小于－2%为下坡）。

v_{m0} 采用检测矫正过的曲中速度。

本段上坡三种情况涉及的 v_{c10}，均应进行目标速度检测和矫正：

$$v'_{c10} = \text{mid}(v_c, v_{c10}, v_{i10}) = \min[v_c, \max(v_c, v_{i10}), \max(v_{c10}, v_{i10})] \tag{5-67}$$

所有速度计算值超过期望速度时，按期望速度取值。

2）公路运行速度修正模型

无论是对于高速公路和一级公路，还是双车道公路，均存在一些无法在典型路段公式中体现的影响因素和特殊路段形式。由于这些影响因素和特殊路段形式对运行速度造成了实际的影响，因此，必须对基础模型进行修正。

（1）高速公路运行速度影响因素和特殊路段

高速公路采用全封闭模式，路段运行速度的影响因素主要体现在大型构造物路段，即立交区主线路段和长大隧道路段。

①立交区主线修正模型。

由于在立交区存在出入口，驶离和进入主线的车辆将会对正常行驶的车辆造成影响，因此，有必要分析具体的影响程度。

互通区主线车辆受进出匝道的车辆干扰，运行速度有所波动。根据试验的结果，以互通前1km、出口匝道、互通中心点、入口匝道、互通后1km共5个点作为特征点，利用测速仪进行速度调查，调查结果如图5-14和图5-15所示，图中不同的线条代表不同的测量车辆样本。

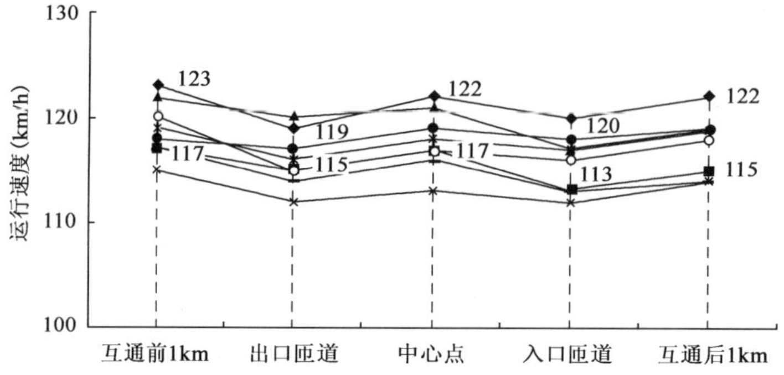

图5-14　互通主线小型车运行速度变化趋势图

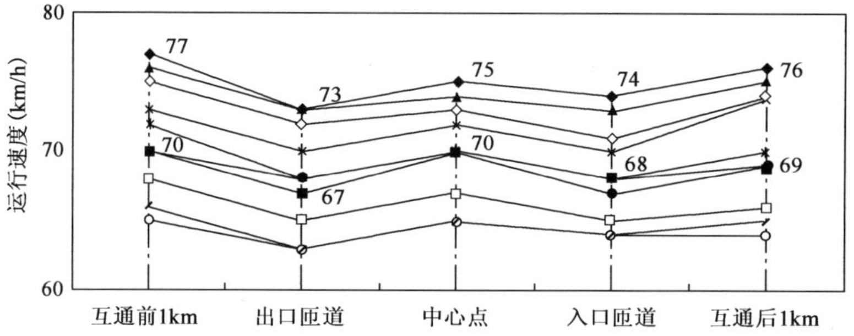

图5-15　互通主线大型车运行速度变化趋势图

互通立交主线路段的运行速度受匝道进出车辆影响，从安全方面考虑，互通立交区运行速度在线形单元运行速度测算的基础上，以互通立交中心点为特征点，根据表5-10进行修正。

互通立交主线运行速度修正推荐值　　表5-10

分车型推荐值	小　型　车	大　型　车
减速段长度(m)	1 000	1 000
加速段长度(m)	1 000	1 000
最大速度修正值(km/h)	−8	−5

②隧道运行速度修正模型。

根据大量的观测和研究，短隧道对车速的影响有限，在路线设计安全性评价时可以将其并入其他路段单元。除短隧道外，其余隧道车速变化幅度较大，如图5-16～图5-19所示。

根据试验结果，选择速度趋势明显变化的进口(v_1)、进口内300m(v_2)、隧道出口100m(v_5)共三个特征点作为隧道路段运行速度计算特征点。运行速度计算模型如下：

$$v_1 = 0.99v_0 - 11.07 \tag{5-68}$$

$$v_2 = 0.81v_0 + 8.22 \tag{5-69}$$

$$v_5 = 0.74v_0 + 16.43 \tag{5-70}$$

式中：v_1——隧道进口速度；

v_2——隧道内稳定速度；

v_5——离开隧道路段的速度；

v_0——前一路段单元终点的速度，即洞口前 200m。

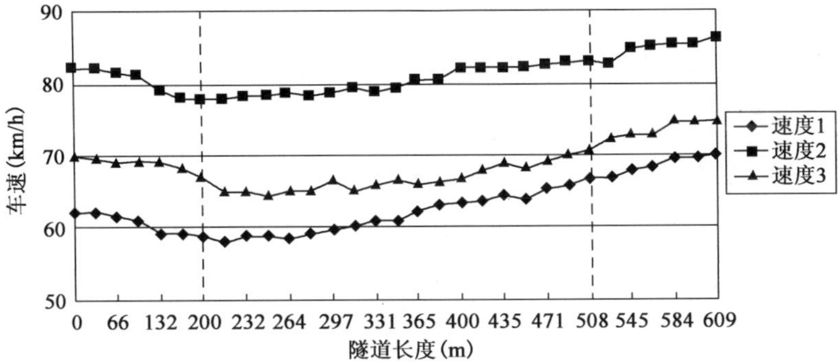

图 5-16　短隧道(310m)车速变化

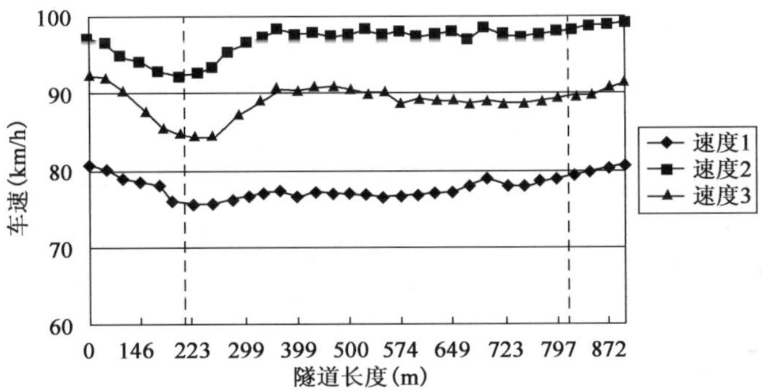

图 5-17　中隧道(597m)车速变化

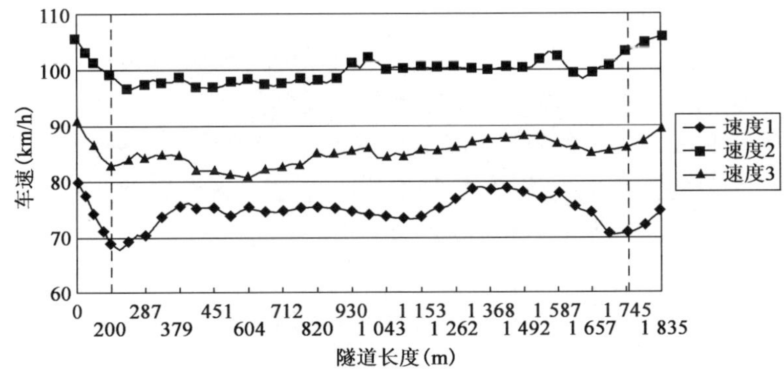

图 5-18　长隧道(1 535m)车速变化

大型车特征点与小型车一致，运行速度计算模型如下：

$$v_1 = 0.98v_0 - 6.56 \tag{5-71}$$

$$v_2 = 0.85v_0 + 3.89 \tag{5-72}$$

$$v_5 = 0.45v_0 + 42.61 \tag{5-73}$$

式中：v_1——进口处运行速度；

v_2——隧道内的稳定运行速度；

v_5——离开隧道的运行速度；

v_0——前一路段单元终点的速度，即洞口前 200m。

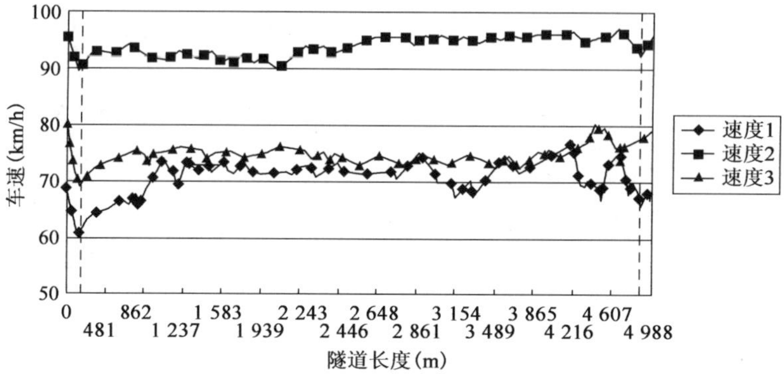

图 5-19　特长隧道(4 888m)车速变化

(2)一级公路运行速度影响因素和特殊路段

由于一级公路一般不封闭，因此，非典型路段的影响因素主要体现在路侧干扰方面。

以下为对一级公路路侧干扰修正模型的介绍。

我国的公路交通与西方发达国家相比，突出特点是路侧交通问题。西方发达国家的机动化程度非常高，很少有自行车、农用车在路肩行驶，而这种现象在我国是非常普遍的。我国一级公路勘测设计的原则规定公路一般都不穿越城镇，而是修建连接线实现服务城镇的功能。很多地区的一级公路修建时路侧开发程度都非常低，设计时多没有采用封闭措施。随着地区经济的发展，公路两侧土地的联片开发，路边产业迅速发展，公路两侧的生产、生活、服务设施大量聚集，行人、自行车、慢速车辆等交通对道路设施的需求大量增加，这些交通对主线车流的干扰严重影响了公路的运行速度与服务质量。

主路外侧车道车辆受摩托车、农用车等慢速车辆和辅路(硬路肩)交通的影响相对较大。这些慢速车辆多数在路肩上行驶，少数进入外侧行车道行驶，它们的速度与主线交通的速度存在很大的差异。这里将其对于主线机动车交通产生的影响看作是一种路侧干扰，而不作为机动车交通类型。一级公路与高速公路相比，其中的差异之一是更加复杂的交通组成和路侧开发造成的影响。因此，为将这两种因素造成的影响进行具体的量化，特综合这两种因素提出路侧干扰的定义。

所谓一级公路的路侧干扰是指在主路与辅路(硬路肩)采用非物理分割条件下，行人、自行车、农用车等高速公路上禁止的交通方式，对一级公路其他车辆在外侧车道行驶过程中造成的影响。

在实际分析中，为了方便应用，构造了路侧干扰变量 FRIC，计算公式如下：

$$\mathrm{FRIC}=0.129\mathrm{bic}+0.164\mathrm{psv}+0.185\mathrm{tra}+0.148\mathrm{ped}+0.171\mathrm{smv}+0.202\mathrm{mot} \tag{5-74}$$

式中：FRIC——路侧干扰变量；

bic——自行车数量；

psv——路侧停车数量；
tra——慢行车辆数量；
ped——行人数量；
smv——非机动车数量；
mot——摩托车数量。

路侧干扰变量，代表单位时间内观测断面内200m范围内发生的路侧干扰的加权频数，公式中的每一项干扰都指的是在观测时段内实际发生的干扰数量。高速公路与一级公路在理想条件下，平直路段的运行速度认为是120km/h，对应的停车视距为210m；一级公路的最高设计速度为100km/h，对应的停车视距为160m。综合这两个方面的因素，将路侧干扰的试验范围设置为200m。同时为了方便应用，给出了不同的路侧干扰等级的定性分级，及其对应的公路两侧用地性质，如表5-11所示。

路侧干扰等级分级表 表5-11

路侧干扰等级	路侧干扰因素加权值	公路两侧用地性质
0	0～50	两侧为农田或山体峡谷等
1	50～100	有稀落的农舍，少量行人出入
2	100～150	有少量行人、车辆出入，有加油站、小店铺等
3	＞150	路侧街道化严重，存在居民区，商业中心等，出入行人和车辆较多

对试验数据进行分析，得出不同路侧干扰对运行速度影响的关系曲线，如图5-20所示。

根据图5-20所示关系曲线，可以得出不同路侧干扰等级对应的运行速度折减，如表5-12所示。

路侧干扰强度对运行速度的影响 表5-12

路侧干扰强度等级	运行速度折减(%)	路侧干扰强度等级	运行速度折减(%)
0	0	2	18.0
1	9.0	3	27.0

(3)双车道运行速度影响因素和特殊路段

车辆在非封闭的公路环境中行驶，不仅受到几何线形的影响，而且还受到路侧环境如路侧净空、街道化、路侧干扰等的影响。国家道路安全行动计划研究中建立了路侧环境对运行速度的影响关系模型。

①路侧净空对运行速度的影响。

路侧净空也称路侧(安全)净区，是指由行车道外边缘到障碍物之间的区域范围。此处，障碍物指沟、渠、陡边坡、建筑物等车辆无法越过且无法返回到行车道的构筑物。路侧净空一般是基于安全性考虑而设置的，在这个区域内，失控车辆可以重新返回正常行驶路线。

研究中为了排除其他线形因素的干扰，试验路段均为长直线路段，全路段无限速措施，速度取小型车v_{85}速度。根据要求选取了22条直线路段进行调查，将所调查路段路侧净空与车辆行驶速度作出散点图，如图5-21所示。

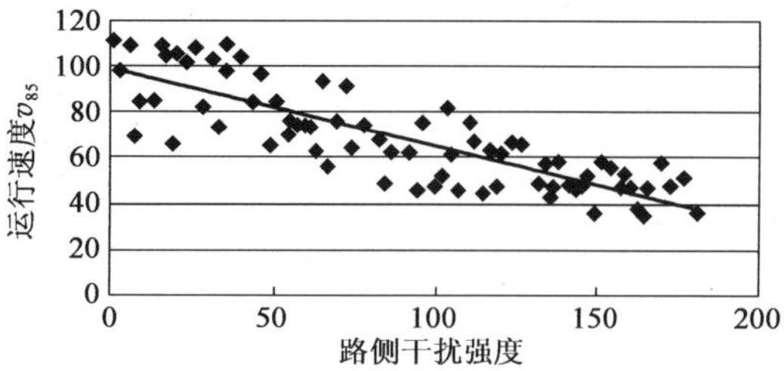

图 5-20 路侧干扰与运行速度关系图

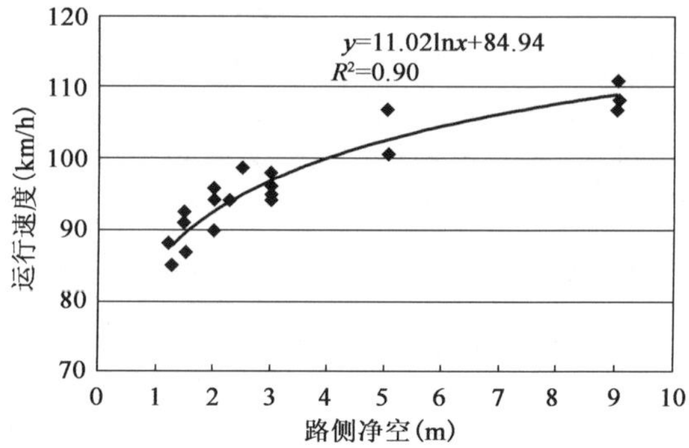

图 5-21 路侧净空与运行速度关系

从图 5-21 中可以看出，运行速度与路侧净空之间存在对数关系。以基准道路条件(路基宽 10m，路侧净空为 0.75+0.5=1.25m)为准，路侧净空对运行速度的影响系数计算结果见表 5-13。

路侧净空对运行速度的影响系数表 表 5-13

净空(m)	0.5	0.75	1.00	1.25	1.5	1.75	2	2.5	3	4	5	6	7	8	9
影响系数	0.88	0.93	0.97	1.00	1.02	1.04	1.06	1.09	1.11	1.15	1.17	1.20	1.22	1.23	1.25

②出入口对运行速度的影响。

出入口是车辆进入和离开道路系统的通道，出入口密度越大，出入公路越方便，反之亦然。但是，出入口的设置会将交通冲突、摩擦引入交通流，出入口处往往是交通流产生紊流的位置，出入口间距不合理、视距不足都容易诱发交通事故；另一方面，由于交通摩擦的存在，出入口的设置都或多或少地对正常交通流产生一定的影响，增加了行车时间，加大了延误，降低了道路的区间运行速度。

根据车辆在出入口处运行速度变化反算得到的延误数据可知，不同类型出入口对运行速度的影响差别不显著。这是由于主要道路的交通具有优先通过权，这种延误主要是由于驾驶人的戒备心里而引起的延误。根据出入口引起的延误可以绘出车辆运行速度与出入口间距的关系(图 5-22)，表 5-14 是根据关系图计算得到的速度影响比例与出入口间距的关系。

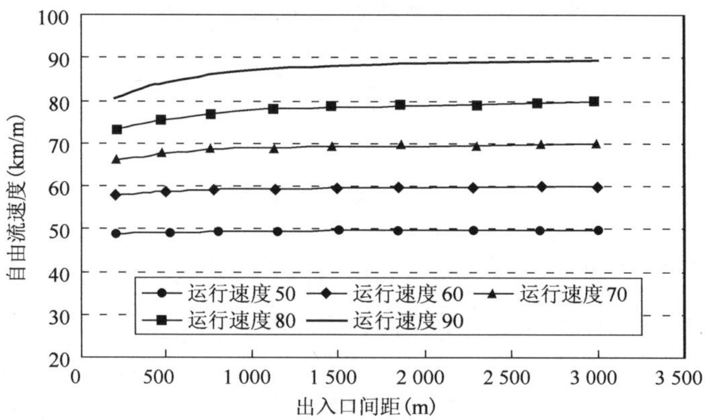

图 5-22 出入口间距与自由流速度的关系

出入口间距与运行速度降低比例　　表 5-14

出入口间距(km)	出入口密度(个/km)	运行速度降低比例(%)				
		90km/h	80km/h	70km/h	60km/h	50km/h
0.2	5.0	10.6	8.5	5.9	4.0	2.8
0.4	2.5	7.2	6.5	4.3	2.8	2.0
0.5	2.0	6.4	5.7	3.6	2.3	1.6
1.0	1.0	3.2	2.8	1.7	1.2	1.0
2.0	0.5	1.6	1.5	1.0	0.7	0.6
3.0	0.3	0.6	0.4	0.3	0.2	0.1

③街道化对运行速度的影响。

随着社会经济的快速发展与城镇化步伐的加快，公路街道化现象越来越严重。公路街道化是我国城镇化加速发展过程中特有的现象。公路街道化体现在：公路两侧的连续建筑物侵入公路建筑控制区或者公路两侧的经济活动过于频繁，对公路的正常行车造成了较大影响。公路街道化的形成有两种情况，一种是公路修建时就是穿越城镇村庄而过，另一种是随着公路的建成通车，许多与此相关的经济活动在路边迅速展开而形成了街道化。公路的街道化总体上造成了公路等级与通行能力的下降，在一定程度上也是公路事故频发的重要原因。

公路的街道化对运行速度造成了很大影响，主要体现在两点：一是连续建筑物大大缩减了驾驶人的视野进而影响了驾驶人的视距，二是公路两侧可能出现的行人及车辆对驾驶人心理造成了不安全预期进而造成驾驶人减速通过该路段，如图 5-23 所示。

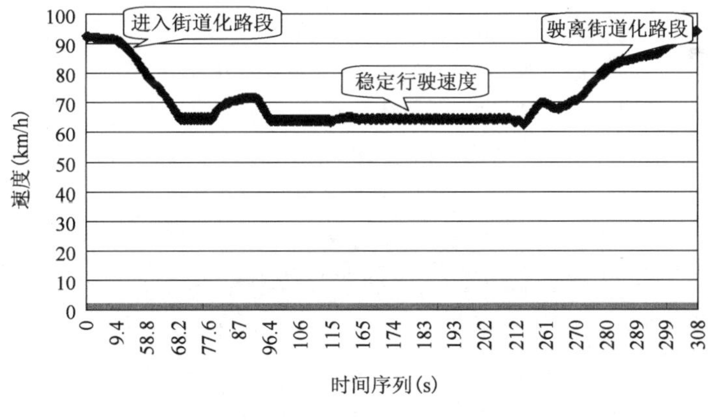

图 5-23　试验车经过街道化路段时的速度变化图

对公路街道化路段运行速度的调查，主要考虑车辆的稳定速度以及公路边缘到建筑物的距离。研究结果如图 5-24 所示。

由以上内容可以看出，公路街道化路段小型车运行速度与建筑物和道路边缘的距离相关。通过进一步分析可以得出，两者呈对数关系，相关系数达到了 0.56。

街道化路段的运行速度模型为：

$$v = 8.12\ln W + 55.97 \tag{5-75}$$

式中：v——运行速度；

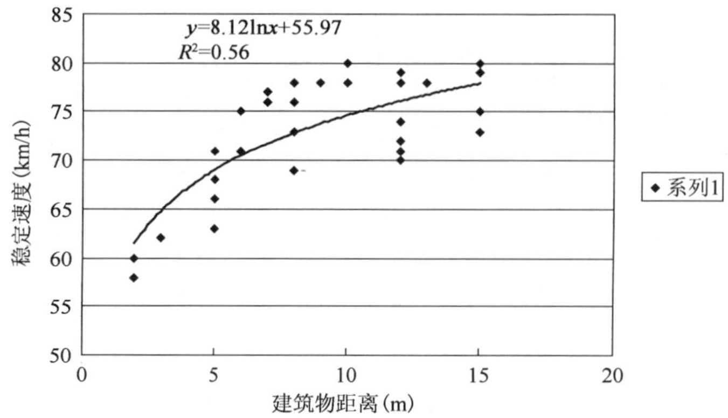

图 5-24　公路街道化路段运行速度散点图

W——路侧建筑物与土路肩外边缘距离。

三、公路几何设计的标准车型

在确定道路的路幅组成、弯道加宽、交叉口设计、纵坡、视距等时，都要考虑车辆外廓尺寸及运行性能，车辆类型是公路几何线形设计中一个重要控制因素。

设计标准车辆就是一种选定的机动车，作为道路新建和改建中制定各项道路设计指标以保证车辆安全和顺利通行的依据。当前国际上的做法是，考虑经济上的原则，设计车辆不必是可望使用某条道路或某一交通设施的最大尺寸车辆，而是在法定最大总尺寸内适用于非限制通行的车辆。根据设计车辆特性给出的设计所代表的经济水平应能安全舒适地为 85％以上遵守一般交通法规运行的车辆服务。

车辆的尺寸大小对道路的宽度、曲线部分的加宽、交叉口的设计、纵坡、视距等道路的性能影响较大。车辆的性能是确定纵坡坡度、限制坡长和爬坡车道的主要因素。车辆的总质量、轴重和轮重对道路的路面、铺装、桥梁、立交等的影响较大。

国家道路安全行动计划研究中根据对各国设计车型的比较分析以及我国各车型的外廓尺寸、动力性能及总质量分析，结合我国公路交通实际交通量状况，在《公路工程技术标准》(JTG B01—2003)设计车型分类的基础上，增加了一类车型：中型客车，即将公路设计车型分为：小客车、中型客车、载货汽车以及汽车列车(原鞍式列车)四类。

小客车是道路宽度、视距等标准的确定依据。中型客车、载货汽车和汽车列车是道路宽度的构成、曲线部分的加宽、交叉口设计、纵坡的确定依据。

设计车型作为一种代表车型，主要表达了外廓尺寸、动力性能及总荷载方面对公路设计参数的影响。以下从外廓尺寸、车辆总质量、车辆性能三个方面多项参数上给出了公路设计车型，如表 5-15、表 5-16 所示。

1. 设计车型长度的选定

关于车辆的长度，根据《道路车辆外廓尺寸、轴荷及质量限值》(GB 1589—2004)规定，小型汽车最大长度均未超过 6m，乘用车及二轴客车、货车及半挂牵引车长度最大值均未超过 12m。因此，长度 12m 设计车型长度，就可以包括中型客货车在内。

从车型分类调查中，按照车长进行的聚类分析中可以得到，普通载货汽车按照车长的聚类结果，分别为 4 896mm、6 174mm、8 535mm 以及 11 439mm；载客汽车可以按照车长聚类分为四类，分别对应车长为 4 802mm、7 950mm、11 505mm 和 13 690mm。

设计车型及其技术参数表 表 5-15

项目	外廓尺寸				总质量	车辆性能	
设计车型	总长(m)	总宽(m)	总高(m)	最小转弯半径(m)	总质量(t)	推荐设计车型比功率(kW/t)	比功率最低要求(kW/t)
小客车	6	1.8	2	6	4.5	37	
中型客车	9	2.5	3.8	10	10	11	
载货汽车	12	2.5	4	12	25	8.3	
汽车列车	16.5	2.5	4	15	49	5.8	≥5.2

外廓尺寸								
设计车型	总长(m)	总宽(m)	总高(m)	前悬	前轴	中轴	后悬	最小转弯半径(m)
小客车	6	1.8	2	0.8	3.8		1.4	6
中型客车	9	2.5	3.8	1.2	6.0		1.8	10
载货汽车	12	2.5	4	1.5	6.5		4	12
汽车列车	16.5	2.5	4	0.9	5.4	9.0	0.6	15

车 型 划 分 说 明 表 5-16

车型	车型说明
小型车	包括：基本型乘用车(轿车)、运动型多用途乘用车(SUV)、轻型越野车、多功能乘用车(MPV)、交叉型乘用车、轻型客车、微型载货车、轻型载货车、微型专用车、轻型专用车、轻型自卸汽车
中型客车	中型客车、中型载货车、中型自卸汽车
载货汽车	大型客车、重型载货车、重型自卸汽车、重型专用车
汽车列车	铰接列车、货车列车

从聚类结果分析，载客车中，有一部分车长超过 12m 的三轴大型卧铺客车，其车长均未超过 GB 1589—2004 规定的 13.7m，但该类型的卧铺客车车型总量较少，占总客运车辆的数量不足 2.5%，而且长途卧铺客车基本上都只在高速公路上行驶，因此其对公路几何设计参数的影响不大，但其运营安全性却非常值得关注。

在由半挂牵引车及半挂车组成的汽车列车中，有半挂汽车列车及全挂汽车列车。长度一般是牵引车以及与之相连的挂车的长度之和。根据各个国家车辆的限制，当为半挂汽车列车时挂车的长度取 16.5m，全挂汽车列车时取 18m 的较多。虽然汽车全挂车的车身较长，但在转弯时仍比半挂车占用的路面宽度小，故此选用了半挂车的车身长度。半挂汽车列车的长度采用运输标准集装箱所需要的长度 16.5m，与《公路工程技术标准》(JTG B01—2003)车辆总长 16m 相比有所增加。

2011 年 3 月颁布的从 2011 年 7 月 1 日起正式实施的《公路安全保护条例》第三十条明确

规定，“车辆的外廓尺寸、轴荷和总质量应当符合国家有关车辆外廓尺寸、轴荷、质量限值等机动车安全技术标准，不符合标准的不得生产、销售。”因此，从国家政策层面来看，半挂列车设计车型车长取 16.5m 是符合国家长远政策要求的。

对于车长超过 16.5m 的车辆运输车等特殊车型，虽然其车长超过 16.5m，但其载质量、比功率等参数均未超过普通汽车列车限值，且其最小转弯半径基本也在 15m 之内，不需要针对这类车型修改汽车列车设计车型参数。

2. 设计车型宽度的选定

车辆的宽度在各国几乎都取 2.5m。在道路设计中因为设计车型的最大宽度对车道的宽度、停车带的宽度等都有较大影响，如果超过 2.5m，会影响超车与会车安全，同时降低公路通行能力。按照国标《道路车辆外廓尺寸、轴荷及质量限值》(GB 1589—2004)规定，车辆的最大宽度为 2.5m，所以，设计车型宽度取 2.5m。

3. 设计车型高度的选定

车辆的高度，在道路几何构造上有很重要的意义。即普通汽车和汽车列车的高度是确定建筑界限的因素，小型汽车的高度与驾驶人的视线高度、视距有关系。一般以载货汽车及半挂车的高度决定净空高度，以小客车的高度确定驾驶人的视线高度。

在道路几何设计上，值得关注的问题并不是小型汽车本身的高度，而是汽车驾驶人的视线高度。确定视距时由于驾驶人的视线高度受到竖曲线半径、曲线部分的挖方边坡等的影响，因此一般假定为较低的乘用车，偏安全取 1.2m，而小型车的高度对于设计车型选取 2m。

在高速公路上，尤其是东部沿海地区，采用大型集装箱进行总括式运输的比较普遍。为了使得集装箱车辆能在道路上运输顺畅，对于车辆限高就有变高需求。但是车辆的高度影响道路的建筑界限，许多已建的隧道、立交、跨线桥等的实际净空高度达不到最新标准规范的要求。

各国关于高度的限制中，欧洲 30 个国家中有 25 个国家取 4m，美国最大的高度限制取 4.42m。我国国标《道路车辆外廓尺寸、轴荷及质量限值》(GB 1589—2004)规定集装箱挂车列车装备空集装箱时，车高最大限值为 4.20m，而汽车行业标准《车辆运输车》(征求意见稿)中，将车辆运输半挂列车限高取为 4.30m，我国《公路工程技术标准》(JTG B01—2003)中高速公路、一级公路、二级公路的净高应为 5.00m，三级公路、四级公路的净高应为 4.50m，均能满足 4.3m 限高的要求。

因此，参考其他各国设计车型高度取值，考虑绝大多数车辆最大限高值，设计车型最大高度的取值为 4m。

4. 最小转弯半径

最小转弯半径是指当转向盘转到极限位置，汽车以最低稳定车速转向行驶时，外侧转向轮的中心平面在支承平面上滚过的行迹圆半径。它在很大程度上表征了汽车能够通过狭窄弯曲地带或绕过不可越过的障碍物的能力。转弯半径越小，汽车的机动性能越好。理论上汽车原地掉头的最小路面宽度是转弯半径的 2 倍以上。

据国外研究成果，大多数小客车的转弯半径为 8m(从车辆中心量至外侧车轮)，用于公路设计宜采用 12m 的一般最小半径。对单独一辆载货汽车、小客车和汽车列车，当设计车速低于 5km/h 时，绝对最小转弯半径为 12.5m；车速在 5～15km/h 之间时，一般最小转弯半径为 15m。

车辆转弯半径统计结果见表 5-17。

车辆转弯半径统计　　表 5-17

车　　型	总长(m)	最小转弯半径(m)
微型车	3.5	4.5
小型车	3.5～7	6.0
轻型车	7～10	6.5～8.0
中型车	＞10	8.0～10.0 10.5～12.0
4～8t 单体货车		9
10～15t 单体货车		12
4～8t 汽车带一辆载重 2～3t 挂车		12
15～25t 平板挂车		15
40～60t 平板挂车		18

小客车的最小转弯半径实际上取能够保护车辆通过的最大值 6m。根据我国现有的标准和国外一些标准的实际情况，以及我国大部分汽车列车的最小转弯直径，并考虑我国公路及城市道路的通行情况，确定汽车列车最小转弯半径为 12m。研究及试验结果表明，汽车列车的最小转弯直径主要取决于牵引车的结构参数，与拖带挂车的数量及类型没有太大的关系。因此，各设计车型最小转弯半径确定如表 5-18 所列。

各设计车型最小转弯半径　　表 5-18

设 计 车 型	总长(m)	最小转弯半径(m)
小客车	6	6
中型客车	9	8
载货汽车	12	12
汽车列车	16.5	15

5. *功率质量比*

汽车的功率质量比(P-to-W，也称比功率)是确定纵坡坡度、限制坡长和爬坡车道的主要因素，并且对道路建设的费用影响较大。

各类车型的功率质量比不同，随着车辆载质量增加，车辆的比功率逐渐降低。因此，对于比功率的讨论主要是针对大型载货车辆，载货车辆随着车辆载质量的增加，比功率降低明显。

2006 年，原交通部发布的道路货运汽车及汽车列车推荐车型基本要求中就对货运汽车及汽车列车的主要技术参数给出了相应的最低标准(表 5-19)。

从表 5-19 中可以看出，各类货运汽车及汽车列车的比功率最低要求为 5.2kW/t。对于设计车型汽车列车，根据国标 GB 1589—2004，其最大总质量不超过 49t，由货运汽车及汽车列车推荐车型基本要求，可知对应的比功率一般情况为 5.8～6.0kW/t，因此，设计车型对比功率取值如表 5-20 所列。

货运汽车及汽车列车推荐车型基本要求　　表 5-19

类　　型		发动机额定功率(kW)	总质量(t)	比功率(kW/t)	比功率最低要求(kW/t)
厢式货运汽车列车		≥150	≤25	6.0	≥5.2
		≥205	≤35	5.9	≥5.2
		≥250	≤42	6.0	≥5.2
集装箱运输汽车列车	40ft	≥270	≤46	5.9	≥5.2
		≥250	≤43	5.8	≥5.2
	20ft	≥205	≤35	5.9	≥5.2
散装水泥运输车辆		≥150	25	6.0	≥5.2
		≥285	49	5.8	≥5.2
煤炭运输车辆	煤炭运输列车	≥285	49	5.8	≥5.2
	煤炭运输车	≥180	31	5.8	≥5.2

推荐设计车型比功率及最低要求　　表 5-20

类　　型	总质量(t)	推荐设计车型比功率(kW/t)	比功率最低要求(kW/t)
汽车列车	49	5.8	≥5.2

6. 设计车型总质量

车辆的总质量、轴重和轮重对道路的路面、铺装、桥梁、立交等的影响较大。为此，考察各国关于轴重的限值，多数国家取单轴 10t，根据汽车及挂车单轴的最大允许轴荷的最大限值，这里也取单轴 10t，轮重 5t。

由国标 GB 1589—2004 中各类车型最大允许总质量规定可以得到，小客车最大允许总质量不超过 4.5t，因此，这里选取小客车设计车型最大允许总质量为 4.5t。

中型客车总质量从 8～16.5t 之间不等，绝大部分中型客车总质量在 15t 以下。考虑到中型客车主要用于农村低等级公路，参照前述四级公路限载标准推算值为 15t，因此，中型客车设计车型总质量取 15t 比较合理，兼顾了农村客运需求及农村公路建设造价两方面的因素。

单体载货汽车总质量限制范围较大，从两轴货车的最大允许总质量 16t 到具有双转向轴的四轴汽车的 31t，其范围相差较大。在确定设计车型最大允许总质量时，主要考虑到各级公路上不同车型的载货汽车交通量的大小及各车型总质量分布情况，这里载货汽车设计车型最大允许总质量取为 25t，不超过三轴货车的最大允许总质量。

从国外标准分析来看，3 轴载货汽车车辆限值在欧美等国大致取 24～26t，在 EC 法令中取 25t。因此，这里载货汽车设计车型的最大允许总质量取 25t，也考虑到了与国际标准的接轨。从前述汽车荷载限制分析部分可知，二、三级公路以公路—Ⅱ级荷载作为设计车辆荷载，推得其限载应不大于 30t。因此，载货汽车设计车型总质量取 25t 也符合公路荷载要求。

对于汽车列车，最大允许总质量在国标 GB 1589—2004 中给出的值为 49t，这里就按照国标取值，将汽车列车设计车型的最大允许总质量取为 49t。

各设计车型总质量取值见表 5-21。

各设计车型总质量取值　　表 5-21

类　型	设计车型总质量(t)	类　型	设计车型总质量(t)
小客车	4.5	载货汽车	25
中型客车	12	汽车列车	49

7.各功能等级公路适用车型选用

各级公路设计中应选取合适的设计车型，在满足各等级公路运输需求的同时尽量避免资源的浪费。各等级公路适用设计车型如表 5-22 所列。

各功能等级公路适用设计车型　　表 5-22

<table>
<tr><th colspan="2">公路功能</th><th>公路等级</th><th colspan="2">设计车型</th><th>备注</th></tr>
<tr><td rowspan="2">干线</td><td>主干线</td><td>高速公路</td><td colspan="2">小客车/载货汽车/汽车列车</td><td>应能满足所有设计车型要求</td></tr>
<tr><td>次干线</td><td>一级、二级公路</td><td colspan="2">小客车/载货汽车/汽车列车</td><td>应能满足所有设计车型要求</td></tr>
<tr><td rowspan="2">集散</td><td>主要集散</td><td>一级、二级公路</td><td colspan="2">小客车/载货汽车/汽车列车</td><td>应能满足所有设计车型要求</td></tr>
<tr><td>次要集散</td><td>二级、三级公路</td><td colspan="2">小客车/载货汽车/汽车列车</td><td>应能满足所有设计车型要求</td></tr>
<tr><td colspan="2" rowspan="2">地方连接公路</td><td rowspan="2">三级、四级、等外公路</td><td>路基宽度≥7.5m</td><td>小客车/载货汽车</td><td>满足小客车/载货汽车要求</td></tr>
<tr><td>路基宽度＜7.5m</td><td>小客车/中型客车</td><td>满足小客车/中型客车要求</td></tr>
<tr><td colspan="2">专用公路</td><td>高速公路，一级、二级、三级、四级、等外公路</td><td colspan="2">小客车/载货汽车/汽车列车</td><td>满足各专业公路主要运输车型要求</td></tr>
</table>

(1)干线公路，因其提供主移动段的运输服务，一般直接满足重交通量的需求，服务于城市和大的城镇之间产生和吸引的许多长距离的交通。因此，干线公路应满足所有设计车型要求，提供长距离客、货运输服务。

两条或两条以上高速公路、一级或二级公路的所有交叉应采用 16.5m 长的设计车辆(汽车列车)。

(2)集散公路提供集散运输服务，满足于较小、短途交通需求，与干线公路相连，为干线公路汇集地方交通，并向地方疏散干线公路交通，服务于省内县级市、县城等节点的便捷连接。集散公路考虑到其需要为干线公路提供汇集地方交通、疏散干线公路的功能，固其设计车型应考虑干线公路出入的各类车型需求，同样应满足各类车型需求。

(3)次要集散公路(三、四级公路)，主要从地方公路上汇集交通，服务于较小的地区，连接县(市)、乡(镇)和其他交通产生源，为地方经济往来、生产生活、行政管理，以及文化教育、卫生医疗等日常出行服务。考虑到地方经济状况，两条次要集散公路相交时交叉口设计可采用 12m 长的载货汽车作为设计车辆。

(4)地方连接公路、农村公路，其主要提供出入运输服务，满足通达交通需求；覆盖地方县市区域的初级的、基础性公路网络，是国家公路网络的“支脉”与“毛细血管”；服务于乡(镇)、行政村等节点的便捷连接。地方公路包括所有没有划分到干线公路和集散公路中的道路。这类公路上往往交通组成比较复杂，除普通汽车外，还有拖拉机、农用机动车、摩托车以及非机动车交通。地方连接公路上，交通量中大型车辆比例较低，与货运车辆相比，提供地方客运服务的中型客车比例较高。因此，设计车型的选取在兼顾客货运需求的同时应考虑公路建设的经济性。

地方连接公路一般为低等级公路（三级、四级、等外公路），当路基宽度≥7.5m，货运需求较大时，应以载货汽车作为设计车辆；当路基宽度＜7.5m，货运需求较小时，为满足客运需求，应以中型客车作为设计车型。

(5)路外设施，居民区的停车场和小巷一般可根据小客车设计。但有较大型车辆如垃圾车、运货车使用时，则应考虑较大型设计车辆。

(6)限制通行车辆，指超过标准设计车辆规定尺寸的运行车辆，如工业区、仓库等处使用的特定车型，以及某些经准许营运（如车辆运输车、大型设备运输车辆）的限制通行车辆，选用的设计车辆应是能代表使用这类设施（道路和交叉口）的多数或关键车型。

四、公路线形设计的视觉一致性

传统的设计思想，主要以车辆的动力性能和运行特性来考虑具体设计指标的选用，比如根据运行速度确定平曲线的半径，根据车辆的爬坡性能确定路线的纵坡。这种思想忽略了作为交通的主要参与者的驾驶人的因素。事实上，驾驶人对于道路的感受和认知是主观的，例如两个半径同是600m的曲线在不同的环境或线形组合中给予驾驶人的感受也许是不同的，而这直接会导致驾驶人采取的操作也完全不同，这种主观认识导致的偏差很可能会导致不利于安全的状况。

在大多数情况下，驾驶人获取公路信息的主要途径是视觉，如果驾驶人获取的视觉信息不充分，或者是间断的，甚至是错觉，就会导致驾驶人对路线的理解出现错误，从而形成不安全的状态。因此在几何线形设计的过程中，要充分考虑驾驶人的因素，其中的关键和核心就是保证驾驶人的视距以及线形在视觉上的一致性。

公路线形的视觉特征是指驾驶人在行驶过程中，驾驶人可视范围内公路线形给予驾驶人的路线走向暗示。

驾驶人在高速行驶过程中，能够识别的公路范围是有限的，但是驾驶人会根据视野内的路线状况人为地预测道路的走向，这种预测是驾驶人对于公路线形的一种心理反应，这种反应就是视觉。在大多数情况下，驾驶人的视觉是趋同的，公路线形设计中要充分考虑驾驶人的视觉特征，确保公路的实际走向与驾驶人的视觉一致。如果道路线形与驾驶人的预期不符，就会对安全行车造成不利的影响，图5-25是几种典型的不符合驾驶人视觉的线形。为了使公路的线形设计符合驾驶人的视觉，就要了解不同的线形要素具备的视觉特征，以及应该尽可能避免的视觉一致性不佳的线形设计方案。

图5-25a)、b)、c)中三种线形同样是凸形竖曲线坡顶的线形，其中图a)平面线形是左转，图b)是直线线形，图c)是平面右转。由于凸曲线遮挡了视线，驾驶人通过视觉无法正确地预测线形走向，这有可能导致预料不到的危险。

图5-25d)、e)两种线形平曲线延伸到竖曲线的顶部，图d)是一处反弯曲线，图e)是右转曲

线，但是从视觉的角度并不能很好地进行识别，通常驾驶人会认为路线是按图 e）线形发展，因此图 d）线形与驾驶人的视觉就出现了偏差，这种偏差对于安全是十分不利的。

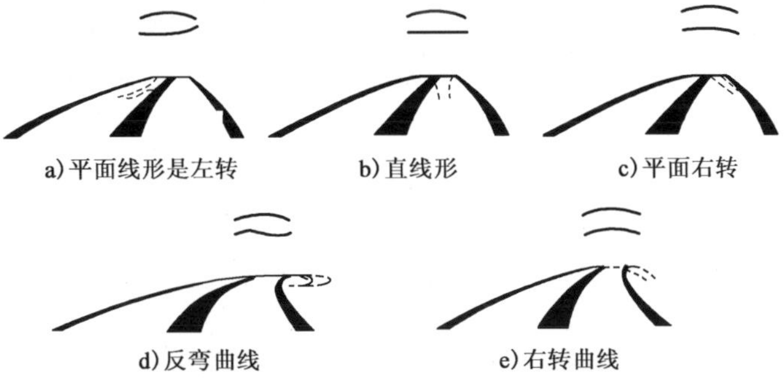

图 5-25　不利于驾驶人视觉的线形

设计人员可以通过绘制公路透视图的方法来检验和消除线形设计方案中不利于驾驶人视觉的情况。此外，在不断积累设计经验之后，公路设计者们已经总结出了线形设计中的若干规律，例如很多设计者都清楚图 5-25 所示的竖曲线顶点与平曲线起点重合是应当尽可能避免的情况，也了解平曲线和竖曲线半径应控制在一定比例之内。很好地利用这些经验，就能使公路线形设计更符合人的视觉和心理特征。

1. 空间直线的视觉特征与安全

直线是最简单的线形形式，具有最直接的视觉特征，即公路的边缘收缩于无限远的某一点，几乎不会对驾驶人造成任何的误导。但是需要注意的是，与竖曲线组合后的空间直线存在下列几种不利于安全的视觉特征：

（1）包含凸形竖曲线的直线路段仅能通视较短的长度，如果竖曲线半径过小将导致凸形竖曲线另一侧无法辨别，通常驾驶人会认为公路以直线的方式继续前进，如图 5-26 所示。因此，直线上的凸曲线之后不宜接平曲线，或者将平曲线起点安排在驾驶人能够通视的范围内。

图 5-26　凸形竖曲线的视觉特征

（2）直线内连续包含多个间距较近的变坡点，会导致直线的视觉出现驼峰、波浪等不利的情况，特别要关注的是相接的凸形竖曲线和凹形竖曲线的组合有可能出现暗凹的视觉特征，即对于驾驶人而言，在一定距离内凹形竖曲线是不可见的，并由此忽略前方较大的纵坡，如图 5-27 所示。

直线上车辆的行驶速度往往比较快，由于线形简单，驾驶人的注意力也容易分散。因此，直线的设计应该具有更大的宽容度。从驾驶人视觉的角度出发，选择直线方案时应注意合理设置变坡点和竖曲线，避免连续的短纵坡，凸形曲线应减小坡差并选用较大的竖曲线半径和曲线长。

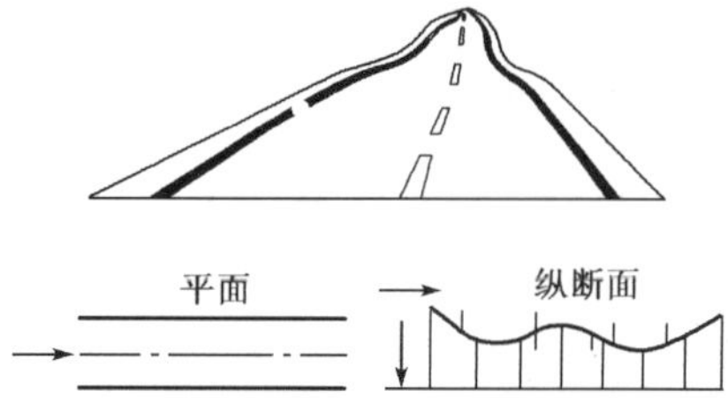

a)连续竖曲线的驼峰视觉特征

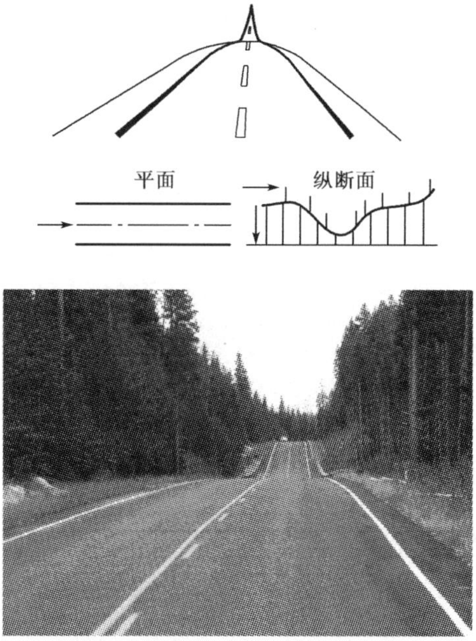

b)凸凹竖曲线组合导致的暗凹视觉特征

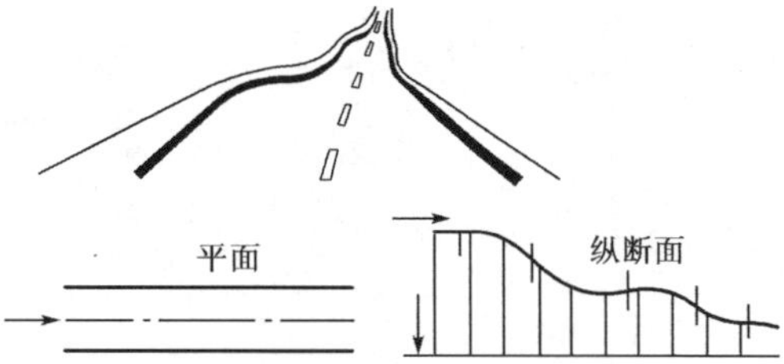

c)连续竖曲线导致的波浪视觉特征

图 5-27　连续竖曲线的视觉特征

a)平曲线与竖曲线重合，平曲线较竖曲线长

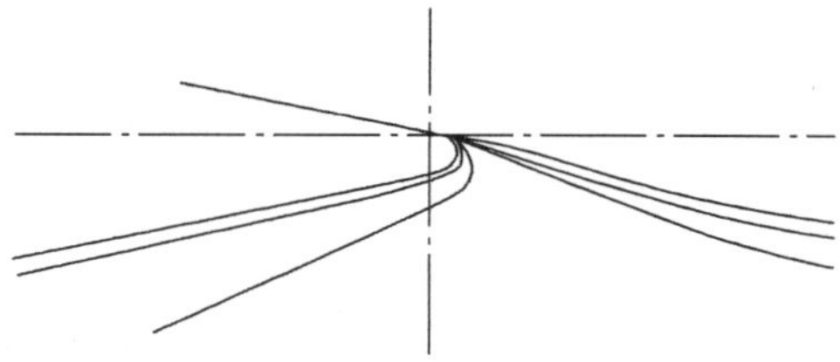

b)平曲线与竖曲线重合，平曲线较竖曲线短

c)平曲线与竖曲线错位

图 5-28　平曲线与竖曲线组合的视觉特征

2. 空间曲线的视觉特征与安全

现代的公路线形设计重视对曲线的运用，曲线的里程占据了公路总长的绝大部分，由平面曲线与竖曲线相互组合形成的公路三维空间曲线是公路线形中最重要的组成部分。因此，公路线形空间曲线的视觉特征具有十分重要的安全意义，是线形设计中应该着重关注的问题。

与直线相比较，影响空间曲线构成的因素很多，因此公路空间曲线的视觉特征更加复杂。一般说来，平曲线和竖曲线力求半径适宜，曲中点尽可能对应，竖曲线的起讫点位于平曲线的缓和曲线之间能够获得最有利的视觉效果，如图 5-28 所示。

但是，在线形设计中并不是总能够做到平曲线和竖曲线对应，在大多数情况下都很难达到这种理想状态。因此，很多时候路线空间曲线的视觉效果都不是完美的。为了使线形尽可能地符合驾驶人的预期，设计中应该注意以下几个方面：

(1)如果平曲线和竖曲线不能很好地配合，宜将平曲线和竖曲线相互错开布置在直线上。

(2)平曲线和竖曲线的大小应保持均衡，大半径平曲线与较短的小半径竖曲线组合或者较大的竖曲线底部插入小半径平曲线都会造成路线中断或者波折的视觉效果，影响驾驶人对路线的判断，如图 5-29 所示。

(3)竖曲线变坡点不宜与平曲线的起止点重合。如图 5-30 所示，竖曲线变坡点与平曲线的起止点重合导致左转的平曲线消失在驾驶人的视野中，使路线在视觉上出现了中断，容易使驾驶人的判断出现失误，可能成为交通事故的诱因。

(4)当平曲线转角小于 7°时，走向近似于直线，应尽可能避免连续包含多个间距较近的变坡点，特别是相接的凸形竖曲线和凹形竖曲线的组合，这有可能出现驼峰、波浪、暗凹等不利的视觉情况。如图 5-31 所示，路段呈波浪形延伸，而且在相接的凸形竖曲线和凹形竖曲线间出现了路线中断的情况。

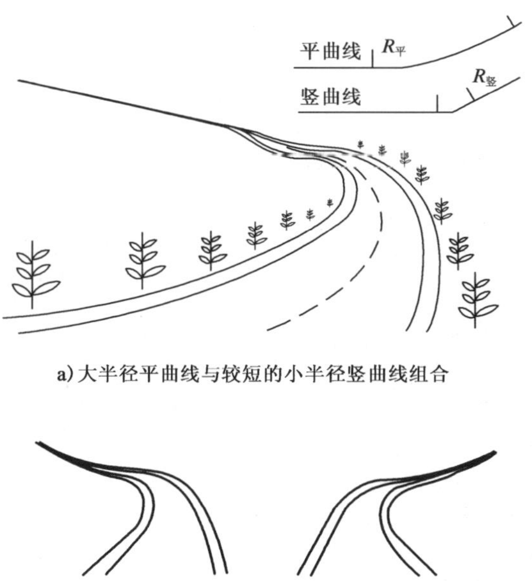

a)大半径平曲线与较短的小半径竖曲线组合

b)较大的竖曲线底部插入小半径平曲线

图 5-29　不利空间曲线的视觉特征

图 5-30　竖曲线变坡点与平曲线的起点重合

图 5-31　多个间距较近的变坡点路段

(5)较小半径的竖曲线不宜与缓和曲线重合。如图 5-32 所示，小半径凸曲线与缓和曲线重合导致右转的平曲线位于视野之外，这是不利于安全的。解决的方法是调整竖曲线的位置，或者增加竖曲线的半径。

从驾驶人的角度看，获得连续、准确的路线视觉信息是安全驾驶的前提，因此保障路线设计的视觉一致性和连续性是很重要的。从视觉特征的角度看，就是要避免路线在视觉上出现中断、消失、波折或者错觉的情况。从设计内容上看，需要着重关注路线的线形组合，除了本章提出的一些需要注意的观点之外，在设计环节中应尽可能地使用透视图或三维动画等手段对线形的视觉效果进行检验，在检验过程中如果发现了不利于交通安全的路线视觉特征，则应完善线形设计方案，以确保安全。

图 5-32　小半径的竖曲线与缓和曲线重合

五、公路几何线形关键指标选择

1. 视距

视距是保证行车安全、迅速、经济的重要因素。驾驶人的驾驶行为取决于驾驶人是否能看清前方的道路及环境，并有足够的距离，以便准确控制方向、避开障碍物，保证交通安全。

安全驾驶需要具备识别交通状态和预测将发生事件的能力。视距是道路设计的重要参数。视距是驾驶人能够看清前方事物的距离。视距受行车速度的影响很大：行车速度越高，所必需的停车视距越大；行车速度越高，视角变得越窄(视角是指驾驶人不用移动眼球能看到的范围)。

视距与感知—反应时间也密切相关。每个人的感知—反应时间不同，并且受道路特性和周围环境影响。同时驾驶人对事物的预期也是很重要的。研究发现，对于有明确预期、很容易辨别的事件，感知—反应时间为 0.7s，而没有预期的事件则需要大致 3s。平均时间是 2s。

设计中要提供足够的视距，如果在所提供的视距内可以执行某种驾驶操作，但是却不足以安全执行这种驾驶操作，这种视距称为临界视距。临界视距容易引发交通事故，应该尽量避免。如普通道路上交叉处有较好的可视性，可能会导致车辆高速通过被交路，或者在禁止超车的路段，视距刚好够超车，也是不可取的。图 5-33 为视距不良的路段。

图 5-33　视距不良的路段

1)驾驶视距

驾驶视距是能够安全、舒适地驾驶所需的道路可视长度。在直线路段行车速度和驾驶视距的关系见表 5-23。

行车速度与驾驶视距 表 5-23

行车速度(km/h)	行车时间(s)	驾驶视距(m)
60	8	135
80	9	200
100	10	280

安全舒适地进入平曲线的必要视距由驾驶人感知—反应时间所行驶的距离和必要的对曲线的长度的认识时间所行驶的距离组成。对曲线长度的认识时间是从认识到曲线的存在到识别出曲线要素所经历的时间。行车速度与驾驶视距的关系见表 5-24。

行车速度与驾驶视距 表 5-24

行车速度	曲线前视距		曲线可视部分		总视距	
	时间(s)	距离(m)	时间(s)	距离(m)	时间(s)	距离(m)
100	2	55	3	85	5	140
80	1.75	40	3	65	4.75	105
60	1	20	2	35	3	50

道路交叉是道路交通的局部中断，在大的平曲线上能够有效定位交叉，这对道路安全具有重要意义。调查表明，曲线上的交叉比直线上的交叉发生事故少 20%，事故伤害少 30%。图 5-34 为在平曲线中视距受到限制的路段。

图 5-34 平曲线中视距受到限制

竖曲线中凸曲线和凹曲线的驾驶视距是不相同的。对于凸形竖曲线，使用驾驶视距的标准来进行设计，就会需要过大的竖曲线半径，常常导致过度开挖。故采用驾驶视距标准的设计不能保证设计的经济可行。很多时候使用停车视距进行设计，虽然降低了道路的安全标准，但却是必须的。可以采用费用效益分析的方法来确定采用哪种视距进行设计。凹形竖曲线产生的问题常位于隧道中或构造物下，特别是对于货车或大的公交车。凹形竖曲线的曲线半径由视线高度、坡度、净空和合理视距决定。凹形竖曲线的可视性在夜间也受到影响，车头灯照明的好坏是关键的因素。

2)停车视距

汽车在公路上行驶时，驾驶人看到前方障碍物，进行紧急安全制动所需的最短距离称为停车视距。停车视距是最重要的视距，在道路沿线每个点必须具有足够的停车视距。停车视距由四部分组成，即：

$$S_t = S_1 + S_2 + S_3 + S_0 \tag{5-76}$$

式中：S_1——由感知到反应期间所行驶的距离；

S_2——执行必要反应所行驶的距离（制动车、转向或调整）；

S_3——辨别出某种设计要素，如曲线或障碍物所行驶的距离；

S_0——舒适或保障安全所需预留的距离。

图 5-35 显示了停车视距与驾驶速度和坡度的关系。

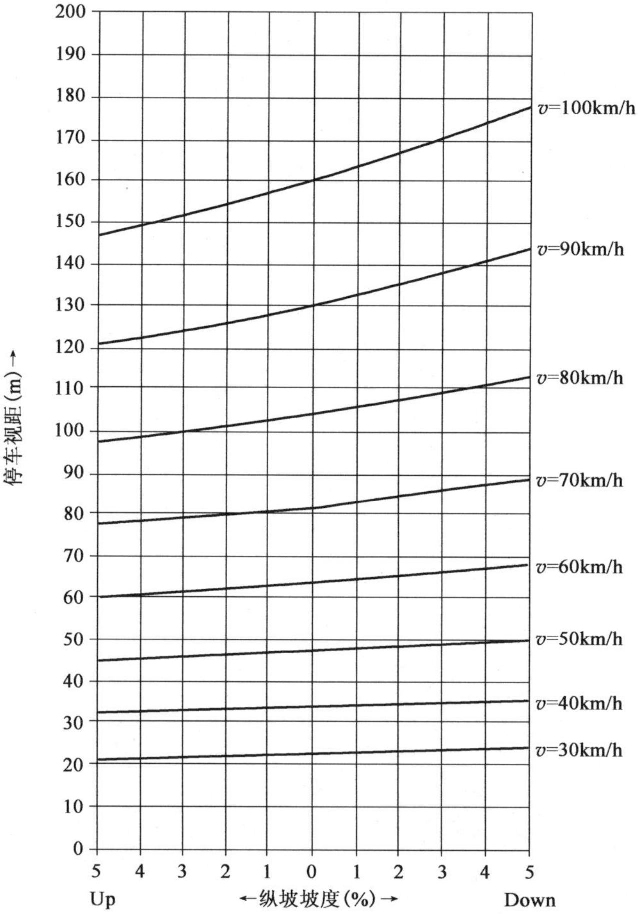

图 5-35　停车视距与驾驶速度和坡度的关系

停车视距可用式(5-77)计算：

$$S_t = \frac{v_{85}t}{3.6} + \frac{(v_{85}/3.6)^2}{2g(f+i)} \tag{5-77}$$

式中：S_t——停车视距(m)；

v_{85}——运行速度的计算值(km/h)；

t——空驶时间，即反应时间，取 2.5s(判断时间 1.5s，运行 1.0s)；

g——重力加速度，取 9.8m/s^2；

i——路线纵坡度；

f——轮胎与路面的纵向摩阻系数，不论运行速度大小，一律取值为 0.17。

我国《公路工程技术标准》(JTG B01—2003)中对停车视距的规定值见表 5-25，城市道路停车视距见表 5-26。

公路停车视距 表 5-25

设计速度(km/h)	120	100	80	60	40	30	20
停车视距(m)	210	160	110	75	40	30	20

城市道路停车视距 表 5-26

设计速度(km/h)	80	60	50	45	40	35	30	25	20	15	10
停车视距(m)	110	70	60	45	40	35	30	25	20	15	10

3)超车视距

汽车行驶时为超越前车所必需的视距称为超车视距。《公路工程技术标准》(JTG B01—2003)规定，双向行驶的双车道公路根据需要，应结合地形在适当间隔内保证具有超车视距的路段。

超车操作开始时，驾驶人是否有能力估计交通流的必要间隙是一个决定性因素。超车视距在时间上有一个范围，基本上是 16～25s。表 5-27 给出了超车视距与运行速度。

超车视距与运行速度 表 5-27

设计速度(km/h)	最短视距(m)	临界视距(m)	可接受视距(m)
100	450	405～700	>700
80	350	350～500	>500
60	270	270～350	>350

4)会车视距

会车视距为两辆对向行驶的汽车能在同一车道上及时制动所必需的距离。会车视距由以下四部分组成：

(1)双方驾驶人由感知到反应期间所行驶的距离；

(2)双方驾驶人执行必要反应所行驶的距离；

(3)双方驾驶人辨别出某种设计要素，如曲线或障碍物所行驶的距离；

(4)为舒适或保障安全所需预留的距离。

由会车视距的组成可知，会车视距≈2×停车视距。

2. 平面线形

平面线形的主要组成部分是直线、曲线和缓和曲线，国内外的研究均表明直线的长度、曲线半径、曲线的转角以及相邻曲线间的曲率变化程度等是影响交通安全的重要因素。

1)直线

研究发现，直线段长度对于事故是很重要的。国外的研究小组观测到曲线前超过一定长度的直线段可以导致事故的增加，特别是当一条长的直线随后有一条小半径曲线时，事故的数量会迅速增加。这和人们的经验是吻合的，即长直线与较小半径的线形是不安全的。法国的一项研究应用 Poisson 回归技术发现事故率随着曲线半径增加而减少，同时随着曲线前直线段的增加而增加。这些统计结论也被其他一些高发事故和车辆失控事故的相关研究支持。

这意味着，直线上的交通安全问题取决于两个因素，即直线的长度与直线后接续的线形特征。就直线本身而言，直线的长度过长会导致驾驶人注意力下降，而且很容易疲劳；更糟糕的是在直线路段上，驾驶人都倾向于用较高的速度行驶。实测证明，长直线路段的运行速度通常会高于计算行车速度很多，这是长直线路段事故率高于短直线的根本原因。

因此，从安全的角度出发，控制直线的长度是十分重要的。其准则就是直线的长度不应使驾驶人出现明显的注意力下降的情况。对此各国的研究结果和采用的控制指标存在一定的差异，如日本、德国规定直线最大长度(单位为 m)不宜超过设计速度(以 km/h 计)的 20 倍，而西班牙规定不宜超过 80%设计速度的 90s 行程。根据研究，适合我国驾驶人特征的直线长度应该控制在 72s 行程之内，也就是设计速度的 20 倍左右。

此外需要注意的是，曲线间的直线长度不能过短，这是因为驾驶人在不同曲率曲线之间需要足够的时间判断路线走向，并调整车辆的行驶状态，否则很容易出现转向不足而导致事故。一般而言，当车辆的速度≥60km/h 时，同向圆曲线间最小直线长度(单位为 m)以不小于设计速度(以 km/h 计)的 6 倍为宜；反向圆曲线间的最小直线长度(单位为 m)以不小于设计速度(以 km/h 计)的 2 倍为宜。

图 5-36　以曲线代替长直线

因此，在线形设计过程中，从安全的角度出发，最好将直线的长度控制在设计速度的 6～20 倍之间。长直线线形虽然快捷、经济，但是从安全的角度看是不适宜的，应以连续圆滑的曲线代替，如图 5-36 所示。

值得深思的是，在国外部分公路上，公路设计师在长直线路段上故意设置了连续的纵坡和竖曲线，使长直线产生连续驼峰的效果。虽然线形给驾驶人的感受并不舒适，但是有效地降低了车速，也延缓了驾驶疲劳的产生，如图 5-37 所示。

图 5-37　长直线上连续设置竖曲线以降低车速

2)平曲线

平曲线是平面线形最主要的组成部分，目前大多数线形设计都强调以曲线为主，因此平曲线得到了正确的使用，这对交通安全的影响是十分关键的。

有国外研究表明，事故率 r 和平曲线曲率 D 之间是线性关系，形式如下：

$$r = r_0 + \alpha D \tag{5-78}$$

式中：r_0——直线路段上的事故率；

r——曲线上的事故率；

D——曲线的曲率，即曲线半径的倒数；

α——换算系数。

式(5-78)表明，曲线上的事故率高于直线路段，随着曲线半径的增加而降低，而且可以确定，当曲线半径增加到某一程度后事故率将与直线路段基本趋同，这与人们日常的经验是相符的。一些研究认为事故率确实是随着曲率增加而增加的，但却是非线性的；还有少部分研究认为，事故率与曲线的曲率之间不存在明确的相关关系。因此，国外的研究并没有形成能够被广泛接受的结论。但是工程设计人员通常认为，在同等条件下，较大的曲线半径比较小的半径更安全些，但前提是线形的整体要连续、顺畅，这可以通过前文提到的运行速度检验的方法得到保证。

我国研究对平曲线的安全性分析主要从平曲线的半径、平曲线转角及平曲线密度三个方面开展。

(1)平曲线半径

通过对某公路不同路段平曲线半径与对应的平均亿车事故率进行统计分析，发现两者呈幂指数关系，如图 5-38 所示。

由图 5-38 所示回归曲线可知，随着平曲线半径的增大，事故率在降低。当平曲线半径减小至 1 000m 时，事故率开始增加迅速；当曲线半径继续减小时，事故率的增加速度进一步加快。虽然图 5-38 数据仅来源于一条公路，但是仍然代表了事故与曲线半径之间的一种关系，即较小半径的平曲线相对较危险，但是这并不意味着大半径曲线就是安全的，事实上曲线间的均衡和连续更为重要。

(2)平曲线转角

曲线转角也是道路交通安全的影响因素。通过对某公路一年半时间段内不同曲线转角对应的亿车事故率进行分析，得到结果如图 5-39 所示。

由图 5-39 可见，当曲线转角在 0°～45°之间变化时，事故率与转角的关系近似成抛物线形，即随着转角的增大事故率在逐渐降低，当转角增大到某一数值时事故率降到最低值(抛物线的极值点)，此时随着转角的继续增大事故率又开始上升，变化规律十分明显。可以看出，当路线转角小于或等于 7°(小偏角)时，事故率明显高于 30 个样本点的平均值(平均亿车事故率 83 137 次/亿车)，这一统计结果证实了小偏角曲线容易导致驾驶人产生急弯错觉，不利于行车安全这一传统观点。

(3)平曲线密度

根据几条主干道的交通事故率[次/(亿车·公里)]与平曲线个数的关系，进行分析后发现，单位长度的平曲线个数即平曲线密度与事故率有很强的相关关系，即：

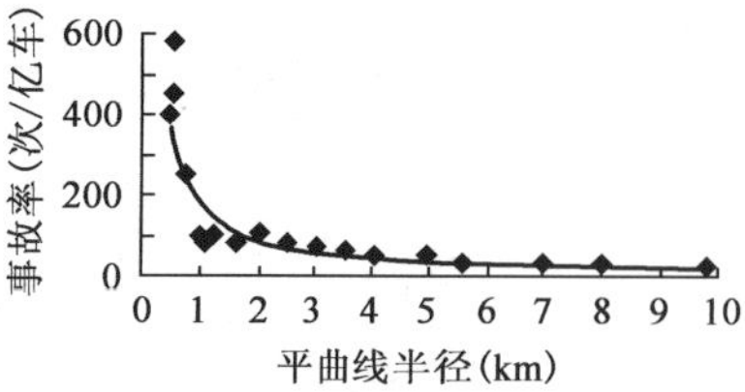

图 5-38　亿车事故率与平曲线半径的关系

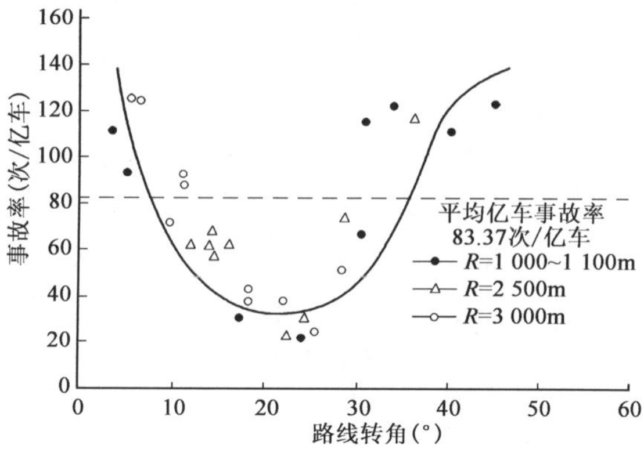

图 5-39　曲线转角与亿车事故率的关系

$$r = 0.49S^2 - 3.35S + 8.30 \tag{5-79}$$

式中：r——亿车事故率[次/(亿车·公里)]；

S——平曲线密度(个/km)。

公式推导出的最佳平曲线密度为 $S=3.4$ 个/km。由于公路等级和环境的差异，该结论只能作为特例，不具备推广的前提，但是其揭示的规律具有普遍意义。该方程曲线是开口向上的抛物线，即曲线的密度过大或者过小都是不利于安全的。在我国的设计标准体系中，平曲线密度是依靠曲线长度和曲线间直线的长度予以控制的。

根据上述研究结论，结合工程实践经验，为保证路线的交通安全，平曲线设计指标的选取要注意以下原则：

①尽可能使用半径大于标准规定的一般值的曲线，避免使用半径为极限值的平曲线。

图 5-40　指标均衡的连续平曲线

②平曲线之间要连续，特别是在平曲线间为短直线或采用缓和曲线直接连接的时候，要避免出现指标突然放大或者突然变小的情况，而是使用均衡的指标，这样不但能保障安全，而且能提升公路线形的美感，如图 5-40 所示。一般情况下，两反向圆曲线相接组合为 S 形曲线时，两圆曲线半径之比应控制在 $R_1/R_2 \leqslant 2$(R_1 为大圆曲线半径；R_2 为小圆曲线半径)；两同向圆曲线连接组合为卵形曲线时，两圆曲线半径之比，以 $R_2/R_1 = 0.2 \sim 0.8$ 为宜(R_2 为小圆曲线半径)。在设计完成后，还应该采用前文提及的运行速度测算检验的方法对曲线的连续性进行进一步的分析，避免出现线形突变点。

③平曲线的转角应控制在合理的范围内，尽可能避免使用小于 7°的转角，因为此时平面线形近似于直线，容易给予驾驶人错误的引导。在必须使用小转角曲线的情况下，必须延长曲线的长度，以驾驶人能够清晰地识别出曲线为准则。

④尽可能避免较短平曲线的连续使用，曲线密度的增加对交通安全是不利的，也会加重驾驶人的负担，在可能的情况下应该用较长的曲线代替。

⑤隧道与路基段衔接处要保持线形的连续，至少在 3s 行程的长度内，平曲线的曲率不宜发生变化，而且隧道洞口处的平曲线不能小于一般值。

3. 纵面线形

路线的纵面线形在上坡和下坡方向的交通安全特性是不同的，上坡方向的主要问题是大型车辆在爬坡过程中丧失了速度从而与较高速的车辆产生了较大的速度差异，加剧了冲突的频率和严重程度；下坡方向的问题是车辆的行驶速度会增加，驾驶人操作的离散性也会增加，更为严重的是当下坡路段过长或坡度过陡时有可能导致车辆制动系统失灵，从而发生事故。

1)上坡方向的考虑

上坡方向事故主要分布在接近纵坡坡顶的上半部分，以及过了坡顶后紧接着的路段上。这是因为在上坡的过程中车辆必然会发生速度衰减，这种衰减会进一步影响交通的安全，因此速度的衰减程度是评判坡度和坡长是否影响交通安全的重要标准。

汽车的爬坡能力是用最大爬坡坡度来评定的。最大爬坡坡度是指汽车在坚硬路面上用最低挡做等速行驶时所能克服的最大坡度。中型载货汽车在核定载质量时，车辆的最大爬坡能力为 27%，但是，实际运行中的车辆不会也不可能长时间以一挡爬坡，这样不仅加剧发动机的磨损，而且也无法满足运输经济性的要求。观测表明，在实际上坡行驶过程中，驾驶人在条件允许时总是尽可能地采用高挡行驶，而非按照理论计算所对应的平衡速度上坡。图 5-41 即反映了不同纵坡坡度下的速度变化情况。

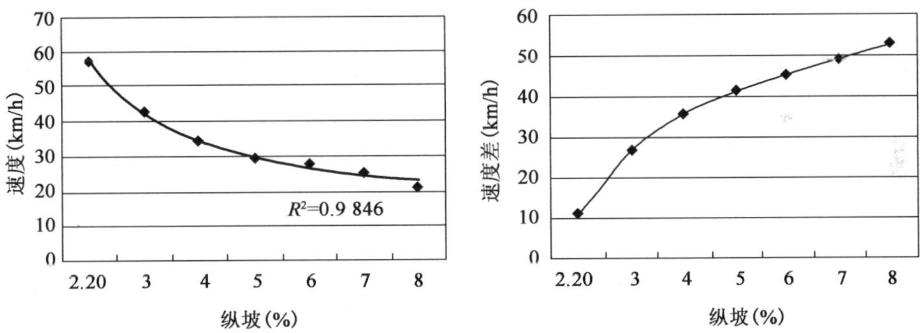

图 5-41　纵坡坡度与稳定速度、速度差之间的关系

从曲线趋势可以看出：4%的纵坡是一个分界点，纵坡坡度小于 4%时，载货汽车的上坡稳定速度变化显著，坡顶速度通常衰减在 20km/h 左右；而纵坡坡度一旦大于 4%，坡度对重型货运汽车影响就会更加严重，载货汽车大都以 30km/h 的爬行速度缓慢上坡，速度衰减在 40km/h 左右。

图 5-42 反映了小客车在不同坡度下上坡行驶时速度变化的情况。图中小客车速度与坡度变化的速度层次十分明显。在 4%以下的坡道上行驶时，速度只受到轻微的影响；但随着纵坡坡度的增大，车辆进入上坡路段后，基本呈减速趋势。而且随坡度的增加，小客车减速的幅度也逐步增大，运行速度下降幅度在 20km/h 左右。

可见，在上坡方向，大型车速度的衰减要快于小型车，因此不同车型之间的速度差异会进一步增大，特别是双车道公路在一个方向上只有一条车道，这就使车辆之间发生冲突的

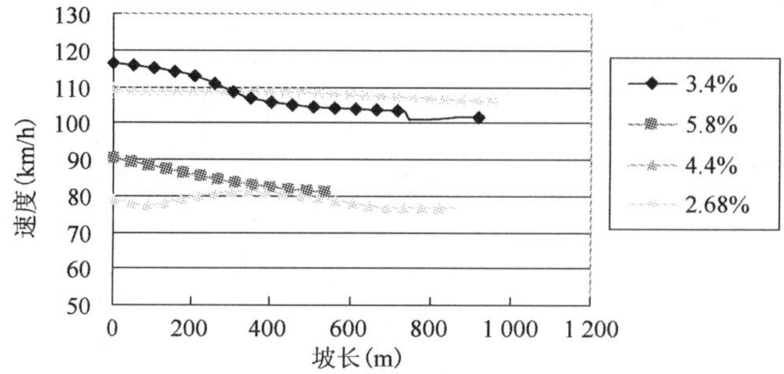

图 5-42　小客车上坡运行速度图

概率增加，从而降低了上坡路段的交通安全水平。解决的方法是控制坡度的指标以及设置爬坡车道。对于双车道公路，虽然规范规定的纵坡极限值在5%以上，但是从安全的角度，应尽量将坡度控制在4%以下，这样可以使上坡路段车辆间的速度差不至于过大。当纵坡超过5%之后，车速的衰减有可能达到40km/h，此时应结合交通量和坡长的情况考虑设置爬坡车道。

车辆在纵坡上加速行驶时，其行车速度随坡长的增加是逐渐递增的。而且，当递增到一定程度后速度呈稳定状态。每一纵坡当坡长增大到一定值后，其速度不再增高，因此每一纵坡都有一个稳定速度和达到稳定速度的坡长。而且纵坡越大，稳定速度就越小，达到稳定速度的坡长也就越短；纵坡越小，稳定速度越大，达到稳定速度的坡长就越长。从图5-43曲线可以知道，3%的纵坡是一个分界点，小于3%的纵坡对载货汽车的运行速度影响不大，这样的纵坡值可以作为缓和坡设计并不限制坡长。而纵坡坡度一旦大于或等于3%，其对载货汽车就有了一定的影响，特别是4%以上的纵坡对载货汽车影响尤为严重，而且载货汽车在4%～8%之间的纵坡上，行驶达到稳定速度时所经历的坡长也很接近，大都在200～300m之间。在这样短的坡长内，速度就已降低到20～30km/h。因此，对大于4%的纵坡，应该根据允许的最小运行速度和速度衰减值的要求，对纵坡坡长进行限制。当坡长无法有效得到控制时，应考虑设置爬坡车道。

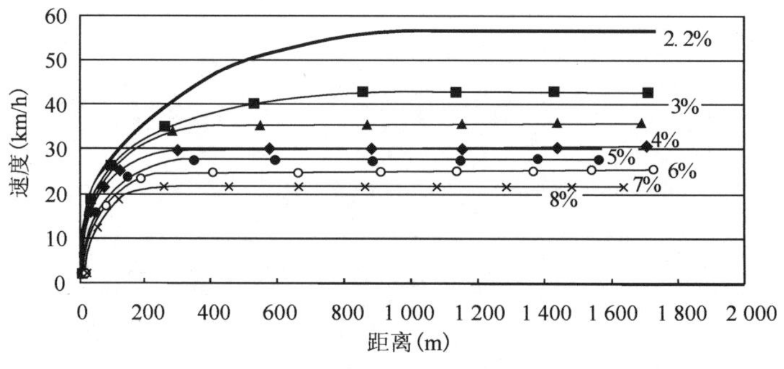

图 5-43　典型载货汽车在上坡道上的速度—距离曲线

2)下坡方向的考虑

研究表明，下坡方向的事故通常要多于上坡方向。例如，美国一项关于俄亥俄州和宾夕法尼亚州收费道路坡度与事故率间关系的研究证明：事故率随下坡坡度的增加而增大，然而上坡段的事故率随坡度而变化的趋势却并不十分明显，如图 5-44 所示。

下坡方向的事故率呈现出明显的随坡度增加而增加的趋势，说明坡度是影响安全的重要因素，而且下坡方向事故主要分布在纵断面的下凹部分，这是由于车辆行驶时因下坡使车速过高导致车辆难以操纵控制的结果。因此设计过程中尽可能不要选择超出规范规定的坡度和单坡度下的最大坡长指标，这可以缓解下坡过程中车辆速度的增加。

此外，更多的研究表明，公路纵面线形的坡度和坡长指标应该在一起统筹考虑，特别是连续的长陡坡状况已经出现了十分严重的交通安全问题，在设计中必须注意。

大中型车辆在长下坡时，如果不采取发动机制动、排气制动等辅助制动措施，其行车制动器就必须较长时间地、连续地做强度很大的制动，使得制动器温度常在 400℃以上，如图 5-45 所示，有时甚至可高达 600～700℃。另外，虽然制动并不频繁，但少数几次高速制动也会使重载车辆的制动器温度迅速升高。制动器温度上升后，制动器摩擦力矩将显著下降，出现制动器的热衰退。据目前的技术而言，制动器的热衰退是车辆不可避免的现象，只是有程度上的差别。原有的室内试验表明：一般情况下，当制动器的温度不超过 200℃时，车辆的制动器制动力不会发生明显衰减；当制动器温度达到 400～460℃时，车辆的制动器制动力明显下降，只能达到正常温度(100℃以下)的 20%～25%；当制动器温度达到 600℃以后，就有可能使车辆的制动器制动力降到近似为零——制动完全失效。制动失灵导致的事故是长下坡路段交通事故的主要类型，其原因就是在长时间的下坡制动过程中，制动器逐渐失效。从事故构成的角度看，连续的长纵坡线形是事故产生的根本诱因。

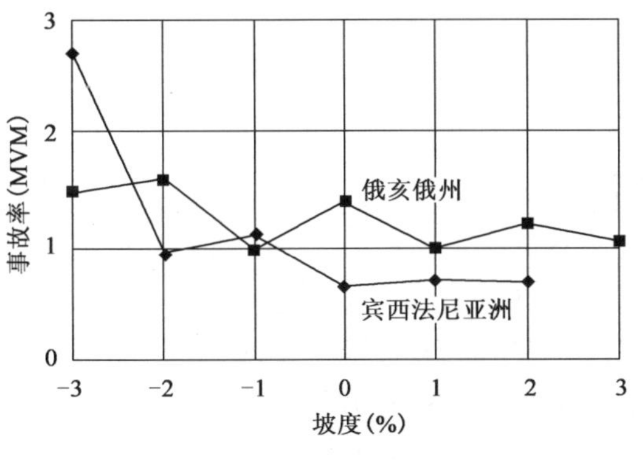

图 5-44　事故率随坡度变化图

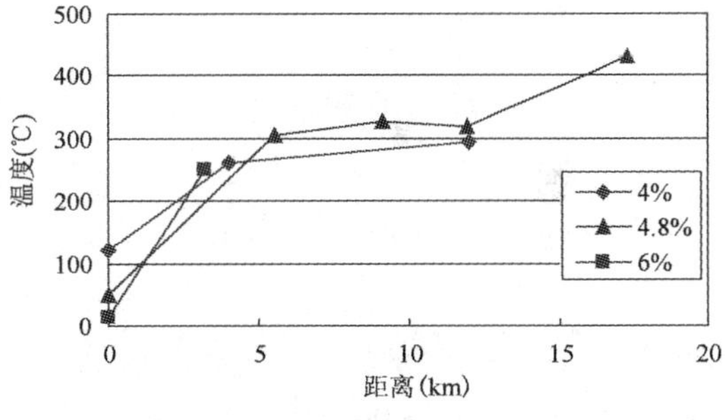

图 5-45　长下坡正常速度下制动器温度变化曲线(无辅助制动)

因此，在纵面线形设计时应避免使用较大纵坡和较长坡长的线形组合设计。一般而言，当连续坡长大于 3km 时，就要注意控制坡度指标的使用，通常：

(1)连续坡长达到 3km 时，平均坡度不宜超过 5.5%；

(2)连续坡长达到 6km 时，平均纵坡不宜超过 4%；

(3)当坡度大于 3%，连续纵坡的长度应控制在 7～8km 之内。

在走廊带或者资金受限的情况下，为了保障安全，上坡的一幅可以采用较大纵坡以克服高差，而下坡的一幅则充分利用地形，通过展线以较小的纵坡顺势而下，采用分离式路基设计方案，如图 5-46 所示，这样可以在总体造价均衡的前提下，控制下坡方向的平均坡度，减少制动失灵事故的发生。

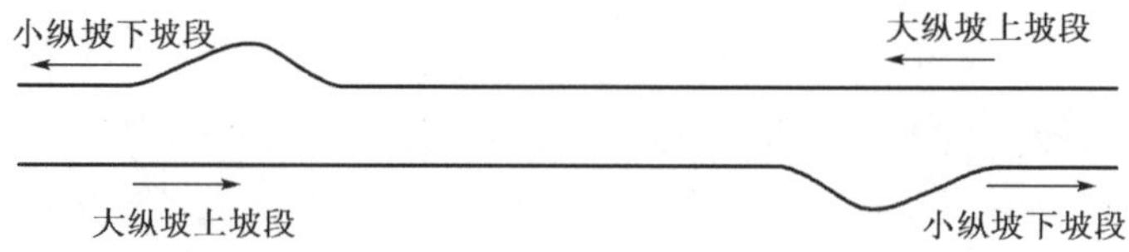

图 5-46　上、下分离式路基示意图

第四节　公路桥梁的交通安全保障技术

一、公路桥梁交通安全事故调查

1. 车辆坠桥事故

由于汽车失控引起的坠桥事故比较常见。对根据收集的国内 368 起桥梁交通事故进行统计分析，事故详细原因统计结果表明，因汽车撞击引起的事故数占 7.8%。

车辆行驶在桥上时发生撞击而后坠桥事故屡有发生，且经常为群死群伤的大型事故。

2000 年 7 月 7 日，柳州市一辆公交大客车行至壶东大桥中段时，碰上横倒在车行道上的大桥维护单位施工遗留的水泥隔离墩，大客车突然左拐，冲上旁边高 0.3m 的人行道，撞断大桥护栏 7.8m，大桥人行道外侧水泥板垮塌，大客车垂直坠入距桥面 27.1m 的柳江，沉入约 4m 深的江水中，车内驾乘人员 79 人全部遇难。

2003 年 7 月 10 日早上，香港屯门公路一辆载有 40 名乘客的双层空调巴士在驶近汀九桥时与一辆货柜车相撞，跌落约 30m 下的汀九村附近，造成 22 死 20 伤，见图 5-47。此宗车祸亦成为香港开埠以来死亡人数最多的车祸。针对公众的质疑，香港路政署否认屯门公路防撞栏不合标准，强调此次事件十分罕见。但有机械工程系学者则批评，该段路防撞栏太矮，要阻止像双层巴士这类高重心重型车坠崖根本力不从心，建议有关部门将该段路防撞栏高度升高一倍至 2m，并将栏杆厚度加厚一倍，减低出现重型车坠崖风险。

2004 年 5 月 12 日，浙江省境内乍(浦)嘉(兴)苏(州)高速公路嘉兴路段，一辆由浙江杭州开往江苏昆山的大客车翻出高速公路护栏，造成 23 人死亡、10 人受伤。

2004 年 6 月 14 日，一辆沈阳至宽甸的长途大客车在丹东凤城境内艾阳城春大桥发生翻车事故，客车翻到桥下河床上，当时车上 31 位乘客中，17 人当场死亡，另有 14 人受伤。

2005 年 4 月 19 日，重庆汽车运输集团黔江运输有限公司一辆大型卧铺客车，由重庆市朝天门车站开往黔江，行经黔江区境内沙湾特大桥时，坠于 89m 高的桥下，造成 27 人死亡，轻重伤 4 人。

2006 年 10 月 1 日，重庆市沙坪坝区一辆满载乘客的 711 路公交客车在行驶至石门大桥时突然冲出桥栏，坠落到桥下 30 多米的平地，造成 30 人死亡，20 人受伤。

2007 年 4 月 23 日，重庆渝运集团北碚分公司一辆中型客车从渝北开往北碚途中，在北碚区水土镇长生桥处，冲断左侧护栏翻下近 13m 高的公路桥，导致 26 人死亡、6 人受伤。

运输车辆撞击桥面构造物并造成车辆坠桥安全事故及其防范措施是目前交通运输行业特别关注的问题之一，交通运输部还为此专门立项研究。2008 年 11 月，第五届中美桥梁技术交流会举办期间，美方专家参观苏通长江公路大桥时，专门就苏通大桥汽车撞击问题与中方专家进行探讨。图 5-48 为苏通大桥的桥面防护体系，可以看出，苏通大桥设置了三层桥面防撞结构，即：第一层，紧邻行车道的钢结构护栏；第二层，拉索自身具有的侧向抗撞能力；第三层，拉索外侧钢结构防护栏。三层防护结构各有不同的防撞功能和防撞能力，但组合后，对路面行车冲出桥梁具有较高的防护能力，一般车辆要连续撞坏三层防护再冲出桥梁的概率是很小的。车辆坠桥的风险大大降低。

图 5-47　香港屯门公路事故现场

图 5-48　苏通大桥桥面防护系统

2. 桥上横风导致行车事故

山区桥梁常常位于狭长的山谷之中，桥址风场复杂，台风、龙卷风、雷暴及突发性小范围灾害性天气时有发生。侧风很可能影响车辆行驶安全，引起事故。另外，对于斜拉桥、悬索桥等桥型，往往由于存在桥塔结构等，造成一定的风环境突变。该区域的风速由于桥塔的遮挡作用而迅速变化，造成车辆在行驶至该区域时发生两次车辆侧风的突变，极易造成车辆驾驶困难而发生车辆事故。

2004 年 8 月 12 日，广州虎门大桥上发生狂风将 7 辆空载货车掀翻的事故，致使桥上交通中断，如图 5-49 所示。

图 5-49　虎门大桥风致行车安全事故

为了减少大风天气下的交通事故，有关部门已经采取了一些措施，如限制大风天气下的车辆行驶速度，以及在自然风达到一定风速等级时关闭交通等。强风条件下车辆通过桥梁的安全性能将关系到政治、经济、防灾救灾等全局的大问题，需要采用合适的桥梁管理策略和措施。

3. 交叉跨线桥梁下车辆撞桥事故

随着公路运输事业的不断发展，大型、新型的公路立体交叉越来越多，车辆撞击桥墩和上部承重结构的事件时有发生，甚至出现桥梁垮塌的恶性事件。

1)撞击桥墩

2009 年 4 月 17 日凌晨 5 时，郴州市郴资桂公路与京珠高速公路交叉处发生交通事故，一辆水泥槽罐车撞上京珠高速主线横跨郴资桂大桥的立柱，见图 5-50。其中两根立柱当即断裂，一根立柱受损，大桥横梁塌落，往北方向的桥面塌陷，京珠高速良田至郴州段中断，郴资桂公路往资兴方向交通封闭。整个交通事故造成损失巨大，车内 3 人，2 死 1 伤，车辆报废，高架桥半幅桥梁拆除重建，京珠高速及郴资桂公路交通管制 57d。

图 5-50　碰撞中墩事故 1

2006 年 7 月 11 日凌晨 2 时许，一辆运煤大货车在渝黔高速公路巴南区界石段，将一座人行天桥挂垮，导致渝黔高速公路双向交通中断 7h，堵车队伍长达数公里，见图 5-51。事故原因是大货车左侧车头撞上中央分隔带护栏和桥墩后，尾部挂住桥墩将其拖垮，导致人行天桥竖在中央隔离带的桥墩倒在地上，桥墩两侧的桥面垮塌，整座天桥已断裂呈倒“八”字形。

2)净空不够

2008 年 5 月 23 日，在法国中西部的叙埃夫尔，一辆载着 32 名摩洛哥游客的长途客车在 A10 号高速公路上向巴黎方向行驶时撞上一座桥梁的桥墩，造成 7 人死亡，7 人受重伤，见图 5-52。

图 5-51　碰撞中墩事故 2

图 5-52　净空不够事故 1

2006 年 12 月，重庆内环高速路盘龙立交附近，一货箱高翘的红色翻斗车冲向 5m 高的人行天桥。车辆一分为二，货箱卡在天桥下，车身冲出 20m 后侧翻，交通中断 11h。经桥梁专家勘查，货箱上端已深陷进天桥横梁中，天桥桥面裂开几条大缝，天桥严重受损，需拆除重建。

由于缺乏桥下安全保障技术要求，发生的各类汽车撞桥事故非常多。据不完全统计，仅 1999 年，北京市共发生汽车撞桥事故 50 起，造成经济损失近千万元；而 2000 年 1 月～5 月就已经发生撞桥事故 30 多起。

4. 危险车辆通行引发的事故

近年来，桥梁垮塌事故正呈现出明显的多样化趋势，桥梁的运营安全问题已远远超出结构本身，桥梁垮塌不仅仅是桥梁的结构损伤导致强度失效造成的，危险品运输等自然或人为因素对桥梁安全性的影响同样不可忽视。由于此类事故发生突然，对桥梁的损毁严重，并在短时间内产生相当大的毒性和腐蚀性，其造成的人员伤亡与财产损失更为严重。

运营期间的其他安全事故还有易燃物品运输导致的火灾事故。通常危险化学品交通事故往往伴随着泄露、起火和爆炸等次生事故，国内外已发生多起拉油车辆交通事故诱发火灾烧毁桥梁的恶性事件。如 2007 年 4 月，一辆油罐车在美国旧金山—奥克兰湾桥免费路段翻车起火，大火和高温造成一段高速公路桥垮塌；2009 年 3 月，国内某疏港高速也曾发生油罐车翻倒引发大火烧毁桥梁的恶性事故。由于近年来桥梁多采用预应力混凝土结构，其对火灾导致的高温异常敏感，轻者混凝土爆裂剥离，重者发生钢筋熔化，引起承载力失效。同时，有关学者对可确定事故地点特征的 114 起危险化学品公路运输事故统计结果表明，发生在桥梁隧道位置的为 12 起，占总事故数的 11%。同时，根据按月份的事故统计，暑期是危险化学品运输事故的多发期，其主要原因是高温、多雨天气容易诱发运输或其他安全事故。

凡具有爆炸、易燃、毒害、腐蚀、放射性等性质，在运输、装卸和储存保管过程中，容易造成人身伤亡和财产损毁而需要特别防护的货物，均属危险品。图 5-53 是几次危险品运输事故的现场图片。

表 5-28 是近几年来危险品道路运输事故的不完全统计表。

a) 浓硝酸泄漏事故　　b) 液化气泄漏事故

c) 三甲胺泄漏起火　　d) 液态氧泄漏事故

图 5-53　几起危险品运营事故现场图片

5. 超载事故

公路桥梁主要以服务通行车辆为主，并且在交通路网中发挥着重要的作用。可以说维持桥梁与车辆的和谐关系才能充分发挥桥梁结构的通行作用并且同时保障桥梁的结构安全，但是超载现象的出现是对这种关系的一种挑战，长期承受超载车辆荷载的作用，不但使桥面铺装、伸缩装置等遭受了严重的破坏，甚至对桥梁主体结构造成了永久性的损害，为桥梁结构安全埋下了安全隐患，甚至直接导致了桥梁坍塌事故，使社会承受了巨大的经济损失。

邓文中院士撰文认为，超重运输成为公路桥梁的杀手，对公路桥梁的安全运营构成潜在威胁。近年来国内外已发生多起超重车辆损毁桥梁的恶性事故，工程师在设计中国桥梁的时候，还必须考虑一些特殊的情况，其中最重要的是货车超载的问题。当然，中国今日超载的情况将来应该会得到有效控制，但超载的破坏力十分大，可以在很短的时间内引发很严重的后果。

仅以山西省为例，2006～2007 年两年内见诸报端的就有多起这样的超载重车压垮桥梁的事故。

2006 年 8 月 3 日晚，一辆车号为晋 L13154 的大型超载车行驶到襄汾县景毛乡景毛村和审村交界的“七一渠”公路桥时，公路桥不堪重负突然塌陷，见图 5-54。

图 5-54　山西“七一渠”公路桥

危险品道路运输事故统计表　　表 5-28

时间	地　点	危险品描述	超载描述	事故起因	伤亡损失
2007.4.29	美国加利福尼亚州奥克兰市	汽油	—	油罐车起火	高温造成立交桥垮塌
2000.9.29	陕西丹凤县	5.2t 剧毒氰化钠	—	货车翻入汉江支流铁裕铺河	无伤亡，但 5.1t 氰化钠溶液溢出，造成河中生物大面积死亡
2000.10.29	广西河池市	12t 酒精	超载 1.5t	危险品转移操作不当引起	2 死，3 重伤，1 轻伤，直接经济损失 17 万元
2002.1.20	上海市松江区新桥工业开发区	10t 乙炔和一氧化碳的混合易燃气体	无超载	车体卸液泵的 4 个螺栓断裂，液化石油气大量外逸	没有造成危害和伤亡，直接经济损失 24 799 元
2002.4.11	107 国道湖南岳阳境内	8t 蚊香、罐装气雾杀虫剂	危险货物超载 2t，客车实载 58 人，超载 26 人	危险货车驾驶人疲劳，加之超车时操作不当，造成与一客车相撞，并同时翻入水塘，剧烈燃烧	造成 29 人死亡，27 人受伤
2002.5.15	303 国道 K291＋700 处	7.82t 液氨	超载 0.82t	行至沙坡大桥时翻入 25m 高的坎下	1 死，1 重伤，直接经济损失 26 万元
2003.9.26	沪宁高速 K195＋400 处	重头牵引挂车载 32t 化工易燃品；大型罐车 15.01t 醋酸，为无色易燃液体	挂车超载 12t	挂车偏驶到右侧撞在罐车上(停于紧急停车带在抢修)，随后起火	造成 4 死 3 伤，直接和间接经济损失高达 200 万元左右
2004.3.20	京沪高速公路下行 K240＋000 处	14t 二硫化碳	超载 8t	后轮胎爆裂，车内危险品受碰撞引起爆炸	无人伤亡，中断交通 14h
2005.3.29	京沪高速江苏淮安段上行线 K103＋300 处	35t 液氯	严重超载，核定载重为 15t，实际运载液氯多达 40.44t，超载 169.6%	与货车相撞，导致液氯大面积泄漏	周边村镇 29 人死亡，436 名村民和抢救人员中毒住院治疗，1 560 人门诊留治，10 500 名村民被迫疏散转移，直接经济损失 1 700 余万元

据了解，该桥为 20 世纪 80 年代修建，是重要的煤炭运输通道。桥位附近有许多企业，送原料和拉货的车辆都从桥上通过，同时还有很多驾驶人为了躲避交警治超绕道走这里，该桥坍

塌前半年内越来越多的大型超载车从桥上通过，终于致使该桥不堪重负被压塌。

2007 年 5 月 23 日，山西东观—长治干线公路武乡县境内 33km 处，一辆重达 140t 的大货车导致一座单孔 60m 的刚架拱桥发生垮塌事故，见图 5-55。

该桥建成于 1989 年，全长约 60m。到垮塌时仅运营了 18 年，垮塌前检测被认定为正常运营桥梁。

2007 年 7 月 8 日，从山西长治市通往陕西省方面的 309 国道，位于临汾市河西龙寺村西路段的一座公路桥被一辆满载 60 余吨原煤的超载车压塌，见图 5-56。

图 5-55　山西垮塌公路桥

图 5-56　309 国道公路桥梁垮塌

国外因车辆超重引起的桥梁垮塌事故也时有发生，如印度安得拉邦纳尔贡达地区某公路大桥坍塌事故(2007.9.18)、印控克什米尔某刚构桥梁垮塌事故(2008.11.16)、巴基斯坦卡拉奇某公路大桥坍塌事故(2007.9.1)等。车辆超载导致的垮塌事故具有典型的突然性，且均造成不同程度的人员伤亡和经济损失。

以上桥梁垮塌事故，均与大型运输车辆超载严重有关，大型运煤车辆是主要的肇事车辆类型。如山西东观—长治干线公路 60m 的刚架拱桥垮塌事故，为一辆严重超载的斯太尔大型运煤车辆，事故中，车辆随桥梁坠落损毁；江苏公路常州武进区运村公路大桥西侧系杆拱桥垮塌也是因通行超重车辆引起，据现场目击者反映，运村公路大桥西幅坍塌前，有一辆百吨的严重超载车辆驶过；津晋高速公路港塘收费站匝道桥坍塌事故属于桥梁的整体扭转失稳破坏，与多部超重车辆偏离桥轴线行驶有直接关系，直接导致 5 辆载货车坠桥、6 人死亡、4 人受伤的恶性事故；包头市民族东路高架桥垮塌事故与津晋高速公路匝道桥坍塌特征较为相似，事发时，有 3 辆拉运钢板的奔驰半挂重型货车通过，经鉴定，重型货车严重超载，导致两辆载货汽车和一辆轿车随路面倾斜滑到桥底，造成桥下铁路专用线中断。

6. 与公路桥梁相关的交通事故深层次原因

个别交通安全事故的发生是偶然的，有着各自不同的成因和表现形式，而大量事故的发生往往呈现出明显的规律性，可以通过事故成因的分析和评价，从而找出事故发生的原因、规律和特点。

交通安全事故是在特定的交通环境影响下，由于人、车、路、环境诸要素配合失调偶然发生的。已有的研究成果显示，各种道路交通事故中，完全应由驾驶人负责的事故比例为

73.6%；因道路条件复杂、困难所导致的事故比例为16.4%。这组数据也从一定程度上印证了这样一种现实：交通安全事故根本原因是人为错误、违法行为，是由于驾驶人的粗心、错误操作或汽车的机械问题所导致的。而且这是目前很多研究人员、社会公众和交通管理部门所广泛认可的。

国外学者在详细研究了1 000多起事故后得到结论，那些通常被视为驾驶人的错误和失误导致的事故背后，隐含着40%左右的道路因素，见表5-29。对于发生于公路桥梁上的交通安全事故，也同样与复杂困难的行驶条件有很大的关系，与公路桥梁设计以及养护有关。

不利道路因素与人为错误的关系 表5-29

事故的人为错误原因	由不利道路因素促使事故发生的百分比(%)
驾驶人的不良生理状况（如疲倦、生病、醉酒）	40
驾驶人的操作失误、错误（如不正确的超车等）	41
驾驶人的判断错误（制动距离判断失误等）	24

实际调查中，发现部分地区公路桥梁存在人、车、桥不协调的情况。事故黑点就是最明显的例证。

实际上，道路交通安全事故中，并不能忽略公路、公路桥梁在交通安全事故中的作用，除少量事故是真正由于驾驶人粗心引起的以外，相当部分还与复杂困难的行驶条件有关，而困难的行驶条件则与公路桥梁设计以及养护有关。作为为交通车辆通行提供载体的公路、公路桥梁，其对道路交通安全的影响是不可忽视的。

根据国内外公路桥梁事故调查、交通事故原因分析、事故影响因素普查与分析，影响山区公路桥梁交通安全通行的关键影响因素见表5-30。

因此，桥梁作为道路的关键节点，其设计与养护因素也是引发事故的最深层次的原因，当桥梁的通行条件复杂或困难时，它会直接和间接引发事故。需要采用科学有效的方法，确定桥梁设计的合理标准，并采用相应的交通安全技术对策以解决桥梁设计中的交通安全问题。

二、公路桥隧及桥路结合段行车安全保障措施

公路上桥梁与隧道和路基衔接的路段横断面和行车环境出现了改变，是交通事故比较聚集的路段，特别在桥隧结合路段事故率较高。根据对山区公路桥隧及桥路结合段的事故成因分析，为减少交通事故，降低损失，应该从改善道路条件与加强交通管理两个方面来对安全保障措施进行研究。其中改善道路条件主要着手于完善交通工程设施、优化道路线形、提高路面抗滑能力等方面，加强交通管理主要包括对车速的控制、对驾驶人违章违规驾驶的监控与处罚等方面。

事故影响因素列表　　表5-30

序号	不利事态	关键影响因素	一般影响因素	成因
1	桥隧及桥路结合段环境突变及桥隧、桥路过渡区设置不当	是		桥隧结合段环境突变，平纵线形设置不当，桥路结合段填充料差异沉降而使路面出现显著的高差变化，结合段路面抗滑性能、耐久性不足等现象普遍
2	桥面侧风致车辆侧翻	是		桥面风环境往往变化较大，加之峡谷风的影响，造成车辆在行驶至该区域时发生车辆侧风的突变，极易造成车辆驾驶困难而发生车辆事故
3	车辆坠桥	是		跨大江、河流桥梁以及深谷桥梁，严重的车辆与护栏碰撞事故往往会造成重大人员伤亡。桥梁护栏形式、高度的不合理，是导致撞护栏和坠车的事故致死率和受伤率较高的原因
4	交叉跨线桥梁下车辆撞桥	是		超高车辆撞击桥梁主梁等上部结构、车辆撞击桥墩等下部结构存在于交叉跨线桥梁车辆撞桥事故中，遭受撞击而造成破损的比例和破损程度很高
5	危险车辆过桥事故		是	超速行驶，驾驶人操作不当，避让其他机动车，疲劳驾驶，制动失效等均可能造成危险品运输车辆发生交通事故。危险品道路运输事故量呈增长的趋势，其在桥梁上发生的概率仍然很小
6	曲线桥梁线形技术参数不当	是		小半径曲线桥梁，由于使用极限或接近极限的几何指标、平纵组合不当、几何指标突变等，常常会发生安全视距不足，无法满足正常的行车安全需要而导致事故发生
7	桥面排水不良	是		雨天行车，路面摩擦系数低，路面抗滑能力差，而且摩擦系数随速度增加而急剧降低，因而容易发生车轮打滑甚至产生“水漂”现象，导致交通事故的发生
8	桥梁伸缩缝及桥头搭板损坏	是		设计不当、安装质量低劣、缺乏科学和及时的养护，则大部分桥梁都会在伸缩缝处形成台阶，导致桥面不连续，在车辆通行过程中会产生跳车现象，将影响驾驶人和乘客的舒适感，甚至造成车辆失控导致发生汽车撞击事故。工程实际中，普遍存在着不同程度的桥梁伸缩缝病害

1. 完善交通工程设施

首先，从利于交通安全出发，对一些设置不当的标志进行重新布置，保证标志鲜明醒目，同时在道路上增加适当的可变信息标志，以利于驾驶人随时了解前方交通现状和路面情况。具体措施如下：

(1)合理设置标志，根据具体情况控制标志与隧道口、标志之间的间距及标志高度。在距离隧道进口1 000m处左右，连续设置交通标志，告知驾驶人即将驶入隧道，以产生自然降低车速的心理效果。同时要考虑标志牌设置距离，一般以100～200m为宜。

(2)合理利用VMS交通可变信息标志。VMS交通可变信息标志是电子化、信息化、智能化的交通标志。可变信息标志以其实时和动态的特点适合于偶发事件、非常规事件的管理，适合于对交通流的实时诱导，其反馈式的特点使其也适合对运行存在潜在不安全因素的超速超载车辆进行实时纠错警告，保障行车安全。在桥隧及桥路结合段设置一定量的交通可变信息标志，能起到诱导交通流的作用，特别是在隧道的入口处，同时在夜间阴雨天、雾天等光线不好的情况下，VMS由于使用了高亮度的LED像素管，具有自动发光、亮度自动调节、雾天穿透力强等特点，弥补了静态标志信息部分失效的情况。

(3)桥隧结合段全段设置限速标志。在隧道入口附近，采用指示性措施给驾驶人一种信号，告知他们即将进入隧道，要减速慢行。具体方法有两种：

①设黄色渐近标线，通过黄色渐近线的过程给驾驶人一个速度加快了的印象，促使驾驶人减速行驶，以确保安全。据国外经验，设置黄色渐近标线后可使追尾事故减少85%。

②设置微凸标线，汽车在上面行驶速度过高时，微有颠簸，提示驾驶人已接近隧道入口应减速行驶，以降低行驶速度。标线的设计应合理，不能影响车辆的行驶，不能有事故隐患。

(4)雷达测速仪是用来监测车速的一种先进交通设备，但有时人力、物力难以满足要求，所以可以采用雷达测速区的标志。在设置这种标志的地区不一定都有交通警察用雷达测速仪监测车辆行驶速度，但同样能产生一种威慑作用让驾驶人自觉降低车速。

(5)隧道出入口渐变措施。隧道断面与路基断面不一致的路段，在入口前应设置必要的渐变措施，应采用以下两种方式过渡：

①采用交通工程措施将路基断面不一致情况反射至隧道入口，并在隧道入口前完成路基断面渐变的视觉适应。如可采用黄色标线渠化隧道入口前路段的硬路肩，视觉上使驾驶人认为断面已缩窄，并且黄色标线延伸至隧道洞口内部一定长度，如图5-57所示。

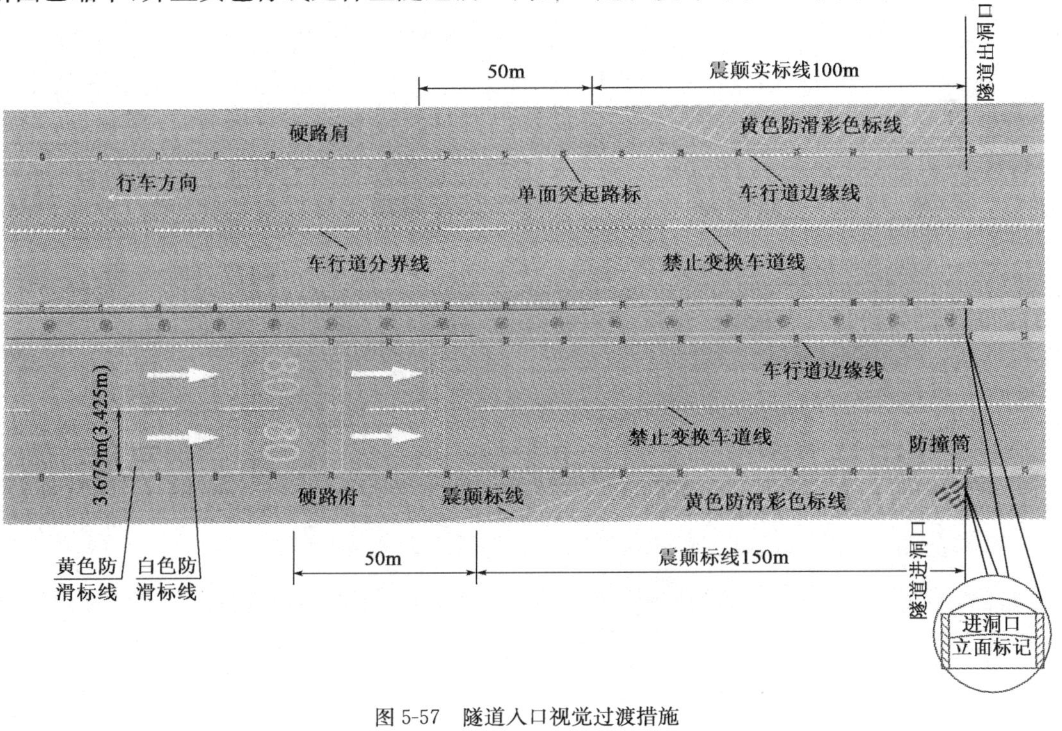

图5-57　隧道入口视觉过渡措施

在隧道入口处，将护栏直接渐变至隧道洞口，并与隧道洞口相连，这种设计解决了边缘渐变和视线诱导的问题，见图 5-58。

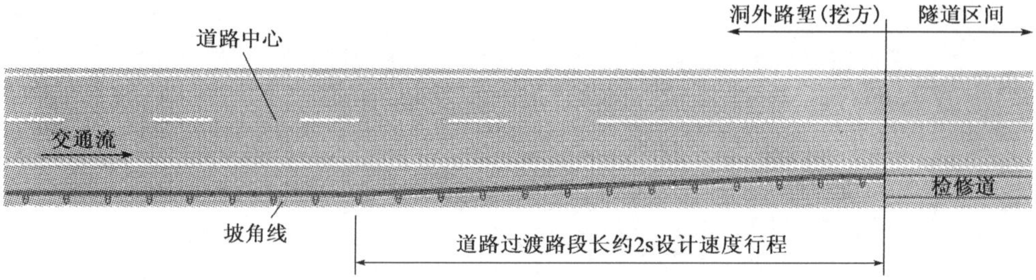

图 5-58　隧道入口护栏过渡措施

2. 优化道路线形

道路安全状况恶劣的路段，增设交通设施或对道路进行局部改造在事故防范方面的作用有限。较好的办法仍是对该路段进行改线，优化线形组合，删繁就简、化多为少。例如，多个连续的小半径曲线改建成为一个大半径曲线。新建公路除了应结合事故原因和事故形态进行有针对性的设计外，还应结合新旧道路的几何尺寸和交通环境进行均衡设计，尽可能使道路线形缓和平顺，保持道路设计要素之间的连续性，符合人的驾驶特性。避免采用突变的几何指标或对技术指标进行孤立地选用，即使所选用的设计指标是合乎规范或标准要求的。否则，如在低等级的山区公路上，孤立地将改线道路设计得线形良好，视野开阔，不但会造成建设资金的浪费，还会鼓励驾驶人在该路段加速行使，当加速行驶的车辆到达新旧公路连接处时，道路设计的几何指标突然变化，部分驾驶人会措手不及，往往又会引起新的交通事故，制造新的道路黑点段。

为保证车辆在公路平曲线和竖曲线上行驶时的视距，应在道路的日常养护或大修中对妨碍驾驶人视线的树木、路堑边坡、广告牌、小半径凸形竖曲线等进行清理改造，辟建视距台，增大平曲线和竖曲线半径，消除视野盲区。对路面较窄的小半径弯道，在弯道外侧安装凸面镜可弥补行车视距的不足，驾驶人可从凸面镜观察前方道路交通情况。视距的改善有利于驾驶人及早发现险情，从容应对，降低发生交通事故的可能性。

在弯道上设置的路面宽度，较直线上的要宽一些，以符合汽车的行驶轨迹，以改善车辆行驶平顺性，改善了路容，弥补转弯速度过快、视距不足的缺陷。

3. 提高路面抗滑能力

为改善桥隧及桥路结合段路面的抗滑性能，常采用的措施有拉毛法、滚槽法、露石法等。

(1)拉毛法。拉毛法是提高路面防滑性能的传统施工方法，其具体操作方法是：混凝土浇筑密实最后一次抹面结束后，在泥板加压抹面出现水光时，采用硬度适中的芦花扫帚或长臂棕刷，人工顺横坡方向进行拉扫，均匀扫出路表面纹理，以提高路面的粗糙度。这种方法操作简单、成本低，但其纹理浅，行车磨耗 0.5～1a，基本磨光，抗滑性能差，使用寿命极短，对一些等级比较低的公路适用。

(2)滚槽法。滚槽法是用钢制的滚槽器对塑性混凝土进行人工推拉滚压，使混凝土路面出现一定规则、一定深度的沟槽，其纹理较扫毛法深。车辆在有刻槽的路面上制动时，如果构造深度合适，车轮会受到较大的连续摩阻力作用，从而缩短车辆的制动距离及改善车辆的操控性能，使道路交通事故大为减少。常用的槽形有矩形、梯形、V 形槽，详见图 5-59。

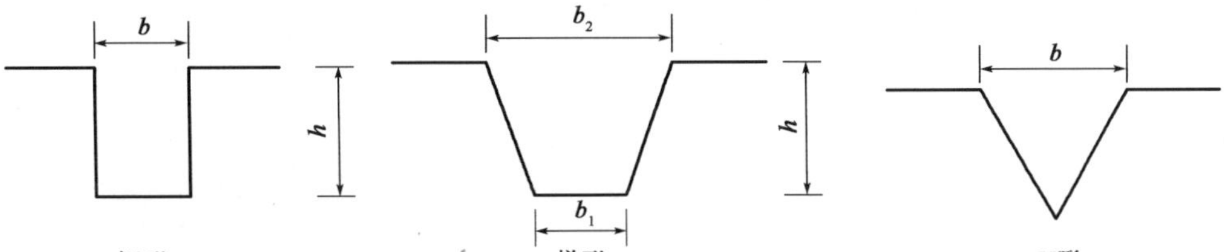

图 5-59　槽形示意图

(3)露石法。露石(骨)法是通过优化水泥混凝土配合比，在混凝土路面未硬化时，通过表面刷浆(约 1mm 左右)，使粗集料裸露，从而提高路面粗糙度。采用这种施工工艺路面的使用寿命可达 7～8a。该施工方法节省了人工抹面、收光工序，但由于其构造深度最大，平整度不理想，均匀性较差，难以保证行车平稳和舒适性，施工工艺还有待改进。河北省石黄高速公路管理处温高峰高级工程师通过大量室内试验，提出了薄层铺装材料的各组分技术标准，确定了填充料的最佳用量、粒径范围，并在此基础上对薄层抗滑铺装的黏结性能、剪切性能及抗滑性能进行了研究。研究结论表明，该铺装材料自身具有很强的抗剪强度，同时与基面间黏结状况良好，铺装后路面具有较高的摩擦系数与良好的构造深度，如图 5-60 所示。

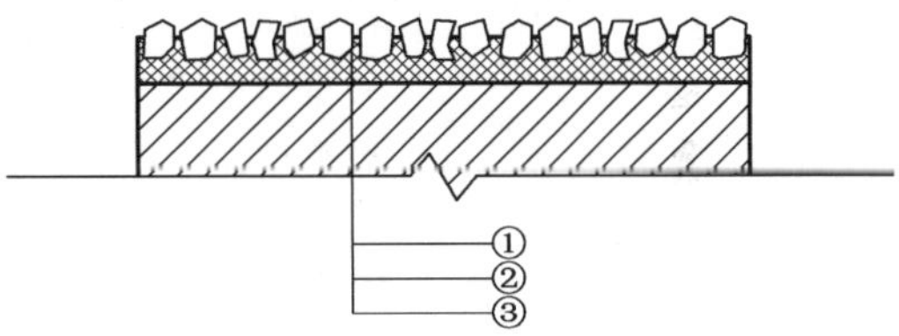

图 5-60　薄层抗滑铺装结构示意图

①-耐磨碎石(粒径 3～5mm)；②-抗滑胶结材料(3～5mm)；③-路表面

4. 车速控制

交通事故中，超速是主要原因之一。只要放慢行车速度，许多交通事故是可以避免的。针对桥隧结合段及桥路结合段，控制车速的方法有：

(1)设置“颠簸路面”或“嘈杂车道”。即在必须减速的路段上把良好的路面人为地做成减速的不平整表面，当汽车行驶通过这种“颠簸路面”时，会引起噪声与颠簸，迫使驾驶人减低车速。

(2)在整个减速路段上画上醒目的横线，通过路面横线在驾驶人眼中闪现的快慢来反映车速，从而可以使得驾驶人主动减速行驶；或者在减速路段安装道钉，不同速度的车辆通过道钉时发出的声音不同，从而可使得驾驶人对车速进行主动控制，道钉见图 5-61。

(3)安装雷达测速仪，通过雷达用声音提示驾驶人已超速行驶，使驾驶人主动减速。

(4)另外，国外在路段或交叉口前的车速控制中，采用警告标志、限速标志、车速检测器以及信号灯相结合的限速系统，见图 5-62。此车速控制系同样可以用在桥隧结合段及桥路结合段。系统对车速的控制有两种方式：一种方式是正常情况下信号灯停留在绿灯相位，如果车速检测器检测到的车辆速度超过设定的速度阈值，信号灯先熄灭，紧接着亮红灯(红灯时长固定或可变)。另一种方式是在没有车辆驶近时，信号灯一直处于红灯相位，当检测到有车辆驶近时，检测器向控制器发射信号，当控制器分析出车辆的速度低于阈值时，才亮绿灯，允许车辆通行。

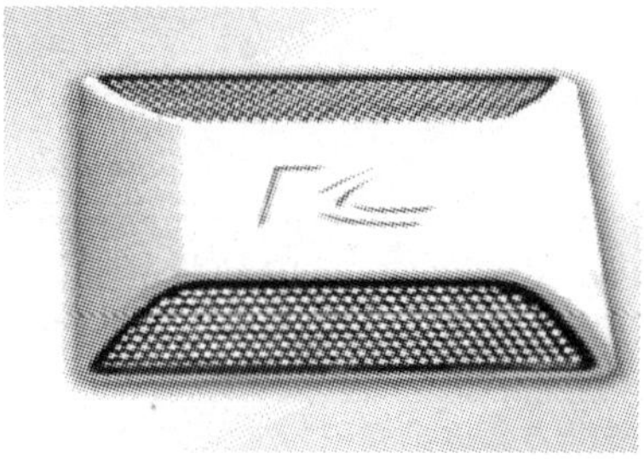

图 5-61　道钉

三、公路曲线桥梁行车安全评估及保障技术

在高速公路上，由于线形标准较高且采取双向分隔行驶，桥梁断面几何布置与毗邻连接路基段相同，护栏的衔接过渡也安全合理，故在高速公路上因桥梁原因导致的交通事故很少。但是在双车道公路上，特别是山区双车道公路的小半径曲线桥梁上，由于横断面布置以及加宽不足，交通事故风险不容忽视。

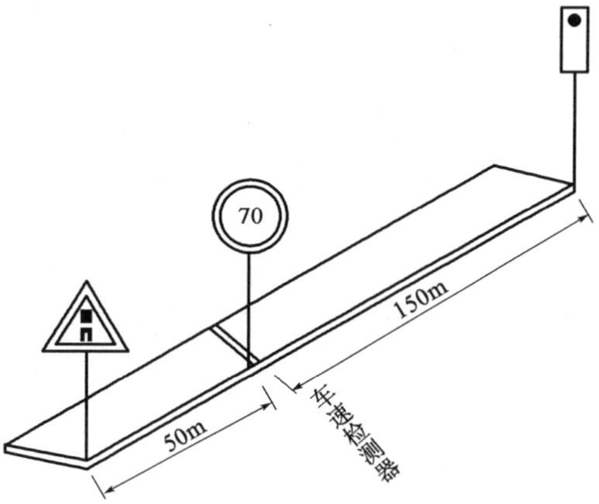

图 5-62　信号灯控制车速示意图

1. 基于行车安全的桥梁断面几何布置

作为山区双车道公路的重要控制指标，横断面的布置形式对公路的安全性和通行能力有着直接影响，路基、行车道以及路肩的布置形式及几何尺寸，都应根据使用功能、交通量大小、交通流的组成以及安全行车要求进行合理设计，做到连续性和一致性。但是现在道路的横断面设计中，仅局限于道路工程设计，缺乏交通工程设计理念的渗入，对道路功能和交通特性缺乏细致分析，出现"千路一面"的现象。

根据《公路工程技术标准》(JTG B01—2003)中双车道公路相关的路基宽度表和车道、路肩宽度表的规定，我国的双车道公路包括二级公路、三级公路和部分四级公路。目前在全国范围内，国省干线主要是二级和三级公路，形式上是双车道公路，设计车速分别为 60km/h、40km/h、30km/h 和 20km/h。

山区公路跨山越水，沿线地形、地物复杂，桥梁构造物多，桥梁总长度占路线总长度的比例大，再加上山区公路路线基本沿山腰展布，平曲线多，因此，曲线桥梁也就多，分布广泛。通过调查，山区公路曲线桥梁的横断面布置形式大多是"一块板"的实用型，归纳总结主要有以下三种形式。

1)无人行道、无路肩的桥梁横断面布置形式

图 5-63 是常见的无人行道、无路肩的桥梁横断面布置形式。曲线桥梁段的行车道宽度与连接道路行车道宽度相同，压缩连接道路的路肩设置桥梁护栏。

曲线桥梁段施画标线时，道路中心画有不得超车的黄色实线或黄色虚实线，行车道边缘画有白色实线。

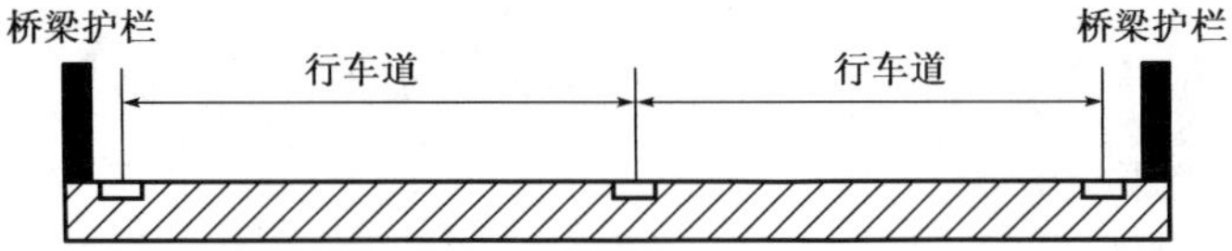

图 5-63 桥梁横断面布置形式一

2)有人行道的桥梁断面布置形式

设有人行道的桥梁，为保障桥上行人安全，采用立式路缘石将行车道和人行道分开。立式路缘石一般高于路面 12～30cm，桥梁上，可高于 25～40cm。该类型桥梁横断面布置形式如图 5-64 所示，依次为人行道、双向行车道、人行道，两侧未设置路肩。

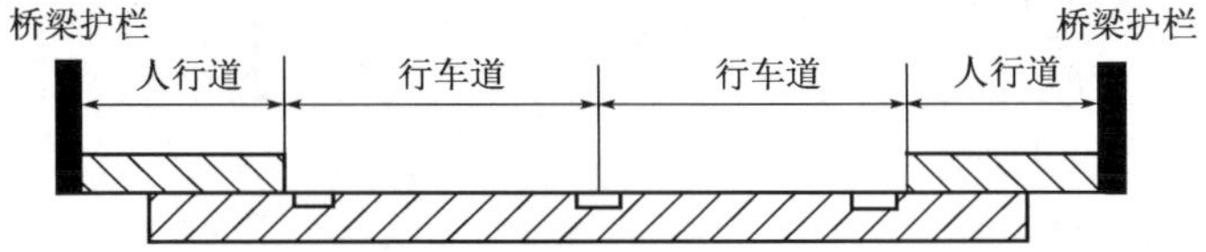

图 5-64 桥梁横断面布置形式二

通常施画于桥梁上的道路标线有：道路中心黄色实线或黄色虚实线，行车道边缘白色实线。

3)设有路肩的桥梁横断面布置形式

设有路肩的桥梁横断面布置形式如图 5-65 所示。使用该横断面布置形式的桥梁路基宽度一般与桥头两侧道路路基同宽度，但在桥梁横断面，压缩了路肩宽度设置桥梁护栏，所以，即使该断面布置形式设置了路肩，路肩宽度也窄于连接道路路肩宽度。

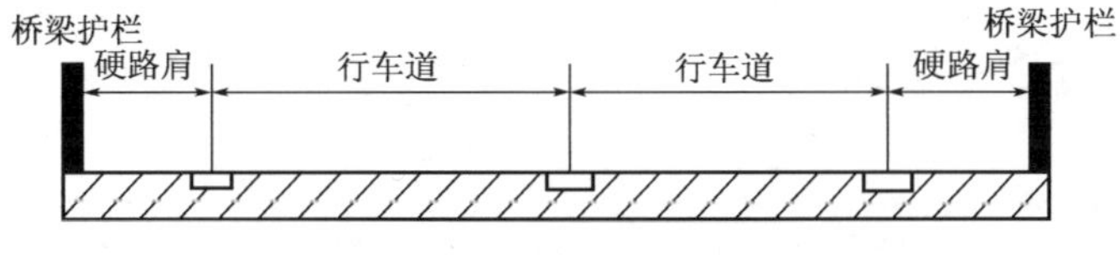

图 5-65 桥梁横断面布置形式三

桥梁断面上一般设有用于分隔对向车流的黄色虚实线和黄色实线，以及表示道路边缘的白色实线。

通过对山区双车道公路曲线桥梁横断面几何布置形式的调查与分析，总结出目前山区公路曲线桥梁横断面几何布置中存在的安全隐患如下。

(1)桥梁路基宽度与桥头连接道路路基宽度不一致，主要是存在桥梁路基比连接道路路基宽度窄的现象。这是由于在以往山区公路行车条件日益改善的过程中，可能只增加了公路路基宽度却没有增加桥梁宽度，于是造成了有的桥梁路基宽度比桥梁两端道路宽度窄的现象。当车辆从行车条件良好的道路上突然行至窄的桥梁上时，就会形成颈缩现象，严重影响桥梁上车辆的行车安全，增加桥梁上的事故率。

(2)通过桥梁横断面布置调研结果和对有经验的驾驶人问询，桥梁上因布置人行道与护栏，引起桥梁上路肩宽度变化或不设路肩，都会引起驾驶人行车条件的变化和心理条件的变化，为行车安全埋下隐患。

(3)当桥梁上设有人行道时，行车道路面与人行道之间设置有 20～40cm 的立式路缘石，再加上行车道左右两侧都无路肩，由于突起的人行道的存在，使原本没有路肩的桥梁路面看起来更窄。特别是在驾驶人行车时，动视野会使这种感觉增强，使驾驶人产生道路变窄的错觉。为了有充足的路侧净宽，车辆就会靠近桥梁断面中心线甚至越过中心线驶到对向车道，增加了对向行车的危险性。

(4)有研究表明，路肩宽度与行车安全有着直接关系。在现有公路桥梁断面布置上，不是没有设置路肩就是路肩宽度不足，不能满足路肩给外侧车道车辆提供侧向余宽的要求。但如果盲目增加路肩宽度、可行车路面宽度，不仅会造成资源的浪费，而且驾驶人还有可能会放松警惕随意行车、变动车辆横向位置、提高车速，反而增加了行车危险性。因此，需要通过分析行车道宽度、路肩宽度与道路交通、车辆速度、安全行车的关系，合理确定桥梁断面几何布置参数，从而增强曲线桥梁段的行车安全性，并节约资源。

(5)桥梁护栏的设置形式和位置也影响驾驶人的驾驶行为和车辆的横向位置。目前双车道公路桥梁护栏的主要形式是水泥混凝土护栏，护栏高度在 80cm 左右，驾驶人行车时视点高约 1.2m。在快速行车的状态下，桥梁两侧水泥混凝土护栏会带给驾驶人“墙体效应”，让驾驶人感到桥梁更窄，而且坚硬的水泥混凝土护栏也会让驾驶人产生危险感，为远离护栏，保持车辆与护栏的安全间距，车辆偏向行车道左侧远离路侧桥梁护栏行驶。

针对上述现有双车道公路桥梁断面布置中存在的问题，为了提高桥梁与连接道路的行车连续性和一致性，桥梁横断面布置时要维持和桥梁两端连接道路相同的断面布置，做到两个一致：一是行车道宽度一致，二是路肩宽度要一致。

研究证明，桥梁宽度对桥梁上行车安全有重要影响。R. B. V. Gandhi 曾对美国得克萨斯州 78 座双车道公路桥梁进行观测，并收集了桥梁的设计资料、交通资料以及这 78 座桥梁连续六年的事故资料，计算出每座桥梁的事故率，从最初确定的 12 个与桥梁安全相关的参数中通过相关性分析、因子分析筛选出相关性强的几个参数，建立指数函数形式的桥梁安全系数(Bridge safety index)回归模型。

模型中选定的 12 个桥梁安全影响参数为：

F_1，桥梁宽度；F_2，桥梁上行车道宽度/桥梁两端连接道路行车道宽度；F_3，桥梁护栏结构参数；F_4，桥头视距/第 85 位车速；F_5，曲线与上一直线单元的距离；F_6，纵坡连续性；F_7，路肩一致性；F_8，桥梁的服务水平 V/C；F_9，交通组成；F_{10}，路侧干扰；F_{11}，交通标线；F_{12}，桥梁路段交通警告标志。其中，F_3、F_{11}、F_{12}为主观参数，对应等级参数的取值见表 5-31。

计算桥梁事故率选取万车事故起数为指标，桥梁事故率通过式(5-80)计算：

$$y_1 = \frac{Y}{\text{统计年限} \times \text{年平均日交通量} \times 1\,000} \tag{5-80}$$

式中：y_1——桥梁事故率，万车事故起数；

Y——统计年内桥梁事故总数，起。

根据计算出的桥梁事故率，用聚类分析将桥梁分为较安全和不安全两类，选取与桥梁安全相关性大的参数，建立桥梁安全系数(Bridge Safety Index)模型为：

$$\text{Bridge Safety Index} = \frac{\exp(y)}{1+\exp(y)} \tag{5-81}$$

$$y=-1.79+0.44x_1-0.11x_2-0.25x_3-0.001x_4+0.95F_9+0.57F_6+0.33F_7 \tag{5-82}$$

式中：x_1——桥梁宽度，m；

x_2——桥梁路段日平均交通量，10^4 pud；

x_3——速度，km/h；

x_4——桥梁长度，m；

F_6——对应等级的纵坡连续性分类取值，按表 5-31 确定；

F_7——对应等级的路肩一致性分类取值，按照表 5-31 确定；

F_9——交通组成。

桥梁安全影响参数分类取值　　表 5-31

F_2、F_3 参数取值					
参数名称	0	5	10	15	20
F_2	≤0.8	0.9	1.0	1.1	1.2
F_3	严重危险	危险	一般	良	优
F_4～F_{10}参数取值					
参数名称	1	2	3	4	5
F_4	≤5	7	9	11	14
F_5	≤10	60	100	200	300
F_6	10	8	6	4	2
F_7	100	75	50	25	None
F_8	0.5	0.4	0.3	0.1	0.05
F_9	车型分布广泛	车型不一致	一般	车型分布集中	车型统一
F_{10}	一直存在	干扰严重	中等水平	很少	无

通过上述模型计算出的桥梁安全系数值在 0～1 之间，安全系数值越大，表示桥梁安全性越好。为研究各变量对桥梁安全的影响，赋予模型中不同参数不同取值，桥梁安全系数变化情况如表 5-32 所示。

从表 5-32 中可以得出，模型中的每个变量的波动对桥梁安全系数的影响程度，分析结果如表 5-33 所示。分析结果显示，在与桥梁安全有关的几个参数中，对桥梁安全影响最大的是车辆速度。当车速增加 10%时，安全系数的变化率是车速变化率的 1.81 倍，且两者之间是负相关关系，即车速增加时桥梁安全系数会迅速下降；而桥梁宽度与桥梁安全系数呈正相关关系，相关性仅次于车辆速度，也就是说桥梁越宽，安全性越好。

从上面桥梁安全系数模型可以看出，桥梁断面几何布置要素中的桥梁宽度和路肩宽度参数与桥梁安全息息相关。在交通条件不变的情况下，提高桥梁安全性主要从增加桥梁宽度和路肩宽度来考虑。

参数与桥梁安全系数关系 表 5-32

分组	桥梁宽度(m)	桥梁长度(m)	速度(km/h)	日平均交通量(10^4 pud)	F_6	F_7	F_9	安全系数
1	9	125	50	4.3	1.0	1.0	3.0	0.909
2	10	125	50	4.3	1.0	1.0	3.0	0.974
3	9	125	50	4.73	1.0	1.0	3.0	0.905
4	9	125	55	4.3	1.0	1.0	3.0	0.745
5	9	125	50	4.3	1.1	1.0	3.0	0.914
6	9	125	50	4.3	1.0	1.1	3.0	0.912
7	9	125	50	4.3	1.0	1.0	3.3	0.930
8	9	137.5	50	4.3	1.0	1.0	3.0	0.908

变量波动对桥梁安全系数的影响 表 5-33

变量名称	影响等级	变量变化率(%)	影响系数(安全系数变化率/变量变化率)	
			正相关	负相关
车辆速度	1	10		1.81
桥梁宽度	2	10	0.71	
交通组成	3	10	0.23	
纵坡连续性	4	10	0.05	
日平均交通量	5	10		0.04
路肩一致性	6	10	0.03	
桥梁长度	7	10		0.01

路肩的作用是:增加路幅的侧向余宽,可供临时行车和临时停车使用;支撑路面结构;还能提高行车安全性,供驾驶人纠正驾驶错误。公路上设置合适宽度的路肩可以增强行车安全性,Hadietal 的研究表明,未铺设路肩的道路,其路肩每增加 0.3m 事故将会减少 1%～3%;当路肩宽度介于 3.0～3.6m 时,事故率最低。但是,路肩的存在也在一定程度上增加了行车的危险性,如过去的研究表明,11%的致命性事故是由于车辆停在路肩上引起的。也有证据显示,较宽的路肩容易导致驾驶人提高运行车速,进而提高了道路的危险性。

行车道宽度、行车道数和路肩宽度对道路交通安全的影响是紧密相连的,当行车道宽度不变时,路肩宽度达到一定值,再增加路肩宽度可能就会起反作用,驾驶人可能会因为可行车路面宽度的增加而提高运行车速;当行车道宽度不足以保证车辆的行驶安全时,在路侧设置硬路肩可以增加可行车路面的宽度,降低行车风险。因此,独立的行车道宽度和路肩宽度不能很好地体现道路能否满足安全行车的要求。为了增强公路桥梁段的行车安全性,提出了桥梁有效宽度的概念。

桥梁有效宽度是指桥梁上所有可供行车的路面宽度的总和。当桥梁上设有硬路肩时，硬路肩也可供紧急情况下的临时行车。所以，桥梁有效宽度包括桥梁断面上行车道宽度与路肩宽度总和。

$$W_e = n \times W_l + 2W_s \tag{5-83}$$

式中：W_e——桥梁有效宽度（图 5-66），m；

n——车道数，条；

W_l——一条车道的宽度，见表 5-34；

W_s——路肩宽度，m。

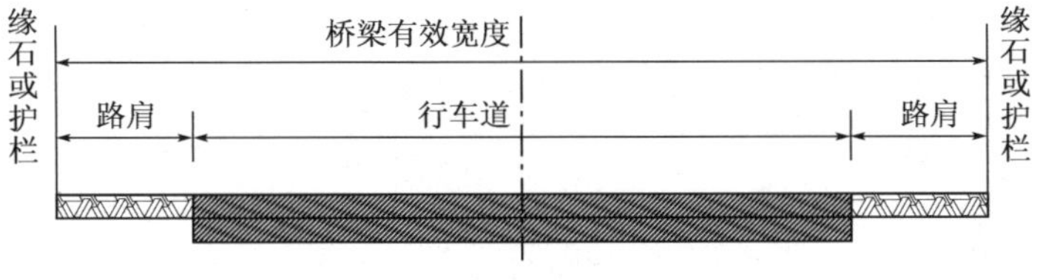

图 5-66　桥梁有效宽度示意图

车 道 宽 度　　表 5-34

设计速度(km/h)	120	100	80	60	40	30	20
车道宽度(m)	3.75	3.75	3.75	3.50	3.50	3.25	3.00(单车道时为 3.50)

桥梁有效宽度要小于桥梁宽度，同时，桥梁有效宽度直观、简洁地描述了桥梁段可供行车的路面宽度，比桥梁宽度更能反映桥梁段宽度参数对行车安全性的影响。如果桥梁有效宽度大于或等于车辆行车时所需要的最小路面宽度及侧向余宽，那么车辆在桥梁段的行车安全性就能得到保障。

因此，根据前面建立的桥梁安全性评价模型及对桥梁有效宽度的定义，桥梁的有效宽度应与连接路段具有相同的宽度，即应保持桥上路肩宽度与路基段的一致性。推荐的双车道公路桥梁横断面布置方案为：

(1)桥梁上无人行道时，桥梁横断面布置延续桥头连接道路断面布置方案，桥梁横断面几何布置与连接道路一致，如图 5-67 所示。

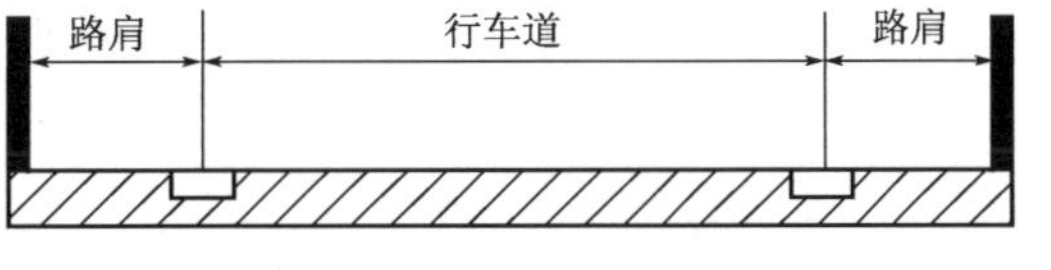

图 5-67　推荐桥梁断面布置

(2)当桥梁上设有人行道时，为了保证桥梁有效行车宽度，人行道不得占用路肩宽度。此时需要注意完善行人安全保障设施，推荐将人行道设置在桥梁护栏的外侧，或保证人行道缘石高度，避免人车失控时冲上人行道甚至发生坠桥事故，如图 5-68 所示。

公路技术标准规定：各级公路均需设置路肩，其作用和功能可概括为保证行车道功能的发挥、供临时停车和支撑路面三个方面。与普通公路路段相比，桥梁路段因其自身结构与周围行车环境有了很大变化，在桥梁断面布置中，路肩的作用和功能发生了很大变化。在山区公路，由于地形限制、公路建设投资随路基宽度的增大而大幅增大，则路肩宽度的取值对公路建设投资有较大的影响。较宽的路肩取值，在高投入的山岭区公路建设中，给人浪费的感觉，有减少路肩宽度的趋势，以致部分公路又存在路肩宽度不足的现象，尤其是在桥梁段。因此，桥梁段路肩的设置与宽度应根据其发挥功能的不同科学合理地设置，而又不因路肩过宽造成造价提高，以减少工程投资。

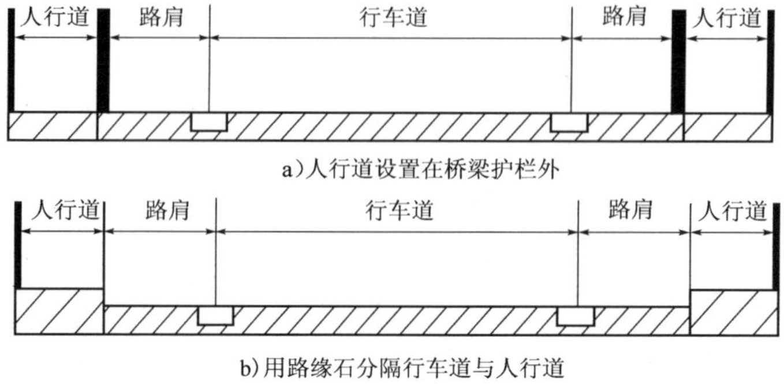

图 5-68　有人行道时桥梁断面布置

根据前面对桥梁断面布置存在的问题分析结果，从经济性考虑，将桥梁横断面布置中路肩的功能定位为提供外侧车道车辆行驶时需要的侧向余宽。

有研究表明，车道数和设计车速是确定路肩宽度最重要的因素。外侧车道营运车速与动态净空(由路肩提供)的关系见表 5-35。由此确定设计车速不同时，需要的桥梁路肩宽度的一般值和最小值，如表 5-36 所示。

营运车速与动态净空的关系　　表 5-35

最大车速 v(km/h)	最小动态侧向净空(m)	最大车速 v(km/h)	最小动态侧向净空(m)
$v>70$	1.25	$30<v\leqslant50$	0.75
$50<v\leqslant70$	1.00	$v\leqslant30$	0.50

山区公路曲线桥梁路肩宽度　　表 5-36

设计速度(km/h)	80	60	40	30	20
右侧路肩宽度一般值(m)	1.50	1.0	1.0	0.8	0.6
右侧路肩宽度最小值(m)	1.00	0.8	0.8	0.6	0.6

2. 双车道公路小半径曲线桥梁加宽

汽车在曲线路段上行驶时，靠近曲线内侧后轮行驶的曲线半径最小，靠曲线外侧的前轮行驶的曲线半径最大。为适应汽车在平曲线上行驶时后轮轨迹偏向曲线内侧的需要，平曲线内侧相应增加的路面、路基宽度称为曲线加宽，又称弯道加宽。《公路路线设计规范》(JTG D20—2006)中规定，二级、三级、四级公路的圆曲线半径小于或等于 250m 时，应设置加宽。对于半径 $R>250$m 的圆曲线，由于其加宽值甚小，可以不加宽。

如前所述，车辆行驶轨迹与行驶速度一样，是反映车辆运行状态的一个重要参数。只有当道路的平面线形与汽车行驶轨迹相符合或相接近时，才能保证汽车行驶的顺适与安全，特别是汽车在高速行驶的情况下更是如此。

研究中采用了行车轨迹横向偏移量即车辆左侧前轮距路面中心线的距离来表征曲线桥梁段的行车轨迹特性。通过对行车轨迹观测数据的初步统计分析得出,车辆的实际行驶轨迹是一条连续的复杂曲线,由于不同驾驶人具有的生理、心理上存在的差异,不同车辆的行车轨迹表现出时变性和波动性,反应在曲线段各断面处,为行车轨迹横向偏移量上存在差异,也就是说驾驶人不可能保持唯一固定不变的行车轨迹线行驶。但从交通安全的角度考虑,更应关注行车轨迹的最大横向偏移量及对安全的影响。为了避免个别现象的存在,所以,研究中将行车轨迹横向偏移量从小到大排列,取第 95 位偏移值作为临界危险状态。选择 95 位偏移值作为临界状态的原因是桥梁上的交通事故严重程度通常较高,95 位取值保证只有 5%的车辆偏移值大于临界值,这是一种偏于安全的考虑。

方向定义:沿着行车方向,以路面中心线为原点,行车轨迹朝本行车道内偏为+,朝对向车道偏为-;同时,为了叙述方便,不考虑车辆的行驶方向,只将曲线行车道分为外侧行车道和内侧行车道,如图 5-69 所示。

图 5-69 弯道示意图

对曲线桥梁段的曲线半径、缓和曲线长度、曲率变化率、桥梁宽度、车速与相应的行车轨迹横向偏移量进行相关的统计分析,结果如下:

不同半径的曲线桥梁上各特征断面的行车轨迹横向偏移量散点图如图 5-70、图 5-71 所示。

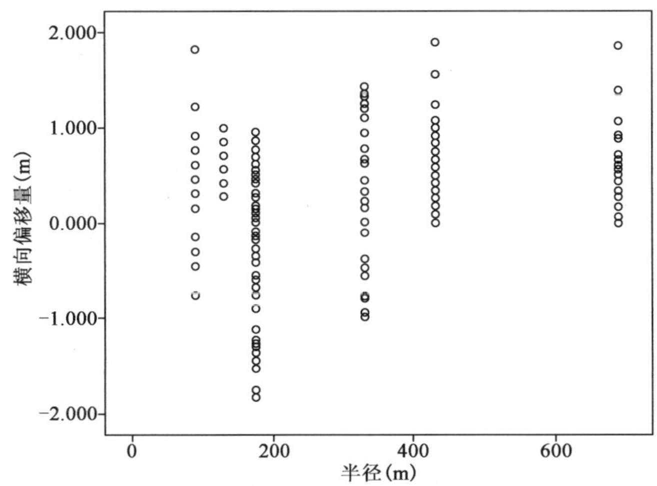

图 5-70 不同半径曲线桥梁外侧弯道行车轨迹横向偏移量

从图 5-70、图 5-71 中可以看出,在不同半径的桥梁断面上,车辆的行驶轨迹不同,有以下规律:

(1)曲线半径大小对车辆的行车轨迹有着显著影响。曲线半径越大,车辆行车轨迹横向偏移量越小;在外侧弯道时,半径越小,车辆外偏最大值越大;在内侧弯道时,半径越小,车辆内偏最大值也越大。说明驾驶人在较大半径的曲线上行驶时车道保持能力比在小半径的曲线上行驶时要好。这与道路设计理论相符,半径越小,内侧弯道需要的加宽值越大。

当半径小到一定值时,会引起驾驶人的高度警惕性,行驶轨迹横向偏移量反而呈现减小的趋势。从图 5-70、图 5-71 中可以看出，以曲线半径 200m 为临界值，左右两侧横向偏移量变化呈现相反的趋势。

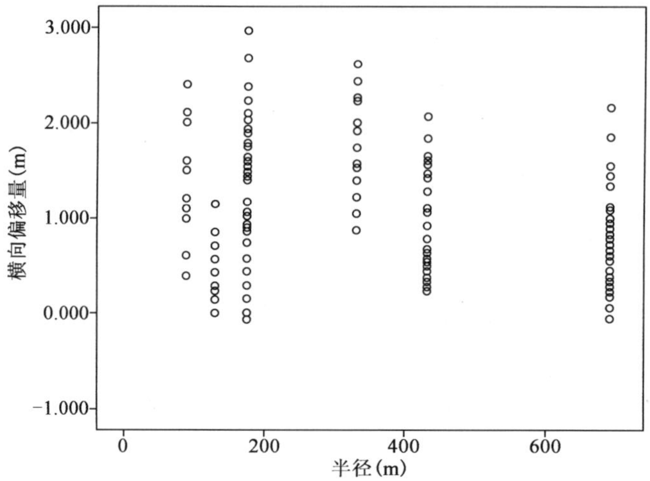

图 5-71 不同半径曲线桥梁内侧弯道车辆行驶轨迹横向偏移量散点图

(2)在弯道外侧，车辆表现出向对向行车道的外偏特性，而在内侧弯道，车辆都是向行车道内偏。

(3)从单个断面来看，曲线半径越小，不同车辆间横向偏移量差别越大，断面上车辆的行驶轨迹分布离散程度越大。车辆的行驶状态差别越大越不利于保持交通流状态的安全性。

(4)曲线半径越小，外侧弯道和内侧弯道行驶轨迹横向偏移量差异越显著，即车辆在外侧弯道行驶时行驶轨迹向弯道内侧偏移的特性越显著。

(5)相邻断面间行驶轨迹具有连续性，所以，保持曲线桥梁段车辆的安全行驶，重点是引导车辆在桥头断面沿期望的安全行驶轨迹线行驶。

综上所述，如果只考虑道路条件和行车环境对行车轨迹的影响，曲线桥梁半径和行车轨迹横行偏移量主要分布特点如图 5-72 所示。

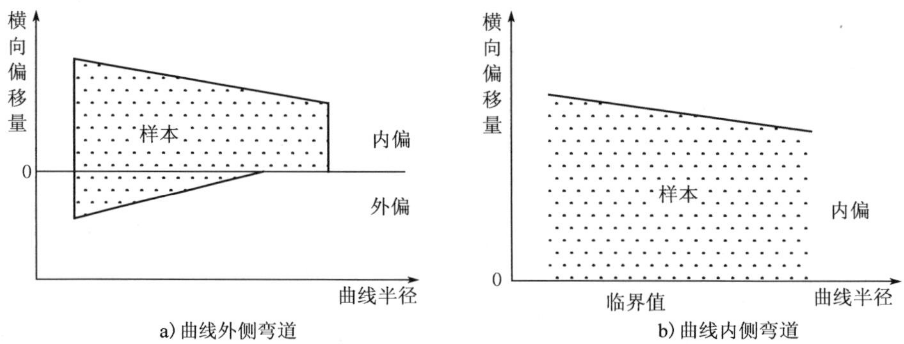

图 5-72 曲线桥梁半径与行车轨迹横向偏移量分布特点

不同半径下曲线桥梁段车辆行车轨迹第 95 位横向偏移量统计结果见表 5-37 和图 5-73，没有表现出外偏特性的曲线桥梁，取 0 值。

曲线桥梁半径与第 95 位横向偏移值统计　　表 5-37

半径(m)		90	175	230	430	690
外侧弯道	第 95 位内偏值(m)	1.82	1.536	1.430	1.562	1.054
	第 95 位外偏值(m)	−0.758	−1.84	−0.99	0	0
内侧弯道	第 95 位内偏值(m)	2.4	2.97	2.611	2.065	2.158
	第 95 位外偏值(m)	0	−0.07	0	0	−0.05

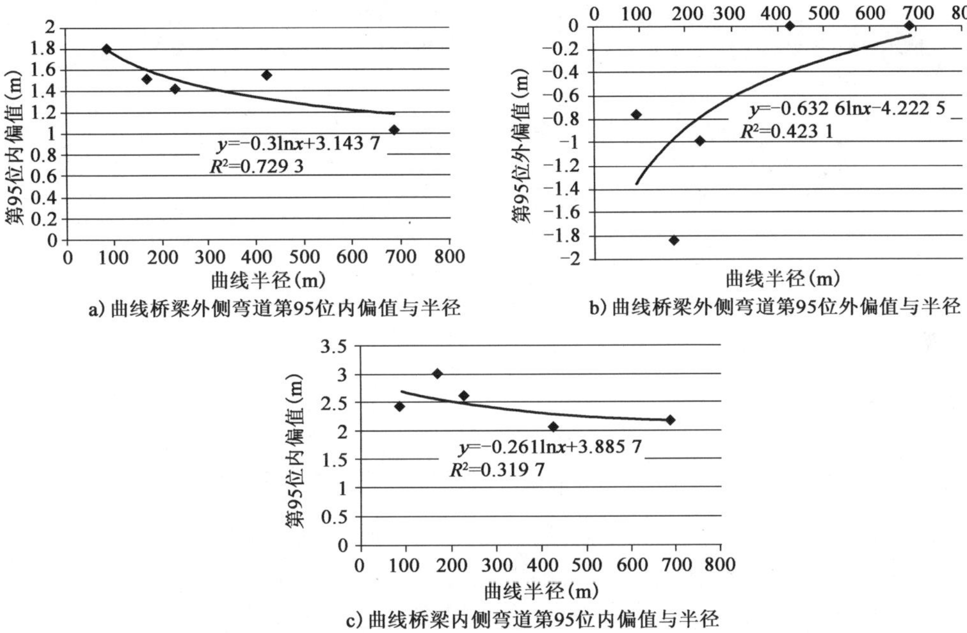

图 5-73　曲线桥梁半径与第 95 位横向偏移值

从图 5-73 中可以看出，无论是曲线桥梁外侧弯道朝对向车道外偏、朝本车道内偏，还是内侧弯道朝曲线内侧偏，行车轨迹第 95 位横向偏移值与圆曲线半径大小呈对数函数关系。总体上随曲线半径的增大而减小，而达到一定半径后，减小的趋势逐渐变缓。

表 5-38 和图 5-74 为缓和曲线长度不同时，车辆行驶轨迹第 95 位横向偏移值分析结果。

曲线桥梁缓和曲线长度与第 95 位横向偏移值统计表　　表 5-38

缓和曲线长度(m)		40	60	120	150	200
外侧弯道	第 95 位内偏值(m)	1.82	1.536	1.43	1.562	1.0545
	第 95 位外偏值(m)	−0.758	−1.84	−0.99	0	0
内侧弯道	第 95 位内偏值(m)	2.4	2.97	2.611	2.065	2.158
	第 95 位外偏值(m)	0	−0.07	0	0	−0.05

缓和曲线的设置，使线形缓和、顺适，更符合车辆转弯时的行车轨迹，同时对驾驶人来说具有良好的视觉效果和心理作用感，影响驾驶人对平曲线曲率大小的视觉感知，从而影响驾驶人的行车轨迹决策，使行车更安全。

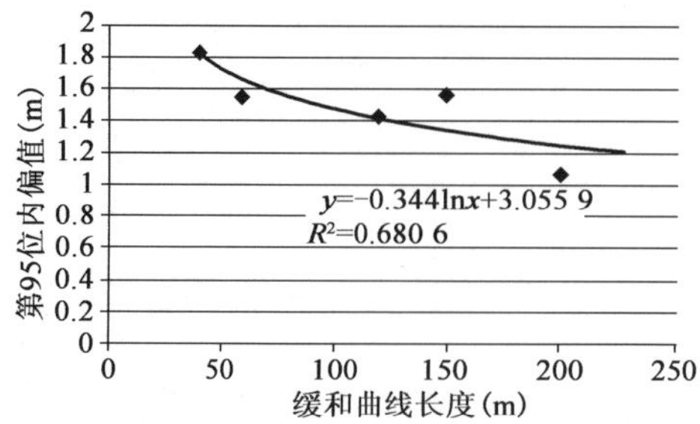

a) 曲线桥梁外侧弯道第95位内偏值与缓和曲线长度

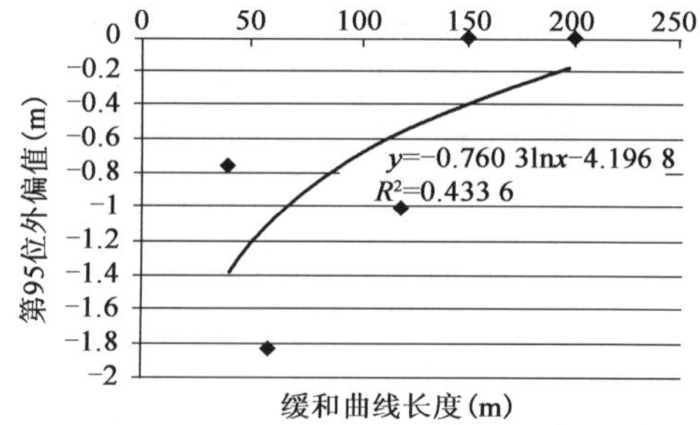

b) 曲线桥梁外侧弯道第95位外偏值与缓和曲线长度

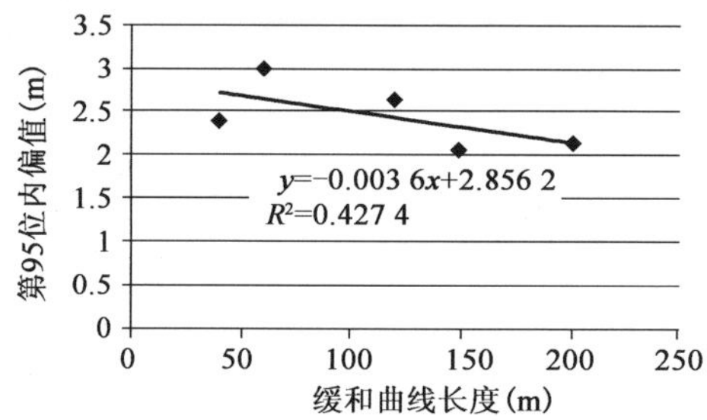

c) 曲线桥梁内侧弯道第95位内偏值与缓和曲线长度

图 5-74　曲线桥梁段行车轨迹第 95 位横向偏移值与缓和曲线长度

从上述分析结果也可以看出，总体上，曲线桥梁段车辆行驶轨迹第 95 位横向偏移值与缓和曲线长度呈负相关关系，即第 95 位横向偏移值随着缓和曲线长度的增大而减小。在外侧弯道，缓和曲线的长度与车辆行驶轨迹第 95 位横向偏移值呈对数关系，起初随着缓和曲线长度的增大，无论是行车轨迹朝外侧弯道内偏还是朝对向车道外偏，偏移量减小趋势都较明显，超过一定长度后，缓和曲线对行车轨迹横向偏移量的影响就不再明显了。在曲线桥梁内侧弯道，缓和曲线的长度与行车轨迹第 95 位横向偏移值呈一次线性相关性，因此，增加缓和曲线的长度，对于改善曲线桥梁内侧弯道行车轨迹效果更好。

曲率变化率用来描述平曲线的弯曲程度，曲率变化率计算公式为：

$$CCR = \frac{\Delta}{L} = \frac{[L_{S1}/2R + L_C/R + L_{S2}/2R] \times \frac{180}{\pi}}{L} \tag{5-84}$$

式中：CCR——曲率变化率，°/m；

Δ——平曲线转角，°；

L_{S1}，L_{S2}——前后两段缓和曲线长度，m；

L_C——圆曲线长度，m；

L——平曲线总长度，m；

R——圆曲线半径，m。

调研观测的曲线桥梁曲率变化率及平曲线参数、行车轨迹第 95 位横向偏移值统计见表 5-39和图 5-75～图 5-77。

曲线桥梁平曲线参数与第 95 位横向偏移值统计表　　表 5-39

转角	圆曲线长度(m)	缓和曲线长度(m)	平曲线总长(m)	曲率变化率 *CCR* (°/m)	1/*CCR*	外侧弯道第 95 位横向偏移值(m)		内侧弯道第 95 位横向偏移值(m)
						内偏	外偏	内偏
76°23′54″	151	120	391	0.195 4	5.117 9	1.430	−0.99	2.611
57°18′26″	50	40	130	0.440 8	2.268 5	1.820	−0.758	2.4
49°33′23″	222	150	522	0.094 9	10.533 5	1.562	0.000	2.065
38°9′34″	260	200	660	0.057 8	17.295 8	1.055	0.000	2.158
46°17′35″	81.4	60	201.4	0.229 9	4.350 5	1.536	−1.840	2.970

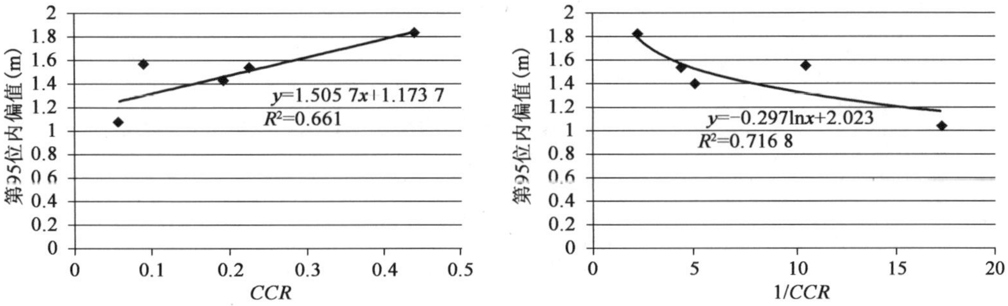

图 5-75　曲率变化率与外侧弯道第 95 位内偏值

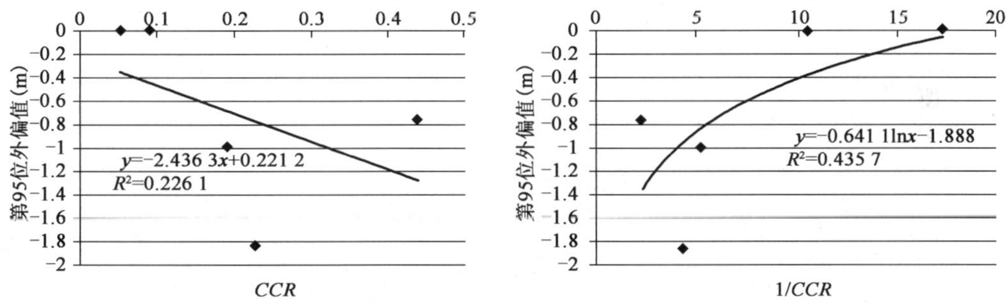

图 5-76　曲率变化率与外侧弯道第 95 位外偏值

由分析结果可见，外侧弯道和内侧弯道的车辆行驶轨迹第 95 位横向偏移值与曲率变化率呈线性关系，与 1/*CCR* 呈对数函数关系，随着曲率变化率的减小，行车轨迹第 95 位横向偏移值也显著减小。

研究表明，桥梁宽度对行驶轨迹有影响，当桥梁宽度较窄时，为避免撞上桥梁护栏，并保留足够的侧向安全间距，车辆行驶轨迹有向桥梁中心靠的趋势。现场调研时发现，道路中心标线对驾驶人行车具有引导作用，与桥梁宽度相比，相对行车道宽度对曲线桥梁段车辆行车轨迹的影响更明显。

定义相对行车道宽度为本行车道与对向行车道宽度之差，“+”表示本行车道宽，“−”表示对向行车道宽于本行车道。根据调研实测数据，相对行车道宽度与行车轨迹横向偏移量散点图见图 5-78 和图 5-79。

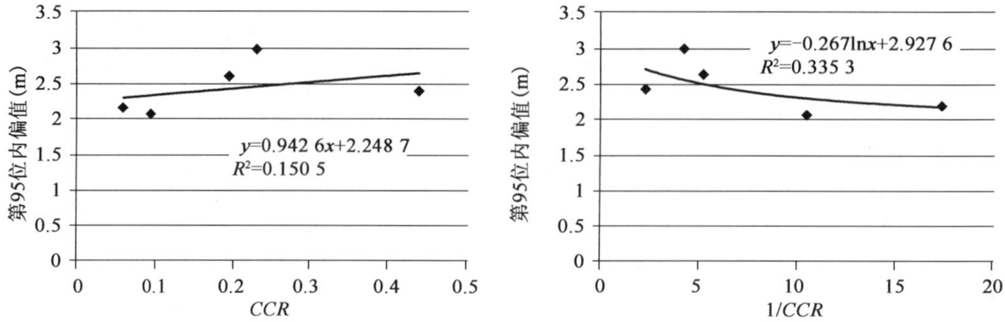

图 5-77　曲率变化率与内侧弯道第 95 位内偏值

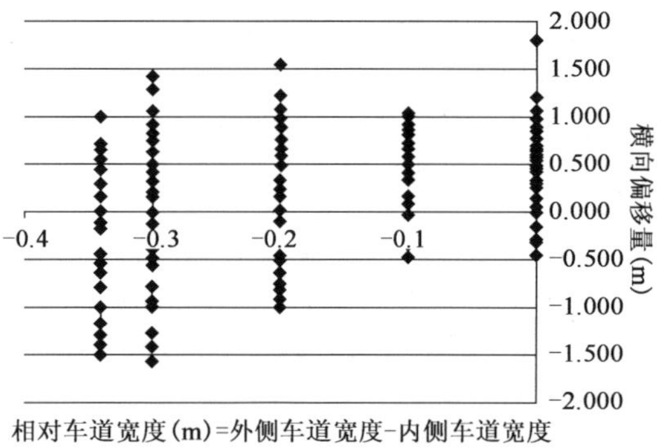

图 5-78　曲线桥梁外侧弯道相对车道宽度与行车轨迹横向偏移量

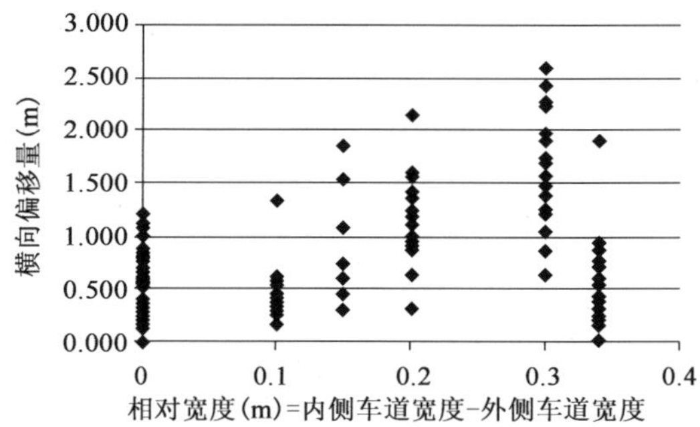

图 5-79　曲线桥梁内侧弯道相对车道宽度与行车轨迹横向偏移量

由散点图可见，在曲线桥梁段相对车道宽度与行车轨迹之间存在一定关系。在外侧弯道，随着相对宽度的减小，车辆朝向对向车道外偏的趋势越来越明显；在内侧弯道，随着相对宽度的增加，车辆行车轨迹最大横向偏移量逐渐增大。通过对驾驶人行车过程中的视觉分析，现在道路设计中采用的小半径曲线内侧单条加宽的方式，会给在外侧行驶的驾驶人产生内侧路面较宽、较安全的感觉，为避免撞上桥梁护栏，行车时不由自主地朝向内侧车道偏，增加了车辆和路侧桥梁护栏的间距；而在内侧车道行驶的驾驶人，会感觉内侧车道还有充足路侧宽度，为保持和对向来车间的净空而更加偏向内侧车道，这样反而造成不足的路侧空间，易发生撞桥梁护栏或驶离路侧的单车事故。

结合调研观测得到的曲线桥梁段相对车道宽度与行车轨迹横向偏移量的变化情况，制定等级标准如表 5-40 所示。

相关系数分级　　表 5-40

变量	等级	分类取值	分类标准
λ_{1w}	好	0	相对车道宽度 w'=外侧车道宽度－内侧车道宽度；$w>-0.2$
	差	1	相对车道宽度 w'=外侧车道宽度－内侧车道宽度；$w\leqslant-0.2$
λ_{iw}	好	0	相对车道宽度 w'=内侧车道宽度－外侧车道宽度；$w\leqslant0.1$
	差	1	相对车道宽度 w'=内侧车道宽度－外侧车道宽度；$w>0.1$

行车轨迹不仅与曲线的曲率和形式有关，与车辆的运行速度也有很强的相关性。图 5-80 为一组圆曲线半径 R=430m、缓和曲线长 150m 上的桥梁段外侧弯道不同断面位置的行车轨迹横向偏移量结果。

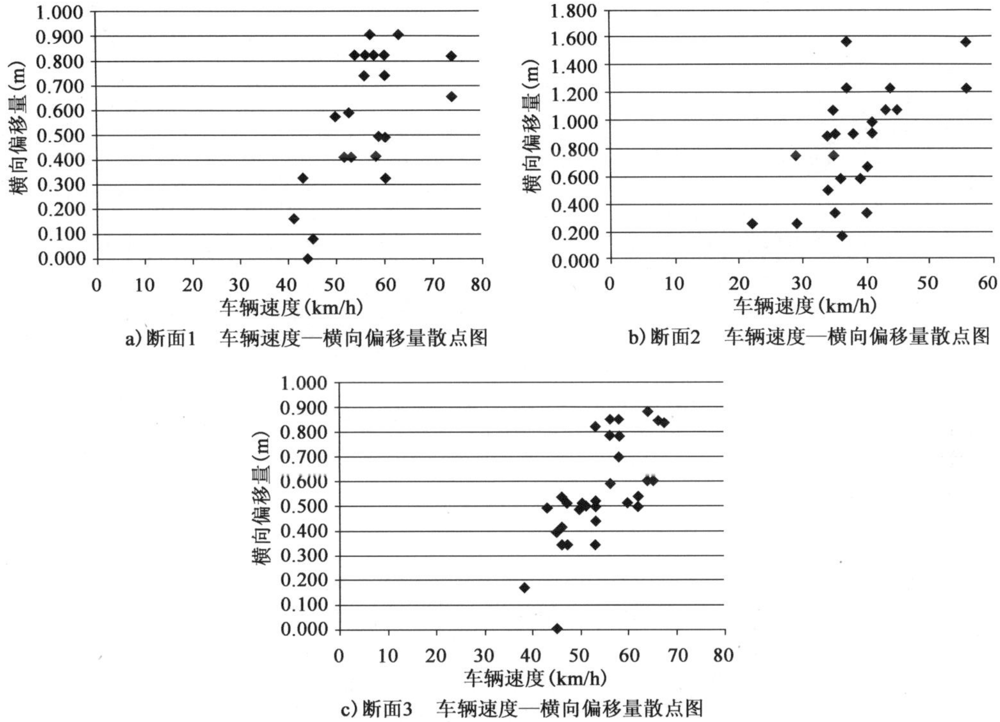

图 5-80　曲线桥梁段外侧弯道车辆速度—横向偏移量散点图

通过散点图观察，曲线桥梁外侧弯道车辆速度与行车轨迹内偏横向偏移量主要分布如图 5-81 所示。

不同的速度区间，对应的行车轨迹第 95 位横向偏移值见表 5-41。

样本车速分组及行车轨迹第 95 位内偏值　　表 5-41

样本车速分组	≤30	31～35	36～40	41～45	46～50	51～55	56～60	≥61
车辆速度(km/h)	29	35	37	44	50	54	58	63
第 95 位内偏值(m)	0.74	1.069	1.133	1.233	0.876	1.122	1.562	1.433

采用不同的速度分组样本中行车轨迹第 95 位内偏值及相应的车辆速度，在 0.05 显著水平下，两者的关系如图 5-82 所示。

图 5-83 为一组圆曲线半径 R=430m，缓和曲线长 150m 上的桥梁段内侧弯道车辆在不同断面上的速度与行驶轨迹横向偏移量散点图。

从散点图 5-83 可以看出，曲线桥梁内侧弯道车辆行驶速度与行车轨迹内偏移量主要分布如图 5-84 所示。

不同的速度区间，对应的行车轨迹第 95 位内偏值见表 5-42。

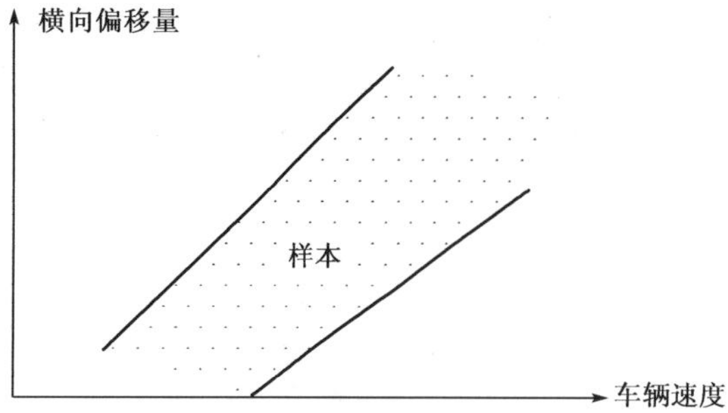

图 5-81　曲线桥梁段外侧弯道车辆速度—内偏移量分布特性

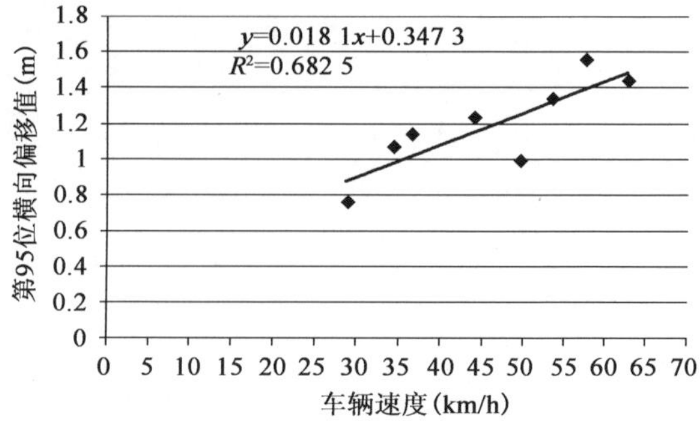

图 5-82　曲线桥梁外侧弯道行车轨迹第 95 位内偏值与车辆速度

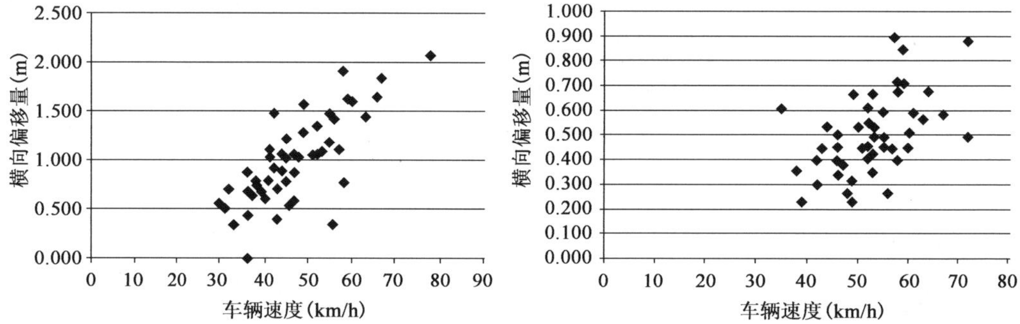

a)断面1　车辆速度与横向偏移量

b)断面2　车辆速度与横向偏移量

图 5-83　内侧弯道车辆速度与行驶轨迹内偏移量

样本车速分组及行车轨迹第 95 位内偏值　　表 5-42

车速分组(km/h)	≤30	31～35	36～40	41～45	46～50	51～55	56～60	≥61
车辆速度(km/h)	30	32	36	42	49	55	58	78
第 95 位内偏值(m)	0.551	0.500	0.798	1.485	1.561	1.468	1.907	2.065

采用不同的速度分组样本中行车轨迹最大横向偏移量及相应的车辆速度，在 0.05 显著水平下，两者的关系如图 5-85 所示。

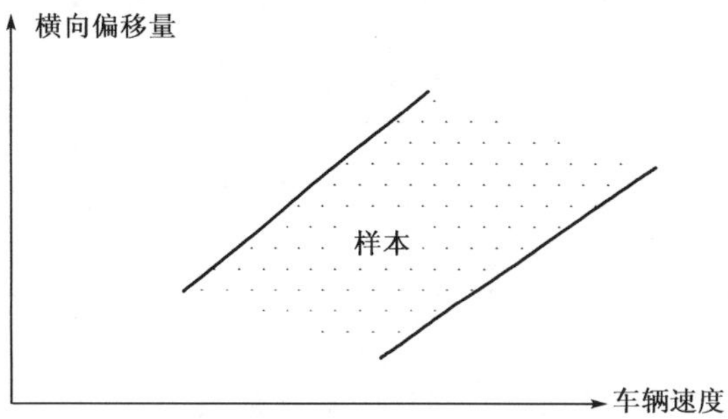

图 5-84　曲线桥梁段内侧弯道车辆速度—内偏移量分布特性

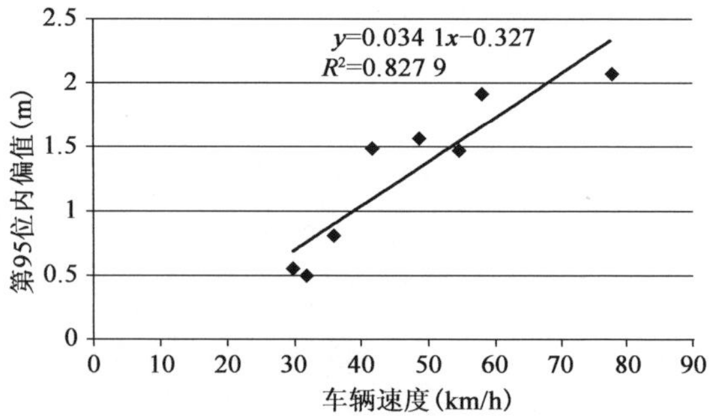

图 5-85　曲线桥梁内侧弯道行车轨迹第 95 位内偏值与车辆速度

为了分析曲线桥梁外侧弯道朝对向车道偏移的外偏特性，选取半径 $R=175$m、缓和曲线长 60m 的圆曲线上的曲线桥梁段外侧弯道车辆行驶轨迹外偏观测数据，车辆行驶速度与行驶轨迹横向偏移量散点图如图 5-86 所示。

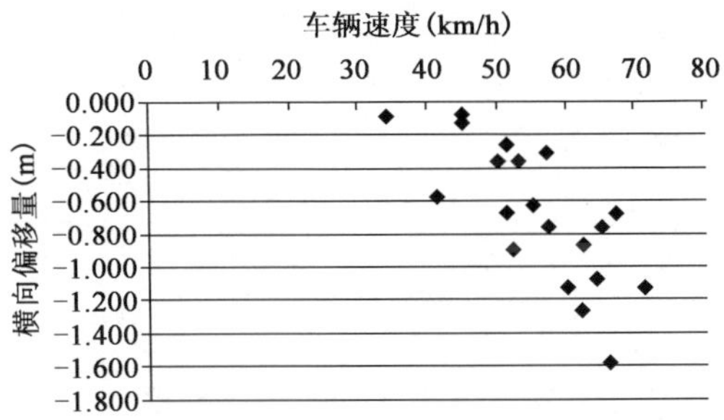

a) 断面1　车辆速度—横向偏移量散点图

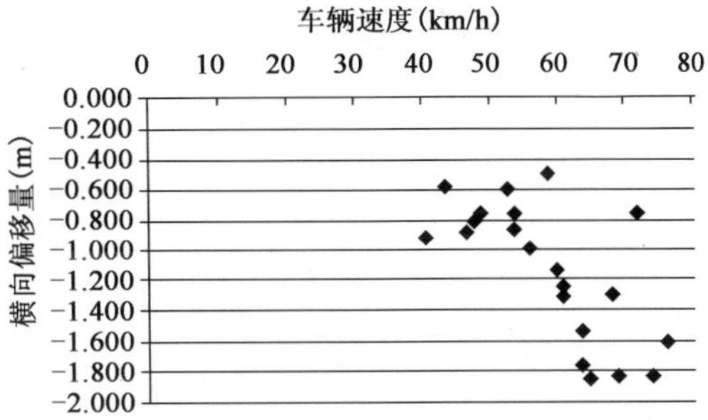

b) 断面2　车辆速度—横向偏移量散点图

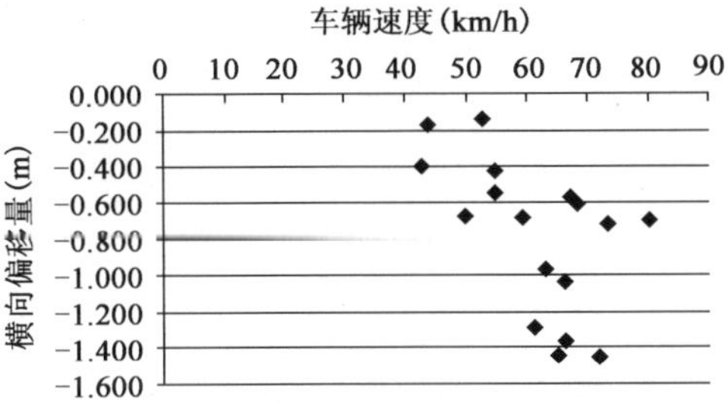

c) 断面3　车辆速度—横向偏移量散点图

图 5-86　曲线桥梁外侧弯道车辆速度与行驶轨迹外偏移量

从散点图 5-86 可以看出，曲线桥梁外侧弯道车辆行驶速度与行车轨迹外偏移量主要分布如图 5-87 所示。

不同的速度区间，对应的行车轨迹第 95 位外偏值见表 5-43。

样本车速分组及行车轨迹第 95 位外偏值　　表 5-43

车速分组(km/h)	≤40	41～45	46～50	51～55	56～60	61～65	66～70
车辆速度(km/h)	40	43	46	55	60	64	68
第 95 位外偏值(m)	−0.927	−0.589	−0.887	−1.223	−1.300	−1.840	−1.840

采用不同的速度分组样本中行车轨迹第 95 位外偏值及相应的车辆速度，在 0.05 显著水平下，两者的关系如图 5-88 所示。

通过上面分析可以看出，车速对驾驶人曲线桥梁段的行车轨迹决策有着显著影响，车辆行驶速度与行车轨迹第 95 位横向偏移值呈现一次正相关关系，随着车速的提高，行车轨迹第 95 位横向偏移值迅速增大，甚至占用对向车道行驶。行车轨迹外偏移量也和车速呈一次正相关关系，说明车速越高，车辆越偏向对向车道行驶，行车越危险。

由以上相关性分析可知，曲线桥梁段行车轨迹第 95 位横向偏移量受桥梁所在圆曲线半径、缓和曲线长度、曲率变化率及行车速度和相对行车道宽度多因素的影响。国家道路安全行动计划研究提出了双车道公路曲线桥梁段行车轨迹第 95 位横向偏移值模型，模型的形式为：

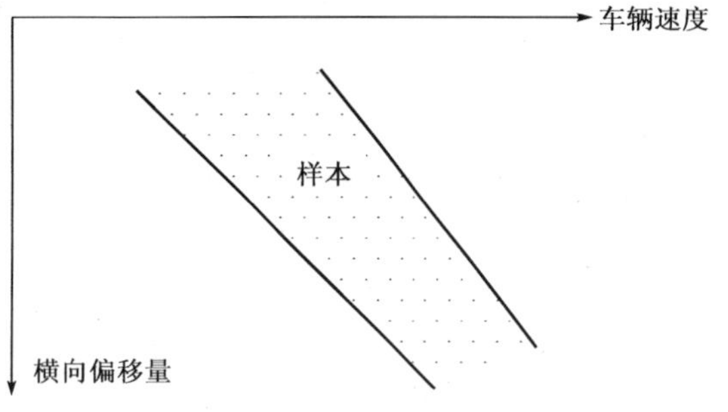

图 5-87　曲线桥梁段外侧弯道车辆速度—外偏移量分布特性

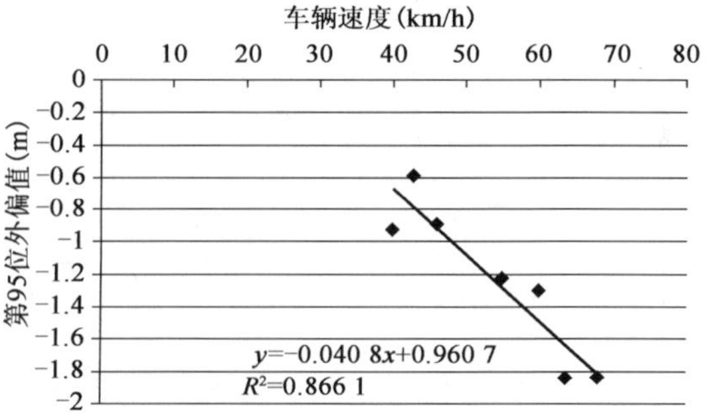

图 5-88　曲线桥梁外侧弯道行车轨迹第 95 位外偏值与车辆速度

$$\begin{cases} D_{95} = -34.311 - 146.732\ln(1/CCR) + 6.982v + 103.325\lambda_w, \text{外侧弯道行驶轨迹内偏值} \\ D_{95} = 90.553 + 78.436\ln(1/CCR) - 1.783v + 102.683\lambda_w, \text{外侧弯道行驶轨迹外偏值} \\ D_{95} = -63.616 - 95.090\ln(1/CCR) + 6.359v + 67.494\lambda_w, \text{内侧弯道行驶轨迹内偏值} \end{cases} \tag{5-85}$$

式中：D_{95}——断面车辆行驶轨迹第 95 位横向偏移值，cm；

CCR——曲率变化率，°/m；

v——车辆行驶速度，km/h；

λ_w——对应等级的相对车道宽度 w' 的分类取值，按表 5-40 选择。

根据研究，在双车道公路上小半径曲线的桥梁加宽需要考虑以下因素：

(1)几何加宽值。通过对驾驶人在行车过程中的视觉注视点进行分析，并对有经验、驾龄在 5 年以上的驾驶人进行问询，行车过程中，驾驶人是以车头和车尾为参照控制点。所以，圆曲线上几何加宽值计算公式中的参数 S 设计车长，不应是普通汽车后轴至前保险杠的距离，而应为车身长度 $L_车$，如图 5-89 所示。那么，曲线加宽值的计算公式为：

$$e = \frac{L_车^2}{2R} + \frac{0.05v}{\sqrt{R}} \tag{5-86}$$

式中：$L_车$——设计车辆车身长度，即车辆首尾长度，m；

其余参数含义同前面公式。

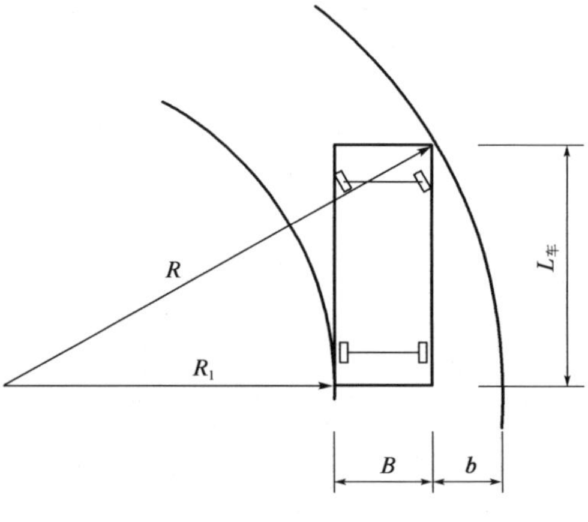

图 5-89　曲线加宽值计算方法示意图

分车道行驶的公路，当圆曲线半径较小时，内外侧车道的加宽值相差较大，应对内外侧车道分别加宽。设双向行车道总宽度为 B，双车道公路内外侧车道的加宽值计算公式为：

$$\begin{cases} e_内 = \dfrac{L_车^2}{2R} + \dfrac{0.05v}{\sqrt{R}} \\ e_外 = \dfrac{L_车^2}{2\left(R + \dfrac{B}{2}\right)} + \dfrac{0.05v}{\sqrt{R + \dfrac{B}{2}}} \end{cases} \tag{5-87}$$

式中：$e_{内}$——内侧车道加宽值，m；

$e_{外}$——外侧车道加宽值，m；

其余各参数含义同上。

设双车道公路车道宽度为3.50m，根据《公路路线设计规范》(JTG D20—2006)中规定的公路设计车辆外廓尺寸表，普通载货汽车外廓总长为12m，内外侧车道加宽值见表5-44。

双车道公路小半径曲线几何加宽值　　表5-44

加宽值(m) \ 半径(m) \ 车速(km/h)		30～50	50～70	70～100	100～150	150～200	200～250
30	内侧车道	2.15	1.44	1.04	0.75	0.53	0.42
	外侧车道	2.00	1.38	1.00	0.73	0.52	0.42
40	内侧车道	2.23	1.48	1.10	0.78	0.57	0.45
	外侧车道	2.10	1.42	1.06	0.76	0.56	0.45
60	内侧车道	2.40	1.62	1.20	0.87	0.65	0.52
	外侧车道	2.27	1.54	1.16	0.85	0.64	0.52

(2)纠正车辆行驶轨迹需要的加宽值。双车道公路小半径曲线桥梁段车辆的行驶轨迹特征分析结果显示，内侧弯道上车辆的行驶轨迹呈现出向本车道内侧偏移的趋势，而在外侧弯道行驶的车辆，一部分车辆的行驶轨迹朝本车道内侧偏，另一部分车辆的行驶轨迹朝对向车道偏移。车辆行驶轨迹偏移量越大对行车安全影响越大，同时车辆道路连续断面上的横向位置差别过大也不利于车辆的转向控制和安全。在实际行车过程中，驾驶人总是对照期望行驶轨迹不断调整车辆转向和横向位置，所以，需要通过道路几何设计的改善，提高几何线形对车辆的诱导性，使车辆实际行驶轨迹尽量与道路设计时的车辆行驶轨迹相吻合。

(1)小半径曲线内侧弯道

驾驶人在行驶时总是期望选择更加缓和的行驶轨迹操纵车辆的行驶，在曲线内侧弯道，车辆的行驶轨迹如图5-90所示，车辆行驶时更靠近曲线内侧，这样车辆通过曲线时，车辆实际走过的路线半径较曲线半径小、曲率大。

从驾驶人视觉感知上讲，曲线内侧加宽后，会增加驾驶人的视距(图5-91)，提高道路线形对驾驶人的诱导性，而车辆右侧与桥梁护栏的安全间距变得更大，使车辆行车更安全。所以，曲线内侧加宽后既可以规范车辆的行驶轨迹，又可以提高车辆的行车安全。

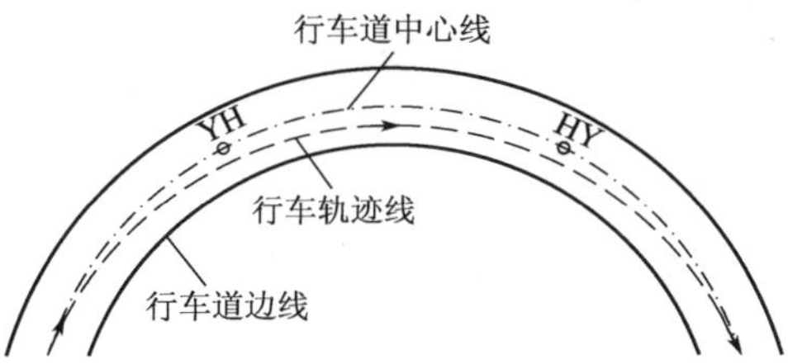

图5-90　内侧弯道车辆行驶轨迹

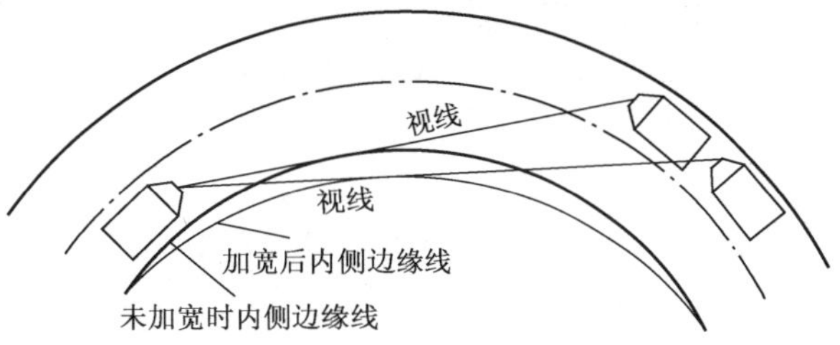

图5-91　加宽前后内侧弯道驾驶人的视距对比图

根据双车道公路曲线桥梁段行车轨迹第95位横向偏移值模型，内侧弯道车辆行驶轨迹第95位内偏值为：

$$D_{95} = -63.616 - 95.090\ln(1/CCR) + 6.359v + 67.494\lambda_w \tag{5-88}$$

未加宽前，车辆内外侧车道同宽，所以，相对车道宽度变量无意义，式(5-88)简化为：

$$D_{95} = -63.616 - 95.090\ln(1/CCR) + 6.359v \tag{5-89}$$

为纠正内侧车道车辆行驶轨迹，内侧车道需要的加宽值为：

$$W_{内} = D_{95} - C_d = -63.616 - 95.090\ln(1/CCR) + 6.359v - C_d \tag{5-90}$$

式中：$W_{内}$——曲线内侧弯道需要的加宽值，cm；

D_{95}——行车轨迹第95位横向偏移量，cm；

CCR——曲率变化率，°/m；

v——车辆行驶速度，km/h；

C_d——双车道公路行驶时车辆左侧前轮与道路中心线的安全间距，cm。

(2)小半径曲线外侧弯道

结合曲线外侧弯道断面上车辆行驶状况的观测结果，可以分析车辆在外侧弯道上发生的外偏现象和内偏现象与车速的关系。测得外侧弯道不同断面车辆偏移特性与速度的关系如表5-45所示。

外侧弯道车辆偏移与车速关系(单位：km/h)　　表5-45

断面编号	外偏车辆				内偏车辆			
	小汽车平均车速	小汽车 v_{85}	载货汽车平均车速	载货汽车 v_{85}	小汽车平均车速	小汽车 v_{85}	载货汽车平均车速	载货汽车 v_{85}
1	35.9	39.0	30.8	33.5	37.6	40.7	35.0	37.2
2	40.2	45.1	32.5	36.7	43.3	49.0	34.0	37.0
3	58.6	63.4	45.3	50.7	61.2	65.3	46.7	52.8
4	60.9	65.1	49.4	55.8	60.8	70.2	52.1	58.3

从表5-45可以看出，在分析的四个曲线桥梁断面上，绝大部分在外侧弯道表现内偏特性的车辆要比表现外偏特性车辆的平均速度和V_{85}速度要大。由此可知，在外侧弯道表现内偏特性的车辆，因为行驶速度快，期望以较大的曲率作为行驶路径，靠近曲线外边缘行驶。所以，为保障车辆的行车安全性，需要对曲线外侧弯道进行加宽，满足车辆的行驶轨迹需要。

而在外侧弯道表现外偏特性的车辆，则和驾驶人对距离的感知及车辆的右侧安全间距有关。根据对驾驶人在曲线路段驾驶行为的研究，当车辆在曲线路段行驶，向左转弯时，注意的是右侧道路边缘，右转弯时注意的是左侧道路边缘。目前，桥梁断面普遍存在路肩宽度不足或没有路肩的现象，当桥梁上设有人行道时突起的路缘石更会让驾驶人有需要远离路侧护栏的感觉。所以，从规范外侧弯道车辆外偏行驶轨迹来讲，也需要对弯道外侧进行加宽，这样车辆右侧与护栏间有足够的安全间距，会减少车辆在外侧弯道向对向车道偏移的现象。

根据双车道公路曲线桥梁段行车轨迹95位横向偏移值模型，外侧弯道车辆第95位外偏值为：

$$D_{外95} = 90.553 + 78.436\ln(1/CCR) - 1.783v + 102.683\lambda_w \tag{5-91}$$

第95位内偏值为：

$$D_{内95}=-34.311-146.732\ln(1/CCR)+6.982v+103.325\lambda_w \tag{5-92}$$

未加宽前，车辆内外侧车道同宽，所以，相对车道宽度变量无意义，式(5-91)、式(5-92)简化为：

$$D_{外95}=90.553+78.436\ln(1/CCR)-1.783v \tag{5-93}$$

$$D_{内95}=-34.311-146.732\ln(1/CCR)+6.982v \tag{5-94}$$

为纠正车辆的行驶轨迹偏移，外侧车道需要的加宽值为：

$$\begin{aligned}W_{外}&=\max\{|D_{外95}|+C_d, D_{内95}-C_d\}\\&=\max\{-90.553-78.436\ln(1/CCR)+1.783v+C_d-34.311-\\&\quad 146.732\ln(1/CCR)+6.982v-C_d\}\end{aligned} \tag{5-95}$$

式中：$W_{外}$——曲线外侧弯道需要的加宽值，cm；

D_{95}——行车轨迹第 95 位横向偏移量，cm；

CCR——曲率变化率，°/m；

v——车辆行驶速度，km/h；

C_d——双车道公路行驶时车辆外侧前轮与道路中心线的安全间距，cm。

(3)加宽值确定

为满足曲线段车辆安全行车对路面宽度的需要，比较纠正内外侧车道行车轨迹需要的加宽值与曲线段理论几何加宽值的关系，取其较大者为相应车道加宽值。小半径曲线桥梁加宽方式如下。

双车道公路加宽方式以实测路线中线为道路中桩，车辆行驶轨迹与行车道线形吻合为原则，按路基边缘加宽。即不改变道路中线，依据平曲线要素、路基宽度和加宽值，确定路基内外边缘线的位置，路基边缘加宽后，路基两边缘线亦采用缓和曲线、圆曲线和缓和曲线的线形，并保证设置加宽后的路基内外边缘的缓和曲线的缓圆点法线与道路中线缓圆点法线重合，内外路基边缘缓和曲线角与路中线缓和曲线角也相等。因此，可通过计算路基内外边缘的曲线参数，从而确定路基边缘位置，如图 5-92 所示。

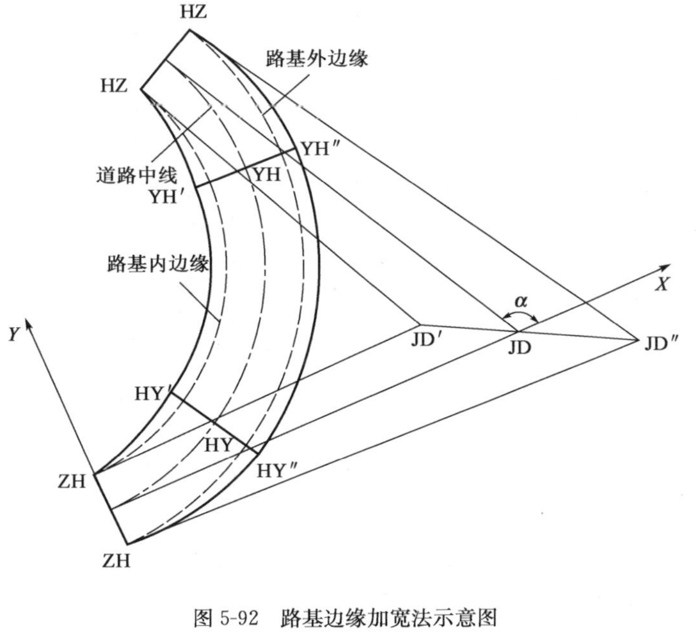

图 5-92　路基边缘加宽法示意图

设路线平曲线半径为 R、缓和曲线长为 L_s、路线的偏角为 α、圆曲线长为 L_y，单车道曲线加宽值为 b，以 ZH 点为原点，导线为 X 轴，径向法线为 Y 轴，建立直角坐标系，曲线各要素点如图 5-92 所示。根据路线缓和曲线部分路基设置加宽后，路基内外边缘线也为缓和曲线，并且根据路基内外边缘缓和曲线角与路中线缓和曲线角相等的关系及路线的平曲线要素，推导出内外边缘缓和曲线基本要素，列于表 5-46 中。

根据上表中缓和曲线上、圆曲线上任一点的坐标公式，就可计算出加宽后路基内外边缘控制点坐标。因此，路基边缘加宽法可满足双车道公路小半径曲线加宽要求。

曲线内外两侧都加宽，减少了双车道内宽外窄的现象，增加了道路的容错空间，提高了行车安全性；同时，路基边缘加宽法还可以避免驾驶人视觉上感觉道路中心线向外侧偏移的错觉，从而避免驾驶人行驶时占用对向车道的安全隐患。

四、桥梁横风条件下的安全保障技术

1. 横风对桥梁行车安全性能的影响

从交通控制管理工程学的角度看，影响汽车行驶安全性的气象因素主要包括雨、雾、冰和雪。桥梁由于设置的相对位置较高，横风对交通安全有十分重要的影响。

一般而言，桥梁上车辆的侧风效应包括以下三类：

低风速效应(舒适性问题)。在较低风速条件下，气动升力系数因侧风而增加，气动稳定性下降，汽车高速行驶时驾驶人路感变差(即常说的“飘”)。

高风速效应(安全性问题)。在高风速条件下，迎风面积大的车辆可能被侧向风吹翻，小型车行驶过程中会发生严重偏向，而当自然风的脉动成分能谱与车辆悬挂系统特征频率相近时，容易引起车辆悬挂系统共振，这对交通安全都是十分不利的。

研究表明，对于一般的刚性桥梁，当车辆在桥面上行驶时，考虑到风力、惯性力、重力等共同作用，车辆可能的危险主要是侧滑，即在弯道中行驶的汽车如果同时受到向弯道外侧的侧风作用，侧向力可能超过地面、车轮之间的侧向附着极限，使汽车产生侧向滑移，失去正常行驶能力，如图 5-93 所示。

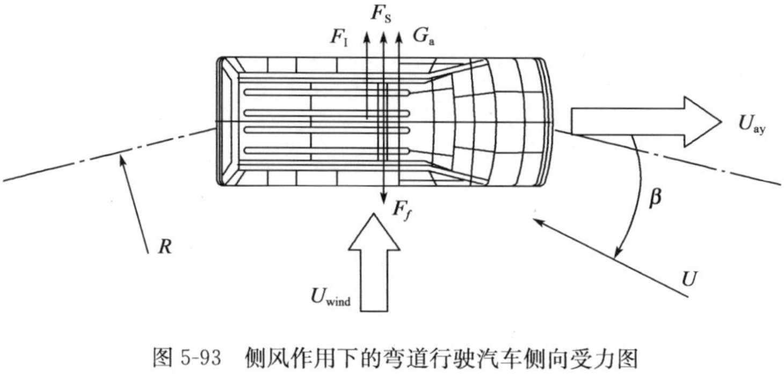

图 5-93　侧风作用下的弯道行驶汽车侧向受力图

为了防止上述行使不利情况发生，分别针对侧滑临界状态下基本型乘用车、交叉型乘用车、中型商用客车、大型厢式商用货车四种典型车型进行了行车安全临界风速分析。经计算分析获得侧滑行车安全风速如表 5-47 所示。

道路中线及加宽后路基边缘各曲线要素表　　表 5-46

要素名称	符号	计算公式		
		道路中线	路基内边缘	路基外边缘
曲线半径	R	$R=R$	$R'=R-\left(\frac{B}{2}+b\right)$	$R''=R+\left(\frac{B}{2}+b\right)$
缓和曲线角	β_0	$\beta_0=\frac{L_s}{2R}$	$\beta_0'=\beta_0=\frac{L_s'}{2R}$	$\beta_0''=\beta_0=\frac{L_s''}{2R}$
缓和曲线长	L_s	$L_s=L_s$	$L_s'=L_s-\frac{L_s}{R}\left(\frac{B}{2}+b\right)$	$L_s''=L_s+\frac{L_s}{R}\left(\frac{B}{2}+b\right)$
平曲线长度	L	$L=R\left(\frac{\pi\alpha}{180}-\beta_0\right)+2L_s$	$L'=L-\left(\frac{B}{2}+b\right)\left(\frac{2L_s}{R}+\frac{\pi\alpha}{180}-2\beta_0\right)$	$L''=L+\left(\frac{B}{2}+b\right)\left(\frac{2L_s}{R}+\frac{\pi\alpha}{180}-2\beta_0\right)$
缓和曲线切线增值	q	$q=\frac{L_s}{2}-\frac{L_s^3}{240R^2}$	$q'=\frac{L_s'}{2}-\frac{L_s'^3}{240R'^2}$	$q''=\frac{L_s''}{2}-\frac{L_s''^3}{240R''^2}$
圆曲线内移值	p	$p=\frac{L_s^2}{24R}$	$p'=\frac{L_s'^2}{24R'}$	$p''=\frac{L_s''^2}{24R''}$
缓和曲线参数	C	$C=R\cdot L_s$	$C'=R'\cdot L_s'$	$C''=R''\cdot L_s''$
任一点缓和曲线角	β	$\beta=\frac{l^2}{2C}$	$\beta=\frac{l'^2}{2C'}$	$\beta=\frac{l''^2}{2C''}$
不设缓和曲线时切线长	t	$t=(R+p)\cdot\tan\frac{\alpha}{2}$	$t'=\left[R-\left(\frac{B}{2}+b\right)+p'\right]\cdot\tan\frac{\alpha}{2}$	$t''=\left[R+\left(\frac{B}{2}+b\right)+p''\right]\cdot\tan\frac{\alpha}{2}$
切线	T	$T=q+t$	$T'=q'+t'$	$T''=q''+t''$
直缓点坐标	ZH	(0,0)	$\left(T-\frac{B}{2}\tan\frac{\alpha}{2}-T',\frac{B}{2}\right)$	$\left[-\left(T''-T-\frac{B}{2}\tan\frac{\alpha}{2}\right),-\frac{B}{2}\right]$
缓和曲线上任一点的横坐标	x	$l-\frac{l^2}{40C^2}$	$l'-\frac{l'^3}{40C'^2}+T-\frac{B}{2}\tan\frac{\alpha}{2}-T'$	$l''-\frac{l''^3}{40C''^2}-\left(T''-T-\frac{B}{2}\tan\frac{\alpha}{2}\right)$
缓和曲线上任一点的纵坐标	y	$\frac{l^2}{6C}-\frac{l^4}{336C^3}$	$\frac{l'^2}{6C}-\frac{l'^4}{336C'^3}+\frac{B}{2}$	$\frac{l''^2}{6C}-\frac{l''^4}{336C''^3}-\frac{B}{2}$
圆曲线上任一点的横坐标	x	$q+R\cdot\sin\left(\beta_0+\frac{L_y}{R}\right)$	$q'+R'\cdot\sin\left(\beta_0+\frac{L_y'}{R'}\right)$	$q''+R''\cdot\sin\left(\beta_0+\frac{L_y''}{R''}\right)$
圆曲线上任一点的纵坐标	y	$p+R\cdot\left[1-\cos\left(\beta_0+\frac{L_y}{R}\right)\right]$	$\frac{B}{2}+p'+R'\cdot\left[1-\cos\left(\beta_0+\frac{L_y'}{R'}\right)\right]$	$-\frac{B}{2}+p''+R''\cdot\left[1-\cos\left(\beta_0+\frac{L_y''}{R''}\right)\right]$

注：表中 l、l'、l'' 分别为所求点到其所在曲线上的直缓点间的缓和曲线长度；L_y、L_y'、L_y'' 分别为所求点到其所在曲线上的缓圆点间的圆曲线长度。

侧滑行车安全风速(m/s) 表 5-47

车速(km/h)		100	80	60	40	20
基本型乘用车	干	36.5	38	39	39	39
	湿	30.5	32.5	34	34	34
交叉型乘用车	干	19.5	21.3	22.5	23	23
	湿	15.5	17.5	19	20	20
中型商用客车	干	25	27	28	28.3	28.5
	湿	19.5	22	23.5	24.3	24.3
大型厢式商用货车	干	26	28	29.5	30	30
	湿	17.0	20	22	23.5	23.5

综上所述,可归纳如下:根据侧风稳定性大小,可把常见车型分为三个级别:

(1)基本型乘用车类,侧风稳定性最好,一般没有侧风行驶安全性问题。

(2)箱型车类(中、大型客车、箱式货车和集装箱拖车),侧风稳定性一般,空载时问题比较严重。

(3)交叉型乘用车类,侧风稳定性最差,强风天气时驾驶比较困难;行车安全和舒适性随着风速增大而降低;行车安全性随着车速增大而降低,随着路面附着系数减小而降低。

因此,车辆限速和增加轮胎与路面摩擦系数(如雪路面和冰路面)是减少侧风行车事故率的重要途径之一。

2.桥梁横风风障设计技术

目前解决出现横风时桥梁行车安全的有效措施就是利用风障减弱桥面风速,尤其是在强侧风作用下,风障对保证轻型车辆行驶安全可能是必需的。典型的风障设计为纵横相间的栏杆或多孔板,风洞试验显示风障的孔隙形式并不重要,透风率是决定风障效率的根本参数,小透风率(例如0.1～0.2)风障的挡风效率高达75%～90%(即风速降低到无风障时的10%～25%),但它对整个桥梁结构体系带来了非常大的气动阻力荷载,并且可能引起桥梁动力稳定性的下降。风洞试验证明透风率在0.4～0.6之间的风障既能够提供足够的挡风效率,又限制了气动阻力的增幅和稳定性的下降。

近年来,大桥风障研究逐渐被关注,很多桥梁都采用了风障这一降低桥面行车侧向风速的有效工程措施,例如法国的米约高架桥、斯洛文尼亚的Crni Kal高架桥、我国的杭州湾跨海大桥和苏通大桥都设置了风障,如图5-94所示。

1)风障结构形式

根据不同的风障透风率、障条数量、障条结构形式和风障高度,对六种风障情况下的桥面风环境(包括栏杆高度的影响)进行了研究,如表5-48所示。

a)杭州湾跨海大桥风障

b)苏通大桥桥塔区风障

图 5-94　风障工程实例

风障类型参数表　　表 5-48

风障类型	透风率(%)	风障竖向投影高度(m)	风障条形式	风障条数量
风障 A	60	3.0	外凸式半椭圆形	3
风障 B	50	3.0	外凸式半椭圆形	4
风障 C	50	3.0	外凸式半椭圆形	3
风障 D	40	3.0	外凸式半椭圆形	4
风障 E	60	3.0	椭圆形	3
风障 F	50	3.0	椭圆形	4
护栏	62	1.5	桥面防撞护栏	

风障布置在桥面外侧栏杆处，与桥面防撞护栏组合在一起，如图 5-95 所示。由于桥面防撞护栏也起到了部分风障的作用，因此也将护栏作为比较对象。桥面风障布置图如图 5-96 所示。

2)风障对桥面风环境的影响

采用基于计算流体动力学技术，对主梁断面桥面绕流进行了数值模拟，以便于分析不同风障结构对桥面风环境的影响效果，从而得到既能够有效改善桥面风环境，又能对桥梁本身抗风性能最有利的风障结构。选取研究位置分别为桥面中心的偏左 16m、12m、8m 和偏右 8m、

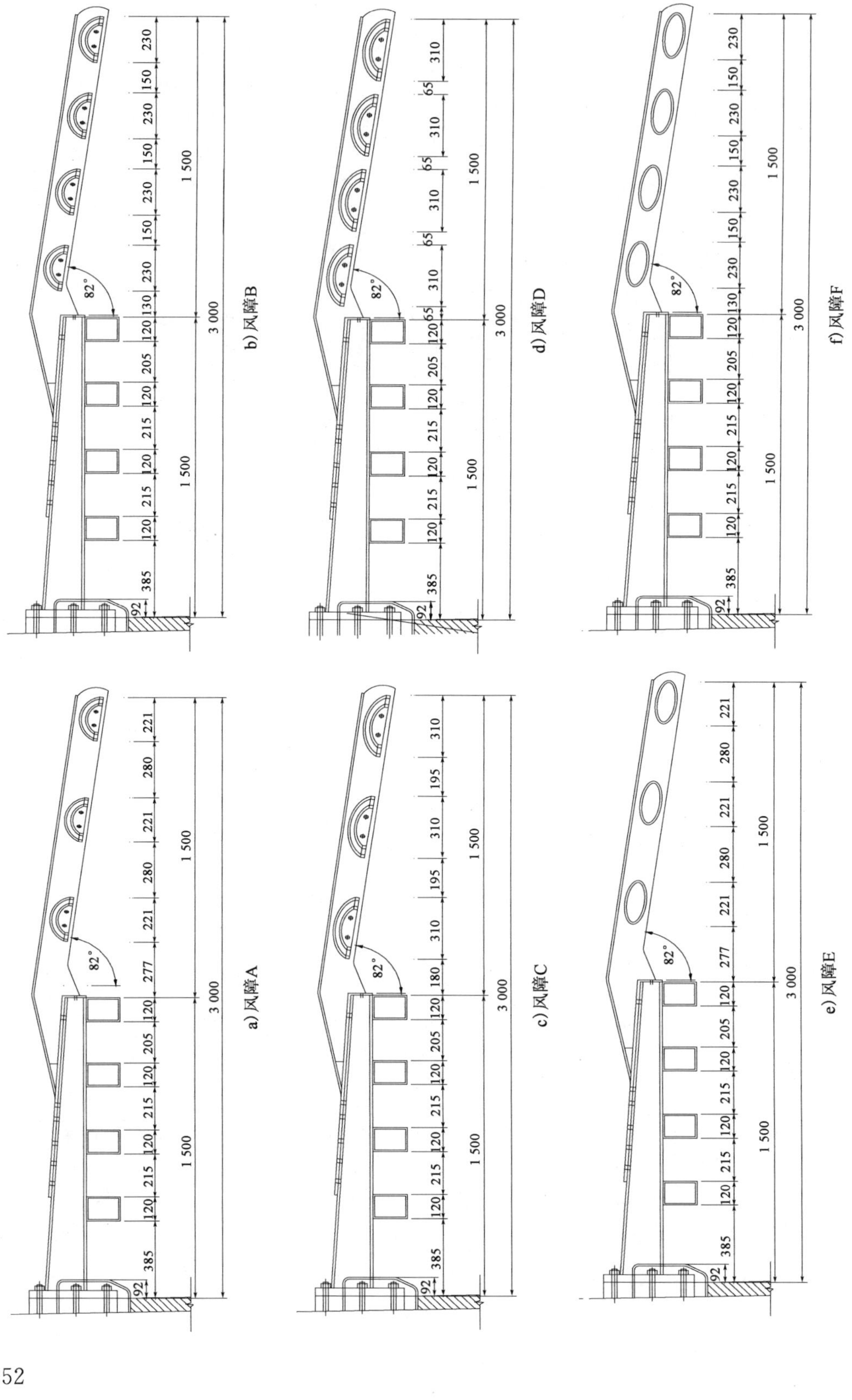

图5-95　风障结构图(尺寸单位：cm)

12m、16m，分别对应不同的车道 a_1、a_2、a_3、a_4、a_5 和 a_6，如图 5-97 所示。

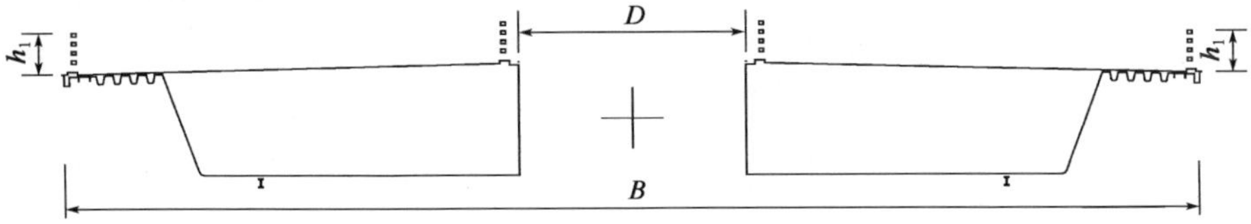

a）无风障桥梁断面

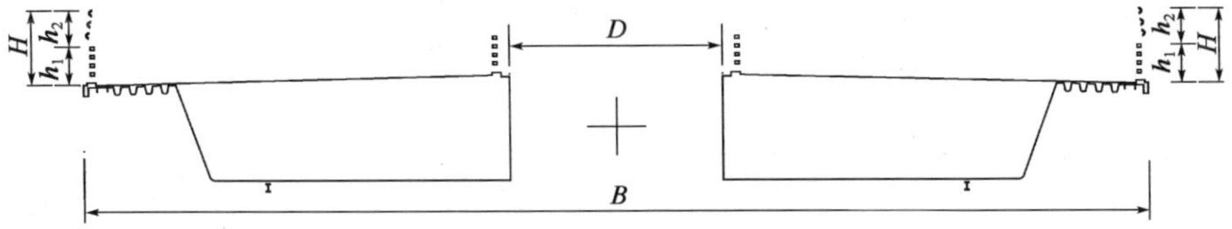

b）设置风障的桥梁断面

图 5-96　桥面风障布置图

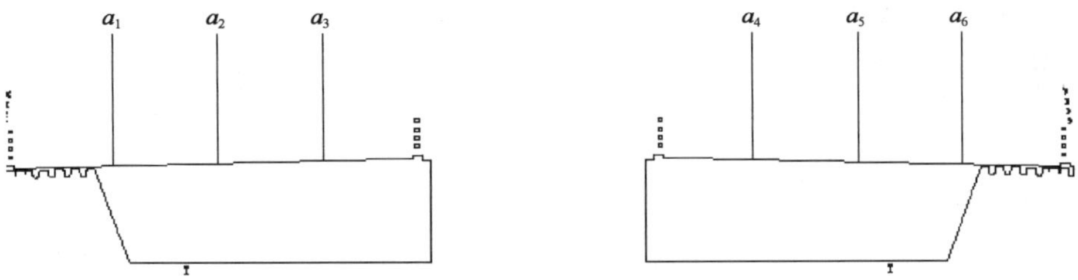

图 5-97　风剖面监视位置

研究中通过对各种风障类型的桥梁断面进行数值模拟计算，得到了各种风障类型对应桥面不同车道的风速影响系数，如表 5-49 所示。同时对各种风障类型对应的桥面风速比和时均速度进行了分析，如图 5-98～图 5-100 所示。

不同风障类型的桥面不同位置风速影响系数　　表 5-49

桥面位置 断面类型	积分高度 z_r(m)	偏左 16m a_1	偏左 12m a_2	偏左 8m a_3	偏右 8m a_4	偏右 12m a_5	偏右 16m a_6
无风障	3	0.756	0.683	0.627	0.407	0.388	0.413
	5	0.892	0.842	0.804	0.661	0.636	0.655
风障 A	3	0.596	0.579	0.569	0.322	0.298	0.304
	5	0.764	0.716	0.688	0.524	0.49	0.489
风障 B(4 障条)	3	0.582	0.574	0.551	0.312	0.312	0.297
	5	0.741	0.695	0.665	0.507	0.497	0.479
风障 C(3 障条)	3	0.633	0.594	0.563	0.325	0.328	0.315
	5	0.769	0.701	0.674	0.519	0.507	0.489
风障 D	3	0.667	0.57	0.507	0.316	0.32	0.332
	5	0.801	0.71	0.661	0.499	0.483	0.483

续上表

桥面位置 断面类型	积分高度 z_r(m)	偏左 16m a_1	偏左 12m a_2	偏左 8m a_3	偏右 8m a_4	偏右 12m a_5	偏右 16m a_6
风障 E	3	0.621	0.587	0.557	0.339	0.32	0.323
	5	0.764	0.71	0.665	0.51	0.485	0.481
风障 F	3	0.558	0.535	0.522	0.319	0.302	0.297
	5	0.694	0.641	0.612	0.494	0.47	0.464

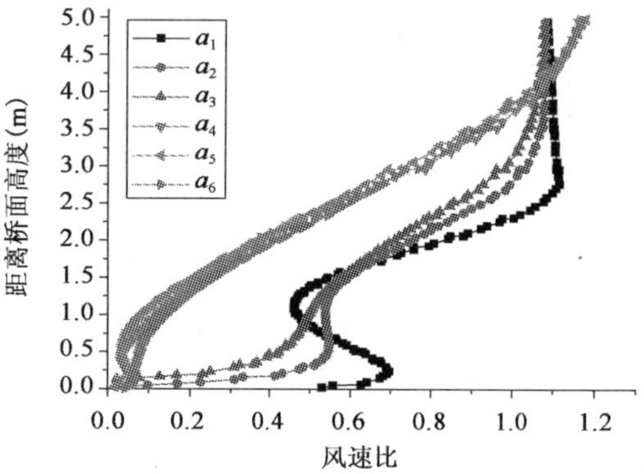

a) 无风障

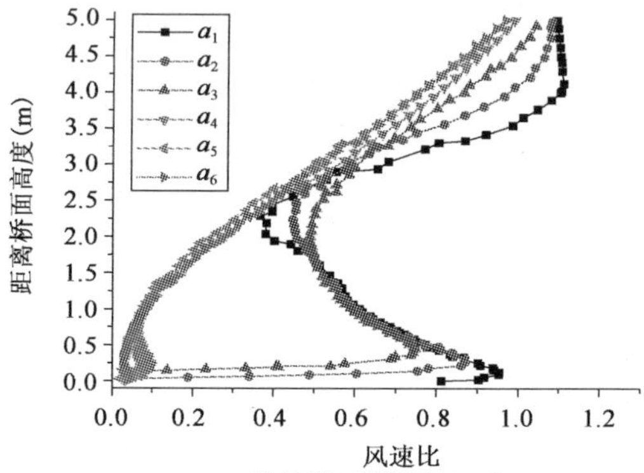

b) 风障A(透风率60%)

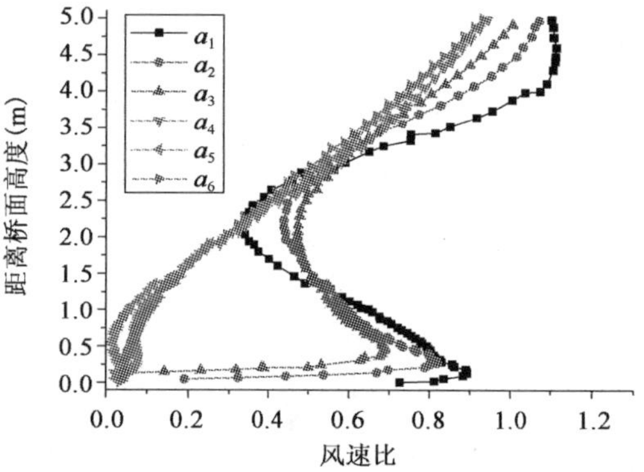

c) 风障B(透风率50%,4障条)

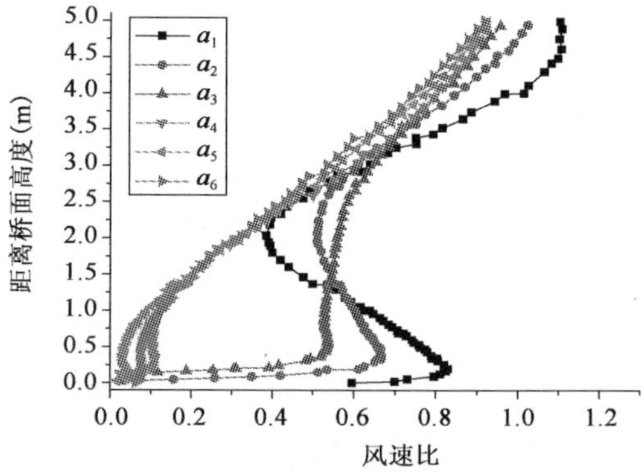

d) 风障C(透风率50%,3障条)

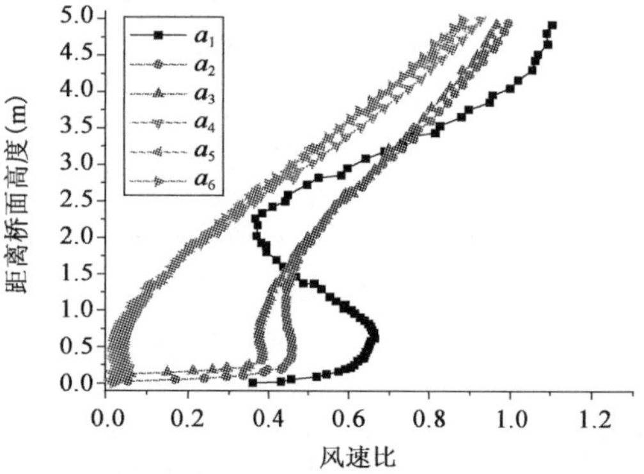

e) 风障D(透风率40%)

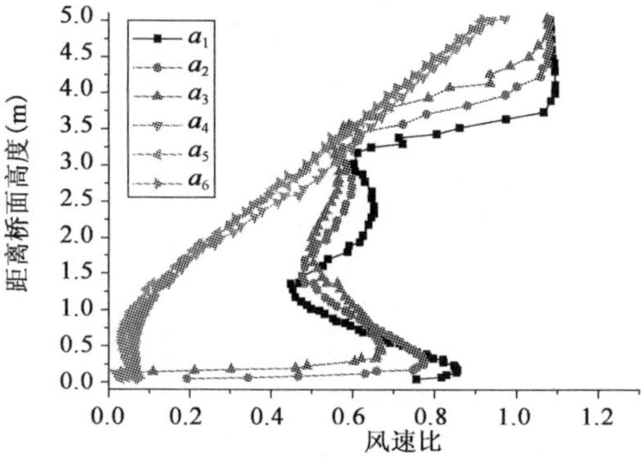

f) 风障E(透风率60%)

图 5-98

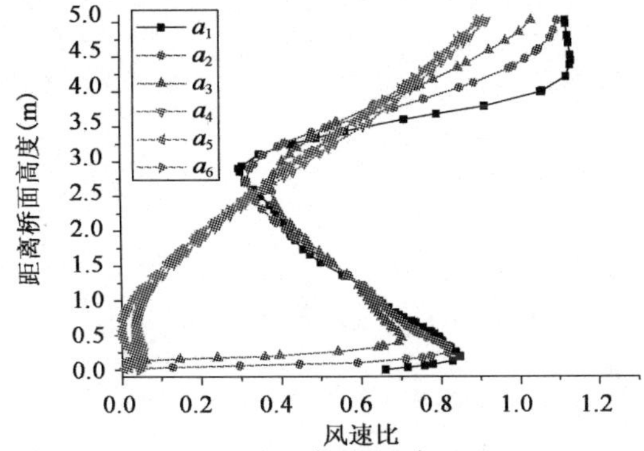

g) 风障F(透风率50%)

图 5-98　桥面不同位置处风速剖面对比

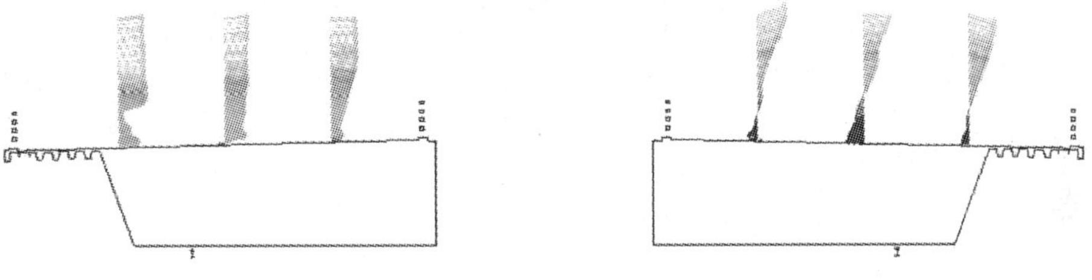

a) 无风障(护栏B，H=1.5m)

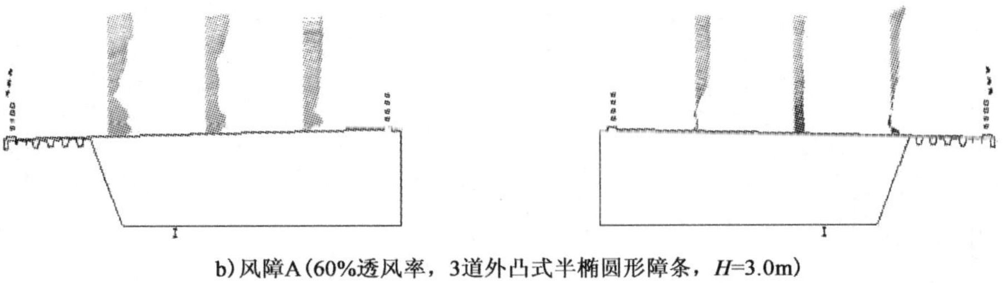

b) 风障A(60%透风率，3道外凸式半椭圆形障条，H=3.0m)

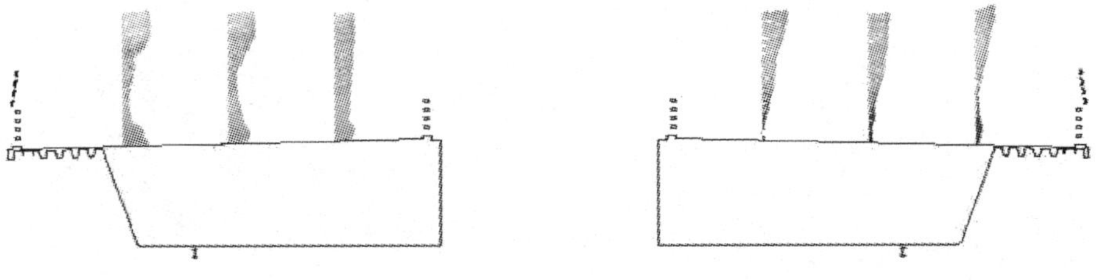

c) 风障B(50%透风率，4道外凸式半椭圆形障条，H=3.0m)

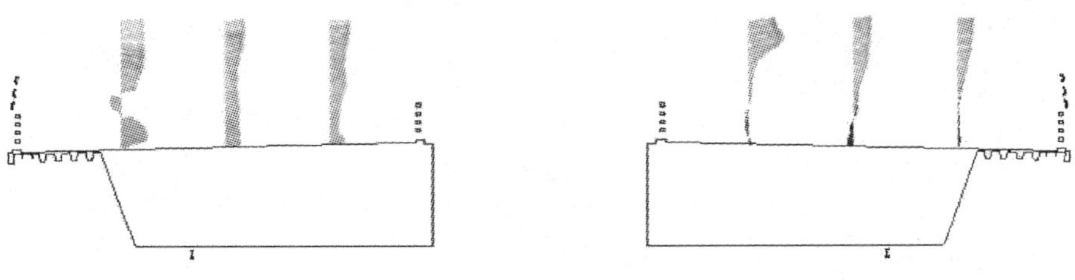

d) 风障C(50%透风率，3道外凸式半椭圆形障条，H=3.0m)

图　5-99

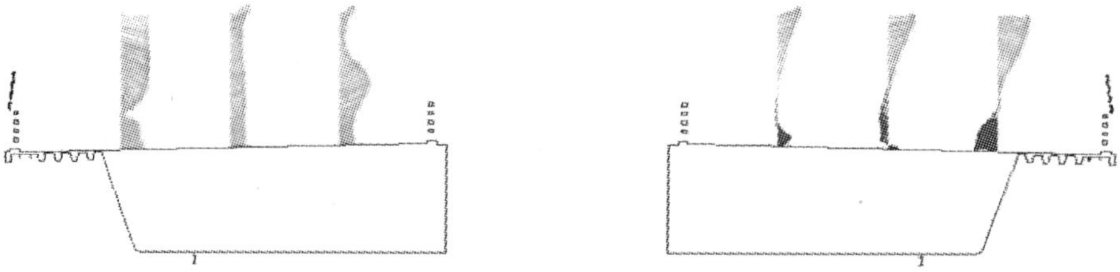

e) 风障D(40%透风率，4道外凸式半椭圆形障条，H=3.0m)

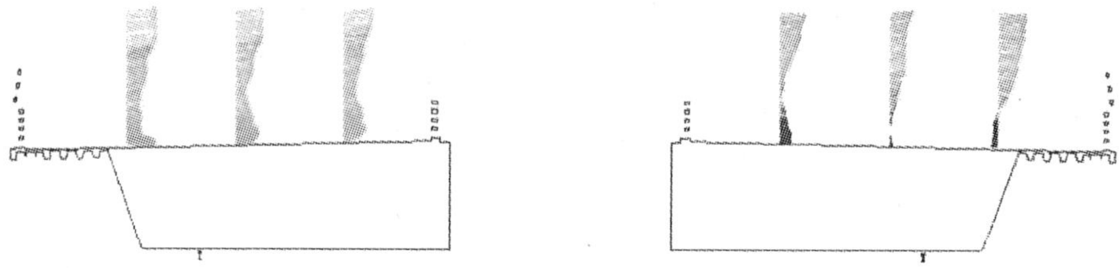

f) 风障E(60%透风率，3道椭圆形障条，H=3.0m)

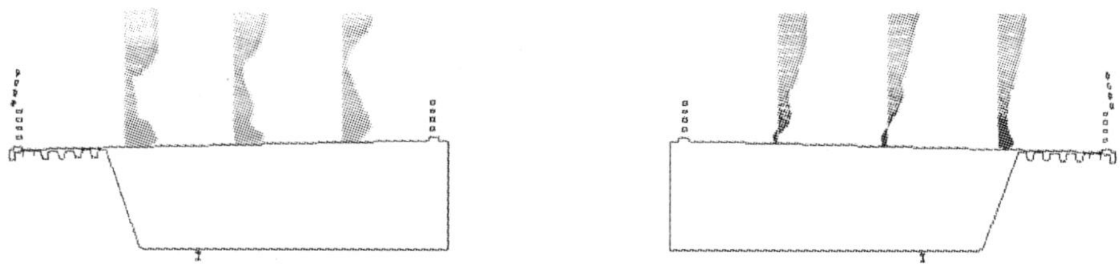

g) 风障F(50%透风率，4道椭圆形障条，H=3.0m)

图 5-99　桥面不同位置处风速剖面对比

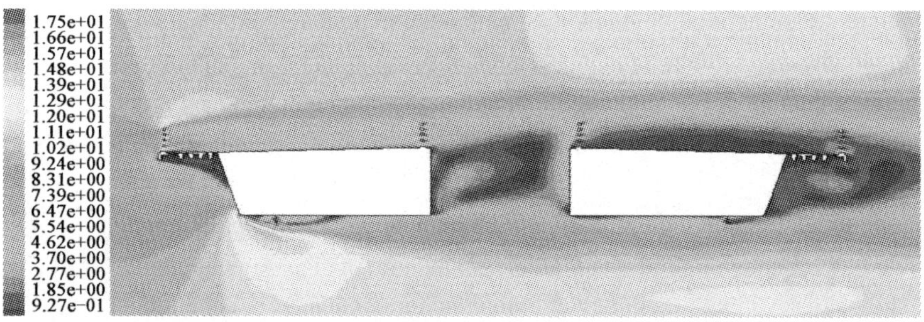

a)无风障(护栏B，H=1.5m)

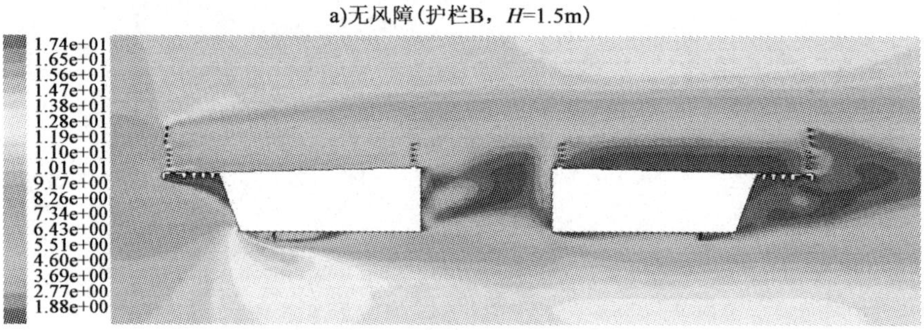

b)风障A(60%透风率，3道外凸式半椭圆形障条，H=3.0m)

图　5-100

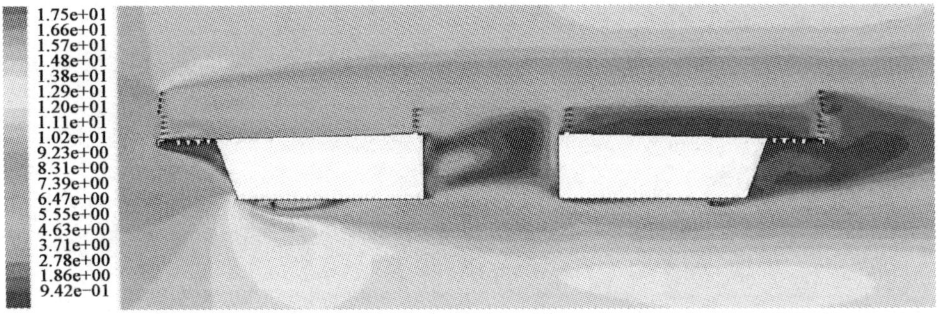

c)风障B(50%透风率，4道外凸式半椭圆形障条，H=3.0m)

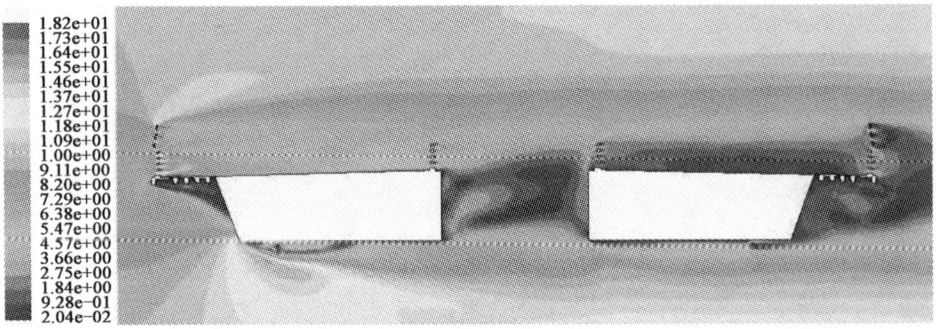

d)风障C(50%透风率，3道外凸式半椭圆形障条，H=3.0m)

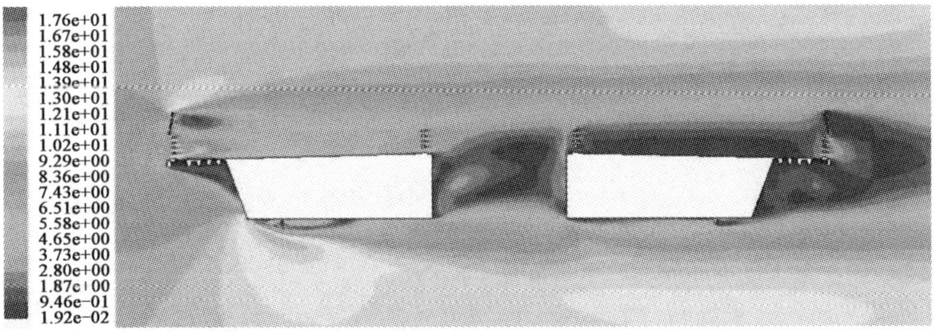

e)风障D(40%透风率，4道外凸式半椭圆形障条，H=3.0m)

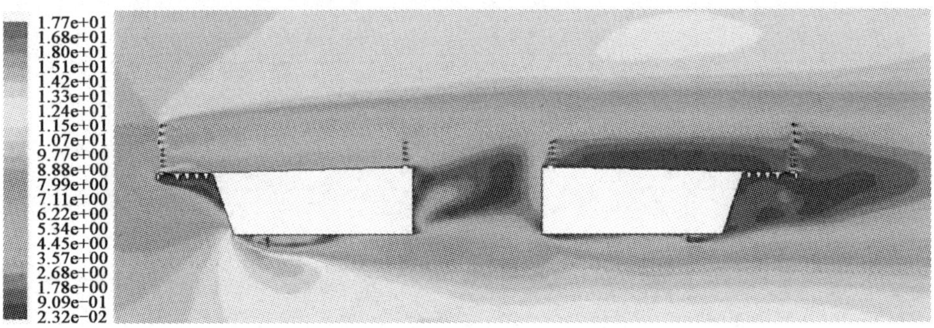

f)风障E(60%透风率，3道外凸式半椭圆形障条，H=3.0m)

图　5-100

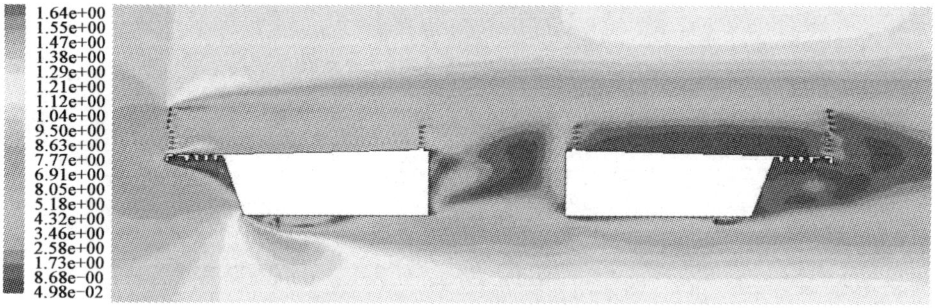

g)风障F(50%透风率，4道椭圆形障条，H=3.0m)

图 5-100　不同风障方案的时均速度场

通过上述分析，可以得到以下结论：

(1)不同风障结构对应桥面以上3m高度范围内的风速影响系数要远远小于相应5m高度范围的风速影响系数，表明桥面以上3m高度的等效风速要小于5m高度范围的等效风速，有利于高度较小的车辆通行。

(2)横桥向来流条件下，同一高度不同行车道位置横桥向风速沿着来流风向递减，即上游行车道位置风速高于下游行车道(有时个别下游车道会出现流场的波动)。

(3)风障B(透风率50%)的影响系数要小于风障A(透风率60%)的影响系数；对于50%透风率风障，4道风障条(风障B)的影响系数要小于3道风障条(风障C)的影响系数。

(4)对于设置4道风障条的风障D(透风率为40%)，由于上部风障条面积较大造成空隙很小，而下部栏杆的空隙较大，形成了气流在栏杆处的挤压加速作用和风障顶部的绕流加速效应，从而引起在迎风面两个车道(a_1 和 a_2)的影响系数比风障C(50%透风率)还要大。因此，障条布置得是否合理是非常重要的。

(5)对于50%和60%透风率的风障类型，椭圆行障条风障的影响系数要比凸起型半椭圆行障条的风障影响系数小。

3)风障对主梁气动力的影响

表5-50列出了相应桥梁断面的不同风障类型对桥梁气动力的影响，包括：阻力系数、升力系数和升力矩系数。

不同风障类型的气动力系数　　表5-50

风障类型	无风障	风障A	风障B	风障C	风障D	风障E	风障F
CD	1.4807	1.9495	1.9550	1.99255	2.0587	1.9567	2.1223
CL	−0.0156	−0.1476	−0.1604	−0.14942	−0.1428	−0.1380	−0.1353
CM	0.0009	0.0137	0.0188	0.016557	0.0150	0.0016	0.0119

从计算结果可知：

(1)对于阻力系数，设置风障的桥梁断面要比无风障的桥梁断面大得多，达30%以上；对于升力系数，设置风障的桥梁断面要比无风障的桥梁断面更小(0度攻角)；对于升力矩系数，设置风障的桥梁断面要比无风障的桥梁断面大得多。

(2)阻力系数随着透风率的减小而增大。

(3)椭圆形风障条的阻力系数要略大于凸起形半椭圆风障条的阻力系数。

4)推荐风障结构

桥梁风障结构的选择需要考虑多方面的影响，除了风障对桥面风环境的改善效果外，还需要考虑桥梁本身受到的气动力大小，风障结构的美学考虑等。

根据以上不同类型风障结构的数值模拟分析，包括风障透风率、风障条数量和风障条外形对桥面风速影响系数和桥梁气动力的影响，从结果可知，风障 B(透风率为 50%，4 道风障条，外凸形半椭圆障条外形)有比较好的桥面风环境改善效果，同时气动力阻力系数也比较合理，因此推荐采用风障 B。另外，虽然椭圆形风障条对阻力系数有增加的负面影响，但是考虑到椭圆形风障条对桥面风环境具有很好的改善效果，风障 F 也可作为备选方案。

综上所述，第一推荐方案为“风障 B”，第二推荐方案为“风障 F”，如图 5-101 所示。

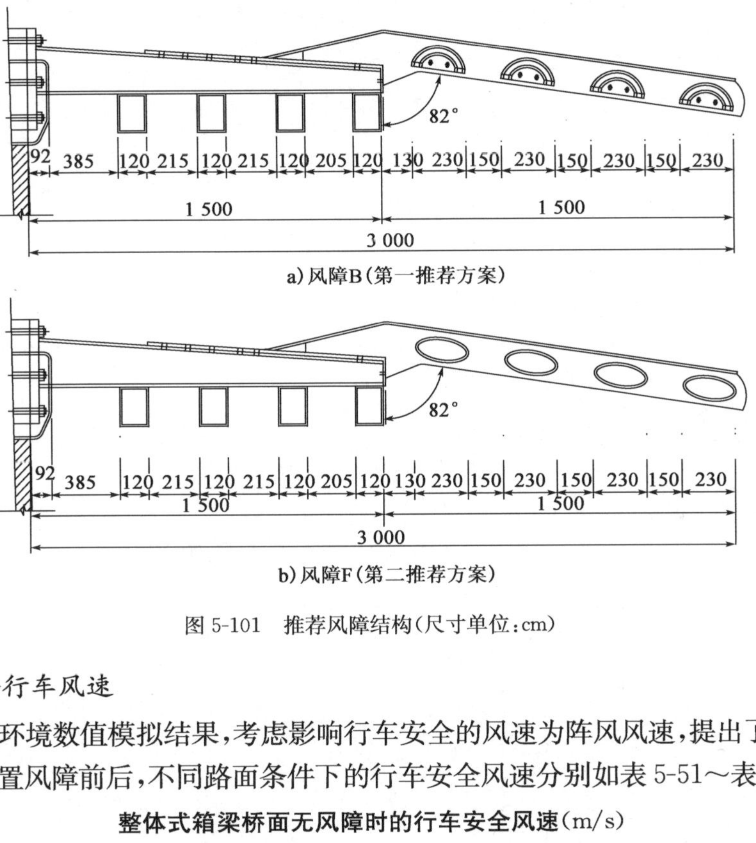

a)风障B(第一推荐方案)

b)风障F(第二推荐方案)

图 5-101　推荐风障结构(尺寸单位:cm)

3. 桥面安全行车风速

根据桥面风环境数值模拟结果，考虑影响行车安全的风速为阵风风速，提出了整体式和分离式箱梁桥面在设置风障前后，不同路面条件下的行车安全风速分别如表 5-51～表 5-54 所示。

整体式箱梁桥面无风障时的行车安全风速(m/s)　　表 5-51

车速(km/h)		100	80	60	40	20
基本型乘用车	干	40.6	42.4	43.4	43.4	43.4
	湿	34.0	36.2	38.0	38.0	38.0
交叉型乘用车	干	21.8	23.8	25.0	25.6	25.6
	湿	17.2	19.6	21.2	22.2	22.2
中型客车	干	23.9	25.7	26.7	27.0	27.1
	湿	18.6	21.0	22.4	23.2	23.2
集装箱车	干	24.9	26.6	27.7	28.1	28.1
	湿	19.7	21.8	23.4	23.9	22.5

整体式箱梁桥面有风障时的行车安全风速(m/s)　　表 5-52

车速(km/h)		100	80	60	40	20
基本型乘用车	干	46.9	48.8	50.1	50.1	50.1
	湿	39.1	41.7	43.7	43.7	43.7
交叉型乘用车	干	25.0	27.4	28.9	29.6	29.6
	湿	19.9	22.5	24.5	25.7	25.7
中型客车	干	26.7	28.8	29.8	30.2	30.4
	湿	20.8	23.4	25.0	26.0	26.0
集装箱车	干	28.0	29.7	31.0	31.4	31.4
	湿	22.1	24.5	26.1	26.8	26.8

分体式箱梁桥面无风障时的行车安全风速(m/s)　　表 5-53

车速(km/h)		100	80	60	40	20
基本型乘用车	干	42.3	44.1	45.1	45.1	45.1
	湿	35.3	37.7	39.3	39.3	39.3
交叉型乘用车	干	22.6	24.6	26.0	26.6	26.6
	湿	17.9	20.3	22.0	23.2	23.2
中型客车	干	22.4	24.1	25.1	25.3	25.6
	湿	17.4	19.7	21.1	21.8	21.8
集装箱车	干	23.3	25.1	26.4	26.9	26.9
	湿	15.2	17.9	19.7	21.1	21.1

分体式箱梁桥面有风障时的行车安全风速(m/s)　　表 5-54

车速(km/h)		100	80	60	40	20
基本型乘用车	干	48.1	49.9	51.2	51.2	51.2
	湿	40.2	42.8	44.8	44.8	44.8
交叉型乘用车	干	25.7	28.0	29.6	30.3	30.3
	湿	20.4	23.0	25.0	26.3	26.3
中型客车	干	26.3	28.4	29.5	29.7	29.9
	湿	20.5	23.1	24.6	25.6	25.6
集装箱车	干	27.3	29.5	31.0	31.5	31.5
	湿	17.9	21.0	23.1	24.6	24.6

根据表 5-51～表 5-54 数据比较可以看出，主桥和引桥断面综合考虑桥面高程、桥面影响系数等因素，基本型乘用车和交叉型乘用车的横风行车安全控制位置在引桥最高点桥面，而中型商用客车、双层巴士大型商用客车及箱式货车等车型的横风行车安全控制位置在主桥桥面

最高点位置。在桥梁的运营管理过程中，应该根据桥梁横风风速以及交通组成合理选择安全的行车速度控制限速值。

第五节　公路隧道的交通安全保障技术

一、公路隧道路段驾驶人的视觉特性

隧道是公路上比较特殊的结构物，隧道是一个封闭的结构，隧道内外的交通环境发生了突然变化，最明显的是环境亮度变化剧烈，另一方面是封闭的环境会直接影响驾驶人的心理感受。交通事故统计表明，隧道进出口是交通事故发生比较多的区域，这与隧道自身的这种结构特点是息息相关的。

隧道的封闭环境对驾驶人的视觉有十分强烈的影响，这是由人眼的生理结构造成的，这种影响会直接导致驾驶人的心理预期和操作行为发生重大的变化。而人眼的结构是无法改变的，只能要求公路设施更好地符合人眼在隧道路段的视觉特性。因此，研究隧道路段驾驶人的视觉适应规律是十分重要的。

视觉适应是指眼睛由一种光刺激到另一种光刺激的适应过程，它是眼睛为适应新环境连续变化的过程，这种过程所需要的时间称为适应时间，适应时间与视场变化前后的状态，特别是视场亮度有关。视觉适应可分为暗适应、明适应和色适应。在公路隧道路段需要重点考虑的是暗适应和明适应。

暗适应是指人由亮度较高的环境进入到亮度较低的环境时，人眼逐渐适应黑暗环境，视觉的敏感度在暗处逐渐提高的过程。现代医学研究已经证明，暗适应是一个复杂的过程，它不但涉及人眼瞳孔直径的变化，而且涉及眼睛视杆细胞和视锥细胞的功能转换(人眼的视网膜包含两种光感受器:视杆细胞和视锥细胞。这两者的分布和机能都有区别。视杆细胞与在较高的亮度水平上看清外界物体有关;而视锥细胞与在较低的亮度水平上看清外界物体有关)。暗室试验表明，暗适应过程是一个比较漫长和复杂的过程，试验中的被试者在进入暗室后的最初约 7min 内，视觉阈值(能看清物体要求的最低亮度)明显下降，以后又出现阈值的量明显下降;大约 25～30min 时，视觉阈值下降到最低点，并稳定于这一状态，此时人眼才恢复了在暗处的视力。伴随暗适应的还有瞳孔大小的变化。从明亮处进入黑暗处，在 10s 内瞳孔扩大到最大直径的三分之二，达到完全扩大约需要 5min。这个过程中，瞳孔的直径由 2mm 扩大到 8mm，进入眼球的光线增加到 10 到 20 倍。但暗室中较强阳光照射的光照强度实际减弱约 100 万倍，因而单靠瞳孔大小的改变，远不足以使进入眼内的光量保持恒定。瞳孔直径增加的同时，人眼的灵敏度逐渐增加，最后达到稳定和清晰。暗适应在最初 15min 内视觉灵敏度变化很快，以后较为缓慢，半小时后灵敏度提高到 10 万倍，但要达到完全的适应需要 35min～1h。

公路隧道不同于暗室，不是完全黑暗的，因此暗适应的过程相对短暂。但是很多研究均指出，在隧道入口段，白天驾驶人的眼睛要完成暗适应并达到稳定的视觉阈值的时间是比较长的，暗适应前视场亮度越高，视觉感受性越差。

明适应是人由黑暗环境进入亮度较高环境之后，人眼的适应过程。医学研究表明，明适应

出现较快，约需 1min 即可完成。明适应过程中，光量的增加，瞳孔在 3～4s 内就能迅速缩小以保护视网膜，免使过强光线对它的损伤。与此同时，视杆细胞作用转到视锥细胞作用并逐渐完成明适应过程。由于明适应过程比暗适应过程快得多，因此明适应对行车安全性影响相对暗适应要小得多。

为了对公路隧道内驾驶人的视觉适应规律进行研究，利用眼动仪在云南、浙江、北京等多个隧道开展了试验。试验中使用的眼动仪能够记录驾驶人的瞳孔直径等与视觉适应有直接关系的指标，试验在白天和夜间分别开展，以适应不同的自然亮度条件。

试验数据表明，在车辆进入直至驶离隧道的整个过程中，驾驶人的视觉系统经历了比较剧烈的变化。图 5-102 是某隧道(隧道长 1 073m)白天试验获得的驾驶人眼睛瞳孔直径在进出隧道全过程的变化情况，驾驶人的视觉适应经历了以下五个阶段：

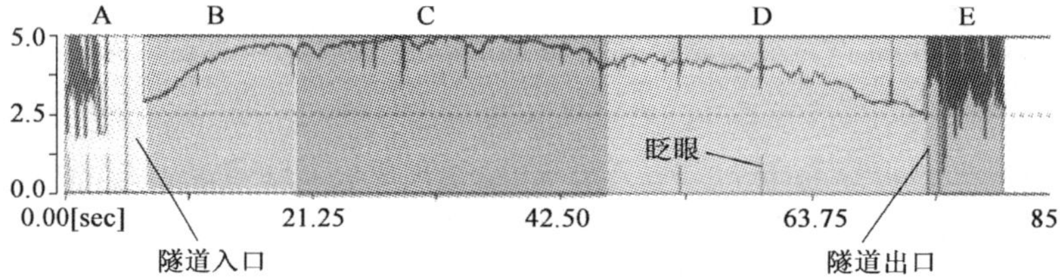

图 5-102　某隧道下行线驾驶人瞳孔直径变化图(白天)

(1)暗适应瞬盲阶段。如图 5-102 中的 A 阶段，当驾驶人驾驶车辆接近隧道洞口时，由于隧道内十分黑暗，驾驶人的瞳孔开始急剧调整，具体的方式是先急剧放大，然后再急剧缩小，眼球以这样的方式寻找比较合适的感光方式，在图中可以看到瞳孔直径呈现剧烈、高频率的波动。在这一过程中，瞳孔直径变化率极高，如果瞳孔的变化率超过了驾驶人视觉适应能力，则眼睛就难以在视网膜上清晰成像，进而产生瞬时盲期，在这一时间段内驾驶人的眼睛无法看清楚路况。潘晓东教授进行的隧道进出口的 72 次白天有效试验中，56.9%的暗适应样本出现了瞬盲的情况，这表明暗适应瞬盲现象普遍存在，暗适应瞬盲对交通安全的危害是十分严重的。

(2)暗适应调整阶段。如图 5-102 中的 B 阶段，当驾驶人眼睛确定了合适的瞳孔直径，并且开始转换视觉功能以适应隧道内的低照度环境，此时驾驶人的瞳孔直径以较慢的速度增加，直至完全适应为止。在这一阶段内，虽然眼睛仍然处于调整之中，但是已经能够在视网膜上形成清晰的像，能够识别外界的交通环境。

(3)暗适应行驶阶段。如图 5-102 中的 C 阶段，驾驶人基本适应了隧道内的亮度环境，瞳孔直径较大，正常地驾驶车辆。

(4)明适应调整阶段。如图 5-102 中的 D 阶段，驾驶人已经能够看到隧道的出口，驾驶人视线注视点处的亮度逐渐增加，驾驶人的瞳孔直径以较小的速度减小。在此过程中，虽然明亮的洞口带来强烈的反差，但是驾驶人的眼睛能够清晰成像，正确识别外界交通环境。

(5)明适应瞬盲阶段。如图 5-102 中的 E 阶段，驾驶人到达洞口位置时，外部的亮度急剧增加，为了保护眼睛不受损害，瞳孔会急剧收缩，然后再次急剧扩张，以寻找合适的瞳孔直径，在图中能够看到瞳孔直径急剧、高频率地缩放，在此过程中会产生瞬时盲期，驾驶人的眼睛无法看清楚路况。潘晓东教授开展的试验中有 29.2%的明适应样本出现了瞬盲的情况，这表明明适应瞬盲现象相对暗适应较少，但是也普遍存在，对交通安全的危害同样是十分严重的。

暗适应和明适应过程中出现的视觉瞬盲现象对驾驶人驾驶车辆的影响最大。瞬盲现象的出现是由于外界亮度的急剧变化导致的，实车试验数据表明在照明设计良好和视线能够通视的短隧道内瞬盲现象能够得到很好的抑制，这是因为隧道内外的亮度差异程度得到了很好的控制。

如图 5-103 所示，在可通视的短隧道(隧道长度 240m)之内，由于出口处亮度较高的影响，驾驶人在进入隧道之前即能够看到隧道出口，而且自然光补偿了隧道内的照度，因此在整个行驶过程中驾驶人没有出现瞬盲的不利情况，而且驾驶人眼睛瞳孔直径的变化也比较平缓。视觉适应性对驾驶人的操作行为不产生直接的不利影响。

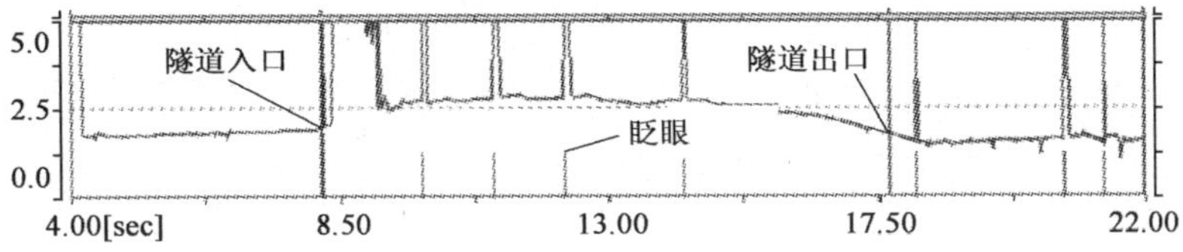

图 5-103　可通视的短隧道内驾驶人瞳孔直径变化图(白天)

如图 5-104 所示，对于照明良好的隧道(隧道长度 3 300m)，隧道内外的照度过渡比较合理，因此驾驶人也没有出现瞬盲的现象。洞口处明暗适应过程中瞳孔直径的变换较为平缓，对行车影响不大。但是较长隧道内驾驶人的眨眼频率明显提高，说明隧道内的幽闭环境对驾驶人的心理影响和工作负荷影响较高。

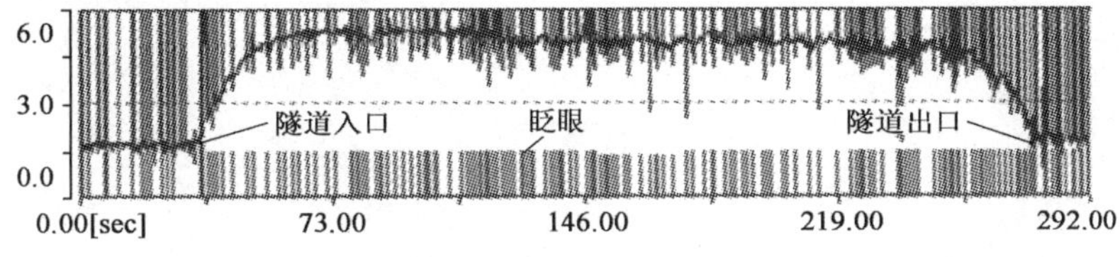

图 5-104　照明良好的隧道内驾驶人瞳孔直径变化图(白天)

试验数据也表明，在夜间，公路隧道内的亮度与外界环境相差不大的情况下，驾驶人在明适应和暗适应过程中均不会出现瞬盲现象，如图 5-105 所示(隧道长度 620m)。

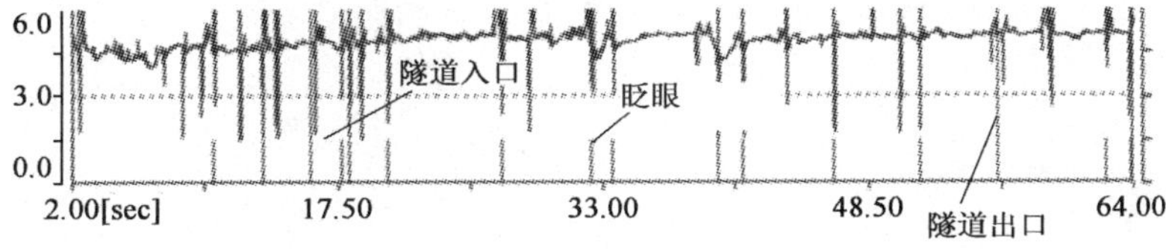

图 5-105　夜间隧道内驾驶人瞳孔直径变化图

可见，瞬盲现象是可以通过良好的洞口选择、遮阳设计和隧道照明设计加以避免的。但是在我国，绝大多数双车道公路隧道内尚没有条件设置很好的照明，在自然环境很亮的时间段内很容易在隧道进出口路段出现瞬盲的现象，在瞬盲期间驾驶人几乎不能对交通环境的变化作出反应，是十分危险的。

根据潘晓东教授的试验数据，大多数情况下视觉适应导致的瞬盲现象比较短暂，70.8%的隧道进口与95.2%的隧道出口瞬盲持续的时间均在0.05～1.00s之间。由于心理学试验研究证明人有知觉意义的视觉刺激持续时间为0.2s，因此持续时间超过0.2s的瞬盲对驾驶人就会产生不良影响。

对于不同的人，由于个体差异的存在，瞬盲出现的条件也是有差异的，因此比较被大家所接受的结论是当瞳孔面积需要比上一时刻缩小或增加50%以上时就会导致瞬盲情况的出现。驾驶人眼睛的瞳孔直径与路面照度之间的关系，如公式(5-96)所示($R^2=0.724\ 2$)。

$$D = 3.697\ 9e^{(-0.034\ 9\log_2 E)} \tag{5-96}$$

式中：D——人眼瞳孔直径；

E——路面照度。

利用公式(5-96)能够计算不同照度下人眼瞳孔的直径，然后计算不同照度下的瞳孔面积，就能够判断是否会出现瞬盲的情况。考虑到驾驶人驾驶过程中的注视点主要集中于路面上，因此采用路面照度值进行计算。

隧道洞口路段的照度分布极不均匀，而且距离隧道洞口很近的路段还会受到外界自然环境亮度的影响，因此在进行是否出现瞬盲现象判定时，应该选择不被外部环境亮度影响的隧道路面照度。

图5-106是隧道外部亮度对隧道内影响的观测结果，可以看到，距离洞口25m范围的隧道路段会受到外部环境亮度的影响。而且试验证明，在隧道内驾驶人的注意分布以近视注意为主，即视觉注视点的距离比较靠近车辆，集中在近视点附近，驾驶人的近视点位置一般也大于25m。因此，隧道内环境照度应选择洞口内25m以内的数据，具体位置按表5-55选择。

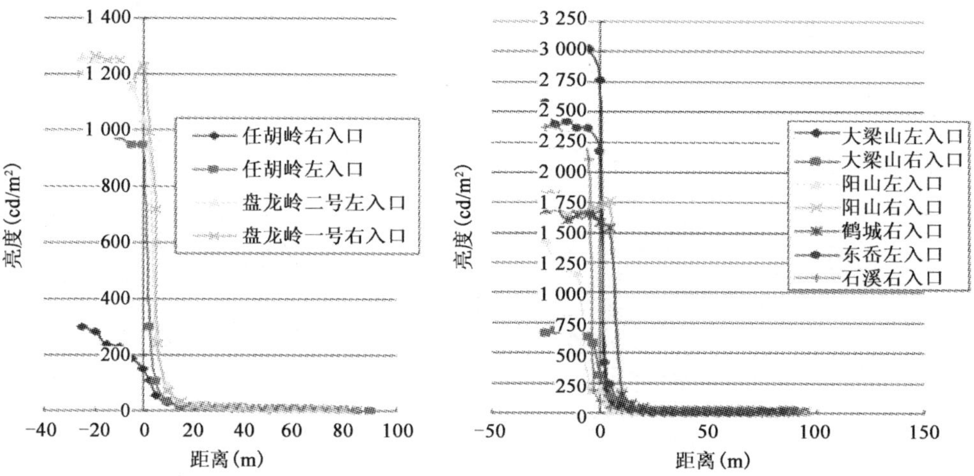

图5-106 白天隧道内照度与距离洞口的关系

隧道洞口驾驶人注视点位置 表5-55

洞口速度(km/h)	40	50	60	70	80	90	100
注视点位置(m)	22	28	33	39	44	50	56

隧道路段行驶过程中驾驶人的眼动方式与普通公路路段完全不同，特别是在山区双车道公路无照明的隧道内，驾驶人的注视点位置明显缩短，而且在隧道内行驶的整个过程中，驾驶人眼睛的注视点不断地跳动，能够发现在无照明的隧道内驾驶人不断试图寻找更有利于眼睛聚焦，能更清晰地提供更多可供判断信息的参照物，在隧道出口处则尽可能多地停留在较暗区域，以更好地适应隧道外较高的亮度，如表 5-56 所示。

双车道隧道内驾驶人注视点变化过程　　表 5-56

1.在隧道洞口处，虽然车辆前方有先导车，驾驶人的注视点仍然位于距离车辆很近的路面上	
2.隧道内，驾驶人注视点依然很近，注视点不断横向移动，当前位于车辆的右侧	
3.隧道内，驾驶人注视点依然很近，注视点位于路面上，且不断横向移动，当前位于车辆的左侧	
4.在隧道洞口前，由于洞外过于明亮，驾驶人注视点仍然位于洞内较暗区域，以逐渐适应亮度变化	

续上表

5. 在隧道洞口，眼动仪设备无法捕捉到驾驶人的注视点，此时驾驶人处于瞬盲状态，瞬间无法看清外部环境	

在有照明隧道和可通视短隧道之间，驾驶人的注视点位置也明显缩短，如图 5-107 和图5-108 所示，这有利于驾驶人在隧道内控制方向，但是对于危险情况提前发现的能力大幅度下降。

图 5-107　有照明隧道内驾驶人注视点位置

图 5-108　无照明可通视隧道内驾驶人注视点位置

隧道路段驾驶人出现的瞬盲现象对交通安全是十分不利的，同时在隧道路段驾驶人的注视点显著后移，导致驾驶人对前方道路预判能力下降，同时注视点后移导致驾驶人对速度的控制缺乏足够的提前量，这些是导致隧道路段交通事故的重要原因。

二、隧道洞口接线段的安全保障

隧道洞口是交通事故比较集聚的路段，为了减少和控制隧道洞口路段的交通事故，可以采取以下安全保障对策。

1. 隧道洞口接线几何线形的协调性和一致性

隧道洞口驾驶人的视觉出现了重大的生理变化，因此在隧道洞口路段如果线形出现改变，驾驶人很可能无法及时发现，并引发交通事故。具体隧道洞口接线段要求具有良好的速度协调性和线形一致性。

隧道洞口接线的速度协调性是对隧道洞口外的运行速度与隧道内的运行速度的差值（即速度差）进行评价。运行速度是指当交通处于自由流状态下，且天气良好时，在路段特征点上测定的第 85 个百分位上的车速。运行速度计算可以采用本章第三节第“二”项中的计算方法。

隧道运行速度与洞口接线段的运行速度差小于 10km/h 时，运行速度协调性好，不需要进行调整。

隧道运行速度与洞口接线段的运行速度差为 10～20km/h 时，速度协调性较好。条件允许时，可适当调整洞口接线段平面、纵断面、横断面等技术指标，使速度差小于 10km/h。

隧道运行速度与洞口接线段的运行速度差大于 20km/h 时，速度协调性不良，需要调整洞口接线段设计。

隧道洞口接线的线形一致性按照无隧道状态下的预测运行速度，对隧道各洞口接线内外的平、纵面线形进行评价。虽然瞬盲现象的持续时间一般不超过 1s，但是根据国内外研究的成果，洞口内外接线至少各 3s 运行速度行程长度范围的线形应保持一致。洞口接线横断面过渡应设置在洞口接线外，其过渡段长度应不小于 3s 运行速度行程。

2. 隧道洞口照明与遮阳设计

目前由于无法准确测量驾驶人在进入隧道前的等价适应亮度值，出于安全的考虑，入口段亮度值理论上是保持不变的，即在入口段范围内，亮度水平和洞口位置要求一样。但实际问题是，驾驶人从一倍的停车视距点趋近隧道入口的过程中，黑暗的隧道入口在驾驶人视野中所占的范围越来越大，驾驶人的眼睛是逐级适应的，也即入口段的亮度与外部适应亮度应该是按同样比例递减的。从调研结果也可以看出，距离隧道入口约 50m 的范围内，由于受自然光的影响，其亮度是一个递减的过程，很难达到规范规定的要求，因此入口段范围内设置递减的亮度较容易实现。

从明亮处进入黑暗处，在 10s 内瞳孔扩大到最大直径的三分之二，达到完全扩大约需要 5min。这个过程中，瞳孔的直径由 2mm 扩大到 8mm，进入眼球的光线增加到 10 到 20 倍，可见瞳孔的变化，有保持在不同光照情况下使进入眼内的光量较为恒定的作用。

Moon and Spencer 通过试验证明，正常状态下人眼瞳孔直径与背景亮度之间存在如下函数关系：

$$D = 4.9 - 3\tanh[0.4(\lg L + 1.0)] \tag{5-97}$$

式中：D——瞳孔直径，mm；

L——背景亮度，cd/m²；

tanh——双曲正切函数。

此模型得到了大多研究者的证明和检验。

由于进入瞳孔的光线不仅受背景亮度的影响，还与瞳孔的面积有关。为了反映背景亮度和瞳孔面积对视觉感受性的影响，医学上定义了另一个物理量——网膜照度(troland)，即当物体表面亮度为 1cd/m²，瞳孔面积为 1mm² 时进入视网膜的亮度。网膜照度和背景亮度换算关系为：

$$T = L \times \frac{\pi}{4} \times D^2 \tag{5-98}$$

John L • Barbur 等通过试验证明，瞳孔直径随正弦光变化的曲线如图 5-109 所示(f=2Hz)，并证明瞳孔直径随正弦光同步变化的最高频率为 6Hz，并证明在正弦光变化的亮度作用下，瞳孔直径变化滞后时间为 434ms±36ms。当亮度突然改变时，瞳孔直径变化的滞后时间为 230ms。研究得出人眼瞳孔直径的最大变化率为 1.74mm/s，与正弦光协同变化的自然频率为 2Hz，则保证一定视力情况下瞳孔直径随亮度自然变化率为 0.145/0.25=0.58mm/s。在隧道进出口处，瞳孔直径的急剧变化将影响驾驶人视觉感受性，当超过 0.58mm/s 时，驾驶人的视觉感受性将降低。

在隧道入口处,驾驶人从一倍的停车视距点趋近隧道入口的过程中,黑暗的隧道入口在驾驶人视野中所占的范围越来越大,驾驶人的眼睛是逐级适应的。驾驶人在接近进入隧道以前的瞬间,将会出现一个隧道入口完全占据驾驶人视野的位置,这个点称为“过渡点”,一般将“过渡点”定为隧道入口前10m的位置。从过渡点至隧道入口,适应时间为$t=\frac{10}{\nu}$。当设计车速为100km/h时,适应时长为360ms,大于瞳孔直径变化滞后时长230ms。因此一般情况下,驾驶人进入隧道口后,瞳孔直径是随亮度变化而变化的。Sumanta Pattanaik 指出,在隧道入口外部亮度可达到45 000tr,此时视锥系统内的色素有60%左右已被转化,因此色素的重生成对暗适应时间有很重要的影响,此时的暗适应分两个阶段,快暗适应和慢暗适应,快适应过程对色素重生成可忽略不计。

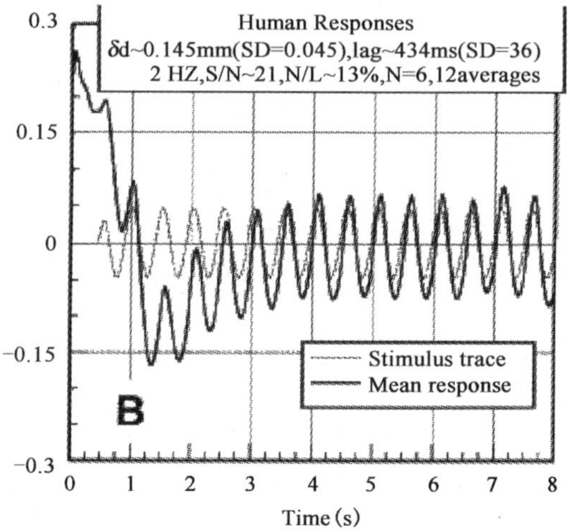

图 5-109 瞳孔直径随正弦光(f=2Hz)变化规律

基于以上理论,经推导,隧道入口段保持驾驶人视网照度不变的亮度过渡方程如下:

$$L = 4.67L_{th}(2.16 + 0.5t)^{-2} \tag{5-99}$$

模型的函数曲线如图5-110所示。由于入口段范围内亮度受自然光影响,其亮度曲线很难达到入口段亮度恒定的规定。因此入口段亮度递减模型更能符合实际。由于瞳孔的调节作用只能使进入眼球的光通量有10~20倍,色素的重生成对视觉敏感度的提高影响很大,因此模型只适合隧道入口段范围。

除了照明设施的使用,还可以利用曲线进出洞口、洞外植被、遮光帷幕等措施来降低隧道洞内外明暗对比度,从而使驾驶人在进出隧道口时,眼睛能够快速适应。常见洞口减光措施有植物遮光和遮光构造物。

从隧道接近段起点起,在路基两侧种植常青树,见图5-111;

在隧道洞口设置遮光构造物,见图5-112~图5-117。

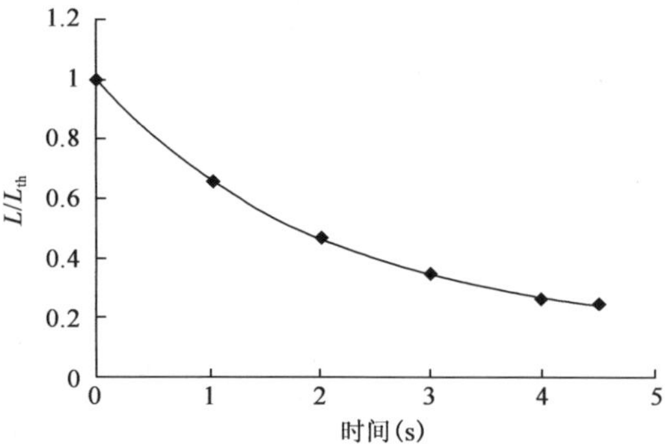

图 5-110 入口段亮度递减曲线

图 5-111 洞外植被减光

图 5-112 开放式遮阳棚

图 5-113 封闭式遮阳棚

图 5-114 遮光格栅

图 5-115 悬臂式遮光棚盖

图 5-116 遮光帷幕

图 5-117 简易遮光板

在一些情况下，可以结合地质条件等在隧道洞口接线上设置棚洞等构造物，达到遮光和亮度渐变的目的，如图 5-118～图 5-121 所示。

图 5-118 棚洞形式

图 5-119 栅格式洞门

图 5-120 隧道群连接处

图 5-121 城市地下通道隧道口

三、隧道进出口安全停车视距

由于隧道进出口前的路面摩擦系数、照明条件下驾驶人的反应时间等与正常路段上是有差别的，因此安全制动距离的取值不同于正常路段。汽车停车过程见图 5-122。

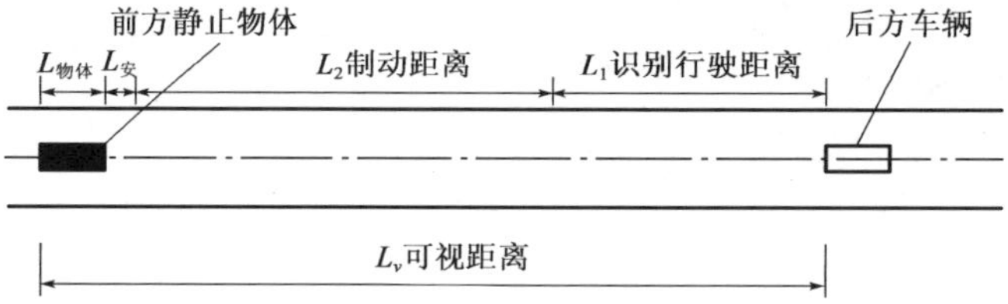

图 5-122 汽车停车过程示意图

高速公路隧道进出口，由于横风的影响，货物较容易洒落，也可能由于车辆故障、轮胎损坏、抛锚及事故等原因，前方物体的速度可能为零，此时出现严重的速度差，后车必须进行紧急制动，则后车停车所需的安全距离需满足下式：

$$L_1 + L_2 + L_{安} + L_{物体} \leqslant L_v \tag{5-100}$$

式中：L_1——车辆识别时间 t 内的行驶距离，m；

L_2——车辆制动时间内的行驶距离，m；

L_v——路段的可视距离，m；

$L_{物体}$——前方物体的长度，计算中取为 5m；

$L_{安}$——安全距离，为减轻驾驶人的心理压力和精神紧张程度，取为 5m。

AASHTO 将停车视距定义为“驾驶人员发现前方中心线有障碍物，为了防止冲撞而制动所需的安全距离”。停车视距由两部分组成，一部分为驾驶人的反应距离，另一部分为车辆所需的安全制动距离，即：

$$S = 0.278vt + \frac{v^2}{254(f \pm i)} \tag{5-101}$$

式中：S——停车视距，m；

v——初始速度，km/h；

t——驾驶人总反应时间(包括反应时间、脚踩制动的时间以及制动生效时间)，s；

f——附着系数；

i——坡度。

1)反应时间

正常道路上，大部分欧洲国家使用总反应时间时，采用 2.0s；加拿大、日本、南非和美国则采用 2.5s。但隧道中，驾驶人的反应时间受背景亮度、对比度以及空间频率等的影响，其反应时间比正常道路要长。

Pieron(1952 年)和 Mansfield(1973 年)分别通过试验证明，驾驶人的反应时间与亮度之间的关系如下：

$$RT = RT_0 + \beta I^{\alpha} \tag{5-102}$$

式中：RT_0——渐进于反应时间 RT；

I——目标亮度，但这个公式中，RT_0 以及 α 对于不同的目标，其取值是有差别的。

Plainis and Murray(2000)提出了一个反应时间和对比度之间的关系模型如下：

$$RT = RT_0 + kC^{-1} \tag{5-103}$$

式中：C——Michelson 对比度，$C=(L_{max}-L_{min})/(L_{max}+L_{min})$；

k——常数。

从式(5-103)中可得，反应时间与对比度的倒数成线性关系。这个公式被大多数学者所接受并在试验中得到了验证。S. Plainis 和 I. J. Murray 通过试验证明，驾驶人的反应时间在 200(最佳照明条件下)～600(不良照明条件下)msec 之间。

从上述结论中可以得出，在隧道前或隧道中，驾驶人反应时间较白天正常道路上会延长，特别是雨天隧道前潮湿路面上的亮度会大大降低，不良照明条件下的反应时间比最佳照明条件下最多延长 400msec。考虑到隧道封闭性因素，其安全等级应较正常路段上要高，取隧道中驾驶人反应时间为 2.5s+0.4s=2.9s。

2)摩擦系数

研究表明，摩擦系数 f 随着车速的增大而减小，并根据不同的轮胎类型、路面类型、粗糙度和潮湿情况而变化。

根据日本用于计算潮湿路面车辆停车距离的资料，拟合得 f-v 关系，见表 5-57。

不同车速时的附着系数　　表 5-57

运行车速 v(km/h)	102	85	68	54	45	36
附着系数 f(潮湿)	0.29	0.30	0.31	0.33	0.35	0.38

潮湿路面上的附着系数 f 与车速 v 的拟合关系为：

$$f = 2.35 \cdot 10^{-5} v^2 - 0.004\,518 v + 0.508\,6 \quad (R^2 = 0.988\,2) \tag{5-104}$$

利用上述结论，计算得隧道口前或隧道内的照明停车视距见表 5-58。

不同设计车速和纵坡下的照明停车视距(m)　　表 5-58

设计车速(km/h) \ 坡度(%)	−4	−3	−2	−1	0	1	2	3	4
100	225	220	214	209	204	200	196	192	188
80	142	139	135	132	129	126	124	121	119
60	99	97	95	94	92	91	90	89	88
40	52	51	50	50	49	49	49	48	48

表 5-58 中的计算值比规范中的值偏大，原因在于表 5-58 中的值考虑了隧道入口前车速和潮湿路面对摩擦系数的影响以及照明条件下驾驶人的反应时间延长。

四、隧道路面及排水设施

我国目前已建成的绝大部分二、三、四级公路隧道及大部分一级公路、高速公路隧道多采用水泥混凝土路面。近年来少数高速公路隧道采用了铺设沥青上面层的复合路面。与沥青混凝土路面相比，水泥混凝土路面的抗滑能力衰减速度快。

根据我国各地的工程实践，由于普通公路隧道车辆运行速度较低，从总体上看，采用水泥混凝土路面效果良好，不仅施工方便，造价低，耐久性好，而且浅色路面有利于照明。

但对于高速公路隧道，一些地区的调查研究表明，高速公路隧道事故率远大于洞外路段。事故多发生在入口 200～400m 路段，且雨天事故高发。分析其主要原因是洞内水泥混凝土路面摩擦系数过低，在隧道入口处两种路面工况（洞外为沥青混凝土路面，洞内为水泥混凝土路面）附着系数的差异巨大。车辆在从高速公路进入隧道的时候，由于路面附着系数瞬间发生变化，对行车适应性带来巨大影响，从而造成车辆侧滑而发生事故。因此，对隧道入口段，在满足照明要求的前提下，建议在隧道洞口接线 3s 行程范围内提高路面抗滑标准或采用与隧道洞口接线以外 3s 行车范围相同的路面类型。

隧道内较多事故形态表现为车轮陷在排水沟中，导致事故影响程度加大。主要原因是隧道内横断面上没有土路肩位置，在排水沟和行车道之间未设置护栏，而且在昏暗的光线下，驾驶人很难把行车道和边沟分开。由于隧道内路面汇水量较小，可以通过集水井汇集，因此建议排水沟尽量采用暗沟，通过集水井汇集行车道路面积水。排水沟盖板设计应考虑行车荷载，防止车辆压断造成车轮沉陷而导致事故。

五、隧道路段安全设施

隧道段的交通安全设施主要包括标志、标线（含突起路标）、轮廓标及护栏等。

1. 交通标志

位于隧道进出口的交通标志主要提供隧道的名称、长度等信息，同时应明确隧道内行车的限制速度以及其他需要警告和提示的问题。

1）隧道标志

隧道标志宜设置在隧道入口标志群的最前方，用于指示隧道名称和长度。隧道路段与其他路段在行驶条件上不同，主要是照明、通风、视野及横断面等的变化。所有这些均可能对行驶安全产生影响。提前提醒前方有隧道，驾驶人就会从心理和驾驶行为上做好准备。对于长大隧道及其他处于视距不良路段的隧道，还可设置隧道预告标志（图 5-123）。

2）禁令标志

隧道区段通常是禁止超车的，所以需设置禁止超车及解除禁止超车标志，有时还用到限高标志。当隧道内的设计车速低于相邻路段的设计车速或运行速度时，应在进入隧道前设置限速标志。

3）紧急电话指示标志

紧急电话标志设置在紧急电话箱上[图 5-124a)]。为了便于指示距出事地点最近紧急电话的方向和距离，在沿隧道右侧各紧急电话之间应设电话位置指示标志。

a)

b)

图 5-123　隧道预告标志

4)紧急停车带标志

隧道内设置紧急停车带时，应在紧急停车带前端适当位置设置紧急停车带标志，用于指示其位置[图 5-124b)]。

a)　b)　c)

图 5-124　部分标志版面

5)紧急出口、避难通道标志及疏散指示标志

紧急出口、避难通道标志用于指示紧急出口、避难通道的位置。疏散指示标志用于指示该点与紧急出口、避难通道的距离及方向，在隧道内发生紧急情况时，指示行人、车辆迅速离开(图 5-125)。疏散指示标志应设置于隧道侧壁上，间距应不大于 50m。

a)

b)

图 5-125　疏散指示标志

2. 标线及视线诱导设施

路面标线及视线诱导标是引导驾驶人视线，诱导驾驶人驾驶的重要手段，它可以确保车辆

分道行驶，加强车辆行驶的纪律和秩序，提高道路使用效率，减少交通事故。隧道进出口车辆运行状况复杂，应采用明确的标线标示行车道轮廓，可采用减速标线提示驾驶人在隧道进出口进行减速。

隧道内应设置禁止变换车道线。禁止变换车道线应与禁止变换车道标志和解除禁止变换车道标志同时设置。隧道内的车道边缘线和车道分界线均应采用突起振动标线，以增加反光效果和防止车辆越线。为提示驾驶人在驶入隧道进口之前和驶出隧道出口之前控制车速，宜在隧道进口前和出口前的适当位置设置振动式减速标线，振动式减速标线建议厚度为 5mm，具体可参考如下方法：

当小客车在隧道口之前的相邻路段运行速度与隧道的设计速度之差大于 20km/h 时，振动式减速标线设置的间隔应考虑使车辆减速后由其预测运行速度基本降低到道路或隧道的设计速度，减速度为 1.8m/s^2 左右，并使车辆经过各道振动减速标线的时间基本相等。

车辆经过各道的时间按公式(5-105)计算。

$$T = \frac{v_t - v_0}{3.6 \times 1.8 \times N} \tag{5-105}$$

式中：T——车辆经过各道的时间，s；

v_t——车辆减速前的速度，km/h；

v_0——道路的设计速度，km/h；

N——需施画的道数。

车辆经过每道时的速度按公式(5-106)计算：

$$v_i = v_t - 1.8i\,T \times 3.6 \tag{5-106}$$

式中：v_i——车辆经过每道的速度，km/h；

i——自然数，1、2、3……

振动减速标线设置间隔按公式(5-107)计算。

$$S = v_i T/3.6 - 0.5 \times 1.8T^2 \tag{5-107}$$

式中：S——振动减速标线设置间隔，m。

当小客车在隧道口之前的相邻路段运行速度与隧道的设计速度之差小于 20km/h 时，宜考虑等间距设置 4～6 排振动式减速标线。

最后一组振动式减速标线距离洞口的距离以 100m 或 5s 设计速度长度为宜。

隧道出口前振动式减速标线的设置：当车辆在长隧道及特长隧道运行一段时间后，驾驶人适应环境后可能会适当提速，这样不利于驾驶人在隧道出口的明适应过程。为了提示驾驶人注意隧道出口，可在隧道出口前施画 4～6 组等间距的振动减速标线，最后一组振动减速标线以距离隧道出口 50～100m 为宜。

当隧道出口紧接急弯或陡坡急弯时，应适当延长隧道出口的禁止变换车道线(行车道实线)，必要时可以延长至急弯路段的终点。同时注意在禁止变换车道线终点设置解除禁止变换车道标志。

若隧道群中相邻隧道进出口距离小于 10s 设计速度行程长度，在两隧道之间应设置禁止变换车道线(行车道实线)。

若隧道进口之前设置了振动式减速标线，可在振动式减速标线之后在路面上设置路面标志，标志内容为隧道限速值，颜色宜为黄色。

在隧道入口外的硬路肩内施画斑马线，以防止车辆碰撞、刮蹭检修道。

图 5-126　视觉减速标线实景图

常用的视觉减速标线是运用交通工程学和交通心理学原理，利用设置在车道边缘线的白色虚线块或实线，给驾驶人车道变窄的视觉效果，并且强调了车道的轮廓边界，增加在恶劣气象条件下车道的识认性，提醒驾驶人控制速度，谨慎驾驶，对行车舒适性影响不大。

常用的视觉减速标线为平行于车道线或路缘线的平行四边形虚线块，长度与间隔均为1m，宽度为0.3m，见图5-126、图5-127。

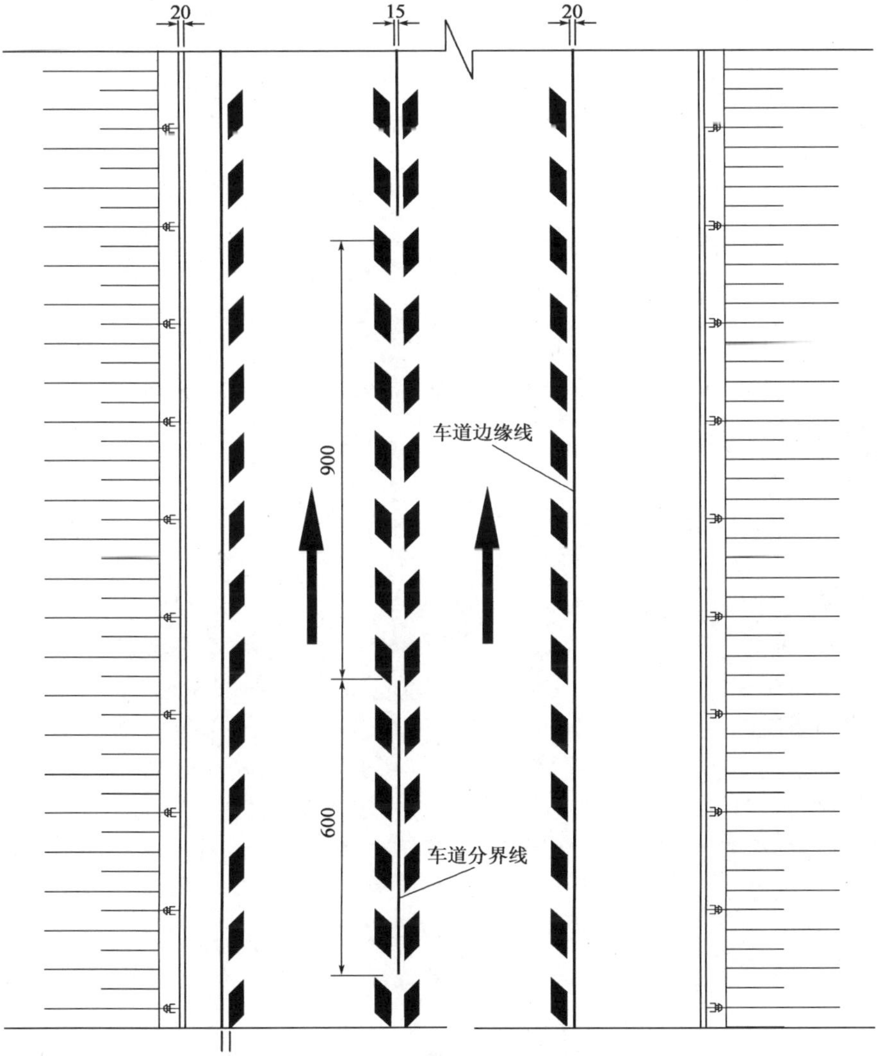

图 5-127　视觉减速标线示意图(尺寸单位：cm)

当相邻隧道距离较近或隧道出口接急弯时，可在相邻隧道之间或隧道出口至急弯路段采用视觉减速标线，强调车道轮廓边界，提醒驾驶人控制车速。

3. 护栏

为节省道路建设投资，隧道横断面一般比路基横断面窄，硬路肩通常被简化了。因此，应对隧道两端的护栏进行端部过渡设计，避免车辆撞击隧道壁、检修道或冲出路外，同时避免护栏端头对车辆和人员可能造成伤害(图 5-128)。

图 5-128　设置端部过渡护栏的隧道口

过渡段的长度应以前后路肩宽度差不超过 1/25 的渐变率过渡，也可设置 2s 设计速度行程长度过渡段与隧道洞口衔接，通过护栏实现路基与隧道间断面的过渡，见图 5-129。

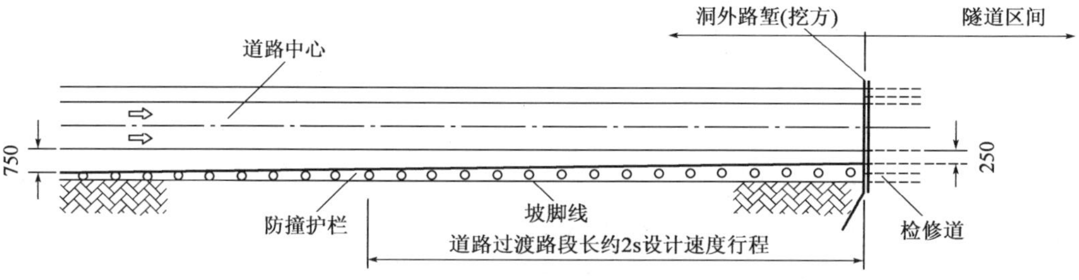

图 5-129　隧道洞口护栏过渡示意图(尺寸单位：cm)

当桥梁与隧道进出口直接相接时，也应设置钢筋混凝土护栏过渡段，使钢筋混凝土护栏在隧道口与隧道检修道边缘对齐。

第六节　平面交叉口安全技术

公路与公路在同一平面相交的地方称为平面交叉口。在公路网中，各种等级公路纵横交错，必然会形成很多交叉口。相交公路的各种车辆和行人都要在交叉口汇集、通过和转换方向。平面交叉口由于不同交通方式、不同交通流向的相互干扰，会使通行能力降低，同时也是最容易发生交通事故的点段。根据公安部 2005 年度公布的相关数据，平面交叉口发生的交通事故约占总事故量的 20%。交通运输部公路科学研究院交通安全研究中心近 5 年的相关调研和统计分析表明，我国平原地区平面交叉口发生的交通事故(含与平面交叉口相关的交通事故)约占该区域总事故量的 40%，山区平面交叉口发生的交通事故(含与平面交叉口相关的交通事故)约占该区域总事故量的 30%。这与我国不重视平面交叉口安全设计，路口设计简单粗放，路口接入随意，且缺乏平面交叉口安全设计相关技术指导，驾驶人的遵章率低等因素紧密相关。因此，如何正确设计平面交叉口，组织好交通流汇入分流，对于提高平面交叉口的通行能力和减少交通事故都具有重要意义。

一、设计原则与要点

1. 明确路权

平面交叉口是道路交通冲突点数量最多、密度最大的区域。每股通过平面交叉口的交通流都可能需要经过一个或多个交通冲突点组成的冲突区域。为了使车辆能够安全通过这些冲突区域,应该明确交叉口范围内所有交通冲突点的路权,为冲突交通流分配正确合理的优先通行次序,使得车辆能够安全地通过交叉口。路权分配的原则如下:

(1)在交通冲突过程中,为了避免车辆抢行,只能有一股交通流具有优先通行权,其余交通流的车辆必须在冲突点前减速乃至停止,避让具有优先通行权的车辆。

(2)在进行路权分配时,为提高主路车辆通行速度和通行效率、保障主路的快捷畅通,应优先考虑为主路交通流分配通行权。

(3)应该明确平面交叉口范围内所有点的路权,这样一旦发生交通事故,可以准确地确定事故的责任方,权责清晰合理,抑制交通违规违法行为。

在具体平面交叉口设计中,可通过以下方法实现明确路权的目的。

(1)在设置信号控制的平面交叉口,交叉口范围内主要路权是通过信号控制从时间上进行分配的。在信号控制不能有效划分路权的局部区域,则需要通过设置"停、让"标志和标线来辅助明确路权。比如分离的右转交通流与自行车和行人交通流的冲突点,则需要在右转匝道冲突点前方设置减速让行标志和标线,以明确自行车和行人交通流的优先权。

(2)在非信号控制的平面交叉口,应先确定主路和支路,然后为主路分配"优先通行权",对支路的交通实施"停、让"控制。具体操作方法如下:

在支路左转或直行穿越交叉口的位置设置"停"标志和标线,支路车辆需要在此停车,确认主路无车辆通过或具备安全可插间隙后再安全通过冲突区域。

在右转匝道右转交通流与直行交通流汇流点的前方设置"让"标志和标线,右转车辆需要减速,观察冲突交通流的交通状况,选择安全的时机再汇入直行交通流。

在环行交叉口,入环车辆需要让行环内车辆,因此,应在交织环外侧设置"让"标志和标线。

(3)在主路和支路等级分配有困难时,若交通流量较大,则应设置信号灯指导车辆安全有序通行,在信号灯设备供电或养护困难地区,则采用环行控制方式,入环车辆让行环内车辆。若交通流量较小,则可设置小型环岛实行环行控制方式。从理论角度上讲,交通流量较小时,也可以在所有入口设置"停"标志和标线,实行全"停"控制方式,但从实践角度看,我国极少使用这种全"停"的控制方式,驾驶人对这种控制方式也不能完全理解和适应。因此,通常情况下不建议采用这种控制方式。

2. 控制冲突点

1)减少冲突点的数量

在平面交叉口中,交通冲突点越多,事故率也就越高,应尽量通过交叉口渠化或设置合理的交叉口交通控制方式,减少冲突点的数量。

T形无信号控制交叉口有3个冲突点，十字无信号控制交叉口有16个冲突点。在信号控制交叉口中，采用时间上分离冲突点不同流向的路权，能够完全消除冲突点。

2)固定冲突点的位置，将交通冲突点限定在尽可能小的区域内

在平面交叉口中，交通冲突区域越大，车辆行驶过程中的随意性也就越大，不利于驾驶人准确判断与之冲突车辆的行驶轨迹，在冲突车辆错让或抢行过程中，容易发生刮擦或侧碰事故。因此，在交叉口范围内，应通过设置交通岛或导流线的方式限定车辆行驶的轨迹，减少车辆游移的幅度，将交通冲突点限定在尽可能小的区域内，以达到固定交通冲突点的目的。

3)分离冲突点的位置

在平面交叉口中，如果两个或多个交通冲突点之间的距离过近，则驾驶人在较短时间内可能面对多个危险冲突，过重的信息处理和操作负担容易诱发交通事故。因此，应该通过设置交通岛、标志、标线等方式尽量分离交通冲突点的位置，让驾驶人在同一地点、同一时刻只面临同一种交通冲突。

4)控制冲突的严重程度

研究表明，减缓交通冲突的严重程度可明显降低事故发生的概率，这对保障平面交叉口的交通安全尤为重要。目前，减轻交通冲突严重程度的方法有两种，分别是控制冲突角度法和控制冲突车速法。控制冲突角度方法是通过设置交通岛或导流线变锐角对撞冲突为直角冲突或同向冲突。控制冲突速度的方法是通过设置减速缓冲段、待转车道及配套标志标线使车辆速度在冲突点前降低到安全容许的范围。

3.设置左右转弯车道

设置左右转弯车道具有以下优点：

可使转弯车辆从直行交通流中平滑地分离出来，减少直行车辆的延误，增加直行车道的通行能力。

转弯车辆可以在转弯车道内减速并完全停止，等待转弯机会，避免车辆在速度较高、观察不清的情况下强行转弯所引起的交通冲突事故。

在干线公路上，车辆行驶速度较高，设置转弯车道之后，转弯车辆可以从直行交通流中分离出来再减速转弯，避免转弯车辆在直行车道上紧急减速所引起的追尾事故。

拓宽入口，增加入口车道数量本身就是一种增加交叉口通行能力的方法。

综上所述，在新建和改建平面交叉口时，应尽量拓宽交叉口的道路横断面以设置左右转弯车道。

4.保持出入口车道位置对应、数量平衡

(1)基于以下几个方面的因素考虑，应保持出入口车道位置对应，使直行车辆在物理区内不改变行驶方向即可通过平面交叉口。

①在平面交叉口物理区内，交通冲突点较为密集，改变直行车道出入口的位置会额外地增加驾驶人信息处理和驾驶操作负担。

②在一些物理区域面积较大的平面交叉口，驾驶人在入口处判断出口车道的位置较为困难。

③直行交通流量较大时，出入口位置对应可以提高通行效率。

④直行车辆驾驶人习惯于不改变行驶方向通过平面交叉口，平面交叉口设计应该符合驾驶人行车习惯。

(2)为了便于交叉口出入口车道位置对应和使出入口通行能力协调一致，避免出口出现拥堵和发生追尾、碰撞事故，应保证入口直行车道数与出口车道数平衡，原则上出口车道的数量必须大于或者等于进口直行车道的数量。

(3)直行出入位置不对应、数量不平衡的平面交叉口应设置导流线，引导车道进入相应出口车道。

5. 合理利用交通岛

(1)应尽量通过设置交通岛规范车辆行驶轨迹，避免车辆在交叉口范围内大幅度游移。

(2)可利用交通岛空间设置标志和信号控制设施，减少车辆碰撞这些控制设施的概率。

(3)可将交通岛用作安全岛，为行人和自行车提供安全避让空间。交通岛的合理设计可减少非机动车和行人暴露于冲突区域的时间，提高通行的安全性。

(4)选择交通岛类型的原则如下：

①在交通岛面积小于 $20m^2$ 时，应采用标线渠化的方式。因为过小的交通岛如果采用凸台式不易引起驾驶人的注意，容易发生车辆碰撞交通岛事故。

②交通岛面积在 $20 \sim 50m^2$ 之间时，为了有效约束车辆的行驶轨迹，应该采用凸台式交通岛，在交通岛两侧应设置斜坡，方便行人上、下交通岛，使其在渠化交通的同时，为行人和自行车提供安全保护。

③在交通岛面积大于 $50m^2$ 时，从景观角度考虑，为了美化交叉口的环境，减少凸台式水泥岛的干燥感，交通岛应采取植草绿化的方式。为了便于非机动车和行人在岛上的通行，可在绿化的交通岛内设置 4m 宽的水泥混凝土人行通道。

④在无照明的交叉口，在车道延长线上的交通岛不宜采用凸起式，以免夜间车辆碰撞交通岛发生交通事故。

6. 保障视距

视距是平面交叉口安全设计的一个重要参数，对交叉口的安全运行有着重要的影响。我国许多平面交叉口事故多发，成为事故黑点，大部分情况下是由于视距不足引起的。

在进行平面交叉口选位、线形设计和渠化设计时，应优先考虑保证交叉口的安全视距。从理论的角度出发，安全视距的计算方法可按照本章节介绍的各种控制类型的平面交叉口视距计算方法确定。从我国实际国情出发，我国驾驶人遵章率较低，尤其是交通流量小、监管不到位的交叉口更是如此，对于这些交叉口应该以相交道路的停车视距作为交叉口的视距，特殊情况下，也需要保证沿主路的视距满足停车视距长度的要求。

二、我国平面交叉口常见安全问题分析

近年来，我国道路交通发展迅速，但对平面交叉口的关注还远远不够。目前我国仍没形成一个完整的平面交叉口设计规范，运营中的大部分平面交叉口没有进行严格的选位、线形设计、入口拓宽等安全设计，也没有设置左右转弯车道和设置安全岛等渠化处理措施。有些平面交叉口虽然进行了渠化，但路权分配和渠化方法不合理，这些因素都在一定程度上影响着我国

平面交叉口的运行安全。

1.选位不当或线形设计不合理

目前我国许多平面交叉口在选位上欠考虑，比如将平交口设置于小半径弯道、平曲线切点、凸曲线变坡点等位置，造成平面交叉口视距不良、驾驶操作困难等问题。

(1)交叉口位于弯道路段(图 5-130)。交叉口位于弯道路段容易导致主线驾驶人难以在短时间内发现交叉口的存在，不仅如此，超高的存在增加了驾驶人在交叉口范围正确操作的难度，超高路段交叉口的竖向设计也难以同时满足车辆安全直行和顺利转弯的需求。

图 5-130 交叉口位于弯道路段

(2)交叉口位于陡坡或陡坡底部，导致车辆制动距离增长，容易发生追尾或撞路侧护栏的交通事故。如图 5-131 所示交叉口采用了信号控制方式，根据现场测量，入口引道的坡度为 3.3%，由于车辆在遇到红灯时未能完全制动至停车，导致车辆刮擦碰撞护栏的现象时有发生。

图 5-132 所示为非信号控制交叉口，该交叉口时常发生交通拥堵，根据相交道路交通流量测算，该交叉口应该设置为信号控制方式。而入口引道陡坡较大，且位于凸曲线后方，若设置信号控制，车辆在驶过坡顶后发现信号控制会紧急制动，而入口引道的纵坡会延长制动距离，容易发生车辆追尾事故，因此一直处于非信号控制状态。

图 5-131 交叉口陡坡引道

图 5-132 交叉口位于凸曲线后方且位于下陡坡路段

(3)如图 5-133 所示，由于交叉口位置道路纵坡过大，导致驾驶人难以有效观察交叉口范围内车辆运行情况。

(4)如图 5-134 所示，由于相交道路纵坡过大，导致主线驾驶人不宜发现交叉口位置，也难以有效观察相交道路车辆运行情况。

图 5-133　大纵坡入口视角观察交叉口情况

图 5-134　公路主线视角观察大纵坡道路交通情况

2. 交叉角度过小

相交道路交角过小不仅导致驾驶人难以观察相交道路车辆运行情况，也会增加车辆转弯操作难度和车辆在冲突区域的暴露时间。合理的交叉角在 70°～110°之间。我国大部分公路交叉口属于相交道路自然延伸形成的，斜交交叉口比例较高。

如图 5-135 所示为典型的斜交交叉口，交叉角度不超过 30°。

图 5-135　斜交交叉口

3. 缺乏路权概念

目前在我国公路无信号控制交叉口普遍没有设置“路权分配”功能的标志标线等相关设施。

(1)大部分国省道与县、乡道及等外公路相交的非信号控制平面交叉口没有设置路权分配设施(图 5-136)。

图 5-136　支路口未设置路权分配设施

(2)部分的小型路口设置了支线减速让行标志与标线，根据各流向交通冲突的严重程度，同时为了便于交通事故责任的判定，这些小型支路口应设置停车让行标志与标线(图 5-137)。

图 5-137　停车让行控制交叉口

4. 转弯车道设置不当

目前我国公路设计部门设计的道路在交叉口部分都是按路段一样只做了简单的处理，即交叉口部分都是平行的，与路段等宽的线条相交，没有考虑对交叉口部分的路段拓宽，缺乏设置左、右转弯车道的余地，一是使许多交叉口路段后期不可能设置左、右专用车道，二是许多地区为了增加左、右转车道而在交叉口前部将直行车道改变成左、右转弯车道，使得交叉口进口的直行车道数小于出口直行车道数。这就迫使交叉口进口前段部分直行车流都须强制性变换车道，不同转向目的的车辆之间的相互干扰，严重影响了交叉口通行效率和通行安全性。理论和实践证明，这种错误的左右转车道设置方式，使得交叉口通行能力平均降低 30%～60%，交通事故概率增加 30%以上。

5. 车辆通过距离过长

目前，我国干线公路和城郊结合部交叉口越修越大，部分平面交叉口缺少正确的车道分配、渠化和停止线设置设施。这不仅不经济，不符合节约用地的政策，相反严重违背了交叉口的功能，削弱了交叉口的通行能力，使得这类交叉口成了拥堵路段、事故多发点，驾驶人害怕通过这样的路口。这类交叉口在设计时，不但没有尽量缩小交叉口的通过距离，相反却将平面交叉口的面积设置得很大，使得交叉口通过距离远远超过相交道路的横向宽度。有些平面交叉口物理区域的宽度甚至达到了相交道路横向宽度的 3～6 倍，长达 100m 左右，这种大面积平面交叉口的设置造成了交通流在交叉口范围内混乱无序行驶，冲突面积很大，同时严重影响了自行车、行人的过街安全，导致交通事故频发。另外，这种大面积交叉口使得信号灯控制效率极低。理论和实践证明，这种交叉口的通行效率比正常交叉口平均降低 30%以上。

6. 无针对性的渠化设计

我国公路平面交叉口尤其是西部山区公路平面交叉口基本是两条路自然相交，少有交叉口考虑交叉口形式、入口拓宽、转弯车道设计等方面的问题，导致交叉口存在大量隐患。图 5-138为无渠化畸形交叉口。

大部分平面交叉口没有进行针对性的渠化(图 5 139)，而且存在大量视距问题，少部分已经渠化的交叉口由于设计理念和设计水平的问题，交叉口的安全和畅通问题仍然突出存在。

图 5-138　无渠化畸形交叉口

图 5-139　无针对性渠化设计的普通交叉口

在一些进行了入口拓宽的平面交叉口(图 5-140)，由于没有进行针对性的渠化设计，车辆行驶轨迹和冲突点位置并没有被固定，车辆在交叉口范围内高速无序行驶也容易发生交通事故。

图 5-140　无针对性渠化设计入口拓宽交叉口

7.标志、标线缺失或设置错误

很多平面交叉口设计没有严格按照交通安全设计原则设置交叉口的标志和标线，甚至有的交叉口严重缺少基础控制设施，造成交叉口处于毫无控制的状态，形成事故多发点。具体体现在以下几个方面：

(1)道路车道标线宽度设计不正确，车道宽度设置不统一、不规范。有些车道宽到足以容纳两辆车并行行驶，这样就使得车道标线不能有效地规范交通流，一旦发生事故，还容易引起理不清的法律纠纷问题。

(2)停止线设置普遍缺乏正确的规范。往往将停止线远离人行道，大于3m，有时甚至达到10m，造成交叉口通行距离过长，降低了通行效率。

(3)缺乏正确的行人—自行车车道设计方法。许多交叉口完全没有考虑行人—自行车的安全通行问题或者对自行车和行人的安全考虑不足，使得这些弱势群体直接暴露于机动车流之中。

(4)缺乏正确的道路指路标志。目前我国交通指路标志普遍存在信息不完整或信息本末倒置的情况。在我国大部分平面交叉口，仅在入口前方设置一处方向地点距离标志，而根据驾驶人信息需求规律，驾驶人在进入交叉口之前最想知道的信息是相交道路的路名，其次才是地名，在车辆驶过交叉口之后，驾驶人需要的信息是方向确认信息和地点距离信息。也就是说，现在常用的指路系统将距离信息提前了，将地名信息重要性提高了，忽略了路名信息和方向确认信息的设置。

8.交叉口视距不良

视距是平面交叉口安全运营的一个关键参数，直接决定着平面交叉口的安全水平。根据平面交叉口安全运行要求，驾驶人在进入交叉口前的一段距离范围内，应能看到交叉点和相交道路上的行车情况，也就是说引道视距应该满足车辆正常运行的要求，视距三角区范围内不能有遮挡驾驶人视线的障碍物。

通过总结，我国平面交叉口视距主要存在如下问题：

(1)由于交叉口转角视距三角区内存在房屋、树木或人工景观，导致驾驶人不容易觉察到交叉口的存在，也难以观察到相交道路的车辆情况。如图5-141所示，交叉口转角人工景观和植被遮挡视距。

图5-141　交叉口转角人工景观和植被遮挡视距

(2)由于交叉口转角视距三角区内有山体遮挡,导致驾驶人不能观察到相交道路的车辆情况。如图 5-142 所示,交叉口转角山体严重影响视距。

(3)街道化的路侧建筑导致交叉口转角三角区视距不良(图 5-143),驾驶人不能观察到相交道路的车辆情况。

图 5-142　交叉口转角山体影响视距

图 5-143　某国道与县道交叉口转角建筑影响视距

(4)交叉口转角范围内存在其他视距障碍物。部分交叉口转角视距三角区内广告牌、宣传牌或一些堆弃物也容易成为视距障碍物。如图 5-144 所示交叉口转角视距三角区内堆积的废弃物和废弃墙体,图 5-145 所示交叉口转角视距三角区内当地政府设置的宣传牌都会影响交叉口的视距。

图 5-144　转角堆砌物影响视距

图 5-145　转角宣传牌影响视距

9. 穿城镇交叉口安全隐患较大

在穿城镇路段,由于交通流量较大,且交通组成中摩托车、自行车、行人的比例较高,使得交叉口交通组织的难度较大,如图 5-146 所示。

10. 小型出入口处置不当

我国大部分国省干线公路没有对沿线小型出入口的数量进行严格控制。国省干线公路沿线不仅小型出入口密度较大,且大部分小型出入口存在视距不良的问题,这已经成为我国国省干线交通运行的主要安全隐患,如图 5-147～图 5-150 所示。

图 5-146　某国道穿城镇路段交叉口

图 5-147　小型村庄出入口

图 5-148　场区出入口

图 5-149　住户出入口

图 5-150　田埂道口

三、平面交叉口交通安全基础知识

1. 交通冲突点概念

在平面交叉口范围内，冲突点是指不同行驶方向的交通流以较大的角度相互交叉的点。分流点是指一股单独的交通流分成两股或多股交通流的点。合流点是指同向的两股车流合并为一股车流的点。如图 5-151 所示四路平面交叉口中，圆形的点即为交通冲突点，方形的点为合流点，三角形的点为分流点。

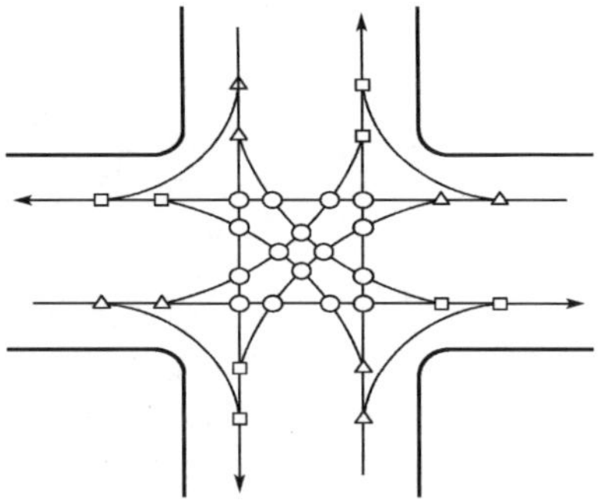

图 5-151　四路交叉口交通冲突点示例

无交通管制的平面交叉口都存在交通冲突点，其数量随相交道路条数的增加而显著增加，其后果是交通事故发生概率也会明显增加。当相交道路均为双车道时，冲突点的数量可用公式(5-108)计算。

$$冲突点 = \frac{n^2(n-1)(n-2)}{6} \tag{5-108}$$

式中：n——交叉口相交道路的条数。

由此可见，在进行平面交叉口规划和设计时，应力求减少相交道路的条数，尽量避免五条或五条以上的道路相交。

交通冲突点由于存在碰撞、刮擦的可能，是影响交叉口行车速度、通行能力和导致交通事故发生的主要原因。其中，产生冲突点最多的是左转弯交通流。如图 5-151 所示四路交叉口，如果没有左转弯交通流，则冲突点可由 16 个减少到 4 个，而五路交叉口则从 50 个减少到 5 个。因此，在平面交叉口设计中，如何正确处理和组织左转弯车辆，是保证交叉口交通畅通和安全的关键所在。

减少或消灭冲突点的方法如下：

(1)实行信号控制或交通管制。将交叉口设置为信号控制交叉口，使发生冲突的车流从通行时间上错开。如四路交叉口设置信号控制之后，冲突点可由 16 个减至 2 个，或更少。如果在平面交叉口内禁止车流左转，再辅以信号控制，则可完全消灭冲突点。

(2)渠化交通。在平面交叉口内合理设置交通岛、交通标志标线或增设辅助车道，引导车辆沿一定路径行驶，减少车辆之间的相互干扰，则可有效减少、消灭冲突点或减轻冲突的严重程度。

(3)修建立交。如果交叉口交通流量过大，通过交通控制和渠化仍不能有效解决问题，则可考虑从空间上分流冲突交通的方式，即设置立体交叉。

2. 几何要素定义

与基本路段不同，为了使交通流在平面交叉口范围内安全、高效地运行，需要使用标线、交通岛等设施对平面交叉口进行合理的规划、设计。但是对于同一种渠化设施在不同的图书文献中有时会出现不同名称的现象，给阅读和理解带来了不少的麻烦，为了避免这种现象的发生，下面对本章中出现的平面交叉口渠化设施进行定义并给出相应的解释。图 5-152 为平面交叉口几何要素定义图。

交通岛:是用来控制车辆的移动,车辆不能使用的区域。交通岛也可以用来庇护行人和安置交通控制设施。根据交通岛的功能,可将交通岛划分为导流岛、分隔岛和安全岛三种类型;根据交通岛的表现形式,可将交通岛分为标线交通岛、凸台式交通岛和绿化交通岛三种类型。

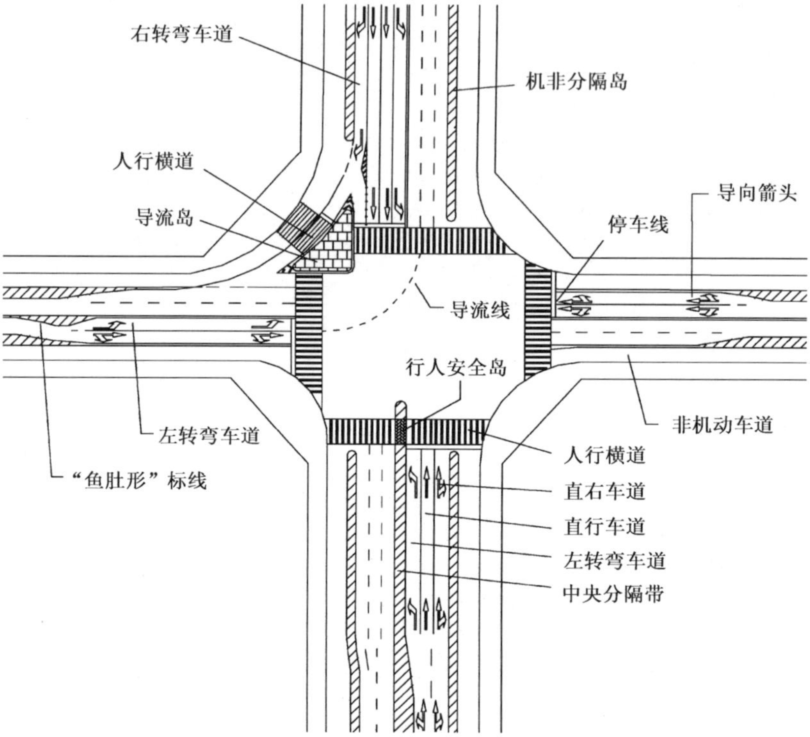

图 5-152　平面交叉口几何要素定义图

导流岛:是为指示、约束车辆行驶而设置的岛,具有规范车辆行驶轨迹、分离和固定冲突点位置、控制冲突角度、划掉交叉口多余的路面、保护行人、为交通控制设施提供设置位置等多种功能。

分隔岛:是为分离同向和对向的交通流(主要是直行交通流)而设置的岛,具有减少车流之间相互干扰的功能。包括机非分隔岛、对向分隔岛等类型。

安全岛:是为了帮助行人和非机动车安全穿越较宽的道路,在交叉口范围内设置的能为行人和非机动车提供安全庇护的岛。安全岛通常设置于车辆行驶轨迹不需要占用的地方,也可利用分流岛、导流岛的空间设置。

导流线:是为了有效规范车辆行驶轨迹,减少车辆左右游移的幅度,在面积较大或者形状不规则的平面交叉口内设置的引导车辆正确行驶的虚线。尤其是在直行出入口车道位置不对应、左转弯角度较大、转弯距离过长时使用。

停止线:是为了标识车辆等候通行时的停车位置,在交通信号控制的平面交叉口及左转弯待转区的前端设置的与行车道垂直的横向标线。

导向箭头:是为了引导车辆正确通行,在出入口车道内设置的用来标识车辆行驶方向的特殊标线。在平面交叉口的入口渠化段通常设置三组导向箭头,第三组导向箭头作为预示导向箭头，因道路条件所限，导向车道过短，可设置两组箭头，第二组导向箭头作为预示导向箭头。

人行横道：是用标线标识的专供行人和非机动车通行的通道，通常在停车线的前方垂直于行车道设置。

左转弯车道：是为左转车辆提供安全加、减速和待行的专用车道。根据车辆加、减速的状态可分为左转弯减速车道和左转弯加速车道。如果不加以强调，文中所称的左转弯车道均是指左转弯减速车道。

左转弯减速车道：通常称为左转弯车道，是在车辆通过平面交叉口物理区之前，为左转车辆提供的安全分流、减速和待行的专用车道。一般由渐变段、减速段和等待段组成。

左转弯加速车道：是在车辆通过平面交叉口物理区之后，为左转车辆提供的安全加速的车道。一般由加速段和渐变段组成。

右转弯车道：为右转车辆提供安全加、减速和待行的专用车道。根据车辆加、减速的状态可分为右转弯减速车道和右转弯加速车道。如果不加以强调，文中所称的右转弯车道均是指右转弯减速车道。

右转弯减速车道：通常称为右转弯车道，是在车辆通过平面交叉口物理区之前，为右转车辆提供的安全分流、减速并转弯的专用车道。一般由渐变段、减速段组成。

右转弯加速车道：是在车辆通过平面交叉口物理区之后，为右转车辆提供的安全加速的车道。一般由加速段和渐变段组成。

"鱼肚形"导向线：在无中央分隔带或中央分隔带宽度不足的平面交叉口，为了设置左转弯车道而设置的引导车辆向外侧偏移的渠化线，即"鱼肚形"导向线。

四、平面交叉口控制性设计

在我国平面交叉口设计中，通常只有在进行平面交叉口渠化时，才会考虑交通安全的问题，其实这么做只是治标不治本，不能从根本上解决平面交叉口的安全问题。

导致平面交叉口事故多发的原因很多，包括行车视距不足、前后两交叉口间距太小、平面交叉口设置于弯道拐点处、控制方式选择不当等。只有将道路交通安全理念和安全技术贯穿于平面交叉口设计的全过程之中，才能有助于有效解决这些问题。下面就从交通安全的角度讨论一下如何选择位置、设计线形、保障视距和选择控制方式。

1. 最小间距

平面交叉位置的选择应综合考虑公路网现状和规划、地形、地物和地质条件、经济与环境因素等。平面交叉位置应选在地形平坦、视野开阔处，在交叉范围内应尽量通视。

公路平面交叉口间距是公路设计的重要指标，它不仅会影响效率，而且对公路的交通安全也会产生非常显著的影响。国内外既有研究成果均表明，平面交叉口间距过小，数量过多，是引发交通事故的主要原因之一，干线公路尤其如此。

1)公路平面交叉口间距影响因素分析

对特定功能等级的公路而言，增加新的接入点都会增加主路交通流交通冲突的数量。如果新的接入点与原有的接入点距离过近，相邻的接入点则会相互影响，加重平面交叉口的危险程度。针对此问题，通过实施接入管理，可在通行效率与交通安全之间达到有效平衡。

建立交叉口间距标准需要考虑的因素包括如下几方面。

(1)公路功能等级

功能等级越高的公路,其远距离运输功能越强,相应的接入间距应更长。

(2)地区

就公路所穿越的地区而言,包括乡村地区、城市郊区两类。在这两类地区,交通量大小、主路与路侧环境的相互干扰情况、驾驶人行为特征、土地利用规划等均有很大不同。因此,在这两类地区中所确定的交叉口间距标准也不相同,乡村地区的接入间距比城市郊区的接入间距要更长一些。

(3)运营车速

车速是评价主路交通冲突、延误及安全性的主要指标。运行车速越高,车辆加、减速所需要的距离也就越长,相应的接入点间距也应该越大。

(4)交通流

当交通量较小时,车头时距较长,车辆转向不会明显干扰直行车辆的正常运行。然而,当转向或直行交通量较大时,两者之间冲突会相应变大,此时需要的接入间距也就越大。

2)接入间距的确定方法

就工程应用而言,支路接入间距的确定可从停车视距、功能区长度、出口通行能力等方面权衡接入道路间距标准。

(1)停车视距

停车视距指标是路线设计中最基础的设计指标之一。在我国现行规范中对不同设计车速条件下的停车视距作了明确的规定,当最小停车视距能满足时,则两接入道路间距可满足最小紧急制动距离。现行规范规定的停车视距见表 5-59。

现行规范中不同车速条件下的停车视距(适用于一至四级公路)　　表 5-59

设计车速(km/h)	100	80	60	40	30	20
停车视距(m)	160	110	75	40	30	20

(2)交叉口功能区长度

在确定平面交叉口间距时,应保证上游交叉口的下游功能区与下游交叉口下游功能区不重叠,如图 5-153 所示。

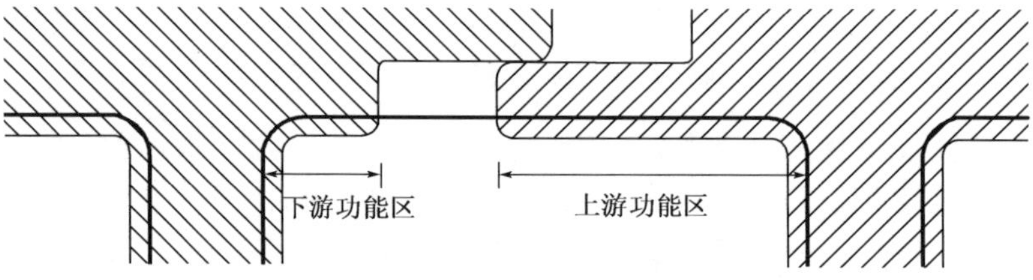

图 5-153　交叉口间距与功能区长度关系

(3)最大出口通行能力

接入道路间距不小于车辆从 0 加速到主路直行车辆运行车速时所需距离的 1.5 倍。由此可减小延误,提高间隙接受率,使接入道路的车辆能更安全、有效地汇入主路交通流中。

3)平面交叉口间距选取要点

在具体选择平面交叉口间距时,应根据临近土地利用类型、相关地块的中长期土地利用规划、交通量增长、允许左转道路的接入频率、各车型大小及比例等具体道路环境具体分析，通过权衡停车视距、功能区长度、最大出口通行能力等因素，选取最大值作为平面交叉口间距确定标准，表 5-60 所示接入间距可供参考。

推荐平面交叉口间距控制　　表 5-60

功能等级	平面交叉口间距(m)	接入道路间距(m)
主要干线公路	2 000	400
次要干线公路	2 000	250
集散性公路	1 500	180

2. 线形设计

1)平面线形

交叉口是机动车、非机动车和行人之间冲突最多的地方。为了保证交通安全，平面交叉口附近的道路线形应该满足以下使用要求：

(1)保证车辆在识别距离以外清楚地看到交叉口的位置以及交叉口内车辆的运动状况。

(2)保证道路使用者能够清晰辨识交通控制设施的信息。

(3)进入交叉口范围区后能够保证视觉平顺，易于驾驶人对车辆进行操作。

(4)交叉口范围内的地面排水能迅速排除，防止由于路面积水带来的安全隐患。

(5)保证车行道和人行道的各点高程能与道路两旁建筑物的地面高程相协调，具有良好的空间观感。

在进行交叉口具体安全设计时，应使交叉口处的线形满足以下要求：

(1)平面交叉的岔数不得多于四条，新建公路不得直接与已建的四岔或四岔以上的平面交叉相连接，采用环形交叉时，岔路不宜多于五条。平面交叉的交角宜为直角并避免错位交叉、多位交叉和畸形交叉。当斜交时，其锐角不宜小于 70°；当受地形条件及其他特殊情况限制时，不应小于 45°，如图 5-154 所示。

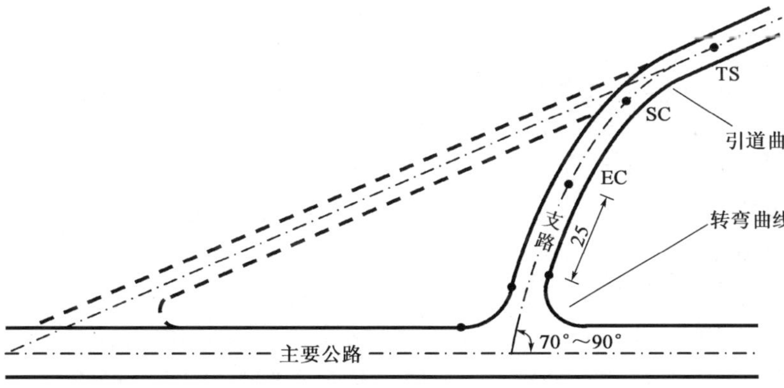

图 5-154　交叉角优化图(尺寸单位：m)

(2)平面交叉范围内两相交公路应正交或接近正交，因为斜交会导致转弯车辆需要较大区域完成转弯运动和视距受限，并且斜交增加了次要道路车辆穿越主流车辆的时间。新建公路与等级较低的现有公路斜交时，交角不应小于 70°。若交角过小时，应调整次要公路在交叉前后一定范围内的局部线形，使次要道路与主路近似直交。

(3)平面线形宜为直线或大半径圆曲线，不宜采用需设超高的圆曲线。因为超高和路面加宽使交叉口的设计变得复杂并且可能导致视距不良。

(4)应避免低等级公路与带有中分带的多车道公路在有曲线超高的地方交叉，因为在这种情况下调整交叉口坡度较为困难。

(5)T 形交叉中次要公路扭正改线时，引道曲线与交叉中转弯曲线间应保留长度不小于25m 的直线。当次要公路为二级公路时，引道曲线的半径不应小于 80m；次要公路为三级及三级以下的公路时，曲线半径不应小于 40～50m。

(6)当按公路性质和交通量需作渠化处理时，一般可保持钝角右弯车道的基本线形，并通过合理布置交通岛来保证其他转弯车道所需的线形，如图 5-155 所示。当斜交过大时，钝角右转弯应改为 S 形曲线，以避免过大的导流岛。

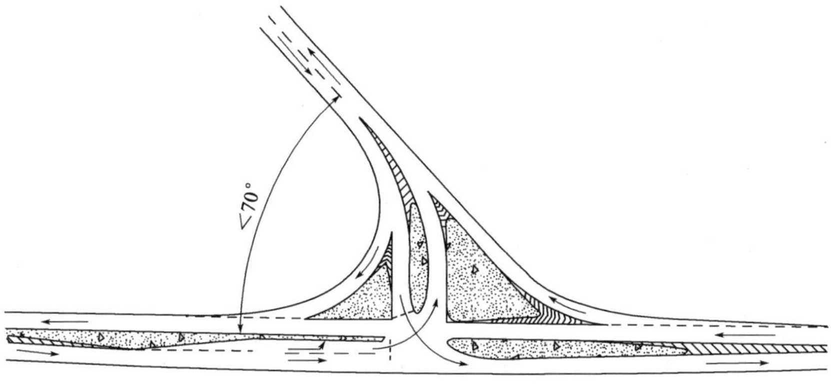

图 5-155　T 形交叉中斜交渠化设计

(7)斜交十字交叉中次要公路扭正时应符合相关要求(图 5-156)。交点不变时，次要公路的每一岔中需增设两个曲线，其中离交叉较远的曲线，其半径不应小于该公路的一般最小半径，并按要求设置缓和曲线；靠近交叉的曲线，其半径不应小于 45m，并在远离交叉一端设置缓和曲线。改移交点时，只在次要公路的一岔上设置 S 曲线，半径的要求同上。

(8)受条件限制而不能按上述扭正十字交叉时，可将次要公路的两岔单独改线而组成如图 5-157 所示的两个错位的 T 形交叉。其中逆错位交叉只限于次要公路的直行交通量比例很小的情况下。错位交叉中，交角为 90°，次要公路引道的线形要求与斜交 T 形交叉扭正时相同。

(9)既有公路提高等级、扩容改建或路面大修时，扭正交叉的改线中应采用较高的线形指标和作较长路段的改移。

(10)当主要公路在交叉处为曲线线形，而次要公路接于主要公路曲线的切线上时，宜将次要公路按图 5-158 所示的方式进行改线，将车流直接引入主要公路，并改善交叉点上的视线。但当曲线具有较大超高率、引道设有反坡且视距受纵坡限制时，应谨慎使用。

2)纵断面线形

(1)在平面交叉范围内，两相交公路的纵断面线形宜平缓，且应满足停车视距的要求。

(2)主要公路在平面交叉口范围内的纵坡应在 0.15%～3%之间；次要公路紧接交叉的引道部分的纵坡应在 0.5%～2.0%之间。当主要公路在交叉范围内因圆曲线设置超高时，次要公路的纵坡作相应的调整，以适应主要公路的横坡。

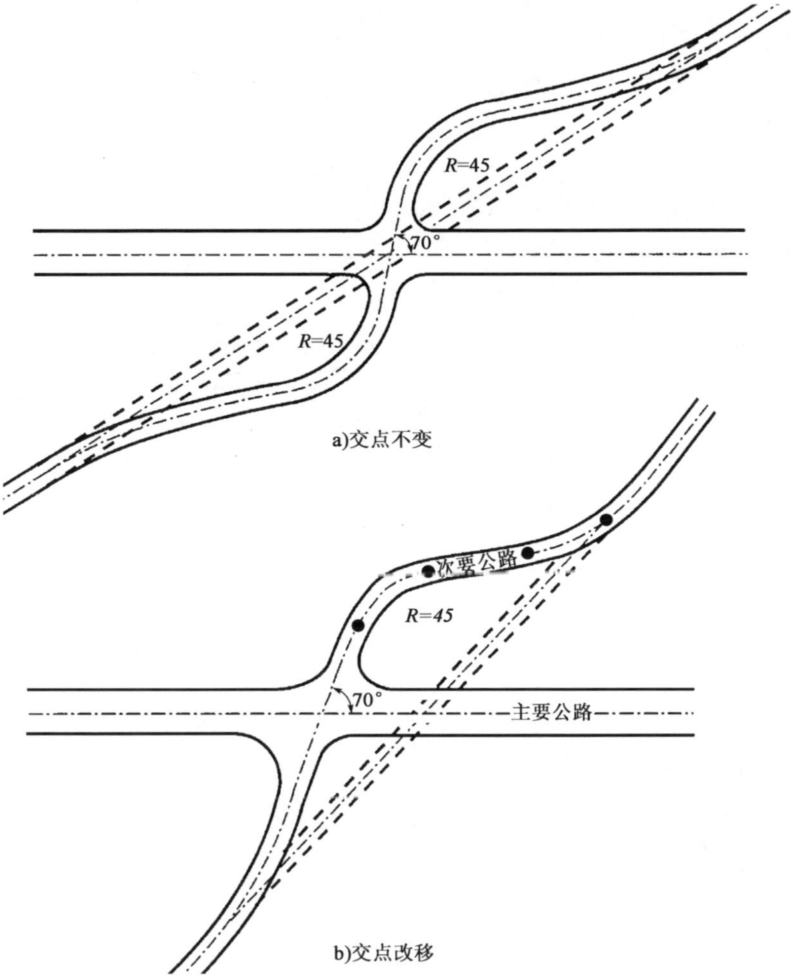

图 5-156　十字交叉的扭正图示

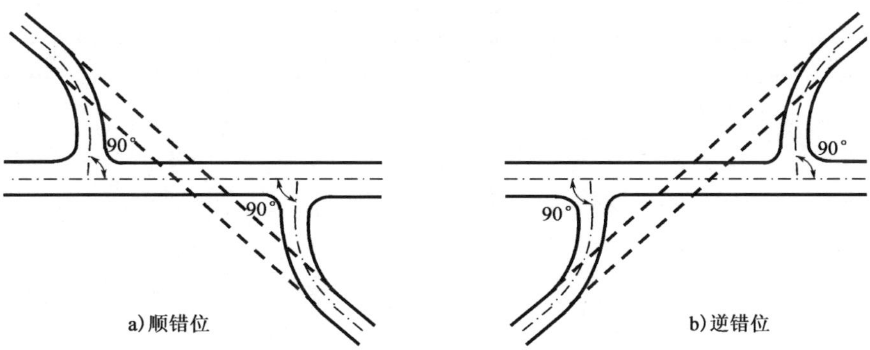

图 5-157　错位交错

(3)在路段纵坡小于3%时，小汽车的加减速距离与在水平路段上相差不大。但是当纵坡大于3%时，大多数驾驶人不能准确判断实际需要的加减速距离。因此，平面交叉口附近的路段纵坡不应超过3%，特殊情况下，调整几何设计指标后的纵坡也不应超过6%。

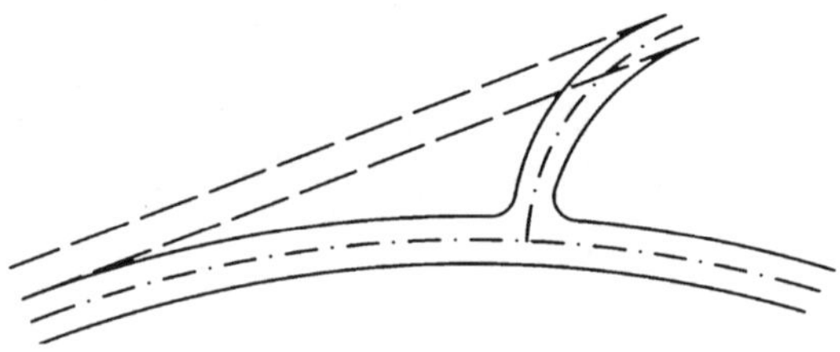

图5-158　主要公路为曲线时的改线

(4)为确保能够有效识别道路线形，必须极力避免在曲线段的切点处、凸曲线顶点、凹曲线底部以及桥梁的连接部等处设置平面交叉口。

(5)主要公路在交叉范围内有超高曲线时，次要公路的纵坡应服从主要公路的横坡。若次要公路在交叉前后相当长的范围内纵坡的趋势与主要公路的横坡相反，则次要公路在引道的一定范围内应设置S形竖曲线，如图5-159、图5-160所示。

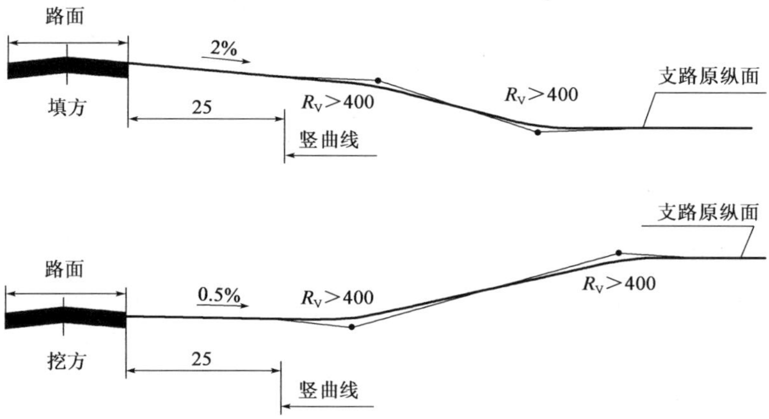

图5-159　次要公路引道纵坡(尺寸单位：m)

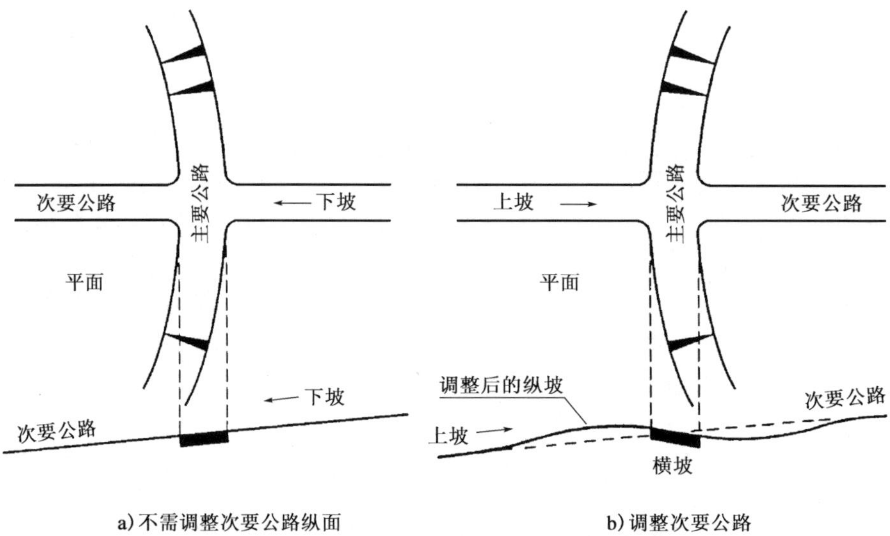

图5-160　主要公路设超高时次要公路引道纵坡

3)横断面布设

(1)车道宽度

车道宽度是在综合交通安全、通行效率、行驶舒适度等各方面因素后综合确定的。在我国标准规范中对各种等级道路的车道宽度都作了相应的规定。在交叉口内,直行车道的宽度宜与路段上使用的车道宽度相同,在需要增加出入口车道数量的平面交叉口,可以适当缩减车道宽度,但最大调整幅度不宜多于0.25m。

(2)直行车道的设置原则

平面交叉口出口车道的数量原则上必须大于或者等于对应的进口直行车道的数量。为使直行车辆顺利通过交叉口,应使交叉口出口车道与进口车道在位置对应,避免为了设置左转弯道而使得车道出入口位置错位。

(3)左转弯车道

设置转弯车道能降低左转导致的相关事故(左转时的侧面撞击、追尾等),还可以提高整个平面交叉口的通行能力。由于左转车辆对直行车辆的影响远大于右转车辆,因此对于新建和改扩建公路的平面交叉口,都建议增设左转弯车道。左转弯车道可以通过拓宽入口、利用中央分隔带宽度或压缩车道宽度等多种方法来设置。

为了避免直行车辆误入左转弯车道,应采用左转车辆从直左车流分出的方式设置左转弯车道,并配以完善的指示标志、标线进行提前预告。禁止将直行车道直接设置为左转弯车道。

(4)右转车道

由于右转弯车辆对直行交通流的影响相对较小,从建设成本考虑,一般的平面交叉口都可以不设置右转弯车道。但当右转交通量特别多、对直行造成的延误大,或属于干线公路、车辆行驶速度很高时,应考虑设置右转弯车道。

3.视距保障

视距是平面交叉口安全设计的一个重要参数,对平面交叉口的安全运行有着重要影响。在我国的《公路路线设计规范》(JTG D20—2006)和《公路工程技术标准》(JTG B01—2003)中,均要求公路平面交叉口的视距应满足各自进口道停车视距。其实对于不同交通控制类型的平面交叉口,其安全视距需求也不尽相同,在进行平面交叉口安全评价、设计和养护时,应该视实际交叉口的情况具体分析。

1)无控制平面交叉口

无控制平面交叉口视距的确定方法与入口车道停车视距确定方法一样,即驾驶人从发现冲突交通流车辆到制动至车辆完全停止所需要的全部长度。图5-161为停车视距和无控制交叉口视距示例。

由于无控制交叉口未能在路权上明确车辆的优先权,往往会发生车辆抢行而导致的侧面碰撞事故。在发生事故后,由于路权未得到明确,事故后期责任判定也比较困难,因此应尽量避免在公路上设置此种类型的平面交叉口。

2)支路停车让行交叉口

在支路停车让行的平面交叉口,支路车辆在交叉口上游功能区减速并完全停止,在确定主路无冲突车辆或主路交通流具备安全可插间隙后,再进行穿越、左转或者右转等驾驶行为。由此可见,只有当主路车辆可插间隙大于临界可插间隙时,支路车辆才能安全地完成穿越或转向行为。因此沿主路的视距长度为主路车辆在临界可插间隙时间内所行驶的距离。视距沿次要道路的长度即支路驾驶人眼睛距主要道路边缘的距离，通常为 5m。支路停车让行平面交叉口视距图如图 5-162 所示。

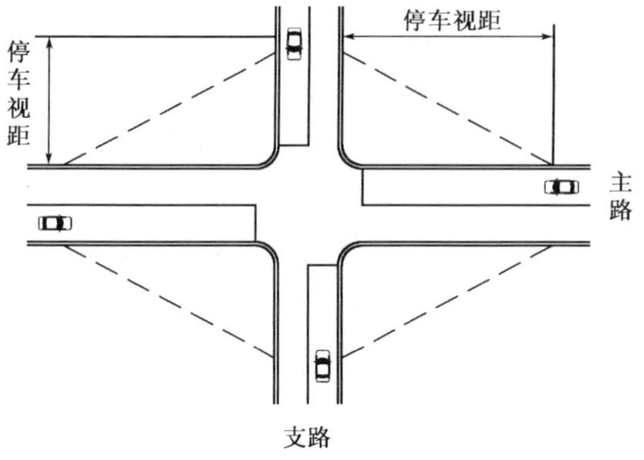

图 5-161　停车视距和无控制交叉口视距图

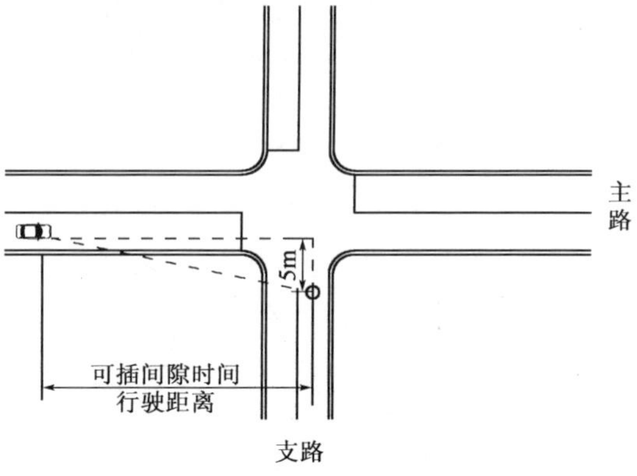

图 5-162　支路停车让行交叉口视距图

3）支路减速让行交叉口

在支路减速让行的平面交叉口，支路车辆在上游功能区减速并观察相交主路的交通状况，确认安全后，再进行穿越、左转或者右转。同支路停车让行交叉口一样，沿主路的视距长度为主路车辆在临界可插间隙时间内所行驶的距离。沿支路的视距长度为支路车辆的减速距离，在无观测数据的情况下，可将车辆从正常行驶速度减速到正常行驶速度的 40%所行驶的距离作为沿支路的视距长度。图 5-163 为支路减速让行交叉口视距图。

4）信号控制交叉口

在信号交叉口中，各交通流车辆受信号控制，不会发生路权冲突，所以信号交叉口的视距要求不高，只要满足任一条车道第一辆车能够让其他车道的第一辆车看见即可。图 5-164 为信号控制交叉口视距图。

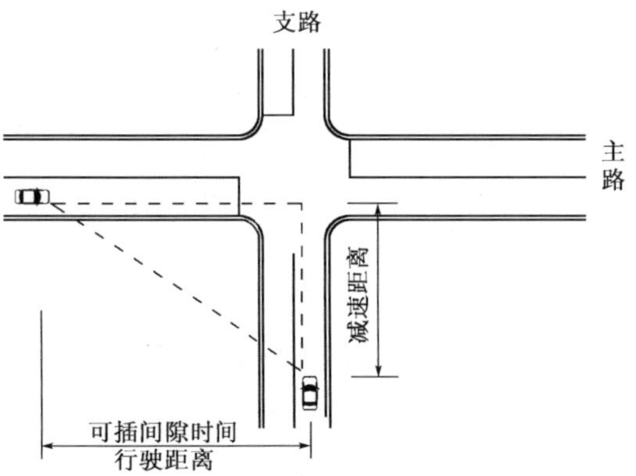

图 5-163　支路减速让行交叉口视距图

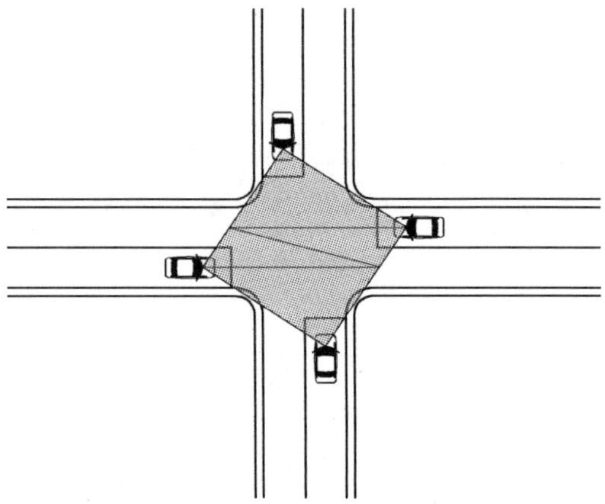

图 5-164　信号控制交叉口视距图

5）全路停车让行控制交叉口

全路停车让行控制交叉口在我国比较少见，一般在相交道路等级和车道数相同或接近时才会采用全路停车让行的控制方式。交叉口各进口道车辆到达交叉口都要停车，以选择合适时机通过。全路停车让行控制交叉口视距要求等同于信号控制交叉口，即只要满足任一条车道第一辆车能够让其他车道的第一辆车看见就可以。

6)平面交叉口视距设计中应注意的问题

从理论角度上讲，在进行平面交叉口设计时，可以按照上述交叉口视距计算方法确定不同控制类型的交叉口的视距。但在我国，公路平面交叉口通常位于人烟稀少的郊外，交通流量较小、且无人监管，在这种情况下，驾驶人遵章率相对较低，支路停车、支路让行、信号控制等平面交叉口所设置的这些管理控制设施可能不能有效发挥其作用，因此，按照上述方法计算确定的交叉口视距也就不能保障交叉口的安全运行。从实际情况出发，尤其是对交通流量小、监管不到位地区的平面交叉口，应该以相交道路的停车视距作为交叉口的视距，在极端条件下，也要至少保证沿主路的视距能够满足停车视距所需的长度。待驾驶人素质提高、能够遵守标志标线和信号控制规定的情况下，才可能按照上述的理论方法确定平面交叉口的视距，但也应视具体情况进行修正。

如图 5-165、图 5-166 所示，某平面交叉口在选位时选择了无山体、房屋、树木遮挡的视野开阔路段设置，主线与支线相互通视距离达几百米，有效保障了交叉口的运行安全。

图 5-165　交叉口支线视角

图 5-166　交叉口主路视角

对于自然形成的交叉口，则需要对平面交叉口的视距进行检查，如图 5-167 所示。在公路平面交叉口视距不能满足交通安全的要求时，从支路驶入主路的车辆很难被主线车辆的驾驶人及时觉察，支路车辆驾驶人也不便于观察主路车辆。为此，渠化设计时移除了遮挡视距的土丘，对遮挡视距的树木进行了移植，对遮挡视距的挖方边坡进行了切削，施工完成后的视距效果如图 5-168 所示。

4. 交通控制方式选择

1)控制方式分类

交叉口交通控制可分为无信号灯控制和有信号灯控制两大类。无信号控制交叉口又可分为完全无控制交叉口，停、让控制交叉口和环行交叉口。完全无控制交叉口不设任何导流设施，车辆可自由通过交叉口，故其安全性较差，不建议使用。因此，平面交叉口的控制方式通常分为停、让行控制、环行控制和信号控制四种控制类型。

2)交通控制方式选择

针对特定的平面交叉口，交通控制类型的选择需要在综合分析其车辆运行特性、车辆延误和运行安全特性的基础上综合确定。

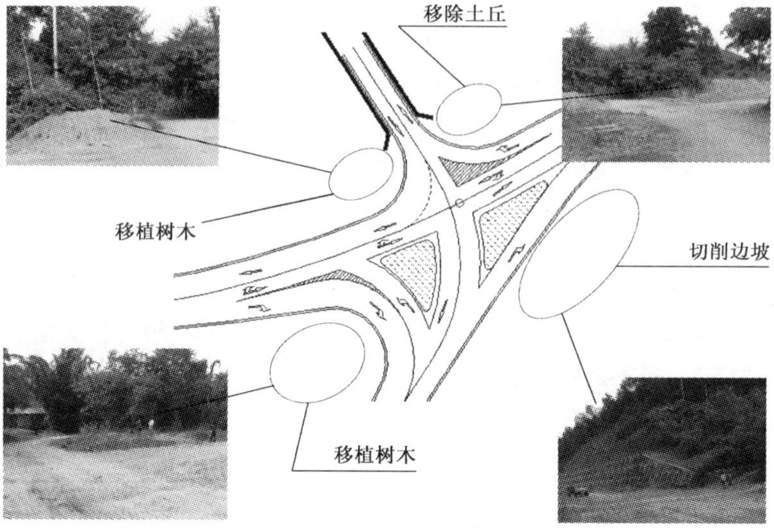

图 5-167　原交叉口视距情况

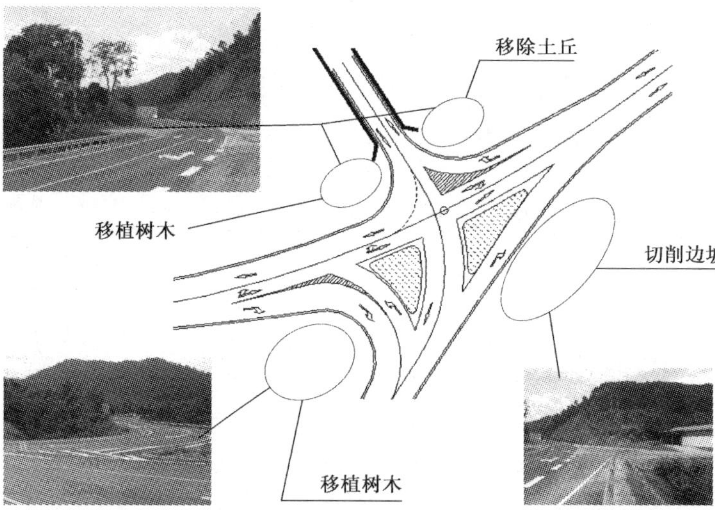

图 5-168　改善后视距情况

(1)车辆运行特征分析

交叉口车流的运行特征是指车流进入交叉口后的车流运行状态,包括在交叉口处速度的变化情况、车流的行驶轨迹及运行特点等。现分别针对以下三种控制方式进行具体分析。

①停、让控制交叉口。停、让控制交叉口是指采用了停车让行或减速让行控制的平面交叉口。这种控制方式一般在交通流量较低或道路有明显主次关系的平面交叉口使用。在停、让控制交叉口,主路上的车流通常不受相交道路的影响,可无需停车顺畅通过,其速度可保证和路段上的速度基本一致;支路车流需在交叉口进口处先停车观望,利用主路的车头间隙通过交叉口。如果主支路上有左、右转车流,则一般各项车流遵循以下的优先规则通过交叉口,即:次

要道路上的右转车流、主要道路上的左转车流、次要道路上的直行车流、次要道路上的左转车流。

停、让控制的交叉口可以最大限度地保证主路车辆顺畅通过，但支路由于要让行，会产生较大的延误，特别是当交叉口的交通量接近其通行能力时，停车、延误更加严重，此时应该考虑采用其他的交通控制方式。

②环行控制交叉口。环行控制的交叉口是在几条道路相交的交叉口中央设置圆岛或带圆弧形状的岛，所有进入交叉口的车辆需要先以小角度汇流，然后在绕岛行驶的过程中与环内车辆交织，在即将到达出口时分流出来。平面交叉口实行环形控制可避免交通冲突和车辆大角度碰撞。其实质是自行调节的渠化方式。其优点是在无需要管理设施的情况下，车辆可以连续安全行驶，平均延误较短，很少制动和停车。缺点是占地大，绕行距离长。

③信号控制交叉口。信号控制是冲突交通流在空间上无法实现分离时，在时间上予以分离的交通控制方法。交通信号在配时上有多种方法，目前应用较为普遍的是多相位预定周期配时方法。相位是在一个周期内，安排了若干种控制状态，每一种控制状态对某一方向的车辆或者行人配给通行权，并合理地安排了这些控制状态的显示顺序。车辆进入信号控制交叉口后，要根据信号灯提供的通行相位排队等候通行。

实行信号控制的交叉口，在时间上分离相互冲突的交通流，减少了各流向交通流之间的相互干扰，提高了车辆运行的安全性和效率。但若设置不当，不仅会浪费设备及安装费用，还会导致主要道路上的车辆延误增加，进而影响整个交叉口的畅通运行。

(2)延误分析

延误是指由于交通干扰、交通管理和控制设施等因素引起的车辆运行时间损失，是评价交叉口的运行效率和服务水平的重要指标。因此，交叉口的延误分析对制订平面交叉口的控制方案具有重要的辅助作用。

对于实施停、让控制的平面交叉口，由于要优先保证主路车辆通行，故主路车辆的延误很小，一般无需停车即可顺畅通过；支路车辆则需要停车或减速观望，故延误较主路大。

对于环行控制的平面交叉口，车辆基本不需要停止即可汇入交织流再分流到相应的行驶方向。通常情况下，其延误大于停车让行或减速让行控制的交叉口，少于信号控制交叉口。

对于信号控制的平面交叉口，车辆只能利用周期内绿灯时间通过交叉口，在其他时间内则需要排队等候绿灯信号，因此，信号控制的平面交叉口的延误主要是由车辆排队等待通行信号所引起的。

我国的交通工程学者在研究了无信号控制交叉口和信号控制交叉口的延误后得出了如图5-169所示的交叉口延误—流量关系曲线。从曲线中可以看出，在交通流量较小时，无信号控制的平面交叉口的延误要小于有信号控制的平面交叉口，但无信号控制的平面交叉口的平均延误随交通量的增长增加较快，当交通量达到一定程度之后，无信号控制的平面交叉口的平均延误就会超过信号平面交叉口。

(3)安全特性分析

信号控制从时间上分离了交叉口相互冲突的交通流，消除或者减少了交叉口的冲突点，大大降低了交叉口范围内发生事故的可能性，因此，其安全性要高于其他控制类型的平面交叉口。

由于环行控制平面交叉口降低了交通流冲突的严重程度，因此，其事故的严重程度要远远小于其他控制类型的平面交叉口，但如果环行控制平面交叉口设置不当，可能会增加事故的发生概率。

美国 NHTSA、FARS 机构在 2002 年中统计了不同控制方式下事故严重性的对比，见图 5-170。

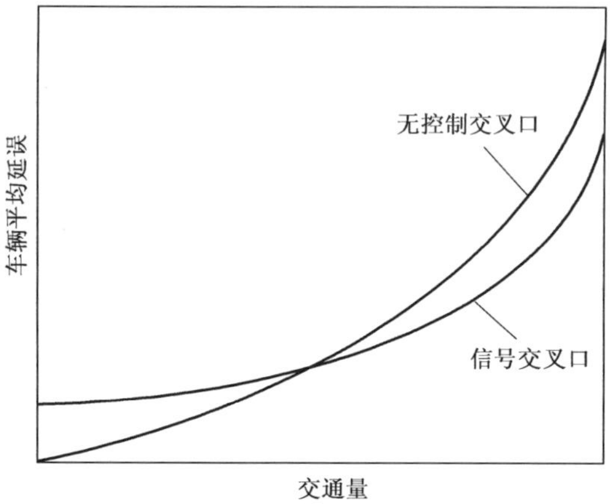

图 5-169　不同类型交叉口延误—流量关系曲线

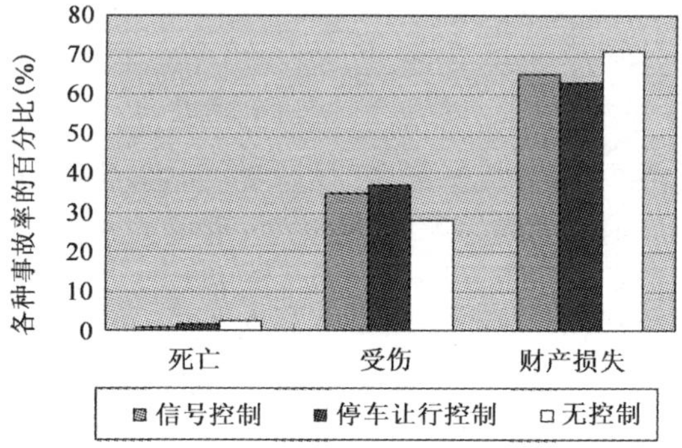

图 5-170　不同控制方式事故严重性的对比

从图 5-170 中可以看出，同其他交通控制方式相比，无交通控制道路及标志标线控制道路不仅发生的事故多，而且事故死亡率高。无交通控制道路多处于跨省区地段、连接县乡地段或连接市区与郊区的地段，绝大多数是等级低、路况差的道路；对于通过标志标线进行控制的道路，由于部分交通参与者没有良好的交通安全意识，对标志标线视而不见，使得道路上的标志标线起不到应有的作用，这也是导致标志标线控制的平面交叉口事故多发的主要原因。

3)选择方法

在平面交叉口控制方式选择时，除了要考虑上述因素之外，还应具体情况具体分析。

在相交公路等级较高、交通流量较大的主要交叉口，采用支路停让控制后，支路车辆难以寻到合适的穿插间隙，往往会发生谁先到谁先通过的现象，不但影响交叉口通行效率，而且会经常发生交通冲突，在此情况下，应采用信号控制，在时间上给各交通流分配路权，提高车辆通行效率和通行安全。如图 5-171 所示为停车让行控制交叉口实例。

图 5-171　停车让行控制交叉口实例

在存在明显主路与支路的平面交叉口，如果主路交通量能够满足支路穿越的需求，则应该优先选择支路停车让行或减速让行的控制方式。因为如果设置成信号控制交叉口，支路可能存在不遵守信号控制而随意穿越的行为，反而不利于平面交叉口的安全运行，而且设置信号控制会明显增加平面交叉口车辆的时间延误。

在相交道路等级和道路横断面相同或相近、难以区分主支时，可采用环行交叉口控制方式，所有交通流的车辆都需要经过入环、绕行和出环的程序。

由于环行控制可消除交通冲突点，提高交通安全性，因此在事故记录较多的平面交叉口也可以采用这种控制方式，以减少严重的交叉冲突事故。在我国，大部分公路交叉口尤其是山区平面交叉口比较偏远，无法为信号控制机供电，或者信号控制机不能得到有效的维护，在此情况下，如果相交道路等级相近，也建议使用环行交叉控制来有效地规范车辆行驶。

5. 干线公路交叉口数量控制方法

交叉口密度与公路定位、安全性和畅通性密切相关，不合理的交叉口密度不仅会使公路失去初始的功能定位，而且对交通安全和畅通极为不利。

合理控制平面交叉间距应考虑各交叉口设置的必要性，在满足地方服务、通行能力、转弯交通量需求的前提下，尽可能减少交叉口的数量，平面交叉的最小间距应满足交织长度、左转弯车道长度、视距以及识别距离等要求；对于相邻且距离较近的交叉口可考虑合并，设置交叉口(包括进出口)的位置还需要同时考虑与附近路网的衔接。

公路对道路两侧土地具有强大的吸引力，如果公路两侧出入口较多，则各类工业、居住和商业用地会逐渐在交叉口附近聚集，如图 5-172 所示。这在公路建设通车的初期对交通造成的影响并不显著，但随着路侧用地逐渐发展成熟，公路上横穿和短途需求会迅速增加，交通组成也将趋于多样化，这将造成道路通行能力、车辆运行速度和安全性显著降低，届时高等级公路将由干线运输通道演变为充满安全隐患的集散公路。

图 5-172　国内某公路平面交叉口

在我国的西部山区，干线公路平面交叉口通常是与村道或机耕道相交形成的。由于交叉口比较隐蔽，加之当地居民安全意识较差，贸然横穿公路的现象非常普遍，虽然横交通流量不大，但在路侧随时可能会出现横穿车辆的情况下，驾驶人普遍精神紧张且行驶缓慢，这就对干线公路的畅通和安全运行带来了严峻的挑战。如果对这些道路不加区分地全部强制封闭，必将严重影响居民正常的生产、生活。为此，需要对公路现场形成的平面交叉口进行勘察和相关调查，根据每个类型交叉口的服务人口、转向特征及其在附近居民中的重要地位，将交叉口进行科学合理的分类，再根据各种类型平面交叉口的通行特征采取封闭、合并归口、上跨或下穿等技术措施，最终达到控制交叉口数量的目的。

以下是国内某西部省份山区公路平面交叉口类型划分与处置方法，可用作参考。

类别Ⅰ：相交道路为等级公路或连接县城与乡镇的道路，未来流量较大，是当地公路的主要交叉口。

处治措施：保留此类交叉口，并进行详细的渠化设计，如图 5-173 所示。

类别Ⅱ：相交道路为附近多个村寨或大型村寨的主要出入通道，村寨的总人口在 3 000 人以上。

处治措施：保留该类别交叉口，并进行简单的渠化设计，如图 5-174 所示。

图 5-173　详细渠化设计的交叉口

图 5-174　简单渠化设计的交叉口

类别Ⅲ：相交道路连接村寨的人口小于 3 000 人，但相交道路属于居民生产、生活所必经通道，或相交道路在 3 000 人以上但不属于村寨的主要出入通道。在相交道路附近有桥梁或涵洞可以用作下穿通道，或者在相交道路附近具备设置下穿通道的条件。该类交叉口交通需求相对较小，且以横穿需求为主。

处治措施：取消该类平面交叉口，改造主线公路的桥梁和涵洞，或者新建下穿通道满足居民的正常出行需求。图 5-175 为利用桥梁下穿主线公路前后对比，图 5-176 为桥下改线鸟瞰图。

a）改线前

b）改线前

图 5-175　桥下改线（实施前后对比）

图 5-176　桥下改线鸟瞰图

类别Ⅳ：满足类别Ⅲ的人口条件，但在相交道路附近无桥梁和涵洞可用作下穿通道，相交道路附近主线也不具备设置下穿通道的条件。该类交叉口交通需求相对较小，且以横穿需求为主。

处治措施：取消该类平面交叉口，设置上跨桥满足居民横穿需求（图 5-177）。上跨桥结构结合周边地形进行造型设计，追求简洁明快、不笨重、不压抑的景观效果。

类别Ⅴ：相交道路连接的村寨人口小于 3 000

人，且相交道路不属于居民生产、生活所必需的通道；或封闭相交道路之后，两侧居民在 1km 范围内有替代通行道路。

处治措施：取消此类交叉口，归并附近交叉口、通道或上跨桥（图 5-178）。

图 5-177　满足公路两侧村庄居民往来及学生上学横穿需要设置的人行上跨桥

图 5-178　因视线差而封闭的左图交叉口归并至右图所示交叉口

五、平面交叉口详细设计

平面交叉口是相交道路交通流共用的区域，各流向交通流要在该区域内分流、合流和冲突，如果渠化不当，则会引起严重的交通事故。如何通过交通岛、标志标线等设施渠化交叉口、有效地诱导和管理各流向的交通流就显得尤为重要。此外，国内外实践表明，左转弯车道能够明显提高左转弯交通流的安全性。因此，在这里也重点讨论一下如何合理安全地设置左转弯车道。

1. 左转弯车道

根据平面交叉口交通冲突理论，左转交通流是交叉口范围内冲突点最多，冲突最严重的交通流。设置左转弯道可以在一定程度上提高左转车辆的通行安全性。左转弯车道可以让车辆从直行交通流中平滑地分离出来，在左转弯车道内减速并完全停止，从容地观察交叉口范围内的交通状况，等待安全的左转机会，有效地避免了转弯车辆在直行车道上减速而引起的后面直行车辆追尾事故，同时减轻了驾驶人转弯过程中的信息处理和驾驶操作负荷，减少了在车辆转弯过程中的交通冲突事故。

根据国外大量研究表明，左转弯车道能够明显提高交叉口的安全水平。据美国 1999 年《乡村公路交叉口的事故碰撞模型》研究，在信号控制和无信号控制的交叉口增设左转弯车道能分别减少 38%和 77%的事故。美国 2003 年的《交互式公路安全设计手册》中也指出，在公路无信号控制的交叉口设置左转弯车道，能减少 60%的交通事故。由此可见，在平面交叉口设置左转弯车道的安全效果是十分明显的。

1)我国左转弯车道应用中问题分析

在我国的双车道公路上，为了提高交叉口入口的通行能力，同时也为了减少直行车辆与左转弯车辆间的冲突，较为常用的左转弯车道设计方法是如图 5-179 所示拓宽入口，将直行车道偏转出去的方式。在我国发布的标准规范中，也列出了这种左转弯车道的设计方式。虽然这种设计方法能够让直行车辆通过向右偏移的方式从直、左的混合车流中分离出来，优于上一种类型的左转弯车道，但这种设计违背了直行优先原则，也不符合驾驶人的行车习惯，容易使直行车辆误入左转专用车道，尤其是在线形好、车辆行驶速度高的高等级公路上，更容易诱发交通事故。该设置方法在城市交叉口中经常应用，但在公路上应用却会带来较多的安全问题，因此，提出一种符合驾驶人行车习惯的左转弯车道尤为重要。

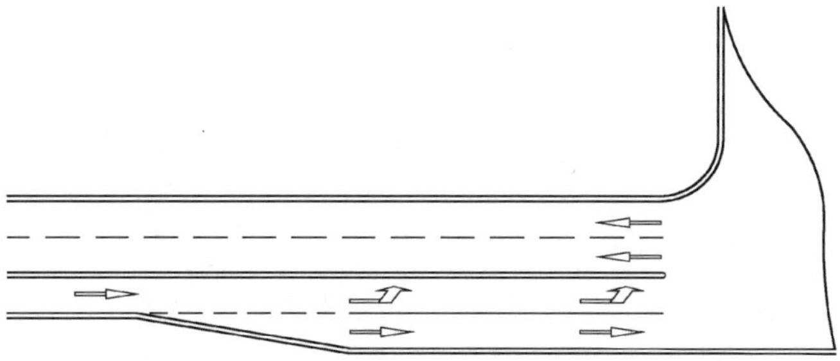

图 5-179　左转直行、直行向外侧偏移左转弯车道设置示例

2)左转弯车道设置条件

在公路通车运营之后，再进行拓宽设置左转弯车道的难度较大，因此，在路侧具备拓宽条件的情况下，干线公路的交叉口都应拓宽设置左转弯车道或留出设置左转弯车道所需要的储备用地。

在集散道路上，交叉口交通流量较大或左转弯车辆比例超过 15%时，路段设计速度或实际运营速度较高时也应该设置左转弯车道。

在已经运营的交叉口，如果左转交通流的平均排队车辆超过 3 辆，则建议设置左转弯车道。

3)左转弯车道设置注意事项

在设置左转弯车道时，应尽量通过拓宽交叉口入口的方式设置，入口直行车道宽度与路段车道宽度应保持一致，拓宽的左转弯车道的宽度应与直行车道的宽度保持一致，且不宜小于 3m。

在设置左转弯车道后，应在左转弯车道对应的出口位置设置交通岛或左转弯加速车道，以尽量保持直行车道出入口位置对应。

设置左转弯车道时，应尽量避免在交叉口入口将直行车道直接变换为左转弯道。否则会使得车辆在入口引道紧急变换车道,引起入口交通流紊乱。

4)左转弯车道几何尺寸设计

针对我国目前双车道公路左转弯车道存在的问题以及山区公路入口拓宽空间有限的现状,推荐采用如图 5-180 所示左转弯车道设置方式,即先将主线交通流都向公路外侧偏转,然后让左转弯车辆从主线交通流中分离出来的设计方法。这种方法符合驾驶人的行车习惯,为左转弯车辆提供了安全减速和等候通行的空间,避免了我国常见的左转弯车道安全隐患,该类型左转弯车道已经在国内多条示范公路上得到成功应用。

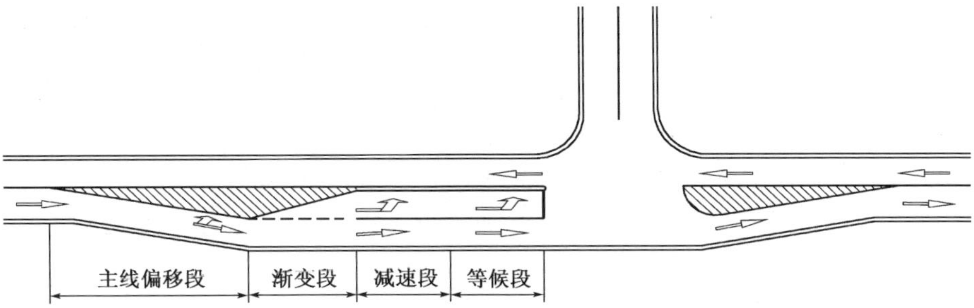

图 5-180　典型左转弯车道设置方法

该种类型左转弯车道由主路偏移段、渐变段、减速段和等待段组成,下面分别介绍各组成部分取值方法。

(1)渐变段

根据实践,过渡段渐变率应该在 1∶15～1∶8 之间。当设计车速为 50km/h 时,过渡段渐变率可取 1∶8;当设计车速为 80km/h 时,过渡段的渐变率宜取 1∶15。

在我国现行公路路线设计规范中,对转弯辅助车道渐变段的长度作了明确的规定,见表 5-61。

渐 变 段 长 度　　表 5-61

设计速度(km/h)	100	80	60	40
渐变段长度(m)	60	50	40	30

有些人认为,过渡段应该越长越好,因为过渡段越长,车辆越容易过渡。其实不然,如果过渡段太长,往往容易诱使一些本来要直行的驾驶人进入减速车道,当过渡段位于平曲线上时更是如此。因此,过渡段的长度应该控制在一个合理的范围之内。

渐变段过渡段也是渐变段设计中的重要组成部分。合理地选取过渡段的形式能够避免车辆碰到过渡段的末端,有助于提高车辆偏移的质量。通常情况下,过渡段形式分为直线形和曲线形两种类型。

直线形过渡是最常见的过渡形式[图 5-181a)],常应用于利用路肩设置的左转弯车道。但当路侧有路缘石时,车辆撞在过渡段末端路缘石上的概率很大,此时不宜采用直线过渡方式。

曲线形过渡又分为三种形式,分别是部分切线过渡、对称反向曲线过渡和非对称反向曲线过渡。如图 5-181b)所示为部分切线过渡形式,该方式是在过渡段的末端设置短曲线,相切的部分占总长度的 1/3～1/2。如图 5-181c)所示为对称反向曲线过渡方式,这种过渡方式在两侧有路缘石的城市道路上经常采用。图 5-181d)所显示为非对称反向曲线过渡形式，该方式的一条转向曲线的半径是另一条曲线半径的 2 倍，是目前最符合车辆行驶轨迹的一种方式，当过渡段长度大于 30m 时，过渡段 1 和过渡段 2 适用于运行车速较低的情况。

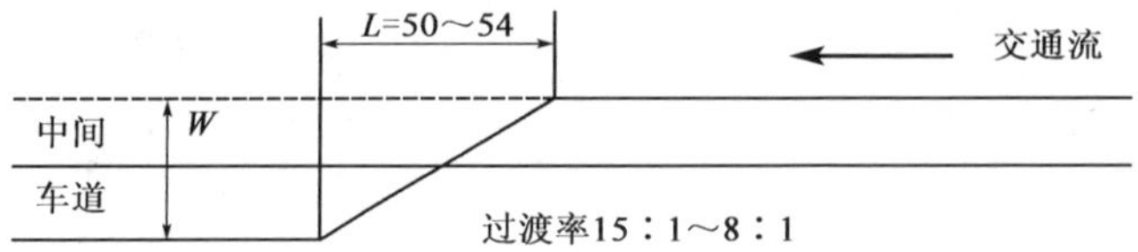

a) 直线过渡

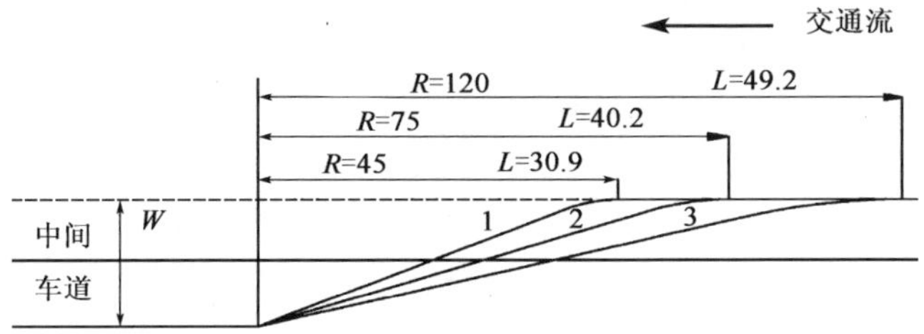

b) 部分切线过渡

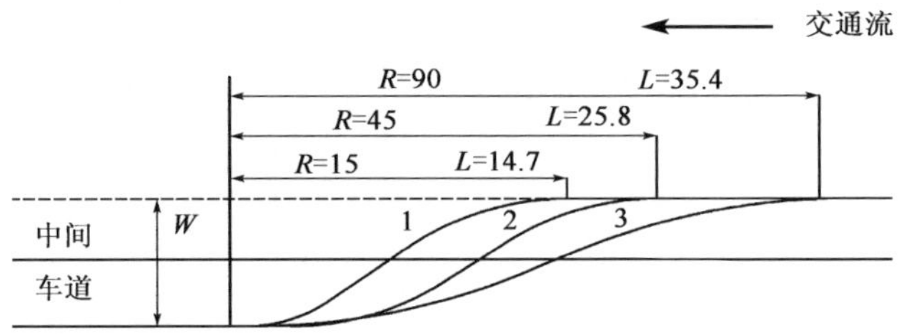

c) 对称反向曲线

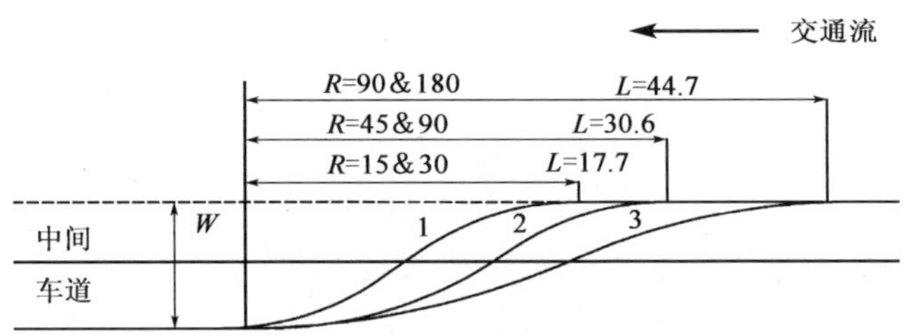

d) 非对称反向曲线

图 5-181　过渡段的设计(尺寸单位：m)

1,2,3-过渡段

(2)减速车道

减速车道能够为转弯车辆提供一个安全减速的空间，在公路纵坡小于 3%的情况下，减速长度是指让车辆从设计速度很舒服地减速至停止所需要的全部长度，如表 5-62 所示。

但在实际应用中，提供这么长的减速车道是不现实的。根据实践，可将渐变段作为减速段的一部分；同时，车辆在进入渐变段之前的车道上也可以很轻易地把速度降低 15km/h。在考虑以上两项因素之后，剩余所需要的减速长度即可作为辅助减速车道的设计长度。15km/h是在干线公路上普遍能够接受的车辆速度差，如果辅助减速车道设计得过短，那么就会使得左转车辆和直行车辆在直行车道的速度差过大。而在集散公路和城市街道上，由于驾驶人会更有耐心，速度差可以适当放宽一些。

减速长度　　表 5-62

设计速度(km/h)	50	60	70	80	90
渐变段长度(m)	70	100	130	165	205

在我国现行的公路路线设计规范中，根据相交公路的主次、类别和变速条件等，对辅助车道减速段的长度作了明确的规定，见表 5-63。

减速车道长度表　　表 5-63

公路类别	设计速度(km/h)	减速车道长度(m)		
		末速(km/h)		
		0	20	40
主要公路	100	100	95	70
	80	60	50	32
	60	40	30	20
	40	20	10	—
次要公路	80	45	40	25
	60	30	20	10
	40	15	10	—
	30	10	—	—

(3)等候段

在非信号控制平面交叉口，等候段的长度应该能够满足高峰小时的 2min 时间内驶入左转车道车辆的排队需求，而且其至少能够提供两辆车等候通行。如果左转交通流量中 10%以上为货车，则至少能够提供一辆小客车和一辆货车等候通行。当然，2min 的等候时间可以根据转向操作难度和对向直行车辆的可插间隙作适当的调整。当对向直行交通流的可插间隙不能满足左转车辆通行时，则应该设置信号控制，提高左转车辆的通行效率。

在信号控制交叉口，等候段的长度取决于信号周期的长度、信号相位设置和左转交通流量的大小。通常情况下，等候段的长度应该能满足在 1.5～2 倍的单信号周期内左转车辆数量的停放长度。

我国现行公路路线设计规范规定，左转弯等候段长度应不小于 30m；当左转弯交通流量很小时，可不考虑等候长度。

(4)主线偏移段

双车道公路中间没有中央分隔带，为了在左侧设置左转弯车道，主路交通流需要向右侧作一定幅度的偏移。偏移的方式有两种，一种是对向出口车道方向不变，只通过偏移入口方向直行车道的方式；另一种方式是通过偏移双向直行车道位置的方式。第一种方式单侧需要拓宽一个车道，所需要的偏移段的长度较长，因此，只在道路左侧不具备拓宽条件时使用。第二种方式是左右两侧各需要拓宽半个车道的宽度，在渐变率相同的情况下，此偏移方式所需的偏移段长度仅为第一种偏移方式的一半，因此，在道路两侧具备拓宽条件时，使用两侧拓宽的方式设置左转弯车道更为经济合理。

偏移段的长度可参照美国联邦公路局出版 MUTCD 中推荐的公式确定，见公式(5-109)，且偏移段的长度最小不宜低于 60m。

$$L = 0.62Wv \quad (v \geqslant 70\text{km/h}) \quad 或 \quad L = \frac{Wv^2}{155} \quad (v < 70\text{km/h}) \tag{5-109}$$

式中：L——偏移段长度；

W——偏移宽度；

v——行车速度。

(5)左转弯车道设计案例

下面以案例说明如何确定左转弯车道的关键几何参数和交叉口入口所需拓宽长度。

某条二级公路，双向两车道，无中央分隔带，设计速度为 80km/h。为提高该公路平面交叉口的通行能力和安全水平，决定拓宽入口设置左转弯车道，左转弯车道的宽度为 3.5m。请根据路段设计速度和左转弯车道的宽度计算确定设置左转弯车道所需要的路段最小拓宽长度。

二级公路未设置中央分隔带，应设置偏移段将左转车道从直行车道中分离出来。偏移段的长度使用式(5-109)确定。如果采用中间线往两侧拓宽的方式，每一侧需要拓宽 1.75m；如果采用一侧拓宽的方式，则单侧需要拓宽 3.5m，由 $L=0.62Wv(v\geqslant 70\text{km/h})$ 可计算出这两种情况下，偏移段的长度分别为 90m 和 180m。

参照《公路路线设计规范》(JTG D20—2006)，等候段的长度取小值 30m，车辆速度从 80km/h 减至 0km/h 所需要的减速段的长度为 60m，所需要的渐变段长度为 50m。由表 5-64 可计算出设置左转弯车道所需要的路段最小拓宽长度。

设置左转弯车道所需要的路段最小拓宽长度 表 5-64

设置方式	设计速度(km/h)	偏移段长度(m)	渐变段长度(m)	减速段长度(m)	等候段最小长度(m)	拓宽段最小长度(m)
单侧拓宽	80	180	50	60	30	320
双侧拓宽	80	90	50	60	30	230

图 5-182 和图 5-183 为这两种拓宽方式的左转弯车道设置示意图。图 5-184 为某山区双车道公路左转弯车道实施效果图。

5)左转加速车道

在车速较快的干线公路上，为减轻左转车辆在出口处对直行车流产生的不利影响，应考虑设置左转加速车道。在中央分隔带较宽和对应入口已经设置了左转弯减速车道的平面交叉口，为了有效利用其对应的出口空间，也建议设置左转弯加速车道。左转弯加速车道渐变段长度确定方法与左转弯减速车道相同，加速车道长度可按照加速度 1m/s^2 确定。现行的公路路线设计规范中，对加速车道的长度也作了详细的规定，见表 5-65。

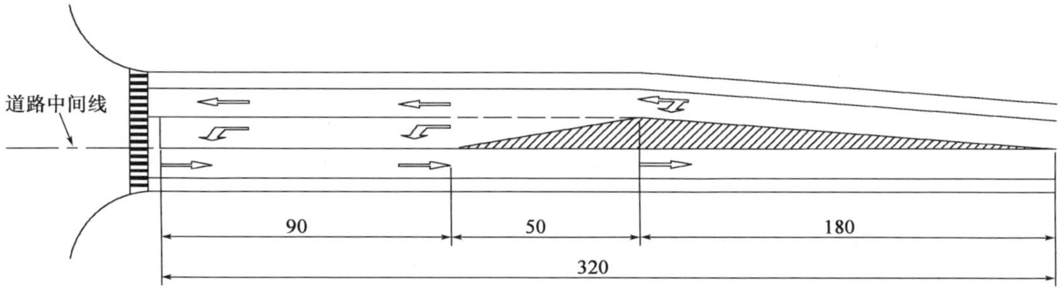

图 5-182　单侧拓宽左转弯车道设置图(尺寸单位:m)

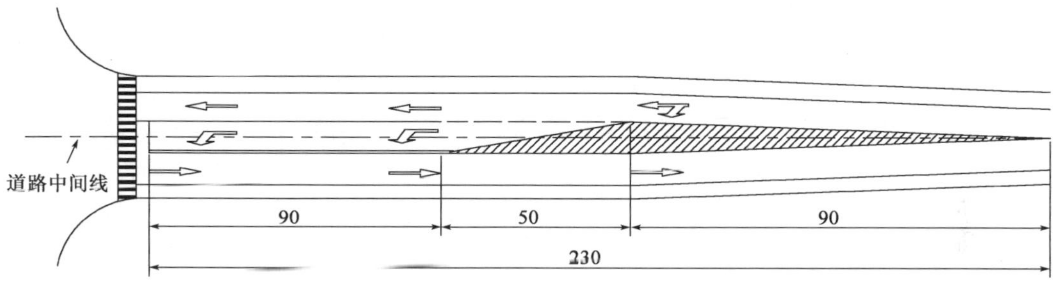

图 5-183　双侧拓宽左转弯车道设置图(尺寸单位:m)

图 5-184　某山区双车道公路左转弯车道实施效果图

加速车道长度表　　表 5-65

公 路 类 别	设计速度(km/h)	加速车道长度(m)		
		始速(km/h)		
		0	20	40
主要公路	100	250	230	190
	80	140	120	80
	60	100	80	40
	40	40	20	—
次要公路	80	90	80	50
	60	65	55	25
	40	25	15	—
	30	10	—	—

2. 交通岛

交通岛是在两车道间，用来控制车辆的移动，同时车辆不能使用的区域。交通岛也可以用于庇护行人和安置交通控制设施。从这个定义可以看出，交通岛的形状并不唯一，路缘石所包围的区域、油漆或热塑性的标线所画的区域都能够称为交通岛。

1)交通岛种类

根据交通岛的功能，可将交通岛划分为导流岛、分隔岛和安全岛三种类型。对于具体的交通岛，可能兼有上述三种类型中的一种或多种功能。

(1)导流岛，为指示、约束车辆行驶轨迹和行驶方向而设置的岛。

导流岛是交叉口设计的重要组成部分，具有规范车辆行驶轨迹、分离和固定冲突点位置、控制冲突角度、划掉交叉口多余的路面、保护行人、为交通控制设施提供设置位置等多种功能。

设置导流岛可以合理组织交通，使行驶路线清晰，易于操作。在进行导流岛渠化设计时，建议先使用临时的可以移动的支柱或沙袋设置临时导流岛，然后根据车辆的行驶轨迹，调整交通岛的尺寸和形状，直至比较合理为止，最后再根据调整后的导流岛尺寸和形状进行设计和施工。

在城市附近，车速较低，驾驶人对这些渠化设施较为熟悉，渠化可以起到很好的导流作用。如果在乡村地区，无论是白天还是晚上，导流岛的设置应该使驾驶人很容易发现导流岛的位置和形状，减少车辆碰撞导流岛的概率。

标线渠化(涂漆或画标线)岛的效率高，易于修改。但对车辆的约束性低，如果需要进行硬隔离，就设置凸台式导流岛，但是标线交通岛也可以在开始阶段用于确定最佳的导流岛位置。

(2)分隔岛，为分离同向和对向的交通(主要是直行交通流)设置的岛。

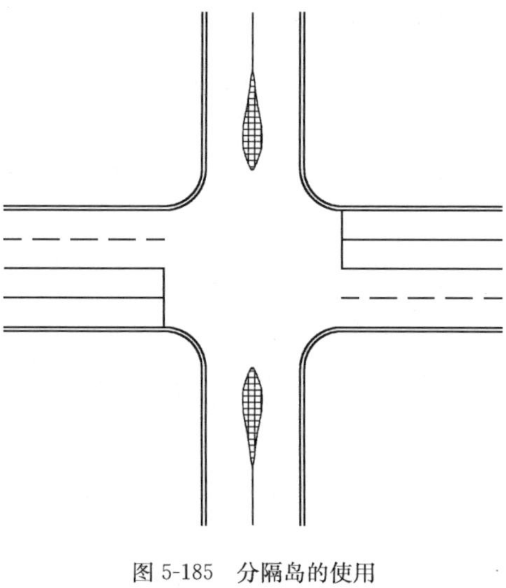

图 5-185　分隔岛的使用

设置分隔岛可以调整交叉口附近的交通，还可以提醒驾驶人前面有交叉口，起到警告作用。在双车道公路上可以用来分离已经设置右转弯车道的右转弯交通流和直行交通流。也可以用作分隔岛隔离对向车流，提高安全性能，如图 5-185 所示。

(3)安全岛或者庇护岛，为给行人提供庇护空间设置的岛。

安全岛能够为行人和自行车提供有效的保护，减少行人和自行车过街时间和过街距离。安全岛一般位于车辆行驶轨迹不需要占用的地方，其形状一般为长条形或是三角形。

行人使用的安全岛应设置在人行横道或非机动车道附近，以便于行人和非机动车使用。

安全岛的宽度应大于 1.8m，且具有良好的视距，行人和非机动车视线不能被电线杆、标志杆、岗亭等阻挡。

在转角处的交通岛、中心导流岛以及分隔岛经过改造之后，都可以作为安全岛。交通岛设计的主要原则可以直接应用于设计安全岛。总的说来，安全岛的设计必须能够简单明了地显示行人和非机动车行驶路径，并且易于机动车驾驶人辨识。

2）交通岛的大小

交通岛的大小必须能够引起驾驶人的注意。公路上使用的凸台式交通岛的面积应至少大于 $7m^2$。细长的交通岛的宽度不应小于 1m。在空间受到限制的情况时，细长的交通岛的最小宽度可以减少至 0.5m，交通岛以及分离带的各个要素最小值可参照图 5-186 和表 5-66 选取。

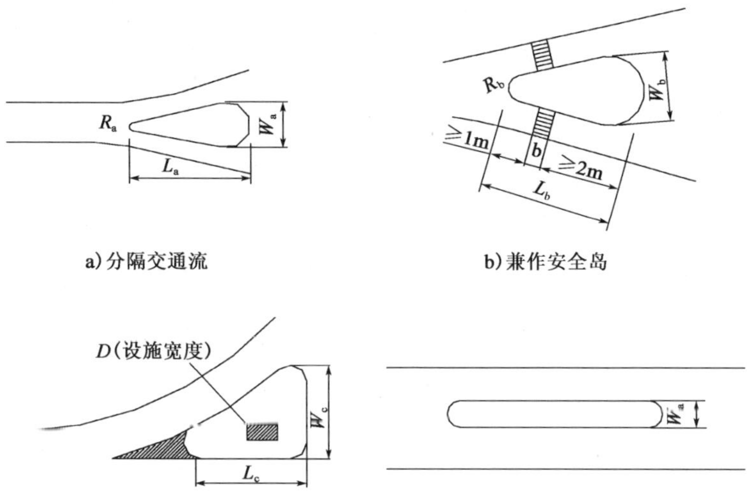

a）分隔交通流　　b）兼作安全岛

c）设置设施　　d）不设过渡段分隔段

图 5-186　各种不同形式的交通岛

交通岛以及分离带的各个要素最小值　　表 5-66

区　　分	各 个 要 素	城　　市	乡　　村
(a)	W_a	1.0m	1.5m
	L_a	3.0m	5.0m
	R_a	0.5m	0.5m
(b)	W_b	1.5m	2.0m
	L_b	$(W_f+1.0)$m	$(W_f+1.0)$m
	R_b	0.5m	0.5m
	面积	$5.0m^2$	$7.0m^2$
(c)	W_c	$(D+1.0)$m	$(D+1.5)$m
	L_c	5.0m	5.0m
(d)	W_d	1.0m	1.5m

注：D-设施的宽度(m)；W_f-人行横道线的宽度(m)。

3）交通岛的形状

交通岛的前端内移距（01，02）以及偏移距（S）是根据通过车辆的速度、交通岛的大小、交叉口所处位置等因素确定的，其标准值如图 5-187、表 5-67 和表 5-68 所示。

偏移距和内移距的值(m) 表 5-67

设计速度(km/h)	S_1,S_2	S_3	01	02
80	1.0	0.5	1.5	1.0
60	0.75	0.5	1.0	0.75
50 以下	0.5	0.5	0.5	0.5

交通岛端部的半径(m) 表 5-68

R_1	R_0	R_r
0.50～1.00	0.50	0.50～1.50

当导流岛特别大时,导流岛端部内移距在主要道路一侧按 1/20～1/10 过渡,在次要道路一侧按 1/10～1/5 过渡。

4)交通岛鼻端的设计

交通岛必须让驾驶人能够很容易地发现它的存在并选择正确的行驶路径。为使驾驶人不受误导,对交通岛的鼻端设计尤其有必要引起注意。分流点与岛头的距离 L(m)(图 5-188)可根据岛的前端半径 R(m)和设计速度 v(km/h)按照式(5-110)和式(5-111)求得。

异向时:

$$L = \frac{v \cdot R}{3} \tag{5-110}$$

单侧移动时:

$$L = \frac{2v \cdot R}{3} \tag{5-111}$$

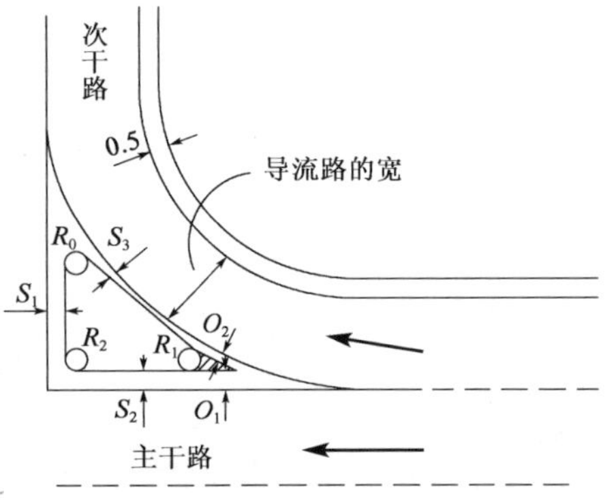

图 5-187 交通岛的偏移距、内移距和端部曲线半径示意图

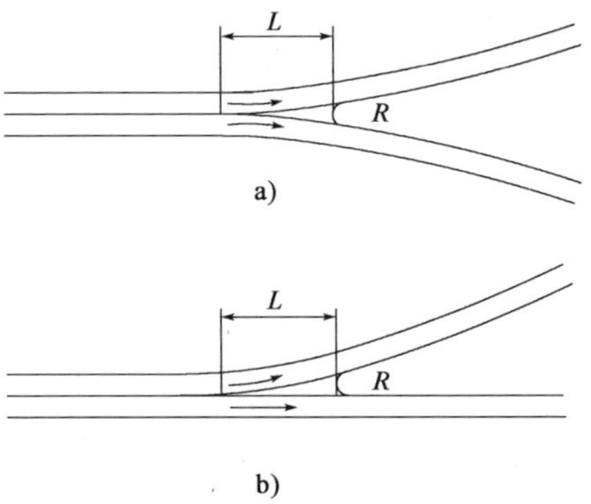

图 5-188 分流点与岛头距离

但是,如果图 5-188b)的情况不是出现在干线公路上,L 的长度可以缩小为原来的一半。

5)交通岛应用

如图 5-189 所示,在某双车道公路大型平面交叉口,为约束车辆转弯轨迹,同时避免车辆在通过交叉口时走捷径驶入对向车道,在主线和支线均设置了分隔岛。

在 T 形交叉口和十字交叉口上,为了增加右转弯的顺畅度,增大了右转弯车道半径,在右转弯匝道与直行或转弯车道之间空出的区域设置了导流岛(图 5-190)。

为使交通岛有效发挥作用的同时避免车辆碰撞交通岛事故,对面积小于 25m² 不容易被驾驶人注意的小型交通岛采用标线渠化的方式(图 5-191)。对于面积介于 25～70m² 之间的交通岛采用凸起硬化方式(图 5-192)。对于面积大于 $70m^2$ 的交通岛，如果采用凸起硬化的方式，大面积干燥区域会在一定程度上影响道路的舒适性，从人性化和美观的角度，交通岛采用了绿化设计方案(图 5-193)。

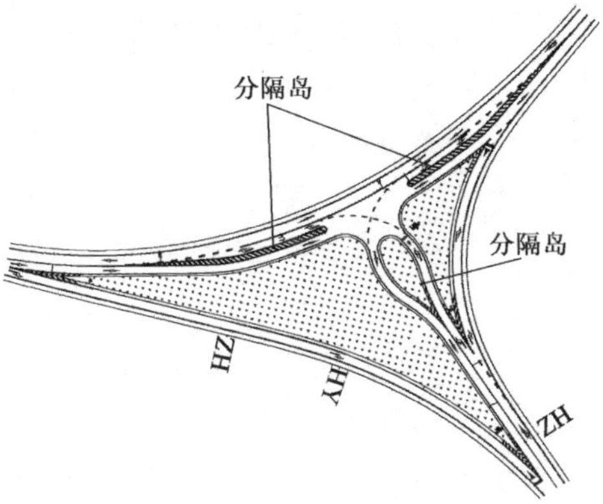

图 5-189　在平面交叉口设置的分隔岛

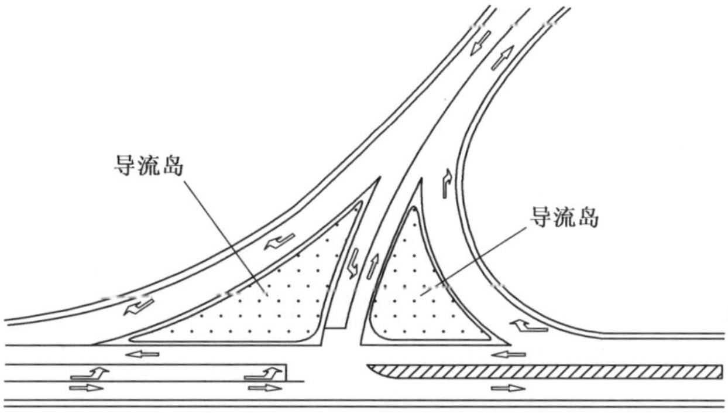

图 5-190　庄平面交叉口渠化方案图

图 5-191　标线交通岛

图 5-192　凸起硬化交通岛

在进行交叉口渠化时，还应注意保持交叉口路段直行车道的侧向净空与正常路段侧向净空一致，使车辆在进入交叉口车速降低的情况下，保证车辆碰撞交通岛概率小于在正常路段上车辆驶出路外的概率，以避免让凸起的交通岛成为交通安全隐患。

图 5-193　绿化交通岛

3. 标志标线

平面交叉口是两条或多条公路相交而形成的冲突及其影响区域，在这个区域范围内，如果不对交通流进行有效控制，则会引起交通混乱乃至影响交通安全。

合理地布设标志标线不但能够指示车辆行驶方向，而且能够明确平面交叉口区域内各部分的路权，控制行车轨迹和冲突点，保证车辆安全顺利通行。

1)主要道路和支路的路权分配

在进行非信号控制平面交叉口渠化之前，需要在分析道路等级、交通流量、横断面宽度的基础上确定出主路和支路。坚持主路交通流优先通行原则，主路车辆在交叉口可不停留而直接通行，支路车辆需要在进入交叉口冲突区域之前停止，在具备安全通行的条件下再通过交叉口。为了明确这种路权优先顺序，就需要在支路直行和左转入口车道设置停车让行标线和停车让行标志，在支路右转入口车道设置减速让行标志和标线。

对于信号控制平面交叉口，相交公路冲突交通流已经通过信号控制从时间上分离，因此，不存在主路畅通、支路停车或减速让行的问题。

2)人行横道设置

人行横道是用标线标识的专供行人和非机动车通行的通道，通常在停车线的前方垂直于行车道设置，如图 5-194 所示。当交叉口满足以下条件时，需要设置人行横道。

图 5-194　平面交叉口人行横道

(1)交叉口是信号控制交叉口；

(2)交叉口位于城镇、城郊，行人过街交通量较大；

(3)交叉道路为集散功能的道路，行人过街交通量较大；

(4)交叉口附近存在学校、工厂、居民区、集市等，行人过街交通量大并且出行时间较集中。

在设置人行横道时，应尽量体现以下设计原则。

(1)应尽量减少人行横道长度，减少行人在冲突区域的暴露时间；

(2)保证人行横道具有足够的宽度，以能够引起机动车驾驶人的注意，并能保证行人以最快的速度通过交叉口危险区域；

(3)尽量符合行人交通流特性，以保证人行横道能够得到有效利用；

(4)人行横道尽量与行车道垂直并设置在驾驶人容易识别的位置。

3)停止线设置

停止线是用于标识车辆等候通行时停车位置的标线。在信号控制的平面交叉口入口车道和设有停车让行控制的入口车道都必须设置停止线，如图 5-195 所示。停止线位置不应对相交道路流入的交通流构成影响。有行人横道时，宜在其后 1～2m 处设置，当交叉口为畸形交叉口时，停止线应后退更大的距离；当有左转弯车道，且相交道路流入的左转交通流的转弯半径较小时，左转弯车道的停止线位置可在同向的直行车道的停止线位置的基础上后退 2～3m。

图 5-195　平面交叉口停止线

4)导向箭头设置

导向箭头是用来标示本车道车辆行驶方向的特殊标线。路口各方向进口渠化段应设置三组导向箭头，因道路条件所限，导向车道过短，可设置两组箭头，第 2 组导向箭头作为预示导向箭头。

如图 5-196 所示，以停止线位置为基准，第 1 组导向箭头距停止线 5m，第 2 组导向箭头设置于导向车道的起始位置，通常距离第一组导向箭头 30～70m，第 3 组导向箭头作为预示导向箭头在距离第 2 组导向箭头 30～70m 的位置设置。

如图 5-197 所示，在右转提前分离的交叉口入口，则需要调整直右导向箭头的位置，在直右分流点的位置设一组导向箭头，在其后 30～70m 范围内再设置一组预示导向箭头。图 5-198、图 5-199 均为交叉口导向箭头设置的实景图。

5)停车让行标志与标线

当主路与支路相交，且无需设置信号控制时，应该对支路交通流实施停车让行控制。停车让行线的设置原则与停止线的设置原则相同。如图 5-200 所示，停车让行标志应设置于停车让行线的右侧，并尽量靠近停车让行线的位置。当停车让行标志设置于路侧时，标志的边缘距离行车道边缘线的距离应保持在 0.8m 以上。

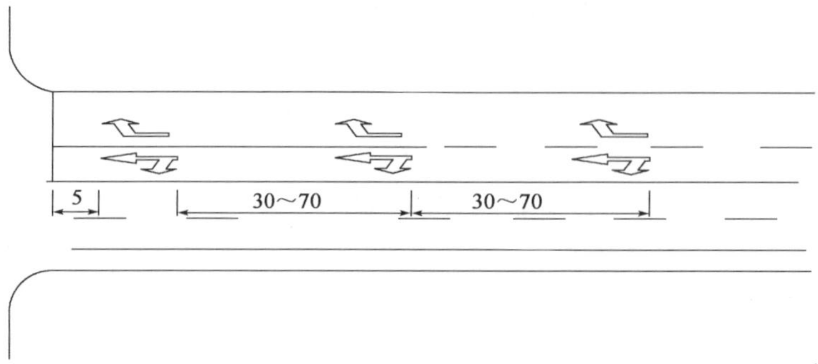

图 5-196　普通交叉口入口导向箭头设置(尺寸单位:m)

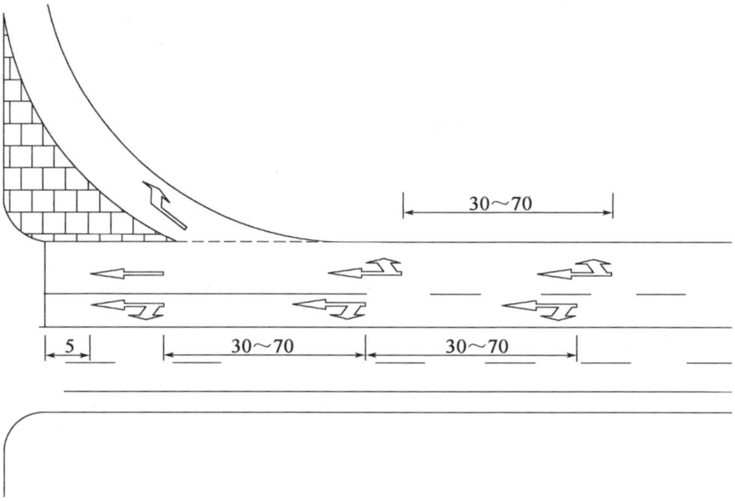

图 5-197　右转提前分离的导向箭头设置方式(尺寸单位:m)

图 5-198　交叉口导向箭头设置 1

a)下行

b)上行

图 5-199　交叉口导向箭头设置 2

如图 5-201 所示，在设有交通岛的交叉口，可将停车让行标志设置于交通岛上，标志的边缘距离行车道边缘线的距离应保持在 0.6m 以上。图 5-202 为“停”标志现场效果图。

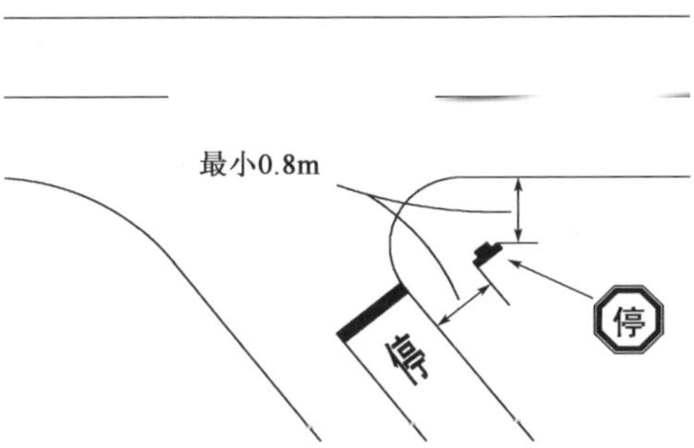

图 5-200　斜交路口路侧停车让行标志设置示意图

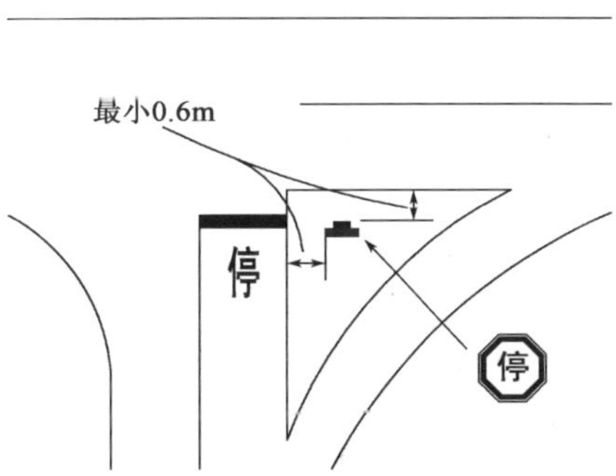

图 5-201　交通岛上停车让行标志设置示意图

6)减速让行标志与标线

当两交通流以小角度合流时，次要交通流车辆不必完全停止等待通行，可以减速观察冲突交通流的交通状况，然后选择是否通行。在这种情况下，应该对次要交通流实施减速让行控制。

与停车让行控制标志设置一样，减速让行标志应尽量靠近减速让行线的位置设置。当汇流角度较小，汇流区域较大时，应将减速让行标志设置于次要交通流即将汇入主要交通流且与次要交通流行驶方向垂直的位置。如图 5-203 所示为右转交通流与直行交通流汇流时，减速让行标志的设置位置。图 5-204 为减速让行标志标线设置效果。

图 5-202　“停”标志现场效果

7)两侧通行标志

与标线式的交通岛相比，平面交叉口采用凸台式的交通岛有很多优点，比如凸台式交通岛在路面上突出路面一定的高度，能够更有效地规范车辆行驶轨迹，提高渠化效率，而且还可以为岛内设置的设施提供保护。但凸台式交通岛也有它的缺点，就是在交通岛的分流端，如果驾驶人没有注意到交通岛的存在，会不小心撞在交通岛分流端的端头上造成一定的损失，为了给驾驶人以足够的提示，避免这种事情的发生，应在凸台式交通岛的分流端的端头设置两侧通行的标志，以防止车流撞上凸台。两侧通行标志的设置应尽量靠近导流岛的端头，但不能影响车辆行驶。如图 5-205 所示为在直行和右转分流端的端头设置的两侧通行标志。

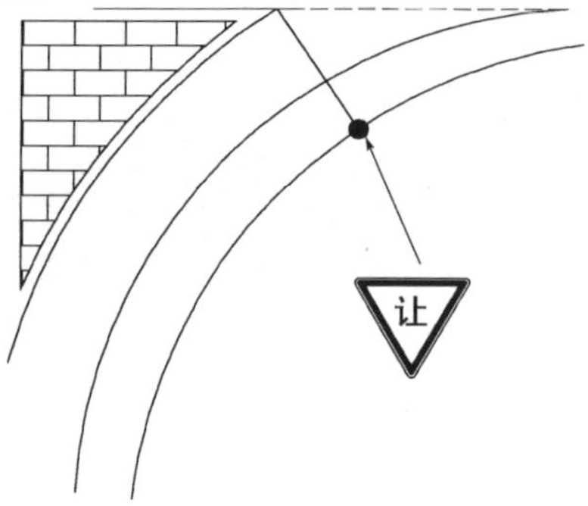

图 5-203 减速让行标志位置示意图

图 5-204 减速让行标志标线设置效果

8)禁止驶入标志

禁止驶入标志通常用在实行交通管制或单向通行路段的入口。在平面交叉口的右转匝道上，只允许右转车辆单向通行，一般不会有车辆逆向行驶。因此，在右转匝道的出口通常不设置禁止驶入标志。但当右转交通岛的面积较大，相交道路的左转车辆容易误入右转匝道左转时，则需要在右转匝道的出口端的导流岛上设置禁止驶入标志。如图 5-206 所示为禁止驶入标志的设置位置，图 5-207 为其效果图。

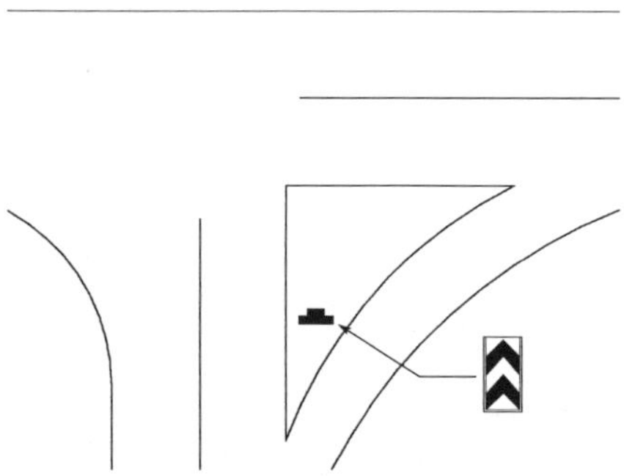

图 5-205 两侧通行标志设置位置

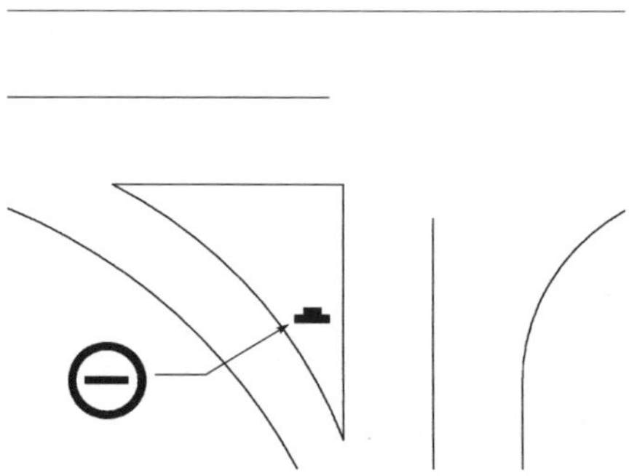

图 5-206 禁止驶入标志位置

图 5-207 禁止驶入标志设置效果图

9)导流线

为引导车辆转弯,减少车辆左右游移的幅度,在面积较大或者形状不规则的平面交叉口物理冲突区域内应设置左转导流线(图 5-208)。

如图 5-209 所示,平面交叉口相交车道达到 6 条,为了引导车辆顺利转弯,设置了左转弯导流线(图 5-209,图 5-210)。

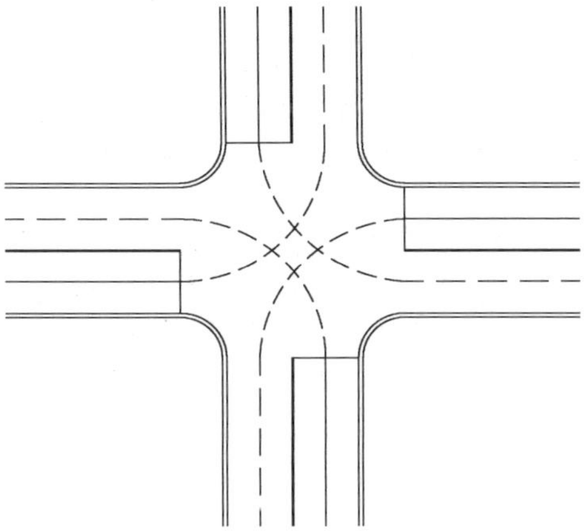

图 5-208　左转导流线

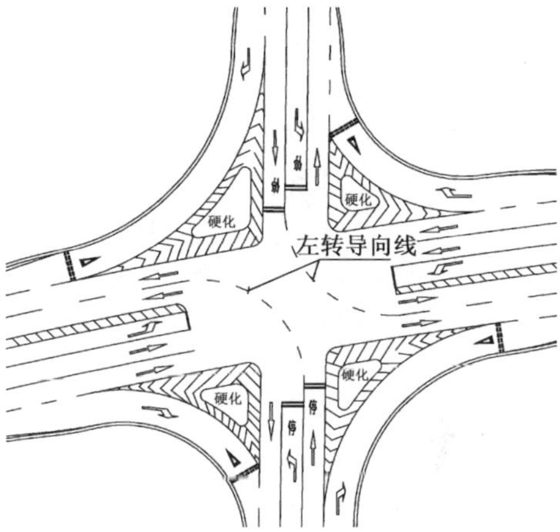

图 5-209　平面交叉口左转弯导向线

图 5-210　左转弯导向线现场效果图

当交叉口直行出入口车道偏置时,为避免发生车辆到达出口发现车道位置不对匆忙转向而引起的不必要的交通冲突,应在直行车道的出入口之间设置直行导流线以引导直行车辆正确行驶(图 5-211)。

当相交道路不可避免地出现斜交时,应设置导流线辅助车辆转弯(图 5-212)。

某双车道公路平面交叉口属于道路改建遗留的 Y 形交叉口,由于桥梁和地形的限制导致主路由左向右出入口位置不对应,支路方向左转偏角较大,为此设计增加了主路直行车道偏置导向线和支线左转弯导向线(图 5-213)。效果如图 5-214 所示。

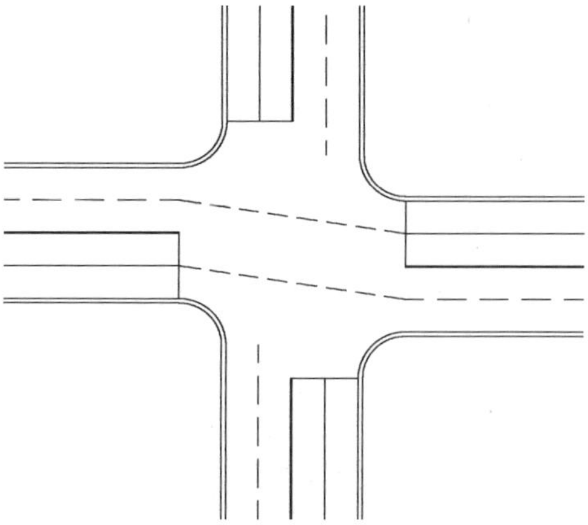

图 5-211　直行导流线

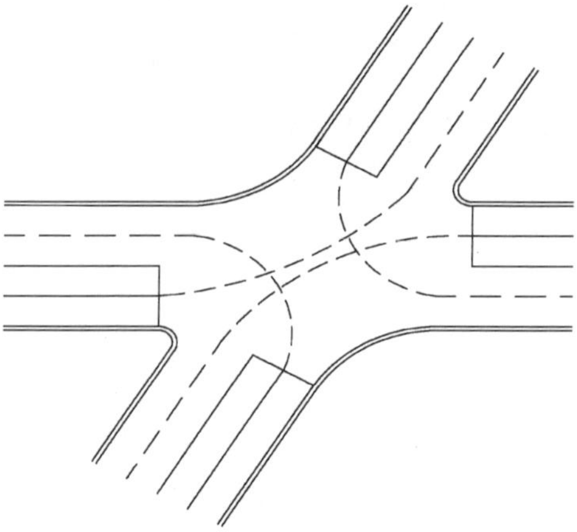

图 5-212　不规则交叉口左转导流线

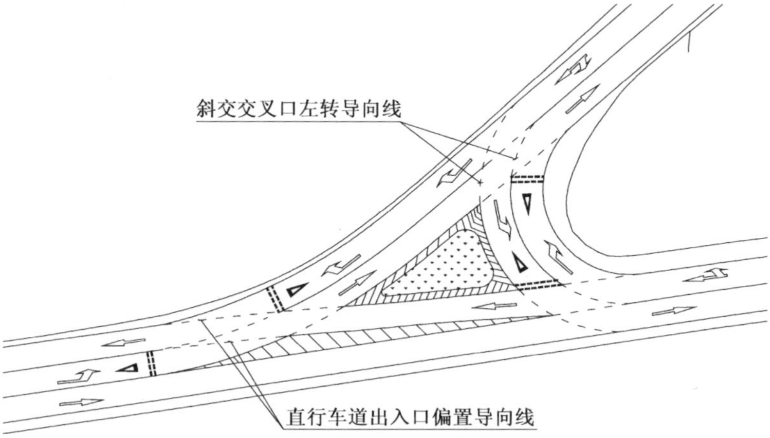

图 5-213　平面交叉口导流线设置

图 5-214　平面交叉口现场实施效果图

六、平面交叉口渠化设计案例

1. 优化设计案例

在我国，随着道路交通安全意识的提高，有些平面交叉口已经进行了渠化设计，这种趋势是好的，但是限于我国平面交叉口技术发展比较滞后，使得这些平面交叉口的渠化设计不够完善或存在着一些安全隐患。下面应用实例分析我国平面交叉口渠化设计中常出现的左转弯车道、交叉角、出入口车道位置和数量、冲突点分离等方面的安全设计问题，并提出改善意见，以供道路平面交叉口设计者参考。

1)左转弯车道设计

(1)原设计方案

某条干线二级公路，设计速度为 80km/h。在该公路与一县乡公路的交叉口处，为了提高左转弯交通的通行能力和左转弯车辆的安全性，设计了图 5-215 所示的左转弯车道。请分析其中存在的安全问题，并提出改善建议。

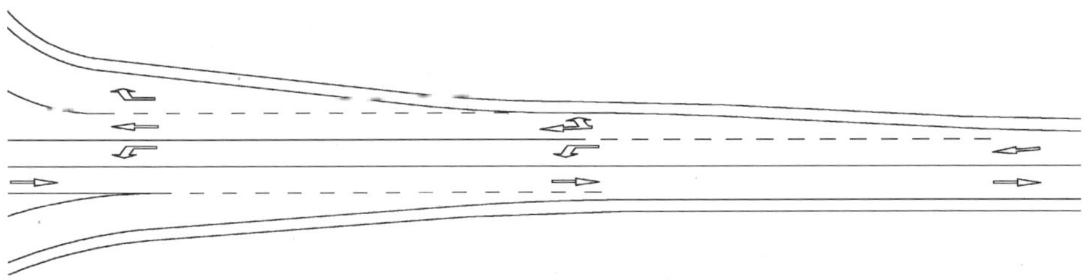

图 5-215　原设计方案

(2)危险因素分析

该左转弯车道的设计违背了不能将直行车道直接变换为左转弯车道的设置原则。设计中左转车辆不需要改变行车方向即可驶入左转弯车道，直行车辆则需要通过向右偏移的方式从直、左混合车流中分离出来才能驶入直行车道。这不符合主路直行优先的原则和驾驶人的驾驶习惯，容易使得直行车辆驶入左转弯车道，造成安全隐患。同时，该公路为干线公路，设计速度达 80km/h，让直行交通流突然改变行驶路线会引起交通流的极端紊乱，对干线公路的畅通运行和安全运行都极为不利。从保证交通流驾驶行为的连续性和安全性角度分析，应采用左转车辆改变驾驶行为从直行车流分流出来的方式，尽量避免强制改变直行车辆行驶方向。

(3)优化方案

从图 5-215 中可以看出，设置左转弯车道必须拓宽交叉口入口，而且直行车道不可避免的需要向外侧偏转。为了减少偏转对直行交通流的影响，可在左转弯车道之前设置足够长的“鱼肚形”渠化线，使主线交通流很自然地偏转，直至偏转出左转弯车道的宽度，然后再设置左转弯车道。这样既能保证直行交通流的安全顺畅通行，又符合车辆分流习惯，避免直行车辆误入左转弯车道，消除原有设计中的安全隐患。优化方案如图 5-216 所示。

2)斜交丁字口设计

(1)原设计方案

如图 5-217 所示斜交丁字平面交叉口，两条路斜交角度为 50°，横向道路为干线二级公路，设计速度为 80km/h,竖向为一县城的连接线,设计速度为 40km/h。在进行平面交叉口渠化设计之前,该斜交交叉口已经形成,县城连接线不具备调整线形的条件。由于从主路转向去往县城的交通流量较大,在左侧入口通过拓宽增设了左转弯车道。请分析其中存在的安全问题,并提出改善建议。

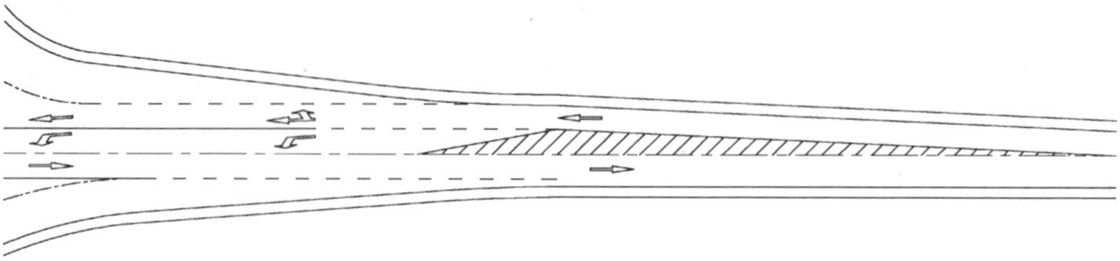

图 5-216 优化设计方案

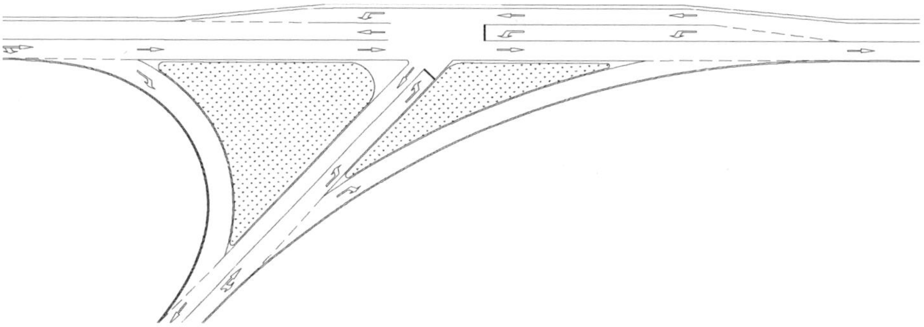

图 5-217 斜交丁字口原设计方案

(2)危险因素分析

①与上一个案例一样,该平面交叉口也存在着将直行车道直接变换为左转弯车道的隐患。

②相交道路的交角只有 50°,由下往上行驶的车辆,需要较大的区域和较长的时间才能完成转弯行为,这不但增加了车辆转弯的难度,而且延长了与直行交通流冲突的时间。此外,过小的交角也不利于转弯车辆观察相交道路的交通状况。目前,国内外普遍一致的建议是,相交道路的交角不能小于 70°。以此为依据,应该将交叉角度控制在 70°～90°之间,并尽量为直角。

(3)优化方案

①在无法调整平面交叉口的位置,使两条公路垂直相交的情况下,可利用平面交叉口区域面积较大的特点,局部调整支路的线形,将支路入口原有的直线调整为曲线,尽量使支路在交叉点处与主路垂直相交。根据我国公路路线设计规范,设计速度为 40km/h 的道路,一般最小半径为 100m,而且在交叉口入口处,车速普遍低于路段的运行车速,因此,调整后的曲线半径只要大于 100m 即可完全满足支路车辆行驶的要求。根据计算,支路曲线半径调整为 300m 即可将平面交叉口的交叉角调整为直角。根据以上分析,通过调整支路入口线形,变直线为半径 300m 的曲线,可使支路与主路垂直相交,提高交叉口的通行效率和安全水平。

②在右侧左转弯车道之前设置足够长的"鱼肚形"渠化线,使主线交通流很自然地偏转,直至偏转左转弯车道的宽度,然后再设置左转弯车道。为了避免出现出入口直行车道位置不对应的情况,出口位置也随入口向外侧拓宽,左转弯车道对应的出口区域用导流岛渠化填充,优

化方案如图 5-218 所示。

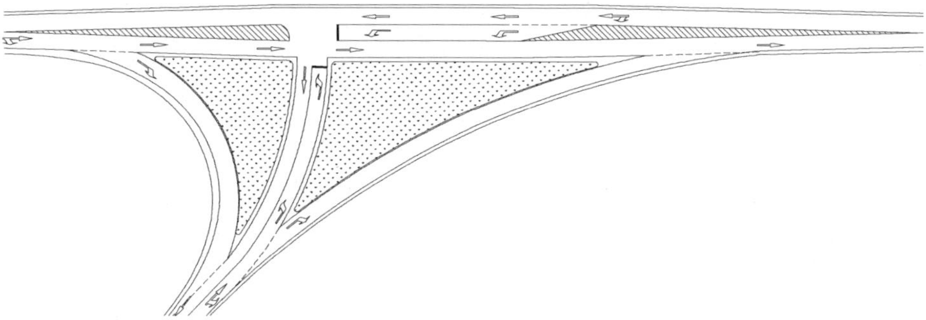

图 5-218 斜交丁字口优化方案

3)畸形平交交叉口设计

(1)原设计方案

如图 5-219 所示畸形交叉口，横向道路为主路，双向两车道，设计速度为 80km/h。竖向为支路，交通流量不大，但横穿交通的比例较高。交通组成以行人、非机动车和摩托车为主，是附近村庄的主要出入口。上方入口为窄桥，不具备拓宽渠化条件，下方入口由于受到民宅的影响，不具备调整为垂直角相交的条件，只能采用斜交的方式。

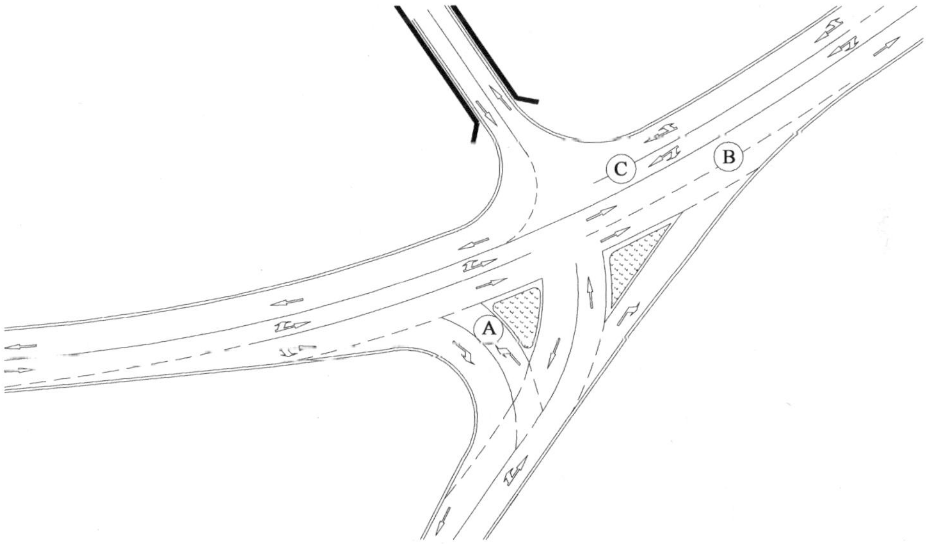

图 5-219 畸形平交交叉口原设计方案

原设计中主路通过拓宽入口设置了两条车道，下方支路入口在 B 处的设计使得车辆能够提前左转，避免了左转弯半径的不足。

(2)危险因素分析

①提前左转不利于交通安全。如图 5-219 所示 A 点，下方入口采取了提前左转的通行方式。这种设计一方面不符合驾驶人转弯习惯，车辆容易错过左转的位置；另一方面，左转与对向直行交通流以及与横向直行交通流所形成的冲突点不在驾驶人预料的位置，冲突导致事故

的概率会明显增加；再者，这种类型的设计不能有效规范交通冲突点的位置，会发生车辆提前驶入对向车道左转的现象，冲突点的不固定也会增加事故发生的概率。

②两处合流点距离过近。如图 5-219 所示 B 点，由于出口为两条车道，路段上为一条车道，因此，两条出口车道只有在 B 点合流，而下方入口右转交通流与直行交通流也在 B 点合流，这就使得这两个合流点距离过近，驾驶人需要同时面对两股冲突的交通流，反应不及便会引发事故。而且在直行和右转流量都比较大时，B 点还很容易发生拥堵。

③主路出入口车道位置和数量不对应。如图 5-219 所示 C 点，主路为直左和直右两条入口车道，根据车道数量和车道位置对应原则，其对应的出口也应该为两条车道。而实际情况是，出口仅为一条车道，而且两侧不具备拓宽设置两条出口车道的条件。

(3)优化方案

①取消 A 点的左转弯车道。由于支路交通流以横穿主路为主，且大车比例很小，可取消 A 点左转弯车道的设置，使车辆在交叉点处转弯。

②将 B 点两条出口车道调整为一条出口车道。由于 B 点的两个合流点距离太近，容易引发交通事故和交通拥堵，因此，可将两条出口车道调整为一条出口车道。根据车道数量和位置对应原则，如图 5-220 所示，将 B 出口对应的两条入口车道也应调整为一条车道。

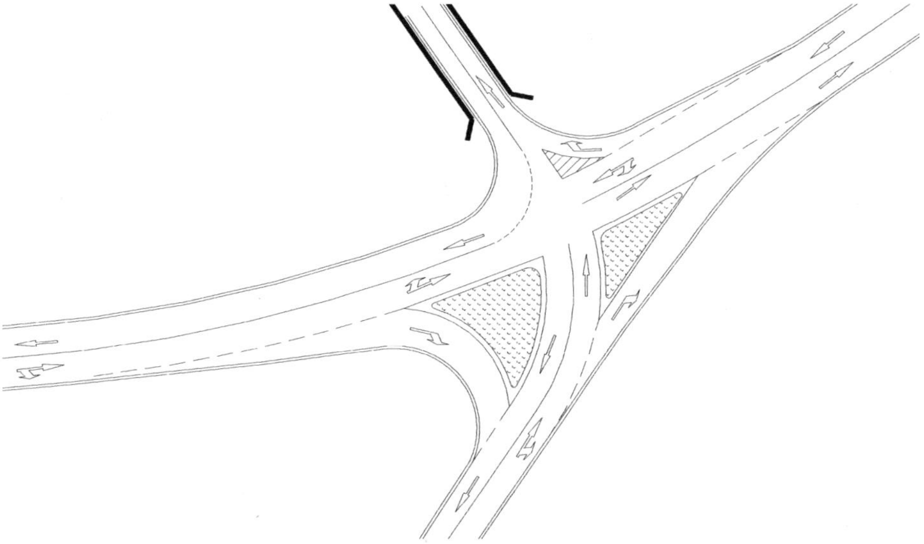

图 5-220　畸形平面交叉口优化方案

③将 C 点两条入口车道调整为一条车道。由于 C 点对应的出口只有一条车道，而且不具备拓宽设置两条出口车道的条件，根据车道数量和位置对应原则，C 点入口也只能有一条直行车道。考虑到右转流量较小，没有必要在 C 点设置一条直行车道和一条右转车道，因此，可将 C 点的两条入口车道调整为如图 5-220 所示的一条入口车道。

4)入口引道为下陡坡交叉口设计

(1)交叉口现状

某南北向国道(南向为下行，北向为上行)与省道交叉口属于斜交 Y 形交叉口(图 5-221)，主线为国道，相交道路为省道(图 5-222)。交叉口位于城镇边缘，周边已经城镇化，不具备拆迁、移位和改造线形的条件。

a)北向南入口　　b)南向北入口

图 5-221　入口断面情况

①车道分布。

下行入口双向三车道，下行一车道，上行二车道，上行入口双向四车道，上、下行各二车道；相交道路为省道，是一级公路，双向四车道。国道主线下行入口计划改造后为一级公路、双向四车道。

②相交道路线形。

主线平面线形为设有超高的平曲线，平曲线半径为 150m；纵断面线形为下陡坡路段，坡度为 4.826%。相交道路平面线形为直线，纵断面线形较为平缓，如图 5-223 所示。

图 5-222　相交道路断面情况

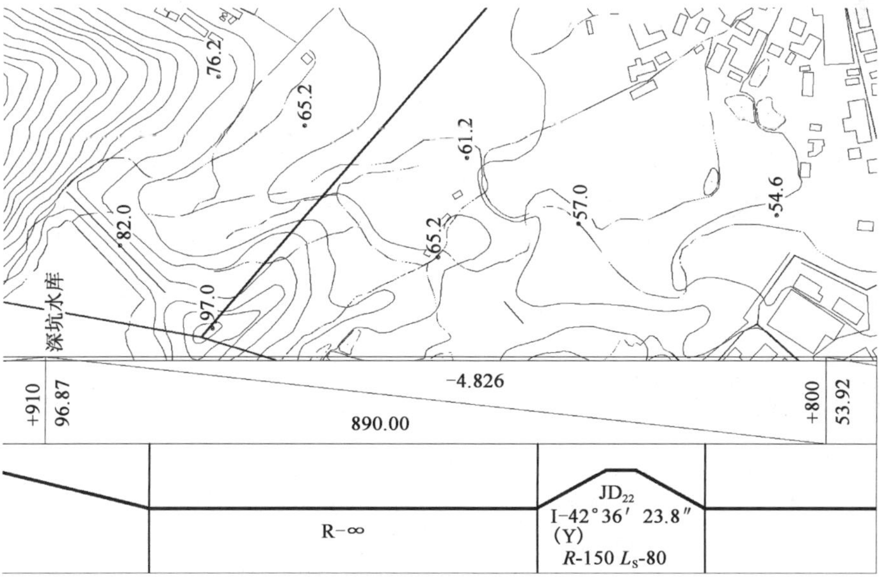

图 5-223　交叉口路段平纵线形

③交叉口渠化。

交叉口中间设有一处绿化交通岛，根据对交通运行现状观察，大部分车辆并没有遵守绕环行驶的规定，如图 5-224 所示。

图 5-224　交叉口渠化情况

④交通安全情况。

交叉口存在的主要安全隐患因素如下：

a. 交叉口位于下陡坡路段与小半径弯道组合路段，车辆行驶速度较快，面临交通冲突时车辆制动距离较长。

b. 交叉口位于超高路段，但相交道路路面高程并没有服从主线超高坡度设置，增加了相交道路左转车辆转弯操作的难度。但交叉口周边用地已经城镇化，已经不具备抬高相交道路路面高程使其服从于主线超高的可行性。

c. 交叉口交通流量较大，且交通较为混乱，交通流之间存在严重的交通冲突。如图 5-225 所示。

(2)改造方案分析

在通常情况下，对于交通流量较大的交叉口可采用信号控制方式。但本交叉口若采用信号控制将面临两个方面的问题，一方面，交叉口范围的竖向设计限制条件满足不了主线转弯超高的要求；另一方面，交叉口位于陡坡路段，大型货车在陡坡路段制动并停止的难度很大，在引道路段容易发生追尾交通事故。

若采用环形交通控制方式，交叉口竖向设计也满足不了弯道超高的需求。

由于交叉口位于城镇路段，且与相平行的高速公路较近，交叉口移位或改线也不具有可行性。

最后，本着安全、简单、实用的原则提出改造方案如下：

①本着国道主线畅行优先和交通运行安全优先的原则，同时考虑到国道主线下行属于下坡与弯道组合的危险路段，不宜与其他交通流向交叉。因此，通过增加下行线的曲线半径，并通过绿化隔离带分离国道下行交通与上行交通及相交道路交通流之间的冲突，可提高危险交通流向的安全性和畅行水平。

②在交叉口内设置环形控制方式，国道主线上行方向交通流与相交道路交通流通过环形交织完成交通流转换。

③国道主线下行左转车辆需要直行，至前方交叉口位置掉头或绕行转入相交道路。

交叉口详细方案图如图 5-226 所示。

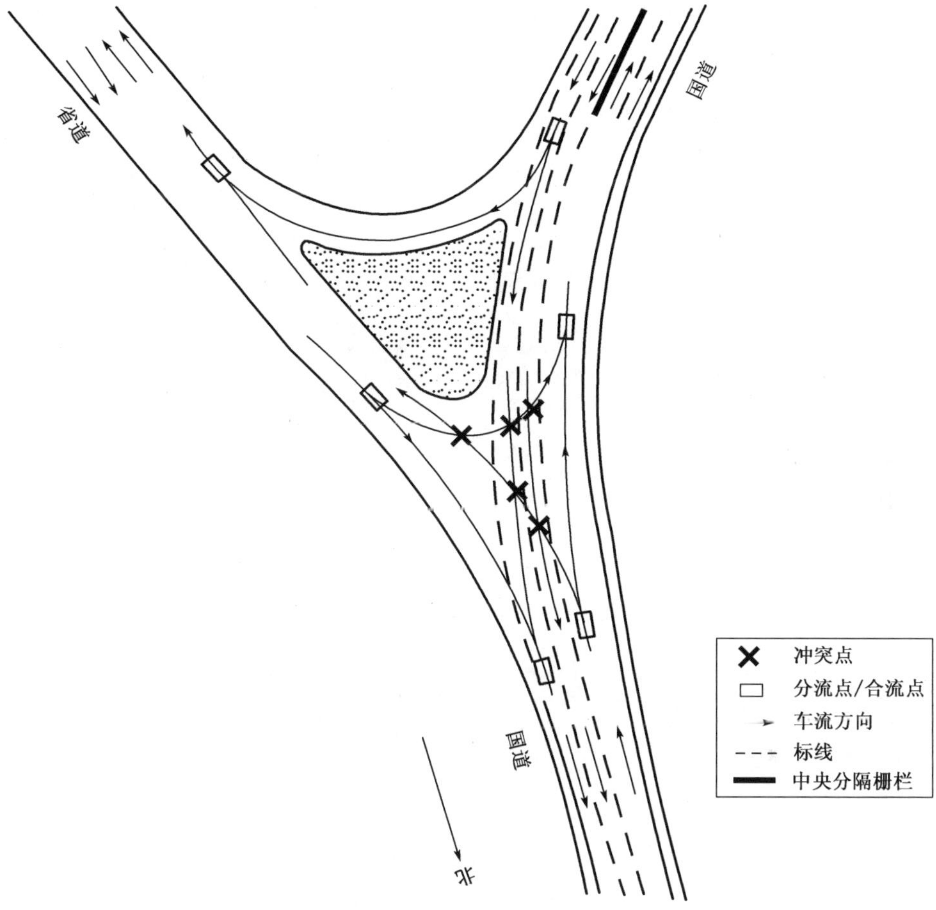

图 5-225　交叉口现状交通冲突分析图

2. 标志标线设置案例

标志标线在平面交叉口中有明确路权、规范行车轨迹、分离交通冲突点等重要作用，标志标线的设置也是平面交叉口渠化设计的主要组成部分。下面以典型的丁字交叉口、十字交叉口为例介绍如何设置平面交叉口标志和标线。此外，在我国的一些小型的丁字交叉口中，经常使用在中间设置三角形导流岛的渠化方案，但是由于缺乏路权的概念，交叉口的标志标线渠化设计不是很合理，所以，这里举例说明如何对这种类型的平面交叉口进行渠化设计。

1)典型丁字平面交叉口标志标线设计

如图 5-227 所示平面交叉口，横向道路为一条干线二级公路，设计速度为 80km/h；竖向道路为一双车道县乡公路，设计速度为 40km/h。平面交叉口自行车和行人数量较少，周边具备拓宽条件。在不设置信号控制和环行控制的情况下，下面叙述如何设置平面交叉口的标志标线。

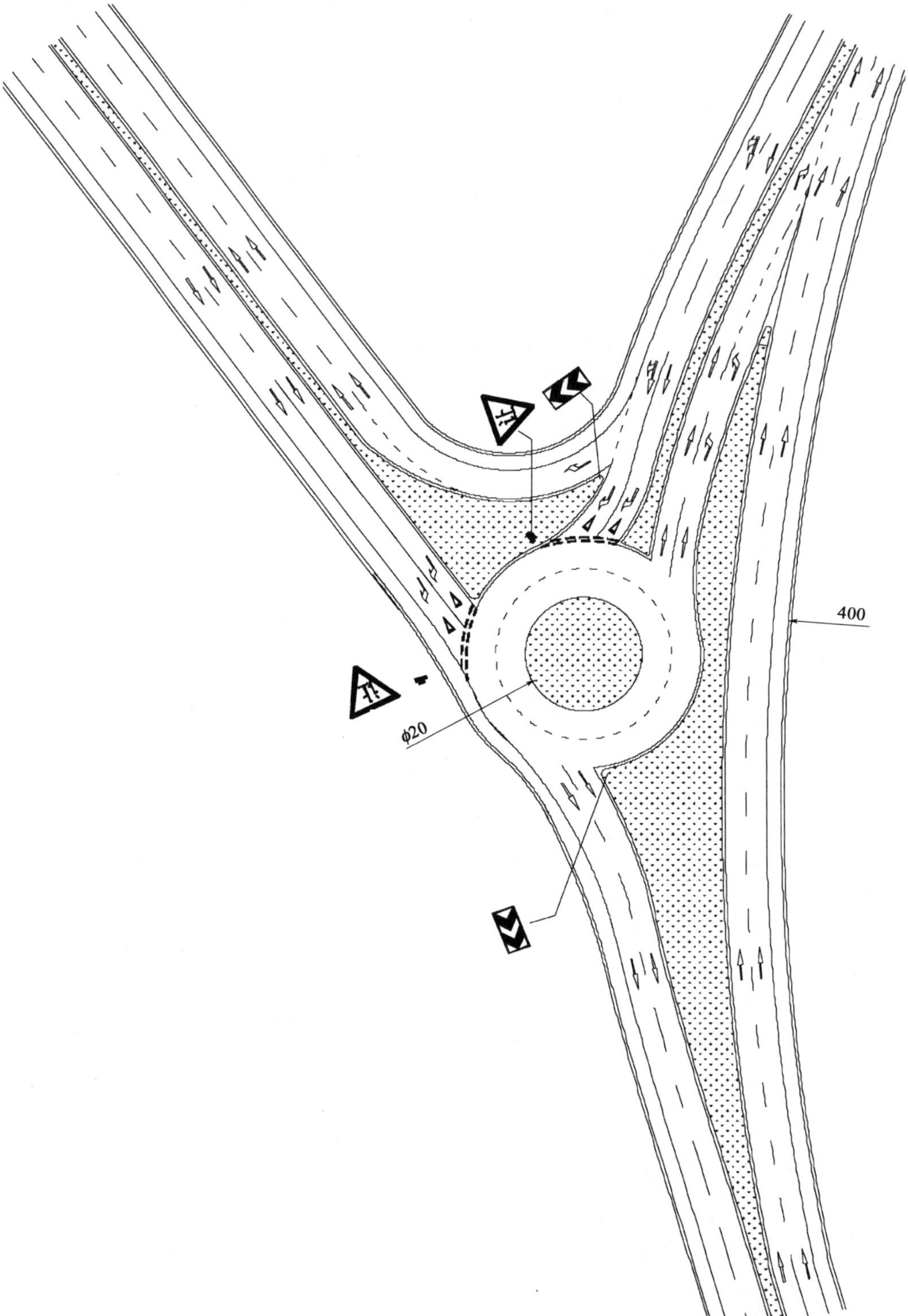

图 5-226　交叉口改造方案示意图

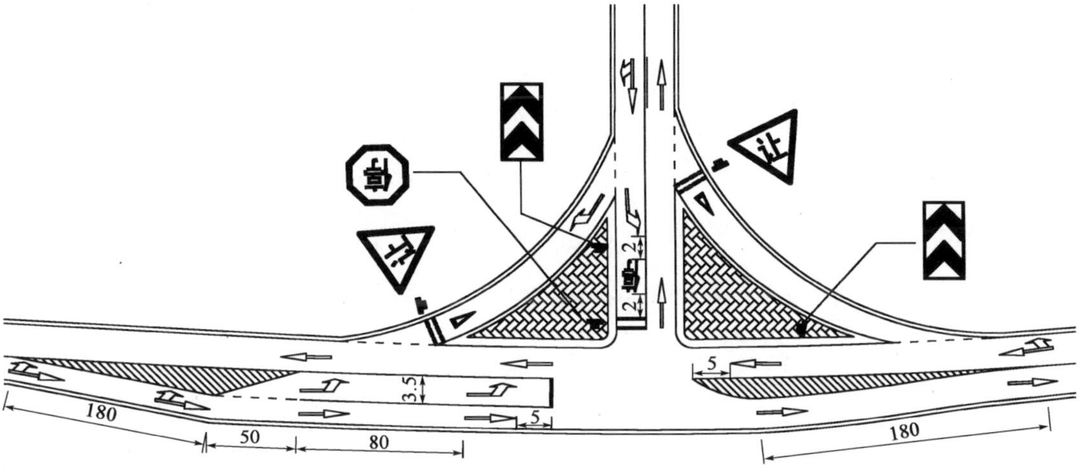

图 5-227　典型丁字平面交叉口标志标线设置示例(尺寸单位:m)

(1)明确主路和支路优先权。从道路等级、设计速度等角度分析,该平面交叉口横向道路应该为主路,竖向道路应该为支路;从明确路权的角度,对支路实施停车让行控制,在支路的入口车道端头设置停车让行标志和停车让行标线。停车让行标志设置于距离停车点最近的导流岛上,以不影响直行车辆通行为准。停车让行标线的"停"字距离停车线的距离设为 2m,左转弯箭头距离"停"字也设为 2m。

(2)设置左转弯车道。为了提高主路左转车辆行驶的安全性,同时也为了提高主路的通行能力,在左侧入口通过向外侧拓宽设置左转弯车道。左转弯车道的宽度设为 3.5m。左转弯车道的设置采用"鱼肚形"标线交通岛先将主路交通流向外侧逐渐偏移,然后再将左转弯车流分出去的方式。根据本章第五节的方法可计算出,设计速度为 80km/h 的公路,主路向外偏移 3.5m 所需要的偏移距离为 180m。根据我国现行的路线设计规范,渐变段长度设为 50m,减速段的长度设为 60m,等候段的长度设为 30m。

(3)设置左转弯车道对应的出口交通岛。为了保证主路直行车道出入口位置对应,将左转弯车道对应的出口区域用渠化标线设置为交通岛,交通岛的设置长度为 180m。

(4)人行横道。由于该平面交叉口自行车和行人很少,所以不设置人行横道。

(5)设置左转弯车道停止线。由于主路左转交通流路权低于对向行驶的直行交通流的路权,因此,在左转弯车道入口设置停止线。停止线的设置位置在不影响转弯半径和不干扰其他交通流的情况下,尽量靠近交叉点设置。

(6)设置右转弯匝道减速让行标志和标线。在右转交通流与直行交通流的合流点处,由于右转交通流在路权上低于直行交通流的路权,且两交通流的冲突并不严重。因此,在此点对右转交通实施减速让行控制,在合流点的前方设置减速让行标志和减速让行标线。减速让行线在右转交通流即将汇入直行交通流的位置垂直右转交通流设置,减速让行标志则在路侧就近设置。

设置导向车道线。由于相交道路双向都为双车道,为了提高交叉口的行车安全性,在距离交叉口 250m 的范围内禁止超车,将中间线设置为实线。由于上方入口和右侧入口仅为一车道，所以不存在设置导向车道线的问题。在左侧的入口，导向车道线从渐变段之后开始设置，也就是从渐变段结束点开始，将左转弯车道与直行车道用实线分开。

(7)设置导向箭头。

左侧入口第1组导向箭头设置于左转弯停止线后方5m的位置；第2组导向箭头设置于导向车道的起始位置；第3组导向箭头设置于左转弯交通流和直行交通流分流点的前方；为了提示车辆分流，将第4组导向箭头作为预示导向箭头设置于“鱼肚形”渠化标线的起始位置。

右侧入口第1组导向箭头设置于入口车道线结束点后退5m的位置；第2组导向箭头设置于直行交通流与右转交通流分流之前的位置；第3组导向箭头作为预示导向箭头在距离第2组导向箭头50m的位置设置(第3组导向箭头位置未在图中表达)。

上方入口第1组导向箭头设置于停车让行标线的“停”字后方2m的位置；第2组导向箭头设置于直行交通流与右转交通流分流之前的位置，第3组导向箭头设置于距离第2组导向箭头40m的位置(第3组导向箭头位置未在图中表达)。

左侧出口和上方出口第1组导向箭头设置于出口车道的起始位置，第2组导向箭头设置于右转弯交通流和直行交通流合流之后的位置。

右侧出口第1组导向箭头设置于出口车道的起始位置，第2组导向箭头设置于导流岛结束的位置。

(8)设置两侧通行标志。为了给车辆以明确的诱导，防止车辆撞上凸起的交通岛，在交通岛的直行和左转交通流的分流端设置两侧通行的标志。

(9)设置分流线和合流线。当车道宽度大于3.75m时，就可能发生两辆车在同一车道并行行驶的情况。从明确路权的角度，不能允许任何两辆车以同等的路权共用一条车道(弯道加宽除外)。因此，在右转弯车道的分流端和合流端设置分流线和合流线。分流线和合流线以虚线的形式表达，以使得车辆在安全的情况下能够跨线分流或跨线合流。

(10)最后检查、补充，完成标志标线设计。

2)典型十字平面交叉口标志标线设计

如图5-228所示平面交叉口，横向道路为一条干线二级公路，设计速度为80km/h；竖向道路为一双车道县乡公路，设计速度为40km/h。平面交叉口自行车和行人较少，四个方向的入口都拓宽设置了左转弯车道，在不设置信号控制和环行控制的情况下，下面叙述如何设置该平面交叉口的标志标线。

(1)明确主路和支路优先权。从道路等级、设计速度等角度分析，该平面交叉口横向道路应该为主路，竖向道路应该为支路，从明确路权的角度，对支路实施停车让行控制，在支路的入口车道端头设置停车让行标志和停车让行标线。为了方便支路直行车辆观察主路的交通状况，同时也为了增加左转弯车辆的转弯半径，左转弯车道的停车让行标线在直行车道停车让行标线的基础上向后方退3m设置。

(2)设置左转弯车道。为了提高主路左转车辆行驶安全性，同时也为了提高主路的通行能力，在每个入口都拓宽设置了左转弯车道，与对向左转弯车道位置对应。

(3)其他的标志标线设置方法与上一个案例中的设置方法相同。

(4)最后检查、补充，完成标志标线设计。

3)小型丁字平面交叉口标志标线设计

如图 5-229 所示一小型丁字交叉口，各转向交通流量均较小，原有的渠化即采用了中间三角岛的渠化方式，下面叙述在不改变中间三角岛渠化方式的情况下如何设置该平面交叉口的标志和标线。

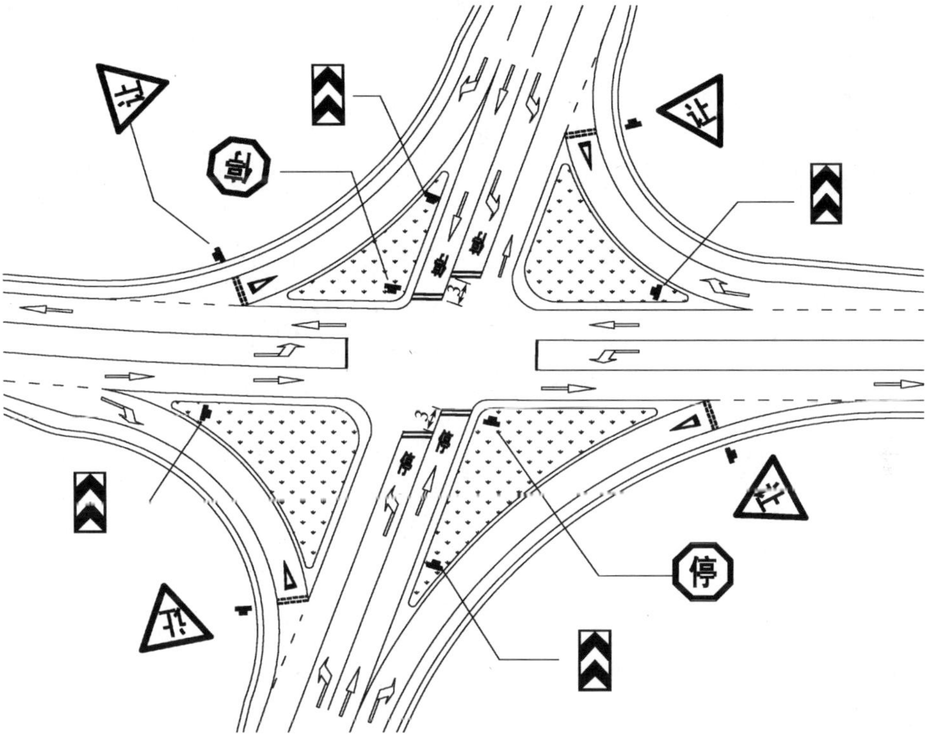

图 5-228　典型十字平面交叉口标志标线设置示例(尺寸单位:m)

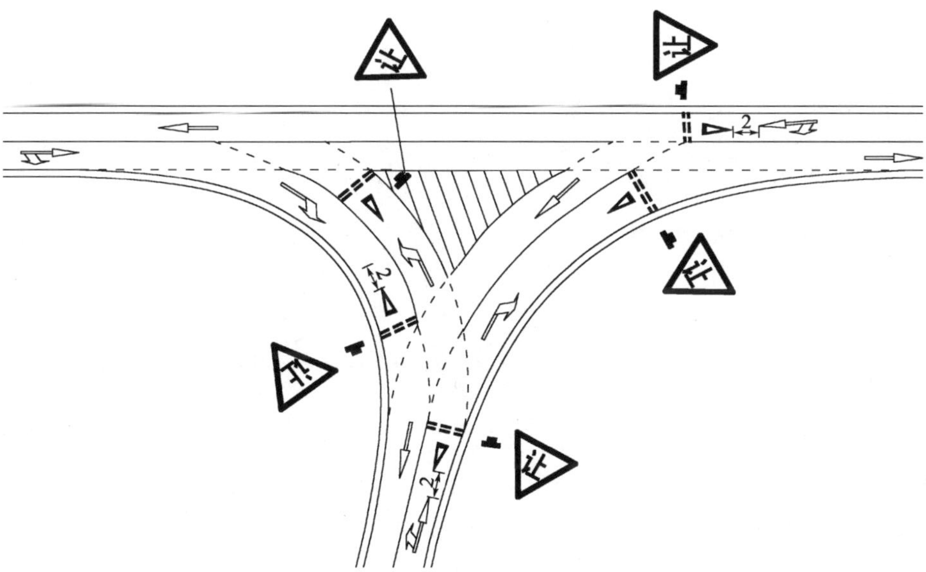

图 5-229　小型丁字平面交叉口标志标线设置示例(尺寸单位:m)

(1)明确各入口路权。

下方入口车道:下方入口为直左车道,左转交通流与右侧入口的左转交通流首先发生冲突。由于右侧入口左转交通流在穿过其对向直行交通流之后,从意义上来说在该冲突点已经变成直行交通流,而且右侧入口的左转弯车道的停车空间受限,因此,需要在下方入口直左车流分流点之前设置减速让行标志和标线。在左转弯车辆穿过第一个冲突点之后,又与横向道路直行交通流发生冲突,此时左转弯交通流仍然是次优先交通流,所以还要在左转交通流与直行交通流冲突点之前的左转弯车道上设置减速让行标志和标线。

右侧入口车道:右侧入口车道也是直左车道,左转交通流与对向直行交通流首先发生冲突,左转让直行。因此,在入口直左车流分流之前设置减速让行标志和标线。

左侧入口车道:左侧入口车道为直右车道,由于右转交通流在分流点的位置没有相冲突的交通流,因此,不需要在入口设置减速让行标志和标线。在右转弯交通流与右侧入口的左转弯交通流冲突的位置,由于左转弯交通流已经变换为直行交通流,同时考虑到左转弯车辆的停车空间受限,所以对右转弯交通流实施减速让行控制,在右转弯交通流与左转弯交通流冲突点前方的右转弯匝道上设置减速让行标志和标线。

(2)导向车道线。相交道路都为双向二车道,为了提高交叉口的行车安全性,在距离交叉口 250m 的范围内禁止超车,将中间线设置为实线。由于各入口车道仅为一车道,所以不存在设置导向车道线的问题。

(3)设置导向箭头。

入口导向箭头:在下方入口和右侧入口减速让行标线的三角形符号后方 2m 的位置设置第 1 组导向箭头,左侧入口第 1 组导向箭头设置于直右分流点后方 5m 的位置。所有入口第 2 组导向箭头设置于距离第 1 组导向箭头 40m 的位置(未在图中表达),所有入口第 3 组导向箭头设置于距离第 2 组导向箭头 40m 的位置(未在图中表达)。

出口导向箭头:在各出口车道近邻出口的位置和合流点合流之后的位置设置直行导向箭头。

(4)完善交通冲突点和分合流点的标线。在分合流点设置分合流标线,在交通冲突点,为了更好地规范车辆行驶轨迹,引导车辆正确行驶,在冲突点设置导流线。分合流线、导流线以及车辆需要跨越的车道线均设置为虚线的形式。

(5)未详述部分的设置原理和剩余标志标线的设置方法与典型丁字平面交叉口标志标线案例相同。

(6)最后检查、补充,完成标志标线设计。

第七节　公路交通标志设计

随着国民经济的快速增长,我国山区公路建设正以前所未有的速度向前发展,各等级公路尤其是高速公路已逐渐形成路网。机动车保有量逐年增加,机动化水平不断提升,社会经济活动明显增加,居民出行量和出行范围日益扩大,对交通设施的服务功能要求越来越高。随之,道路交通管理方面的不足逐步显现。在硬件管理设施方面,交通标志的服务水平明显滞后,突出表现在以下两个方面。

一是在实践方面。尽管交通标志设计标准不断完善，但在实际设计和建设过程中，交通标志的设置存在标准规范应用不当、指路信息选用和发布不当，以及警告、禁令、指示标志设置位置选择不当等问题。特别是指路标志，受到当地政府、企事业单位和广大群众的广泛关注，由于缺乏针对具体设计的成套而有针对性的方法和规则，指路标志设计工作受到各方面的影响较大，存在指路标志信息过载或不足，地名、路名或路线编号指示不清，信息中断，缺乏连贯性等问题。

二是在理论层面。交通标志特别是指路标志设计经常被称为是经验设计，当被质疑为什么时，除了有限的前置距离和反应时间等较科学的术语外，缺乏站得住脚的方法体系，使现有交通标志设计经常受到社会及群众的质疑。此外，理论支撑层面的缺失也严重制约了我国交通标志的标准化水平及设计水平的前进。

以上两方面的原因导致了交通标志在很多情况下没能发挥其管理、咨询与服务的功能，使道路使用者对交通标志体系感到困惑，影响行进信心且迷失方向，由此产生误驶、延误，甚至导致交通事故等不良后果，使得公路及周围路网体系不能发挥应有的功能，严重影响了公路交通的形象。

公路交通标志的作用是向道路使用者传递交通信息，发布交通管理措施，因此，对规范驾驶人驾驶行为、避免不安全行驶具有重要作用。美国的一项关于道路交通安全改造措施最佳收益成本比率的研究，总结了美国 1974～1995 年道路交通安全改造措施中的成本效益。研究结果显示，21 年的发展历史中，交通标志、标线是道路交通安全改造措施中投资最小、收益最好的手段之一，如表 5-69 所示。

因此，科学地设置交通标志，能够诱导与指引、规范驾驶人行为，可有效避免重特大交通事故的发生。

一、交通标志设计的关键控制指标

1. 指路标志汉字字高与视认性关系

指路标志是用来向道路使用者提供道路沿途途经的地名、方向、距离，或与之相交的道路、著名景点、服务区等信息的承载体，保证道路使用者能够快速、准确地到达目的地，也是保证道路交通畅通的安全设施，在现代道路交通管理中发挥着重要的作用。指路标志上的汉字作为信息交换的第一要素——信源，如何准确地传递到快速移动的接受者——信宿，从通信原理来说，信源即汉字本身的质量起决定因素。因此，国内外专家学者对汉字的结构进行了深入的研究。当前在我国有一种观点认为目前《道路交通标志和标线》(GB 5768—1999)中规定的汉字字高已经不适应现代交通和道路发展的要求，应该进一步提高。有一些地区的高速公路将指路标志上的汉字字高做到了 80cm 以上，再加上近年来，交通参与者对交通信息量需求的不断增加，交通标志需提供的信息量也越来越多，这直接导致指路标志版面越做越大。不仅造成不必要的经济浪费，而且占用了道路空间，影响了景观，对驾驶人产生压抑感。有的甚至导致结构出现安全隐患，直接威胁交通安全。

我国在 1986 年颁布实施的《道路交通标志和标线》(GB 5768—1986)中指路标志所采用的汉字高度是参考日本标准制定的，实际使用过程中普遍反映汉字偏小。为此，在“七五”科技攻关项目中列入了关于汉字视认性的研究课题，并于 1999 年颁布实施了国标《道路交通标志和标线》(GB 5768—1999)。2009 年在《公路交通标志视认性及设置有效性》的研究基础上，我国《道路交通标志和标线 第 2 部分：道路交通标志》(GB 5768.2—2009)对指路标志字高进行了详细的规定，如表 5-70 所示。

美国道路交通安全改造措施中最佳收益成本比率　　表 5-69

排　行	改善项目	收益/成本比率
1	照明	22.8
2	升级路中护栏	22.6
3	交通标志、标线	22.4
4	重新安置/分离设施支柱	17.7
5	移除障碍物	10.7
6	新设交通信号	8.5
7	碰撞衰减器	8.0
8	新增路中护栏	7.6
9	升级护轨	7.5
10	升级交通信号	7.4
11	升级桥型钢轨	6.9
12	改进视线距离	6.1
13	建立交通分线隔离带	6.1
14	制动用人行道凹槽	5.8
15	改善子结构(Minor Structure)	5.3
16	建立回车道和管道化	4.5
17	新建铁道路口阻断栏杆	3.4
18	新建铁道路口闪烁灯	3.1
19	人行道标志和施画	3.1
20	新建铁道路口信号灯和阻断栏杆	2.9

车速与标志汉字高度关系表　　表 5-70

行车速度(km/h)	100～120	71～99	40～70	<40
汉字高度(cm)	60～70	50～60	40～50	25～30

为了对汉字字高的视认性进行验证和研究，国家道路安全行动计划开展了一系列的试验研究。已有的研究结果表明：汉字的字体结构、笔画多少、使用频率等因素对标志汉字的视认性有着明显的影响。为使试验数据能全面反应我国汉字的总体特征，根据汉字视认规律、字体结构、笔画多少和汉字的使用频率等几个因素，从现有交通标志字库中有目的地选取了"鼓楼"、"华硕"、"青莲"、"南阳"、"紫霞"和"国家"六组指路标志信息组合，将指路标志汉字信息分

为六个试验水平。同时参考现有国标 GB 5768—1999 将每一组试验标志汉字组合的字高分为七个试验水平。汉字选取和汉字字高试验水平如表 5-71 所示。

因 素 及 水 平　　表 5-71

因　素	水　平						
标志用汉字	"国家"、"华硕"、"紫霞"、"鼓楼"、"南阳"、"青莲"						
汉字字高(cm)	30	35	40	45	50	60	65

试验数据分析结果表明：不同结构、不同笔画数目的汉字在以上七种字高情况下，其视认距离的远近和关系模型表达式是不同的。这一方面说明了选取不同字体结构、不同笔画数目的汉字进行试验是非常有必要的。但是以上三组汉字的关系模型的类型是一致的，都为二次非线性多项式，仅仅是模型系数有细微差别。由于汉字体系比较复杂，无法根据字体结构、笔画多少等影响因素进行一一区分和试验分析。因此研究从原始试验数据入手，建立了一个通用的模型关系式。通用试验数据如表 5-72 所示，数据回归分析结果如图 5-230 所示。

通 用 试 验 数 据　　表 5-72

字高(cm)	30	35	40	45	50	60	65
视认距离(m)	72.8	83.6	92.5	103.6	111.4	120.4	124.9

从表 5-72 中可以看出，现行国家标准规定在 120km/h 条件下，交通标志汉字字高 60～70cm 的视认距离为 120.4m。得到汉字字高与驾驶人视认距离之间的通用关系模型表达式如式(5-112)所示，综合数据分析结果如图 5-230 所示。$R^2=0.998$，表明该通用模型关系式的拟合效果还是比较令人满意的。

$$S=-272.33h^2+408.31h-25.72+\varepsilon \tag{5-112}$$

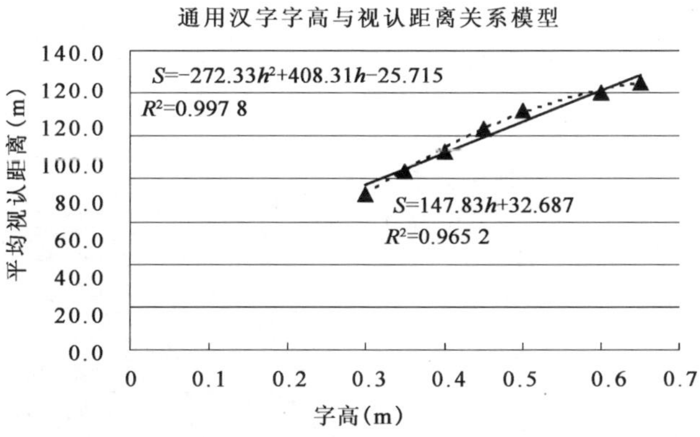

图 5-230　综合数据分析结果

式(5-112)中 ε 是修正系数，是根据具体的汉字笔画繁简和字体结构进行相应变化的修正系数。相关的试验研究成果表明：汉字的组成结构和笔画多少是影响驾驶人视认距离的两个显著性因素。

ε 的具体修正原则是：

如果标志汉字的笔画简单、结构易视性强，如简单的上下结构、左右结构和独体字等，ε 取正值，并相应增大 ε 的取值范围；如果标志汉字的笔画复杂、结构不容易视认，如上中下结构、左中右结构和半包围结构等，取正值时可相应减小 ε 的取值范围，甚至把 ε 取为负值，以减少设计误差，达到与实际视认效果一致的目的。

在参考《中国国家地理》2007 年第 10 期给出的中国地名的基础上，针对同一字高、不同笔画多少、不同字体结构的标志常用汉字地名进行的室内和室外试验，总结出 ε 的参考取值范围见表 5-73。

ε 参考取值范围　　表 5-73

N:笔画数	字 体 结 构	ε 参考取值范围(m)
$N \leqslant 6$	差异不显著	20～30
$6 < N \leqslant 10$	差异不显著	10～20
$10 < N \leqslant 14$	左右、上下	−5～10
	左中右、上中下	−10～−15
$14 < N \leqslant 16$	左右、上下	−15～−20
	左中右、上中下	−20～−25

2. 指路标志信息量极值

道路交通标志是保障交通安全、畅捷的重要手段。合理地应用和设置标志，一方面可以提高道路的安全性，增强道路的服务功能，更好地发挥公路交通快捷、灵活的特点；另一方面又能规范和美化交通环境，营造舒适、和谐的交通氛围。随着交通环境和需求的变化，交通标志应用中出现了一些新的情况和新问题，表现为如下几点。

1）交通标志版面大型化问题

随着路网的加密和交通参与者对交通信息需求的不断增加，交通标志需要提供的信息越来越多，为满足国标规定的字高和相应的版面设计要求，交通标志版面大型化趋势明显，如图 5-231 所示。版面大型化使交通标志设置和维护成本大幅度增加，也产生了一些结构安全隐患问题。

图 5-231　大型化的标志版面

2）部分支持性研究欠缺影响国标的权威性

《道路交通标志和标线》(GB 5768—2009)自颁布以来，规范了我国标志、标线的应用。但随着交通环境和需求的变化，出现了许多现行国标中未曾涉及的问题，国标原有的理论基础不足以支持这些新问题的解决，使国标在实际应用中的权威性受到了影响。

同一块标志或同一处设置点不能布置太多的信息，以防止信息过载，这是现行国标中一条基本规定。实际应用中出现了如下问题：同一块标志版面上最多能够放置多少条信息？现行国标中只对同一设置点最多设置的标志数进行了规定，对同一块标志上最多能够放置多少条信息却缺乏明确的规定，各地应用中出现了多种情况，示例如图 5-232 所示。

图 5-232　信息较多的标志

部分支持性研究的缺乏，使现行国标无法解决诸如上述的问题，而这些问题在交通实际中又是必须解决的问题，因此各地只能按照自己的理解，部分地背离了国标规定的原则，影响了国标的权威性。

与标志版面大型化问题直接相关的就是标志信息量的设置问题。驾驶人在行车中，特别是对区域道路环境不熟悉的驾驶人，主要依靠指路标志的信息指引来选择行驶方向。如果标志信息量过多，无疑会加重驾驶人的视觉负荷，尤其在高速行车条件下，可供驾驶人视线盯视的持续时间有限，信息量过多使得标志视认时间增加，驾驶人视线偏离行车道方向时间过长，甚至导致视认错误，这样对行车安全极为不利。我国过去对标志信息量设置研究比较少，基本上处于空缺状态。因此现阶段需要以新的交通环境和交通参与者人群为基础，对标志信息量设置问题进行深入的研究。

3)标志信息量定义与标准

信息一词最早是用于通信工程，后来又逐渐被用于其他领域。信息量在信息论中是量度信息多少的一个物理量，单位是比特(bit 位)，对应信息量的通信速率一般用字节/秒(byte/s)或位/秒(bit)为单位。标志信息量与信息论中常说的信息量是不同的，交通标志信息量是指标志或支撑上汉字、数字字符、图形符号及其组合的数量。

驾驶人的信息处理速度是一定的，在规定的时间内，驾驶人能够理解的信息量是有限的，因此交通标志的信息量必须与驾驶人的信息处理能力相适应，一块标志上的信息量或同一支撑上的总信息量不能超过大多数人的信息处理能力。通过室内仿真试验研究静态条件下标志信息量与认知时间之间的关系，然后再通过真实环境下的室外试验对室内试验进行验证，最后由它们之间的关系确定同一标志或支撑上汉字、数字字符、图形符号及其组合的极限数量，为交通标志设计过程中信息的选择提供技术支持。

在试验研究中，标志版面应能体现信息量大小的差异，版面布置应符合驾驶人的视认习惯，并且布置形式应该多样化，以增强代表性。每个路名数量的图片分别取 8 张，图片总数为 72 张。表 5-74 为试验图片效果图。

指路标志试验图片 表 5-74

路名数量	2	3
指路标志		
路名数量	4	5
指路标志		
路名数量	6	7
指路标志		
路名数量	8	9
指路标志		
路名数量	10	
指路标志		

获取试验数据后，分别计算每类图片的 30 位被试者反应时间的平均值跟标准差，取 95% 的置信度，最后每类图片的认知时间为 t=平均值+1.96×标准差。经计算，每类图片的认知时间如表 5-75 所示。

标志认知时间表　　表 5-75

十字交叉									
路名数量	2	3	4	5	6	7	8	9	10
认知时间(s)	1.256	1.506	1.351	2.047	2.430	2.911	3.485	3.772	4.378

路名数与认知时间关系如图 5-233 所示。

由图 5-233 可以发现：指路标志的信息量与认知时间之间存在着很好的相关关系，随着信息量的增多，指路标志的认知时间增长，这说明利用选取路名数量指标来度量信息量的大小是可行的。这可以从选择数量的增加导致选择反应时间的增加这一理论得到解释。

从图 5-233 中还可以发现，在路名数较少的情况下，认知时间增长趋势相对均匀，超过这一界限增长趋势明显，特别是在高信息量的情况下。试验后对被试者进行问卷调查，普遍反应在高信息量的条件下容易导致心理紧张，心理紧张加剧了选择数量的增加，导致选择反应时间的增加。

仔细分析图 5-233 中图形的增长趋势，不难发现，在路名数不超过 6 个的条件下，增长较均匀，超过这个界限则增长显著。因此，建议这里推荐指路标志的极限信息量为 6 条，在指路标志的版面信息量设计时，路名个数以不超过 6 个为宜。通过实际道路上开展的试验验证了这一结论。因此，对交通标志信息量与驾驶人的认知能力进行分析，可以得到以下结论：

(1)路名数量是度量标志信息量大小的可靠指标；

(2)随着路名数的增加，指路标志认知时间在不断增加。在路名数量较少时，认知时间增长较均匀，当路名数量较多时，增长趋势明显增加；

(3)指路标志推荐的极限信息量为 6 条。

但是，在试验研究过程中的交通标本中均采用了最为简单、常用的“十字”指引箭头，从而忽略了指引图形对驾驶人辨识指路标志的影响。然而，一块指路标志中的路名或地名信息并不能代表整块指路标志的全部信息量，指引图形同样是一种重要的指引信息(图 5-234)，需要驾驶人进行关注与辨识。

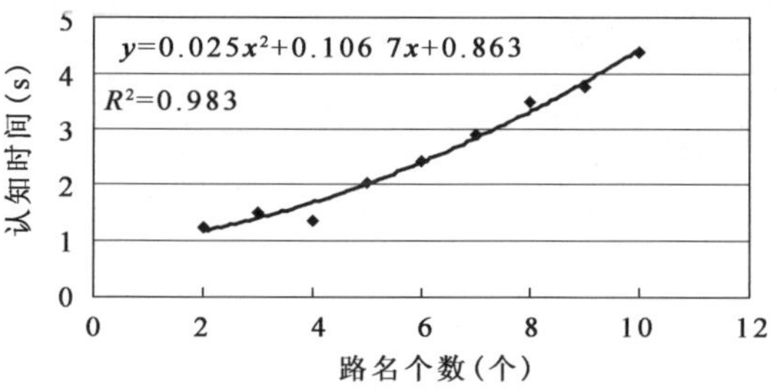

图 5-233　指路标志路名数量与认知时间的关系

图 5-234　北京市含有指引图形的上跨桥指路标志

为此，对交通标志中的图案进行了进一步的试验研究，试验选取了我国国标《道路交通标志和标线　第 2 部分：道路交通标志》(GB 5768.2—2009)示例中所涉及的指路标志指引图形及实际中常见的指路标志指引图形作为试验标志，包括十字交叉、上跨桥(下桥)、上跨桥(上桥)、环岛、T 形交叉、斜交共六种指引图形的指路标志(图 5-235)。

对驾驶人眼动试验数据进行统计，选择目的地信息均为 3 条的标志为研究对象，不同指引图形指路标志的平均识认时间如表 5-76 所示。

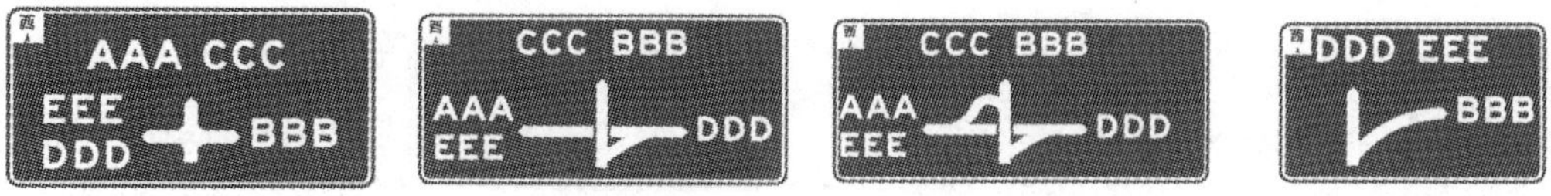

a)十字交叉　b)上跨桥(下桥)　c)上跨桥(上桥)　d)斜交　e)T行交叉　f)环岛

图 5-235　试验所用六种基准材料示例

实车试验指路标志识认时间　表 5-76

序　　号	不同指引图形的指路标志	识 认 时 间 (s)
1		1.8s
2		1s
3		1.3s

由表 5-76 可以看出，含有不同图形的指路标志，其平均注视时间是有差异性的。其中，上跨桥(下桥)标志的识认时间大于其他标志。

根据试验室仿真试验与真实路况下实车试验结果，可认为，与"十字交叉"指引图形相比，上跨桥(下桥)的图形对驾驶人识认指路标志产生了比较显著的影响。在试验室仿真试验中，通过将含有该类指引图形的指路标志的识认时间与基本图形标志版面的平均认知时间进行比较，差值为 435.87ms。

根据交通运输部西部交通科技项目《公路交通标志视认性及设置有效性》研究成果，在达到极限信息量之前，每增加一条信息，驾驶人认知时间平均增加 400ms。基于此，上跨桥(下桥)的图形符号可算作一条目的地信息量。

根据以上研究成果，得出如下结论：

如图 5-236 所示的上跨桥(下桥)指路标志版面中，各方向所指引的目的地信息数量之和不宜超过五个，本标准其他形式指路标志版面中，各方向所指引的目的地信息数量之和不宜超过六个。

图 5-236　上跨桥(下桥)指路标志

二、公路交通指路标志设计

1. 路网指路标志信息选取系统性方法

1)路网指路信息分层及选取原则

从完成一次驾驶任务的全过程来看，道路使用者对交通标志的信息需求可分为地点信息、路径信息、距离信息、方向信息、安全信息、辅助信息六类。除了这六类主动需要的信息外，还受到众多信息的干扰，有研究资料统计指出，驾驶人“每公里遇到 300 多条信息，需要处理的占 1/4，还有潜伏的紧急处理的许多信息”。从当前发布的国家标准《道路交通标志和标线》(GB 5768—2009)的内容来看，有标志 249 种，其中指路标志有 79 种。另外据民政部门统计，现在我国县级以上地名有 2 000 多个，还有众多的村镇和街道名称，并且随着路网的建成，交通标志上的信息将越来越多。可见，驾驶人在驾驶过程中始终处于信息的海洋中，如何在其中甄别出有用信息，既保证驾驶安全，又要保证不迷失方向，对驾驶人来说实属一项负荷量很大的任务。

在路网建成以前，驾驶人从始发地到目的地，几乎是沿一条选定的路径行驶，除了拥堵延误外很少出现走错路或迷路现象。随着交通建设的迅速发展，各等级公路迅速连接、延伸，五纵七横主干线的提前建成，已经形成了较完整的路网体系。这种路网条件下的特点之一是驾驶人面临的路径选择呈指数规律增长，一旦指路信息选择错误将导致严重的延误或迷路；其二是指路标志信息的功能发生了改变，由单条道路的交通流引导转向了对路网的诱导互通和协调上；其三是高速公路或城乡枢纽互通的出现改变了通视条件，导致驾驶人行驶方向系统紊乱，更容易发生“上不来、下不去”的错误驾驶现象。因此，交通标志设计必须改变原有的针对路段的设计思路，而是要在路网的层面上进行指路标志设计。

随着近几年我国道路网络的快速发展，路网结构不断完善，驾驶人对于路网的选择与使用方法日益多样化，路网之间的流通与衔接错综复杂，如图 5-237 所示。

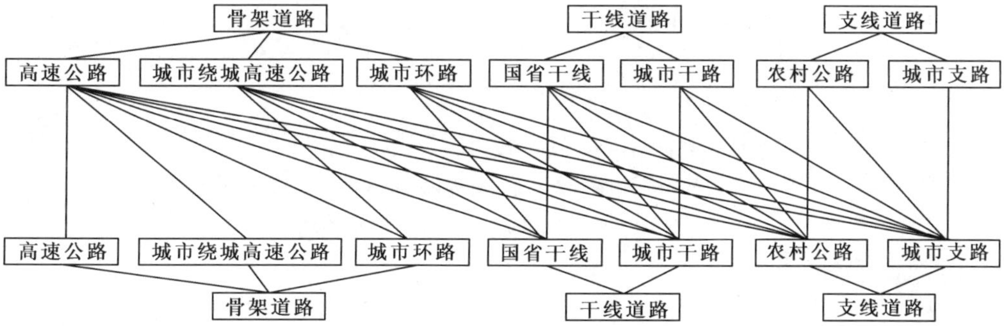

图 5-237　不同路网间的沟通、衔接示意

指路标志是向驾驶人提供路网信息的主要窗口和工具，是为驾驶人服务的。因此，驾驶人的实际需求是指路标志信息选取的主要依据。

针对指路标志设置存在的主要问题，发现在交通标志信息方面，内容较多和内容不合适都占据了较大的比重(图 5-238)。这说明，虽然很多标志设置了较多的信息，但是由于信息选取不够科学、信息发布不够明确，还是使驾驶人无法有效地找到信息。

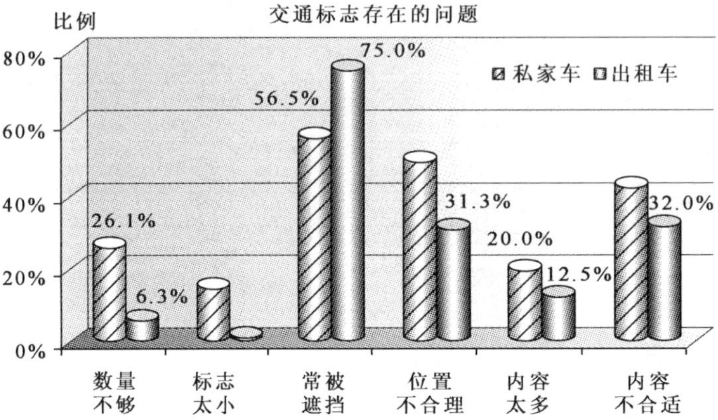

图 5-238　交通标志存在问题的问卷调查结果

在经常发生迷路和走错路的地点统计中(图 5-239)，交叉路口、立交桥、高速公路或城市快速路入口以及大型环岛被认为是最容易走错路的地点。

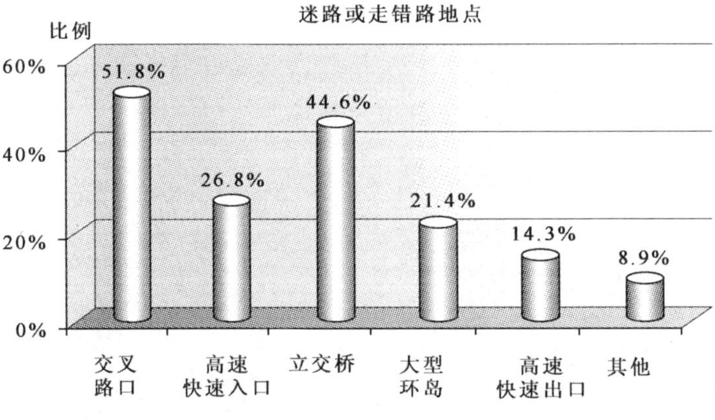

图 5-239　迷路、走错路地点调查

为了了解迷路或走错路的详细原因，对不同地点进行了深入分析，结果如表 5-77 所示。从表中可以发现，迷路或走错路的主要原因是这些地点缺少正确的指路标志的指引，在各种情况下其比例均占到 58%以上。这说明，在我国以上地点的指路标志的信息选取存在比较普遍的问题，并且已经影响到驾驶人寻找正确的路径。

对于驾驶人开车到达一个陌生地点的指引信息的搜索过程。在问卷中根据所寻找的目的地设计了两种类型，一种是寻找的目的地就在本地级市或本省内；另一种是寻找的目的地与当前地点处在不同的省份之内。从调查的结果看，驾驶人对于寻找第一种类型目的地的途径为：

首先寻找该地点所在的行政区划→寻找通往该行政区划的高速公路或城市快速路→进入行政区划内后寻找通往该目的地的国、省道→寻找相应的县道→寻找该目的地。驾驶人对于寻找第二种类型目的地的途径为：首先确定目的地所在的省份→寻找通往该省份的高速公路→进入该省份后，寻找通往该地区的高速公路的出口→进入该地区后，寻找通往该地点的国、省道→寻找相应的县道→寻找该目的地。

迷路或走错路原因所占比例(%)　　表 5-77

原　因	交叉路口	高速快速路入口处	立交桥	大兴环岛	高速快速路出口处	其他
道路复杂，不易判断	27.59	33.33	24.00	50.00	25.00	40.00
缺少正确的指路标志	65.52	66.67	72.00	58.33	75.00	80.00
出入口很难被发现	20.69	33.33	20.00	16.67	12.50	20.00

在问卷中，还发现，随着我国路网的不断完善，驾驶人的信息搜索是与公路的等级和功能紧密联系在一起的，如表 5-78 所示。

不同等级公路与运输服务功能及驾驶人搜寻信息匹配表　　表 5-78

道路类别功能与搭载信息	高 速 公 路	城市快速路	国、省道	县、乡道
服务功能	跨区域、远途	区域内(小区域内)联通，中(远)途	小区域间(内)联通，中(近)途	小区域内联通，近途
主要搜索信息	直辖市、省会城市、计划单列市、地级市	地级市、城市内不同行政区划之间	地级市、镇	县、具体地点
搜寻目的地过程的阶段	第一阶段	第二(一)阶段	第三(二)阶段	第四阶段

综上可以发现，指路标志对于交叉路口、高速公路与城市快速路的入口和出口具有重要的作用。出发点到目的地的大体方向、沿线经过的路名、目的地附近的重要地名对于驾驶人行车具有最为重要的指引作用。驾驶人的信息搜索是与公路的等级和功能紧密联系在一起的。

国家道路安全行动计划通过研究，将所有的指路信息安装信息的重要程度和有效性分成了 A、B、C 三个级别。根据我国路网特征与驾驶人出行习惯，各省省会城市以上级别城市(包括直辖市、计划单列市)等数量较少，具有全国性的知名度，因此可被公认为 A 层信息。研究根据得到的结点重要性计算方法，对这些公认的 A 层信息的重要度进行计算，作为 A 层信息重要度指标的上限。省直管县级市(正处级城市)是被公认为具有本省专属性的信息中最为重要的信息，因此作为 B 层信息重要度指标的上限。乡、镇、村是我国公路网络的末端，因此作为 C 层信息。

以此为依据，并充分考虑驾驶人需求，可以得到我国 A 层信息、B 层信息、C 层信息所包含的信息种类。不同道路及结点按重要性分层列表(本表仅考虑公路网结点，并不包括道路)，如表 5-79 所示。

在指路标志信息分层体系的基础上，国家高速公路网的全国控制点信息选取遵循以下原则：

指路标志信息分层体系

表 5-79

序号	信息类型	A层信息	B层信息	C层信息
1	路线名称信息	高速公路和城市快速路名称或编号	国道编号、省道编号、城市主干道名称	县道编号、城市次干道名称
2	地区名称信息	直辖市、省会、自治区首府、计划单列市、经济特区、副省级城市、经国务院批准拥有与省会(自治区首府)城市相同的地方性法规和规章制度定权的城市、地级市、正厅级城市或地区、存在三条及以上高速公路相交点的城市、含有高速公路出入口的副厅级城市、高速公路端点所在县	省直管县级市，县级市、县、省会或计划单列市的市中心；副省级城市内行政区划	乡、镇、村
3	旅游景区信息	全国 5A 级旅游景点	全国 4A 级旅游景点	全国 3A 级旅游景点
4	交通枢纽或交叉结点	机场、城市交通枢纽	长途汽车总站、火车站、大型立交桥	重要路口、物流园区
5	重要地物	国家级产业基地、省部级政府机关	省级产业基地、科技园区、地级政府机关	市级医疗机构、大学、县级城府机关、地级产业基地

对于国家高速公路网，根据路网架构及驾驶人需求，国家高速公路网上设置的指路标志应以为远途交通需求服务为主，指引信息应为全国性的控制性地点。根据以上要求，对于国家高速公路网，在 A 层信息中副省级以上城市(直辖市、省会、自治区首府、计划单列市、经济特区、副省级城市)属于全国性控制点城市。同时，根据特殊出行需求指标计算，三条及以上高速公路交汇的地级市及作为高速公路端点的地级市与副省级以上城市具有较近的相似度，因此也应算为全国性控制点城市。

作为国家高速公路上的全国控制点，主要出现在国家高速公路入口指路标志及地点距离标志的第三行之中。

如图 5-240 所示国家高速公路 G2 路线图，根据选取原则，G2 高速公路上控制点信息为：上海市、济南市、天津市、北京市。

国道的全国控制点信息选取遵循以下原则：在我国高速公路网络不断密集的情况下，车辆长途交通主要选择高速公路出行。国道作为全国性交通动脉的功能已经逐渐减弱，而其地区服务功能特别是旅游服务功能相应增强。但是，我国仍然存在具有干线功能的国道。这里所指的具有全国性干线公路功能的国道是指两地级市之间无高速公路，国道为最高行政级别的道路。对于这种国道，其全国性控制点既要包括长途运输所需要的副省级以上城市作为基准目标，同时也需要地级市以上的城市作为基准，以满足中途交通需要。此外，对于地级市以上城市中的国道，在跨境路段也是具有干线服务功能的。基于此，对于国道，在 A 层信息中地级市以上城市属于全国性控制点城市。跨境国道上的控制点信息为地级市以上城市以及高速公路和国道，主要出现在国道跨省区域路段上指路标志中的前方目的地信息及地点距离标志中的第三行。

省级高速公路网的省级基准信息选取遵循以下原则：对于省级高速公路网，其指路标志应以为中(远)途交通需求服务为主，根据路网架构及驾驶人需求，省级高速公路网上设置的指引信息应为全省性的控制性地点。A 层信息作为省级基准信息，主要出现在省级高速公路入口指路标志及地点距离标志的第三行之中。

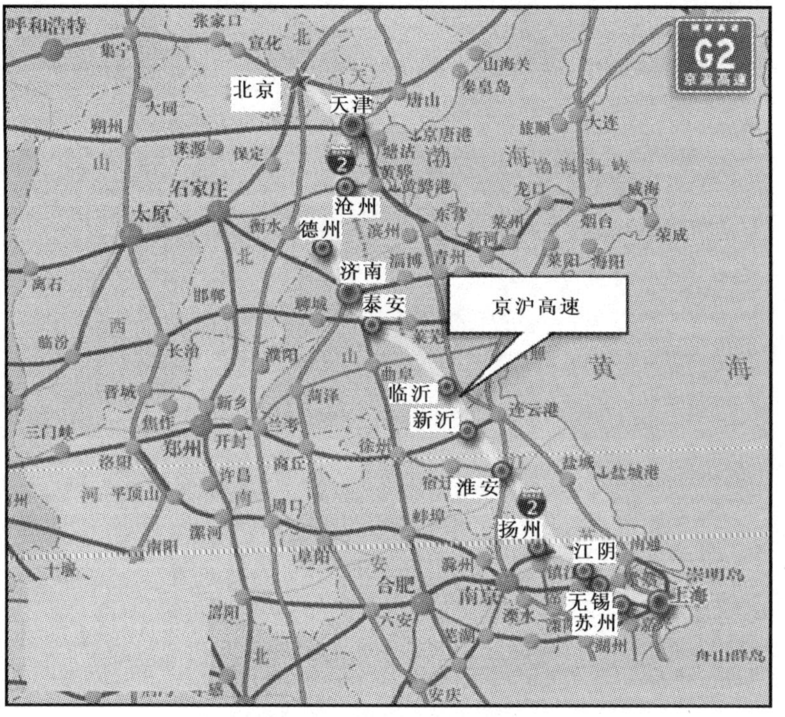

图 5-240　国家高速公路 G2 路线图

省内国省干线公路的省域基准信息选取遵循以下原则：省内国省干线公路主要连接各地级市、县。在服务功能上，主要满足地区集散交通兼顾通过与周边高速公路网相衔接所实现的远途过境交通。省域内国省干线公路路段的控制点信息为省管县级市以上城市。省域内国省干线公路路段的控制点信息为省管县级市以上城市，主要出现在指路标志前方目的地信息及国道地点距离标志中的第三行。

公路网的公路指路标志重要信息选取原则为：根据路网架构驾驶人需求，县乡公路上设置的指路标志主要指引县道最为重要的县、乡道上最为重要的乡村。

根据以上不同路网信息选取规则，不同等级道路相交（交叉口/枢纽）时信息选取方法如表 5-80 所示。

交叉口/枢纽的指路标志信息选取参考表　　　　表 5-80

主线方向道路等级	主线方向信息	交叉道路方向						
		高速公路	国道	省道	县、乡道	城市主干道	城市次干道	支路
高速公路	A 层	A 层	A 层、(B 层)	(A 层)、B 层	(B 层)、C 层	B 层、(A 层)	C 层、(B 层)	D 层、(C 层)
国道	A 层、(B 层)	A 层	A 层、(B 层)	(A 层)、B 层	(B 层)、C 层	B 层、(A 层)	C 层、(B 层)	D 层、(C 层)
省道	(A 层)、B 层	A 层	A 层、(B 层)	(A 层)、B 层	(B 层)、C 层	B 层、(A 层)	C 层、(B 层)	D 层、(C 层)
县、乡道	(B 层)、C 层	A 层	A 层、(B 层)	(A 层)、B 层	(B 层)、C 层	—	—	—

不同行政等级公路的路径指引标志信息,应根据相交道路的行政等级、服务区域特点,在对交通流的流向和流量加以综合分析的基础上选取。高速公路应选取A层信息。相交道路为国道、省道时,应选取前方最近的A层或B层信息;相交道路为县道、乡道时,应选取前方最近的B层信息要素或最重要的C层信息要素。当存在多个C层信息时,选择重要度高的C层信息。

2)路网指路信息选取系统性要求

(1)高速公路指路标志系统的信息应前后对应并与一般道路系统指路标志的信息相呼应。

①入口预告标志中的信息应全部体现在入口地点方向标志中;

②入口预告标志中的信息应体现在相应的出口预告、出口标志中;

③地点距离标志上的第一行信息应体现在出口预告标志、出口标志以及驶出高速公路后相衔接的一般城市道路或国道、省道平面交叉路口路径指引标志之中,示例如图5-241所示。

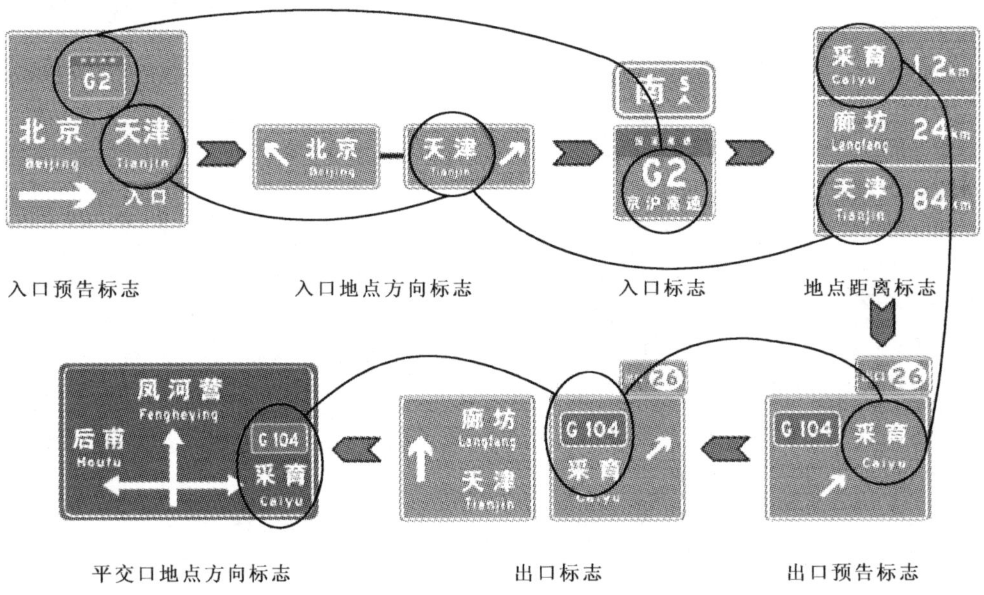

图5-241　高速公路指路标志信息对应性示例

(2)国道、省道、县道、乡道指路标志系统的信息应遵循以下系统性原则:

①指路标志系统的信息应连续。预告标志中出现的信息应在告知标志中再次出现;某一信息一旦出现,应在到达该信息之前的指路标志中连续出现,不应中断;分叉处标志上指引的信息应在其后道路上的交叉路口指引标志中连续出现,如图5-241所示。

②指路标志系统的信息应相互对应。预告标志、告知标志、确认标志中的主要信息应相互对应,交叉路口预告标志中的信息都应体现在交叉路口后的地点距离标志之中;交叉路口预告标志中预告的公路或道路信息应与该道路上的公路编号标志或道路名称标志相对应,如图5-242所示。

2. 高速公路互通枢纽指路标志设置方法

1)驾驶人在高速公路互通枢纽区域寻找路径遇到的主要困难

(1)枢纽区域进、出口交错，分流区与合流区相互影响，使驾驶人难于判断方向从而错过出口或提前分流。

枢纽立交是为了减少交通冲突点而建设的，为了实现预期效果，会使枢纽立交区域出现多个通往不同道路的进、出口。以普通苜蓿叶式立交为例，其正线即存在双重出口。如图 5-243 所示。由于出、入口众多，使得合流区、分流区相互影响，易使驾驶人错误地判断方向，导致走错道路。

(2)交通枢纽受到小区域车辆行使轨迹多向性、行驶速度多变性的影响，车辆交织多，换道情况多，相互干扰大。

高速公路立交交织区域，车辆要在较短的距离内完成分流、合流操作，车辆换道频繁，交通流运行复杂，相互干扰大。这一区域不仅车辆换道困难，而且经常形成交通事故的黑点。因此，也是车辆走错路的一个主要路段。

(3)车型众多，交通标志、标线易被遮挡。

我国高速公路车辆组成复杂，大型车辆数量多。大型车辆往往遮挡其他车辆驾驶人的视线。而我国交通标志一般均设置在道路主线右侧，从而使驾驶人无法有效认读指路标志，导致走错路。

2)高速公路互通枢纽区域指路标志的设置原则

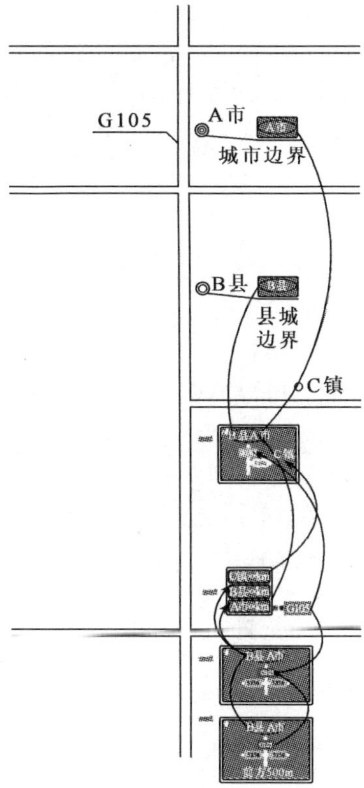

图 5-242　指路标志系统性与连续性示意

根据以上驾驶人在枢纽立交区域寻找路径时遇到的主要困难，这一区域的指路标志设置应遵循以下原则：

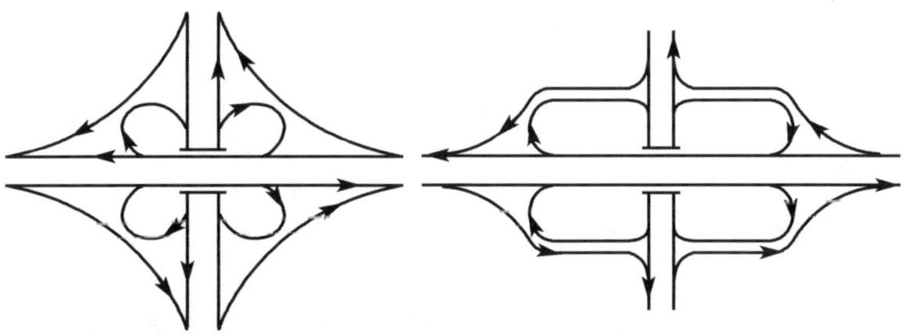
图 5-243　普通苜蓿叶式立体交叉

(1)增加纵向缓冲：加强预告，提前指引。

所谓纵向缓冲，是利用拉开各个转向点的间距，提前预告使驾驶人有充足的时间进行操作。由于互通枢纽区域车辆交织多，相互干扰比较严重，对于多车道高速公路而言则更为严重，驾驶人驶离高速公路的操作更加复杂，而且需要分散精力注意周边车辆。因此，枢纽区域的指路标志应加强预告，提前告知驾驶人枢纽立交的相关信息，给驾驶人以更加充足的时间完成驾驶操作，避免走错路或发生交通事故。同时，在离开枢纽后应设置指路标志提供前方方向或分流交叉点的信息。

(2)增加横向缓冲：采取分车道分流的方法，进行科学的交通组织，方便车辆换道。

高速公路枢纽往往是事故多发地点，这与这一区域密集的车辆交织有着紧密的联系。所谓横向缓冲，是利用道路宽度，将道路断面划分为供直行的主线车道和供分、合流交织的集散车道。交通标志是交通管理信息的重要载体，是进行交通诱导的重要的、有效手段。在枢纽区域，应充分利用交通标志的作用，通过设置指示标志，按不同车型分车道行使；通过设置指路标志，按去往不同地点的车辆分车道行使，使需要驶出高速公路的车辆在外侧车道行使，驶往远处地点的车辆在内侧车道行使，减少交织并配合限速标志。

(3)缩短视认距离：考虑多车道公路的特点，在道路两侧适当位置设置标志或设置门架式标志。

多车道高速公路路幅宽，特别是货车比例较高时，经常对路侧交通标志造成遮挡，使内侧车道的小型车驾驶人无法及时发现、认读标志，导致错过出口。因此，在多车道公路的枢纽区域，除了按标准规定的在主线右侧设置交通标志以外，宜在道路左侧同时设置标志或采用门架标志的支撑形式。

3)高速公路互通枢纽区域指路标志设置方法与案例示意

(1)基本要求

互通枢纽是高速公路网络中重要的沟通设施，为满足其互交通流的功能，其指路标志设计应符合以下基本要求。

①高速公路枢纽互通段包含的指路标志种类及顺序。

从互通式立体交叉被交道路驶入高速公路，直至下一互通式立体交叉出口，一般情况下宜按照下列顺序设置指路标志：入口预告标志→入口处地点、方向标志→高速公路入口标志(命名编号标志或路名标志)→下一出口预告标志/地点距离标志→高速公路命名编号标志或路名标志→出口预告标志→出口标志→出口处地点、方向标志。

②指路标志的信息选取。

a. 入口预告标志，用于指示进入高速公路或城市快速路的入口，设在进入高速公路或城市快速路前的被交道路上适当位置。高速公路或城市快速路入口周边 2～10km 范围内，由县级以上城市、较大乡镇聚居地、著名地点或国道、省道、城市主干道，一直到驶往高速公路或城市快速路的各主要交叉路口、复杂交叉路口和路段上的一般道路指路标志上应指示前方高速公路或城市快速路信息。

入口预告标志版面上的地名信息宜选用高速公路或城市快速路行进方向上距当前所在地最近的 A 层信息，如图 5-244 所示。

若所进入高速公路为两条高速公路共线段，则入口预告标志应同时指出两条高速公路的编号信息，如图 5-245 所示。

b. 地点、方向标志，用于指示高速公路或城市快速路两个行驶方向，设在驶入高速公路或城市快速路的匝道分岔点处。该标志版面内容应与入口预告标志相对应，如图 5-246 所示。

c. 命名编号标志，用于指示高速公路的名称与编号，设置在高速公路互通式立体交叉加速车道的渐变段终点后适当位置，也可在高速公路主线适当距离重复设置，分别作为高速公路的入口标志以及行车确认标志。

d. 地点距离标志，预告高速公路或城市快速路前方所要经过的重要的地点、道路的名称和距离，设置在互通式立体交叉加速车道的渐变段终点以后 1km 以上路段的合适位置处。互通式立体交叉间距大于或等于 5km 时应设置该标志，互通式立体交叉间距大于 10km 时，可重复设置。

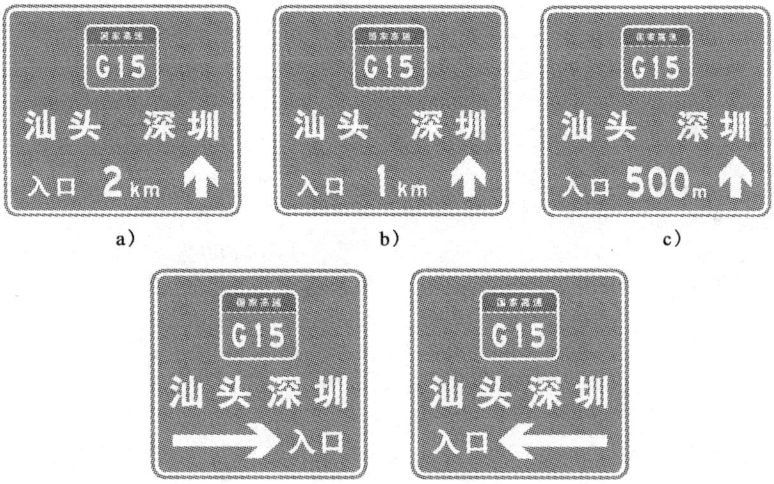

a)　b)　c)　d)　e)

图 5-244　入口预告

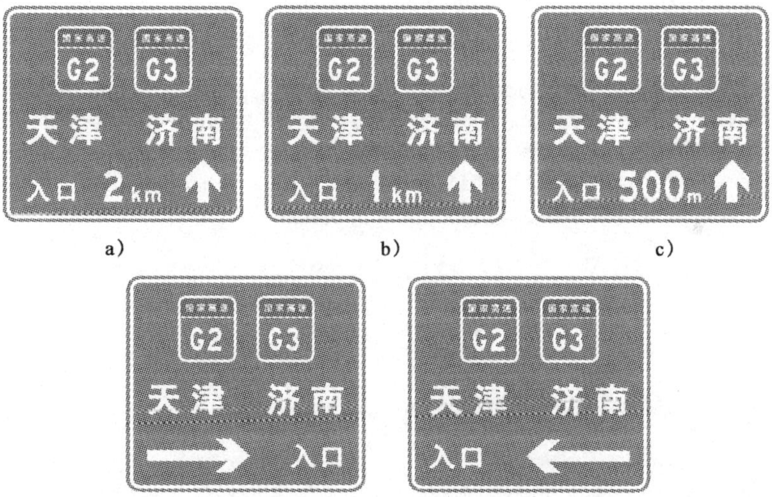

a)　b)　c)　d)　e)

图 5-245　两条高速公路共线时入口预告

a)地点、方向　b)带编号标识的地点、方向

图 5-246　设置于分岔处的地点、方向

地点距离标志宜设置三行地点距离信息，地点、道路信息由近及远按自上而下的顺序排列。地点距离标志的信息应与入口指引标志、出口指引标志信息相呼应，重复设置的地点距离标志应保持信息的一致性，如图 5-247 所示。

图 5-247　地点距离

e. 下一出口预告标志，当互通式立体交叉间距大于或等于 3km、小于 5km 时，应设置下一出口预告标志，预告下一出口的信息和距离。高速公路地点距离标志与下一出口预告标志一般只需设置其中一种。

f. 出口预告标志，用于预告前方出口，在距离高速公路或城市快速路减速车道的渐变段起点 2km、1km、500m 和起点处，应分别设置 2km、1km、500m 出口预告标志和出口预告(行动点)标志，出口预告标志应同时附着出口编号标志。图 5-248、图 5-249 分别指被交道路为国家高速公路、省级高速公路、国道、省道时以及被交道路为无统一编号高速公路、城市快速路或一般城市道路时的出口预告标志。

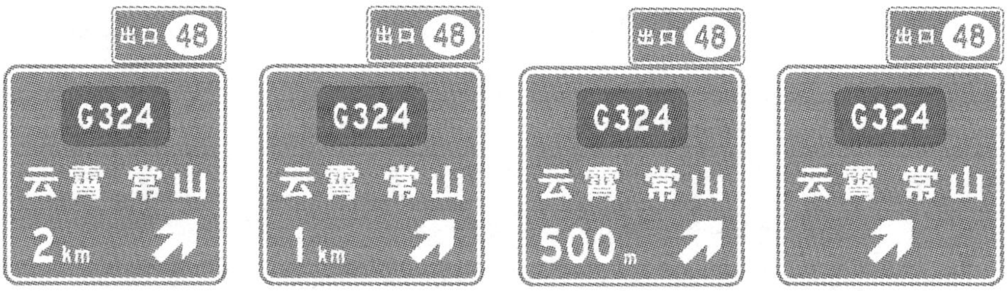

a)　b)　c)　d)

图 5-248　右侧出口预告

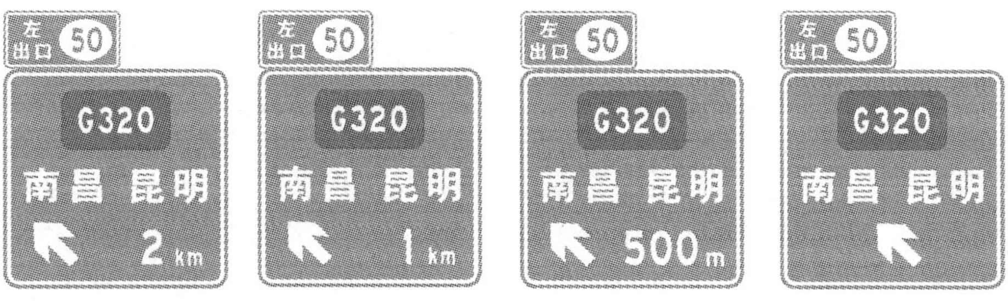

a)　b)　c)　d)

图 5-249　左侧出口预告

g. 出口标志及出口地点方向标志，用于指示高速公路或城市快速路出口，设置在高速公路或城市快速路驶出匝道的三角带端部，应同时附着出口编号标志，如图 5-250 所示。

(2)特殊要求

对于六车道及以上的多车道高速公路应增加提前预告与提示，并进行有效的交通组织与诱导。主要的标志包括如下几种。

①图形式枢纽预告标志。图形式枢纽预告标志是实现枢纽区域纵向缓冲的重要手段。Y 形、苜蓿叶形等比较复杂的互通式立体交叉或多车道高速公路枢纽互通应使用图形式枢纽预

告标志且应能体现枢纽立交的基本轮廓，设置在距枢纽立交出口前 3km 以外的适当地点或枢纽立交出口前 1.5km(或 1km、500m)处，如图 5-251 所示。

图 5-250　出口标志及出口地点方向

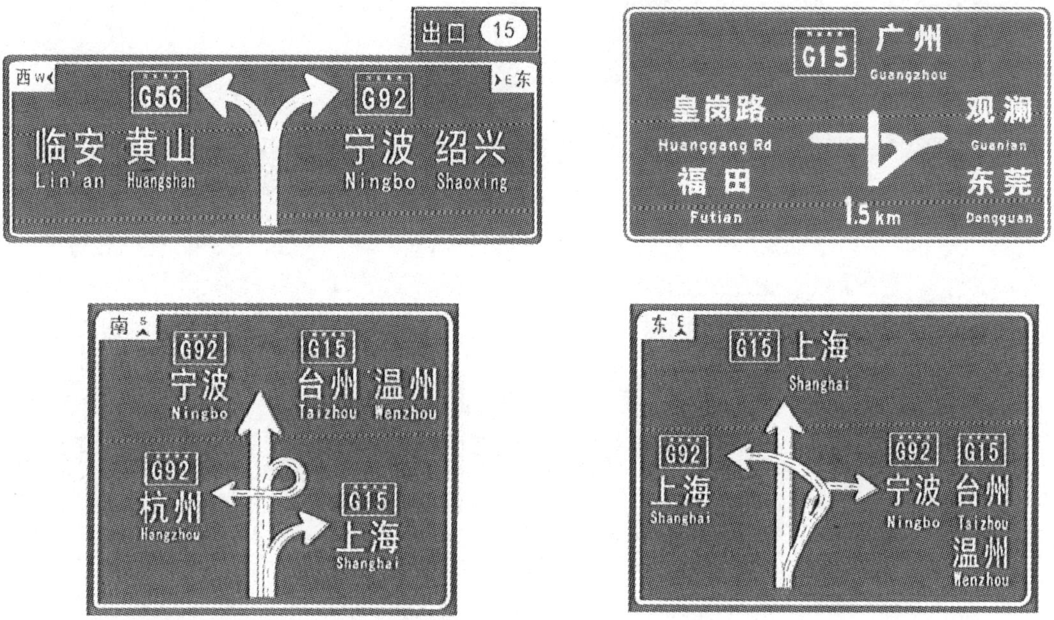

图 5-251　图形式枢纽预告标志

②分车道地点方向标志。

a. 标志中箭头的含义与使用方法。根据我国国家标准《道路交通标志和标线　第 2 部分：道路交通标志》(GB 5768.2—2009)，指路标志中的箭头包括 6 种方向指示，如图 5-252 所示。其中，a 表示向右方向；b 表示右侧出口方向或斜向右方向；c 表示前进方向；d 表示左侧出口方向或斜向左方向；e 表示向左方向；f、h 表示斜向下方向；g 指示当前车道并仅应用于门架或悬臂标志中，此时箭头朝下对准指示车道的中心。

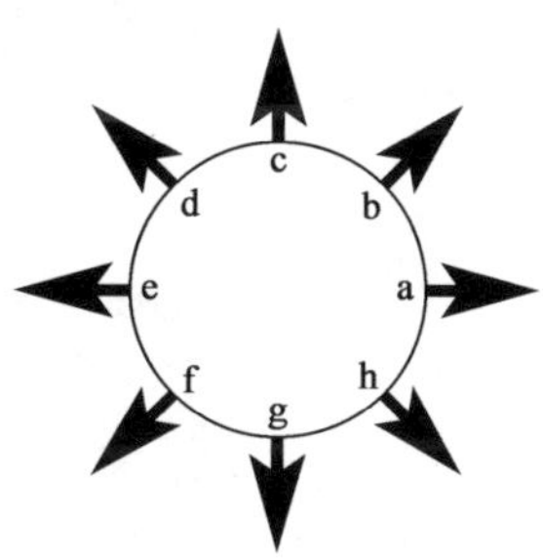

图 5-252　箭头方向示意图

在国标基础上，通过借鉴国内外标准、规范的规定，对国标的规定进行了细化，如图 5-252 所示的箭头中，箭头 c 与箭头 f 的主要区别为：

箭头 c 指示车辆前进方向，并不指定某条车道的行驶要求与行驶方向，向上箭头不必正对车道中心。如图 5-253a)为车辆向前行驶将到达南山区、宝安区；图 5-253b）为车辆向前行驶将到达惠阳、汕头、福建。

箭头 f 指示的是箭头正对车道的行驶要求与行驶方向，具有专属性。

如图 5-254 所示，标志的含义为箭头正对的车道去往 G15、广州方向。

b. 分车道地点方向标志设置方法。分车道地点方向标志主要用于六车道及以上多车道高速公路，是枢纽区域横向缓冲的重要手段，设置在枢纽互通以前适当位置。分车道地点方向标志的设置应基于交通量数据并与车流量紧密相连，当去往远程目的地的车辆较多时，设置含有向下箭头的指引标志，为去往远程目的地的车辆开辟专用车道。此外，当两个枢纽距离较近时，根据需要将即将分流的车辆和下一个枢纽分流的车辆分开，使即将分流的车辆处于最外侧车道，下一个枢纽分流的车辆处于中间车道，从而实现减少交织的目的，如图 5-255 所示。

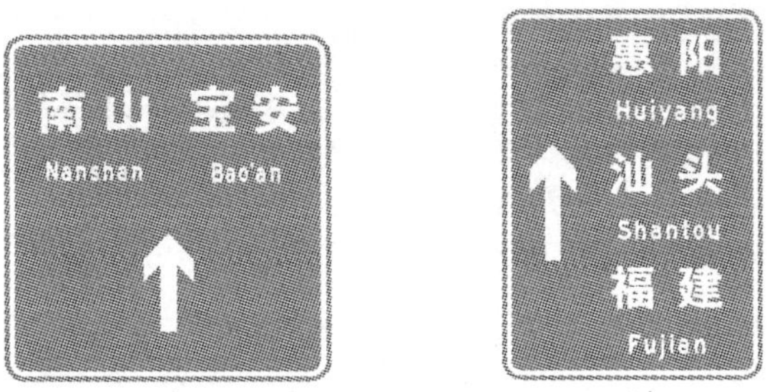

a） b）

图 5-253 箭头方向示意图

图 5-254 含有向下箭头的标志

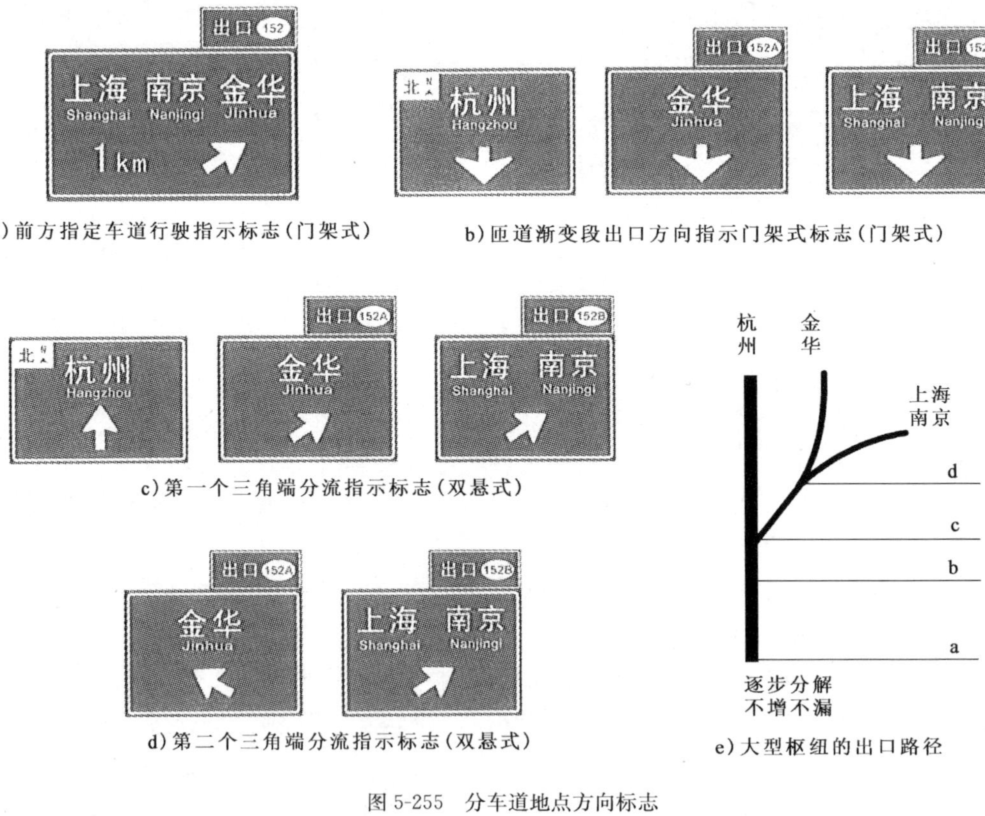

a）前方指定车道行驶指示标志（门架式）

b）匝道渐变段出口方向指示门架式标志（门架式）

c）第一个三角端分流指示标志（双悬式）

d）第二个三角端分流指示标志（双悬式）

e）大型枢纽的出口路径

图 5-255 分车道地点方向标志

(3)枢纽区域交通标志设置示例

以多车道高速公路枢纽出口为典型的Y形为例(图 5-256),应在距离出口前基准点 2km、1km、500m 处设置图形式出口预告标志,并在基准点处设置分车道地点方向标志。值得注意的是,对于如图 5-257 所示高接高的情况,应明确标示出口的位置,告知驾驶人主线的走向。

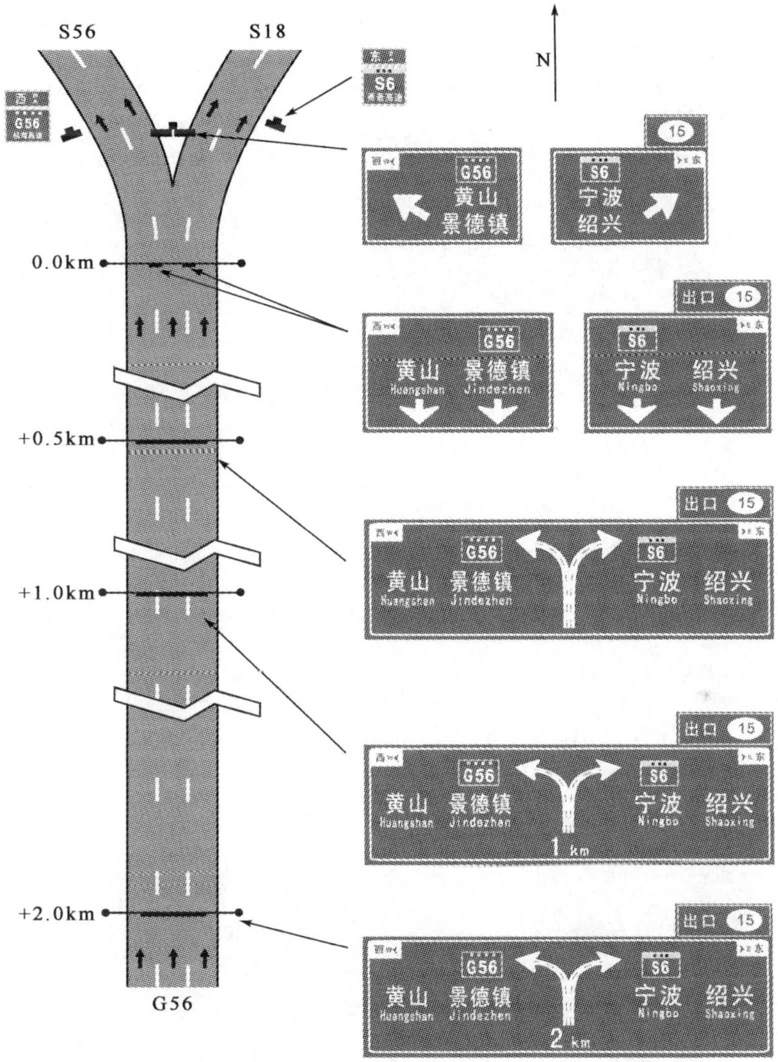

图 5-256　双向六车道 Y 形枢纽互通出口交通标志布置示意图

3. 国省干线公路指路标志设置方法

1)驾驶人交叉口前后信息搜索过程

对 30 名驾驶人进行实车试验,在驾驶人通过交叉口前、后对其进行问卷调查,询问其在不同阶段对信息的具体需求。试验结果显示,驾驶人驾驶车辆通过交叉口时,为保证行驶在正确的路径上,其驾驶操作过程主要经过三个阶段,即阶段一:驾驶人发现前方交叉口,开始减速,有意识地判断前方交叉口的形状,同时希望得到交叉口各交叉公路的信息,为确定下一步行驶路线做好操作准备；阶段二：到达交叉口前，此时驾驶人需决定如何转向，以驶上正确的交叉公路继续朝目的地行进；阶段三：通过交叉口后，驾驶人首先希望确定是否驶上了预期的路线，同时需要确认距前方目的地的距离，以便安排下一步的行驶计划。驾驶人交叉口前后指路信息搜寻过程如图 5-258 所示。

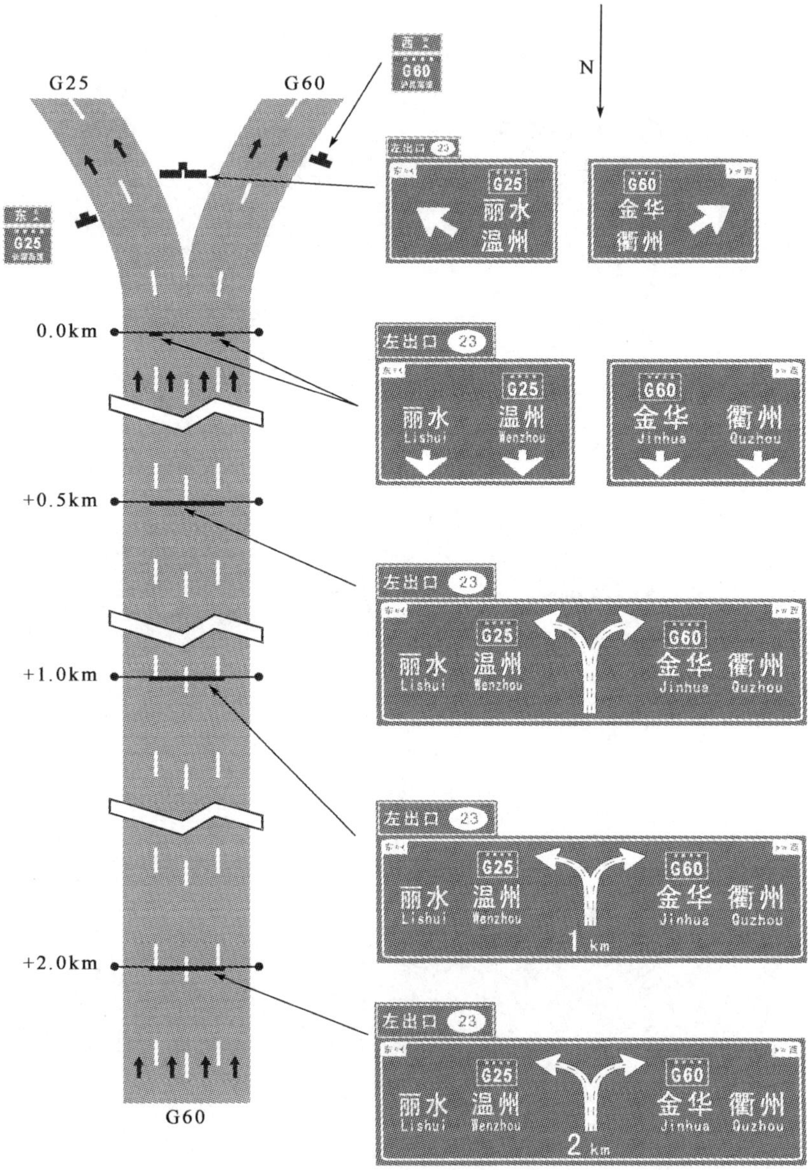

图 5-257　双向八车道 Y 形枢纽互通出口交通标志布置示意图

2）路径指引标志的设置思路

根据以上设计依据，为满足驾驶人交叉口前后三个阶段不同的需求，需设置对应的路径指引标志，包括设置在交叉路口前的交叉路口预告标志、交叉路口告知标志以及设置在交叉路口后的确认标志。三种路径指引标志的含义和设置位置如图 5-259 所示。

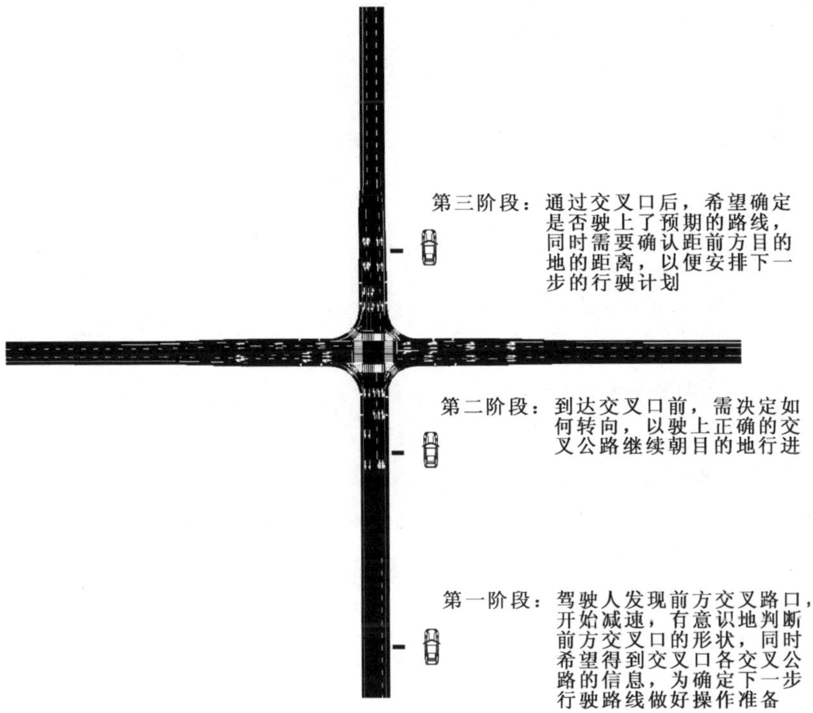

图 5-258　驾驶人交叉口前后指路信息搜寻过程

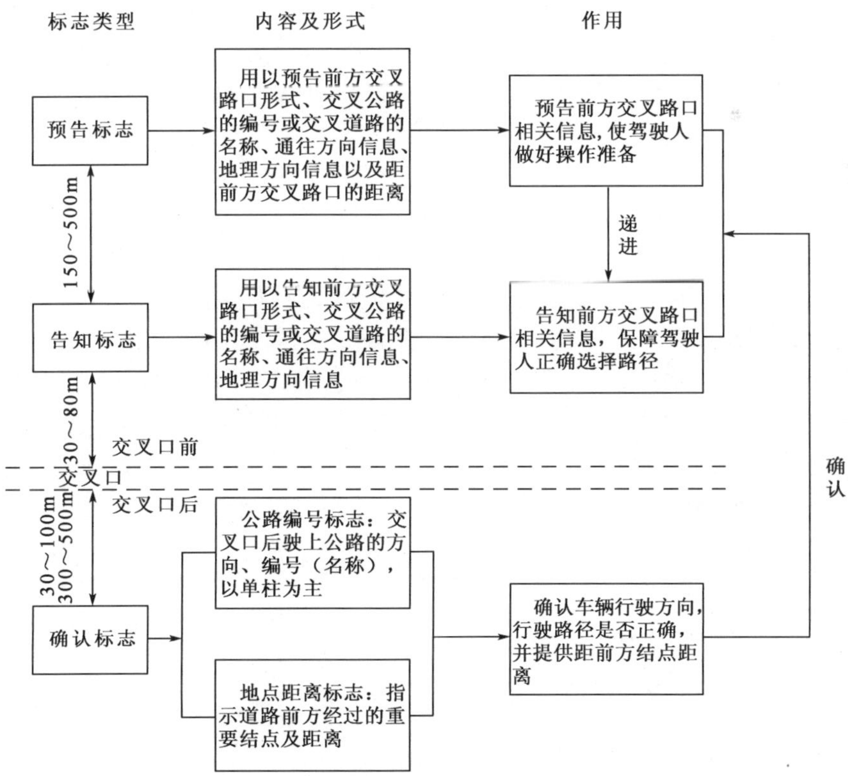

图 5-259　路径指引标志的含义和设置位置示意图

3)标志的配置方法

考虑到公路在功能、交通流量、使用者特性的区别，不需要在任何一个交叉路口都配全交叉路口预告标志、交叉路口告知标志和确认标志等三种路径指引标志，应根据相交公路的行政等级，交通量情况，按照表 5-81 的规定设置相应的路径指引标志。

国省干线公路路径指引标志配置 表 5-81

道路级别	国　道	省　道	县　道	乡　道
国道	预、告、确	预、告、确	预、告、确	(告)
省道	预、告、确	预、告、确	(预)、告、确	(告)

注：预-交叉路口预告标志；告-交叉路口告知标志；确-确认标志，包括地点距离标志、公路编号标志、道路名称标志；(　)-可根据需要设置的交通标志。

表 5-81 规定的可根据需要设置的路径指引标志，是指需要根据实际情况判断是否设置的标志。此时，如果公路设计车速较高、公路车道数较多、车辆变换车道需要一定距离，或当公路与重要公路相交及左右拐弯交通量较多，可能导致交通混乱时，则应设置相应路径指引标志。

4)国省干线公路指路标志设置方法

(1)基本要求

①应根据交叉口的形状选择相应的国省干线公路指路标志；

②交叉路口预告标志用于满足驾驶人在交叉口前第一层次的信息需求，预告前方交叉路口形式、交叉公路的编号或交叉道路的名称、通往方向信息、地理方向信息以及距前方交叉路口的距离。设计速度 80km/h 及以上的公路交叉路口预告标志应设置在距交叉路口告知标志前 300～500m 处，其他公路应设置在距交叉路口告知标志前 150～300m 处。遇两相邻交叉口间隔较近等情况无法实现这一要求时，交叉路口预告标志可向交叉路口适当前移，但距交叉路口不应少于 100m 且不应遮挡交叉路口告知标志。

③交叉路口告知标志用于满足驾驶人在交叉口前第二层次的信息需求，用以告知前方交叉路口形式、交叉公路的编号或交叉道路的名称、通往方向信息、地理方向信息。设置了减速车道的平面交叉路口，交叉路口告知标志应设置在减速车道起点处，其他公路平面交叉，交叉路口告知标志应设置于距平面交叉 30～80m 处。当交叉路口后设置了地点距离标志时，交叉路口前的交叉路口告知标志一般不需标识目的地信息的距离，否则则应标识距离。

确认标志设置在交叉路口后，指示当前所行驶的道路信息及前方通往方向信息，用以满足驾驶人在通过交叉路口后确认当前路线与行驶的需求。由于驾驶人在驶过交叉口后需要确认的信息包括当前行驶路线与前方通往地点两个方面，因此，确认标志按确认内容不同分为确认当前行驶路线的标志和确认公路前方通往目的地的标志。确认公路前方通往目的地的标志为地点距离标志。

(2)国省干线公路交叉口指路标志设置示例

如图 5-260 所示为某路网示意图，其中国道 326 为该地区主要运输通道，并先后与国道 210、省道 205、县道 010 相交。

以公路向北行车方向为例，说明不同等级公路交叉口路径指引标志设置方法。

①国道与国道相交指路标志设置示例(图 5-261)。

a.确定交叉口一为国道 326 与国道 210 相交，属于国道与国道交叉口，应配置交叉路口预告标志、交叉口路径指引标志以及指路确认标志。

b. 在交叉口二前首先设置交叉口预告标志，预告前方 300m 为 G326 与 G210 相交交叉口。

c. 该交叉口为十字交叉，因此应设置十字交叉口指路标志。根据本书前文提到的交叉口指路标志信息选取原则，国道 326 主线方向指示前方最近的一级信息要素 A 和最近的二级信息要素 S205。支线（国道 210）右转方向指示最近的一级信息要素 O 和最近的二级信息要素 N；左转方向指示最近的一级信息要素 R 和最近的二级信息要素 Q。

d. 过交叉口后的指路确认标志包括公路编号标志与地点距离标志。国道 326 上地点距离标志指示 A、F 以及最近的三级信息要素 L，国道 210 地点距离标志同理进行设置。

②国道与省道相交指路标志设置示例（图 5-262）。

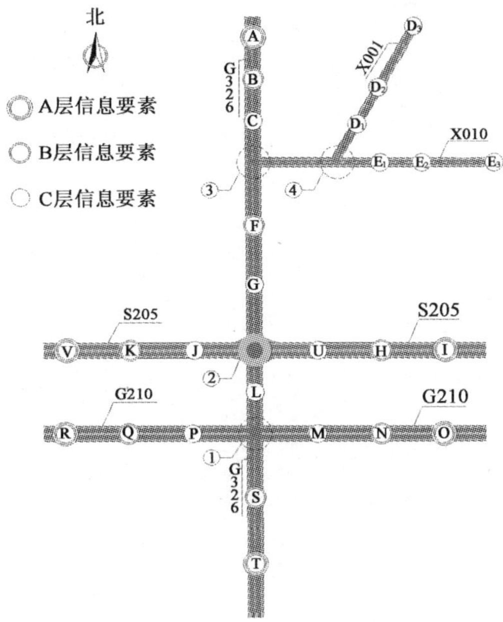

图 5-260 案例路网示意

a. 确定交叉口二为国道 326 与省道 205 相交，属于国道与省道交叉口，应配置交叉口预告标志、交叉口路径指引标志以及指路确认标志。

b. 在交叉口二前首先设置交叉口预告标志，预告前方为 G326 与 S205 相交的交叉口。

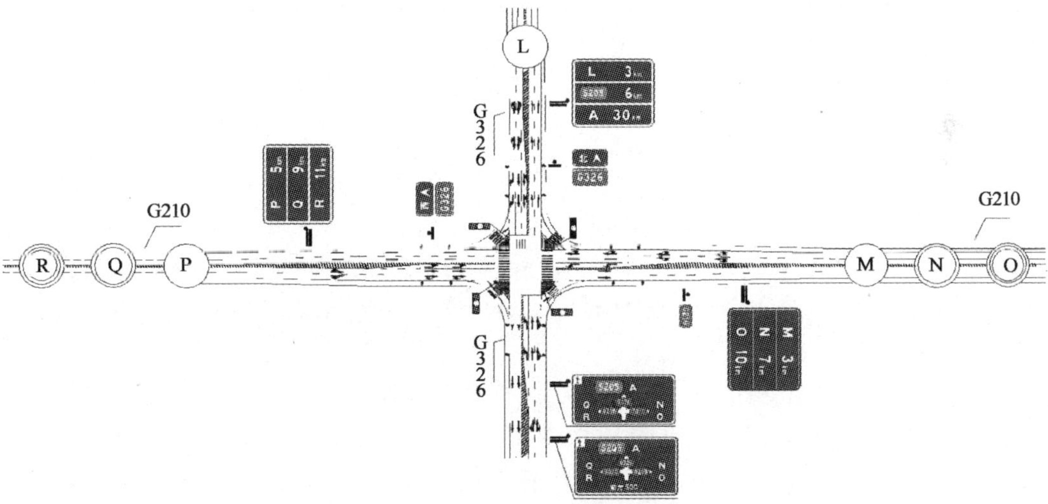

图 5-261 国道与国道相交指路标志设置示例

c. 该交叉口为环岛，应设置环形交叉口指路标志。交叉口指路标志信息选择遵循 5. 2. 5. 7. 2. 3 的成果，国道 326 主线方向指示前方最近的一级信息要素 A 和最近的二级信息要素 F。支线（省道 205）右转方向指示最近的二级信息要素 I；左转方向指示最近的二级信息 K。

d. 过交叉口后的指路确认标志包括公路编号标志与地点距离标志。国道 326 上地点距离标志指示 A、F 以及最近的三级信息要素 G，省道 205 地点距离标志指示最近的二级信息要素及三级信息要素。

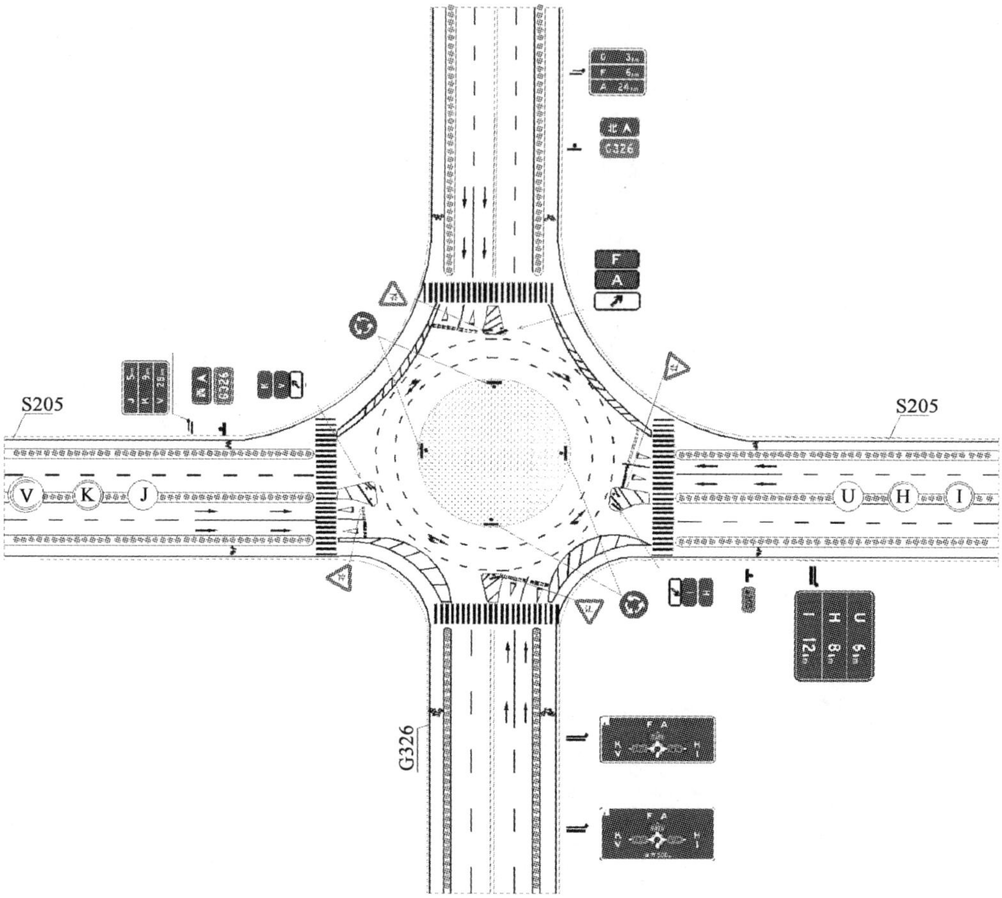

图 5-262　国道与省道相交指路标志设置示例

③国(省)道与县道相交指路标志设置示例(图 5-263)。

a. 确定交叉口三为国道 326 与县道 010 相交,属于国(省)道与县道交叉口,同时,因 X010 交通量较大且为双向两车道公路,应配置单柱形式交叉路口预告标志、交叉路口路径指引标志以及指路确认标志。

b. 在交叉口三前首先设置交叉口预告标志,预告前方为 G326 与 X010 相交交叉口。

c. 该交叉口为 T 形交叉口,应设置 T 形交叉口指路标志。根据本书前文提到的交叉口指路标志信息选取原则,国道 326 主线方向指示前方最近的一级信息要素 A 和最近的二级信息要素 B。支线(县道 010)方向信息选择应根据前方三级信息的重要度进行。通过对沿线三个三级结点 E_1、E_2、E_3 的资料收集与调研,发现 E_2、E_3 的机动车保有量、人口、面积等均高过 E_1,而 E_2、E_3 重要度非常相近,此时应选取道路终点 E_3 作为指示信息。

d. 过交叉口后的指路确认标志包括公路编号标志与地点距离标志。国道 326 上地点距离标志指示 A、F 以及最近的三级信息要素 G,县道 010 地点距离标志同理进行设置。

④县道与县道相交指路标志设置示例(图 5-264)。

a. 确定交叉口四为县道 010 与县道 001 相交,属于县道与县道交叉口,同时,因县道交通量较大，应配置交叉口路径指引标志以及指路确认标志。

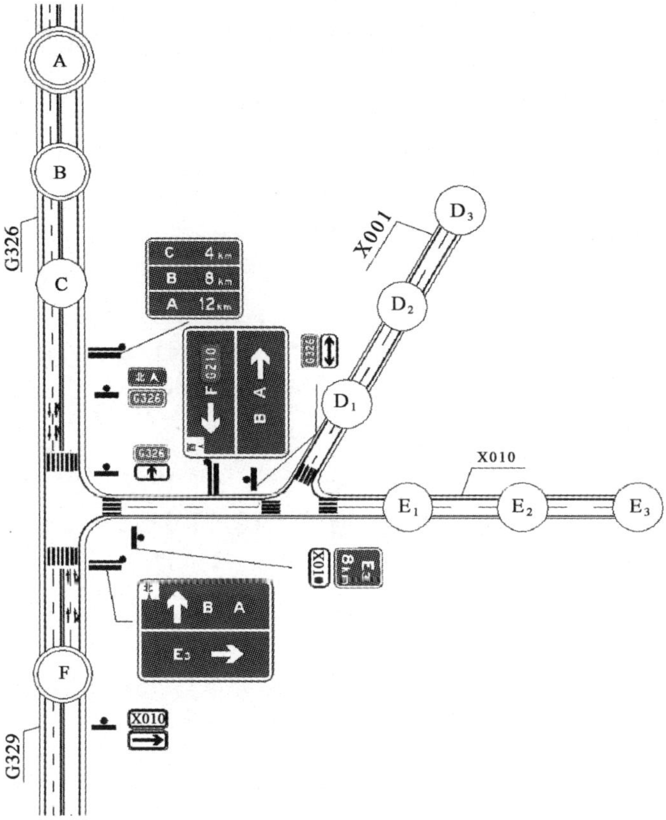

图 5-263　国(省)道与县道相交指路标志设置示例

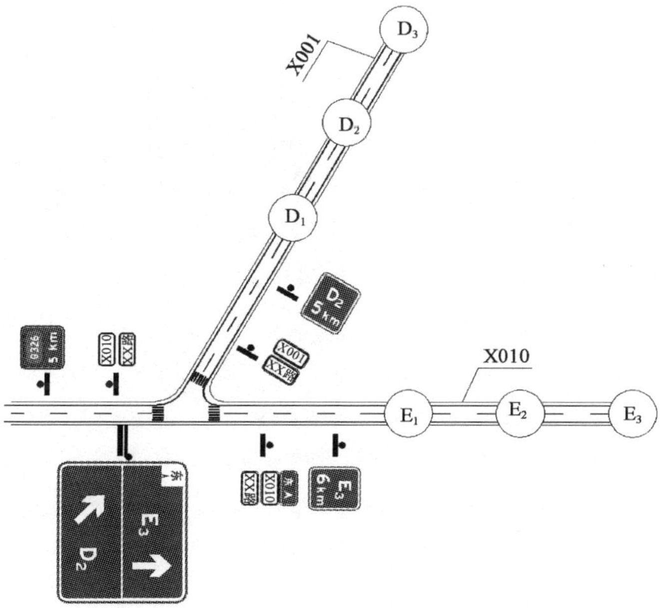

图 5-264　县道与县道相交指路标志设置示例

b. 在交叉口四前首先设置交叉口预告标志，预告前方为 G326 与 X010 相交交叉口，X010 为交叉公路。

c. 该交叉口为 Y 形交叉口，应设置 Y 形交叉口指路标志，县道 010 主线方向指示前方最重要的三级信息要素 E_3。支线（县道 001）方向指示前方三级信息中最重要的 D_2。

d. 过交叉口后的指路确认标志包括公路编号标志与地点距离标志。地点距离标志分别指示 E_3、D_2 的距离。

三、典型路段的交通标志、标线设计方法

1. 平面线形不良路段

平面线形危险路段主要表现为急弯、反向弯路、连续弯路等形式。其安全隐患主要是视距不良和曲线半径小，驾驶人转向不及时，易造成两车相撞、单车碰撞山体或车辆驶出路外等事故。可以采取以下原则进行交通标志和标线的设计。

（1）公路上的急弯路段、反向弯路、连续弯路路段应设置相应的急弯标志、反向弯路标志、连续弯路标志。连续弯路长度超过 3km 时应综合考虑，通过辅助标志指出连续弯路的长度，如图5-265所示。

（2）弯道外侧应设置线形诱导标（图 5-266），指引道路线形。在山区路段，线形诱导标宜设置两排，分别指引上山车辆和下山车辆。

（3）弯道路段的中心线应为实线（图 5-266），在对撞事故多发的路段，中心线宜同时采用振动标线。

图 5-265　连续弯路与辅助标志并设示例

图 5-266　平面线形危险路段交通标志、标线设置示例

2. 纵断面线形不良路段

纵断面线形危险路段主要表现为下陡坡、连续下陡坡等形式。其安全隐患是车速较快，难以有效制动以及驾驶人对线形缺乏预判，导致在下坡过程中车速逐渐加快，失去控制。可以采取以下交通标志和标线设计原则：

（1）陡坡和连续陡坡路段应设置陡坡标志和连续下陡坡标志。

（2）连续下陡坡路段应通过辅助标志告知连续下坡的长度，如图 5-267 所示。为增加标志的警告效果，可在国标规定的基础上，将标志尺寸上调一档。

3. 下坡接急弯路段

下坡接急弯路段导致车速较快，难以有效制动，而且急弯处的安全速度较低，很容易导致

车辆在弯道上因速度过快而发生事故。

除应设置下坡路段和急弯路段的相应标志外，还应在急弯路段的两端前适当位置设置薄层铺装，如图 5-268 所示，以增强对驾驶人的警示效果。

图 5-267　下陡坡路段交通标志、标线设置示例

图 5-268　下坡接急弯路段薄层铺装设置示例

4. 穿越村镇路段

在穿越村镇路段的行人出行较密集的地点或事故多发地点，可设置减速丘。设置了减速丘后，由于路面情况发生了突变，如果车辆突然发现情况变化，往往会进行紧急制动，因此，需要给车辆以足够的警示。根据我国《道路交通标志和标线　第 2 部分：道路交通标志》(GB 5768.2—2009)、《道路交通标志和标线　第 3 部分：道路交通标线》(GB 5768.3—2009)规定，减速丘标线应遵循图 5-269 的要求，同时配合设置减速丘标志。

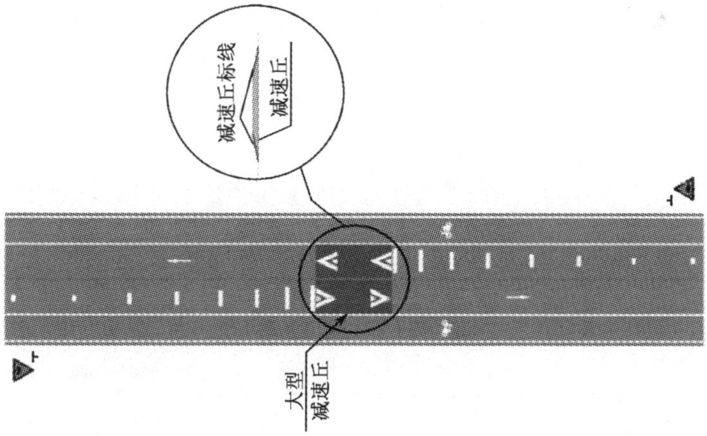

图 5-269　减速丘标线

旅游公路穿越村庄或途经学校时，在村庄前应设置村庄标志及限速 40km/h 的限速标志(图 5-270)，在村庄中行人经常穿越公路的地方应设置注意行人标志和人行横道线；在学校前应设置注意儿童标志及限速 30km/h 的限速标志，并选择合适地点设置人行横道线。

对于行人活动比较密集的村庄，应在路面中央设置立体标线(图 5-271)。

图 5-270　穿越村庄路段交通标志设置示例

a)

b)

图 5-271　穿越村庄路段立体标线设置示例

第八节　公路路侧交通安全设计技术

路侧是指从车道外边缘到道路红线边界的这一范围，路侧安全设计也就是对这一区域进行安全设计，又称为路外设计。路侧设计的对象或要素主要包括：路肩（路肩振动带）、排水设施（边沟、涵洞等）、边坡、护栏（路侧护栏、中央分隔带护栏、桥梁护栏等）、行道树、各种杆柱（标志杆、电线杆、通信设施杆等）以及解体消能设施等。路侧净区设计是指从车行道外侧边缘到道路红线限界范围内不应存在能导致碰撞伤害的坚硬危险物，驶出路外的车辆在该区域不会发生倾覆，行驶在净区内的车辆能够得到有效控制，并且通常能够再次安全地返回行车道。设计人员通常通过硬化路肩、放缓路基边坡、设置可逾越的排水设施、消除紧邻路侧范围内的危险物等技术手段来尽可能提供充足的路侧净区。宽容和人性化的路侧净区可降低交通事故概率、减轻事故损失。设置路侧净区是防止路侧事故最为理想的对策。

一、我国典型路侧安全问题

我国是一个多山的国家，特殊的自然地理条件决定了大量山区公路的存在，然而这些山区公路，尤其是山区低等级公路很多是在几十年养护过程中逐渐形成的，技术等级低、线形指标差、安全设施少是多数山区低等级公路的共同特点。平原区公路几何线形条件一般好于山区公路，但这些公路上普遍存在的机非混行、交叉口运行无序、缺乏必要的渠化、边沟设计不合理等现象也带来了一定的安全隐患。下面重点从路侧安全的角度分析，指出我国公路存在的主要路侧安全问题、典型路侧安全问题分析，为决策者和安全设计人员提供了概要性的认识，对于抓住关键问题、制定针对性的技术对策、宣传与贯彻路侧安全设计的基本理念有着重要的意义。

1.路侧险要路段

路侧险要路段缺乏安全防护设施或防护设施不符合标准(防撞能力不足)。图5-272路侧为深不见底的悬崖,且公路线形为连续下坡弯路,路侧却未设置任何防护设施,连最基本的轮廓标和线形诱导标也未安装。图5-273为一座跨越河流的大型桥梁,桥面距河面很高,且水深流急,桥梁未设置栏杆,仅安装有具备一定反光效果的示警杆,车辆一旦驶出桥面、坠入河中,后果不堪设想。图5-274路侧为山涧,虽然设置了双波钢板护栏,但防撞能力明显不足,图中明显可见该段护栏被冲撞多次,撞断的开口和已经变形失效的护栏段尚未得到及时维修和升级。图5-275公路一侧紧邻铁路线,仅设置了不具备防撞能力的示警桩,车辆一旦冲出路外坠入到铁路线,车毁人亡的恶性事故在所难免,且可能导致铁路运营的中断,带来巨大的经济损失。

图5-272　路侧为深不见底的悬崖

图5-273　跨越河流的大型桥梁

图5-274　路侧为山涧

图5-275　公路一侧紧邻铁路线

2.路侧边坡

路侧边坡凹凸不平,与路基边缘形成高坎;路侧边坡坡度较陡,使得冲出路外的车辆在边坡上不能得到有效控制,易发生倾覆。图5-276、图5-277路侧为不高的边坎,但车辆错车时极易侧翻。平时养护时应尽量将边坎填实,形成较缓边坡,可设置浅边沟或碟形边沟,防止车辆侧翻。图5-278显示紧靠路基的路侧边沟与路面形成高坎,当车轮落入高坎内,将导致车辆侧翻。图 5-279 显示在地形条件允许的条件下可适当放缓边坡，图中的路侧边坡比率约为 1∶3，仍比较危险。放缓边坡可能导致公路用地范围扩大，也加大土方工程量，此时可采取降低路基高度的灵活设计方案。

图 5-276　路侧边坎 1

图 5-277　路侧边坎 2

图 5-278　路侧高坎

图 5-279　路侧缓坡

3. 路侧边沟

边沟宽、深、大是我国现有公路路侧边沟的突出特点，且通常这些边沟的排水能力远超过实际需要。图 5-280 在较为干旱的北方设置如此宽大的边沟显然超过了实际所需的泄水能力，边沟上口宽近 3m，深近 1m。图 5-281 路侧排水矩形边沟紧靠行车道边缘，路侧净区宽度几乎为零，且该边沟形式能造成车轮卡阻，引发翻车事故，宜将边沟盖板，增加净区宽度的同时减小边沟带来的行车安全隐患。图 5-282 边坡坡底的排水沟过于宽、深，致使大型车辆发生了倾覆，可将前坡、后坡结合起来设计，将坡底填高并对坡角进行圆滑处置，则可以给车辆提供一个十分充足的净区。

4. 路侧街道化

路宅不分，使得公路路侧净区非常狭窄，也增大了机动车与非机动车/行人间发生事故的可能性和严重性，如图 5-283 所示。在街道化较为严重的路段，尤其是当房屋等建筑物紧靠公路时，宜实施路宅分离、机非分离，设置或开辟非机动车专用车道等措施，以提高路侧的安全性。

图 5-280　宽、深、大的边沟

图 5-281　路侧排水矩形边沟

图 5-282　过于宽、深的排水沟

图 5-283　路侧街道化

5. 路侧行道树

行道树也是我国路侧安全的主要危险物之一。行道树的种植更多考虑的是绿化的要求，而较少关注路侧安全问题。最突出的问题是行道树距离行车道太近，使得基于路侧净区的设计即便是在有条件的平原区也难以付诸实施。图 5-284 路侧行道树紧邻行车道边缘，树木直径均在 20cm 以上，且纵向间距较密。图 5-285 路侧大树出于安全考虑被砍伐，取而代之的是在距离车道更远的地方栽种了绿化树，但砍伐遗留下的树桩凸出地面过高，也会对冲出路外车辆造成危险，应及时去除。

图 5-284　路侧行道树

图 5-285　路侧被砍后的树桩

6. 护栏端头

护栏端头安全问题重视程度不足，处理过于简单化，缺乏缓冲效能设施。中央分隔带护栏开口处的端头以及出入口三角区的路侧护栏端头被车辆碰撞的概率较高，如不进行特殊处理，也将导致严重的后果。图 5-286 给出的是端头处理不当的例子。

图 5-286　护栏端头处理不当

7. 桥墩、大型杆柱

对净区内的坚硬桥墩、大型交通标志/广告牌立柱等危险物缺乏有效的防护和标识。图 5-287 中巨大坚硬的铁路桥墩紧邻行车道，图 5-288 中路中央的超大型广告牌钢制立柱也没有采取有效的防护措施，都给行车安全带来了隐患。

图 5-287　铁路桥墩紧邻行车道

图 5-288　路中央的超大型广告牌

二、改善路侧安全的主要策略

改善路侧安全状况的策略是指从路的角度，通过采取系统化的工程技术对策或先进的路侧安全设施来实现提升路侧安全水平的目的。

系统化的路侧安全改善与设计策略如图5-289所示，可分成三个层次或阶段，在第一层次应尽可能地使车辆不偏离正常行驶车道，降低车辆冲出路外的风险，这一层次采取的技术对策属于主动预防性质的；在第二层次，当车辆因某种原因一旦冲出路外，应通过边坡、边沟、路侧净区内障碍物处置等技术手段来降低车辆碰撞路侧坚硬危险物或发生翻车的概率；在第三层次，侵入路侧的车辆一旦不可避免地发生碰撞事故或坠车事故，应采取有效的安全防护技术来尽可能地降低事故的严重后果，确保驾驶人的过错不应以牺牲生命为代价。

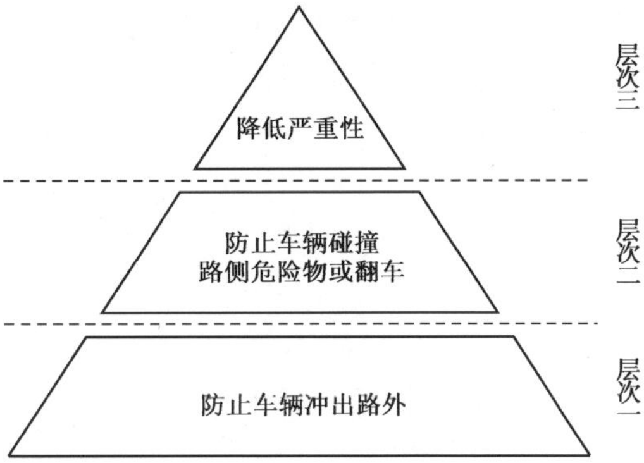

图5-289　路侧安全策略体系图

三个层次的技术对策体系，在逻辑上可以看成是金字塔结构，塔基是层次一，塔身是层次二，塔尖是层次三。层次一属于预防性的，是解决路侧安全问题最为根本同时也是最为基础的方法，不论是新建道路还是已有道路的路侧安全改善，工程师都应该通过良好的设计使驾驶人与道路两者之间形成良好的信息互动，降低车辆冲出路外的风险。然而，由于车辆冲出路外的原因有很多，少数车辆仍不可避免地因某些原因而冲出路外；层次二的技术对策可有效地应对这一问题，工程师应预见性地对路侧危险坚硬物以及可能造成翻车的危险边坡或其他结构物进行处置；层次三属于被动性的，被动性的技术对策不会降低路侧事故的概率，但其目的在于降低路侧碰撞、翻车或坠车事故的严重性，减少伤亡。

通过识别上述三个层次的路侧安全策略体系，可得到如下保障路侧安全的系统化对策矩阵，见表5-82，需要指出的是，表中的对策并不是有助于改善和提高路侧安全性能对策的全部，这些技术对策实施也不孤立，需针对具体情况，采取综合处置的方法，以收到最佳的效果，获得更高的效益成本比。

路侧安全三大战略目标及典型工程技术对策　　表5-82

安全战略	对　策
层次一：防止车辆因各种原因驶离正常行驶车道，冲向路侧区域	改进和完善交通标志系统，加强对路侧危险路段的提示与警告作用
	改进和完善路面交通标线，如减速标线、振动标线，提示前方可能导致路侧事故的危险路段，提醒越界车辆
	合理设置和完善轮廓标，提示道路轮廓与边界
	合理设置和完善线形诱导标，提示不利曲线线形
	提供或改进照明设施
	及时对路侧植物进行修剪，确保视距充足
	路面抗滑处理，如路面打磨粗糙，设薄层铺装

续上表

安全战略	对策
层次一:防止车辆因各种原因驶离正常行驶车道,冲向路侧区域	确保路面养护质量,提高平整度,消除坑槽
	改进路面质量,防止积水
	确保排水设施养护质量,防止排水不畅造成路面积水
	路肩加宽
	路肩硬化
	确保路肩养护质量,及时清除堆放物
	设置路肩或路中振动带,对驾驶人及时振动提醒
	设置强制物理减速设施,如减速丘
	改善路侧植被与景观设计,营造和谐宜人的路侧环境,形成有利于行车安全的视觉效果
	改善路线设计,确保前后线形一致性,避免超出驾驶人预期线形的频繁、突然出现
	改善不利的几何线形条件,如裁弯取直,增大曲线半径,设置合理超高,改进缓和曲线,消除长直线接小半径曲线的不利线形组合
层次二:尽量避免冲出路外的车辆发生侧翻或与路侧危险物发生碰撞	提供充分的路侧净区宽度,消除净区内潜在危险物
	对路侧净区进行良好维护,定期修剪植被,及时清理碎石、瓦砾等堆积物等
	放缓路基边坡,通常缓于1∶4的边坡是安全的
	消除路面与路肩间的边坎
	设计安全型路缘石,避免路缘石的不合理使用
	设计宽、浅排水边沟,在满足排水的条件下,确保行车安全
	对边沟采取可穿越式设计,上方铺设盖板为常见方式
	改进横向排水设施,如涵洞的设计,设置与路面或坡面齐平的篦子
	行道树的处置,将其砍伐或移植至更远处
	公用设施杆柱的处置,主要有:增加横向距离,增加杆柱纵向间距,多种缆线联合使用以减少杆柱数量,缆线埋入地下等方法
	将标志、信号设置在距离车道更远的地方
	将标志、信号、公用设施杆柱等设置在被撞击几率低的位置,如曲线内侧
	改善路侧附属设施的视认性
	对潜在路侧危险物进行标识,如设置警告标志、粘贴反光膜或喷涂反光漆
层次三:如冲出路外车辆不可避免地将与路侧危险物发生碰撞,尽可能降低碰撞事故的严重性	设置满足防撞等级要求的护栏
	对现有不满足防护要求的护栏、警示墩、挡墙等进行升级改造
	改进护栏端头设计
	消除不同刚性护栏间的过渡缺陷
	及时修复被撞击后的护栏
	对服役护栏处进行及时维护,确保护栏立柱埋深、护栏有效高度、侧向土基支撑力等指标符合要求;紧固螺栓无缺失;缆索护栏的缆索张力满足要求
	重点在出口三角区、中央分隔带护栏端部等处设置缓冲效能设施
	采用可解体的杆柱设施
	必要位置设置避险车道

三、路侧危险物碰撞事故严重度分级

调查结果显示，路侧净区范围内的障碍物是路侧交通事故发生的重要诱因，冲入路侧的车辆以较快速度与障碍物相碰撞，可能会导致车辆损坏，甚至人身伤亡。从调查结果中发现，路侧净区内的障碍物类型主要有五种：混凝土护栏端部、路侧边沟、立柱（标志、电力、电信等）、突出山石、树木等。

国外关于路侧危险物碰撞事故严重度的研究已有较多成果，主要方法包括三类：

(1)基于历史事故数据分级，将路侧的轻微事故、死伤事故数乘以相应权重得到最终的严重程度。这种方法以美国为代表，其特点是要求有完善的历史事故数据。

(2)基于碰撞加速度严重指数 *ASI* 的分级方法，如：欧洲标准《Road restraint systems》(EN—1317)，该方法以车辆事故过程中产生的最大加速度与人类忍受加速度的比值为指标，获得严重指数，具有客观性。

(3)定性方法，该方法以专家打分为主，其缺陷是其结果受主观性影响。我国在这方面研究还处于初级阶段，还没有成熟的研究成果和相关标准。考虑到我国历史事故数据信息的不完备性和缺失问题，本研究拟采用加速度严重指数(ASI)来评估路侧危险物碰撞事故的严重度。

1. 加速度严重指数 *ASI*

ASI 值是欧洲标准《Road restraint systems》(EN—1317)中所使用的评价碰撞过程中车辆运动对乘员伤害严重度的指标。*ASI* 是一个无量纲和关于时间的函数。*ASI* 值越大，表示乘员的伤害风险越高。

$$ASI(t) = [(\bar{a}_x/\hat{a}_x)^2 + (\bar{a}_y/\hat{a}_y)^2 + (\bar{a}_z/\hat{a}_z)^2]^{1/2} \quad (5\text{-}113)$$

式中：$\hat{a}_x$、$\hat{a}_y$ 和 $\hat{a}_z$——分别为人体 X、Y 和 Z 三个方向加速度的极限值，对于系有安全带的乘员，$\hat{a}_x=12\text{g}$，$\hat{a}_y=9\text{g}$，$\hat{a}_z=10\text{g}$，对于未系有安全带的乘员，$\hat{a}_x=7\text{g}$，$\hat{a}_y=5\text{g}$，$\hat{a}_z=6\text{g}$；

$\bar{a}_x$、$\bar{a}_y$ 和 $\bar{a}_z$——分别为车辆上定点 P（车辆重心或接近车辆重心）间隔 50ms 的平均加速度。

车辆碰撞过程中的 $ASI(t)$ 最大值作为护栏缓冲功能的评价指标，即 $ASI=\max[ASI(t)]$。

ASI 用于衡量在车辆碰撞障碍物的过程中，坐在点 P 附近的乘员感受到的车辆运动剧烈程度，其计算数据为车辆上定点 P 的加速度 50ms 间隔平均值的时程，对原始加速度数据“50ms 平均”的计算相当于“低通滤波”的过程，即假定车体加速度通过软接触的方式传递给乘员，采用车体加速度评价乘员风险，实质是假定乘员在碰撞全过程中一直和车辆乘员舱保持接触。

在实际计算过程中，为了计算的简便，取碰撞过程中车体最大合成加速度所对应的 X、Y 和 Z 三个方向的加速度来近似计算 *ASI* 的最大值。

根据我国公路实际情况和出行习惯，一般驾驶人和乘员多不系安全带，故人体 X、Y 和 Z 三个方向加速度的极限值分别取值如下：

$$\hat{a}_x = 7\text{g}, \hat{a}_y = 5\text{g}, \hat{a}_z = 6\text{g}$$

2. 碰撞路侧危险物加速度严重指数 *ASI*

针对五类典型路侧危险物[混凝土护栏端部、路侧边沟、立柱(标志、电力、电信等)、突出山石、树木],开展三种车型(小客车、大客车和大货车)的碰撞仿真试验,分别得到碰撞危险物试验过程的车辆加速度曲线,基于加速度曲线,得到各种情形下的加速度严重指数 *ASI* 值,见表 5-83。

车辆碰撞路侧障碍物的 *ASI* 值　　表 5-83

障碍物类型	小　汽　车	大　货　车	大　客　车
混凝土护栏端部	(1)12.7	(2)3.8	(3)4.2
路侧边沟	(4)3.9	(5)1.5	(6)0.2
标志立柱	(7)2.8	(8)1.6	(9)0.3
突出山石	(10)7.3	(11)7.7	(12)2.2
树木	(13)8.7	(14)4.3	(15)3.8
F 型混凝土护栏(SA 级)	(16)3.5	(17)3.1	(18)2.7
波形梁护栏	(19)1.9	(20)1.9	(21)1.1

注:(1)、(2)等为试验编号。

从表 5-83 可以得到以下初步结论:

(1)车辆碰撞波形梁护栏的加速度严重指数在(1,2)区间内,说明波形梁护栏在防止车辆冲出路侧的同时,对人冲击的严重度基本维持在人类能忍受的极限内。而车辆撞击混凝土护栏时,人体受到冲击严重度要大些。

(2)小客车撞击危险物的后果比大客车和大货车严重。

(3)结果显示,混凝土护栏端部对小客车冲击最大。

3. 路侧危险物碰撞事故严重度分级方法

车辆失控冲出路侧后(即:车辆确定冲出路侧),事故的严重程度主要取决于路侧几何条件(边坡高度、坡度)和路肩范围内的障碍物(如:护栏端部、树木、突出山石、路侧边沟等)。基于此,将路侧危险度定义为:车辆冲出路侧后,车辆撞击路侧障碍物或者冲入道路高陡边坡所引发事故的严重程度,路侧危险度可分为四级,分级指标采用加速度严重指数 *ASI*。通过研究,确定路侧危险分级标准如表 5-84 所示。

路侧危险分级与 *ASI* 对应关系　　表 5-84

等　　级	*ASI* 阈值	等　　级	*ASI* 阈值
Ⅰ级	≤1.0	Ⅲ级	(4.0,8.0]
Ⅱ级	(1.0,4.0]	Ⅳ级	>8.0

结合碰撞仿真试验所得 *ASI* 的分布特征,得到路侧危险物碰撞事故严重度分级标准如表 5-85 所示。

路侧危险度分级标准　　表 5-85

ASI	危险度	描　述
0～1.0	一级	无碰撞或者车辆碰撞对乘员只产生轻微影响
1.0～4.0	二级	车辆碰撞过程中乘员感觉到明显的撞击，易受到轻伤或者中等伤害
4.0～8.0	三级	车辆碰撞强烈，乘员受到较严重的伤害，少数可能死亡
＞8.0	四级	车辆碰撞猛烈，乘员受到严重伤害，死亡率高

四、路侧安全性等级综合量化评估

路侧安全性不仅和路侧边坡情况、障碍物有关，而且受到道路几何线形、交通量、车辆组成、历史事故等众多因素的影响。

考虑到分级数目在实践中的可操作性和易用性，将路侧安全等级定为四级（Ⅰ级，Ⅱ级，Ⅲ级，Ⅳ级），等级越高表示路侧危险程度或安全隐患越大。

1. Ⅰ级

路侧安全性等级为Ⅰ级时，线形较缓，坡度不大，路侧有较充足的净区宽度，净区宽度一般能达到 3.5m 以上；路侧危险物指数不高，一般小于 3.5；边坡不高，一般低于 1.5m，坡度较缓，车辆驶出后可以自己驶回公路，发生碰撞事故和翻车事故的可能性很小。

图 5-290 为路侧安全等级Ⅰ级的实景示意图。

图 5-290　路侧安全等级Ⅰ级

2. Ⅱ级

路侧安全性等级为Ⅱ级时，线形较缓，坡度不大，路侧净区宽度能达到 2.5m 以上，路侧存在少量、零散障碍物，如：树木、示警桩、标志标杆。距离行车道外边缘较近范围内也可能存在边沟、挡墙、岩壁等连续的危险物，危险物指数较高但不超过 6.0。有一定边坡，一般不超过 3.5m，边坡坡度陡于 1∶3。车辆驶出后不能驶回公路，冲出路外车辆一般能够得到有效控制，与障碍物碰撞的可能性较小，发生翻车事故的概率也不大。或者路侧障碍物条件与Ⅰ级相差不大，但是具有一定影响的线形和坡度的情况。

图 5-291 为路侧安全等级Ⅱ级的实景示意图。

图 5-291　路侧安全等级Ⅱ级

3. Ⅲ级

路侧安全性等级为Ⅲ级时，路侧净区宽度较小，通常最大不超过 2.5m，路侧深度最大可达 7.5m，或者距离行车道外边缘很近的范围内存在宽大边沟、房屋、坚硬岩壁等。障碍物危险指数可达到 8.5，车辆驶出路外后，能导致伤亡事故。或者路侧障碍物条件与Ⅱ级相差不大，但是具有较大影响的线形和坡度的情况。

图 5-292 为路侧安全等级Ⅲ级的实景示意图。

图 5-292　路侧安全等级Ⅲ级

4. Ⅳ级

路侧安全性等级为Ⅳ级时，路侧净区宽度通常小于 1.5m，路侧地形条件多为陡崖、深沟、高度大于 7.5m 的填方边坡或路肩挡墙，或者距离行车道外边缘很近的范围内有河流、湖泊、铁路线，路侧危险指数大于 8.5，车辆驶出路外后，易导致重大、特大事故。或者路侧障碍物条件与Ⅱ、Ⅲ级相差不大，但是有具不良线形和坡度的情况。

图 5-293 为路侧安全等级Ⅳ级的实景示意图。

对路侧安全性信息进行系统全面的分析，然后在此基础上建立评估指标体系。在建立指标体系的原则下，将评估问题概念化，并建立概念之间的逻辑关系。

路侧安全等级综合评估指标体系由道路线形、交通条件、交通事故数和路侧几何条件、路侧危险物危险指数五大类组成，每一大类指标又包含若干个下一级指标。一般认为道路线形和交通量因素与车辆驶出路外的概率或频次有关；路侧特征因素影响路侧事故的严重性；路侧历史事故属于客观事实，是最为直接表征路侧安全状况现状的指标。图 5-294 为路侧安全等级评估指标体系。

图 5-293　路侧安全等级Ⅳ级

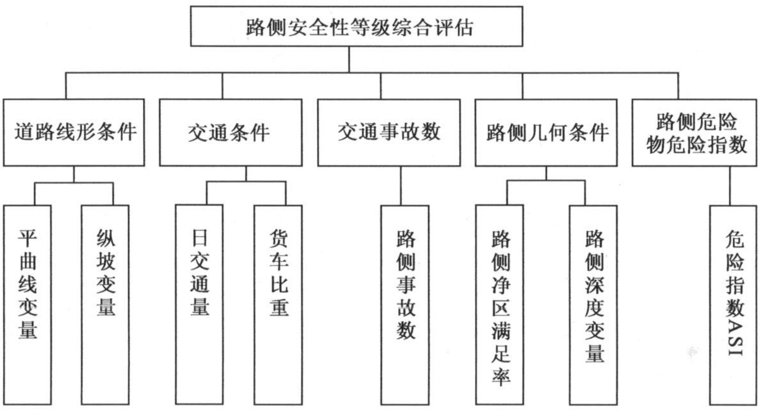

图 5-294　路侧安全等级评估指标体系

研究利用灰色聚类分析的方法，确定了路侧安全等级的评估方法，由于该方法比较复杂，本书不赘述研究和推导的过程，仅给出能用于知道路侧安全设计的最终成果，见表 5-86。

五、减少路侧翻车与碰撞事故的技术

1. 路侧净区设置

路侧净区是指位于行车道外侧边缘与路权限界范围内的区域（图 5-295），该区域不应存在能导致碰撞伤害的坚硬危险物，驶出路外的车辆在该区域上不会发生倾覆，行驶在净区内的车辆能够得到有效控制，并且通常能够再次安全地返回行车道。

建立充分有效的路侧净区是路侧安全设计的核心内容，涉及的对象或要素主要包括：路肩（路肩振动带）、排水设施（边沟、涵洞等）、边坡、护栏（路侧护栏、中央分隔带护栏、桥梁护栏等）、行道树、各种杆柱（标志杆、电线杆、通信设施杆等），以及解体消能设施等。设计人员通常可通过硬化路肩、放缓路基边坡、设置可逾越的排水设施、消除紧邻路侧范围内的危险物等技术手段来尽可能提供充足的路侧净区。设置路侧净区是防止路侧事故最为理想的对策，宽容和人性化的路侧净区可降低交通事故概率、减轻事故损失。

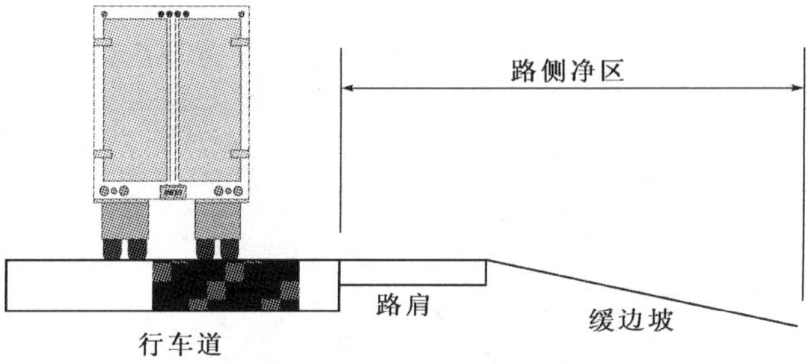

图 5-295　路侧净区范围

路侧综合危险度分级量化标准　　表 5-86

1	2	3	4	5	6	7	8	等　级
平曲线半径（m）	纵坡坡率（%）	日均交通量（pcu/d）	货车比	路侧事故数（起）	路侧净区宽度（m）	路侧深度（m）	路侧障碍物危险指数	
≥400	≤3.0	≤500	≤0.2	0	≥3.5	≤1.5	≤3.5	Ⅰ
		≤1 500			≥2.5	≤3.5	≤6.0	Ⅱ
		≤4 500			≥1.5	≤7.5	≤8.5	Ⅲ
		>4 500			<1.5	>7.5	>8.5	Ⅳ
≥200	≤5.0	≤500	≤0.4	≤2	≥3.5	≤1.5	≤3.5	Ⅰ或Ⅱ
		≤1 500			≥2.5	≤3.5	≤6.0	Ⅱ
		≤4 500			≥1.5	≤7.5	≤8.5	Ⅲ
		>4 500			<1.5	>7.5	>8.5	Ⅳ
≥100	≤7.0	≤500	≤0.6	≤4	≥3.5	≤1.5	≤3.5	Ⅱ
		≤1 500			≥2.5	≤3.5	≤6.0	Ⅱ或Ⅲ
		≤4 500			≥1.5	≤7.5	≤8.5	Ⅲ
		>4 500			<1.5	>7.5	>8.5	Ⅳ
<100	>7.0	≤500	>0.6	>4	≥3.5	≤1.5	≤3.5	Ⅱ或Ⅲ
		≤1 500			≥2.5	≤3.5	≤6.0	Ⅲ
		≤4 500			≥1.5	≤7.5	≤8.5	Ⅲ或Ⅳ
		>4 500			<1.5	>7.5	>8.5	Ⅳ

路侧净区是一种理想的路侧安全环境，路侧净区设置应依据路侧地形、公路功能与等级、交通量以及安全、经济、环境之间的综合考虑来确定。在我国目前条件下，无论是填方路段，还是挖方路段，完全按照国际上的标准要求设置路侧净区是不切合实际的。设计人员在设计中应尽量考虑为失控车辆的救险提供适当的机会，采用因地制宜、灵活多变的设计思路。例如，对于低路堤、浅挖方路段，宜结合地形和耕地情况尽量采用缓坡率，并满足净区宽度的要求；当路侧净区宽度的要求得不到满足时，视情况设置适当防护等级能力的路侧护栏，以提高行车安

全。下面为一些路侧净区应用案例。

如图 5-296 所示，路侧地势平坦，路肩外矩形边沟加设盖板，使路侧净区范围由路肩处拓宽至路堑边坡处。如图 5-297 所示，回头弯内侧平整，移除山体、孤石等障碍物，并将妨碍视距的树木砍伐，既增加了弯道路面宽度，改善了视距，拓宽了路侧净区，提高了行车安全性，又不失为一处“亮丽”的公路景观。

图 5-296　路侧地势平坦

图 5-297　回头弯内侧平整

如图 5-298 所示，路侧具备良好的净区设置条件，如果将路缘石设计成可穿越式或将其去掉采用路面横坡排水，安全性会更好，警示桩也可考虑替换为轮廓标或在路面施画路侧振动标线。如图 5-299 所示，根据路侧条件，设置了浅碟形边沟，并植草绿化，美观安全。

图 5-298　路侧具备良好的净区设置条件

图 5-299　路侧设置的浅碟形边沟

如图 5-300 所示，弯道内侧铺设预制混凝土的浅碟形边沟，在降水量不大的地区能够满足排水要求，同时增加了路面的有效宽度。

2. 路堤与路堑边坡

路侧净区通常是由路肩(硬路肩和土路肩)和缓和的边坡构成，而且大部分净区宽度是由缓和边坡提供的，因此，边坡无疑成为路侧设计的重要组成部分。设计人员需要知道造成翻车的临界坡率、不同边坡类型或坡率组合条件下的净区宽度的确定等知识。下面对净区范围内的各种边坡作一简要介绍。

1)路堤边坡

平行于交通流方向的路堤边坡可以分为可返回边坡、不可返回边坡和危险边坡三类。

(1)可返回路堤边坡

可返回路堤边坡是指坡度小于等于 1∶4 的边坡(图 5-301)。这样的边坡相对平缓,车辆驶入可返回路堤边坡后一般能停车或减速后慢慢驶回到行车道。从安全的角度考虑,要求可返回边坡没有明显间断和没有凸起固定物,坡顶宜圆化处理,以使冲出路外的车辆能保持和路面接触,坡底也应圆化以使车辆顺利跨越。可返回边坡安全性最好,能够为冲出路外的车辆提供最高程度的安全保障,不需要设置护栏进行防护,可在必要位置设置视线诱导设施。此类边坡的设置一般受制于地形条件和道路用地的限制,可因地制宜地采用。

图 5-300　弯道内侧预制混凝土浅碟形边沟

图 5-301　可返回路堤边坡

(2)不可返回路堤边坡

不可返回路堤边坡是指坡度介于 1∶4～1∶3 的边坡(图 5-302)。大多数车辆驶入后都无法停车或返回行车道,车辆通常会驶达坡底,所以此类边坡上不应存在固定障碍物。不可返回边坡具有较好的安全性,常见于微丘地区或山区地势较为平坦的谷地,通常不需要设置安全护栏,路基高度超过 3m 时可设置视线诱导设施或警示桩,交通量大、车速高的公路也可考虑设置护栏。

图 5-302　不可返回路堤边坡

当路堤边坡同时存在可返回与不可返回的边坡时,即路堤边坡为复合边坡时,理想的设计是在坡脚处为冲出路侧的车辆提供足够宽的闪避区域。闪避区域的作用是使大多数冲出车道的车辆在遇到陡峭的路堤边坡之前能恢复到正常状态。闪避区域的宽度由车道边缘到可返回路堤边坡与不可返回路堤边坡间断点间的距离来决定,其宽度为推荐路侧净区宽度与可返回路堤边坡宽度之差,图 5-303 给出了闪避区域的计算方法。设计人员应注意使可返回路堤边坡与不可返回路堤边坡衔接处尽量平滑,以使车辆不至于腾空。

(3)危险路堤边坡

危险路堤边坡是指坡度大于 1∶3 的边坡(图 5-304),车辆冲入此类边坡时,驾驶人无法控制车辆,车辆发生倾覆的可能性非常大。如果该类边坡距车道的距离小于建议的路侧净区宽度,并且边坡无法进行改建,一般应考虑设置护栏,护栏设置的条件和护栏选择需要考虑的因素非常多,详见路侧护栏防护一节内容。

如果危险路堤边坡所处路段运营安全状况良好,且冲出路外的单车不会造成重、特大事故的，可以不设置护栏，采取安装警示桩、设置轮廓标、施画车道边缘振动标线、设置路肩振动带等更为经济的措施或综合运用以上措施。

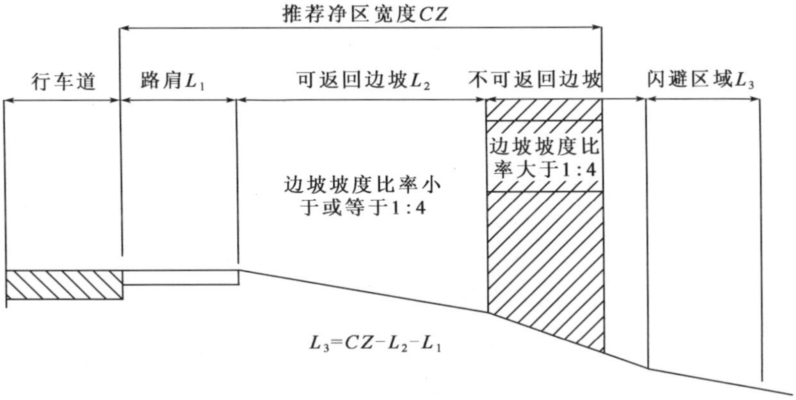

图 5-303　闪避区域宽度计算方法示意图

2）路堑边坡

当道路处于挖方路段时，路堑边坡对于驶出路外车辆的安全性取决于其平整程度和障碍物存在状况。如果路堤边坡坡度小于等于 1∶3，并且后坡上不存在障碍物，那么不管路堑边坡距离公路多远，路堑边坡本身都不会造成太大危险。国内目前对路堑边坡一般不进行防护，除非在行车道与路堑边坡之间存在危险的边沟时，可考虑对边沟进行防护。

在山区低等级公路上，路线傍山一侧突出的、粗糙岩壁往往靠近行车道，如图 5-305 所示，侧向净空小，容易造成车辆与之发生刮蹭或撞击。而一旦意外冲出路外，车辆撞上坚硬的、未经过修整的岩壁，通常会导致严重事故。因此，应结合道路、交通和事故状况，对个别位置的突出岩壁加以整治。

图 5-304　危险路堤边坡

图 5-305　坚硬粗糙的路堑边坡

3. 排水设施

路侧排水设施主要包括路缘石、边沟、涵洞等排水结构物。有效的排水设施设计是路侧安全设计的关键内容之一，其设计和建造需要考虑对路侧自然环境带来的影响。排水设施的设计总体上应遵循如下原则：

①在满足排水的条件下，去除不必要的排水结构物。

②在满足排水的条件下，将产生危险的排水结构物移至更远处。

③在无法去除和移走结构物时，应保证车辆能安全穿越排水结构物，不会直接冲撞结构物或因不可穿越而侧翻，保障车辆仍能安全地驶回公路。

④边沟应根据具体情况、路侧安全以及美观的要求进行评估后，灵活设置，尽量做到宽、浅、绿、隐(远)。

⑤在满足排水的条件下，倡导设置路侧浅碟式或暗埋式排水沟，尽量避免设置外露式路侧矩形或梯形边沟。

⑥当浅边沟不能满足排水要求时，如对于山区多雨和填挖工程量大的地区，可采取封盖边沟的方法，但要对封盖边沟的建设和养护进行经济分析，对盖板的强度进行重车荷载验算。

⑦在条件允许的情况下，结合路侧净区设计理念，路侧净区内不设突出的路缘石、不设护栏，倡导不设置路缘石或不全线连续设置路缘石。

1)路缘石

路缘石主要用于排水控制、描绘道路轮廓并使其美观、减少道路养护工作、辅助路侧设计等功能，材料可以为沥青、混凝土、石头等。根据路缘石的功能和形状，可以分为障碍缘石和可穿越缘石两类。障碍缘石指垂直或接近垂直路面的路缘石，这种路缘石主要用于阻挡驾驶人有意离开行车道，如图 5-306 所示。可穿越缘石指与路面不垂直的路缘石，在必要的情况下可以使车辆容易地穿越它，如图 5-307 所示。

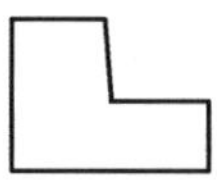

图 5-306 障碍缘石

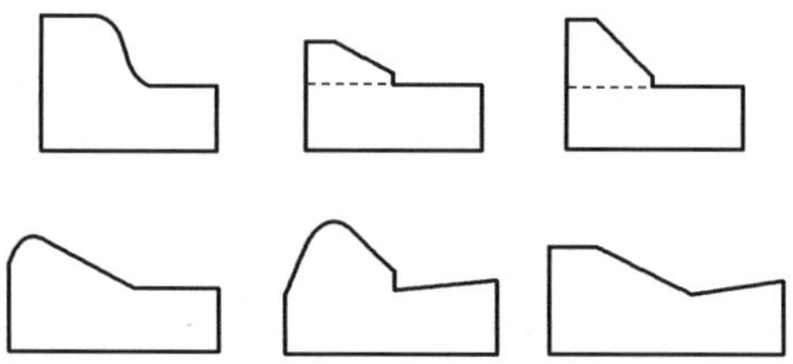

图 5-307 可穿越缘石

为避免冲出路外的车辆在穿过路缘石或与其发生碰撞时带来严重的事故后果，路缘石的设计应注意以下事项：

(1)尽量不设置路缘石，虽然路缘石对处理排水有效，但会对发生侧滑而离开行车道的车辆产生危险。可考虑采用其他可行方法替代实现路缘石的功能。

(2)高速行车道(速度在 80km/h 以上)边缘不宜使用路缘石。路缘石不能对车辆起到水平导向的作用，但会产生竖直导向。高速行驶的车辆一旦和路缘石相接触，会导致车辆腾空，从而使驾驶人失去对车辆的控制。如果必须使用路缘石，就需要考虑增大路侧净区。

(3)低速行车道边缘视情况可以使用路缘石。

(4)车速过渡路段(即车辆要经历较大幅度减速时所途经的路段，如道路限速从 100km/h 渐降至 50km/h 的情况)慎用路缘石。

(5)在需要设置路缘石的路段，路缘石突出路面的高度不得大于 12cm，并应采用圆滑外形。对于可穿越缘石，要控制其高度不要超过 10cm，以免过高的路缘石会刮擦车辆的下部。

(6)路缘石与波形梁护栏联合使用时，路缘石应与护栏面齐平或位于护栏面之后。如果路缘石的高度是 15cm 或更高，则必须加强波形梁的强度以减小其形变量，避免车辆越过护栏。

(7)路缘石与混凝土护栏联合使用时，应避免路缘石在具有一定斜坡的混凝土护栏前使用,这种设置会导致护栏无法发挥其正常功能。

(8)如果现有路缘石与护栏的组合应用未经试验验证,则必须进行实车碰撞试验验证。

(9)如果路缘石后存在障碍物,应当使其离路缘石外表面的距离不能低于0.5m,但该距离不能计入有效路侧净区宽度。

2)边沟

良好的边沟设计,在满足排水要求的同时,应尽量做到不导致驶出路外车辆翻入沟中或与边沟发生后果严重的碰撞。我国等级公路上设置的边沟通常具有宽、深、大显著特点,大量的工程实践表明,传统设计的边沟即使在我国南方的暴雨期间,大部分边沟的流水量也没达到其设计流量。究其原因,主要是水文计算时按最大汇水面积控制项目所在地的所有排水设施,导致排水距离为30m与排水距离300m路段的断面采用相同尺寸。基于此,设计人员应根据沿线地形地貌、路基填挖高度、实际汇水量、排水能力、工程造价与养护便利性以及对行车安全与环境景观的影响程度等方面综合考虑,采用灵活自然的断面形式和尺寸。

常见的边沟主要有"V"形、矩形、梯形和浅碟形等断面形式,按公路等级、所需排泄的设计流量、设置位置和土质或岩质选定。浅挖方路段,可选用浅碟形边沟;深挖方路段,可选用矩形加盖板边沟;环境景观优美路段,可选用暗埋式边沟。在挖方路段,当采用带泄水孔盖板的矩形边沟,或皿形沟与埋置的圆管相结合的断面时,应根据路堑段土路肩功能较小的特点,并结合碎落台宽度,设于土路肩处,使之同时具有土路肩、边沟、碎落台的功能,可减少路侧挖方工程量。

解决边沟带来的路侧安全问题主要可从以下几方面着手:

(1)通过车道外侧边缘线、路肩振动带或在路肩上设置轮廓标来提示和预防车辆驶入危险的边沟,该做法并不能阻止冲出路外的车辆跌入边沟,具有良好的经济性。

(2)在边沟前方设置高度不超过10cm的路缘石,来更好地提示行车道边界轮廓,但要注意出水口设计,满足路面排水要求。

(3)在不易改造的宽、深危险边沟前设置护栏进行防护。

(4)结合地形条件和实际边沟状况,对其进行安全改造,如:可将边沟的前坡适度放缓,有条件的可放缓至1∶4;边沟上方覆盖能够承载车辆的盖板。此类做法成本较高,通常配合路的大修改造实施。

(5)将边沟外移至距离行车道更远的地方,为行人、非机动交通出行者提供更宽阔的空间,以避免路侧撞击事故。该做法成本高,一般较少采用。

(6)对于新建公路,可在设计阶段进行规划,从上述几方面对策中,选取经济、有效的方案。

下面给出几种常见类型边沟的设计案例。

(1)浅碟形边沟

浅碟形边沟是目前国内比较提倡的一种边沟形式,与传统的矩形、梯形边沟相比,其在安全、经济、环保方面具有一定优势。在满足排水的条件下,可将边沟修建成浅碟形边沟,使驶出路外的车辆能够驶回公路或不侧翻。应用浅碟式边沟的关键在于结合地形和路侧实际情况采取灵活的标准进行设计。

如图5-308所示,山区双车道公路的交通量小,且排水量不大,将原来的不规则的、存在不安全边坎的路侧进行平整,没有将路肩硬化,而是采用更为经济的浅碟形土边沟,安全、经济。

如果雨水冲刷地表较为严重的话，可对裸露地表植草绿化。如图 5-309 所示，公路地处平原区，交通量很大，且行道树距离车道较远，将路侧边沟设置成植草的浅碟形边沟，加之路肩较宽，因此，路侧净区基本得到了保证，路侧安全状况良好。

图 5-308　浅碟形土边沟

图 5-309　植草的浅碟形边沟

如图 5-310 所示，公路处于挖方路段，但路侧有一定的余宽，将边坡放缓夯实，并用较大的石块进行浆砌，形成浅碟形边沟，既满足了排水要求，又大幅增加了路侧净区宽度。石块就地取材，处理形式也能给人带来活泼的感受，经济、自然、实用。如图 5-311 所示，经考证，道路排水量不大，且山区路的纵坡较大，将原有的矩形边沟改为鹅卵石浆砌的浅碟形边沟，能够满足排水要求，美观、安全。

图 5-310　石块浆砌的浅碟形边沟

图 5-311　鹅卵石浆砌的浅碟形边沟

如图 5-312 所示，路侧设置了混凝土预制块的“L”形（也可称为浅碟形）边沟，起到了土路肩硬化、增加可用路面宽度和排水的双重作用。如图 5-313 所示，是另一种混凝土预制块的浅碟形边沟，该边沟通常是由两块“V”形的预制块搭拼而成。采用混凝土预制块方式设置边沟，大大加快了施工进度，但应避免千篇一律，注意形式的变化和与行车整体环境的协调。

如图 5-314 所示，路侧边沟和路面间形成高坎，由于路面较窄，且无土路肩，如实际的排水量不大，可将右侧原有边沟填高，改造成右图效果，土路肩有了，浅碟形的边沟也更安全了。

如图 5-315 所示，该边沟是国外工程实践中的一个案例，路侧地形平坦，排水量不大，排水采用路面和缓边坡漫排的方式。边沟位于远离车道的地方，边沟被不规则的、带棱角的大块石头填平，使上口与边坡坡面相吻合，水在边沟中石块间的空隙流动。处置措施简洁、安全且个性十足。但排水效率可能是个潜在问题，对于排水量小的地区也不失为一种选择。

图 5-312　“L”形边沟

图 5-313　混凝土预制块的浅碟形边沟

图 5-314　有高坎的边沟与改造后的边沟

(2)矩形边沟

一些由于排水量大而不能设置浅碟形边沟的路段，可以采取加盖板的矩形沟或暗埋式矩形边沟等形式。当采用矩形边沟加设盖板的方案时，盖板以及边沟沟壁的强度要经过验算，满足大型车辆的载重要求；盖板的孔眼设计应利于排水；盖板的尺寸应合适，方便养护。

如图 5-316 所示，公路通过村镇，路侧净区非常狭窄，容易造成机动车与行人、非机动车碰撞的路侧事故，且路边住户有倒排生活废水的需求，采用较为宽大的加盖板矩形边沟，克服了净区小、排水难的问题，也改善了村容村貌。如图 5-317 所示，一辆夜间行驶的大货车，因驾驶人疲劳驾驶驶出路外轧在边沟盖板上，由于盖板强度不足，造成盖板损坏、车轮陷入边沟，致使翻车事故发生。因此，在采用矩形加盖板的边沟形式时，一定要注意盖板及沟壁满足强度要求。

图 5-315　和缓边坡漫排式边沟

如图 5-318 所示，通常由于填方边坡与挖方边坡相比更具危险性，图中填方路段矩形边沟的盖板上表面采用略微凹陷的梯形，当车辆以较小的角度冲出路外时，盖板上表面的凹陷梯形构造能够通过振动给驾驶人以提示，使驾驶人能够及时控制方向，避免事故发生。如图 5-319 所示，公路处于挖方路段，汇水面积较大，盖板孔眼采用狭缝形式，透水性更好。因此，盖板的尺寸、上表面构造以及透水孔眼的形式需要综合安全、排水、美观等多个因素。

图 5-316　宽大的加盖板矩形边沟

图 5-317　翻车事故

图 5-318　略微凹陷的梯形边沟盖板

图 5-319　采用狭缝式孔眼的盖板

如图 5-320 所示，矩形盖板边沟的使用，使净区由原来的硬路肩处一直延伸到路堑边坡的坡角处，净区宽度得到了很大的改善，路侧安全性大幅增加。如图 5-321 所示，公路处于挖方路段，紧邻车道的路侧为粗糙的岩壁，净区很小，采用矩形盖板边沟的设计方案收到了一举多得的效果，即土路肩硬化、边沟安全性改善、碎落台部分功能的实现（未加盖板时，碎石经常进入边沟中，雨季可能会出现因养护清除工作无法及时完成造成边沟排水不畅的情况）。

图 5-320　净化宽度改善

图 5-321　净化很小的挖方路段

图 5-322 给出的是某国道上采用的暗埋式矩形边沟设计方案。暗埋式边沟与加盖板的边沟一样，具有良好的路侧安全性，暗埋式边沟上方通常会覆盖一薄层土壤用于植草绿化之用，

绿化后更为美观，与道路景观和谐一体。暗埋式边沟上面的覆土层，也可设计成浅碟形，起到辅助排水的作用，此时会形成所谓的“沟上沟”，即：上面为明的浅碟形边沟，下面为暗的矩形边沟。暗埋式边沟设计的关键在于入水口或涵洞口位置的设计。图 5-323 为暗埋式边沟的施工过程。

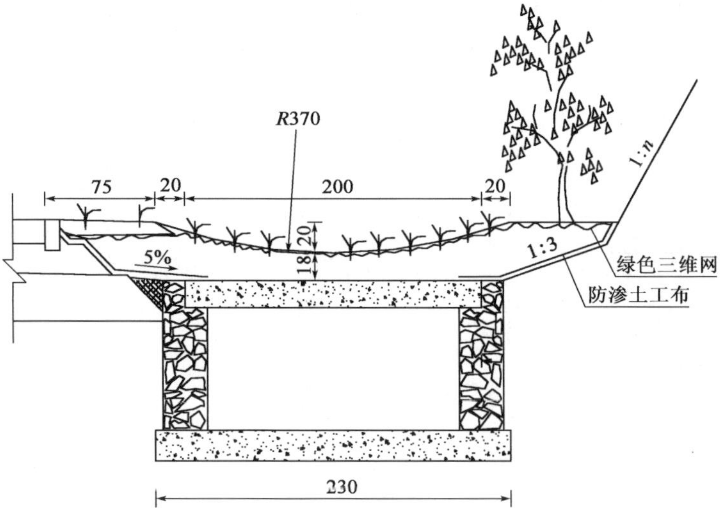

图 5-322 暗埋式矩形边沟设计方案（尺寸单位：cm）

图 5-323 暗埋式边沟的施工过程

(3)其他形式的边沟

①“V”形边沟。

“V”形边沟（图 5-324）与排水性能更好的梯形边沟相比，造价更低廉。实际上，有些其他断面形式的边沟也可以看作是由“V”形边沟变化而来，如“J”形和“Y”形边沟。“V”形边沟适合相对比较平坦的地形条件，为改善“V”形边沟的安全性，路侧最好能够有一定的空间来设置低成本的浅路侧边坡，将边沟的前坡放缓，可使驶出路外的车辆能够重新返回到行车道。

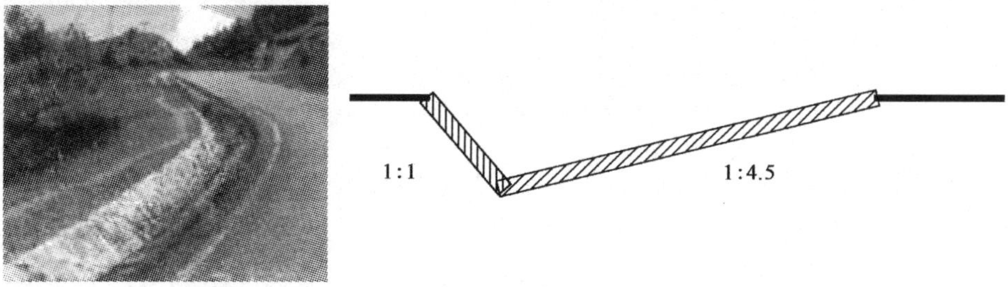

图 5-324 “V”形边沟

②梯形边沟。

梯形边沟(图 5-325)与“V”形边沟相比具有更好的排水能力,其表面可通过植草或铺砌砾石来防止坡面被雨水冲刷。梯形边沟也适用于相对平坦的地形环境,且降水量较大的地方,或者该边沟经过汇水面积较大的地方。如将边沟前坡坡度设置成缓于 1∶4.5,则驶出路外的车辆能够重新回到行车道上。

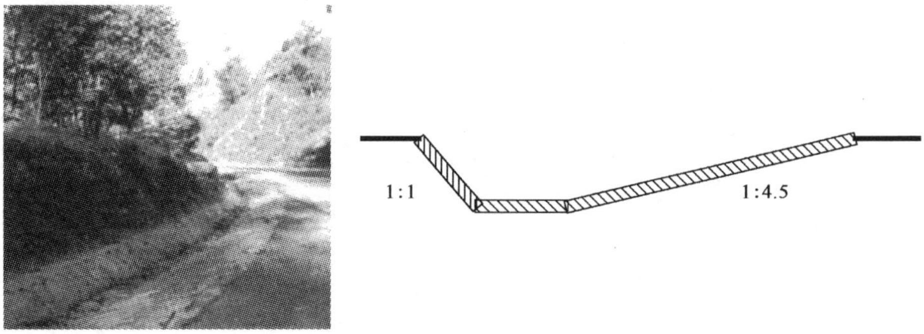

图 5-325　梯形边沟

③抛物线边沟。

抛物线边沟(图 5-326)有很好的水流动力学特性,但排水能力低。可通过深挖边沟或设置更多的排水口来提高排水能力。适用于降水量较小的地区或路侧设施、出入口较多的地方。如果需要,可将边沟设置在离行车道更远处,以收集更大范围的降水。抛物线边沟可用来分隔行车道与人行道或停车区。抛物线的弧度不应超过 20°,即坡度为 1∶4.5。在安全性方面,抛物线边沟与浅碟形边沟是各类边沟中最好的。

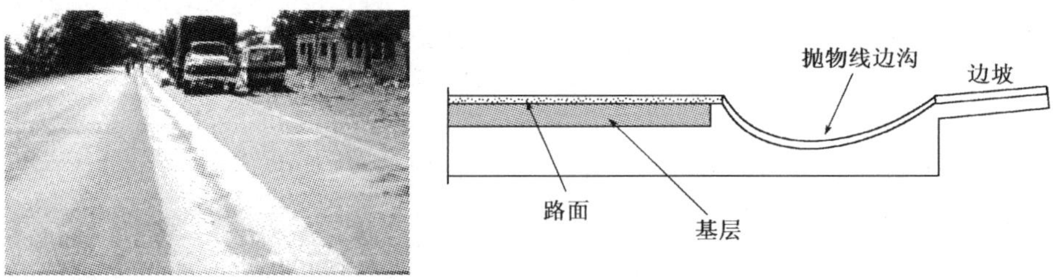

图 5-326　抛物线形边沟

3)涵洞

在水渠通过公路的地方,为了不妨碍交通,修筑于路面下的过路涵洞,让水从公路的下面流过再翻到地面上来,或直接流过路基。形状有箱形、板形及拱形等,常用砖、石、混凝土和钢筋混凝土等材料筑成。

涵洞的设置要结合道路沿线的水利建设、排灌设施的布局及自然沟渠的分布布置,根据路线平纵面、沿线地形、地质条件、桥涵位置等情况综合考虑。涵洞的中轴线与水流方向要一致,不宜有较大的折变,以保障路基排水通畅。另外在工程方面,要结合当地的实际经验,遵循因地制宜、合理选材、方便施工、利于养护的原则。

涵洞在路侧安全中同样也是不容忽视的一个因素。其主要体现在进出口的结构特征上,结构较大的端部包括混凝土端墙和翼墙,而较小的管道则具有斜面形的端部。虽然这种设计可以使排水通畅的同时保证了设施的抗侵蚀能力，但在驾驶人驶出路面时，这些结构就很可能产生对驾驶人不利的影响。可供设计人员选择的涵洞安全处置对策，按照优先次序主要有如下几种：

①使用可穿越式设计方案；

②延长结构物或使之远离行车道，以降低被碰撞的可能性；

③对结构物进行防护；

④如果上述的措施都不合适，在一定程度上需承担事故风险，可采用反光材料予以警示或标识其轮廓。

如图 5-327 所示，涵洞口紧邻路肩，未作任何安全处置，一旦车轮陷入，将造成翻车的危险事故。

a)　　　　　　　　　　b)

图 5-327　涵洞口紧邻路肩

如图 5-328 所示，将涵洞口设置在距离行车道更远的地方，且涵洞口的前后有边坡挡墙的"保护"，很大程度上降低了驶出路外车辆的车轮掉入涵洞口而引发翻车事故的可能。如图 5-329所示，弯道内侧的涵洞口设置了钢条制作的箅子，使前后净区宽度保持连续，提高了行车的安全性。

图 5-328　涵洞口设置在更远的地方

图 5-329　涵洞口设置了钢条箅子

图 5-330 和图 5-331 给出的是国外对边坡上的涵洞口(大型排水管口)的安全处置案例，将涵洞口或水管口设计成与边坡平行的形式，取消涵洞的端墙或翼墙，同时覆盖钢制栅格，使涵洞口或水管口成为车辆可穿越的形式，这种可穿越式设计在国内目前还鲜有案例，值得借鉴。

图 5-330　涵洞口与边坡平行

图 5-331　水管口与边坡平行

4. 去除或移位路侧危险物

当车辆驶出路外后，为降低车辆与路侧障碍物发生碰撞的可能性，有时候需要将路侧障碍物去除、移位至更远处，或是减少可能形成路侧障碍物的设施的使用量。常见的适用于该方法处置的路侧障碍物有行道树、路侧灌木、公用设施杆柱、坚硬的堆放物(如石头堆)或孤石等。

1)行道树及其路侧灌木

直径超过 10cm 的树木对车辆会构成威胁。树木离路边越近，车辆就越容易碰到它们。从保护环境的角度考虑，对于紧邻行车道的行道树应首先采取移植方式处置，如不能够移植别处或更远的地方，确实对行车安全产生十分不利的影响时，或历史事故资料显示曾发生车辆与之相撞的事故，那么应采取砍伐的对策。

如图 5-332 所示，大树与公路距离太近，树上的刮蹭痕迹表明了以前在这里曾经发生过事故，所以应该把树移走或增加防护。如图 5-333 所示，树林与道路靠得太近，把树林完全移走过于困难而且花费巨大，但将交叉路口、出入口处的树木移除是很必要的，既改善了路口的视距，又降低了车辆在转弯时与树木相撞的可能性。

图 5-332　大树与公路距离太近

图 5-333　树林与道路靠得太近

如图 5-334 所示，在车辆容易冲出的弯道外侧，应该把树木移去。如图 5-335 所示，粗大的距离车道很近的行道树被砍伐，公路绿化树木被栽植到更远的地方，增大了路侧净区，但遗留的树桩突出地面较高，形成了一定的安全隐患，也应及时清除。

路侧茂密的灌木和杂草有时候也成为一种安全隐患，问题在于灌木和杂草遮盖住了路肩和路侧边沟，使驾驶人看不清路侧的实际状况，如图 5-336 所示。

图 5-334　车辆容易冲出的弯道外侧

图 5-335　突出的树桩

2)公共设施杆柱

公共设施杆柱通常是指电线杆、通信线缆杆、照明杆柱等，材料种类涉及木质、混凝土、钢材等，当这些坚硬的杆柱距离行车道很近时，尤其是当它们位于车辆冲出路外概率高的路段的路侧时，会给行车安全带来很大隐患。据美国国家公路运输安全管理局(NHTSA)的事故分析，2000 年有 1 103 起死亡事故，6 000 起受伤事故与设施杆柱的碰撞有关，设施杆柱事故在所有的危险物事故列表中排第四。不过重要的不是数据显示出的事故如此多，而是这些碰撞设施杆柱的伤亡事故大都可以避免。

从安全的角度考虑，最佳的解决方法是尽可能根据实际情况少设置设施杆柱，并且设置在最不太可能被车撞到的地方。对于必须设置杆柱的地方，应遵循以下一些原则：

(1)增加路边杆柱的横向距离。

(2)增加杆柱的间距。

(3)尽量使用多功能设施杆柱(联合使用)。

(4)把电线、通信线缆等埋入地下。

如图 5-337 所示，电线杆过于靠近路边，由于路侧空间比较充裕应将其外移。需要特别指出的是：当路侧空间狭窄不具备外移的条件或受其他因素限制需要将杆柱保持在比较靠近行车道的位置时，此时可采取可解体消能的新型杆柱设施。

图 5-336　路侧茂密的灌木和杂草

图 5-337　电线杆过于靠近路边

图 5-338 给出的是美国密西根州一处弯道的路侧事故统计情况，车辆冲出弯道外侧比驶离内侧的概率大，这一数据也反映了弯道处路侧事故的一般规律。由此，如条件允许，应将设

施杆柱设置在道路弯道内侧，这可以减小驶出路外的车辆与杆柱发生碰撞的概率。

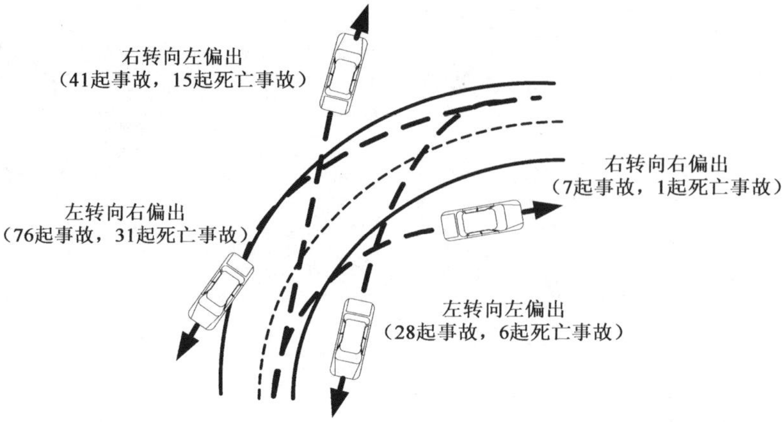

图 5-338　弯道处路侧事故车辆冲出的方向统计

下坡路段、交叉口、车道减少、路面变窄等处是驾驶人易于驶离路外的地方。如图 5-339 所示，不宜在车道减少位置的前方设置杆柱，这将使车辆正常行驶方向正对设施杆柱，尤其是在弯道下坡的路段更应避免此情况。如图 5-340 所示，路面变窄处路侧不宜设置设施杆柱。如图 5-341 所示，“Y”形交叉口左转弯外侧（图中主路尽头正对的位置）不宜设置杆柱。

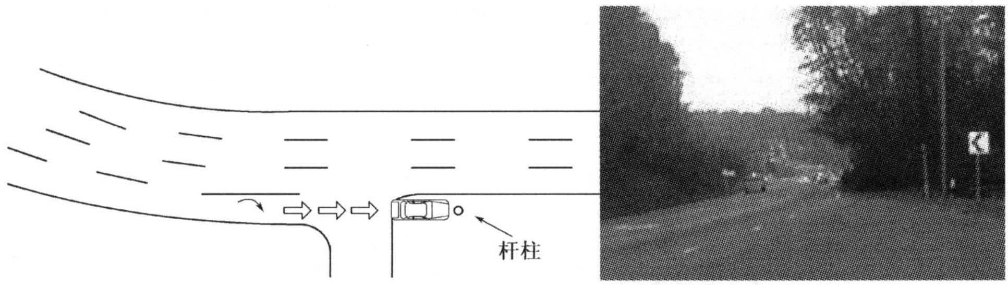

图 5-339　下坡车道末端易发生碰撞地点示意图

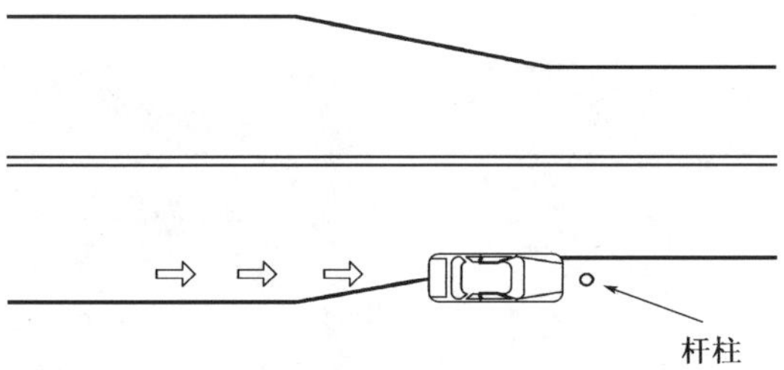

图 5-340　路面变窄处易发生碰撞地点示意图

图 5-341　Y 形交叉口

3）交通标志

为抵抗风载和自重，满足设计强度要求，交通标志尤其是板面尺寸的标志的杆柱通常也会很粗，且刚性很强，冲出路外的车辆与之发生碰撞后，会造成严重后果。因此，安全设计人员应首先分析是否有必要设置标志，如无必要或必要性不大，可去除；如必须设置，可将杆柱尽可能放置在远离车道的位置，可通过一些结构上的改进实现这一目的。如图 5-342 所示，为国外某公路上设置的大型指路标志，标志支撑方式为单悬式，其显著特点是设计人员将悬臂设计得很长，这样可使坚硬粗大的杆柱距离车道更远，提供了更宽的路侧净区。针对交通标志所带来的路侧安全性问题，另外一种重要的方法就是采用可解体消能设施。

4)堆放物

路肩上或路肩以外靠近行车道的区域内的临时或永久的堆放物同样是路侧安全的一大隐患，尤其当堆放物具有坚硬、粗糙、尖锐的特点时，危害更大，如大石块，这些堆放物的存在不仅使冲出路外的车辆发生碰撞的可能性更大，且一旦发生碰撞事故后果非常严重。除人为堆放物外，其他路侧危险物，如：天然孤石、岩块、小山包等其特点也类似于堆放物，同样的，宜按“移除为先、防护次之”的原则处置。

如图 5-343 所示，路侧的大石块堆虽然存在于弯道内侧，离车道外侧边缘也有一段距离，但它的存在与整条路总体上宽容的路侧条件相比是“格格不入”的，仍应及时予以清除。

图 5-342　单悬式大型指路标志

图 5-343　路侧大石块

5. 路侧危险物轮廓标识

当路侧危险物不能通过去除、移位、革新设计等手段进行处置时，可采取在危险物上涂刷反光漆或粘贴反光膜的方法标识其轮廓，或在危险物前方设置警示标志，起到及时提醒驾驶人危险物存在的作用。在某些情况下，这是一种十分经济有效的措施。

如图 5-344a)、b)所示，设置在桥梁前方的警告标志，给驾驶人以预先的提示，防止车辆与桥梁护栏(栏杆)端头发生恶性的正面碰撞事故，还具有防止车辆由桥梁起点前方的“缺口”处冲向桥下的作用。如图 5-344c)所示，在凸出的护坡挡墙前方设置警告标志也是比较可取的，防止车辆与挡墙端头发生正面碰撞，除采取此措施外，还可以将挡墙端部作外展处理，使之距离车道更远，路侧安全性会更好。

a)　　b)　　c)

图 5-344　设置在桥梁前方的警告标志

图 5-345a)、b)、c)给出了实际中采用的几种桥墩轮廓的标识方法，警示效果明显。

a)　　b)　　c)

图 5-345　桥墩轮廓的标识方法

图 5-346a)、b)给出的是护栏端头轮廓标识的两种不同方法。如图 5-346a)所示，在端头涂刷反光漆，起到了一定的警示作用。如图 5-346b)所示，在端头前方设置轮廓标，加之护栏端头处均进行了外展处理，护栏端部的安全性能得到了有效的保障。

a)　　b)

图 5-346　护栏端头的轮廓标识

六、路侧安全防护技术

路侧安全防护设施是交通事故中保护驾驶人和乘客安全与生命的最后一道防线，因此虽然路侧防护设施仅仅是一种被动的安全设施，但是其重要性是无可比拟的。特别是在当前我国公路投资受限的条件下，往往无法在几何线形设计中充分考虑交通安全的要求，一些主动安全措施也无法大规模应用，此时安全防护设施对于交通安全而言成为了必不可少的安全保障技术手段。

最常用的路侧安全防护设施是路侧护栏，路侧护栏是指设置于道路横断面两边土路肩上的护栏，用来防止失控车辆越出路外，保护路边构造物和其他设施，也可以保护行人、非机动车等弱势交通群体的安全。如果护栏不能够有效拦截和安全导向碰撞车辆的话，则其本身也是一种障碍物。护栏长度不够、端部处理不当、高度不合理、硬件缺损均影响护栏整体功能的正常发挥。规范的安装和良好的养护在很大程度上决定了在用护栏的实际效果。国内目前路侧护栏形式较多，缆索、波形梁、钢背木、混凝土、砌石等护栏均有应用。

1.路侧防护条件的确定

路侧护栏设计最基本的问题就是在哪里设置，以及设置什么样的护栏。我国标准规范对高速公路护栏的设置有十分明确的规定，本书对此不再赘述，而是根据国家道路安全行动计划的研究成果，提出适应于等级公路的路侧防护条件。

二、三、四级公路护栏防撞等级需求分为不设护栏的情况与设置护栏的情况。

(1)不设护栏的路段，路侧有下列情况之一时可不设置护栏：

①路侧安全净空区宽度≥3m；

②路基填土高度≤4m且边坡坡度≤1∶3。

(2)需要设护栏的路段的防撞等级需求按以下步骤及原则确定。

①确定各路段需求的基本防护能量。

基本防护能量按式(5-114)计算：

$$w_0=\frac{m_{85}\times(0.8\times v_{85})^2\times\sin^2\alpha}{2} \tag{5-114}$$

式中：w_0——基本防护能量，kJ；

m_{85}——车型累计频率曲线第85%位车型的质量，t，设计阶段根据工可确定，运营阶段通过现场调查确定；

v_{85}——各路段运行速度m/s；

系数0.8——车辆的碰撞速度对应运行速度的折减系数；

α——碰撞角度，取20°，运营阶段结合现场事故痕迹调查确定，实际调查所得的碰撞角度记为α'，则：当$\alpha'\geq 20°$时，$\alpha=\alpha'$；当$\alpha'<20°$时，$\alpha=20°$。

各类车型作为计算基本防护能量的车型时，其质量见表5-87。

计算基本防护能量车型质量表　　表5-87

车型分类	车型总质量(t)	车型分类	车型总质量(t)
小客车	1.5	二轴货车	10
中型货车	7	三轴货车	30
大客车	10	四轴货车	40
大客车	14	五轴及以上货车及拖挂、集装箱、鞍式货车	55
大客车	18		

②根据计算的各路段路侧基本防护能量，根据表5-88确定相应的护栏基本防撞等级。

护栏基本防撞等级　　表5-88

基本防护能量(kJ)	基本防撞等级	基本防护能量(kJ)	基本防撞等级
<70	70kJ(B级)	280～400	400kJ(SA级)
70～160	160kJ(A级)	400～520	520kJ(SS级)
160～280	280kJ(SB级)		

③确定路段的路侧应设防撞等级。

根据各路段的危险度类别，对应表5-89选取对应的防撞等级，作为路侧实际防撞等级。

路侧实际防撞等级 表 5-89

危险度类别	典型特征描述	对应的防撞等级
一类	(1)路侧安全净空区宽度≥3m； (2)路基填土高度≤4m 且边坡坡度≤1∶3	不应设置护栏
二类	(1)路基填土高度≤4m 且边坡坡度>1∶3； (2)路侧安全净空区宽度不满足一类危险度要求的一般路段； (3)小桥、涵洞、通道	B 级(70KJ)
三类	(1)路基填土高度 4～10m 且边坡坡度>1∶3； (2)路侧安全净空区宽度不满足一类危险度要求且存在车辆不能安全穿越的河、湖、沼泽等水域的路段； (3)中桥	A 级(160KJ)
四类	(1)路基填土高度>10m； (2)路侧安全净空区宽度不满足一类危险度要求且存在车辆不能安全穿越的深沟、峡谷、高挡墙等的路段； (3)大桥	SB 级(280KJ)

当路侧存在以下构造物时，在综合分析公路线形、路段危险度、运行速度、交通量、车辆构成等因素的基础上，路侧护栏应进行特殊设计：

①路侧安全净空区宽度不满足一类危险度要求且存在变电站、加油站等特别危险构造物。

②跨越铁路、高等级公路、居民用水水源等的桥梁路段。

同一路段，根据路侧危险度类别，对应表 5-89 选取路侧实际防撞等级，路侧实际防撞等级与基本防撞等级对比，选其两者最大防撞等级作为该路段路侧应设的防撞等级。

2. 护栏的分类及其特点

按刚度可将护栏分为刚性护栏、半刚性护栏和柔性护栏三种。

1)刚性护栏

(1)结构特点

刚性护栏是一种基本不变形的护栏结构。混凝土护栏是刚性护栏的主要形式。它是以一定形状的混凝土块相互连接组成的墙式结构，利用专门设计的断面使失控车辆碰撞，其后爬高并转向，吸收碰撞能量。

(2)优点

混凝土护栏属于刚性结构，对防止车辆越出路(桥)外的效果较好。由于混凝土护栏几乎不变形，因而维修费用很低。

(3)缺点

当车辆与护栏的碰撞角度较大时，对车辆和乘员的伤害较大。混凝土护栏通透性差，会对驾驶人形成较强压迫感。

(4)适用性

通常用于山区急弯路段外侧，路侧为深沟、陡崖，车辆冲出将导致严重伤亡事故的路段，以及对景观效果、环境和谐方面要求不高的地区。积雪地区不宜选用。

2)半刚性护栏

(1)波形梁护栏

①结构特点。

波形梁护栏是半刚性护栏的典型代表。它是一种连续的梁柱式护栏结构，具有一定的刚度和柔性,由立柱支撑的波纹状钢护栏板相互拼接而组成，目前国内高速公路大部分使用此种形式护栏。连续的梁柱式护栏结构具有一定的刚度和柔性,利用土基、立柱、波形梁的变形吸收碰撞能量，并迫使失控车辆改变方向。

②优点。

波形梁护栏刚柔相济,具有较强的吸收碰撞能量的能力和较好的视线诱导功能,外形美观,通透性好,能与公路线形相协调。

③缺点。

车辆冲出路外频率较高的路段不适宜选用波形梁护栏,碰撞后的维护成本和工作量对公路管理部门而言是个沉重负担。

④适用性。

波形梁护栏可用于美观性要求较高的一般路段、沙漠和积雪地区。小半径圆曲线外侧宜优先考虑使用波形梁护栏,能够更好地保护乘员安全。对于车辆越出路(桥)外，有可能造成严重后果的路段,可选择碰撞防护等级高的波形梁护栏。

(2)钢背木护栏

①结构特点。

钢背木护栏是一种新型公路安全防护栏,属于半刚性护栏的一种。它主要采用钢材和木材相结合的方式,既起到保护车辆的作用,同时又与环境内外相协调。钢材是骨架,主要起支撑、联结和固定作用,如立柱、联结件和护栏板的背部支撑等;木材则用螺钉固定在背部的钢架支撑件上,起护栏板的作用。故其名曰“钢背木护栏”。钢背木护栏的钢材是采用热浸镀锌处理过的普通型钢,但是木材却是经过特殊处理的圆木,以确保 10 年以上的使用寿命,甚至更长。该护栏对于不同温度、湿度的环境都有非常好的适用性。

②优点。

钢背木护栏与环境的协调性好,视觉效果明显优于波形梁护栏。

③缺点。

较高的造价使其应用受到了一定的限制。国内尚未对此种护栏的安全防护性能进行试验,因此,对于自行设计开发的钢背木护栏在工程实践中需慎重采用,应进行实车碰撞试验。

④适用性。

特别适合在风景秀丽的旅游公路或有特殊环保需求的公路上采用。如图 5-347 所示。

3)柔性护栏

①结构特点。

柔性护栏是一种具有较大缓冲能力的韧性护栏结构。缆索护栏是柔性护栏的主要代表形式,它是以数根施加初张力的缆索固定于立柱上组成的结构,主要依靠缆索的拉应力来抵抗车辆的碰撞,吸收碰撞能量。

②优点。

图 5-347　与环境相协调的钢背木护栏

缆索护栏对事故车辆的缓冲能力强，对乘员伤害小，防护效果好。对大型车辆以及小型车辆都适用，尤其对重心高度较高的车辆的防护性与波形梁护栏相比优势尤为明显。通常碰撞后只会损坏 1 根或 2 根立柱，缆索没有断丝的情况下可继续使用，修复成本低。缆索护栏立柱间距比较灵活，受地基不均匀沉陷的影响较小。

③缺点。

施工初装较复杂；端部立柱损坏时修理困难；碰撞时缆索回弹力可能会致使发生二次碰撞；缆索与波形梁护栏相比缺乏视线诱导性，且使乘员缺乏安全感。

④适用性。

缆索护栏不适合在连续小半径圆曲线路段使用，架设长度短时不经济。缆索护栏特有的通透性结构不影响公路周围景观和谐，且易于公路冬季除雪。

3. 护栏形式的选择

一旦确定需要设置路侧护栏，并选择了相应的护栏防撞等级后，工程技术人员接下来就将面对护栏形式选择的问题。这一选择过程涉及诸多要素，需要在综合分析的基础上确定。表 5-90 给出了护栏选择所要考虑的因素以及一般的原则。工程实践中，在满足路侧防护要求的前提下，经济性好的护栏形式通常是绝大多数优选护栏所应具备的特征，当然有时候也不得不考虑环保、景观协调方面的因素，作出折中选择。

4. 护栏的设置要点

1)护栏横净距

作为一般性的原则，护栏在保证功能正常发挥的同时，路侧护栏宜设置在距离行车道尽可能远的地方。这有助于向偶然驶出路外的车辆提供足够的机会，在碰到护栏之前，控制车辆并重新返回到行车道。同时，也可以保证足够的视距，特别是在交叉口附近。

路侧护栏横净距是指路侧护栏与行车道边缘线间的侧向距离，其大小主要取决于设计时速，如表 5-91 所示。

如果有可能的话，护栏要尽量设置在横净距之外，特别是那些相对较短的、孤立的护栏。对于长而连续的护栏来说，如果护栏起点位于横净距以外，然后逐步过渡到行车道边缘附近，横净距就不那么重要了。横净距很少作为护栏设置的控制标准。当需要设置路侧护栏防护孤立的障碍物时，没有必要刻意坚持上表给出的横净距，重要的是在条件许可的情况下尽可能使护栏远离行车道。

选择路侧护栏形式时应考虑的因素　　表 5-90

因　素	说　明
1. 性能	护栏在结构上必须能拦截并导向设计车辆
2. 变形量	预期的护栏变形量不能超过容许的变形距离
3. 现场条件	边坡的坡度、与行车道的距离可能会限制某些护栏的使用
4. 兼容性	护栏形式应与现有的端部处理措施兼容，且能够与其他形式的护栏过渡(例如桥梁护栏)
5. 经济性*	包括护栏的初建费用和养护费用
6. 养护	
(1)常规养护	护栏一般不需要大量的日常养护工作
(2)碰撞后养护	一般来讲，柔性和半刚性护栏在发生碰撞后比刚性或高强度护栏需要更多的维护
(3)材料储备	护栏形式越少，库存材料的种类和数量也就越少
(4)方便性	简单的设计，除了具有成本的优势外，现场人员也便于维修
7. 环境与美观	有时满足环境与美观的需求也是一个重要考虑因素
8. 气象条件	当地不利于公路交通的主要气象条件
9. 实践经验	应对投入使用护栏的性能和养护需求进行观测，确定是否需要改变护栏形式以减少或消除已发现的问题

注：* 国内有研究人员对我国高速公路上常用的中央分隔带护栏形式的适用性及寿命周期费用进行了分析，研究了护栏特性、道路和交通条件、材料价格和业主投资等因素对护栏形式选择的影响。研究认为：①从初期造价而言，混凝土护栏初期投资较高；尤其当地水泥价格偏高时，更是影响这种形式护栏的采用，建议业主决策时全面考虑。②从全寿命周期费用角度分析，初始交通量直接影响护栏形式选择。当日均交通量等于 3 000 时，分设型普通波形梁钢板护栏与分设型混凝土护栏两种护栏达到平衡点。而当交通量超过该值时，应优选混凝土护栏。而就年度费用而言，运营交通量越大，选择混凝土护栏就越经济。③护栏损坏后宜及时维修，维修滞后时间越长，造成的损失也就越大，这也从另一侧面说明了混凝土护栏维护费用低的优越性。

护 栏 横 净 距　　表 5-91

设计速度(km/h)	侧向距离(m)	设计速度(km/h)	侧向距离(m)
120	3.2	60	1.4
100	2.4	40	1.0
80	2.0		

2)护栏的变形量

护栏在碰撞受力后的变形量是护栏设置时要考虑的一个重要因素，尤其当被防护对象是刚性物体的时候。如果护栏防护的是刚性物体，那么护栏与被防护物体之间的距离应不小于护栏在受车辆撞击后所发生的实际变形量，也就是说护栏与被防护物体间距足够大能够确保车辆不会碰撞到物体而导致阻绊或更为严重的后果。对于重心高的车辆，即便是护栏与被防护对象间的距离满足护栏变形量的要求，当车辆碰撞护栏后，可能侧翻过护栏进而与障碍物发生碰撞。如果重心高的车辆的比重较高，需要予以特别考虑。

我国还没有各防撞等级护栏的最大变形量的数据，《高速公路护栏安全性能评价标准》(JTG/T F83-01—2004)给出了各种刚度护栏的最大动态变形量(表 5-92)，可供参考。

护栏最大动态变形量 表 5-92

护栏形式	最大动态变形量(mm)	护栏形式	最大动态变形量(mm)
刚性护栏	100	半刚性双波形梁护栏	1 000
半刚性三波形梁护栏	750	缆索护栏	1 000

如果护栏与障碍物间距不能得到保证，那么在到达碰撞物体前的一段护栏就要采取加大力柱尺寸、减小力柱间距、加强梁板强度等措施以减小护栏的变形量。如图 5-348 所示，中央分隔带设置了分设型波形梁护栏，在分隔带中央存在坚硬杆柱的地方采取了加密立柱的特殊处理，以提高护栏刚性，减小护栏碰撞后的变形量，使护栏与所防护的障碍物间的横向距离满足要求，一方面防止车辆撞到坚硬的立柱，另一方面也防止立柱被车辆撞倒从而导致二次事故。图 5-349 是波形梁护栏防护路中桥墩时减小护栏立柱间距、增强刚性的例子。

图 5-348 中央分隔带设置了波形梁护栏

图 5-349 波形梁护栏防护路中桥墩

3)护栏基础

如果是防护路基，为保证护栏发挥良好的性能，护栏到路基边缘的距离必须充足，以确保护栏立柱获得足够的土壤支撑力。通常 0.6m 的距离就能够满足对护栏立柱的支撑要求，如图 5-350 所示，但该距离与土壤的特性、边坡坡度、预期碰撞条件、立柱截面、立柱埋深等因素有关。

如果路侧边坡很窄且对应的路肩宽度不足，或当立柱埋设于变坡点时致使护栏基础不稳，如图 5-351 所示，可将立柱埋深增加 0.3m 或更多以抵消变坡点处降低的土基支持力。此外，也可采取减少立柱间距、在土壤中埋设金属板件等措施。

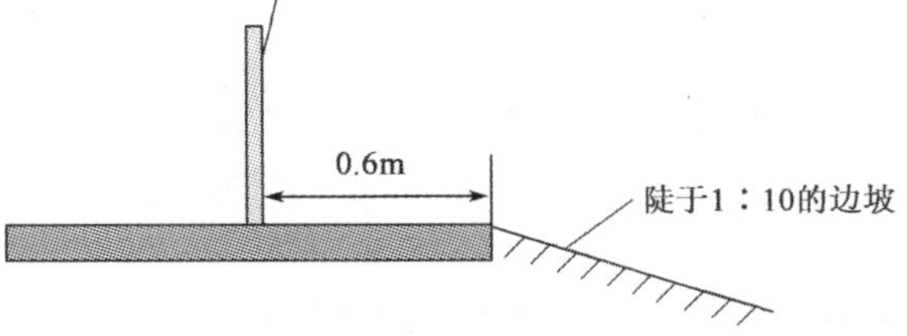

图 5-350 护栏设置位置距路基边缘距离要求

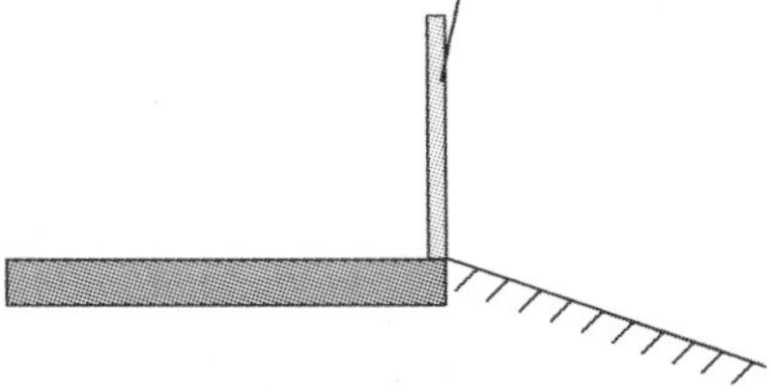

图 5-351 护栏设置在边坡边缘

4)地形条件

不论路侧护栏是何种类型、碰撞车辆的尺寸和类型如何，只有碰撞时车轮全部保持着地，且车辆悬挂系统没有发生大的变形，护栏才能发挥最佳的防护效果。因此，行车道和护栏间的地形条件会对护栏碰撞性能产生显著影响。

路缘石和路侧边坡是两个需要特别注意的因素。在车辆与护栏发生碰撞前，如果车辆穿过路缘石或路侧边坡的话，可能会导致两种不利情形：其一，碰撞前车辆腾空，跨过护栏；其二，车辆与护栏的碰撞点太低，车辆前部钻进护栏，并在护栏立柱处发生卡阻或阻绊。

(1)路缘石

护栏与路缘石组合使用时，车辆碰撞护栏后的运动轨迹和以下变量有关：车辆尺寸和悬挂系统、碰撞速度和角度、路缘石的高度和形状。碰撞试验结果表明在可能发生高速、大角度碰撞的地方不宜组合使用护栏和路缘石。如果必须同时使用，应考虑使用高度小于 100mm 的路缘石并增加护栏强度以减小变形量。其他措施还包括：在立柱后增加一个波形梁、减小立柱间距、横梁双层化或增加摩擦梁。在低速道路上，也存在跳车的可能，但其风险较小，从经济效益比来看，改变设计可能不合适。在具体分析各种情况时，应考虑车辆速度和后果。

路缘石不论其是否与护栏联合使用，在设计时速高的道路上都不应采用。如果路缘石与波形梁护栏一起使用的话，应符合下列条件：

①路缘石最大高度为 100mm；

②如果路缘石高度大于 100mm，则应在护栏后面增加另外的梁板或在现有梁板下方增加摩擦梁以提高护栏的刚度；

③路缘石与护栏面齐平或位于护栏面之后。

波形梁护栏端头处置应位于路缘石之外。如果路缘石必须使用的话，路缘石应在护栏端头前 15m 的地方将高度降至 50mm。如果降低路缘石的高度不可行，那么需要将波形梁护栏在端头前 15m 处起，以 1:25 的比率向外展开，同时使护栏的高度逐渐提高至正常路段护栏高度与路缘石高度之和，随后再进行正常的护栏端头处置。

路缘石与混凝土护栏联合使用应尽量避免，尤其是路缘石在具有一定斜坡的混凝土护栏前使用。

如果准备大量采用某种路缘石/护栏组合结构，就需要进行实车碰撞试验来评估路缘石/护栏组合应用情况下的护栏安全性能。

(2)边坡坡度

路侧护栏的设计和测试多是在水平地形条件下进行的，如果护栏设置在坡度大于 1:10 的边坡上，那么，在某些碰撞角度和速度情况下，失控车辆可能会上跨过标准路侧护栏或者碰撞点很低。

对波形梁的碰撞试验表明：当护栏置于 1:6的边坡上时仅部分满足要求。由于护栏横梁有向后弯曲的倾向性，这对于碰撞车辆而言形成了一个斜坡，会导致车辆越过护栏。试验还表明，当碰撞角度为 15°时，护栏能够导向车辆；当碰撞角度为 25°时，碰撞会导致跳车。因此，已有的设置于 1:6边坡上的波形梁护栏可保留，但不推荐在 1:6的边坡上新建。然而，缆索护栏在 1:6的边坡上时却能够满足防护性能。

总体来讲，路侧护栏应设置在坡度为 1:10 或更缓的边坡上。当边坡坡度大于 1:6时，可能不具备设置护栏的条件，如非要设置，需谨慎考虑，并留出侧向空间余量以保证失控车辆以设计碰撞高度撞向护栏。

5）护栏的最小设置长度

护栏最小设置长度是指护栏的标准段、渐变段和端头所构成的总长度。路侧护栏的最小设置长度，主要考虑护栏的整体作用，只有当护栏作为连续梁时，才能很好地发挥整体效果，护栏才是有效的。如果护栏设置长度较短，不但影响美观，而且不能发挥护栏的导向功能，增加碰撞的危险性。路侧护栏最小设置长度见表5-93。两段路侧护栏之间相距小于表中规定的最小长度时宜连续设置。

路侧护栏最小设置长度 表5-93

公路等级	护栏类型	最小长度(m)
高速公路、一级公路	波形梁护栏	70
	混凝土护栏	36
	缆索护栏	300
二级公路	波形梁护栏	48
	混凝土护栏	24
	缆索护栏	120
三、四级公路	波形梁护栏	28
	混凝土护栏	12
	缆索护栏	120

5. 护栏端头

护栏端头是指护栏标准段开始端或结束端所设置的端部结构。车辆撞到未经特殊处置的护栏端头时，由于碰撞角度大（基本上相当于正面相撞），对车辆的导向作用不显著，缓冲时间短，加速度大，因此，通常会对车辆和乘员造成严重危害。此外，护栏端头还可能刺穿车辆，或者导致车辆倾覆，其后果比车辆与护栏标准段碰撞相比更具危险性。未经任何安全处理的波形梁护栏端头见图5-352。图5-353显示的是车辆撞向未经特殊处理护栏端头后，车辆被刺穿致人伤亡的事故图片。

图5-352 波形梁护栏端头

图5-353 事故照片

针对不良护栏端头设计带来的安全问题,除采取特殊结构的安全型端头或在端头前方放置具有缓冲吸能作用的设施外,设计人员还可运用其他一些更为经济的措施来尽可能地降低或避免车辆与护栏端头相撞,常见的有:改进和完善标志、标线系统,确保驾驶人与道路间的"交互"作用顺畅;在端部涂以反光漆或粘贴反光膜,以提高端头在夜间或能见度较低的天气条件下的视认性。

国内目前对护栏端头的处置方法仍比较局限,一般多采用将端头外展的做法,即在护栏端头和标准段间设置渐变段实现端头外展。外展处理使路侧护栏端部距离行车道更远,减小车辆与端头发生正碰的可能性。《公路交通安全设施设计规范》(JTG D81—2006)中给出了路侧波形梁护栏上游端头的两种处置形式,即外展地锚式和圆头式。

1)波形梁护栏端头

行车方向上游端头宜设置为外展地锚式或圆头式。如果条件允许,建议在端头前方放置防撞筒或警示桶以进一步提高护栏端头的安全性。

公路上采用的圆头式端头,如图 5-354a)、b)所示。公路上采用的地锚式端头,如图 5-355 所示。图 5-356 所示护栏端头处理方式欠妥,护栏端头形成了一个"斜坡",将导致与其碰撞的车辆沿"斜坡"爬升,速度快的车辆将会抛向空中,护栏最为基本的拦截作用不能够发挥,不可避免地发生翻车、坠车等事故,在工程实践中应尽量避免该做法,更为合理的做法见图 5-355,在使护栏端部高度基本保持不变的情况下,将端头自然掩入边坡并进行锚固。如图 5-357 所示,波形梁护栏设置在宽阔的中央分隔带处,护栏端头外展至分隔带中央附近,逐渐过渡到左侧路肩边缘,显得自然、不生硬,安全效果良好。

a)

b)

图 5-354　圆头式波形梁护栏端头

图 5-355　地锚式端头

图 5-356　处理方式欠妥的护栏端头

图 5-358a)、b)、c)所示的特殊护栏端部为国外使用的具有吸能或消能效果的护栏端头。图 5-358a)所示是一种称为“ELT”的护栏端头，该端头通过了美国 NCHRP350 报告测试水平 3 的要求，在北美和欧洲应用较多。除端部外展段和标准段相接处的立柱，以及外展段一侧与之相邻的立柱外，其他立柱螺栓均被拆除。端部两根立柱的基础之间用一根支撑杆相连，这样可以使这两根立柱共同承担车辆的冲击。接下来的四根立柱上，分别在地面上、下各钻有两个洞，这样可以使立柱具备解体消能的功效。第二根立柱设置了防阻块以增大端部护栏板的曲率，这样可以减小护栏板纵向的受力，降低事故车辆被护栏穿刺的可能性。端头处的立柱向外侧偏移 1.2m，所有的立柱都应是木质的。外展处理是确保护栏良好性能的关键。导向功能始于端部算起 3.8m 处，即第三根立柱开始。

图 5-357　波形梁护栏设置在中央分隔带处

a)

b)

c)

图 5-358　特殊护栏端部

2)混凝土护栏端头

混凝土护栏端部的处理形式不多,主要有外展式和斜坡式。外展式的目的是使路侧护栏端部距离行车道更远,有时设计人员需结合端头处的实际地形条件,将端头"隐匿"或"消隐"于路侧山体或挖方边坡中,如图 5-359 所示。斜坡式类似于波形梁护栏端头的地锚式,目的在于减小车辆与端头的直接作用面积,通过斜坡时车辆向上爬升从而转移和消耗部分碰撞能量,如图 5-360 所示,如果路侧具备条件的话,斜坡式端头也应进行外展处理。如图 5-361 所示,为一中央分隔带混凝土护栏端头的斜坡式处理实例,同时在端头前方一定范围内施画了黄色的路面渠化标线,提示驾驶人不要驶入以防撞到危险物,其方法简单、有效。需要指出的是,本例中的混凝土护栏端头前方如有条件可另放置一些防撞筒或其他缓冲吸能设施,效果会更好。

端头的基础处理方式应与其连接的混凝土护栏相一致,在端头与标准段混凝土护栏的结合处,断面形状应统一。

由于斜坡式端头会对碰撞车辆产生提升作用,可能导致车辆翻向路侧,因此,在路侧为深谷、陡崖的路段应慎重采用。

图 5-359　外展式端头"消隐"于路侧山体

图 5-360　斜坡式端头

图 5-361　斜坡式端头前方施画标线

3)缆索护栏端头

由于缆索护栏施工较为复杂,需要在端部对缆索施加初张力,因此,目前国内对缆索护栏端部多采用规范的结构设计。从安全角度考虑,缆索护栏端头处置通常遵循与波形梁、混凝土护栏相类似的原则:

(1)结合地形和道路线形条件作外展处理,使端部立柱尽量远离行车道。

(2)设置在坡度平缓的土路肩上。

(3)无外展条件的路段,宜采用反光材料标识其轮廓,或利用周围地物遮蔽护栏端头。

(4)端部附近的立柱适当加密或加强,防止立柱发生倒伏或倾斜。

图 5-362 给出的是美国缆索护栏端头的一种处置方式。

图 5-362　三缆索护栏端部

6. 护栏过渡段

护栏过渡段是指两种不同护栏断面结构形式之间平滑连接并进行刚度或强度过渡的专门结构段,大多设置在路基与桥梁连接处。图 5-363 反映的是比较典型的护栏过渡问题,路基波形梁护栏与桥梁混凝土护栏间存在缺口,致使坚硬的桥梁护栏混凝土端头暴露,一旦车辆与之发生撞击,对乘员的伤害将是致命的。该情况比较典型的处理方法见图 5-364,将路基波形梁护栏板延伸一段,并锚固在混凝土桥梁护栏上,同时将波形梁护栏端部附件的立柱进行加密,实现护栏刚性的连续变化,为更好地导向碰撞车辆,还可在波形梁板下方添加槽钢做的摩擦梁。该处理方法具有成本低、施工方便的优点。

图 5-363　有缺口的护栏过渡段

图 5-364　缺口经过处理的护栏过渡段

鉴于国内目前对护栏过渡段开展独立的科研工作和实车碰撞试验很少,因此,该部分内容主要给出护栏过渡段设计的一些要点和国内外案例,以供设计人员参考。

1)过渡段设计要点

过渡段多用于一般路段波形梁护栏与桥梁混凝土护栏相连接处,两种不同结构的护栏不宜在桥头连接处断开，也不应未作加强处理而直接相连。

当波形梁护栏用于防护刚性危险物(如桥墩)，且护栏与刚性体之间的侧向距离不能满足护栏变形量要求时，危险物处上、下游一定范围内的护栏需要设置过渡段。

从半刚性护栏到刚性护栏过渡时，应确保过渡段的刚度或强度平稳、持续地增加，刚度的增加可通过减小立柱间距、增加立柱尺寸、增设护栏横梁等方法实现。

过渡段应设置足够长度以保证在短距离内不会发生变形量的剧变。一般情况下，过渡段长度可按两护栏系统变形量之差的 10～12 倍设置。

隧道口附近通常为事故多发处，进出口处的护栏尤其是进口段的护栏应进行特殊处置。如将隧道壁视为刚性混凝土护栏。类似的，当隧道进口上游和出口下游设置波形梁护栏时，应在波形梁护栏和“刚性护栏”(隧道壁)间设置过渡段，防止车辆正面撞向坚硬的隧道壁发生严重事故。

尽量避免排水设施(如路缘石、涵洞的进水口、排水口等)设置在过渡护栏的前面，以避免车辆撞到排水设施后导致车辆行驶不稳或车辆以非设计条件碰撞护栏，影响护栏过渡段的性能。

2)案例

图 5-365 为国内波形梁护栏与混凝土护栏连接过渡的一种设计图，具有以下特征：

(1)过渡段长度不宜小于 10m。

(2)过渡段立柱由 4m(标准间距)过渡到 2m，再过渡到 1m。

(3)波形梁板由双波梁过渡到三波梁，然后与刚性护栏有效连接。

(4)在靠近刚性护栏端部 2～3m 范围内，波形梁下方应增设搭接梁(也称摩擦梁)。

(5)在连接处护栏的高度和外形也应逐步过渡。

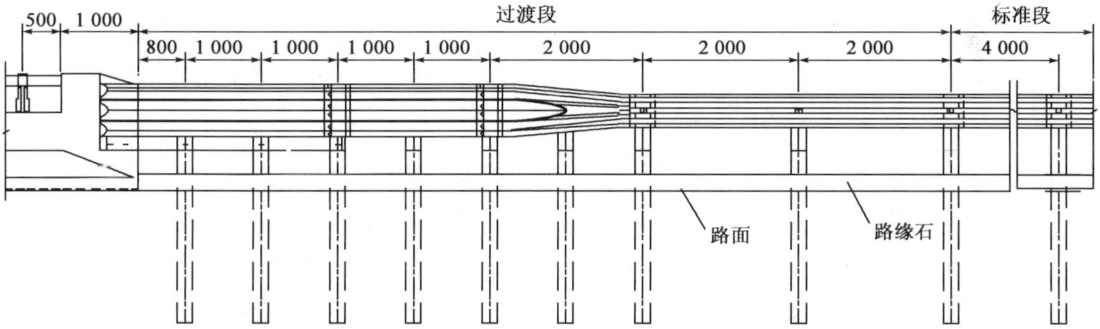

图 5-365　护栏过渡段的处理方式(尺寸单位：cm)

如图 5-366 所示，路段波形梁护栏与桥梁护栏间设置的过渡段比较合理，刚性的变化主要通过加密波形梁护栏立柱实现。过渡段长度、搭接长度满足性能要求。

依据路侧不同的危险程度，设置不同等级的路侧护栏是路侧设计人员应该把握的一个基本原则。如图 5-367 所示，是一个这方面的良好设计案例，不同防撞等级波形梁护栏间的衔接合理，过渡自然。

图 5-368 是一个隧道口护栏过渡良好的案例。设计人员将护栏端部延伸至隧道洞内，使护栏与隧道壁之间的距离满足护栏的最大动态变形量，而不是采取刚度渐变、衔接处波形梁护

栏与隧道壁搭接的过渡方式，更有利于护栏防撞性能的发挥。此外，隧道进口前方一定范围内的右侧硬路肩施画斑马线，提示驾驶人在正常行驶车道内行驶，并注意控制车速，进一步提高了隧道口的运行安全性。

图 5-366　路段波形梁护栏与桥梁护栏间的过渡段

图 5-367　不同防撞等级波形梁护栏的衔接

图 5-369 为一波形梁护栏与混凝土护栏过渡段的设置实例，单波形梁通过加密立柱和设置防阻块实现了刚度的渐变。

图 5-368　隧道口护栏的过渡段

图 5-369　波形梁护栏与混凝土护栏间的过渡段

如图 5-370 所示，桥墩紧靠路侧波形梁护栏，其横向间距不能满足护栏动态变形量的要求，设计人员通过同时采用加密立柱和设置双重波形梁的方法提高护栏刚度，取得了较好效果。图 5-371 是波形梁护栏与 F 形混凝土护栏的过渡。

图 5-370　桥墩紧靠路侧波形梁护栏

图 5-371　波形梁护栏与 F 形混凝土护栏的过渡段

图 5-372、图 5-373 给出的是波形梁护栏与缆索护栏的过渡实例。图 5-372a)、b)采用了相同的处理方式，即：波形梁护栏采用地锚式，缆索护栏沿行车方向在波形梁护栏结束处继续向前延伸一段，直至接近波形梁护栏的标准段，使两种形式的护栏端部重叠，缆索护栏在内侧，波形梁护栏在外侧。这样处理的好处是实现了护栏强度的过渡，同时也有效防止驶出路外的车辆撞到波形梁护栏端头发生“飞车”事故。图 5-373 是一种比较复杂的波形梁护栏与缆索护栏衔接过渡的处理方式，在两种形式护栏衔接段逐渐加密立柱以提高刚性与强度，在波形梁护栏标准段端铆接两节尺寸稍小的护栏板，使护栏板呈逐步减小、变细状，再将缆索护栏的缆索固定在波形梁栏板的背后，该处理方式不论从安全角度，还是从外观角度都是非常可取的，唯一的不足是施工复杂、养护的工作量也略有增加。

a)

b)

图 5-372　采用地锚式的波形梁护栏

图 5-373　波形梁护栏与缆索护栏的衔接过渡段

第九节　公路速度管理

速度是汽车时代最明显的特征，也是很多交通事故发生的根本原因，对公路实施科学有效的速度管理是公路安全保障的重要方面。

实现速度管理的有效方法有很多，包括：设置适宜的限速标志、工程处置措施、交通警察依据限速标志实施有效的执法、广泛的公众宣传和教育活动等，以鼓励公众遵守建议速度标志或法定限速标志。

一、确定适当限速标准

1. 影响限速数值确定的因素

交通安全是影响确定限速数值的一个很重要的因素，速度伤害“speed kill”理论认为速度是事故发生的致因因素，此外还有其他因素与速度共同作用于事故的发生，如：酒精、药物对驾驶的影响；安全带的使用；年龄和对待驾驶危险的态度；驾驶人的驾驶经验等。当速度低时，驾驶人具有足够的反映、操作时间来完成适当的驾驶操作；但速度越高，尤其在上述因素共同作用下，驾驶人完成操作的时间就相对不足，出现事故危险的可能性就大大增加了。

在给定的道路上，限制速度、驾驶选择速度和安全之间的关系是比较复杂的，如图 5-374 所示。设定一个合适的限制速度时，第一步骤应该考虑影响事故发生的可能性和严重性，限速值和强制政策会影响驾驶人的速度选择，也会影响驾驶人驾驶路径的选择。驾驶人根据路段的限速值和强制政策，选择行驶速度，行驶速度又影响事故发生的可能性和严重性。而长期的事故与速度关系记录，将会影响速度限制和相关法律政策的变化。

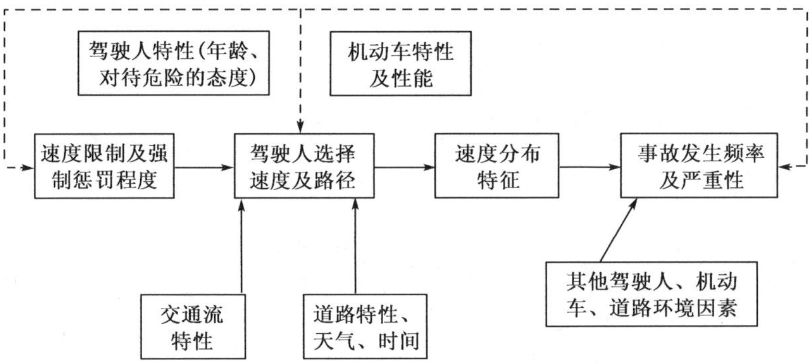

图 5-374 驾驶人行车速度选择变化图

道路类别和功能与限制速度之间也存在一定关系。城市道路与公路类别不同，城市道路中交叉口、停车场、非机动车、行人等比较多，对交通流影响比较大，很难形成稳定的交通流，在这种情况下限速值不应过高。而对公路而言，影响公路行车的因素与城市道路有很大的不同，没有那么多交叉口，行人也很少，能形成较稳定的车流，所以限制速度相对比城市道路较高。

道路功能与速度管理有着直接的相关性，不同功能的道路其限制速度值也不一样，国外限速值的确定很大程度上取决于道路功能。干线道路(如高速公路、干线公路；城市快速道路和主干路等)起到通道运输作用，运输时效要求高，其限制速度值应高于集散道路(如三级公路、城市次干道路和支路等)。道路通过乡镇、村庄等居住区和对噪声敏感的学校、医院等区域时，则必然应实行严格的速度管理。

驾驶人对道路危险的认知影响着驾驶人的速度选择。在没有设置限速的条件下，驾驶人不是把车速开得更快，而是根据其对道路、交通条件及路侧环境等预期的危险因素综合判断后，确定自身适宜的行车速度。在一定条件下，这个速度比较客观地反映了交通通行条件。所以驾驶人对道路危险的认知，在没有设置限速条件下的实际行驶速度也是影响设置限速值的一个重要参考因素。目前，国内外学者倾向于采用第85%位车速作为限速值初始参考值，认为85%车速作为运行速度是安全的、合理的速度，能较好符合大多数驾驶人的意愿。其中一个主要原因是：研究结果表明，驾驶人在一定程度上所选择的行车速度客观地反映了道路实际的交通通行条件。

公路上存在一些特殊路段，如：隧道、窄桥、急弯、长下坡路段、穿村路段等；城市道路存在大量交叉口、分流点、合流汇合点等，这些点段较易发生事故，影响行车速度，限速值一般应小于其他地段。路侧较危险的路段行车速度也不应过高，过高的行车速度易造成车辆冲出路侧，发生严重交通事故。

交通流量的不同影响着驾驶人对行车速度的选择。低流量条件下，行车速度普遍高，当不受其他因素影响时，限制速度一般会偏高。交通流量与事故发生可能性也存在一定关系，在一定流量范围内，交通事故为随着流量的增加而呈非线性增长的函数关系。

同样的限速值，在不同天气条件下，会出现适合和不适合限制速度的情况。比如一条道路在天气良好时，视距通透，限速120km/h是完全可以的，但在阴雨天或者是路段上起雾时，道路能见度降低或路面变滑，这样的限速值就难以保障行车安全。一些路段在白天和夜间采取的限速数值也可不一样，夜间驾驶人的视距、视野受到影响，速度过快会对危险情况判断不足，造成事故发生的可能性增高。

确定的限速数值应遵守我国法律和相关政策的规定，《中华人民共和国道路交通安全法》及实施条例关于限速有着明确的规定，限速值应该在这些规定下确定。我国道路最高限速值为120km/h。因而不论是否设置了限速标志，在道路上行驶的小型汽车最高车速不得超过120km/h。我国限速标志的最高数值只能是120km/h，除德国没有明确规定最高限速值外，世界上大多数国家的最高限速值也是120km/h左右。我国高速公路的最高限速值不能超过120km/h，其他机动车不得超过100km/h，摩托车不得超过80km/h。确定限速方案时，还应考虑运输安全与运输效率之间的平衡点、驾驶人的满足情况等。

机动车行驶产生的让人难以忍受的车辆噪声直接影响了路侧居民的生活质量。机动车行驶速度越高，噪声增加的幅度越强劲。所以，在居住区和对噪声敏感的学校、医院等区域必然应实行严格的速度管理。在这些区域，往往采取严格的限速措施和配合工程措施进行速度管理，限速值的确定主要以满足居民对居住环境的质量需求和保障交通安全为主。

2. 限速值确定方法

速度管理是一项重要的交通管理工作，国外相关部门及研究机构都很重视速度管理的研究及成果应用，在很大程度上提高了道路运输效率，降低了事故发生率，保障了居住区的生活质量。我国相关工作开展较为浅显，速度管理工作还存在一些不科学、不合理的问题。

限速标志设置是速度管理工作中工程措施的一个方面。目前，我国限速标志的设置比较混乱，主要的技术原因是长期以来，我国管理人员和技术人员在设置交通标志时，过于简单化和随意化。实质上，限速标志的设置涉及较为复杂的法律和技术问题。从技术上讲，其包括确定具体的限速值和标志牌设置位置等方面。就某一路段具体管理限速值的确定而言，应综合考虑法定限速（上限）、地形、公路线形条件、交通流量、交通组成、驾驶群体素质、驾驶人期望速度、交通管理设施、交通安全设施、路侧环境等多重因素而确定。发达国家都是由交通工程师依上述因素，对具体路段采用计算或观测的方法确定该路段的运行速度，进而得出该路段的管理限速值。

但时至今日，我国大多数相关人员却错误地认为某条公路的设计速度就是该路段的管理限速值，采用该值甚至在此基础上降低一档或采用更低值来进行管理限速！而设计速度是一个理论上的技术指标，是公路设计时，在保证交通安全的前提下，受地形限制路段（如小半径弯道、陡坡、视距受限等）应遵循的相应最低技术指标的代表值。一般情况下，除地形限制的路段外，大部分路段技术指标均普遍高于设计速度对应指标。

因此，不能简单地套用设计速度来确定管理限速值。如对具体线形和交通状况等不加深度分析和计算，简单采用设计速度来确定限速标志值，对于大部分路段必然导致实际行驶速度（运行速度）远高于管理限制速度，特别是在线形指标较好的高等级公路的大多数路段，大部分车辆实际行驶速度值与限制速度值之差就更为明显。其突出反映就是大多数驾驶人依自身技术状况和其对路况的综合判断，其心理期望速度值与过低的管理限速值严重偏差。这必然引发强烈的社会反应，使得广大驾驶群体认为限速标志没有传达正确的道路交通管理信息，限速标志失去公信力，从而使其对限速标志视而不见，限速标志失去对速度管理的约束力，仅成为一个不合理的执法依据。这就形成这样一个普遍现象：有执法人员或监控设施存在的地段，驾驶人不得不遵守限速要求，反之则引发严重超速。机械、过低的限速标志设置必然激化交通安全与运输效益的矛盾，也严重背离了速度管理应保障交通安全和运输效益双重目标的宗旨。

综合国内外速度管理研究，从限速发展历史上可以找出一些具有代表性的限速值确定方法。有些方法理论性较强，但实用性较差，如下面介绍的最优限速法。目前世界各国广泛采用的是法定限速方法和工程技术方法，法定限速方法是依据法律法规的规定确定某路段的最高限速值或最低行驶速度限制，其具有强制性。工程技术方法是依相关技术规范，结合具体情况采用技术方法确定的某路段的具体限速值或建议行车速度。其中，具体的限速值一般低于或等于法定的最高限速值，其同样具有强制性，但建议行车速度一般应低于法定的最高限速值，其仅具有警告、提示的意义，该建议行车速度标志明确警告和告知驾驶人前方道路状况发生变化，要求驾驶人应依具体路况和自身技术状况采取合适的车速通过前方路段，避免因车速过高导致交通意外事故。

目前，发达国家都趋向于在交通安全法等法律法规框架内，寻求交通安全、运输效益和路侧居民生活质量等的综合平衡。针对实际路况，采取对局部路段设置严格的管理限速标志（执法依据），但对大多数路段设置提示前方路况发生变化，更具人性化、警告性、提示性的建议速度标志的方法。

1）最优限速法

早在20世纪60年代美国学者Oppenlander提出了机动车运行速度最优限速法，这种方法认为驾驶人个人选择的驾驶速度不考虑对其他人员的危害。例如，个人以较高的速度驾驶，事故发生的严重性大大增大，直接增加了燃料的消耗和更多废气物质的排放，间接增加了个人或者其他道路使用者所承担的费用。个人选择的最优速度与整个社会的最优速度是不一致的。

Oppenlander把四类费用作为确定最优速度的因素：机动车运行成本；旅行时间；事故；服务（例如，舒适和方便性）。通过研究机动车在各种类型道路上的不同交通条件和交通类型来绘制费用曲线，进而求解费用曲线的最低点以求得最优速度，并将其作为确定限速值的依据。这种方法最适合确定针对不同等级道路的总体限速值，也可针对每一条道路的实际交通条件来计算限速区的限速值。

这种方法在理论上很吸引人，但从来没有应用到实际工作中。问题之一是进行效益—费用比分析时，关键变量很难准确地通过量化形式表示出来，大量工作只是集中在机动车行驶效率与死亡率、伤亡率之间的评估上，在评估结果上大家难以形成一致的意见，因而现阶段难以获得实际工程应用。但这一理论方法不失为解决速度管理问题的一种好思路。

2)法定限速方法

法定限速方法是依据法律法规的规定，确定某路段限速标志的最高限速值或对高速公路的最低行驶速度限制，其具有强制性。目前我国《中华人民共和国道路交通安全法》中有关限速的具体条款规定就属于法定限速值。

美国历史上曾实行过两次典型的法定限速管理。一是第二次世界大战期间，为减少民用汽油的使用量，法律规定全国道路限速值为 56km/h。第二次是 1973 年能源危机时期，为了减少对石油的依赖性，保障美国社会经济发展，美国国会颁布了 NMSL 法案，将限制速度提高到 89km/h。当时的研究表明，89km/h 为该时期机动车的经济速度。

法令限速在发达国家已有很长的历史，许多地方政府通过法令在当地道路上进行限速管理。近一段以来，居民普遍关注居住区的噪声和安全问题，尤其是紧邻干线公路的居住区，限速问题再次引起政府的重视，不得不实行低速限制，并配合其他的工程措施来管理通过住宅区车辆的行驶速度。这导致了法律法规和技术规范的进一步调整，从而也使交通宁静等先进的管理理念和工程技术产生，并得到了广泛应用。

法定限制速度概念是一个较复杂的法律和政策措施，其力求通过政策取得道路交通安全、运输效率与居住区生活质量的平衡。因而法定限速往往可能过于粗略，不适合实际路况。例如美国 NMSL 法案就被认为不适合于不同实际道路具体线形和交通条件的公路速度限制。因而，法定限制速度需阶段性地根据不同时期各国的具体状况进行调整。

3)工程技术方法

在欧美等发达国家，确定限速区域限速值主要采用的限速方法是工程技术方法。该方法要求通过收集数据后分析来确定一个适合的限制速度，所收集数据包括占有优势交通组成的速度、事故数据、交通量、道路线形和道路路边状况等。具体操作时，v_{85}是最通常采用的一种确定限速水平的数值，通过调查、计算等手段获得 v_{85}值，确定最初的限速参考值，然后综合考虑道路线形、事故情况等因素最终确定速度限制值。

采用 v_{85}作为限速参考值，起初是因为在车辆运行中，大部分驾驶人能够安全地把握、判断他们的速度。而且 85%位限速也符合国外法律精神，在实际执行中只有 15%的驾驶人将必须降低行驶速度，接受限速法律限制。v_{85}速度获取是通过在自由流条件下的地点速度调查，计算速度累计频率分布的第 85%值。后来，一些学者研究发现采用 v_{85}速度进行限速，还具有交通安全作用。

美国研究人员的观测统计，10mile/h(16km/h)最大车速概率分布区间(10 mile pace)包含了绝大部分(70%以上)车速值。研究还发现，车速位于该区间的车辆累积频率越大，车辆速度的离散性越小，美国部分州的限速指南中也有将该区间上限值作为限速值的主要参考依据的，

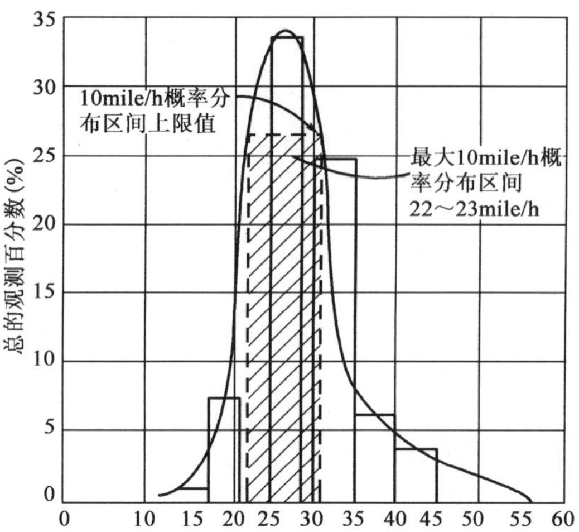

图 5-375　速度分布直方图及典型的"Bell"拟合曲线

但该区间的上限值与 v_{85} 速度相差无几，两者限速值设定的基础是一致的，如图 5-375 和图 5-376 所示。

英国、加拿大、澳大利亚等多数国家限速的原则基本和美国相似，在 v_{85} 速度的基础上，综合考虑道路条件，历史事故记录适当折减。各国均接受 Solomon 关于事故与速度关系的论证，即事故与速度差的关系呈 U 形曲线，车辆在以平均速度一个标准差速度范围内行驶时，有较低事故率；平均速度加上 10km/h 附近位置（接近 v_{85} 速度），事故率最低（图 5-377）。而且，发达国家的车速分布非常相似，即约 70% 的车辆速度集中在 10mile/h（16mile/h）最大车速概率分布区间。

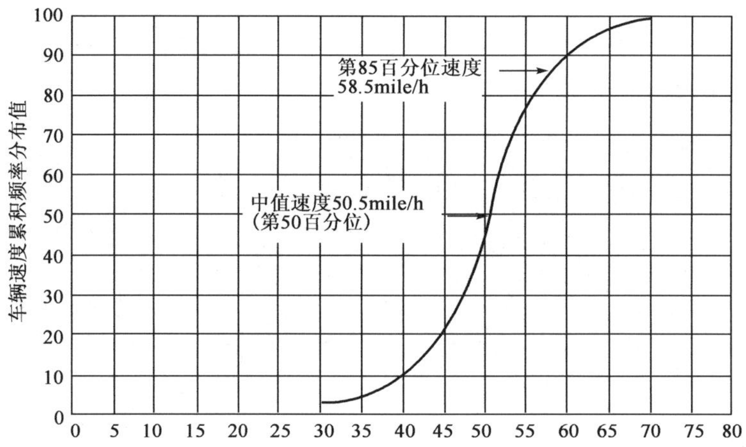

图 5-376　速度累积频率分布的"S"形曲线

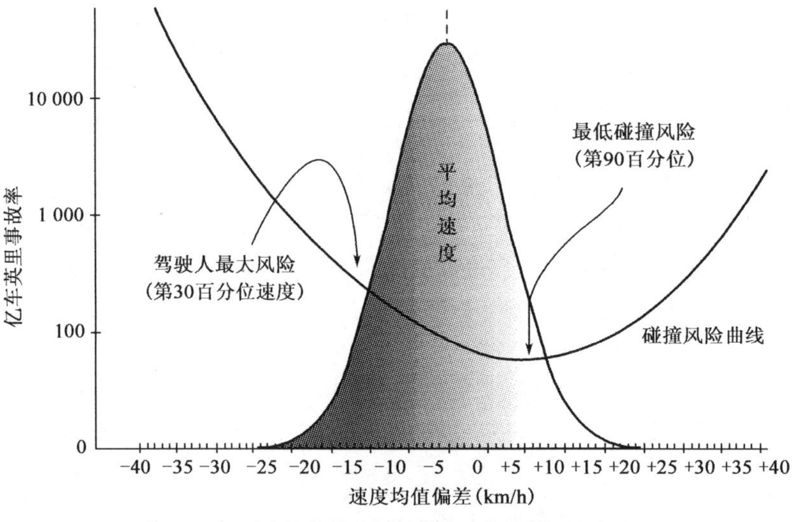

图 5-377　速度均值偏差与亿车英里事故率间的关系

工程研究方法需要结合具体的工程分析来确定限速数值，在速度限制值决策过程中可以采用以下五个步骤确定限速值：

(1)步骤一：确定限速路段及路段特征

确定限速路段所处地形特征、线形特点、气候及周围环境特点。地形特征是指路段所处地形属于平原区还是山岭区，平原地区公路线形相对要好，平曲线半径较大，而且路侧的危险程度也相对较低。山岭地区，由于受建造成本、山岭地形影响，平曲线及路侧较平原地区差；线形特点是指公路的平曲线半径及竖曲线特点。平曲线半径是指平曲线半径的大小，竖曲线是指纵坡度和纵坡长度；气候是指公路在一年四季中受雨、雪、雾的影响程度，如影响比较严重，在公路限速中可考虑雨、雪、雾影响下的限速。周围环境主要指周围建筑类型特点，横穿公路行人是否多，小型交叉口是否多。

(2)步骤二：确定路段的交通组成，v_{85}计算

下面按照已运营高速公路和未开通高速公路两种情况，说明如何确定交通组成和 v_{85}。

①已运营高速公路。

a. 交通组成。

通过现场调查可获得交通组成，交通组成车型可按照表 5-94 标准划分。

车型划分标准 表 5-94

标准	载客		载货
	客座≤20	客座>20	
车型	小客车	客车	货车

交通组成调查的目的是要确定该公路主要服务对象是以客运为主还是以货运为主，当小客车+客车所占比例大于 60%时，则该公路以客运为主；小客车+客车所占比例小于 40%时，则该公路以货运为主；小客车+客车所占比例大于等于 40%，小于等于 60%，则该公路客货运输并重。

b. v_{85}车速调查。

当高速公路的长度大于等于 100km，考虑将高速公路按照所处地形特点(指平原区和山岭区两种区别情况)划分成两段或多段，但每一段的长度要求大于等于 50km。高速公路的长度小于 100km 不需要路段划分。在每一段上选择至少 10 处典型直线段、至少 10 处典型曲线段作为 v_{85} 车速的调查点。直线段调查点应选在直线段中点处，直线长度要在 200m 以上。曲线段应选择曲线半径不同路段，曲线半径由小到大排序，调查点选择曲线的中点。每一处调查样本在 100 个以上，调查车辆行驶速度的车型为小客车、客车、货车。调查车型的比例应与交通组成调查统计结果一致。

v_{85}车速调查选择在自由交通流情况下进行，自由交通流的判断标准为车头间距大于等于 50m。调查时应尽量保持隐蔽，在没有人为设置的设施及路侧障碍物干扰行车条件下进行。

c. v_{85}车速。

将每一个调查点调查所得的车辆地点速度由小到大排序，绘制车辆的地点车速累积频率分布图。选择排在第 85%位的车辆速度作为 v_{85} 车速。

通过上述方法，计算 20 个调查点处的 v_{85} 车速，将 20 个调查点的 v_{85} 车速平均值作为最终

要计算的 v_{85} 车速。用 20 个调查点处的 v_{85} 车速减去最终计算的 v_{85} 车速值得到差值 Δv，如 Δv 小于－10km/h，要求寻找原因。如为调查过程中人为原因，应重新调查该点的地点速度，计算 v_{85}；如为其他原因，将高速公路中与 Δv 小于 10km/h 的调查路段线形特征相同的路段挑选出来，作为局部限速路段。

②未开通公路。

a. 交通组成。

未开通公路交通组成可参考公路建设可研报告中的交通组成预测分析部分内容来确定。

b. v_{85} 车速。

当高速公路的长度大于等于 100km 时，考虑将高速公路按照所处地形特点（指平原区和山岭区两种区别情况）划分成两段或多段，但每一段的长度要求大于等于 50km。高速公路的长度小于 100km 不需要考虑限速段划分。每一个限速段按照平曲线、纵坡特征将公路划分成多个平纵段，选择平曲线半径小于等于 3 000m 的平曲线段，作为 v_{85} 速度值计算段，用公式(5-115)计算每个平纵段的运行速度，再将计算出来的运行速度取平均值，该值作为预测的 v_{85} 速度值。

$$v_{85} = 15.54\ln r - 0.1555t^2 \qquad (100 \leqslant r \leqslant 1500、-6 \leqslant t \leqslant 6) \tag{5-115}$$

式中：r——平曲线半径，m；

t——100 倍的纵坡度。

当平曲线半径大于 1 500m 时，平曲线半径对 v_{85} 速度影响变小，而纵坡度对 v_{85} 影响也很小。此时，选择均值 115km/h 作为 v_{85} 速度值。

(3)步骤三：确定限速初始值

步骤二确定出 v_{85} 速度后，还需考虑《中华人民共和国道路交通安全法》以及公路限速管理习惯，方可确定限速初始值。《中华人民共和国道路交通安全法》要求，高速公路最高限制速度为 120km/h，最低限制速度为 60km/h。高速公路限速管理中，以限速 80km/h、100km/h、110km/h、120km/h 为常见数值，将这些限速值与 v_{85} 速度比较，该值减去 v_{85} 为负值，且绝对值为最小，这个值作为限速初始值 v_0。

(4)步骤四：限速初始值检查、修正

通过运行速度调查确定限速初始值后，还需要进行道路线形指标、设计速度、道路交通事故发生情况及路侧环境因素等几方面的核查，以保障最终全线限速值安全、可行。

①道路线形指标核查。

道路线形指标核查主要是考虑在通常交通条件下，平曲线处车辆是否会出现由于超高不足引起侧翻、侧滑等交通事故，以及是否存在较大的长大下坡，影响机动车运行。检查平曲线处速度的要求时，采用公式(5-116)来反算车辆的最高行驶速度。

$$v = \sqrt{127(\mu + i_h) \cdot R} \tag{5-116}$$

式中：v——推算行车速度，km/h；

μ——横向力系数，取值见表 5-95；

i_h——路线超高横坡度；

R——平曲线半径，m。

μ 值 取 值 表 表 5-95

取值情况	考虑冰雪路面	干燥路面	考虑旅行舒适
μ	0.2	0.4	0.11

将高速公路曲线路段中 i_h、R 数值带入式(5-116)，在 μ 分别取值为 0.2、0.11 时，计算 v 值，并分别用 $v_{0.2}$、$v_{0.11}$ 代表。将 $v_{0.2}$、$v_{0.11}$ 与限速初始值 v_0 做比较。如果 $v_{0.2}<v_0$，将与 R 值相同的曲线段挑选出来，其中相邻两个平曲线段间距小于 500m，合并成一个曲线段。如果挑选出曲线段总长度大于 5%的公路总长度，需要调低限速初始值 v_0，直至该总长度小于 5%的公路总长度为止。最后选择 $v_{0.2}<v_0$ 中，平曲线半径为 R 的曲线段作为局部限速路段(该路段的限速值见局部路段限速值确定方法)。

$v_{0.2}$ 与 v_0 比较后，进行 $v_{0.11}$ 值与 v_0 的比较。如果 $v_{0.11}<v_0$，将与 R 值相同的曲线段挑选出来，其中相邻两个平曲线段间距小于 500m，合并成一个曲线段。如果挑选出曲线段总长度大于 10%的公路总长度，需要调低限速初始值 v_0，直至该总长度小于 10%的公路总长度为止。最后在 $v_{0.11}<v_0$ 的曲线段中，选择平曲线半径为 R 的曲线段作为局部限速路段(该路段的限速值见局部路段限速值确定方法)。

②考虑设计速度与实际运行速度差的影响。

设计速度减去限速初始值 v_0 小于－20km/h 时，选择设计速度值＋20km/h 作为限速值。设计速度减去限速初始值 v_0 大于等于－20km/h 时，原限速初始值 v_0 保持不变。

③考虑道路交通事故。

如为已经运营的高速公路，应进行交通事故和事故多发段原因分析，应将事故多发段标记出来作为特殊路段，以便进行工程措施处理，保障公路通行安全。根据事故多发点原因分析结果采取相应的工程措施，并考虑将事故多发段作为局部限速路段。

如为非运营高速公路，不用作该项分析。

(5)步骤五：确定全线限速值及局部限速路段

经过上述四个步骤后即可确定全线或分段后的最终限速值，线形核查中，$v_{0.11}<v_0$ 中与 R 相同的曲线段、$v_{0.2}<v_0$ 中与 R 相同的曲线段、事故多发段作为局部限速路段。

4)专家系统方法

由于限速过程中所考虑影响因素较多，不同等级、不同类型道路所涉及影响因素不同，随着计算机技术的发展，研究机构通过计算机将限速值确定方法模块化，方便使用者操作、计算，最终发展为限速决策者进行速度管理的辅助工具。

澳大利亚道路研究局研发出一种专家系统，该系统通过软件实现。其共有五个步骤：

(1)输入限速区域的环境特征(城市道路、公路)。

(2)输入车行道、路边等因素(车道宽度、车道数量)。

(3)基于(1)、(2)计算出一个最优的速度。

(4)通过特殊区域、其他因素修改最终的限速区域、限速值。

(5)输入 85%位车辆速度，最终输出限速区域的限速值。

这种专家系统方法考虑了交通工程研究中的所有因素。

专家系统实际上是在特定领域能够模拟专家思考过程来解决复杂问题的计算机程序。澳大利亚道路研究委员会(ARRB)研发了称为 XLIMITS 系列的专家系统,系统整合了道路管理机构进行限速计算的复杂决策过程,考虑的因素包括:现有限速、运行速度、土地使用、通达性、道路设计参数、事故等。系统实现流程见图 5-378。

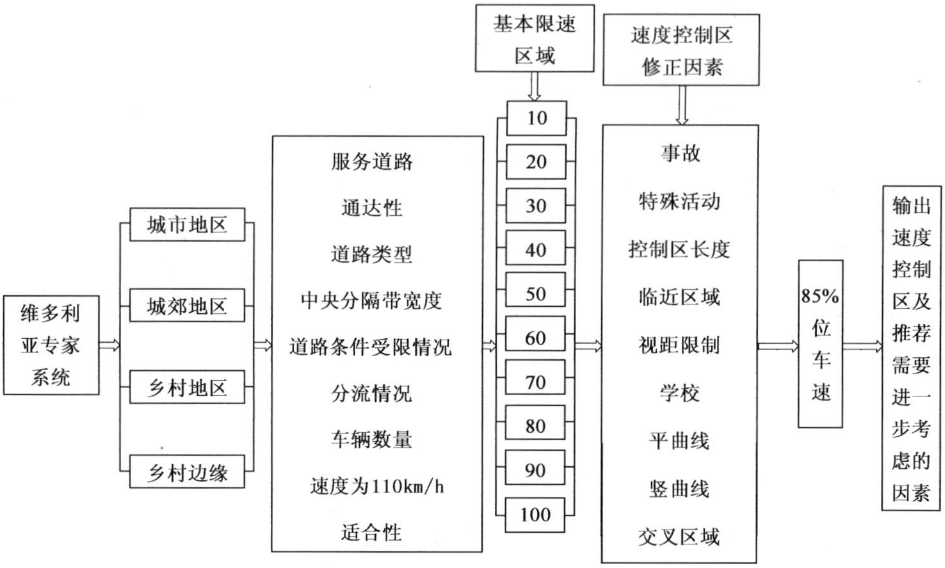

图 5-378　维多利亚专家系统结构图

二、速度管理法规与执法

建立清晰的速度管理法律框架是实现限速遵守的基本需求。交通法律、执法策略、可用资源以及有效的处罚机制都是确保驾驶人遵守限速所需要的。

1. 道路规章、法律与法规

道路与交通规章确立了道路使用者行为的基本框架,它是在相关运输与道路安全法案下生效的。规章可以规定在路段上驾驶人的行驶速度不能超过规定的限速值(不同程度的违章行为有不同的处罚)。

在大多数地区的道路行驶规章里,是通过交通标志来对道路使用者施加遵守法律的义务的。

交通标志是与道路行驶规章一致的,它应规定限速开始与结束的位置。例如,在道路前方需要设置不同限速值限速标志的某处,或道路在"T"形交叉口或断头路的终点处,或道路上安装限速取消标志的某处,道路行驶规章也应对不同情况下限速的设置与遵守予以规定。限速设置的情况有:学校限速区、一般限速区、限速共享区(每个国家在整个城市或乡村地区应用一般性的、缺省限速)。规章中要对限速标志和特殊标志(限速区、限速共享区、学校限速区的限速标志)的形状与外观予以说明。

在新的或修正后的法律法规中应明确要求遵守限速管理,交通警察应采取各种措施(包括自动照相机执法)对限速实施执法,这是非常关键的。在大多数地区,立法机构有必要规定使用各种自动执法手段,如移动式或固定式速度照相机,以及交通警察使用的手持式或车载式速度检测设备。激光与雷达测速设备的精度通常分别是 2km/h 和 3km/h。在执法时，仅能够对那些观测车速在超速允许限度以上的驾驶人予以处罚。

与法规相应的实施细则通常会规定超速检测技术类型、证据的确认过程和约束力，这些内容的应用很广泛，包括从违章问题到罚款支付以及后续的庭审过程。

建议交通警察在对超速驾驶人进行处罚时，所采用的执法超速允许上限不宜设置得太高。在多数地区，交通警察已经将超速允许限度由原来的 10km/h 降至 3km/h，而 3km/h 的超速允许限度已接近检测设备的误差限。有证据显示，降低超速允许限度能够导致自由车速和死亡人数的下降，尤其是弱势道路使用者的死亡人数，这一现象是十分显著的。

2.速度执法方法

当前，大多数国家的交通警察都采用不受时间和空间约束的方法来对超速进行执法，以震慑超速行为。原因很清楚，超速是违法的，是不可接受的，是与大众的利益相冲突的。

使大众认识到这一点是困难的。速度执法通常取决于大量的机动警力资源和移动式照相机的布设，此外还需要在高风险地方设置固定式照相机作为补充。速度执法还有赖于广泛的大众宣传，以提高公众对当前正在进行广泛执法活动这一事实的认识。

在日常巡逻时，通常是采用警车跟踪违章车辆的方法来检查车速，跟踪时警车与前方车辆保持一定的距离不变，大约跟踪 200～300m，在此过程中观察警车上的速度码表。

利用车载速度测量设备获取距离和时间是一种可在城市和乡村地区应用的有效的且是无可争议的方法。当超速车辆被首次观测到时，执法警察设置测速设备并跟踪超速车辆，直到刚好位于超速车辆被拦截点的前方，此时，测速设备被再次触发。该方法使用了交通警察的速度表和里程表，因此能够提供观测距离内的平均速度，这使得对超速违章者的评估更为公正，消除了违章者的辩解，如“仅仅是为了超过另一车辆”、“为了跟上前方车流”或是“我仅仅是在很短的距离内车速高了点”。

通过在道路上安装横跨道路的两条平行的气压管，可以测量车辆通过特定距离的时间，这样便可以准确计算车速。采用此方式检测车速时，交通警察在气压管前方数百米远的安全拦截点进行执法。在多数地区，气压管的测速方法已经被雷达或激光设备所取代。

当超速车辆通过有标识或无标识的警车时(相对的比较速度测量方法)，对超速车辆进行速度估计，这在一些辖区是被接受的。交通警察的驾驶和巡逻经验可用来证实他们对车速的估计，再加上违章者对于错误行为的解释。在一些国家，交通警察的观点恰恰是主要的证据，而设备却是第二位的。

使用秒表来测量车辆通过两个已知点间的速度是一种基本测速方法，也是速度执法的一种有用的方式。应用时，两个已知点间的距离应经过准确的测量。已知点可选择道路上的标线，也可选择道路环境中易于辨识的固定物。

测速设备精度的认证工作要由独立的试验室检测机构进行或由警方专门技术人员进行，认证过程需要符合法规和政策的要求。不论采取何种方式进行认证，都要求测速设备的数据能够在法庭上作为证据。

违章者身份的确认并不总是需要借助速度照相机技术。在一些地区，车辆所有者(车主)负有法律责任，也就是说，一旦车辆被认定超速，车辆的所有者将负法律责任，除非车辆所有者指出其他当事人(本人以外)。一些地区要求采集驾驶人的照片，但这不会限制速度照相机的有效性，速度照相机对超速驾驶人而言仍是一种威慑。

在短期内不能采取以速度照相机为主要执法手段的地方，可广泛应用手持式雷达或激光测速设备，再结合常规的交通巡逻以及相应的车辆拦截策略，来提高驾驶人遵守限速的效果（尤其是在城市地区）。交通警察上路执法来确保驾驶人遵守限速的方式比起开具交通违章单据或罚单要有效得多。当公众意识到超速行为被检测到的风险很高时，且一旦被检测到将被处罚，那么驾驶人的驾驶行为将会发生改变。

随后，可将设备升级换代，采用车载移动式雷达设备或车内视频设备，这些设备是用于交通违章的最新式设备，对交通警察执法有很大的帮助。

速度照相机是一种非常经济有效的速度管理工具，它能够实现以统一的标准来执法，减少对交通警察个人判断的依赖，消除了车辆拦截处罚点，也降低了执法过程中出现腐败行为的可能性。

高效的速度管理策略应包括速度照相机的使用。速度照相机分为固定式和移动式（在车辆上使用）。尽管固定式速度照相机能被很容易地观察到或发现，但却向驾驶人传达了一个强烈的信号，即超速行为是不能容忍的，路上采取了明显的速度控制措施。隐蔽移动式速度照相机作为一种补充手段，尤其是在城市地区，是已被证实的非常有效的措施，它能够向驾驶人传达这样一个信息，即超速属于违法行为，在任何时间任何地点都是不允许的。这种速度照相机的明暗相结合的应用方式对于降低路网主要路段的平均车速是非常有效的，在有些情况下使车速降至适用的限速值以下。

在路网中特定位置设置固定式照相机是应对超速相关事故风险的另一有效办法，速度照相机通常用作事故黑点处的处置措施，设置在能够对事故降低具有明显效果的地方。然而，很少有证据表明它们除对设置前后数公里范围内的路段具有效果外，还能给路网其他部分带来降低事故的效果。

在实施自动速度执法项目时，有一些主要的限制条件需要考虑。在部署自动速度执法系统前，多数关键地区的管理系统应该是健全的。

3.罚款、扣分和暂扣驾照等处罚手段

为对违章者起到足够的威慑作用，对违章者依法采取足够严厉的处罚是非常关键的。视车速超过限速值的程度采取不同程度的处罚措施，处罚手段有罚款、扣分、罚款兼扣分，甚至是更为严厉的暂扣驾照。很多国家在采取有效的处罚系统后，道路交通伤害显著下降。

当速度超过限速时会导致事故和伤害风险的提高，但不同程度的超速行为对交通参与者所施加的风险是不同的。因此，当我们对这种由于超速所导致的额外风险予以考虑时，需要使超速处罚水平能反映超速状况所造成的相对风险，认识到这一点是很重要的。吊销驾照（因车速过高而取消驾驶资格）对遏制超速行为而言是一种非常有效的、起威慑作用的处罚手段。在有些国家，一旦车速超过限速值 25km/h 以上时，如果被交通警察逮住，驾驶人将被立即吊销驾照。其他处罚手段如对车辆予以扣留或没收，对于那些严重超速或屡次超速的驾驶人而言，也是一种强有力的威慑。

在对驾驶资格实施处罚（如暂扣、取消驾驶资格）的地方，交通警察和资格许可机构应有能力确保这些制裁措施被严格执行，这也是执法取得成功的关键。

速度执法可采取以下不同的方法：

(1)警告通知。在新法通过后正式实施前,对违章者予以警告通知,告知驾驶人或骑乘者已经违反了新的法律,在不久的将来,当他们再违反时将被予以处罚。

(2)现场处罚。在现场以书面的形式向违章驾驶人或骑乘者开具罚单,要求他们在规定的日期前向指定部门(可以不是交通警察部门)缴纳罚款。

图 5-379 为现场处罚通知与扣分的执法流程。为使该方法更加有效,需要建立计算机数据库系统用以记录所有的违章行为。

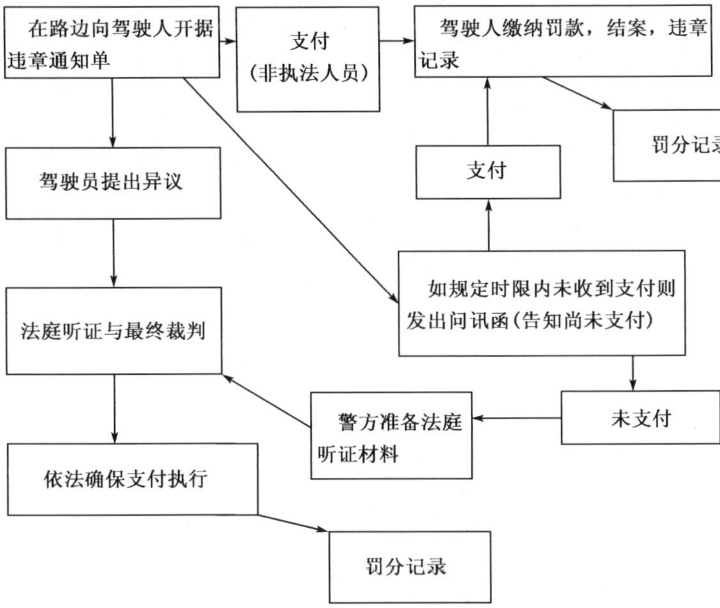

图 5-379 现场处罚通知与扣分的执法流程

一些国家在现场收缴罚款。在驾驶人或骑乘者超速现场,执法人员当即开具违章通知单,并要求违章者缴纳罚款。应立即对这种处罚方式进行改进,以确保在车辆拦截点不发生现金交易,同时要保持对财务的全面审计,这将会减少对行贿、受贿、贪污行为的指控。

对于严重超速违章者和屡次违章者可以采取没收驾照或车辆的处罚,但是这样的处罚措施仅当采取其他措施并发现不能取得成效后才能使用。

罚分或"黑点"系统目的是阻止驾驶人再次违反道路交通法规。没有采取这一措施的国家可考虑实施罚分办法。罚分方案要求驾照许可机构能够对所有个人持有的驾照保留准确的记录,以便记录经过确认的违章报告,并将违章记录归属到正确驾驶人名下。罚分是针对特定交通违章行为予以的一种处罚形式。当驾驶人首次获得驾照时,并无罚分记录。罚分采取累加的方式计算,只要驾驶人出现涉及罚分的违章行为,罚分记录将在已有数值上进行累加。通常罚分与罚款处罚是同时进行的。罚分数值会在数年内保持有效(通常是三年),法律规定了当罚分值累计到一定程度时应予以的制裁,例如当罚分累计达到 12 分或更多时将吊销驾照。

三、公众教育

研究发现,广泛的公众教育与超速相关风险,以及后来驾驶人速度行为改变方面有着一定的联系。一般认为，针对道路交通安全开展的大众宣传活动能够增加人们安全方面的知识，改变他们对安全的态度。但是在缺乏执法的情况下，这些活动能够改变交通行为的证据仍非常有限。虽然必须承认执法的重要性，但我们仍有充分理由认为来开展公众教育活动，告诉人们超速的危害和在道路上降低车辆平均速度的好处。

1. 社会宣传与公众教育

开展速度管理运动的目的有时是获取公众对措施的支持，例如立法、严厉处罚、更多的执法、交通工程方面的改变等，这些措施将会对道路使用者个体行为产生影响。换言之，教育运动的目的是形成速度管理的需求，这将减少社区的抵制行为(宣传与教育不够的话可能会遭遇到这种抵制)，有助于政府更容易地实施行动。

尽管有些时候向公众告知一些灾难性的与速度相关的恶性道路交通事故，并不会改变驾驶人的个体行为，但是这能够起到行动号召的作用，也是唤起社区对严重伤害或危害予以关注的一种方式。利用广告在感情上影响人们并帮助人们认识速度是一个需要应对的重要问题。当社区确认超速问题的严重性并需要了解后，他们便做好了学习它的准备，也将支持克服这一问题的行动。

前面对速度的小幅提高和致死事故风险增加间的关系进行了讨论。应该采取符合当地风俗习惯的做法来向公众传播这方面的知识与信息，应该有多种多样的方式来支持这种宣传，以使公众广泛地意识到与超速相关的消息及超速问题的严重性。社区需要理解为什么要求驾驶人遵守限速，遵守限速的好处是什么，以及为什么有必要改变他们的行为。

在启动公众宣传运动时，可以以人们对超速后果争议较少的话题为切入点，如超速会加剧事故的严重性。另外一个争议较少且人们感兴趣关注的话题是不同速度、天气和路面条件下的不同停车距离。

另外，在执法水平提高之间，就应对公众进行相应的宣传活动，以避免公众对执法交通警察的负面反应。法律的改变也是一个尤其需要注意的例子，比如采用新的、更低的限速。

当试图通过公众宣传教育活动来改变驾驶人的不良行为时，比如根深蒂固的超速行为，相信相当多的驾驶人都有过超速的经历。如果政客、资深公务员、交通警察、道路机构职员等人士同意在他们的驾驶活动中遵守限速(不仅仅是与工作相关的驾驶行为)，这对整个活动是大有裨益的。有领导和社会名人加入支持速度管理活动，对于获得公众的支持是很有帮助的。

判断公务员和政客们是否遵守限速的承诺也是一种有趣的评价方式，可以评价政府对改变驾驶行为这一活动的实质支持情况。这种许诺也是他们准备认同寻求改变驾驶行为这一活动的晴雨表。

2. 公众的超速执法意识的提高

在一些国家，被交通警察检查到违章并因此被处罚的几率比发生一次严重事故要高得多。对个体而言，被抓住和被处罚的风险与害怕事故相比，更可能会影响驾驶人的速度选择。与反映超速事故危害的信息相比，驾驶人对速度执法的意识对他们的行为影响更大。换言之，越来越多的驾驶人意识到，如果他们敢以身试法的话，他们被抓住的概率会非常之高。

研究表明，将公众宣传教育活动与公开速度执法活动结合起来应对超速问题，降低速度相关事故的效果非常明显。媒体广告主要是使驾驶人意识到，他们不遵守限速的行为将会被警察抓住，且抓住后被受到相应的处罚。因此，广告可能会对超速行为起到一定的震慑作用。

3. 对遵守限速的激励

一些国家已经对遵守限速（也包括其他道路法律）的驾驶人予以奖励（尽管是少量的）。这样做的好处是提供公众对苛刻的速度执法的接受程度。例如，澳大利亚的维多利亚地区就实行了类似这样的一种奖励制度，如果驾驶人在过去的三年里没有任何违章行为，驾驶人在驾驶证更新时将给予 30%的折扣。

激励措施在减少事故方面所带来的好处尚不清楚，估计作用较小，但政府仍然认识到这能够使驾驶人不违反严格的执法。这种“胡萝卜”（奖励）政策对于更多普通的“大棒”（惩罚）措施而言，能够提供有效的支持。

4. 基于社区的活动

有时当地社区的人们自己会有动机地实施一些行动以缓解超速相关问题，这些活动包括：基于社区的教育行动，社区成员在道路上建设减速丘或其他降速设施，惩罚那些高速驾车通过城镇造成人员死亡或受伤的驾驶人。

社区开展的这些友善性的活动体现了人们对超速问题的关注，但如果不在道路安全专家的指导下进行，可能会导致额外的问题。但不论怎样，获得社区对道路安全和速度管理的参与是影响道路使用者行为的有效措施，这种积极效果是政府单个机构采取行动所无法实现的。社区义务工作也有助于弥补速度管理项目的开销。

5. 驾驶证与车速限制

当新手在初次学习驾驶时，就应学会根据具体的路况控制适合的车速，这一点是非常重要的。即便是在没有明显限速标志或清晰的工程措施时，驾驶人也应具备根据行车环境来判断车速的能力。例如在马来西亚，速度管理是驾驶课程的一部分。

对于驾车新手而言，他们的相对速度感较差，且有一点过分自信。对此，一些管理辖区对驾驶证实施分阶段管理。当新手处于学习阶段时，有时需要有驾驶证的正式驾驶人陪同，尽管新手的车速比正式驾驶人所允许的限速值要低。有时，新手在最终获得完全正式驾照前需要先获得 1～2 个额外水平的临时驾照，每个水平都有相应的速度限制，有时还规定了新手在获得正式驾照前所允许的最高罚分数值。

四、工程处置措施

现在有大量的工程处置措施可用于速度管理之中，这些措施在本系列丛书中专门的著作中有十分详细的介绍。本书内容仅对可用措施作出宽泛、概要性的介绍，而且也给出了一些案例，这些案例已被实践证实在解决速度问题方面具有很好的效果。

这些处置措施包括：鼓励驾驶人以更低速度行驶的工程措施和工程改造措施，使道路和行车环境变得更加宽容或具有“自解释”特征的措施。此外，还有旨在分离道路使用者，尤其是弱势道路群体（如行人、骑乘两轮交通工具者）的措施，以避免潜在的能够导致受伤的事故发生。

1. 降低机动车辆速度的措施

道路安全和交通管理工程师已经开发了多种鼓励或迫使驾驶人减速的物理设施，如果驾驶人以超过法定或建议速度的车速通过此类设施时，会有明显的不舒服感。这方面的例子有：

横跨道路设置的突起的驼峰(丘)或平台、道路变窄(收缩点)、环岛、道路标线、标志、告知驾驶人道路行车条件发生变化而需要降速的硬件设施。此外,固定式速度照相机有时也作为交通宁静和车辆降速的一种可选措施。

1)路面减速丘

如图 5-380 所示,在行人过街斑马线前,中间安全岛两侧交错设置两个梯形减速丘。

如图 5-381 所示为混凝土梯形减速丘的横断面,斜坡高 10cm,长 1m,设计通过速度为 30km/h。

图 5-380 梯形减速丘

图 5-381 梯形减速丘的横断面

梯形减速丘由混凝土制成,建造时比较易于施工管理。减速丘的高度是 10cm,斜坡每侧长 1m,坡度比为 1∶10,平台部分长约 7m。当有大客车交通时,平台至少长 4m 或 7m。这种设计旨在控制小客车的通过速度为 30km/h,大客车或其他重型车辆的通过速度为 10km/h。类似的,如果期望小客车的通过速度为 40km/h(重型车辆的通过速度为 20km/h),那么斜坡应延长至 1.7m;如果期望小客车的通过速度为 50km/h(重型车辆的通过速度为 30km/h),斜坡应延长至 2.5m。然而,10cm 的高度一直保持不变。

(1)标志与标线

对驾驶人应该事先予以适当的警告,警告是通过在减速丘上施画黑白相间的条带和在减速丘前方设置减速丘警告标志实现的。照明也是考虑的重要因素。需要指出的是,在理想的条件下,减速丘周边的限速应该改变成期望的 30km/h。

(2)效果

在设置减速丘后,速度明显降低,弱势道路群体能够更加安全和容易地穿越道路。

2)进入村镇前的"入口"处置措施

"入口"通常是用来标识进入村镇或高事故风险地点的"门槛"。在村镇和高事故风险路段,驾驶人应采取更低的车速。

在"入口"处,主要依赖于视觉上非常醒目的措施来引起驾驶人/骑乘者的注意,通常包括:

(1)利用大型标志向驾驶人传达信息,告知驾驶人车辆即将进入有大量行人和其他弱势道路群体出现的地方。

(2)利用路面标线来使行车道的感知宽度变窄,如至少在一小段距离内施画中间带。

(3)以大型限速标志来显示所采用的更低限速。

(4)以其他路面标线来明显标识车辆即将穿过"门槛"进入交通环境不同的路段。

(5)采取具有一定建筑风格的处置措施,如篱笆墙、土垛、岩石墙等。

标线也可用来标识车辆接近行人过街点或其他变化的交通环境,在这些地方出于安全考虑,驾驶人需要减速。在交叉口进口和出口两个方向设置简单的白色锯齿状车道分隔线与车道边缘线,如图 5-382 所示,可用来警告驾驶人正在接近交叉口。

3)交叉口设置环岛

车辆在通过环岛时,原来直行变为绕行,需要驾驶人降低车速以进行转向操作。因此,在交叉口处设置环岛可有效降低事故的严重性。

车辆通过设置环岛的交叉口时,一方面通过速度降低了,另外由于环岛的特殊几何设计,避免了直角侧面相撞事故,两者都能起到降低事故后果的作用。图 5-383 为交叉口环岛图。

图 5-382 白色锯齿状车道分隔线

图 5-383 交叉口环岛

环岛能够取得良好效果也有赖于:仔细的进口交通岛设计、清晰可见的标志与路面标线以及有效的告知驾驶人如何正确通过环岛的公众宣传活动。

由于驾驶人在通过繁忙的环岛时,注意力主要放在通行中的“让路”任务上,因此他们可能注意不到周围的自行车、行人、摩托车等出行者,需要注意环岛的设计要符合这部分道路使用者通过环岛时的交通行为。

4)路面变窄与弯道处的工程处置

宽的道路容易诱使驾驶人选择较高的行驶速度,原因是驾驶人感觉侧向容错空间比较大,因此,窄的路面宽度有利于降低车速。缩减路面宽度对地区车速降低是很有帮助的。

图 5-384 为道路变窄应用实例。

a)处置前

b)处置后(模拟图)

图 5-384 道路变窄应用实例

降低车道的感知宽度也能够实现降低车速的目的，可通过施画路面标线实现感知宽度降低的效果。

在中国多个地区的各类道路上，对一种具有立体效果的特殊标线进行了试用(图 5-385)，该标线能够给驾驶人道路变窄的错觉，从而使驾驶人降速。

图 5-385　视觉表现应用实例

弯道警告标志也是一种减少事故的有效方法。其他的措施如弯道前横贯车道的振动带，也在很多国家得到了应用。

有效的事故数据系统能够使高风险弯道和其他危险点更容易被识别出来。

2. 分隔弱势道路使用者

应该对车速进行限制，以确保弱势道路群体不暴露于能遭受严重伤害事故风险的环境中。如果不能够降速的话，对弱势道路使用者和机动车交通设施分隔是另外一种选择。

行人栅栏能够将大量的随机过街行人交通(尤其是行人过街多的地方)转移至更为安全的过街地点，这对于提高行人安全是非常有帮助的。在安全的过街处可能会采取一些处置措施，如在道路上安装速度丘、突起平台或设置交通信号。

避难岛和中间带能够给行人过街带来帮助，避难岛和中间带的设置允许行人分阶段过街，同时也能够简化过街决策过程。由于缘石延伸减小了穿越距离和暴露于风险中的空间和时间，因此也有助于改善行人安全。路缘石延伸对于老年人和残障人尤为有帮助，因为他们在传统的过街处难以找到安全的间隙来过街。

在乡村地区(也包括城市)，在很多的情况下没有提供可供行人实现点对点出行的步行道，行人不得不到路上行走，如图 5-386 所示。提供步行道是将行人从中、高速行车道附近引开的高效措施。

图 5-386　行人在路上行走

在没有人行道，行人在道路上行走的地方，应教育行人在尽可能远离道路的地方行走。

弱势道路群体乘载的非机动两轮或三轮车比机动车的行驶速度要慢得多，如果可能的话，应尽量将自行车、三轮车与机动车分离。否则，弱势群体将得不到有效的保护，如图 5-387 所示。

图 5-387　弱势群体没有得到有效保护

第六章　恶劣气象条件下公路安全保障技术

我国每年大约有10%的公路交通事故与雨、雪、雾恶劣气象条件有关，冰雪湿滑路面条件、雾霾等低能见度天气成为公路交通事故，特别是高速公路交通事故的主要诱因之一。我国也一直将恶劣气象条件下的公路交通安全保障对策作为交通安全工作的重点。本章以国家公路安全行动计划的研究成果为基础，以大雾和冰雪路面为主，重点探讨影响交通安全的恶劣气象条件的监测预警、恶劣气象条件下的交通安全管理与应急等内容。

第一节　恶劣气象条件的监测与预报预警

对于恶劣气象条件下的交通安全保障，其关键环节是对恶劣气候条件的出现作出及时的监测和预报预警，只有及时、准确地确定恶劣气候条件的发生时间、影响范围以及严重程度，才能采取有效的对策。

一、公路恶劣气象综合监控系统

1. 公路气象综合监控系统方案的提出

欧美发达国家近些年逐步将公路气象信息系统纳入到ITS体系中，将其作为公路交通管理、信息服务、辅助决策大系统的有机组成，将公路气象信息与公路出行服务信息，公路安全与通行及事件管理，以及冬季养护决策支持信息与体系进行集成应用。

我国在恶劣气象条件下交通安全保障方面还缺乏足够的理论和实践经验，尚未形成行之有效的公路气象综合监控系统。现实情况更多表现为：公路气象监测设施建设缺乏标准规范，各地不一；公路气象监测数据没有很好地管理和利用，对安全和运营管理帮助作用不大；交通监控与气象监测“两张皮”，重监控，轻管理，重视频，轻数据；监测设施与交通控制设施和辅助安全保障设施缺乏联动机制和策略，未能协同工作。

鉴于此，从提高公路设施的使用效率和服务水平的角度出发，提出适合我国高速公路现阶段运营管理特点和公路气象信息系统发展趋势的公路气象综合监控系统，以期克服现阶段我国公路气象信息系统应用和发展的不足和局限性，不仅可以满足正常条件下的交通运行监控，还可以保障恶劣气象条件下的交通安全运行。

2. 公路气象综合监控系统组成

公路气象综合监控系统包括信息采集系统、处理控制系统、信息发布系统、诱导系统以及支持系统等。系统组成如图6-1所示。

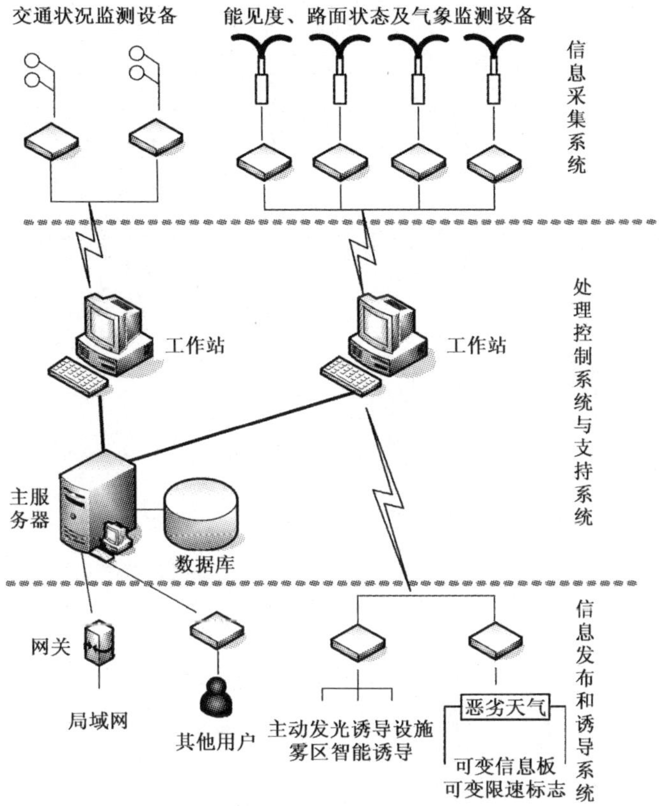

图 6-1　系统构成

3.公路气象综合监控系统工作模式

公路气象综合监控系统依靠信息采集系统监测出能见度、路面状态、其他气象信息和交通状态，通过处理控制系统将其转化为各部门所需的信息分别进行信息发布、指令发布和公路控制。图 6-2 是公路气象综合监控系统基本流程示意图。

4.主要外场设备布设

1)公路气象观测设施

公路气象观测站根据气象代表性和服务功能定位可分为普通路段公路气象站(以下简称普通站)和局地性公路气象站(以下简称局地站)。普通站代表大范围或较长路段的一般天气状况。局地站代表较短路段、特殊地形地物处或桥梁结构物的特定交通天气现象，如低能见度大雾频发路段、易结冰桥梁或易发生过水淹水毁路段等。

(1)站点布局要求

由于观测目的的不同，普通站和局地站的布局要求也有所不同。

普通站重点在于实现对路线或路网层面的公路沿线气象观测，布设建议如下：

①对于平原或微丘地区，在公路沿线按 30～50km 间距布设。

②对于山岭或重丘等地形较为复杂的地区，应充分考虑海拔高度、地形、地貌对气象的影响，在公路沿线按 20～40km 间距布设。

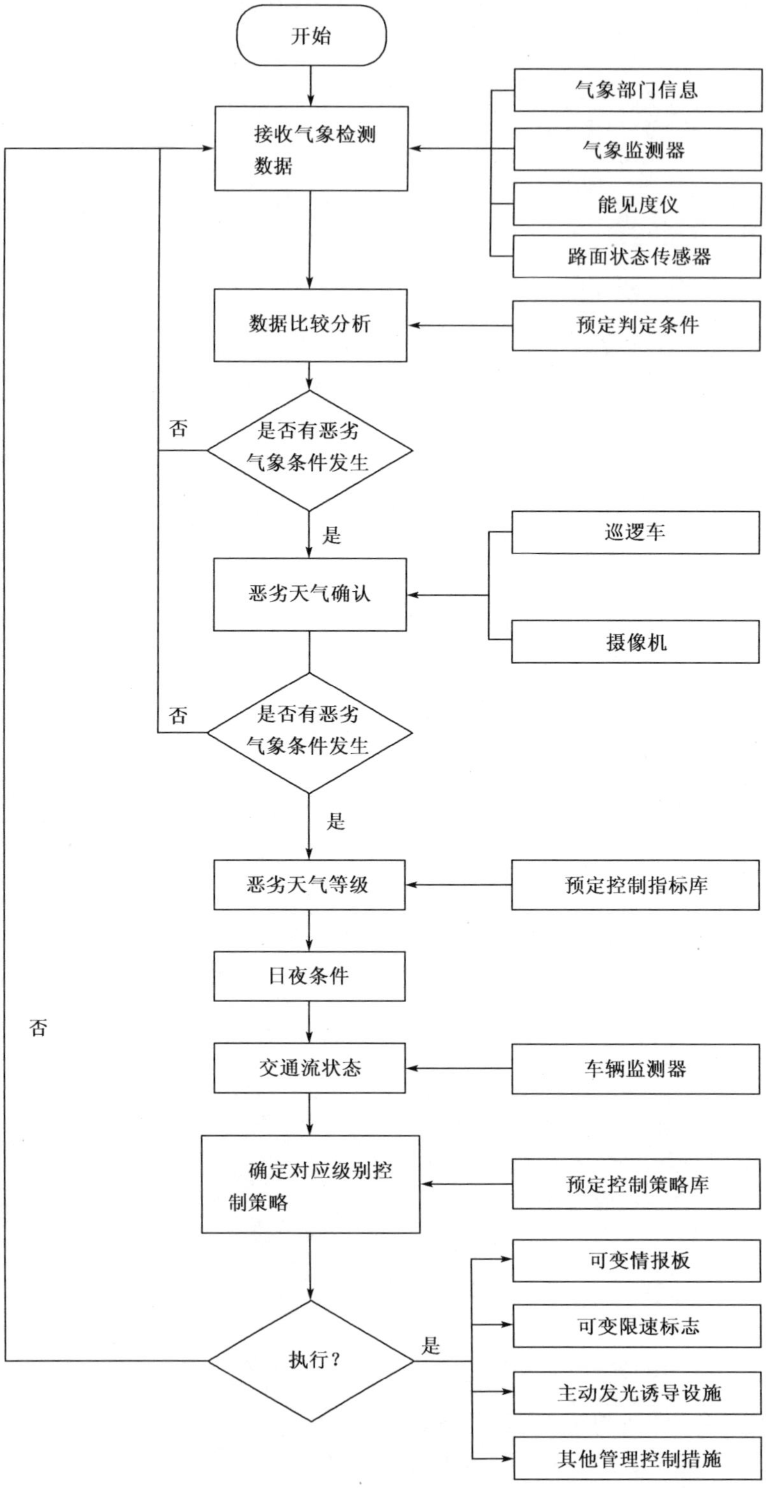

图 6-2　公路气象综合监控系统工作流程图

③对于我国西部地广人稀且地形与气象条件变化不频繁，或是以沙尘暴和大风为主要交通高影响天气的（半）干旱、沙漠等地区，普通站的布设可采用 50km 以上的设置间距。

④在路网相对密集地区，普通站的布设需要对区域公路网沿线的气象站进行统筹考虑。

局地站重点在于实现对路线上或路网中因恶劣天气条件或路面状况对行车安全造成严重影响的局部点段的监测，布设建议如下：

①能见度观测。对于季节性浓雾多发地区，局地站按 10～15km 间距布设；对于浓雾多发的山区和水网地区，气象站应进行加密，按平均不低于 5km 间距布设。

②路面观测。对于长度小于 10km 的易出现低温冰冻湿滑路面状况的路段，可在该路段适合位置布设 1 处或 2 处局地站；对于长度大于 10km 的路段，按平均不低于 10km 间距布设；对于个别易于出现结冰的桥梁，视具体情况，可考虑单独布设局地站；如果采用公路热谱分析技术进行路面温度与状况预测，可将局地站的布设间距增大至 20～30km。

③大风观测。以大风观测为主的局部性气象站应布设在 7 级以上阵风多发且对行车安全影响严重的个别地点或风区路段；对于长度小于 20km 的风区路段，可在该路段适合位置布设 1 处或 2 处局地站，宜选择在风区两侧开始位置附近；对于长度大于 20km 的路段，按平均不低于 10km 间距布设。

（2）选址优化技术

公路热谱地图技术就是一项针对以路面观测为主的特殊路段气象站的选址优化技术。公路热谱地图是反映路网中不同点路面温度差异空间分布规律的专题图，通过热谱地图，可以容易地发现路网中哪些位置的路面温度相对较低，哪些位置路面温度相对偏高，路面温度相对较低的地方在冬季可能出现结冰（霜）等危险湿滑路面状况，这些重要信息可用于优选路面传感器的布设位置，使其更具代表性。由于公路热谱地图体现的是不同点路面温度间相对关系，利用此特点，可由已知点的路面温度推测其他地点的路面温度，一方面可以减少路面传感器的布设数量，另一方面利用布设的有限路面传感器结合公路热谱地图，实现全网络的连续路面温度与状态的预测，这对于冬季冰雪气象条件下的公路安全运行管理和防结冰与铲冰除雪养护作业具有重要意义。

2）交通检测监控设施

（1）车检器

①针对恶劣气象影响严重路段，原则上按照 1km 间距布设车检器。密度大的好处是全面客观反映雾区交通流运行状况，结合事件检测算法，可以较好地判断交通事故、交通拥挤等情况。

②推荐采用微波车检器，此类车检器受恶劣气象条件影响较小，且一台设备可以同时检测整个断面。不建议采用线圈车检器或是视频车检器。线圈车检器安装维修不方便，且当路面进行大修时已安装设备一般无法再次使用；视频车检器在夜间或低能见度条件下效果不佳。

（2）路况视频监视设备（CCTV）

①恶劣气象条件影响严重路段，原则上建议采用视频全程监控，按照 1～2km 间距布设视

频监视点。最大平均布设间距不超过4km。

②已经实施过全程监控的路段,原则上不再考虑增加视频监控点。

③监控摄像机选点时,注意与能见度仪的配合使用,使监控摄像机能够起到能见度确认与核实的作用。

④雾区监控摄像机宜采用透雾能力强的镜头或红外摄像机。

(3)事件检测设备

事件自动检测主要通过两种途径,一种是利用实时采集的交通流特征参数,通过特定的模型算法来自动判断是否出现交通事件,属于间接算法;另一种是利用监控摄像机的视频图像,通过先进的图像识别技术来检测是否发生交通事件,属于直接算法。两种技术途径各有利弊,但基于图像的直接算法在恶劣天气下效果不佳。因此,为保障恶劣气象条件下的检测效果和精度,建议采用基于交通流参数的间接算法。

3)信息发布诱导设施

(1)可变信息板布设位置一般原则

可变信息板的布设位置一般需要综合考虑路网拓扑结构、交通流量特征、交通管理与控制策略、驾驶人信息服务需求等多方面因素。通常布设于以下位置:

①恶劣气象频发路段;

②收费站或枢纽互通出口上游;

③主线入口下游;

④事故多发路段;

⑤运行安全敏感区(特大桥、长大隧道、隧道群);

⑥收费站入口前。

(2)恶劣气象影响严重路段布设原则与标准

①立柱式信息板通常布设在主线入口下游500m左右、易结冰的大型桥梁前100m左右位置,主要用于恶劣气象影响严重路段的危险路况提示和可变限速控制。

②恶劣气象影响严重路段较长时,可适当加密立柱式信息板的布设。

③恶劣气象影响严重路段上游1km、2km处分别设置门架式或悬臂式可变信息板,建议采用门架式可变信息板。资金受限的情况下,可考虑仅在上游2km处设置,也可考虑采用悬臂式可变信息板。如果按此原则布设的信息板距离上游出口小于5km,则将其位置调整至上游出口的上游1~2km处;如果按此原则布设的信息板距离上游出口大于5km,则在其上游出口的上游1~2km处增设1处。

④恶劣气象影响严重路段范围内的服务区、停车区入口上游1~2km处设置悬臂式可变信息板。

4)主动发光诱导设施

(1)雾灯

①设置原则。雾灯可设置在外侧路肩及中央分隔带上。一般雾灯只设置在护栏外侧土路肩上;当雾害严重且公路服务流量很大时,可在路侧和中央分隔带设置雾灯;对于双向分离或中央分隔带很宽的高速公路,应在公路双侧均设置雾灯,如图6-3所示。

②设置主要技术参数,见表6-1。雾灯设置间隔见表6-2。

图 6-3　新型多功能雾灯在某高速公路上应用实例

雾灯设置主要技术参数　　表 6-1

设置位置	多雾路段	设置位置	多雾路段
光源类型	LED 黄色光源	发光面直径/边长	≥15cm
设置间距*	30～50m	闪烁频率	建议可调
发光面中心高度	1.2～1.5m	控制方式	远程通信
最大亮度	不低于 20 000cd/m²	供电	电缆供电或太阳能
视角	≥32°		

注：*雾灯设置间距根据经常性雾的能见度不同，可以按照表 6-2 确定。对于双向四车道以上的高速公路，可酌情缩短设计间距。

雾灯设置间隔　　表 6-2

能见度(m)	≤50	≤100	≤200	≥200
雾灯间距(m)	30	40	50	—

③雾灯工作模式，根据高速公路雾区能见度的不同，新型雾灯推荐采用表 6-3 所列的亮度和闪烁频率。

雾灯工作模式　　表 6-3

工作模式	能见度(m)	亮度值(cd/m²)	闪烁频率(次/min)	占空比(亮:灭)
1	≤50	20 000	150	1:1.5
2	≤100	16 000	120	1:1.5
3	≤150	13 000	90	1:1
4	≤200	10 000	60	1:1

(2)主动发光突起路标

主动发光突起路标可在雾天低能见度条件下清晰描绘车辆行驶路线轮廓。

①应用于基本路段时，可按 15m 间距布设，如图 6-4 所示。

②应用于匝道互通时，应加密布设，匝道可以按照10m间距布设，出入口三角区位置可加密至3～6m间距布设，如图6-5所示。

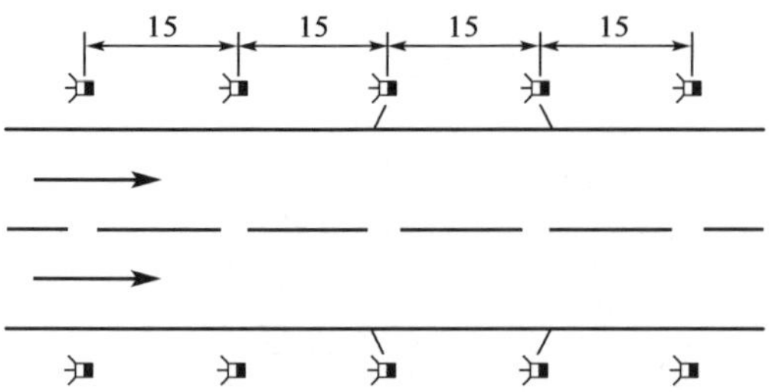

图6-4　路段布设示意图（尺寸单位：m）

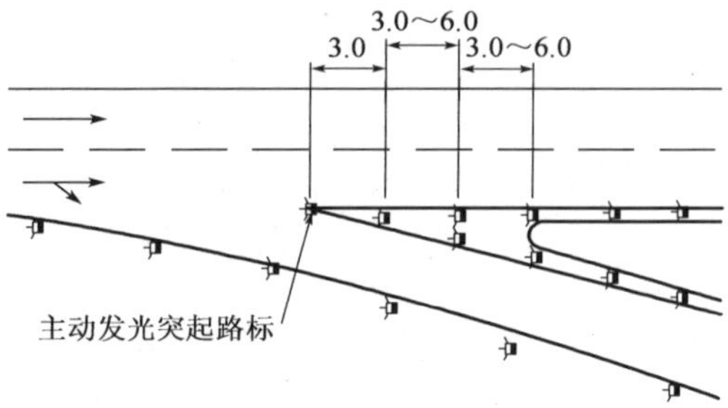

图6-5　出口匝道布设示意图（尺寸单位：m）

③主动发光突起路标应保持同步闪烁。视情况，基本路段的主动发光突起路标可加密至10m间距布设。主动发光突起路标通常布设在车道边缘线位置，对于多车道（单方向大于2车道）公路，且冬季降雪少或非降雪的地区，视情况考虑在车道分界线处设置主动发光突起路标。边缘线、车道分界线处设置的主动发光突起路标应尽量保证其横向处于一条线上，以使其具有更好的视觉诱导效果。

（3）主动发光轮廓标

主动发光轮廓标与传统逆反射原理的轮廓标相比，具有良好的视认性，可见距离大于300m，在大雾等低能见度条件下可以清晰显示公路边缘位置。应用于大雾频发路段时，设置于多雾路段公路两侧，布设间距依据本路段设计时速确定，主动发光轮廓标应保持同步闪烁。建议布设原则如下：

①应用于多雾路段公路两侧，布设间距一般可采用32m或24m。

②多雾路段的曲线段处，主动发光轮廓标布设间距如表6-4所示。

主动发光轮廓标布设间距表　　表6-4

曲线半径（m）	＜274	275～374	375～999	＞1 000
布设间距（m）	12	16	24	32

（4）太阳能警示灯

高速公路上常用的警示灯有太阳能黄色警示灯和蓝黄爆闪灯，如图6-6所示。

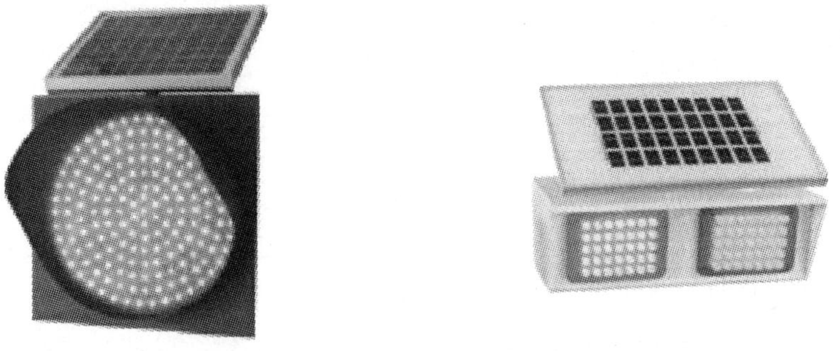

图6-6　常见太阳能黄色警示灯和蓝黄爆闪灯

太阳能警示灯可用于弯道、出入口匝道三角区、隧道入口前、事故频发路段等危险路段，用于警示驾驶人谨慎驾驶。对于大雾频发路段，建议在出口三角区按照大约 50m 间距设置 3 个警示灯，提高大雾天气条件下对驶离高速公路或分流车辆的诱导作用，如图 6-7 所示。

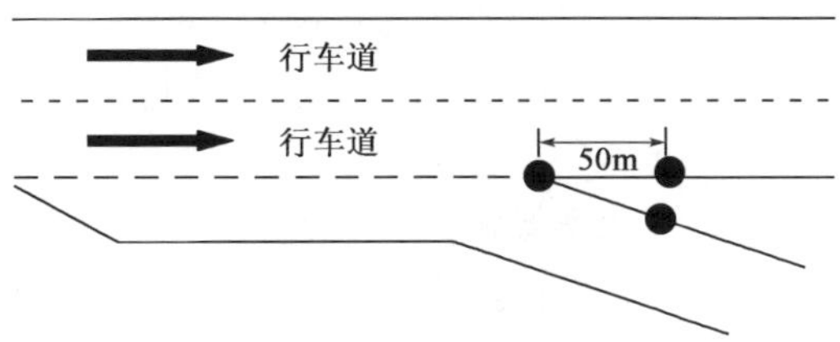

图 6-7　出口三角区警示灯设置方案

在大雾频发路段，可以在路侧或中央分隔带大约按照 50m 间距连续设置黄色警示灯，警示车辆谨慎慢行，这是一种低成本的雾区辅助安全保障措施，如图 6-8 所示。

图 6-8　雾区路段中央分隔带连续设置警示灯实例

(5)LED 发光标志牌

LED 发光标志牌由 LED 发光二极管组成标志图案，标志明亮醒目，可视距离大于 1km，为新一代交通安全设施产品，可提高标志在低能见度等恶劣气象条件下的视认性。建议布设原则如下：

①LED 固定式发光电子标志，通常设置在雾区的服务区、停车区入口上游适当位置(图 6-9)，用于在恶劣气象条件下提高视认性，更好地引导车流。

图 6-9　LED 发光电子标志应用示意图

②对于大雾频发的雾区路段，也可以考虑在雾区上游 2km 左右位置设置此类型的雾区专用标志。没有雾时，该标志处于关闭状态。此类标志与可变情报板相比价格要低很多。

(6)雾区智能诱导设施

雾区智能诱导设施，实质上是通过控制器采用特定的通信方式与控制策略将上述主动发光突起路标、轮廓标、雾灯，以及外场雾情检测设备、外场交通流检测设备等集成在一起的智能化系统。智能诱导设施中的主动发光设施可参考上述分类设施布设的有关原则和要求，布设间距一般为 10～30m。雾区智能诱导设施应具备以下特征：

①系统应具备外场手动控制、监控中心自动控制和人工干预控制等控制方式，满足不同情况下的控制需求。

②系统主动发光设施可独立工作、独立控制，互不干扰。

③系统主动发光设施在工作时应保持闪烁频率同步。

④系统主动发光设施的亮度和频闪可根据具体交通和能见度情况调节。

⑤系统具有气象环境检测器，至少应具备能见度检测设备。

⑥系统应具备与交通流检测设备数据接入的能力。

⑦系统应具备公路轮廓增强、主动发光诱导、追尾防撞警示等多种诱导策略，可根据环境照度、能见度状况和交通状况等参数采取适合引导的策略。

图 6-10 为雾天低能见度引导控制系统构成示意图，图 6-11 为雾天低能见度引导控制系统效果示意图。

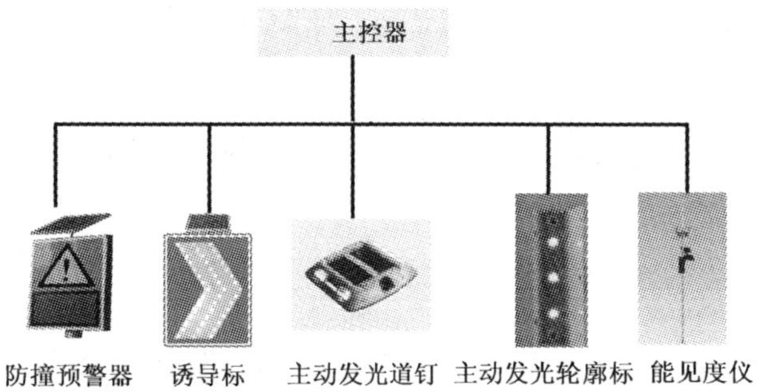

图 6-10　雾天低能见度引导控制系统构成示意图

图 6-11　雾天低能见度引导控制系统效果示意图

5)自动防止结冰设施

公路防结冰融雪剂自动喷洒系统是一套具有气象监测预警、融雪剂精确喷洒等功能的、可远程操控的、系统集成和自动化程度高的自动防止路面/桥面结冰设施。系统利用外场站监测路面冰雪状况、路面温度、融雪剂浓度，甚至真实的结冰温度点等数据，来控制在路上喷洒融雪剂的数量，使其喷洒量始终保持不多不少，这样既能使路面始终保持不结冰状态，同时还减少了过量使用融雪剂的成本浪费和对环境的污染。安装了这套系统就像在现场驻守了专业的公路维护人员，全天 24h 实时监测路面状况，第一时间对危险的结冰路面/桥面进行维护。系统一般设置在风口、通公路段、大型桥梁上或附近，或海拔较高且降水或湿度大的易结冰路段，控制软件安装于公路监控分中心。

融雪剂喷洒系统应用情景见图 6-12。

图 6-12　融雪剂喷洒系统应用情景

二、公路恶劣气象条件的预报与预警

多年的公路安全保障工作实践证明，准确的气象预报是公路部门应对恶劣气象影响过程中最希望获取的信息。但是公路是一种带状构造物，跨越的范围很广，而且区域性的宏观和中观气象预报对公路恶劣气象条件下的交通安全保障意义不大。公路管理部门更需要的是准确的微观小气候环境的预报，目前在实践中仍然难以达到这一要求。

国家道路安全行动计划中，依托贯通南北的北京至珠海国家主干线，对低能见度和路面凝冰两种气象条件的预报进行了研究。

1. 低能见度雾预报技术

1）高速公路沿线雾的时空特征

研究中利用京珠高速公路沿线 33 个气象观测站点 2003～2009 年（含部分 2002 年和 2010 年数据）的完整观测资料，分析雾的时空特征规律（图 6-13、图 6-14）。主要规律如下：

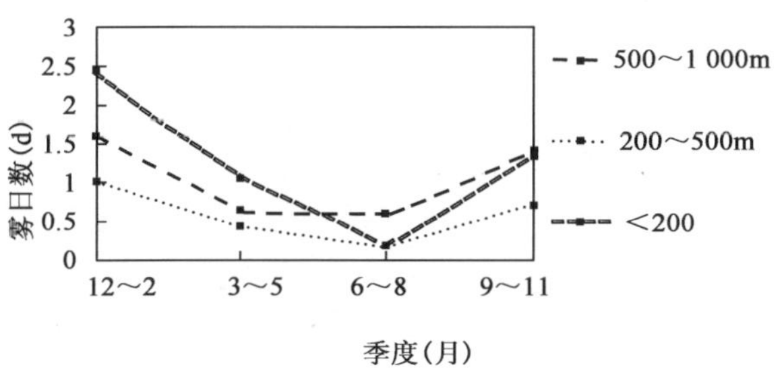

图 6-13　2002 年 12 月～2010 年 2 月雾日数的季节变化曲线

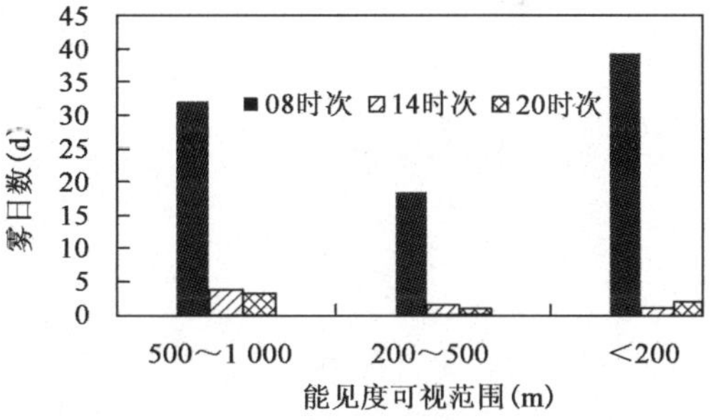

图 6-14　2002 年 9 月～2010 年 3 月雾日数的日变化曲线

（1）冬季低能见度出现的频次最多，秋季次之，夏季出现低能见度的天数最少。

（2）早晨出现雾的频率最高，下午和夜间出现雾的几率最小。

（3）京珠高速沿线河南省和湖北省境内雾出现的频次高于湖南省和广东省（图 6-15、图 6-16）。

2）京珠高速公路沿线雾的气象条件分析研究

以京珠高速公路沿线能见度低于 1km 的“雾”为样本，分析相对湿度、温度、风速、云量等气象要素与雾的相关关系。主要结论如下：

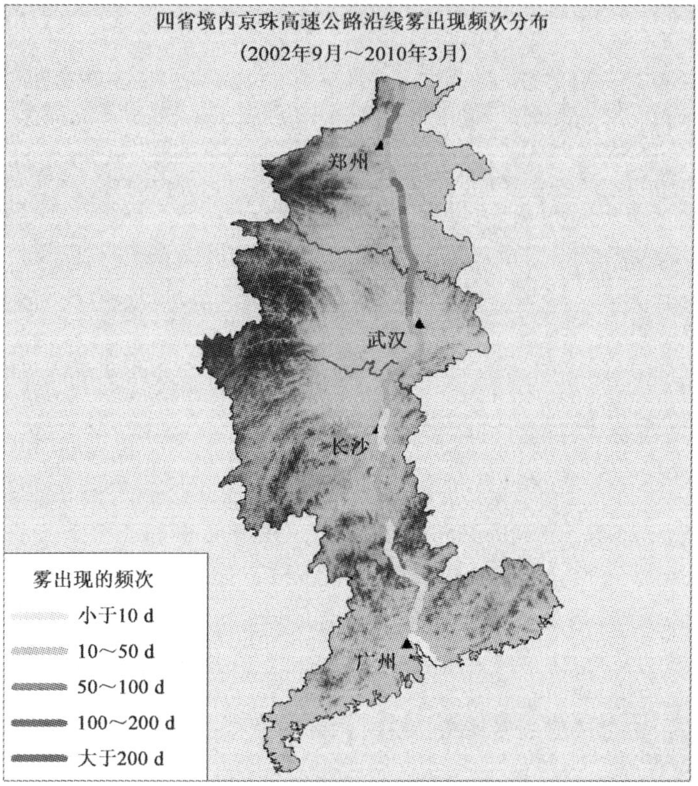

图 6-15　京珠高速公路沿线雾出现频次统计图

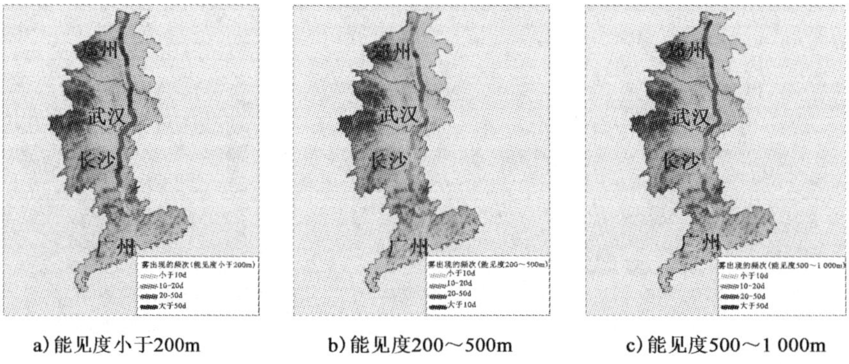

图 6-16　京珠高速公路沿线不同能见度雾出现频次统计图

①高湿(相对湿度大于 80%)是形成雾的最重要的因子之一,尤其当相对湿度在 90%～100%时,雾出现的频率为 91.7%(图 6-17)。

②雾形成的有利条件为温度在－2～4℃之间(图 6-18),静风或微风(图 6-19),晴空少云有利于辐射雾的形成,云量较大和空气层结稳定有利于平流雾的形成和维持。

③随着前一日能见度的增加,雾的出现频率有下降的趋势,但是两者之间并不是简单的线性相关关系。前一日能见度为 0～1km 时,第二天雾的出现频率为 21%。

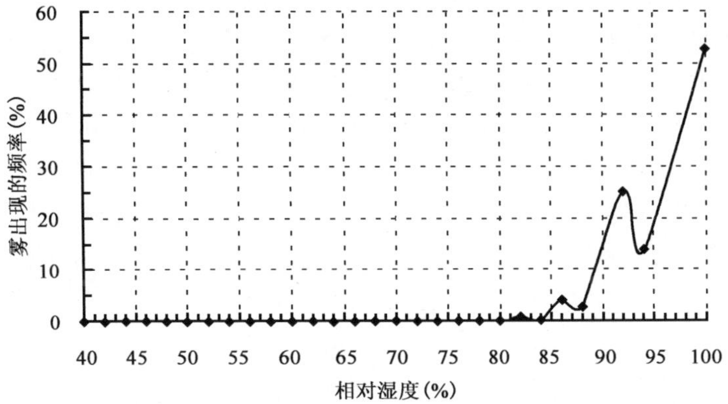

图 6-17　相对湿度与雾出现频率的关系图

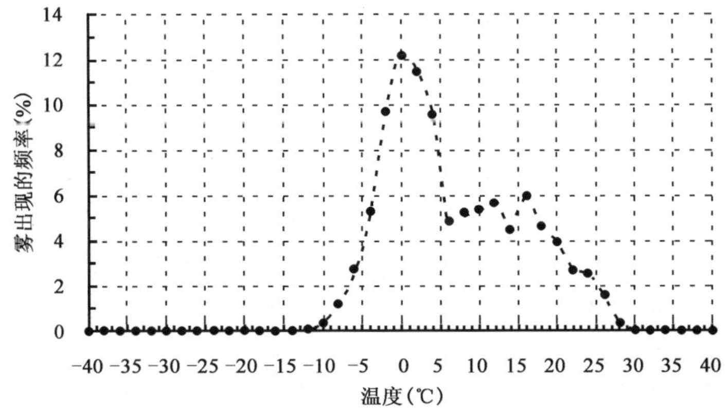

图 6-18　温度与雾出现频率的关系图

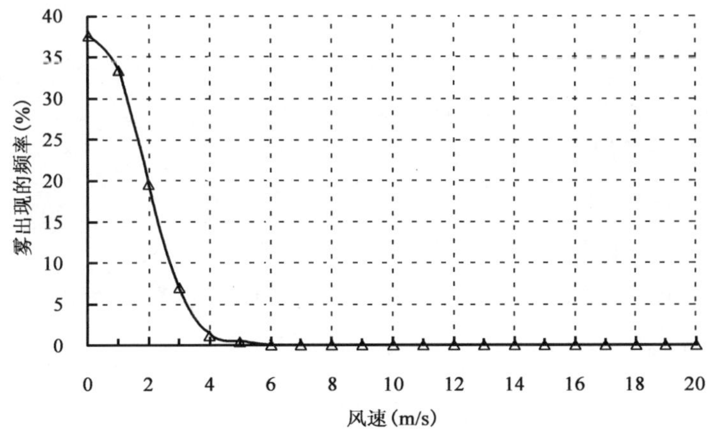

图 6-19　风速与雾出现频率的关系图

3)低能见度雾预报模型简介

气象部门用于大雾预报的模型有很多,研究中通过分析,认为基于人工神经网络的低能见度雾预报模型是比较符合公路交通安全保障需要的预报模型。

研究中利用遗传算法和神经网络建立公路能见度预测的非线性模型，采用附加动量法和自适应学习速率对BP(Back-propagation)神经网络进行改进，遗传算法用于优化神经网络的初始权重，构建能见度预测神经网络智能模型。其建模过程包括：数据规范化处理、模型训练样本挑选、模型最优输入模式、网络拓扑结构选择、参数估计和模型检验。

对建立起的低能见度(雾，≤1km)预测BP神经网络模型，以前一日的相对湿度、风速、温度及能见度与当日的相对湿度、风速、温度等7个低能见度雾高影响因子作为网络的输入，对京珠高速公路沿线气象站2002～2010年的样本数据进行网络构建与验证，前2/3样本用来建模，后1/3样本用来验证。将低能见度(雾)等级划分为：0～0.2km，1级；0.201～0.5km，2级；0.501～1km，3级；>1km，4级。检验方法见表6-5。

低能见度检验方法　　表6-5

预报＼实况	500～1 000m	200～500m	200m以下
500～1 000m	true	false	false
200～500m	false	true	false
200m以下	false	false	true

$$总体准确率=预报准确样本数/样本总数\times 100\%$$

整体检验合格率达到80.9%。其中能见度达三级(0.501～1km)的检验结果最好，合格率达到87.0%；能见度达二级(0.201～0.5km)的检验结果次之，合格率达到83.3%；能见度达一级(0～0.2km)的检验结果最差，合格率达到73.3%。

目前预报模型在准确程度上仍然需要开展进一步工作，图6-20为京珠高速公路沿线气象站点低能见度具体预报结果示意图。从图上可以看出，神经网络客观预报模型对能见度500～1 000m的雾预报效果甚佳，主要由于低能见度500～1 000m的雾样本较多，通过神经网络训练后得到的网络能够较好地反映低能见度雾(500～1 000m)形成的非线性成因。而由于小于500m的低能见度雾样本较少，通过神经网络训练后得到的网络还不能够较好地反映其形成的非线性成因。为了提高小于500m的低能见度雾的预报效果，需要进一步的积累典型样本个例，增强网络性能，提高预报准确率。

2.路面温度与状态预报技术

1)路面温度预报技术研究

在国内外相关能量平衡研究的基础上，建立了京珠高速公路沿线路面温度模型。地表热量平衡方程为：

$$G(t)=(1-A_s)S\downarrow+L\downarrow-L\uparrow-H-V \tag{6-1}$$

式中：$G(t)$——t时刻路面所储存的热量；

$S\downarrow$——太阳短波辐射(当太阳高度角≤0°时，$S\downarrow=0$)；

A_s——沥青路面反照率；

$L\downarrow-L\uparrow$——地面接受的净长波辐射；

H——感热通量；

V——潜热通量。

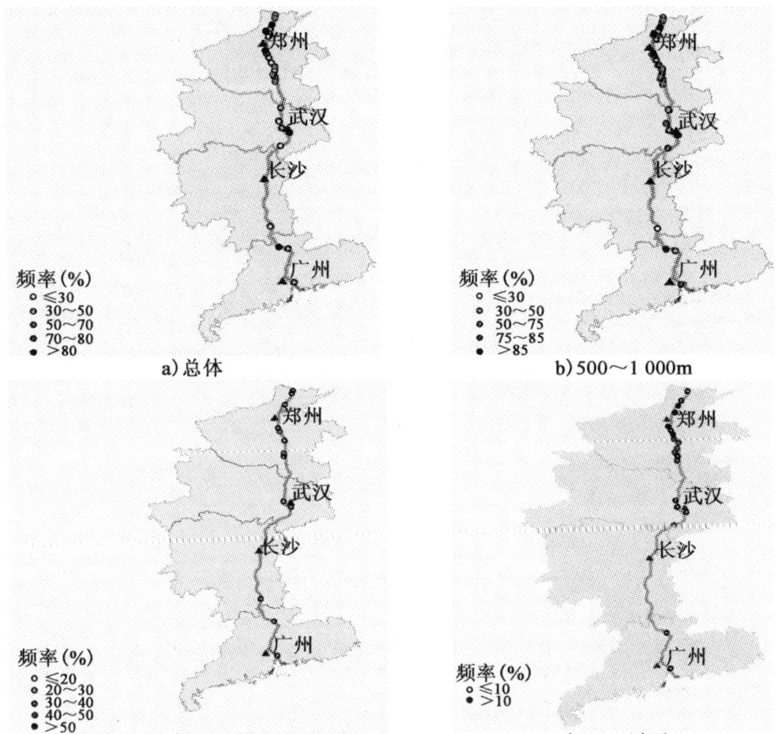

a)总体　b)500～1 000m　c)200～500m　d)200m以下

图 6-20　京珠高速公路沿线气象站点低能见度具体预报结果示意图

根据热传导方程，t 时刻单位质量的路面温度 $T_s(t)$ 与 $G(t)$ 之间的关系为：

$$\frac{\partial T_S(t)}{\partial t}=\frac{1}{C_{\mathrm{pd}}}\frac{\partial G(t)}{\partial t} \tag{6-2}$$

式中：C_{pd}——公路的比热，由公路材质决定（沥青路面的比热为 1.17×103J/kg）。

求出 t 时刻路面储存的热量 $G(t)$ 后，进行差分，取 Δt 为 1h，代入 t 时刻的实测资料，即可得到 $t+1$ 时刻的路面温度。

利用沪宁高速梅村站及京珠高速沿线 19 个气象站的路面温度数据和地表温度数据（图 6-21～图 6-24），对基于能量辐射平衡方程的路面温度模型进行了相关检验，主要得出以下结论：

(1)路面温度模型模拟的路面温度（地表温度）与实况路面温度变化趋势比较吻合，模拟误差在±3℃内的频率比较高，大多达 70%以上，模拟性能良好，在路面温度（地表温度）预报上具有很好的应用价值。

(2)模型在冬半年的预报效果好于夏半年，模型在阴雨天的预报效果相对较差。

(3)云的存在对地面获取的太阳辐射影响很大，为进一步提高预报精度，需要在模型中更加细化云（云量和云的高低）的影响。

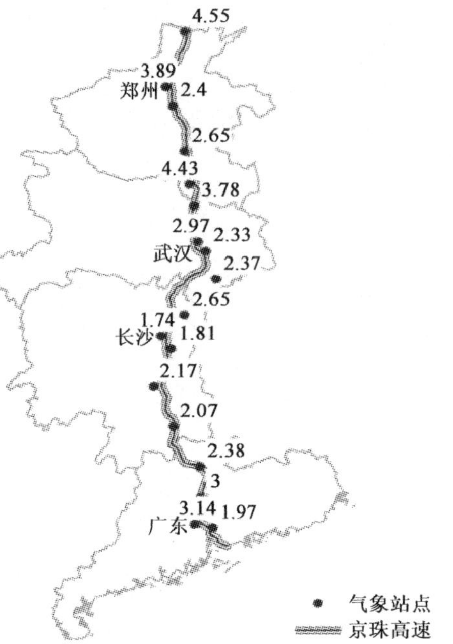

图 6-21　2011 年 1 月 6 日～2011 年 2 月 28 日京珠高速试验站点地表温度平均绝对误差(单位:℃)

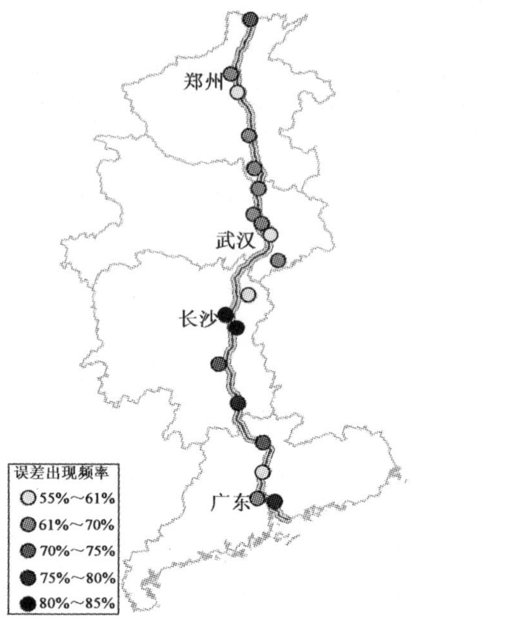

图 6-22　2011 年 1 月 6 日～2011 年 2 月 28 日京珠高速试验站点地表温度误差±3℃内出现频率

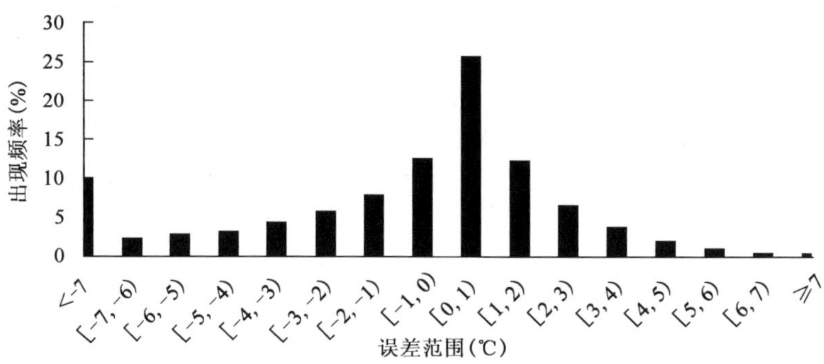

图 6-23　2011 年 1 月 6 日～2011 年 2 月 28 日京珠高速试验站点平均误差出现频率

2)路面状态预报技术研究

根据天气变化,将路面状况分为干燥、潮湿、积水和冰雪四类。通过对国内外路面状态预报技术方法的分析,根据路面状态的气象要素影响分析,基于现有的路面监测信息和气象模式要素预报,选定 T639 模式输出的降水预报和利用统计分析方法建立的路面温度预报作为预报因子,建立人工订正(结合天气和路面实况分析)的基于数值模式的客观化路面状态预报模型(时效为 24h,每 3h 间隔)。

(1)人工订正的客观化路面状态预报技术方案结构图(图 6-25)

降水和路面温度是影响路面状况的两个重要因素,将其作为该模型的预报因子,根据降水的量级和路面温度定量预报,建立当前时次的路面状况预报模型,结合上一时次路面状况预报结果,得到当前时次路面状况客观化预报结果,预报员通过对天气实况和路面实况的分析,对预报结果进行人工订正，制作每间隔3h的24h路面状况预报产品。

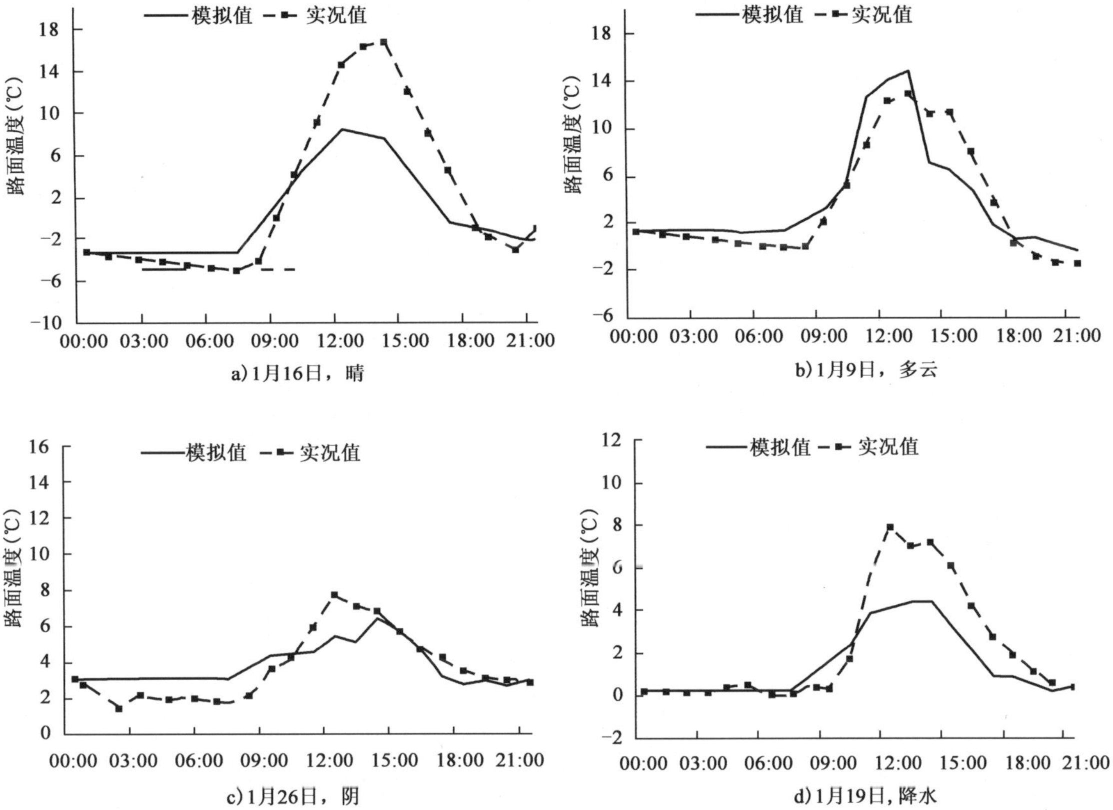

图6-24　京珠高速武汉站点不同天气状况下地表温度模拟和实况对比图

(2)当前时次路面状态预报技术方案结构图(中间结果)(图6-26)

(3)当前时次路面状态最终客观化预报结构(表6-6)

三、公路恶劣气象条件预警

为了在当前公路与气象部门合作不断深入的背景下，能够借助现有公路交通气象预报预警服务平台的基础和条件，联合发布针对较大区域路网的公路网交通气象预警服务产品，克服现有气象灾害预警信号在公路交通运输行业针对性不强的不足，需要从交通安全和运行效率两个方面建立完整的恶劣天气下公路网交通气象评价与预警方法，并提出简单、可操作性强的预警分级。公路网交通气象预警信息的发布有助于出行大众和管理部门准确掌握不利交通气象条件或是交通气象灾害情况，及时采取相应措施以减少灾害损失和缓解不利影响。

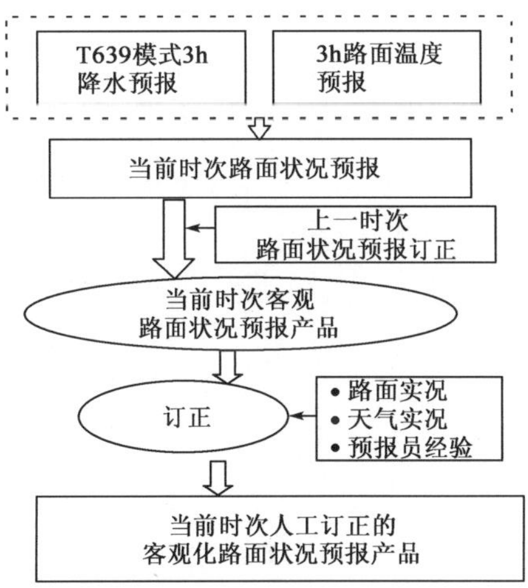

图6-25　路面状态预报技术方案结构图

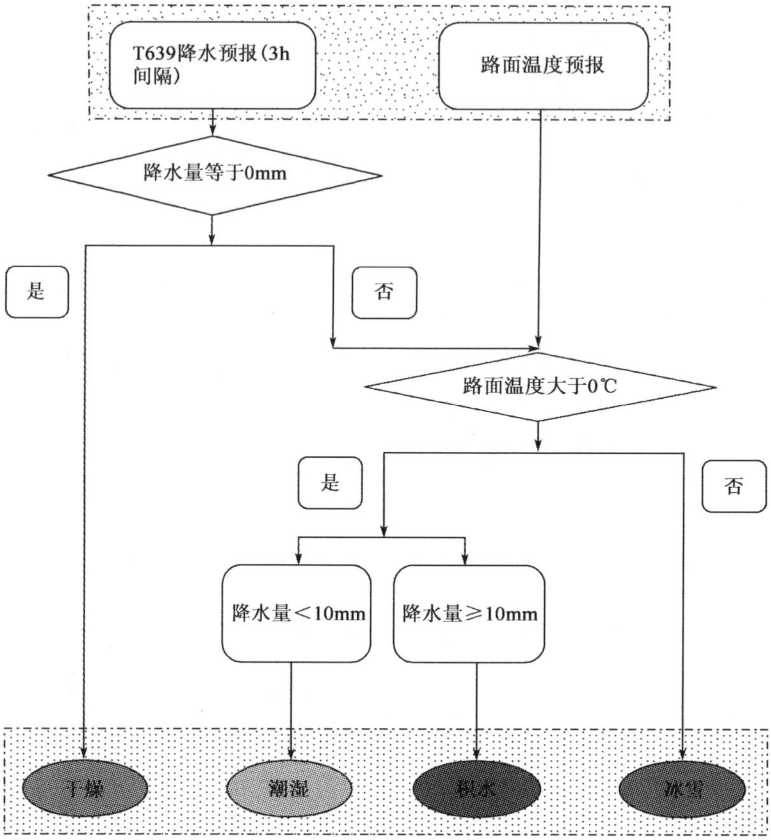

图 6-26　当前时次路面状态预报技术方案结构图

当前时次路面状态最终客观化预报结构　　表 6-6

<table>
<tr><th colspan="2" rowspan="2">当前时次路面状态
最终客观化预报结果</th><th colspan="5">上一时次路面状态预报结果</th></tr>
<tr><th>干　燥</th><th>潮　湿</th><th>积　水</th><th colspan="2">冰　雪</th></tr>
<tr><td rowspan="5">当前时次路面状态预报结果</td><td rowspan="2">干燥</td><td rowspan="2">干燥</td><td rowspan="2">干燥</td><td rowspan="2">潮湿</td><td>地温>0℃</td><td>地温≤0℃</td></tr>
<tr><td>潮湿</td><td>冰雪</td></tr>
<tr><td>潮湿</td><td>潮湿</td><td>潮湿</td><td>积水</td><td colspan="2">积水</td></tr>
<tr><td>积水</td><td>积水</td><td>积水</td><td>积水</td><td colspan="2">积水</td></tr>
<tr><td>冰雪</td><td>冰雪</td><td>冰雪</td><td>冰雪</td><td colspan="2">冰雪</td></tr>
</table>

1. 雾天公路通行条件预警技术

1)预警指标体系

(1)体系框架(图 6-27)

(2)指标描述或范围

①雾情描述。

雾情描述(A_1)分为以下三类：

a. A_{11}:2h 内可能出现能见度小于 50m 的雾，或者已经出现能见度小于 50m 的雾并将持续；

b. A_{12}：6h 内可能出现能见度小于 200m 的雾，或者已经出现能见度小于 200m 且大于等于 50m 的雾并将持续；

c. A_{13}：12h 内可能出现能见度小于 500m 的雾，或者已经出现能见度小于 500m 且大于等于 200m 的雾并将持续。

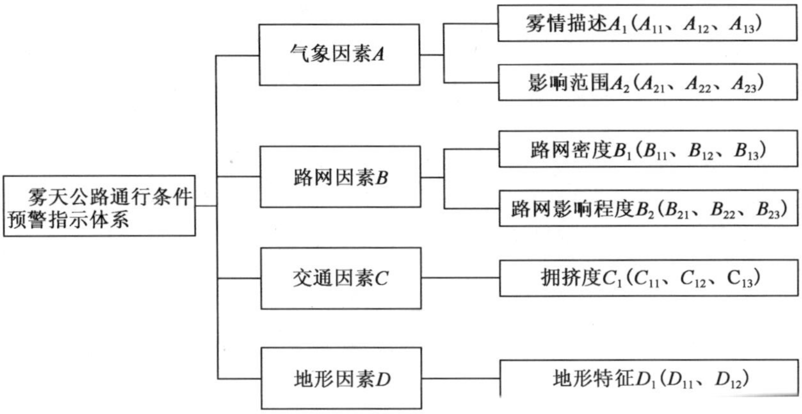

图 6-27　雾天公路通行条件预警指标体系

②影响范围。

影响范围(A_2)分为以下三类：

a. A_{21}：在同一次能见度小于 500m 的雾天气过程中，四个或四个以上的省(区、市)或区域同时出现雾；

b. A_{22}：在同一次能见度小于 500m 的雾天气过程中，两个或两个以上相邻的省(区、市)或区域同时出现雾；

c. A_{23}：在同一次能见度小于 500m 的雾天气过程中，三个或三个以下不相邻的省(区、市)或区域同时出现雾。

③路网密度。

将路网密度(B_1)进行累计分布计算，按照 100%、60%、30%分为三类，分别为 B_{11}、B_{12}、B_{13}，如表 6-7 所示。

路网密度指标在各等级的阈值界定　　表 6-7

二级指标	B_{11}	B_{12}	B_{13}
路网密度 B_1(km/100km^2)	$B_1 \geqslant 10.96$	$4.36 \leqslant B_1 < 10.96$	$B_1 < 4.36$

④路网影响程度。

路网影响程度(B_2)是指受雾影响区域内不同等级公路受影响的综合比例。可由式(6-3)计算：

$$B_2 = \sum_{i=1}^{3}\left(W_i \times \frac{l_i}{L_i}\right) \tag{6-3}$$

式中：B_2——路网影响程度；

W_i——第 i 等级公路的权重系数；

l_i——受影响区域内第 i 等级公路受影响里程，km；

L_i——受影响区域内第 i 等级公路总里程，km；

i——公路等级，1、2、3 分别表示高速公路、一级公路和二级公路。

《公路工程技术标准》(JTG B01—2003)规定的各类公路能适应的年平均日交通量(通行能力)如表 6-8 所示，计算各等级公路的权重系数 W_i。

各等级公路权重系数 W_i 表 6-8

公路等级	高速四车道	一级公路四车道	二级公路
适应交通量(pcu/d)	55 000	30 000	15 000
权重系数 W_i	0.55	0.3	0.15

将路网影响程度(B_2)计算结果按 4∶3∶3分为三类，分别为 B_{11}、B_{12}、B_{13}，如表 6-9 所示。

路网影响程度指标在各等级的阈值界定 表 6-9

二级指标	B_{21}	B_{22}	B_{23}
路网影响程度 B_2	$0.6 \leqslant B_2 \leqslant 1$	$0.3 \leqslant B_2 < 0.6$	$0 \leqslant B_2 < 0.3$

⑤拥挤度。

根据《2009 年国家干线公路交通情况分析报告》中各省(区、市)国道、国家高速公路、一般国道、高速公路交通量分析表，计算各省(区、市)相应公路的拥挤度，得到拥挤度指标 C_1 范围为 0～1.043。将拥挤度 C_1 按 4∶3∶3分为三类，分别为 C_{11}、C_{12}、C_{13}，如表 6-10 所示。

拥挤度指标在各等级的阈值界定 表 6-10

二级指标	C_{11}	C_{12}	C_{13}
拥挤度 C_1	$0.6 \leqslant C_1 \leqslant 1.043$	$0.3 \leqslant C_1 < 0.6$	$0 \leqslant C_1 < 0.3$

⑥地形(D_1)。

地形(D_1)分为两类，D_{11}：山岭重丘；D_{12}：平原微丘。

2)预警综合指数计算

预警综合指数是雾天公路通行条件预警的重要指标。用于雾天公路通行条件预警分级的阈值判定，反映雾天对公路网的影响状况。

将二级指标分别乘以权重系数后求和，作为雾天公路通行条件预警综合指数。可由式(6-4)计算：

$$H = \sum_{i=1}^{2}\sum_{j=1}^{3}(a_i A_{ij} + b_i B_{ij}) + \sum_{j=1}^{3} c_1 C_{1j} + \sum_{j=1}^{2} d_1 D_{1j} \tag{6-4}$$

式中：H——雾天公路通行条件预警综合指数；

A_{11}、A_{12}、A_{13}——雾情描述指标值；

A_{21}、A_{22}、A_{23}——影响范围指标值；

B_{11}、B_{12}、B_{13}——路网密度指标值；

B_{21}、B_{22}、B_{23}——路网影响程度指标值；

C_{11}、C_{12}、C_{13}——拥挤度指标值；

D_{11}、D_{12}——地形特征指标值；

a_1、a_2、b_1、b_2、c_1、d_1——指标权重。

采用专家评判法对雾天公路通行条件预警各项指标赋权赋值，将其平均值作为该指标的权重系数和指标值，见表6-11。

根据上述确定的各项预警指标描述和范围，对应表6-11中的各指标权重和指标值，计算预警综合指数，再根据表6-12，确定雾天公路通行条件预警等级。

雾天公路通行条件预警指标权重及指标值　　表6-11

指标权重	a_1	0.246	a_2	0.164	b_1	0.112	b_2	0.168	c_1	0.24	d_1	0.07
指标值	A_{11}	10	A_{21}	10	B_{11}	10	B_{21}	10	C_{11}	10	D_{11}	10
	A_{12}	6	A_{22}	6	B_{12}	6	B_{22}	6	C_{12}	6	D_{12}	6
	A_{13}	3	A_{23}	3	B_{13}	3	B_{23}	3	C_{13}	3	—	—

注：若某次雾天气过程同时达到两种以上情况时，以最高分值为准。

3）雾天公路通行条件预警分级

根据雾情和影响范围，结合路网、交通和地形因素，雾天公路通行条件预警按由强至弱分为以下三个等级，见表6-12。

雾天公路通行条件预警分级　　表6-12

预警等级	预警综合指数(H)	预警颜色	状况描述
一级	$6<H\leqslant10$	红色	雾天对公路网运行造成特别严重影响
二级	$3<H\leqslant6$	橙色	雾天对公路网运行造成严重影响
三级	$0<H\leqslant3$	黄色	雾天对公路网运行造成较重影响

2. 雪天公路通行条件预警技术

1）预警指标体系

（1）体系框架

冰雪天气公路通行条件预警指标体系见图6-28。

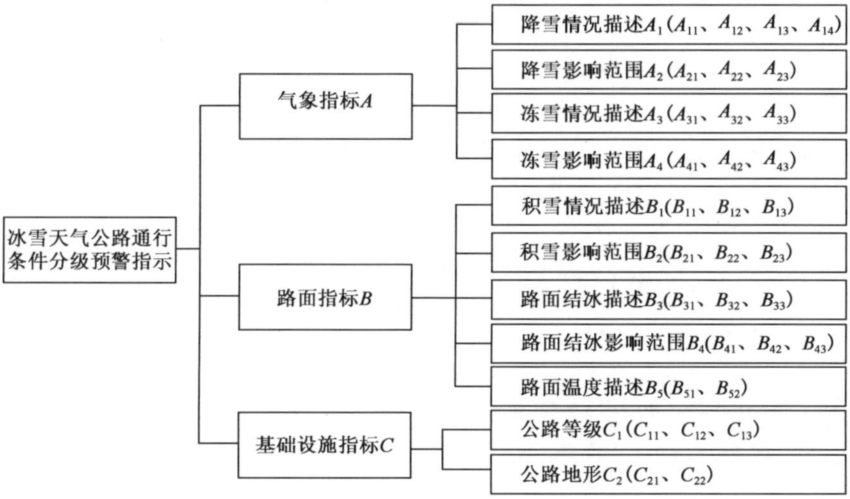

图6-28　冰雪天气公路通行条件预警指标体系

(2)指标描述与范围

①降雪情况描述。

降雪情况描述(A_1)分为以下四种。

a. A_{11}:暴雪,12h 降水量不小于 6.0mm 或 24h 降水量不小于 10.0mm;

b. A_{12}:大雪,12h 降水量将达 3.0~5.9mm 或 24h 降水量将达 5.0~9.9mm;

c. A_{13}:中雪,12h 降水量将达 1.0~2.9mm 或 24h 降水量将达 2.5~4.9mm;

d. A_{14}:小雪或雨夹雪,12h 降水量将达 0.1~0.9mm 或 24h 降水量将达 0.1~2.4mm。

②降雪影响范围指标。

降雪影响范围指标 A_2 分为以下三种。

a. A_{21}:在同一次出现降雪过程中,四个或四个以上的相邻省(区、市)或区域同时出现大范围降雪;

b. A_{22}:在同一次出现降雪过程中,两个或两个以上相邻的省(区、市)或区域同时出现大范围降雪;

c. A_{23}:在同一次出现降雪过程中,三个或三个以下不相邻的省(区、市)或区域同时出现大范围降雪。

③冻雨情况描述。

冻雨情况描述 A_3 分为以下三种。

a. A_{31}:重级冻雨,冻雨过程持续 7d 以上;

b. A_{32}:中级冻雨,冻雨过程持续 4~6d;

c. A_{33}:轻级冻雨,冻雨过程持续 1~3d。

④冻雨影响范围指标。

冻雨影响范围指标 A_4 分为以下三种。

a. A_{41}:在同一次出现冻雨过程中,四个或四个以上的相邻省(区、市)或区域同时出现大范围冻雨;

b. A_{42}:在同一次出现冻雨过程中,两个或两个以上相邻的省(区、市)或区域同时出现大范围冻雨;

c. A_{43}:在同一次出现冻雨过程中,三个或三个以下不相邻的省(区、市)或区域同时出现大范围冻雨。

⑤积雪情况描述指标。

积雪情况描述指标 B_1 分为以下三种。

a. B_{11}:特重级积雪,路面积雪深度不小于 5.0cm;

b. B_{12}:重级积雪,路面积雪深度 3.0~4.9cm;

c. B_{13}:中级积雪,路面积雪深度 1.0~2.9cm。

⑥积雪影响范围指标。

积雪影响范围指标 B_2 分为以下三种。

a. B_{21}:在同一次出现积雪过程中,四个或四个以上的相邻省(区、市)或区域同时出现大范围积雪;

b. B_{22}:在同一次出现积雪过程中,两个或两个以上相邻的省(区、市)或区域同时出现大范围积雪；

c. B_{23}：在同一次出现积雪过程中，三个或三个以下不相邻的省（区、市）或区域同时出现大范围积雪。

⑦路面结冰情况描述指标。

路面结冰情况描述指标 B_3 分为以下三种。

a. B_{31}：路表温度低于 0℃，出现降水，2h 内可能出现或者已经出现对交通有很大影响的公路结冰；

b. B_{32}：路表温度低于 0℃，出现降水，6h 内可能出现对交通有较大影响的公路结冰；

c. B_{33}：路表温度低于 0℃，出现降水，12h 内可能出现对交通有影响的公路结冰。

⑧路面结冰影响范围指标。

路面结冰影响范围指标 B_4 分为以下三种。

a. B_{41}：在同一次出现路面结冰过程中，四个或四个以上的相邻省（区、市）或区域同时出现大范围路面结冰；

b. B_{42}：在同一次出现路面结冰过程中，两个或两个以上相邻的省（区、市）或区域同时出现大范围路面结冰；

c. B_{43}：在同一次出现路面结冰过程中，三个或三个以下不相邻的省（区、市）或区域同时出现大范围路面结冰。

⑨路面温度指标。

路面温度指标 B_5 分为以下两种。

a. B_{51}：路面温度低于或者等于冰点温度；

b. B_{52}：路面温度高于冰点温度。

⑩公路等级。

公路等级 C_1 分为以下三种。

a. C_{11}：高速公路；

b. C_{12}：一级公路；

c. C_{13}：二级公路。

⑪公路地形。

公路地形 C_2 分为以下两种。

a. C_{21}：山岭重丘区；

b. C_{22}：平原微丘区。

2）预警综合指数计算

预警综合指数冰雪天气公路通行条件预警的重要指标，用于冰雪天气公路通行条件预警分级的阈值判定，反映冰雪天气对公路网的影响状况。

将 33 个二级指标分别乘以权重系数后求和，作为冰雪天气公路通行条件预警综合指数。由于降雪与冻雨天气现象不同时发生，因此，预警综合指数计算分为降雪和冻雨两个公式计算。

（1）降雪情况

$$H_s = \sum_{j_1=1}^{4} a_1 A_{1j_1} + \sum_{j_2=1}^{3} a_2 A_{2j_2} + \sum_{i_3=1}^{4}\sum_{j_3=1}^{3} (b_{i_3} B_{i_3 j_3}) + \sum_{j_4=1}^{2} b_5 B_{5j_4} + \sum_{j_5=1}^{3} c_1 C_{1j_5} + \sum_{j_6=1}^{2} c_2 C_{2j_6} \tag{6-5}$$

(2)冻雨情况

$$H_{fr} = \sum_{i_1=3}^{4}\sum_{j_1=1}^{3} (a_{i_1} A_{i_1 j_1}) + \sum_{i_4=3}^{4}\sum_{j_3=1}^{3} (b_{i_3} B_{i_3 j_3}) + \sum_{j_4=1}^{2} b_5 B_{5j_4} + \sum_{j_5=1}^{3} c_1 C_{1j_5} + \sum_{j_6=1}^{2} c_2 C_{2j_6} \tag{6-6}$$

式中：H_s——降雪天气公路通行条件预警综合指数；

H_{fr}——冻雨天气公路通行条件预警综合指数；

A_{11}、A_{12}、A_{13}、A_{14}——降雪情况描述指标值；

A_{21}、A_{22}、A_{23}——降雪影响范围指标值；

A_{31}、A_{32}、A_{33}——冻雨情况描述指标值；

A_{41}、A_{42}、A_{43}——冻雨影响范围指标值；

B_{11}、B_{12}、B_{13}——积雪情况描述指标值；

B_{21}、B_{22}、B_{23}——积雪影响范围指标值；

B_{31}、B_{32}、B_{33}——路面结冰情况描述指标值；

B_{41}、B_{42}、B_{43}——路面结冰影响范围指标值；

B_{51}、B_{52}——路面温度指标值；

C_{11}、C_{12}、C_{13}——公路等级指标值；

C_{21}、C_{22}——公路地形指标值；

a_1、a_2、a_3、a_4、b_1、b_2、b_3、b_4、b_5、c_1、c_2——指标权重。

降雪指标、降雪路面结冰指标、积雪指标和路面温度指标参考历史交通数据确定权重系数，而降雪影响范围、冻雨情况、冻雨影响范围、积雪影响范围、路面结冰影响范围、公路等级和公路地形指标采用专家评判法对各项指标赋值，将其平均值作为该指标的权重系数和指标值，见表 6-13 和表 6-14。

降雪天气公路通行条件预警指标权重及指标值 表 6-13

指标权重	a_1	0.12	a_2	0.11	b_1	0.19	b_2	0.11	b_3	0.27	b_4	0.11	b_5	0.03	c_1	0.03	c_2	0.03
指标值	A_{11}	10	A_{21}	10	B_{11}	10	B_{21}	10	B_{31}	10	B_{41}	10	B_{51}	10	C_{11}	10	C_{21}	10
	A_{12}	6	A_{22}	6	B_{12}	6	B_{22}	6	B_{32}	6	B_{42}	6	B_{52}	6	C_{12}	6	C_{22}	6
	A_{13}	3	A_{23}	3	B_{13}	3	B_{23}	3	B_{33}	3	B_{43}	3	—	—	C_{13}	3	—	—
	A_{14}	2	—	—	—	—	—	—	—	—	—	—	—	—	—	—	—	—

注：若某次降雪天气过程同时达到两种以上情况时，以最高分值为准。

根据各项预警指标描述和范围，对应表 6-13 的各项指标权重和指标值代入公式计算降雪天气预警综合指数，对应表 6-14 的各项指标权重和指标值，计算冻雨天气预警综合指数，再根据表 6-15，确定冰雪天气公路通行条件预警等级。

由于没有考虑风的因素，如遇到暴风雪灾害特别严重情况，参照一级预警级别考虑。

冻雨天气公路通行条件预警指标权重及指标值　　表 6-14

指标权重	a_3	0.10	a_4	0.16	b_3	0.35	b_4	0.30	b_5	0.03	c_1	0.03	c_2	0.03
指标值	A_{31}	10	A_{41}	10	B_{31}	10	B_{41}	10	B_{51}	10	C_{11}	10	C_{21}	10
	A_{32}	6	A_{42}	6	B_{32}	6	B_{42}	6	B_{52}	6	C_{12}	6	C_{22}	6
	A_{33}	3	A_{43}	3	B_{33}	3	B_{43}	3	—	—	C_{13}	3	—	—
	A_{34}	2	—	—	—	—	—	—	—	—	—	—	—	—

注:若某次冻雨天气过程同时达到两种以上情况时,以最高分值为准。

3)冰雪天气公路通行条件预警分级

以对区域公路网交通安全与畅通造成影响的冰雪天气条件为对象,根据公路气象、路面状况、基础设施指标等因素,冰雪天气公路通行条件预警按由强至弱分为四个等级,见表 6-15。

冰雪天气公路通行条件预警分级　　表 6-15

预警等级	预警综合指数(H_{SF})	预警颜色	状况描述
一级	$8 \leqslant H_{SF} \leqslant 10$	红色	冰雪天气对公路网运行造成特别严重影响
二级	$6 \leqslant H_{SF} < 8$	橙色	冰雪天气对公路网运行造成严重影响
三级	$4 \leqslant H_{SF} < 6$	黄色	冰雪天气对公路网运行造成较重影响
四级	$0 < H_{SF} < 4$	蓝色	冰雪天气对公路网运行造成一般影响

第二节　恶劣气象条件下的交通安全保障技术

传统的恶劣气象条件下交通安全保障技术以信息发布和引导为主,本节重点介绍在国家道路安全行动计划中针对大雾和路面冰雪两种条件提出的安全保障技术。

一、恶劣气象条件下交通诱导设施设置方法

交通诱导设施是恶劣气象条件下最有效的安全设施,本节针对静态诱导设施和动态诱导设施探讨诱导设施的设置内容、设置方法、控制策略、诱导流程及综合应用技术等。

1. 静态诱导设施

静态诱导设施为固定不变的交通安全设施,包括标志、标线(轮廓标及突起路标)、合流诱导标和线形诱导标,采用逆反射材料制作,以固定不变的形式引导道路使用者。在恶劣气象发生路段,静态诱导设施可以通过针对恶劣气象的特定内容、改变设置间距、采用高等级的逆反射材料或与动态诱导设施相互配合来为道路使用者服务,加强恶劣气象条件下的诱导。

1)静态诱导设施分类

(1)交通标志

①特殊天气建议速度标志。用以提醒驾驶人在雨、雪、雾等视距不良的特殊天气下,以建议速度行驶。设在施画了白色半圆状车距确认线路段适当位置,如图 6-29 所示。

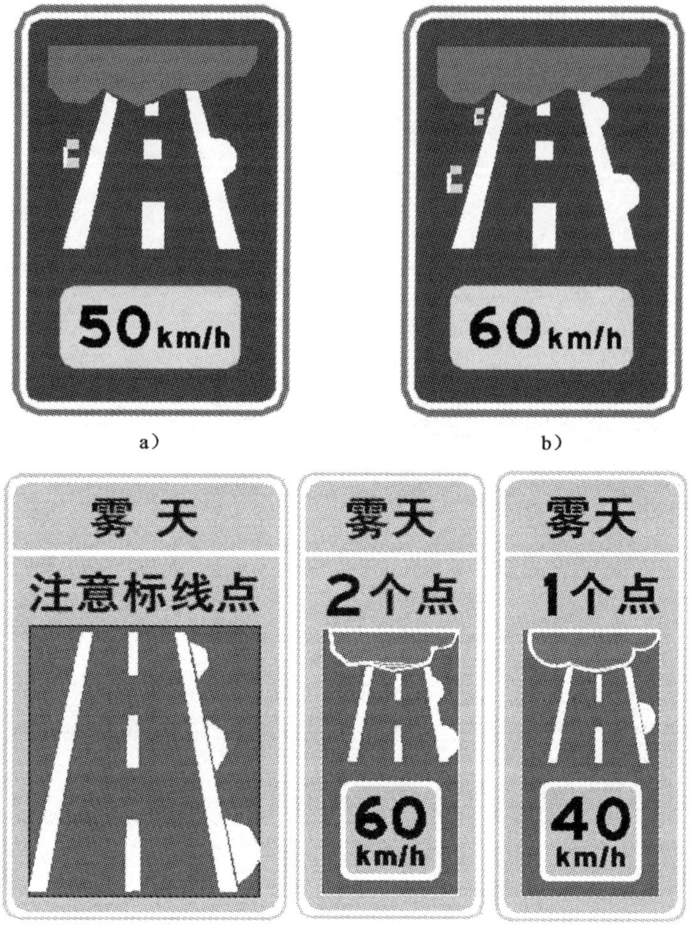

a) b)

c) d) e)

图 6-29 特殊天气建议速度标志

②易滑标志。用以促使车辆驾驶人注意慢行。在公路线形不良、视距受限制、路面摩擦系数不能满足要求、路面易于积水等路段，或在其他因车辆滑移容易引发交通事故的路段，应设易滑标志。但是影响路滑的因素很多，如路面种类、结构类型、路面磨损程度、路面干湿程度、车辆性能、行驶速度等。因此，应在综合考虑上述因素后，确认易滑是造成该路段事故隐患的主因时，可在弯道、下坡等地点前设置易滑标志。注意事项：易滑标志属临时性应急措施，在设置标志的同时，不得延缓路面修复工程和其他处理措施的实施。图 6-30 为易滑标志。

③注意横风标志。用以提醒车辆驾驶人小心驾驶。

在公路前方的高架桥、垭口或其他地段，经常有很强劲的侧向风。由于公路特殊的地理位置和环境条件，有的路段经常出现强烈的侧向风；由于季风的影响，有的路段出现季节性的侧向风等，对车辆行驶的稳定性有影响，应设注意横风标志，并可在标志下方增设“注意横风”辅助标志，如图 6-31 所示。

④限制速度标志。在需要对车辆的行驶速度进行限制的路段起点处，应设置限制速度标志。在限速路段终点处，应设置解除限制速度标志或新的限制速度标志。

⑤车距确认标志。用以帮助驾驶人确认与前车的距离。当高速公路或城市快速路两相邻立交间距大于 10km 时，在其间无其他指路标志的平直路段上可设置车距确认标志。图 6-32a)设置在平直路段的设置位置；图 b)设在图 a)后 200m 处，图 a)、b)为黄底、黑色边框、黑文字。图 c)作为确认基点设在图 b)后 200m 处，图 d)、e)在图 c)后每 50m 间隔设置。如需要，可在间隔 200m 后再设置一组车距确认标志。

相邻两个互通式立体交叉之间同一方向设置的车距确认标志不宜超过两组。

图 6-33 可配合白色折线状车距确认标线单独使用，专用于雾区路段。

图 6-30　易滑标识

图 6-31　注意横风

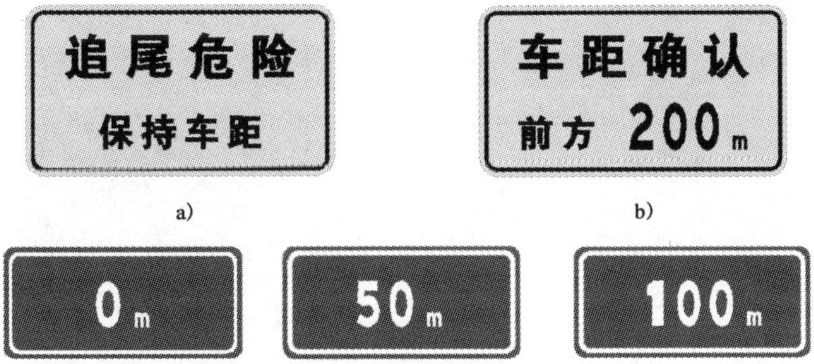

a)　　b)

c)　　d)　　e)

图 6-32　车距确认标志 1

a)　　b)

图 6-33　车距确认标志 2

⑥雾区专用交通标志。用于雾区路段预告雾区路段的位置及长度，提前告知驾乘人员已采取相应措施。图 6-34a)用于预告雾区路段的位置，图 b)用于告知驾驶人雾区路段的长度，图 c)提醒驾驶人在雾区路段应该开灯行驶，提高雾区能见度。

a)　　b)　　c)

图 6-34　雾区标志

⑦荧光高强反光标志。荧光高强反光膜具有高强亮度，可以给驾驶人更好的视线诱导。

图 6-35 所示为美国对荧光标志牌和普通交通标志视认性比较的研究数据，横坐标是驾驶人离标志牌的距离，纵坐标是识别概率，试验的天气是 100%阴天。从图中数据可以看出，在距离交通标志 120m 处，荧光黄绿标志的识别概率是普通标志的 8 倍以上，在距离交通标志 20m 处，荧光黄绿的识别概率依然高于普通标志牌 20%～40%。研究数据表明：荧光色交通标志对于安全的提升作用非常明显，极早发现和认清标志，就有充足的时间作出应变，事故发生的几率就越小。图 6-36 为荧光高强反光标志应用示例。

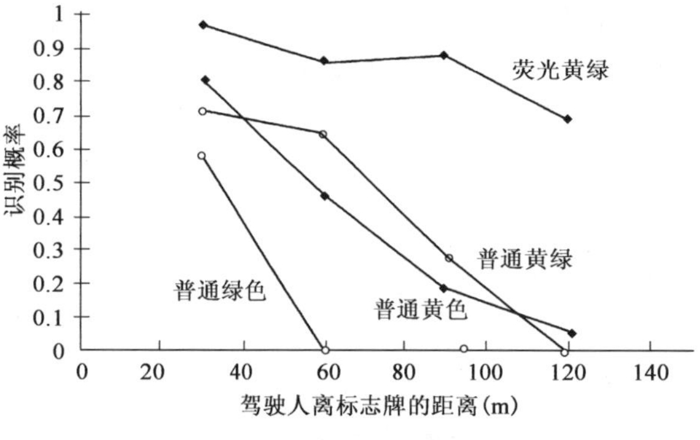

图 6-35　各种颜色的识别概率比较

图 6-36　荧光高强反光标志应用示例

(2)交通标线

道路交通标线是由施画或安装于道路上的各种线条、箭头、文字、图案及立面标记、实体标记、突起路标和轮廓标等所构成的交通设施，它的作用是向道路使用者传递有关道路交通的规则、警告、指引等信息，可以与标志配合使用，也可以单独使用。

①车距确认标线。车距确认标线作为车辆驾驶人保持行车安全距离的参考。视需要设于较长直线段、易发生追尾事故或其他需要的路段，应与车距确认标志配合使用。包括白色折线车距确认标线和白色半圆状车距确认标线。标线颜色为白色；视公路条件、气象条件不同选用不同的标线类型。

白色折线车距确认标线总宽 300cm，线条宽 40cm 或 45cm，如图 6-37 所示，从确认基点

0m 开始，每隔 5m 设置一道标线，连续设置两道为一组，间隔 50m 重复设置一组，也可在较长路段内连续设置多组。

白色半圆状车距确认标线半圆半径为 30cm，如图 6-38 所示，间隔 50m 设置，一般在一定路段内连续设置。

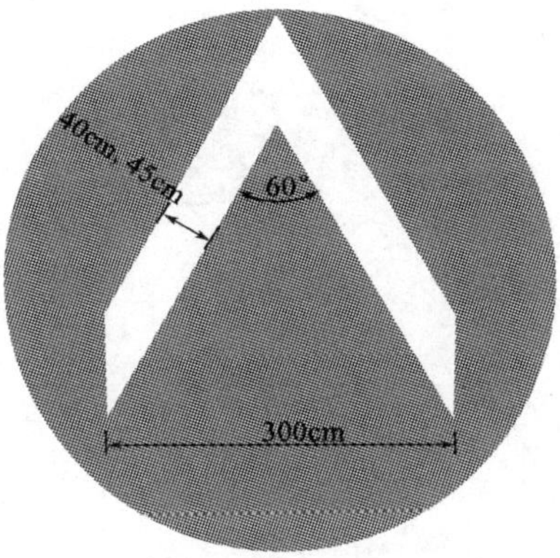

图 6-37　白色折线车距确认标线

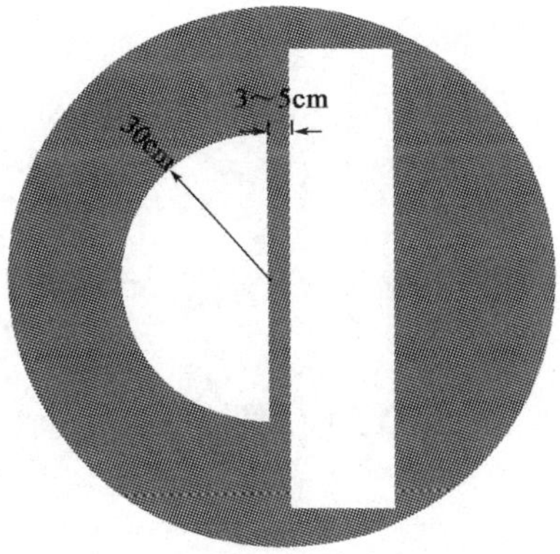

图 6-38　白色半圆状车距确认标线

②隆声带/路肩振动带。隆声带源自英文“rumble strip”，它是一种安装在公路对向车行道分界线或路肩上突起或凹槽状的交通安全设施。可用于降雪区域。

隆声带的目的是对注意力分散或打瞌睡的驾驶人在驶离公路、跨过对向车行道分界线或通过交叉口情况时发出警告，从而减少公路交通事故的发生。美国联邦公路管理局的统计数据表明，隆声带可以降低约 20%偏离公路的单车事故。

③薄层铺装及彩色防滑标线。薄层铺装其效果和视错觉标线相似，起减速及振动作用，引起驾驶人警觉，如图 6-39 所示。

a）　　　　b）

图 6-39　彩色铺装实例

④路面图形标记。主要包括注意前方及周围气象、路面状况标记。可将气象类标志的内容对应施画到路面上，以地面标记的形式表现出来警示驾驶人，如图 6-40 所示。

⑤雨夜标线。顾名思义，雨夜标线在降雨时具有良好的逆反射性能，这主要得益于其突出水膜之上的特殊结构和材料。

a. 结构型标线。如图 6-41 所示，是基于甲基丙烯酸树脂加入固化剂的双组分冷塑性标线涂料。外观为凝聚团状道路标线，标线最厚处约为 7mm，有利于提高标线的雨夜能见度，标线将反射玻璃珠提升至高于水膜面，道路标线突起的结构亦有利于排水。反射玻璃珠提升至水膜面之上后保证了持久的车灯光束回反射，如图 6-42 所示。结构型标线的材料消耗量相对节省，具有较佳的排水性能，并且可有效防止铲雪车的刮铲（滑行效果）。

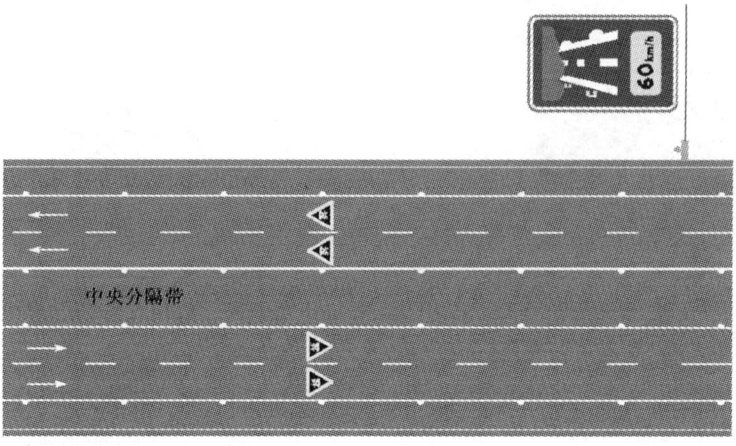

图 6-40　路面图形标记

图 6-41　结构型标线效果图

图 6-42　灯光照射标线反射原理

b. 轮廓型道路标线。如图 6-43 所示，是基于甲基丙烯酸树脂加入固化剂的双组分冷塑性标线涂料。外观为排骨形凸起表面，一般为 2mm 厚，最厚处约为 7mm。雨夜中有出色的能见度，突起振荡条能发出警告噪声信号。

图 6-43　轮廓型标线效果图

（3）轮廓标

轮廓标为安装于道路两侧，用以指示道路边界轮廓、道路的前进方向的反光柱。轮廓标的各项性能应满足《轮廓标技术条件》(JT/T 388—1999)的要求。

(4)突起路标

突起路标是安装于路面上起标线作用的突起标记块,可用来标记对向车行道分界线、同向车行道分界线、车行道边缘线等,也可用来标记弯道、进出口匝道、导流标线、危险路段、路宽变化、路面障碍物位置等的反光体和不反光体。

突起路标有多种形状,典型示例如图 6-44 所示。

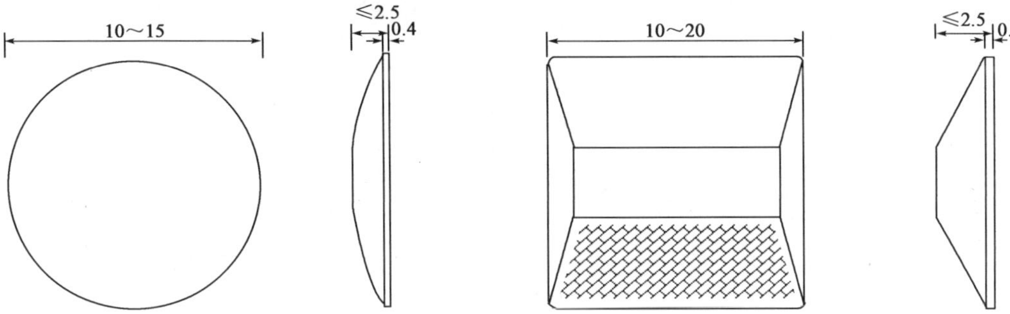

图 6-44　突起路标的形状示例(尺寸单位:cm)

(5)线形诱导标

线形诱导标用于引导行车方向,提示公路使用者前方线形变化,注意谨慎驾驶。设于一般公路上易发生事故的弯道、小半径匝道曲线外侧、视线不好的 T 形平面交叉等处,为蓝底白图形;用于高速公路时,版面颜色为绿地白图形,如图 6-45、图 6-46 所示。

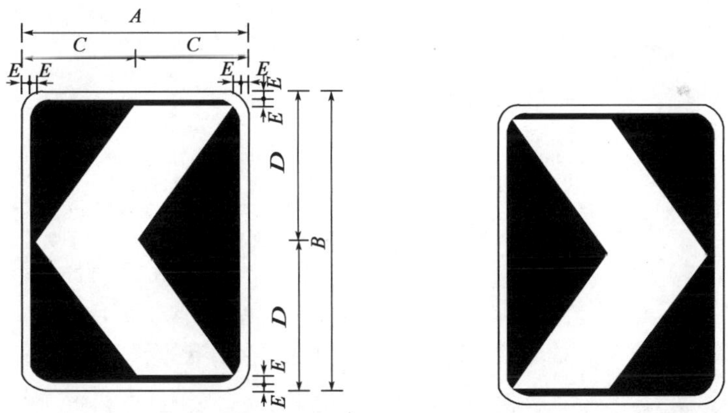

图 6-45　线形诱导标基本单元

图 6-46　线形诱导标组合使用

(6)雪标杆

雪标杆设置于积雪特别多的路段,用于引导车辆按正确方向行驶,以防冲出路外发生交通事故。雪标杆是雪害地区的一种视线诱导标志,设置在道路两侧,通常为了行车安全及清雪作业方便而采用远离路肩的长悬臂式结构，用以指示路肩或行车道位置，引导车辆安全通行。其起作用的方式，一是在降雪量较大，路线被埋没难以辨认地区指示路线位置；二是在风雪弥漫、能见度降低时引导车辆通行，如图 6-47～图 6-49 所示。

图 6-47　用于指示路肩的雪标杆

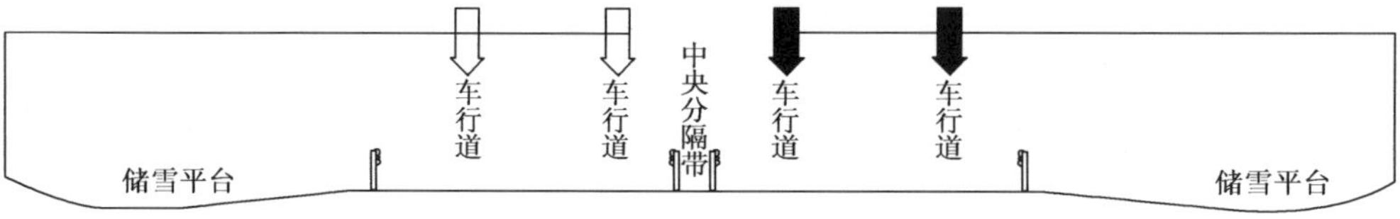

图 6-48　用于指示车道的雪标杆

图 6-49　风雪标杆设置实景图

2)静态诱导设施设置方法

(1)交通标志

除特殊规定外，标志到危险地点起点的距离可根据其类型参考表 6-16 并结合现场条件确定。如所在位置不具备设置条件时，标志可适当位移。

标志设置位置　　表 6-16

速度(km/h)	标志到危险地点起点的距离(m)												
	A. 大交通量时需车辆减速、变换车道的标志	B. 需要车辆降低到下列规定速度(km/h)的标志											
		0	10	20	30	40	50	60	70	80	90	100	110
40	85	*	*	*	*	—	—	—	—	—	—	—	—
50	120	*	*	*	*	*	—	—	—	—	—	—	—
60	150	30	*	*	*	*	—	—	—	—	—	—	—
70	185	50	40	30	*	*	*	*	—	—	—	—	—
80	220	80	60	55	50	40	30	*	*	—	—	—	—
90	255	110	90	80	70	60	40	*	*	*	—	—	—
100	290	130	120	115	110	100	90	70	60	40	*	—	—
110	320	170	160	150	140	130	120	110	90	70	50	*	—
120	360	200	190	185	180	170	160	140	130	110	90	60	40

注：* 无建议值，应该根据现场条件和其他标志的设置情况来确定警告标志的设置位置。

①特殊天气建议速度标志。此标志适用于各等级公路，设置在恶劣气象发生路段，提醒驾驶人采用安全速度行车。

设置位置可根据表 6-16 选取，支撑结构采用单柱，标志板反光膜黄色部分宜选用荧光黄反光膜，其他部分宜采用一级反光膜。

特殊天气建议速度标志应与半圆状车距线一起设置。此外，建议速度的数值要与实际吻合，避免该值与实际不符的情况出现。

图 6-50 为特殊天气建议速度标志示例。

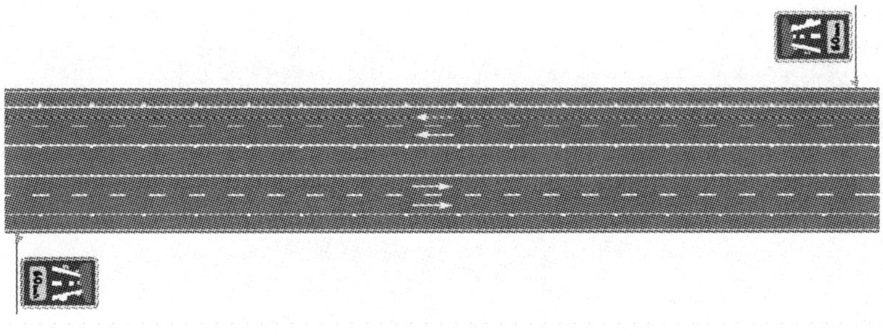

图 6-50　特殊天气建议速度标志示例

②易滑标志。在恶劣气象发生路段，此标志适用于各等级公路，属临时性应急标志，提醒驾驶人注意前方路面路况。

标志支撑结构采用单柱，标志板反光膜黄色部分宜选用荧光黄反光膜，其他部分宜采用一级反光膜。标志到所警示路段起点的位置可参照《道路交通标志和标线》(GB 5768—2009)。

③注意横风标志。在恶劣气象发生路段，此标志适用于低等级公路，提醒驾驶人注意前方路况。

横风标志的设置应根据公路所处的地理位置、环境条件及公路走向与季风等情况判定。

标志到有强劲侧向风路段的距离可按表 6-16 选取。

④限制速度标志。在恶劣气象发生路段，此标志适用于各等级公路，提醒驾驶人以适宜的速度行驶。在高速公路上建议采用可变限速标志，或利用可变情报板根据实际的道路交通与环境条件发布限速值。可根据公路沿线恶劣气象条件的空间分布特征，在频发位置设置固定式限速标志，标识正常气象条件下和雨雾不利气象条件下的限速值。限制速度标志可与警告标志联合使用。

⑤车距确认标志。在恶劣气象发生路段，此标志适用于各等级公路，提醒驾驶人保持安全距离行驶。设置示例如图 6-51 所示。

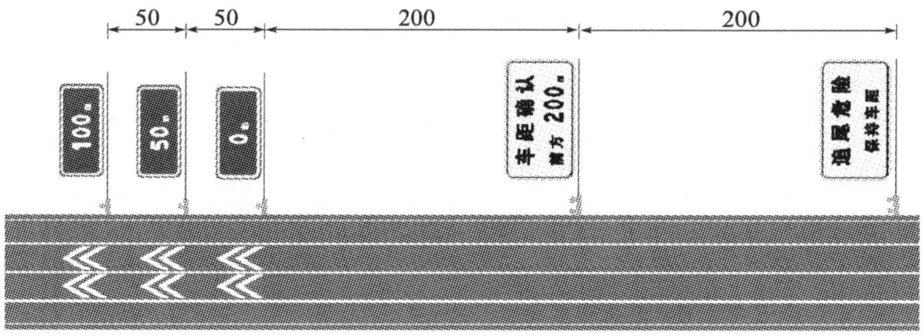

图 6-51　车距确认标志设置示例(尺寸单位:m)

⑥其他标志。在恶劣气象发生路段，如有其他上述标志未包括的标志，其标志反光膜宜采用荧光反光膜。荧光色反光膜具有识别距离更远、发现得更及时、颜色显著等特点。

高强级荧光反光膜是一种比传统高强级反光膜更具有高可视性的反光膜，它具有传统高强级反光膜的高亮度以及很好的广角性、长久的耐候性能，同时它还具有荧光膜所独有的高可视性，尤其是在黄昏和光线昏暗的天气，它的优点及特点尽现。荧光反光膜示例见图 6-52。

a)　b)

图 6-52　荧光反光膜示例

(2)交通标线

①车距确认标线。在经常发生超车、追尾事故的路段上、高速公路或一级公路路段，可设置白色折线车距确认标线。如图 6-53 所示。

在气象条件复杂、交通流量较大、大型车混入率较高的路段，设置白色折线车距确认标线不能保证较好的视认效果时，可在路段两侧设置白色半圆状车距确认线，如图 6-54 所示。

②隆声带/路肩振动带。根据设置方式，隆声带可以分为压制隆声带、铣刨隆声带和突起隆声带等。压制隆声带是使用压路机将半圆的钢管或焊接的钢棒压入路面，从而将其形状留在热沥青路面上；预制型隆声带是在水泥未凝结前用预成型的模具加入水泥制成；铣刨隆声带是使用合金刀，在路面铣刨开槽而成；凸起隆声带则是使用不同的涂装材料，在公路表面形成

突起铺装带，如振荡标线、突起标带、挤出式材料加部分凸起块，或沥青材料在路基形成突起长条。从国外应用情况看，铣刨式隆声带在警示效果、易用性等方面具有优越性，逐渐成为隆声带的主流产品。

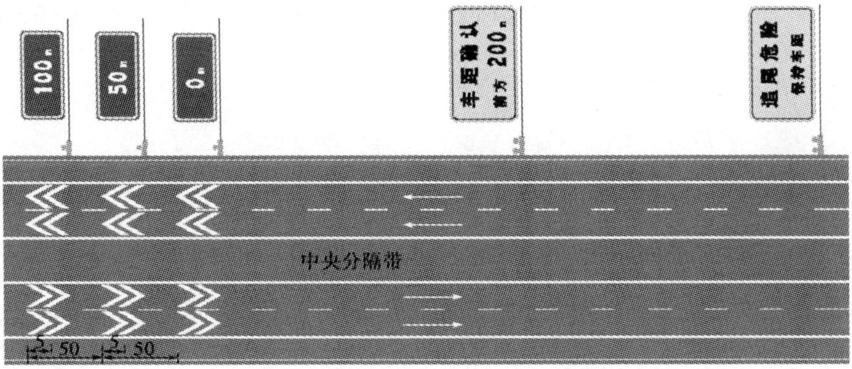

图 6-53　白色折线车距确认标线(尺寸单位:m)

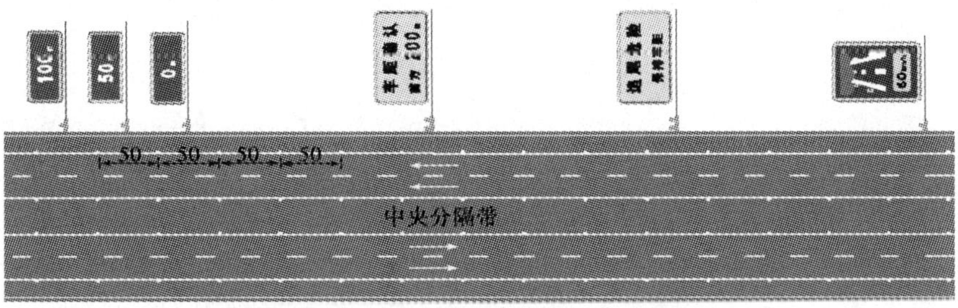

图 6-54　白色半圆状车距确认标线(尺寸单位:m)

隆声带从噪声和振动两个方面可以对驶入车辆产生有效的警示作用，同时也产生对车辆行驶系统的强烈冲击，使车辆发生转向偏移运动等负面效果。

美国的《公路路肩隆声带技术指导》建议，露肩隆声带的设置位置一般距离车道边缘线外缘 10～30cm。这样能减少车辆，特别是大型车因微小疏忽产生的碾压。

隆声带的施工方法主要有预成型和后加工型。预成型的条状凹型隆声带可以在新铺路面时一次成型压出条状凹形振荡槽，形成凹形振荡隆声带。目前国内主要使用后加工法进行施工。

公路隆声带结构参数建议见表 6-17。

公路隆声带结构参数建议　　　表 6-17

隆声带位置	凹槽深度(mm)	凹槽宽度(mm)	凹槽长度(mm)	凹槽间距(mm)
高速公路(右侧路肩)	10～14	160～220	≥400	300～400
一级公路(右侧路肩)	10～12	150～180	≥300	300～400
二级公路(右侧路肩)	8～10	140～180	300	250～350

③薄层铺装。薄层铺装设在路幅中，通过色彩刺激、轻型的涂料、微小的振动产生警示效果，而且薄层铺装是由粗粒径的集料结合黏结剂组成，摩擦系数高，可减少制动侧滑事故，因此在恶劣气象发生路段弯道前设置效果较好。

④路面图形标记。路面图形标记是设置于车行道内的路面图形，标记宽度应为车道宽度的一半，并四舍五入取10cm的整数倍。

注意前方路面状况标记：在不易发现前方路面状况发生变化，需要提醒驾驶人注意提前采取措施的路段，可设置注意前方路面状况标记。本标记为白色实线，线宽应为20cm，设置高度及范围视实际需要而定。

⑤新型雨夜标线。

a. 结构型标线。车道分界线和车道边缘线可用结构型标线。可用于多雨路段，提高雨天标线的可视性；也可用于多雪地区，防止标线被铲雪车铲掉，有利于标线的耐久性。

b. 轮廓型标线。车道分界线和车道边缘线可用轮廓型标线。可应用于恶劣气象发生路段的转弯和狭窄路段，起噪声警示作用。

(3)突起路标

①一般设置原则。

在恶劣气象发生路段，突起路标设置方法如下：

a. 下列情况下，应在路面标线的一侧设置突起路标，并不得侵入行车道：

- 高速公路的行车道边缘线上；
- 一级及以下等级公路隧道的车行道边缘线上；
- 一级公路互通式立体交叉、服务区、停车区路段的车行道边缘线上；
- 互通式立体交叉匝道出入口路段。

b. 隧道的车行道分界线上宜设置突起路标。

c. 下列情况下，可设置突起路标：

- 高速公路的同向车行道分界线上；
- 一级公路的车行道边缘线、同向车行道分界线上；
- 减速标线上；
- 二、三级公路的渠化标线及小半径平曲线、公路变窄、路面障碍物等危险路段。

d. 突起路标可单独设置成车行道边缘线和车行道分界线，但不宜替代右侧车行道边缘线。

②设置方法。

a. 突起路标与标线配合使用时，应选用主动发光型或定向反光型，其颜色与标线颜色一致，布设间隔为6～15m，一般设置在标线的空当中，也可根据实际情况适当加密。与边缘线和单黄实线配合使用时，突起路标应设置在标线的一侧，其间隔应与在车行道分界线设置的间隔相同。设置示例如图6-55所示(图中箭头仅表示车流行驶方向)。

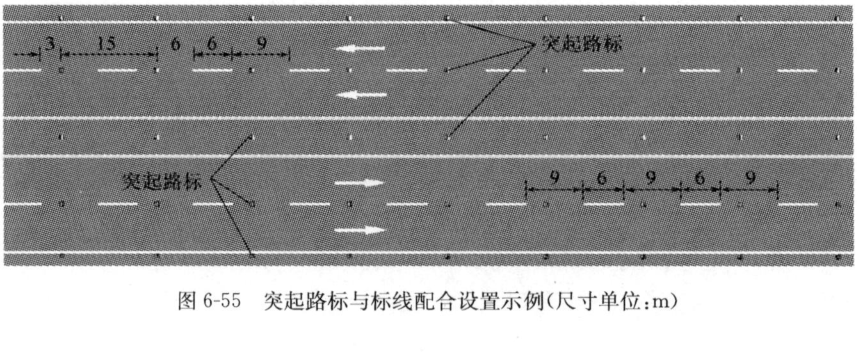

图6-55　突起路标与标线配合设置示例(尺寸单位：m)

b. 突起路标与进出口匝道标线、导流标线、路面宽度渐变段标线、路面障碍物标线等配合使用时，应根据实际线形进行布设，力求夜间轮廓分明，清晰可见。设置示例如图 6-56 所示（图中箭头仅表示车流行驶方向）。

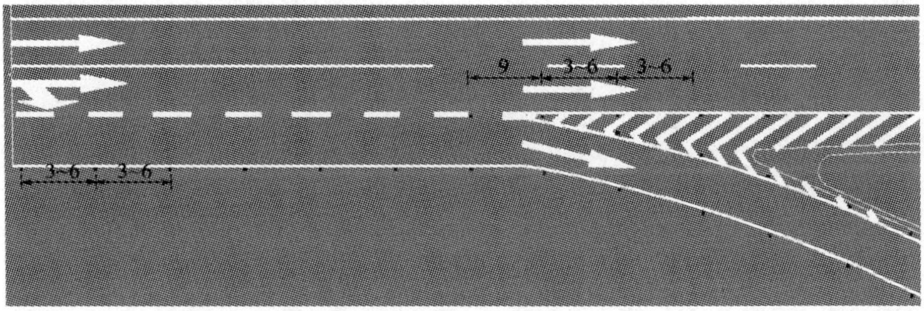

图 6-56　出口匝道突起路标布设示例（尺寸单位：m）

c. 突起路标单独用作减速标线时，其布设间距推荐值为 30～50cm，并应使突起路标表面具有足够的抗滑性能。

（4）轮廓标

在恶劣气象发生路段，轮廓标设置方法如下：

①高速公路、一级公路和城市快速干道的主线，以及互通立交、服务区、停车场的进出匝道或连接道，应连续设置轮廓标。

②二级公路、三级公路、其他道路和路段视需要可沿主线两侧连续设置轮廓标；在小半径弯道、连续转弯、视距不良、易发生冲出路侧事故和事故多发等路段，宜结合其他安全处置措施沿主线两侧连续设置轮廓标。

③高速公路的主线直线段，轮廓标设置间隔一般为 50m；附设于护栏上时，其设置间隔可为 48m。一级公路和城市快速干道的主线段，轮廓标设置间隔一般为 40m。二级公路、三级公路和其他道路的主线直线段，轮廓标设置间隔一般为 30m。

④曲线段轮廓标设置间隔可按表 6-18 规定选用，也可适当加密。在曲线段外侧的起止路段设置间隔如图 6-57 所示，如果两倍或三倍的间距大于 50m 则取为 50m。

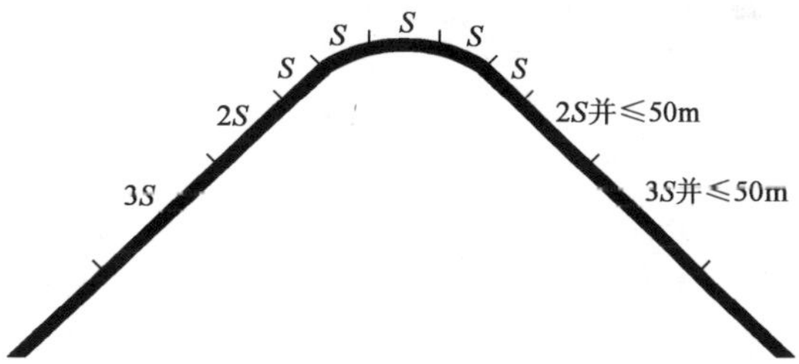

图 6-57　曲线段轮廓标设置间隔示例

曲线段轮廓标的设置间隔　　表 6-18

曲线半径(m)	<30	30～89	90～179	180～274	275～374	375～999	1 000～1 999	2 000 及以上
设置间隔(m)	4	8	12	16	24	32	40	48

⑤轮廓标在道路左、右侧对称设置。轮廓标反射器分为白色和黄色两种，高速公路、设中央分隔带的整体式一级公路或分离式一级公路，按行车方向，左侧设置黄色轮廓标，右侧设置白色轮廓标；二级及二级以下等级公路，按行车方向左右两侧的轮廓标均为白色。

⑥轮廓标的标准设置高度为 70cm，最小设置高度为 60cm。设置于混凝土基础中的轮廓

标，其设置高度（指反射器的中心距路面的高度）应与附着式轮廓标的高度大致相同。

⑦轮廓标反射器的安装角度，无论在直线段或在曲线段上，应尽可能与驾驶人视线方向垂直。

（5）线形诱导标

线形诱导标的设置应根据曲线半径、曲线长度、偏角大小确定。偏角小于或等于7°的曲线路段，可在曲线中点位置设一块线形诱导标；偏角大于7°，曲线较长的弯道可根据需要设置若干块线形诱导标，并应保证驾驶人在曲线范围内连续看到不少于三块线形诱导标。

第1、2块线形诱导标可根据需要设置为单层或双层。双车道公路可并设两个方向的线形诱导标。线形诱导标的最大设置间距见表6-19。

线形诱导标的最大设置间距 表6-19

设计速度(km/h)	120	100	80	60	40	30	20
设置间距(m)	105	80	55	37	20	15	10

2. 动态诱导设施

动态诱导设施主要包括主动发光标志、突起路标、轮廓标、雾灯、警示灯等，部分诱导设施设置方法参照静态诱导设施。

1）动态诱导设施分类

（1）交通标志

①LED标志。

a. 太阳能LED标志（图6-58）。

图6-58 太阳能LED标志

太阳能交通标志是利用太阳能电池的光电转换原理设计的主动发光交通标志，在有太阳光的白天光，电转化系统将太阳能转换成电能储存起来，在光线昏暗或夜幕降临时能自动将电能释放，通过发光元件发出强烈、耀眼的闪烁光，可以使驾驶人在行车时能注意行车动向并随时注意路旁的交通标志，以提前发现前方路口、危险弯道等位置或应注意遵守的规定，其视认性效果大大优于现有反光膜式交通标志，实现了被动发光到主动发光的转变，在一些恶劣气象发生路段和高危路段可有效避免重大交通事故的发生，而且可以节约能源、减少养护费用。太阳能交通标志能有效地提供主动式道路引导和警示，克服一般传统反光标志受天气、路况、车头灯远近等因素的影响，而无法发挥反光功能的缺点。

太阳能标志的特点如下：

- 利用太阳能发电，不消耗常规能源，完全节能；
- 安装简便，无需另外敷设电缆；
- 高亮度LED光源，可视性强，提高道路行驶安全性；
- 太阳能电池板采用高转换率单晶硅制成，寿命≥20年；
- 蓄电池电路具有完善的保护功能，采用免维护密封蓄电电池，无需人员进行维护；

➢ 阴雨雾情况下可连续正常工作 7～10d(不同区域或有差异)；

➢ 壳体采用铝合金外壳、坚固耐用；

➢ 可根据实际情况采用光控或时控控制。

b. 接线 LED 标志(图 6-59)。

接线 LED 标志采用 LED 发光管镶嵌于标志板，使得标志无论在白天或夜间均具备良好的视认性，尤其是在阴雨大雾等恶劣天气环境下，更具备远距离光线穿透力。接线 LED 标志应设置在离电源比较近的路段，就近取电。

图 6-59 接线 LED 标志

②照明标志。是利用照明设备使标志面发亮的标志，主要包括内部照明标志和外部照明标志。

a. 内部照明标志。标志板内装照明装置，采用半透明材料制作标志面板，有单面显示和双面显示两种。

b. 外部照明标志。采用外部光源照明标志板面的方式。

③图形化标志。采用图形和文字相结合，使标志更形象直观，通俗易懂，容易辨认；注意气象类标志通常用于可变信息标志上，当路段发生路面结冰、降雨(雪)、雾时，可在可变信息标志上显示相应警告标志；当路段出现其他不利气象条件时，可在可变信息标志上显示注意不利气象条件标志，如图 6-60 所示。

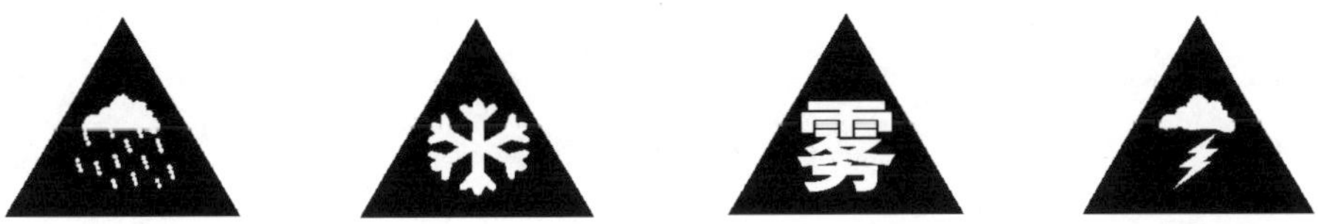

图 6-60 注意路面结冰、注意雨(雪)天、注意雾天、注意不利气象条件标志

(2)突起路标

①LED 主动发光突起路标。采用高发光强度、低光衰的发光二极管 LED 诱导灯，需要供电设备(图 6-61)。

②太阳能主动发光突起路标。由太阳能板、蓄电池和 LED 灯等组成，无须布线，不破坏路面(图 6-62)。

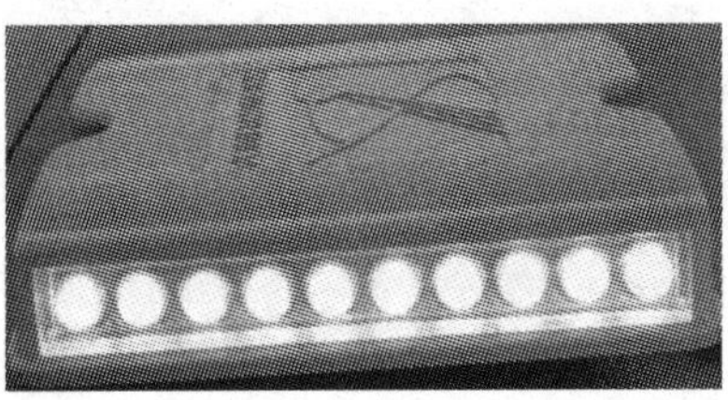

图 6-61 供电型突起路标

图 6-62 太阳能型突起路标

(3)轮廓标

①主动发光轮廓标。采用 LED 灯管主动发光轮廓标，增强恶劣气象条件下亮度穿透力，

使驾驶人容易辨认道路线形(图 6-63)。

②太阳能供电主动发光轮廓标。采用太阳能供电主动发光轮廓标,避免架设电缆,防止偷盗现象(图 6-64)。

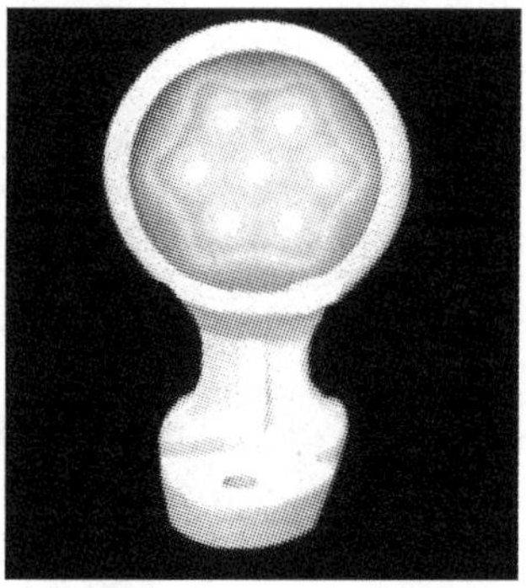

图 6-63　主动发光轮廓标

图 6-64　太阳能型轮廓标

(4)雾灯

LED 雾灯具有一定的道路轮廓指示作用,逐渐向智能型方向发展。根据雾灯系统是否实现联合控制,是否具备工作控制功能,将雾灯分为传统型雾灯和新型雾灯。

①普通型雾灯(图 6-65)。发光模式单一,即亮度、闪烁频率及占空比均不可调,雾灯不需要在每个雾灯上配置雾灯控制器。安装后,管理员无法根据交通流实际情况控制雾灯,对雾灯的运行状态和突发故障不能及时掌握。

②新型雾灯(图 6-66)。发光模式可调,可通过雾灯控制器调节其间距、亮度、闪烁频率及占空比。雾灯具有多种控制方式,可以实时控制雾灯的亮度和闪烁频率,可在同一闪烁频率或渐变闪烁频率下工作。

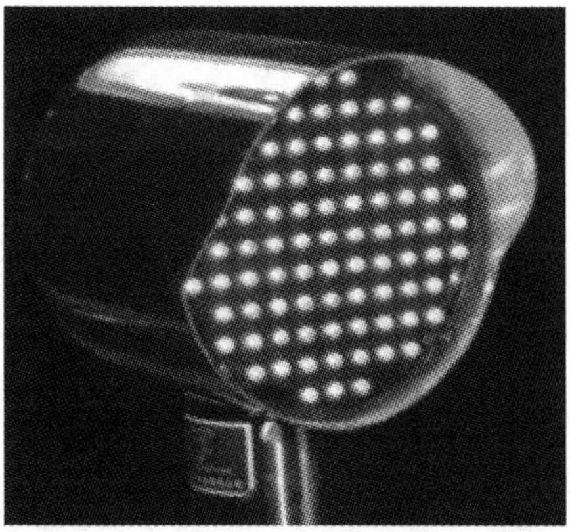

图 6-65　普通雾灯

图 6-66　新型雾灯

(5)警示灯

警示灯是采用太阳能或电缆供电,按一定的频率闪烁的警示灯,包括黄闪灯和爆闪灯,如图 6-67、图 6-68 所示。

黄闪灯同雾灯作用大致相同,和雾灯不同之处在于其发光的穿透性,设置在雾区发生不是很密集的道路。

a)　　b)

图 6-67　太阳能黄闪灯

图 6-68　爆闪灯

(6)可变情报板

可变情报板是一种因交通、道路、气候等状况的变化而改变显示内容的标志，一般可用作速度控制、车道控制、道路状况、气候状况及其他内容的显示。可变信息标志不宜显示和交通无关的信息。

可变情报板是当前高速公路与城市交通管理最为主要的信息发布介质之一，而 LED 显示屏是国内外实际中应用最为广泛的一种可变情报板形式。LED 显示屏是通过一定的控制方式，用于显示文字、文本、图形、图像、动画、行情等各种信息以及电视、录像信号并由 LED 器件阵列组成的显示屏幕。与其他类型显示屏相比，具有色彩鲜艳、视角广阔、高亮度、低能耗、性能稳定可靠、使用寿命长等不能替代的技术优势，特别适用于交通诱导、电子产品等产外显示。

2)动态诱导设施设置方法

(1)标志设置方法

①设置原则。

a. 设置在互通立交处，以充分体现恶劣气象条件下互通立交的位置和相对距离，提醒驾驶人选择正确方向行驶；

b. 设置在服务区、停车区处，以充分体现恶劣气象条件下服务区、停车区的位置及距离，提醒驾驶人是否停靠；

c. 设置在桥梁路段及隧道路段，以充分体现恶劣气象条件下道路沿线构造物状况，提醒驾驶人减速慢行；

d. 设置在道路线形不良路段，以充分体现恶劣气象条件下道路沿线地形变化，提醒驾驶人交通环境的变化。

②设置位置。

a. 在恶劣气象条件发生路段的互通处，可用主动发光诱导标志替代一般被动发光的出口预告标志，设置在互通减速车道渐变段起点处及距互通减速车道渐变段起点 2km、1km、500m 处。也可以两者结合使用。

b. 在恶劣气象条件发生路段的服务区处，可用主动发光诱导标志替代一般被动发光的出口预告标志，设置在服务区减速车道渐变段起点处及距服务区减速车道渐变段起点 2km、1km 处。也可以两者结合使用。

c. 在恶劣气象条件发生路段的停车区处，可用主动发光诱导标志替代一般被动发光的出口预告标志，设置在停车区减速车道渐变段起点处及距停车区减速车道渐变段起点 1km 处。也可以两者结合使用。

d. 在恶劣气象条件发生路段的桥梁处，可用主动发光诱导标志替代一般被动发光的桥名标志，设置在桥梁附近 100m 左右。

e. 在恶劣气象条件发生路段的合流处，主动发光合流诱导标可设置在合流点上游 50m 左右。

f. 在恶劣气象条件发生路段的线形不良路段，可在线形不良路段前 100m 左右设置相应的主动发光警告标志；在小半径曲线路段设置线形诱导标志。

(2)突起路标设置方法

①设置原则。

主动发光性突起路标设置原则与静态反光性突起路标设置原则相同。在多雪地区，宜采用坑槽式突起路标；在雪较少地区可采用主动发光式突起路标。

②设置位置。

a. 可设置在恶劣气象发生路段的主线两侧车道边缘线和车道分界线上，设置间距根据路段设计速度选取，宜选取设计速度的十分之一；

b. 可设置在恶劣气象发生路段的互通处，在匝道和主线上均可设置，也可与被动反光突起路标间隔设置。

③发光模式。

分为单面发光和双面发光两种，发光模式分为常亮、闪烁及明暗交替形式。

④控制方式。

可连接 LED 突起路标控制器，通过控制器调节突起路标发光亮度、频率及间距。

(3)轮廓标设置方法

①设置原则。

太阳能梯形轮廓标使用螺栓固定在高速公路护栏上，与现行反光梯形轮廓标固定及使用方法一样，太阳能电池板固定在护栏柱头上。与反光梯形轮廓标不同的是，太阳能轮廓标具有主动发光能力，可在低能见度环境下及夜间向道路使用者提供明显的道路轮廓显示；柱式轮廓标通常埋设在分道岔口；方形附着式轮廓标使用黏合剂及螺钉固定在混凝土道路护墙上。

LED 轮廓标设置原则与太阳能轮廓标类同。

②设置位置。

a. 可设置在恶劣气象发生路段的主线两侧护栏上，无护栏的路段可采用柱式轮廓标。设置间距根据路段设计速度选取，宜选取设计速度的十分之一；

b. 可设置在恶劣气象发生路段的互通处，在匝道和主线上均可设置，也可与被动反光轮廓标间隔设置。

③发光模式。

发光模式可分为常亮、闪烁及明暗交替形式。

④控制方式。

可连接 LED 轮廓标控制器，通过控制器调节轮廓标发光亮度、频率及间距。

(4)雾灯设置方法

雾灯可设置在外侧路肩及中央分隔带上。一般雾灯只设置在护栏外侧土路肩上；当雾害严重且道路服务流量很大时，可在路侧和中央分隔带设置雾灯；对于双向分离或中央分隔带很宽的高速公路，应在道路双侧均设置雾灯。

雾灯设置方法应根据不同的能见度来确定雾灯的亮度及闪烁频率。其设置方法参考表6-20。

雾灯设置方法　　表6-20

设置位置	多雾路段
设置间距	25～40m
安装高度	1.2～1.5m
最大亮度	≥10 000cd/m^2
视角	≥32°
直径	≥30cm
闪烁频率	可调
控制方式	远程通信

(5)警示灯

①设置原则。

警示灯可设置在恶劣气象发生路段的小半径曲线、事故易发路段，采用单悬臂安装，警示道路使用者减速慢行，注意安全。

②设置位置。

a. 可设置在多雾路段主线的中央分隔带，间隔50m；

b. 可设置在多雾路段互通处的三角端，三角端处设置1个，三角端向主线和匝道延伸段间隔50m各设置两组。

c. 可设置在多雾路段的桥梁两端外延500m的路段，间隔50m。

③特点

a. 太阳能爆闪灯由太阳能提供能源，无需国家电网支持，无需凿路敷线，节能环保；

b. 安装简单便捷，省时省工；

c. 夜间及阴雨雾天效用明显。爆闪灯通过红蓝颜色的不断变换，给疲劳驾驶的驾驶人以感官上的强烈刺激，从而降低事故发生率，保障人民群众的生命财产安全。

(6)可变情报板

①显示方式。

可变情报板的显示方式有多种，如高亮度发光二极管(LED)、翻版式、字幕式、光纤式等。可根据标志的功能要求、显示内容、控制方式、环保节能、经济性等进行选择。

②版面。

可变情报板显示的警告、禁令、指示等标志的图形、字符、形状等应符合本部分的规定，显示的文字的字体、字高、间距等按照清晰、易辨、安全的原则确定。主动发光可变信息标志的颜色可按表6-21的规定执行。可变信息标志各部分颜色的色品坐标应符合相关国家标准的规定。

主动发光可变信息标志的颜色 表 6-21

类　别	显示内容	底　色	边　框	图形、符号、文字
文字标志	道路一般标志	黑色	—	绿色
	道路警告标志		—	黄色
	道路禁令标志		—	红色
图形标志	警告标志	黑色	黄色	黄色
	禁令标志	黑色	红色	黄色
	指示标志	黑色	蓝色	绿色
	指路标志	黑色	绿色	绿色
	作业区标志	黑色	随类型	黄色
	辅助标志	黑色	—	绿色
	潮汐车道标志	黑色	—	红色×、绿色↓
	可变导向车道	蓝色[a]	—	绿色或黄色
	交通状况	蓝色或绿色[a]	—	红、黄、绿等色
	其他信息	视需要		

注：a 为不可变部分的颜色。

③设置位置

符合下列条件之一者，可设置可变情报板：

a. 结合路网交通管理需求，高速公路或城市快速路出入口前合适路段；

b. 长隧道入口前；

c. 恶劣气象发生路段；

d. 有其他特殊要求的路段。

3. 静态、动态诱导设施结合

可按具体情况，在恶劣气象发生路段采用两种或多种静态诱导设施与动态诱导设施结合设置的方法，共同引导交通。动、静态诱导设施综合应用应注重突出以下特点：

(1)以人为本，与环境相协调。

(2)吸取现有高速公路安全设施的成熟做法，借鉴国内外的成功经验。

(3)诱导设施变被动为主动，主动发光与反光膜被动发光相结合。

(4)诱导设施变静态为动态，标志静态图文与情报板动态图文相结合。

(5)图形与文字相结合，形象直观。

目前，交通安全设施的相关规范标准在道路交通诱导方面已有相应规定和相关的要求，其设计方法也较明确。但是对交通诱导设施发挥的作用和该设施的重视程度不够。在恶劣气象条件下，如何系统性地设置交通诱导设施，仍是不可忽视的问题。由于各个等级公路的线形指标、安全设施、停车视距、交通环境等差异较大，加之恶劣气象的影响，实际中交通诱导设施的设置方式和措施灵活多样，但宜遵循以下设置原则。

(1)功能性

交通诱导设施要准确、迅速地向公路使用者传达明确无误的信息，便于公路使用者准确快速地判断，进而采取行动是其主要功能；使交通诱导设施功能在公路使用中最充分、最有效地发挥出来，是交通诱导设施设置的最基本要求。

交通诱导设施设置要为其功能性服务，力求以最少的交通设施数量，最准确的位置，最及时、充分地发挥交通诱导设施的作用。根据交通诱导设施的具体功能，在合适的地点、合适的位置及时设置，使其功能最大化发挥，因此，交通诱导设施的设置必须满足以下要求：

①满足一定的功能；

②引起注意；

③传递清晰、明确的信息；

④能得到公路使用者的重视；

⑤给驾驶人以充分的反应时间。

(2)整体性

交通诱导设施是整个公路系统中的一部分，与其他公路设施、环境交互作用，共同发挥着公路的功能，将其隔离孤立设置是没有意义的。因此，交通诱导设施的设置必须从整个公路系统出发，按照整体性的原则，使交通诱导设施的形态、材料、结构和位置与公路等级、功能、沿线环境以及其他交通工程及沿线设施相协调一致，综合考虑人、车、路社会环境之间的关系，实现公路交通系统整体功能和形式的统一和和谐。

①同一条路的交通诱导设施的设置原则和标准应保持一致，与驾驶人心理预期保持一致；

②交通诱导设施传达的信息不应矛盾，功能应相辅相成，相互补充；

③动、静态交通诱导设施的设置也要相互协调，避免相互影响。

(3)系统性

系统性原则是保持信息连续性、统一性和明确性的关键。在路网环境下，公路使用者在行动过程中获取了信息，但由于记忆的短暂性造成信息记忆的不准确，从而引起使用者的不安，因此信息的连续性显得非常重要。而表现形式的统一性使使用者能够迅速获得需要的信息。

二、雾区行车安全智能引导技术

根据气象部门的统计(图 6-69)，大雾是恶劣气象条件的主要组成部分。相关研究及许多实际案例表明，大雾已成为导致高速公路连环相撞恶性交通事故的第一杀手。例如 2009 年 5 月 24 日安徽省京台高速和芜宣高速同时因大雾引发连环追尾事故，造成 18 人死亡；2010 年 10 月 9 日大雾引发沪渝高速芜湖段 6 起交通事故，致 7 人死亡；2010 年 11 月 5 日沪昆高速江西樟树路段因大雾导致同一时间分别发生 7 起汽车追尾事故，造成 19 辆汽车严重损毁、19 人死亡、16 人受伤；2011 年 1 月 23 日，湖北省沪渝高速八岭段和古城出口附近发生 7 起交通事故，涉及车辆 16 台，造成 9 人受伤。随着高速公路里程数的增加，大雾天气对其交通运行安全的威胁日益突显，给国家和人民生命财产造成了重大的损失，引起了高速公路建设管理部门和社会的普遍关注。

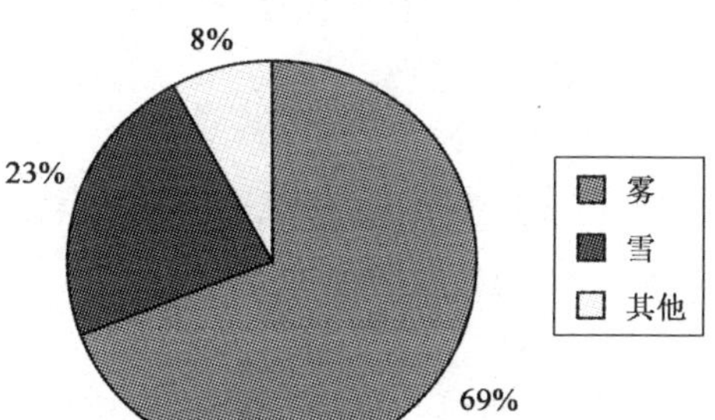

图 6-69　恶劣气象条件比较

随着全球环境污染的加重，恶劣极端天气出现越发频繁，其中大雾天气对交通运行安全的影响也日益严重，雾区安全保障已成为交通运行安全保障的重要组成部分，引起交通运营管理部门的极大关注。本章针对雾天易发的车辆追尾事故问题，提出了一种新型的带有速度调节功能和最小车头间距警示功能的雾天智能引导系统，使雾区在途车辆以安全车速和安全行车间距驶出雾区，有效避免车辆追尾一次事故的发生，进而降低大雾天气下恶性连环相撞事故的发生率，为雾天交通安全运行管理提供了新的手段。

雾天智能引导系统是一种集电子技术、计算机技术、自动控制技术、通信技术及主动发光诱导设施技术等多种现代应用技术的集成系统，旨在为高速公路雾天行车提供一种利于安全通行的方案，或辅助管理系统。本章在分析雾天引导系统国内外发展现状的基础上，提出了一种基于主动发光诱导设施的雾天新型智能行车引导系统。该系统以大雾天气对交通运行安全的影响和雾区车辆追尾事故特征及致因分析为基础，实现雾天行车安全速度控制和安全行车间距控制双重管理目标的辅助管理功能，为道路运营管理部门提升雾天交通安全运行保障能力提供了一种全新而高效的管理手段，以实现减少雾天道路封闭时间，提高运营效率的目标，使公路交通受大雾天气影响的程度降到最低。

1. 雾天车辆追尾事故特征及致因分析

根据对高速公路雾区交通事故的研究发现，追尾事故占样本总数的60.42%，相撞事故占22.92%(撞击高速公路上停止的车辆也被定义为相撞事故)，如图6-70所示。因此，在高速公路雾区由后面的车辆撞击前方车辆是交通事故的主要类型。

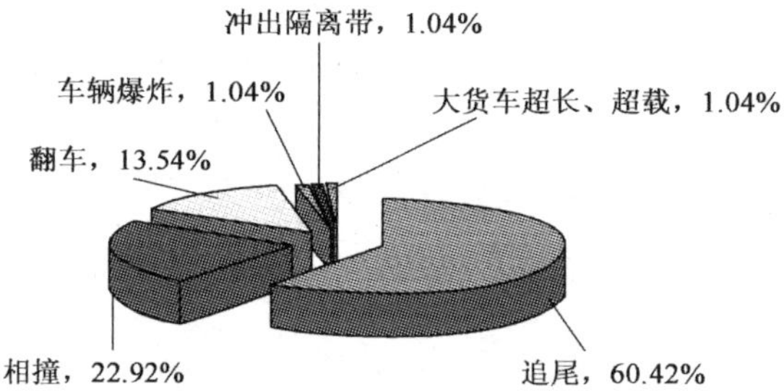

图6-70 雾区交通事故类型分布

1)事故特征

研究机构通过对国内外雾天追尾事故典型案例的成因分析，得出下列结论：

(1)雾天交通追尾事故一般发生在秋冬季节的凌晨时段，驾驶人注意力下降，且交通管理部门未能及时采取有效的交通管制措施。

(2)驾驶人缺乏高速行车经验，在能见度低于50m时超速行车，一些驾驶人不从左侧车道超车，在不具备超车条件下不愿意减速等待时机，而是从右侧的路肩超车。

(3)雾天能见度低，车辆高速行驶时经常发生前面车辆减速不当或抛锚，后面车辆跟车过紧观察不到前面车辆而发生尾撞事故。

(4)多数车辆在大雾中未采取临时紧急停车措施，在能见度极差的条件下勉强行驶，从而发生连续追尾。

(5)雾天有时伴随着雨、雪，使路面摩擦系数下降，从而导致制动距离延长、行驶打滑、制动侧偏等现象发生，使雾天发生车辆追尾事故的可能性和事故严重度增加。

(6)初次事故发生后，事故车辆与未发生事故的停驶车辆混杂排队于同一行车道上，当再次发生尾撞时，许多车辆遭受二次事故的伤害。不少驾驶人停留在驾驶室内，有的走到车外，甚至个别驾驶人到停驶的两车车头车尾中间观察情况，因此被撞、被挤、被砸，伤亡惨重。事故成因错综复杂。

(7)雾天追尾事故一般是重大交通事故，涉及的追尾车辆多，造成的损失大。

2)成因分析

(1)定性分析

由于雾天能见度降低，驾驶人对距离和车速的判断都与晴天情况相差较大，视距变短，因此容易发生与前车相撞事故。高速公路上的车速较高，一旦雾天发生交通事故，经常会引起连锁反应，最终形成多车连续追碰的严重事故。

(2)定量分析

有研究机构运用安全允许速度差的理论，结合雾对交通影响规律的研究，分析了高速公路雾区连续追尾事故发生的原因。

公式(6-7)的计算值为雾天安全行驶时前导车与后随车速度差，即安全允许速度差。如图6-71所示，雾区中的后随车以速度 v_2 行驶，在可视距离 S(将可视距离看作与能见度相同)内发现前导车，前导车以速度 v_1 向前行驶，当车辆间的实际速度差大于公式(6-7)的计算值时，将导致追尾交通事故的发生，因此公式(6-7)的计算值可视作安全允许的极限值。

$$\Delta v = v_2 - v_1 \leqslant C \times a + \sqrt{a^2 C^2 - 2a(S - M)} \tag{6-7}$$

式中：Δv——安全允许速度差，m/s；

v_2——后随车的速度，m/s；

v_1——前导车的速度，m/s；

C——驾驶人反应时间与车辆制动生效时间之和，s；

a——后随车的减加速度，m/s^2；

S——大气能见度，m；

M——前后车速度一致时车辆间的安全距离，m。

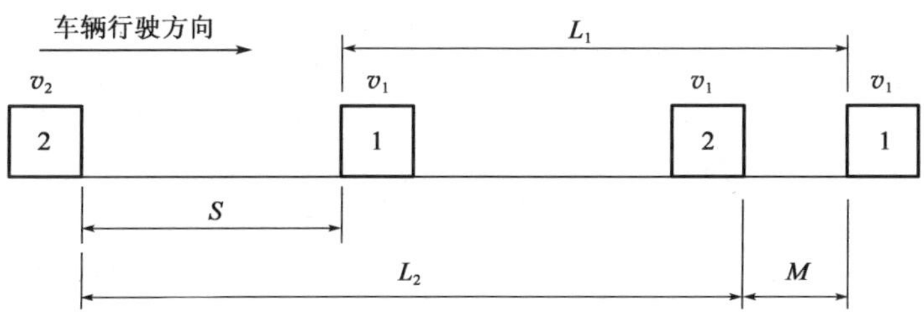

图6-71　前后车辆保持安全行驶间距的示意图

根据公式(6-7)，当前车发生交通事故时速度为零，即：$v_1=0$，此后随车的速度即为后随车与前导车的速度差，即：

$$v_2 = Ca + \sqrt{a^2C^2 - 2a(S-M)} \tag{6-8}$$

分两种常见情况对连续追尾事故进行分析，第一种情况为：$a=-3\text{m/s}^2$，$C=3\text{s}$，$M=1\text{m}$；第二种情况为：$a=-4\text{m/s}^2$，$C=3\text{s}$，$M=0\text{m}$。第一种情况考虑了更多的安全余量，而第二种情况则属于能够达到的极限安全状态。以能见度为横坐标，安全允许速度差为纵坐标，分别绘制安全允许速度差曲线。此时 $v_1=0$，安全允许速度差曲线即为后随车车辆行驶速度曲线。

将车辆速度与能见度关系的曲线同时绘制于同一坐标系中，如图 6-72 所示。

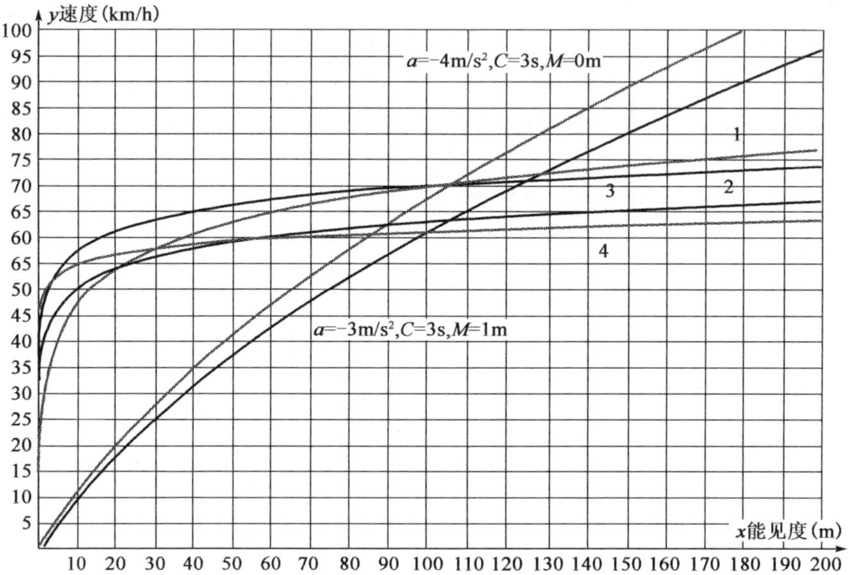

图 6-72　前方发生事故时后随车辆的安全允许速度与实际速度关系

从图 6-72 中可以看出：当能见度在 0～90m 内时，车辆实际的行驶速度均在相应的第二种情况安全允许速度曲线上方（此时 $a=-4\text{m/s}^2$，$C=3\text{s}$，$M=0\text{m}$），即大于相应能见度下的极限安全允许速度，一旦前方发生事故，后随车均会发生连环追尾事故。当能见度在 90～130m 内时，车辆实际的行驶速度位于第一种情况安全允许速度之上，一旦前方出现紧急情况或事故，则后随车发生连环追尾事故的可能性很大，主要取决于驾驶人实际驾驶时的操作情况。能见度在 130～200m 内车速均小于一般安全允许速度，说明小型车在此能见度范围下行驶是安全的，只要驾驶人操作得当，不会发生追尾事故。

因此在高速公路雾区一旦出现交通事故，并且能见度位于 130m 之下时，应该采取速度控制措施，将车辆的速度限制在安全允许速度之下。考虑图 6-72 为理论分析获得的结果，与实际状况存在一定的偏差，实际应用时，采取速度控制措施的能见度阈值以及不同能见度条件下限速值，可根据实际情况进行适当调整。

2. 雾天交通诱导需求分析

通过上述对雾区车辆追尾事故特征及成因分析，雾天条件下汽车在公路上行驶，前后车之间必须保持一定的距离（在不具备超车条件或不准备超越前车的情况下）。一旦前车采取紧急制动时，或者前车出现意料之外的交通事故时，后车在可视范围内能及早发现前导车并发现前导车制动信号而有充裕的时间实施制动，不致发生前后车相撞的事故。保持一定的行驶间距，实际上就是为后车留有一定的制动距离，而且前后间距必须大于后车的制动距离，则前后车辆须保持合适的速度差和间距是避免高速公路雾区追尾事故发生的充分和必要条件，即大雾条件下交通诱导的重点应该放在车辆行驶的速度限制和安全间距限制两个方面，且安全速度与安全间距的限定值应与能见度大小相关。

3. 雾天行车安全智能引导系统

雾天行车安全智能引导系统是针对大雾条件下交通诱导对于车辆行驶速度限制和安全间距限制两个方面的需求，以道路轮廓强化、行车速度调节、安全间距警示为功能目标的雾区主动智能行车诱导系统，其建立的目标是从根本上有效减少车辆追尾事故的发生。

4. 系统概述

雾区行车安全智能引导系统利用设置在公路两侧的主动发光设施为在途车辆提供安全引导，在控制系统的集中智能控制下，主动发光诱导设施会根据不同的能见度与车流情况，采用不同的发光亮度、颜色、闪频等组合来实施针对性的引导策略，为驾驶人提供道路轮廓强化、行车主动诱导、防止追尾警示、安全信息提示等管控与服务功能，从而实现具有交通环境自适应特点的低能见度大雾路段在途车辆的安全引导。

在能见度平缓变化的环境下，雾区行车安全智能引导系统向在途车辆提供道路轮廓强化、行车主动诱导功能，使在途车辆的安全预视距离大幅提高，满足行车安全要求；当遇到团雾等能见度突变且产生视线断层时，系统能够为车辆提供防止追尾警示功能，为在途车辆动态实时提供本车与前方车辆之间的车距提示及防撞提示等预警信息。智能引导系统有助于防范可能发生的一次及二次事故，有效降低和避免低能见度雾条件下车辆冲出路外和前后追尾事故的发生，特别是避免高速公路连环追尾重特大恶性事故的发生。

5. 系统构成

雾天行车安全智能引导系统主要由能见度探测器、动态车辆位置检测器及主动发光诱导设施(双色诱导设施)等外场设施、供电模块、通信模块、引导策略管理、应用权限管理、分布数据处理、全系统时钟同步(基于卫星授时的高精度同步源)、应用环境自动识别等控制功能模块构成。整个系统采用集散式架构，具有集中控制系统的全部特征，同时还具有分布式控制系统的全部特征。在集中控制模式下，智能主动引导系统的末端设备全部通过无线网络组网后经数据预处理器统一实现与上位控制系统的数据对接，上位控制设备只需要通过数据预处理器或系统链路中任意端点即可调用全系统已经开放的资源。在分布式控制模式下，全系统的所有装置均基于独立工作模式设计，不需要依赖系统即可完成智能引导的主要功能，主要设备诱导设施内置了供电、通信、主动引导、防撞提示、车辆检测等多项功能，诱导设施与系统之间的连接基于逻辑上的通信链路来实现，在物理上是分布式系统。在诱导设施设计中还融入了基于“鼠笼”效应的防雷技术设计，每个诱导设施均可防范感应雷。

图 6-73 为主要外场设施构成及布设示意图。

6. 系统功能

本系统利用能见度探测器实时采集雾区能见度值，一旦监测到能见度低于阈值，系统会发出低能见度报警，同时由上位控制系统发布控制指令给本地控制器，由本地控制器依据控制指令携带的控制策略启动设置于道路两侧的主动发光双色诱导设施(集中式工作模式)，或者由低能见度报警自动触发每个集成有控制策略、供电模块及通信模块等功能的主动发光双色诱导设施(分布式工作模式),使之形成动态闪烁的红色警示光带和黄色诱导光带,其中黄色光带用来提醒驾驶人调节车速使之保持在黄色灯引导区域内安全行使;红色警示光带的长度为当时能见度条件下的安全行车间距,从而实现对雾区车辆行驶速度和行车间距的控制,避免发生追尾事故。

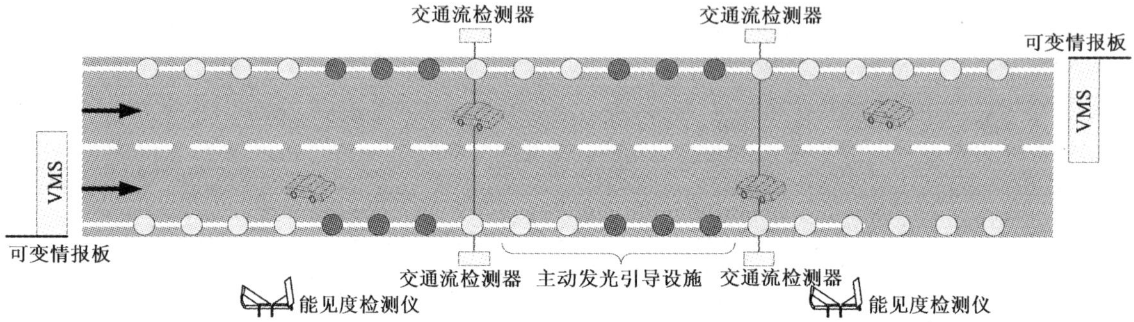

图 6-73 主要外场设施构成及布设示意图

本系统的核心功能可以概括为以下三个:夜晚和雾天低能见度条件下的道路轮廓强化功能、低能见度条件下的行车主动引导功能和防止追尾警示功能。具体如下。

1)道路轮廓强化

通过主动发光双色诱导设施的黄色灯常亮实现夜晚或雾天低能见度条件下的道路轮廓强化显示功能,黄色灯的亮度可根据环境光和能见度值自动调节。无雾天气时,常亮功能的实现由诱导设施自主产生,且点亮与关闭遵循天文时间,即白天(白天的定义是星历日出后日落前)关闭,晚上(晚上的定义是星历日出前日落后)点亮。大雾天气条件下,诱导设施的点亮受上位软件控制。

2)行车主动诱导

利用主动发光双色诱导设施的同步闪烁功能(例如:每分钟 30 次同步闪烁,奇数秒灭,偶数秒亮)、驾驶人的心理特性及可变信息标志的信息提示,使驾驶人在大雾低能见度条件下能够按照系统设计者的意图始终行驶在比较安全的黄色灯闪烁区域,从而实现主动引导功能。此功能受控于上位控制模块,具体运行依据事先编制好的策略进行。

3)防止追尾警示

防止追尾警示通过每分钟 60 次同步闪烁的诱导设施红灯构成的动态警示光带(光带的长度为当前能见度条件下安全车辆间距)实现。即诱导设施在车辆通过时点亮后向 n(n 的数值取决于当前能见度条件下的安全距离)个断面上诱导设施的红色指示灯(即前车尾迹警示,此时指示灯常亮),红色指示灯点亮期间同位黄色指示灯关闭。图 6-74 为尾迹显示防止追尾警示功能示意图。图中“D”代表前车,在前车通过检测区时会触发车后红色防撞警示灯,红色警示灯表达了后车应与前车保持的距离,该提示灯会随前车同步前行,整个动态的尾迹区警示了浓雾下后车应距离前车的安全距离。其中车辆检测功能如图 6-75 所示,图中箭头代表车辆,虚线代表诱导设施检测线,圆圈代表诱导设施,当车辆经过红外对射检测器断面时会遮挡检测线,从而检测到有车通过,并把此信息发送给控制单元。

具体控制功能由上位控制指令驱动进行，且开启无延时。启动防撞提示功能不分白天晚上，以能见度数值为唯一启动依据。

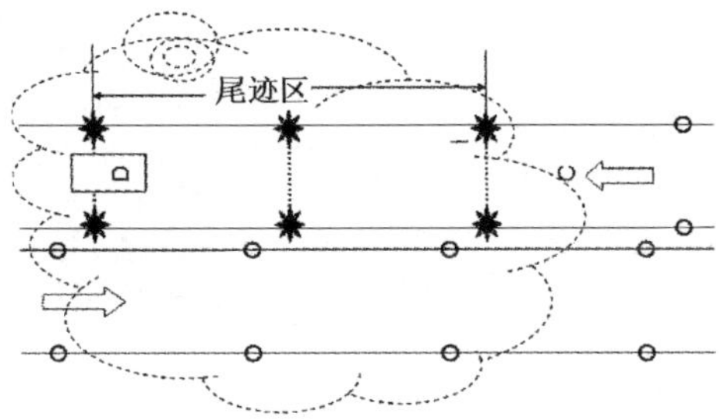

图 6-74　动态尾迹显示防止追尾警示功能示意图

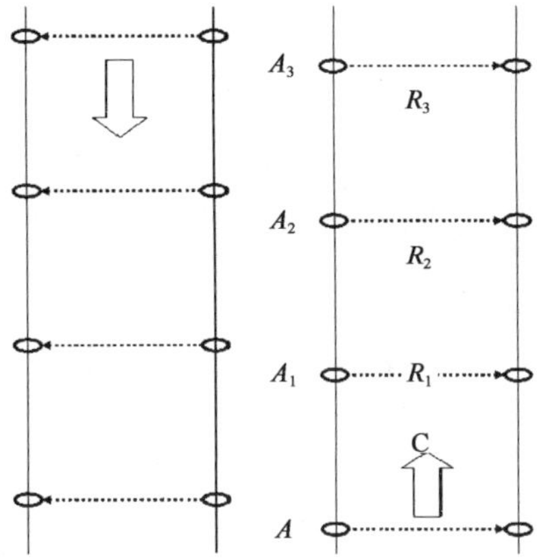

图 6-75　系统车辆检测功能示意图

7. 系统工作原理

系统以观测到的能见度值作为工作的触发条件，通过控制模块对主动发光双色诱导设施工作状态进行控制和转换，以实现道路轮廓强化、行车主动诱导、防止追尾警示等系统功能。不同能见度条件下，系统启用不同功能，每种功能下主动发光诱导设施的颜色、点亮时间、闪烁频率、占空比等均有所差别。

1)在能见度大于 500m 情况下，但环境照度低于 500lux 时

系统启动道路轮廓强化功能，主动发光诱导设施黄色常亮显示，提示道路的线形和轮廓，防止车辆驶出路外事故的发生，如图 6-76 所示。

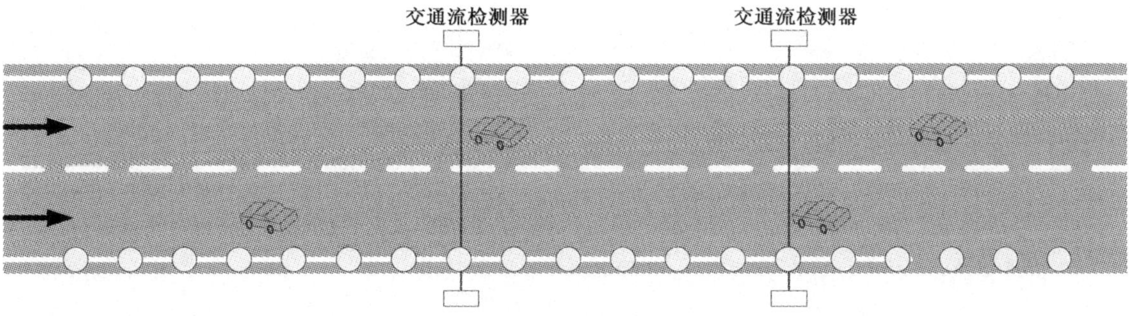

图 6-76　能见度大于 500m，环境照度低于 500lux 时系统工作原理

2)当能见度低于 500m，但大于 300m 时

系统启动行车主动诱导功能，主动发光诱导设施黄色同步闪烁(频率 30/min，占空比 1∶1)。同步闪烁的黄灯在给驾驶人提示道路线形和轮廓的同时，也警示驾驶人注意低能见度和复杂交通环境等状况，如图 6-77 所示。可变情报板发布“前方能见度低于 500m，请谨慎驾驶”等信息。

3)当能见度低于 300m，但大于 100m 时

系统启动防止追尾警示功能，此时，系统仍具有行车主动诱导功能，主动发光诱导设施黄

色同步闪烁(频率 30/min,占空比 1∶1)。可变情报板发布“前方大雾,请跟随黄色诱导灯行驶”、“前方大雾,限速 80,逐一保持车距”等信息。

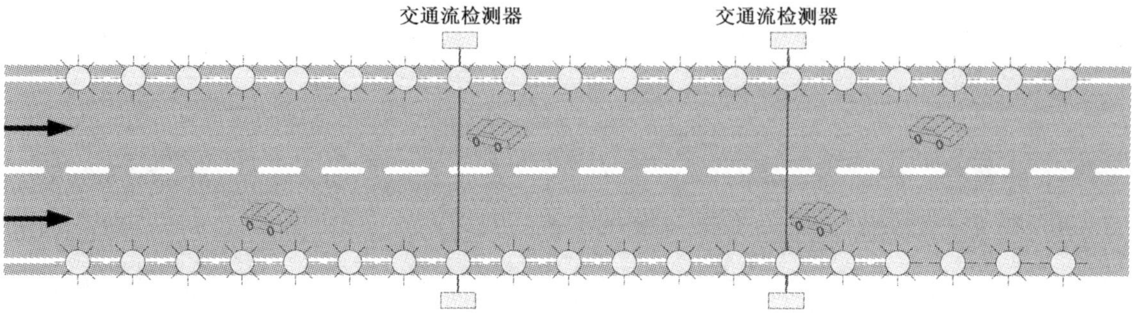

图 6-77　能见度低于 500m,但大于 300m 时系统工作原理

当有车辆通过交通流检测器(车辆通过检测断面)时,车辆后方特定数量的主动发光诱导设施将红色同步闪烁(频率 60/min,占空比 1∶1),形成红色警示带,如图 6-78 所示。正常情况下,后面跟随车辆应在路侧黄色同步闪烁设施的引导下行驶,而不应进入红色警示带,以防止前后车辆跟驰距离太近,在小于安全行驶车距时,可能引发追尾事故,红色警示带的存在起到控制前后车辆跟驰距离的作用。警示带的长度(即车辆通过检测断面时所触发的后方发光设施数量)与能见度和安全行驶车距有关。红色同步闪烁结束后,设施将恢复黄色同步闪烁状态。

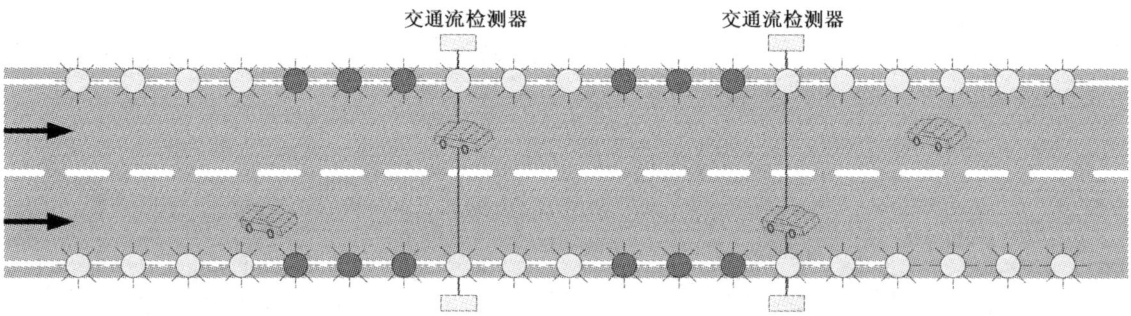

图 6-78　能见度低于 300m,大于 100m 时系统工作原理(后车看见红色警示带)

如果交通检测断面的间距较大,后续跟随车辆将无法看见前方车辆通过交通检测断面时所形成的红色警示带,如图 6-79 所示。事实上,红色警示带仅存在于交通检测断面后一定范围内,当车辆通过检测断面时,触发防止追尾警示功能,使设施由黄色同步闪烁状态变为红色同步闪烁状态。换言之,交通检测断面间距可以类比为防止追尾警示功能的“分辨率”,交通检测断面间距越小,分辨率越高,也就越能够使跟驰距离较近的车辆或是车队中的多数车辆获得追尾风险警示。因此,为更好地发挥追尾风险警示功能,需要尽可能多地设置交通检测断面,出于成本因素,建议系统集成应用仅具有车辆通过检测功能的传感器,而不需要能够详细而精确地采集车型、车速等信息的交通流检测器。最为理想的情况是在每个主动发光设施处,同址设置交通检测断面;建议交通检测断面的间距不宜大于 500m,如果间距是 500m,车辆平均运行速度是 60km/h,那么车辆大约在 30s 内获得一次追尾风险警示。

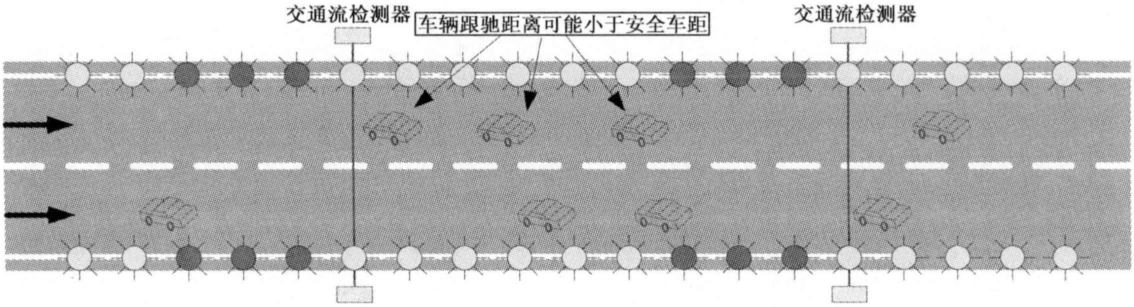

图 6-79　能见度低于 300m，大于 100m 时系统工作原理（后车看不见红色警示带）

4）当能见度低于 100m 时

系统工作模式与 3）类似，系统具有行车主动诱导和防止追尾警示功能。在防止追尾警示功能触发情况下，主动发光诱导设施红色同步闪烁（频率 60/min，占空比 1∶1），在防止追尾警示功能未触发情况下，主动发光诱导设施黄色同步闪烁加快（频率 60/min，占空比 1∶1），以进一步提高对驾驶人的感官刺激，给驾驶人充分的警示。

可变情报板发布"前方浓雾，请跟随黄色诱导灯行驶"、"前方浓雾，限速 60，谨防追尾"、"前方浓雾，限速 40，谨防追尾"等信息。

系统工作模式一览表见表 6-22，系统工程流程见图 6-80。

系统工作模式一览表　　表 6-22

序　号	能见度 V_i(m)	系 统 功 能	主动发光设施工作状态			
			颜色	时间	频率	占比
1	$V_i>500$	道路轮廓强化	黄灯	持续	—	—
2	$500>V_i>300$	行车主动诱导 I	黄灯	持续	30	1∶1
3	$300>V_i>100$	行车主动诱导 I	黄灯	持续	30	1∶1
		防止追尾警示	红灯	≥1s	60	1∶1
4	Vi<100	行车主动诱导 II	黄灯	持续	60	1∶1
		防止追尾警示	红灯	≥1s	60	1∶1

注：①上表给出的闪烁频率和占空比是推荐值，通过本地控制或上位控制可改变参数值；

②在能见度小于 300m 时，系统具有防止追尾警示功能，该功能在车辆通过交通检测断面时被触发，功能启动后将点亮特定数量的红灯，形成红色警示带，上表给出的点亮时间、闪烁频率、占空比均是推荐值，其具体参数值（包括点亮的灯数，也即相当于警示带的长度）可控。

③需要指出的是，为确保不同能见度下，主动发光诱导设施具有良好的视认性，系统应根据实际情况调整设施的发光强度。

8. 系统核心设施

系统的核心设施是设置于道路两侧的主动发光诱导设施，例如雾灯、主动发光突起路标、主动发光轮廓标等（图 6-81），系统的智能引导功能皆由它们得以直接体现。

考虑到高速公路、国省干线等沿线供配电及通信工程造价高昂，建议用于本系统的主动发光诱导设施最好具备太阳能或光能供电模块且具备无线通信功能。

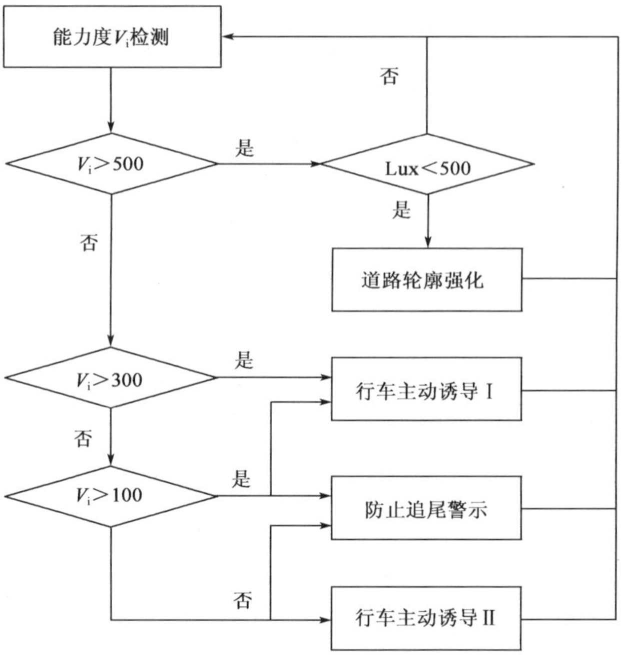

图 6-80　系统工作流程

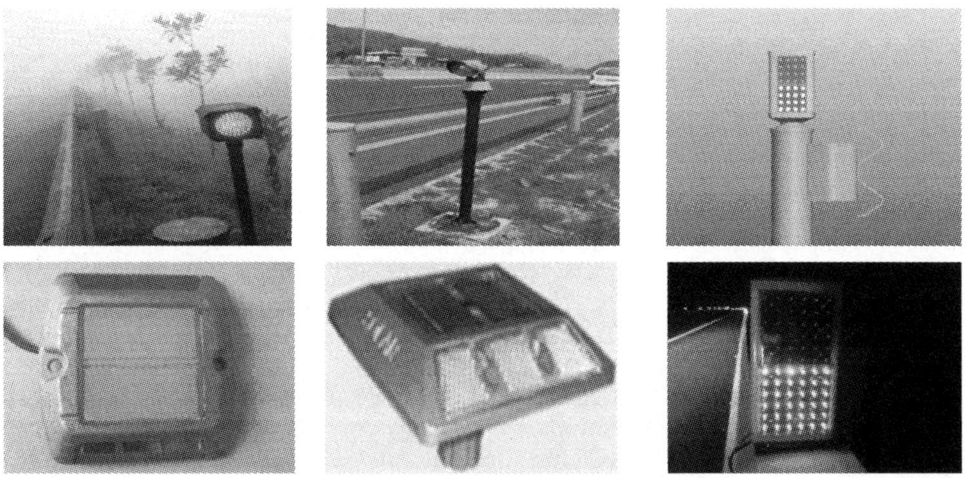

图 6-81　主动发光诱导设施

各主动发光诱导设施的布设间距，目前还没有统一标准，建议在 10～25m 之间，可根据使用环境及工程预算具体确定。

9. 系统特点

系统具有以下显著特点：

(1)系统具备防止追尾警示功能，这是系统具有的最显著特点，也是现有常规视线诱导与增强系统所不具备的。

(2)基于高效太阳能供电技术实现了系统的全天候不间断供电，使系统的安装简单便捷和环保。

(3)智能诱导灯间采用 zigbee 通信技术实现自愈组网，灵活方便，可靠性和适应性强，使用专门为高速公路外场设备研制的无线通信网络系统，有效地解决了外场设备之间及外场设备与指挥中心之间的有线通信造价高昂的难题。

(4)使用高精度的无线同步技术解决了不同设备之间的同步工作问题，使系统中所有设备可实现高精度的同步闪烁。

(5)具备本地(分布式)、中心(集中式)多种控制方式，可实现手动、自动控制。

(6)具有多种预设控制策略/工作模式，可根据能见度和环境照度条件自动启动相应的控制策略。

(7)诱导灯亮度自适应可调，应用了自动环境亮度差控制技术，实现自动识别环境亮度来控制发光器件的亮度，始终使发光器件亮度与环境亮度保持基本恒定，以最大限度提高发光体的视认性并降低能耗。

(8)系统集成化程度高，智能诱导灯集成了交通监测、诱导灯控制、通信组网、供电等多种功能，安装与维护简便。

(9)系统具有良好的扩展能力，系统除自带的控制策略外，还允许用户按照实际需要增减或修改控制策略和数据应用策略；通过增加模块的方式，可实现交通流量的检测功能；控制器具有与其他如交通、气象信息的接入能力。

该系统经过工程实施证明运行效果良好，对夜间和雾天低能见度条件下的车辆运行安全提供了有力保障。图 6-82 为外场主动发光诱导设施(智能边缘标)安装效果图，图 6-83 为系统夜间运行效果。

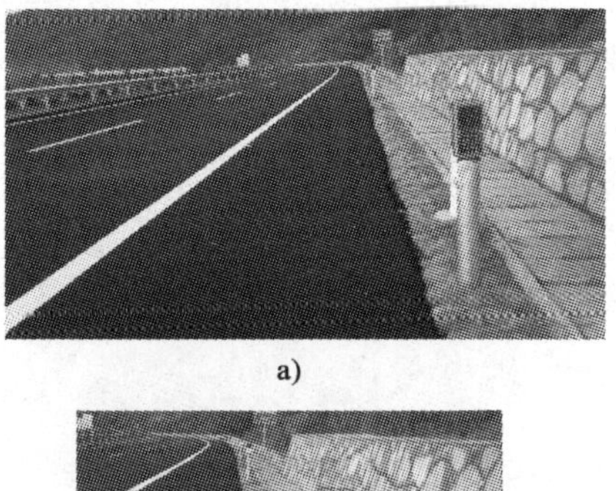

a)

b)

c)

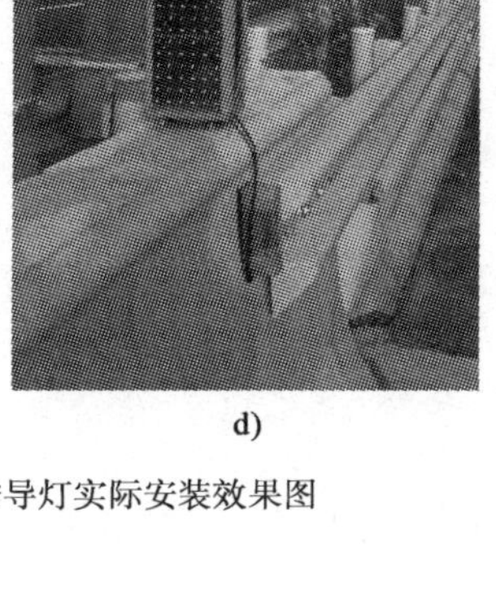

d)

图 6-82　行车安全智能诱导系统外场诱导灯实际安装效果图

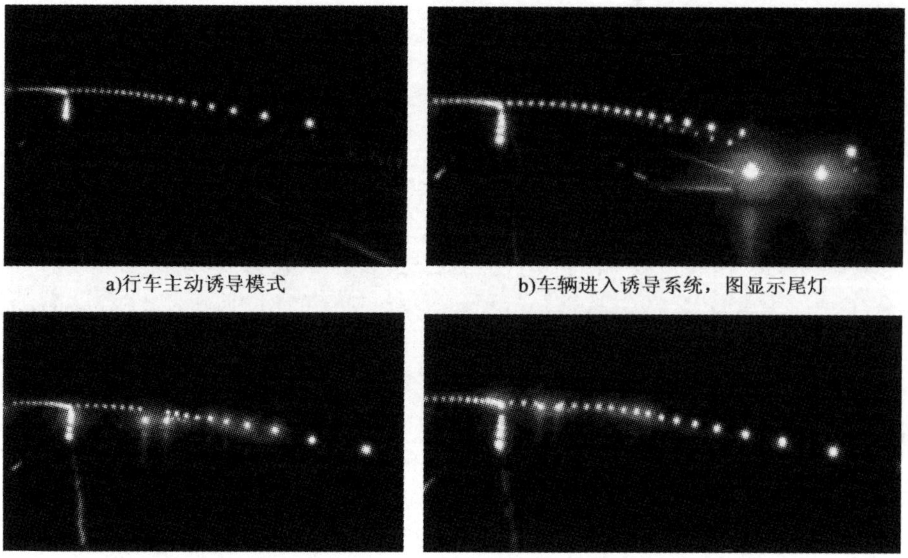

a)行车主动诱导模式　b)车辆进入诱导系统，图显示尾灯

c)车辆通过触发红色警示带　d)红色警示带随车移动

图 6-83　雾天智能引导系统夜间运行效果

第三节　主动式路面冰雪防治技术

由于融雪剂存在明显环境危害，欧美部分发达国家已严格限制或逐步禁止使用。新兴的主动融雪技术正在逐步走向成熟，目前主要有：开发抑制路面积雪结冰的特殊道路结构；利用能量转化技术，将电能、太阳能、地热、燃气等其他形式能源转化为热能，抑制路面积雪结冰；防结冰融雪剂自动喷洒技术等。

防结冰融雪剂自动喷洒系统能够起到预防路面结冰的作用，特别适用于易出现黑冰和冬季冰雪天气易出现打滑的桥区、匝道、陡坡等局部路段，这一技术在瑞典、德国、瑞士、奥地利、美国、韩国等国家应用较多，相比较其他的主动式路面冰雪防治技术，该技术具有技术成熟度高、运行可靠、运行成本较低的特点。本研究重点阐述防结冰融雪剂自动喷洒系统组成、工作原理、运行模式、相关技术集成、应用建议等。

一、系统概述

防结冰融雪剂自动喷洒系统是一套功能强大的、远程可操控的，并且能够实现自动化的道路防结冰控制系统。系统利用外场站监测路面冰雪状况、路面温度、融雪剂浓度，甚至真实的结冰温度点等数据，来控制在路上喷洒融雪剂的数量，使其喷洒量始终保持不多不少，这样既能使路面始终保持不结冰状态，同时还减少了过量使用融雪剂的成本浪费和对环境的污染。安装了这套系统就像在现场驻守了专业的道路维护人员，全天 24h 实时监测路面状况，第一时间对危险的结冰路/桥面进行维护，保障车辆在最危险的地段能够安全地行驶，如桥梁、陡坡、急转弯等路段。

图 6-84 为融雪剂喷洒系统应用情景。

防结冰融雪剂自动喷洒系统最显著特点是其主动防结冰的功能，系统根据路面状态传感器、气象环境传感器等监测数据，利用特定的模型算法对路面温度与状态，特别是结冰状态作出早期预警，从而及时触发融雪剂溶液喷洒控制装置，通过采用预先处置和实时处置的不同策略，确保路面不会出现结冰现象，保障路面安全通行条件。融雪剂除冰雪法通常被认为是被动式路面冰雪处置方法，但是由于防结冰融雪剂自动喷洒系统能够起到预防路面结冰的作用，此项技术在本书中归为主动式路面冰雪防治技术。

a)　　　　b)

图 6-84　融雪剂喷洒系统应用情景

近些年，防结冰融雪剂自动喷洒系统在瑞士、德国、奥地利、美国等部分欧美国家得到了较多的应用。国内北京市环卫设计科研开展了“立交桥自动除雪系统研制与示范工程”课题的研究，并在北京市二环、三环上的西直门桥、三元桥、马甸桥等部分在雪天易出现交通拥堵的立交桥上安装了融雪剂自动喷洒系统，开创了国内研发与应用的先例，取得了宝贵的工程技术经验，收到了良好的示范应用效果，具有一定借鉴意义。然而，截至目前国内尚无在高速公路上应用的案例。

自动喷洒系统基本上由路面传感器、气象监测站、溶剂储罐、喷嘴、传输管道、传输泵和计算机控制系统组成。路面与气象传感器实时采集路面状况与气象数据，当路面/桥面可能出现积雪结冰的危险时，通过采取人工或自动的模式启动喷洒装置，从而避免冰与路面之间形成坚固的板结，减少融雪剂的使用量。

图 6-85 为美国 Zilwaukee 大桥的自动喷洒系统，图 6-86 为北京的喷洒装置，图 6-87 为北京市立交桥自动喷洒系统控制界面与报警列表界面。

a)　　　　b)

图 6-85　美国 Zilwaukee 大桥的自动喷洒系统

图 6-86 北京的喷洒装置

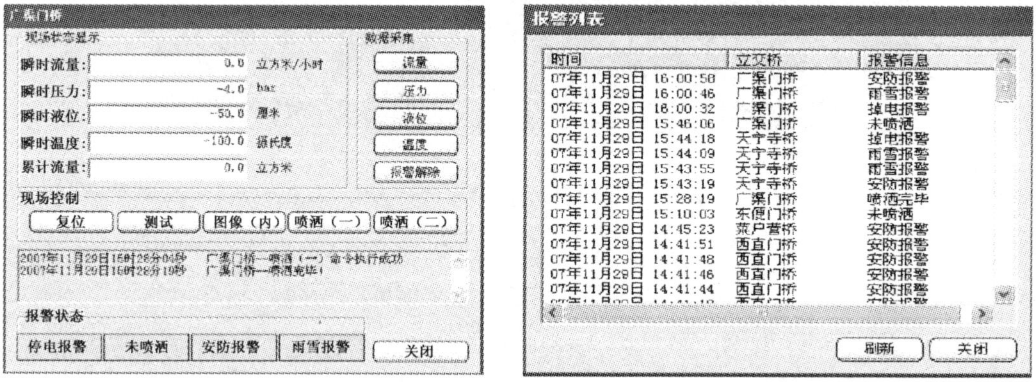

图 6-87 北京市立交桥自动喷洒系统控制界面与报警列表界面

二、系统构成及功能

自动喷洒系统构成可以分为以下三部分：路面结冰早期预警站（路面状态传感器、气象环境观测站）；融雪剂喷洒硬件（内部安装有储液罐、传输电子泵等设备的泵房、控制器、融雪剂输送管道、电磁阀控箱组件、喷射嘴组件、供电与通信模块）；控制软件。融雪剂自动喷洒系统示意图见图 6-88。

自动喷洒系统灵活的设计允许采用多种方法来触发系统，包括现场通过按钮触发、远程通过网络连接触发和自动触发。

1）路面结冰早期预警站

预警站及其相应软件构成的系统通过对天气变化、路面状况的实时监测，来获取路面结冰预警信息及路面湿滑信息，通过专用软件可实现提前 2h 左右的路面结冰临近预报，作为融雪剂喷洒装置触发启动的关键决策。路面结冰早期预警站子系统主要包括气象环境观测站、路面状态传感器以及数据采集与预警软件。气象环境观测站一般由气温、湿度、风速、风向、降水等传感器构成，低能见度频发地方可以配置能见度仪。路面状态传感器必须具备路面温度、路面状态（干燥、潮湿、湿润/积水、冰雪）监测功能，建议具备路面真实冰点温度监测功能。软件负责完成外场监测数据的采集以及路面结冰预警算法的实现。视情况，可增设监控摄像机，以进一步提高对路面状况、交通状况与气象状况的监测和确认能力，为保障摄像机全天候工作，建议采用低照度或带有红外功能的摄像机。

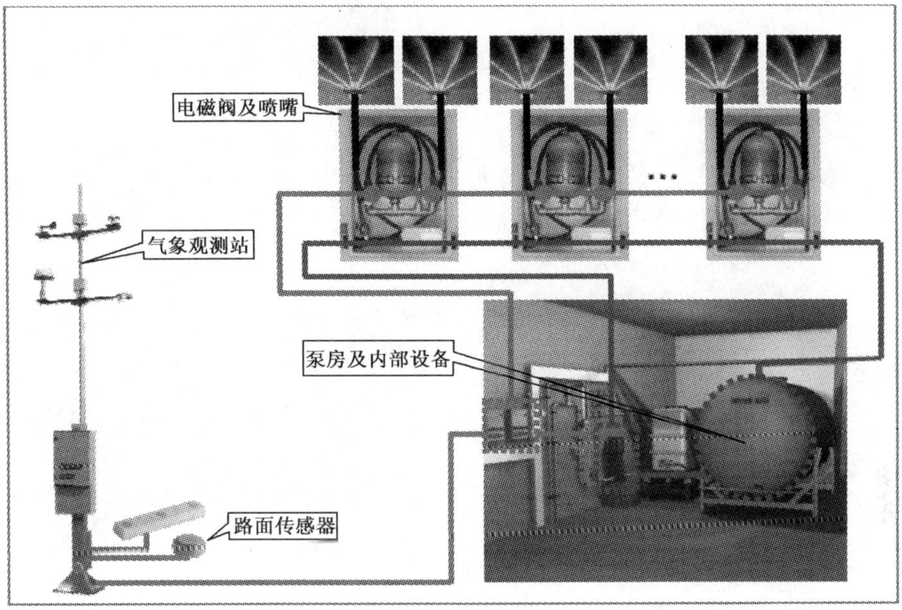

图 6-88　融雪剂自动喷洒系统示意图

2)融雪剂喷洒系统主要硬件

(1)泵房及内部主要设备

泵房及内部主要设备一览表见表 6-23，泵室外形见图 6-89，融雪剂储存罐见图 6-90，电脑控制系统见图 6-91，电子泵控系统见图 6-92。

泵房及内部主要设备一览表　　表 6-23

设　　备	功能/用途
泵房	作为摆放泵、储液罐、控制设备的空间
高压水泵	将融雪剂融雪送至管道
取水泵	外部取水用于融雪剂溶液配制
融雪剂溶液储罐	储存喷洒用融雪剂溶液
清水储罐	储存配制用清水
过滤器	过滤水，去除杂质
搅拌器	配制融雪剂溶液时用
配电箱	供电
水位计	融雪剂液位监视与报警
储液罐阀门控制板卡	控制储液罐阀门
外场电磁阀控制板卡	控制外场电磁阀
系统控制器	用于系统集成控制
连接管道、电缆、其他安装附件等	—

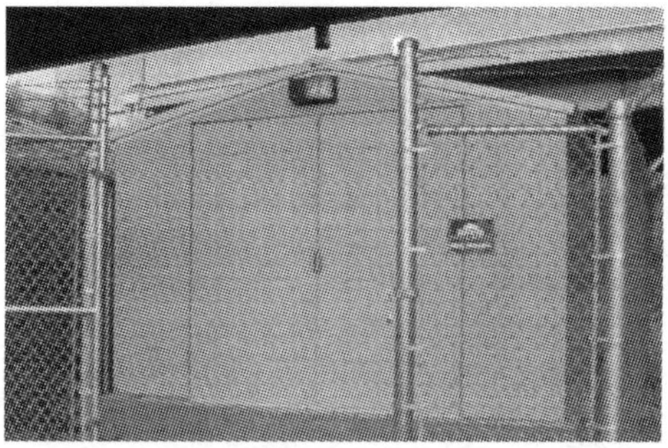

图 6-89　泵室外形

图 6-90　融雪剂储存罐

图 6-91　电脑控制系统

图 6-92　电子泵控系统

(2)管道和喷洒罐及控制阀组件

管道和喷洒罐分别起融雪剂溶液输送和喷洒前储存的作用。高压泵将泵房融雪剂溶液储罐中的融雪剂泵入输送管道,融雪剂溶液由泵房通过管道输送到外场喷洒地点,为精确均匀地控制喷射嘴喷洒,融雪剂溶液一般不采用由管道直接进入喷射嘴实施喷洒的方式,而是进入喷洒罐,喷洒罐内的液体具有一定压力,以保障融雪剂喷洒到设定位置。喷洒罐的体积和压力可根据具体需要调整。喷洒罐内溶液的进入和释放由电磁阀组建控制。喷洒罐、控制阀以及喷射嘴一起构成了外场设备最为核心的喷洒单元。桥梁的管道布设见图 6-93,控制阀连接见图 6-94,控制阀结构见图 6-95。

图 6-93　桥梁管道布设

图 6-94　控制阀连接

(3)喷射嘴/喷头

喷射嘴有两种安装类型,一种是路面埋入式安装(水平式安装),另一种是路侧安装。通过喷嘴的组合应用,可以将喷洒融雪剂的范围扩展到 4～6 条车道。

图 6-96 为水平式安装喷嘴，图 6-97 为路侧式安装喷嘴，图 6-98 为大型喷洒盘，图 6-99 为小型喷射嘴，图 6-100 为小型喷射嘴路上实际安装情况。

图 6-95　控制阀结构

图 6-96　水平式安装喷嘴

图 6-97　路侧式安装喷嘴

图 6-98　大型喷洒盘

图 6-99　小型喷射嘴

图 6-100　小型喷射嘴路上实际安装情况

以下是针对不同情况给出的融雪剂自动喷洒系统喷射嘴的推荐布设方式，详见表6-24和表6-25。

喷洒盘安装布设方式　　表6-24

布设方式	适用于
	单车道
	双向双车道
	双向四车道，环保经济型布设方式，路肩不喷洒
	双向六车道，喷洒盘安装在最内侧与中间车道中央

喷射嘴安装布设方式　　表6-25

布设方式	适用于
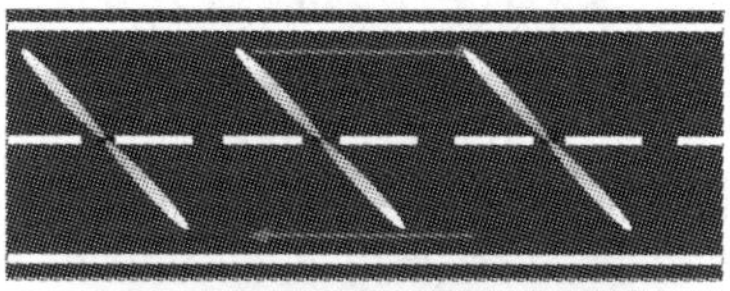	双向双车道
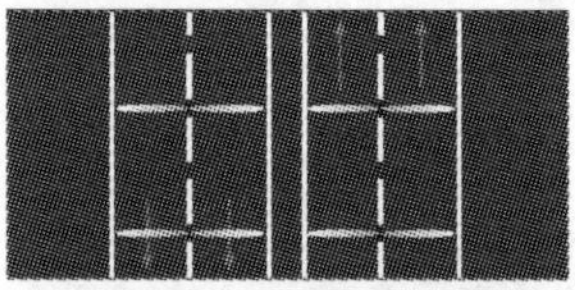	双向四车道，环保经济型布设方式，路肩不喷洒
	双向六车道

三、系统功能特点

系统能够根据实时监测到的气象环境与路面温度、冰点等因素，采用特定的算法预测路面结冰或出现黑冰的可能性，并提前作出预警。当结冰概率或预测时间窗口达到特定阈值时，系统可以自动启动融雪剂喷洒系统，通过精密控制的泵站压力系统准确喷洒适量的融雪剂。系统具有以下特点：

(1)在冰形成之前洒布融雪剂溶液。

(2)改善道路和桥梁的安全性。

(3)减少化学物质的环境污染。

(4)减少维护人力，降低维护成本，提高维护自动化水平。

(5)系统自动故障诊断功能。

(6)除冰液喷洒时间可以根据路况自动优化决定。

(7)喷洒时间(洒布剂量)可以调整。

(8)适应各种安装环境，适应桥梁和一般路段，可采用地面埋入式或路侧安装式。

(9)可以使用各种融雪剂溶液。

(10)喷洒头内置椎体单向阀避免外界脏物进入，以保证其免维护。

(11)安装简单，维护方便。

第七章　公路交通安全法律保障

法律和法规是交通安全保障和建设的基础，也是进行公路交通安全保障工作的依据和基础。本章总结我国道路安全法制建设的依据和重要的法律内容，力争让读者能对我国交通安全法制的有关内容有比较全面的了解。

第一节　道路交通安全法制建设依据

一、宪法

宪法是一国之根本大法，为一切国内法律法规的源泉，具有域内最高的法律效力。在美国、英国、德国、法国、澳大利亚、日本等发达国家的宪法中均有关于道路交通安全方面的条文。宪法的规定为政府制定道路交通安全法律法规提供了法律依据，也是道路交通安全法律体系中的组成部分。

我国宪法第三十三条规定：国家尊重和保障人权。交通安全法律所保障的生命权是最基本、最重要的人权。

二、法律

由于各行业特点存在较大差异，宪法仅对各行业的权责分配作出原则性规定，由行业的基本法进行具体化的规定。各国根据本国的国情和不同时期道路交通安全状况，制定了一系列道路交通安全行业基本法。如美国 1887 年的《州际商务法》、日本 1952 年的《道路法》和《道路运输法》、英国 1920 年和 1980 年的《道路法》和《道路交通安全法》等。行业基本法是行业管理的基本法律依据，具有综合性强和时效长的特点，对其条文的修改也有较为严格的程序，以保证法律的稳定性。

我国关于道路交通安全方面的基本法律主要有：《中华人民共和国公路法》(2009 年 8 月 27 日，中华人民共和国主席令第 18 号修正)和《中华人民共和国道路交通安全法》(2011 年 4 月 22 日，中华人民共和国主席令第 47 号修正)。道路交通安全执法的依据还包括如《中华人民共和国刑法》、《中华人民共和国民法》、《中华人民共和国合同法》等基本法律中关于道路交通安全或事故的规定。

2011 年 2 月 25 日，第十一届全国人民代表大会常务委员会第十九次会议通过中华人民共和国刑法修正案(八)，其中在刑法第一百三十三条后增加一条，作为第一百三十三条之一："在道路上驾驶机动车追逐竞驶，情节恶劣的，或者在道路上醉酒驾驶机动车的，处拘役，并处罚金。"同时规定："有前款行为，同时构成其他犯罪的，依照处罚较重的规定定罪处罚。"

2011 年 4 月 22 日，第十一届全国人民代表大会常务委员会第二十次会议通过全国人民代表大会常务委员会关于修改《中华人民共和国道路交通安全法》的决定。决定内容如下：将第九十一条修改为："饮酒后驾驶机动车的，处暂扣六个月机动车驾驶证，并处一千元以上二千元以下罚款。因饮酒后驾驶机动车被处罚，再次饮酒后驾驶机动车的，处十日以下拘留，并处一千元以上二千元以下罚款，吊销机动车驾驶证。""醉酒驾驶机动车的，由公安机关交通管理部门约束至酒醒，吊销机动车驾驶证，依法追究刑事责任；五年内不得重新取得机动车驾驶证。""饮酒后驾驶营运机动车的，处十五日拘留，并处五千元罚款，吊销机动车驾驶证，五年内不得重新取得机动车驾驶证。""醉酒驾驶营运机动车的，由公安机关交通管理部门约束至酒醒，吊销机动车驾驶证，依法追究刑事责任；十年内不得重新取得机动车驾驶证，重新取得机动车驾驶证后，不得驾驶营运机动车。""饮酒后或者醉酒驾驶机动车发生重大交通事故，构成犯罪的，依法追究刑事责任，并由公安机关交通管理部门吊销机动车驾驶证，终生不得重新取得机动车驾驶证。"将第九十六条第一款修改为："伪造、变造或者使用伪造、变造的机动车登记证书、号牌、行驶证、驾驶证的，由公安机关交通管理部门予以收缴，扣留该机动车，处十五日以下拘留，并处二千元以上五千元以下罚款；构成犯罪的，依法追究刑事责任。""伪造、变造或者使用伪造、变造的检验合格标志、保险标志的，由公安机关交通管理部门予以收缴，扣留该机动车，处十日以下拘留，并处一千元以上三千元以下罚款；构成犯罪的，依法追究刑事责任。""使用其他车辆的机动车登记证书、号牌、行驶证、检验合格标志、保险标志的，由公安机关交通管理部门予以收缴，扣留该机动车，处二千元以上五千元以下罚款。"

三、行政法规

在道路交通的发展过程中，需要根据安全管理工作的客观需要，通过委托立法或授权立法程序制定一些单行法规和条例，以解决所面临的问题。单行法规和条例具有操作性强、针对性强的特点，对行业基本法起到补充和完善的作用，是道路交通安全法律体系中必不可少的组成部分。

我国关于道路交通安全的行政法规主要包括：《公路安全保护条例》(2011 年 3 月 7 日，中华人民共和国国务院令第 593 号)、《收费公路管理条例》(2004 年 9 月 13 日，中华人民共和国国务院令第 417 号)、《城市道路管理条例》(2011 年 1 月 8 日，中华人民共和国国务院令第 588 号修订)、《建设工程质量管理条例》(2000 年 1 月 30 日，中华人民共和国国务院令第 279 号)、《中华人民共和国道路运输条例》(2004 年 4 月 30 日，中华人民共和国国务院令第 406 号)、《中华人民共和国道路交通安全法实施条例》(2004 年 4 月 30 日，中华人民共和国国务院令第 405 号)、《危险化学品安全管理条例》(2011 年 3 月 2 日，中华人民共和国国务院令第 591 号修订)、《放射性物品运输安全管理条例》(2009 年 9 月 14 日，中华人民共和国国务院令第 562 号)、《中华人民共和国车辆购置税暂行条例》(2000 年 10 月 22 日，中华人民共和国国务院令第 294 号)、《报废汽车回收管理办法》(2001 年 6 月 16 日，中华人民共和国国务院令第 307 号)、《机动车交通事故责任强制保险条例》(2006 年 3 月 21 日，中华人民共和国国务院令第 462 号)和《国务院关于特大安全事故行政责任追究的规定》(2001 年 4 月 21 日，中华人民共和国国务院令第 302 号)等。

四、地方性法规

地方性法规主要是指各省、自治区、直辖市的人民代表大会及其常委会制定和颁布的在本地区发生效力的道路交通安全方面的规范性文件，如《北京市实施〈中华人民共和国道路交通安全法〉办法》。

五、部门规章

部门规章由国务院负责道路交通安全管理的部门依据宪法、法律和道路交通安全方面的单行法规及条例制定。关于道路交通安全方面的部门规章数量较多，规定较为具体，在中国的道路交通安全法律体系中占有重要的地位。

关于综合执法的部门规章主要包括:《交通行政许可实施程序规定》(2006 年 11 月 24 日，交通部令 2006 年第 11 号)、《交通行政许可监督检查及责任追究规定》(2004 年 11 月 22 日，交通部令 2004 年第 11 号)、《交通行政处罚程序规定》(1996 年 9 月 25 日，交通部令 1996 年第 7 号)、《交通行政复议规定》(2000 年 6 月 27 日，交通部令 2000 年第 5 号)、《交通行政执法监督规定》(1995 年 3 月 20 日，交通部令 1995 年第 1 号)、《交通运输行政执法证件管理规定》(2011 年 1 月 4 日，交通运输部令 2011 年第 1 号)、《交通运输行政执法评议考核规定》(2010 年 7 月 27 日，交通运输部令 2010 年第 2 号)等。

关于公路建设管理的部门规章主要包括:《公路建设市场管理办法》(2004 年 12 月 21 日，交通部令 2004 年第 14 号)、《公路建设监督管理办法》(2006 年 6 月 8 日，交通部令 2006 年第 6 号)、《农村公路建设管理办法》(2006 年 1 月 27 日，交通部令 2006 年第 3 号)、《公路工程质量监督规定》(2005 年 5 月 8 日，交通部令 2005 年第 4 号)、《公路工程勘察设计招标投标管理办法》(2001 年 8 月 21 日，交通部令 2001 年第 6 号)、《公路工程施工招标投标管理办法》(2006 年 6 月 23 日，交通部令 2006 年第 7 号)、《公路工程施工监理招标投标管理办法》(2006 年 5 月 25 日，交通部令 2006 年第 5 号)和《公路工程竣(交)工验收办法》(2004 年 3 月 31 日，交通部令 2004 年第 3 号)等。

关于公路路政的部门规章主要包括:《路政管理规定》(2003 年 1 月 27 日，交通部令 2003 年第 2 号)、《公路监督检查专用车辆管理办法》(2002 年 11 月 16 日，交通部令 2002 年第 6 号)和《超限运输车辆行驶公路管理规定》(2000 年 2 月 13 日，交通部令 2000 年第 2 号)等。

关于旅客运输的部门规章主要包括:《道路旅客运输及客运站管理规定》(2009 年 4 月 20 日，交通运输部令 2009 年第 4 号修正)、《道路旅客运输班线经营权招标投标办法》(2008 年 7 月 22 日，交通运输部令 2008 年第 8 号)、《城市轨道交通运营管理办法》(2005 年 6 月 28 日，建设部令 2005 年第 140 号)、《城市公共汽电车客运管理办法》(2005 年 3 月 23 日，建设部令 2005 年第 138 号)等。

关于货物运输的部门规章主要包括:《道路危险货物运输管理规定》(2010 年 10 月 27 日，交通运输部令 2010 年第 5 号修正)、《放射性物品道路运输管理规定》(2010 年 10 月 27 日，交通运输部令 2010 年第 6 号)、《道路货物运输及站场管理规定》(2009 年 4 月 20 日，交通运输部令 2009 年第 3 号修正)、《汽车货物运输规则》(1999 年 11 月 15 日，交通部令 1999 年第 5 号)和《关于加强承运进口废物管理的规定》(1996 年 8 月 9 日，交通部令 1996 年第 5 号)等。

关于车辆管理的部门规章主要包括:《机动车维修管理规定》(2005 年 6 月 24 日,交通部令 2005 年第 7 号)、《道路运输车辆维护管理规定》(2001 年 8 月 20 日,交通部令 2001 年第 4 号修正)、《汽车运输业车辆技术管理规定》(1990 年 3 月 7 日,交通部令 1990 年第 13 号)、《机动车登记规定》(2008 年 5 月 27 日,公安部令第 102 号)、《警车管理规定》(2006 年 11 月 29 日,公安部令第 89 号)、《二手车流通管理办法》(2005 年 8 月 29 日,商务部、公安部、工商总局、国家税务总局令 2005 年第 2 号)和《车辆购置税征收管理办法》(2005 年 11 月 15 日,国家税务总局令第 15 号)等。

关于驾驶人管理的部门规章主要包括:《道路运输从业人员管理规定》(2006 年 11 月 23 日,交通部令 2006 年第 9 号)和《机动车驾驶人培训管理规定》(2006 年 1 月 12 日,交通部令 2006 年第 2 号)等。

关于交通事故处理的部门规章主要包括:《道路交通事故处理程序规定》(2008 年 8 月 17 日,公安部令第 104 号)等。

第二节 道路交通安全执法内容

一、驾驶人管理

在道路交通安全的四个构成要素人、车、道路、环境中,人是最为重要的因素,也是导致交通事故发生的主要因素。在已经发生的道路交通事故中,绝大部分事故是由于驾驶人违法违章造成的。根据公安部交通管理局发布的《中华人民共和国道路交通事故统计年报》(2010 年度)统计,2010 年发生的道路交通事故中,因机动车违法、非机动车违法和行人乘车人违法造成的事故数占事故总数的 97.14%,其中,因机动车违法造成的事故数占事故总数的 91.08%。

(1)机动车驾驶人的培训管理依照交通运输部部门规章《机动车驾驶人培训管理规定》开展。

①执法主体。由交通运输部主管全国机动车驾驶人培训管理工作。县级以上地方人民政府交通运输主管部门负责组织领导本行政区域内的机动车驾驶人培训管理工作。县级以上道路运输管理机构负责具体实施本行政区域内的机动车驾驶人培训管理工作。

②执法要求。要求申请从事普通机动车驾驶人培训业务的单位具备以下条件:第一,具有健全的培训机构,具有包括教学、教练员、学员、质量、安全、结业考试和设施设备管理等组织机构,并明确负责人、管理人员、教练员和其他人员的岗位职责。第二,具有健全的包括安全管理制度、教练员管理制度、学员管理制度、培训质量管理制度、结业考试制度、教学车辆管理制度、教学设施设备管理制度、教练场地管理制度、档案管理制度等的管理制度。第三,要求有与培训业务相适应的教学人员。第四,要有与培训业务相适应的管理人员。第五,要有必要的教学车辆。要求所配备的教学车辆符合国家有关技术标准要求,并装有副后视镜、副制动踏板、灭火器及其他安全防护装置。第六,有必要的教学设施、设备和场地。

要求从事普通机动车驾驶人培训的理论教练员持有机动车驾驶证,年龄不超过 60 周岁,具有汽车及相关专业中专以上学历或者汽车及相关专业中级以上技术职称,具有两年以上安全驾驶经历,熟练掌握道路交通安全法规、驾驶理论、机动车构造、交通安全心理学、常用伤员急救等安全驾驶知识，了解教育学、教育心理学的基本教学知识，具备编写教案、规范讲解的授课能力。要求从事普通机动车驾驶人培训的驾驶操作教练员持有相应的机动车驾驶证，年龄不超过60周岁，具有汽车及相关专业中专或者高中以上学历，符合一定的安全驾驶经历和相应车型驾驶经历，熟练掌握道路交通安全法规、驾驶理论、机动车构造、交通安全心理学和应急驾驶的基本知识，熟悉车辆维护和常见故障诊断、车辆环保和节约能源的有关知识，具备驾驶要领讲解、驾驶动作示范、指导驾驶的教学能力。

要求申请从事道路运输驾驶人从业资格培训业务的单位具备下列条件：第一，具备相应车型的普通机动车驾驶人培训资格。第二，有与培训业务相适应的教学人员。第三，有必要的教学设施、设备和场地。要求从事道路客货运输驾驶人从业资格培训业务的单位配备相应的机动车构造、机动车维护、常见故障诊断和排除、货物装卸保管、医学救护、消防器材等教学设施、设备和专用场地。要求从事危险货物运输驾驶人从业资格培训业务的单位配备常见危险化学品样本、包装容器、教学挂图、危险化学品试验室等设施、设备和专用场地。

③执法方式。

其一，通过行政许可的方式对从事普通机动车驾驶人培训和从事道路运输驾驶人培训业务的单位进行审查和评估，使其能够在满足安全驾驶培训条件下方能开展驾驶人培训业务。

对机动车驾驶人培训依据经营项目、培训能力和培训内容实行分类许可，分为普通机动车驾驶人培训、道路运输驾驶人从业资格培训、机动车驾驶人培训教练场经营三类。普通机动车驾驶人培训根据培训能力分为一级普通机动车驾驶人培训、二级普通机动车驾驶人培训和三级普通机动车驾驶人培训三类。道路运输驾驶人从业资格培训根据培训内容分为道路客货运输驾驶人从业资格培训和危险货物运输驾驶人从业资格培训两类。获得一级普通机动车驾驶人培训许可的，可以从事三种以上相应车型的普通机动车驾驶人培训业务；获得二级普通机动车驾驶人培训许可的，可以从事两种相应车型的普通机动车驾驶人培训业务；获得三级普通机动车驾驶人培训许可的，只能从事一种相应车型的普通机动车驾驶人培训业务。获得道路客货运输驾驶人从业资格培训许可的，可以从事经营性道路旅客运输驾驶人、经营性道路货物运输驾驶人的从业资格培训业务；获得危险货物运输驾驶人从业资格培训许可的，可以从事道路危险货物运输驾驶人的从业资格培训业务。获得道路运输驾驶人从业资格培训许可的，还可以从事相应车型的普通机动车驾驶人培训业务。获得机动车驾驶人培训教练场经营许可的，可以从事机动车驾驶人培训教练场经营业务。

其二，通过教练员资格管理制度对从事机动车驾驶人培训的教练员进行安全知识方面的考察。

机动车驾驶培训教练员资格实行全国统一考试制度。由交通运输部制定考试大纲、考试题库、考核标准、考试工作规范和程序，由省级道路运输管理机构组织实施。在实行教练员资格全国统一考试制度的前提下，还要求机动车驾驶人培训机构加强对教练员的职业道德教育和驾驶新知识、新技术的再教育，对教练员每年进行至少一周的脱岗培训，要求机动车驾驶人培训机构加强对教练员教学情况的监督检查，定期对教练员的教学水平和职业道德进行评议。

其三，要求机动车驾驶人培训机构应当按照经批准的行政许可事项开展培训业务，将机动车驾驶人培训许可证件悬挂在经营场所的醒目位置，公示其经营类别、培训范围、收费项目、收费标准、教练员、教学场地等情况。要求机动车驾驶人培训机构在注册地开展培训业务，不得采取异地培训、恶意压价、欺骗学员等不正当手段开展经营活动，不得允许社会车辆以其名义开展机动车驾驶人培训经营活动。要求机动车驾驶人培训机构应当按照全国统一的教学大纲进行培训并建立学员档案。

其四，道路运输管理机构可对机动车驾驶人培训实施现场监督检查。发现违法行为，道路运输管理机构依法对其进行处罚。

执法人员实施现场监督检查，可以行使下列职权：询问教练员、学员以及其他相关人员，并可以要求被询问人提供与违法行为有关的证明材料；查阅、复制与违法行为有关的《教学日志》、《培训记录》及其他资料；核对与违法行为有关的技术资料；在违法行为发现场所进行摄影、摄像取证；检查与违法行为有关的教学车辆和教学设施、设备。

对于不同的违法行为，道路运输管理机构实施责令停止违法行为、责令改正、责令限期整改、责令停止经营、收缴有关证件、吊销经营许可、没收违法所得、处以罚款等处罚。

(2)经营性道路客货运输驾驶人和道路危险货物运输从业人员的管理依照交通运输部部门规章《道路运输从业人员管理规定》开展。

①执法主体。由交通运输部负责全国道路运输从业人员管理工作。县级以上地方人民政府交通运输主管部门负责组织领导本行政区域内的道路运输从业人员管理工作，并具体负责本行政区域内道路危险货物运输从业人员的管理工作。县级以上道路运输管理机构具体负责本行政区域内经营性道路客货运输驾驶人的管理工作。

②执法要求。对道路运输从业人员实行从业资格考试制度。从业资格是对道路运输从业人员所从事的特定岗位职业素质的基本评价。要求经营性道路客货运输驾驶人和道路危险货物运输从业人员必须取得相应从业资格，方可从事相应的道路运输活动。要求道路运输从业人员从业资格考试按照交通运输部编制的考试大纲、考试题库、考核标准、考试工作规范和程序组织实施。要求经营性道路旅客运输驾驶人应当符合下列条件：取得相应的机动车驾驶证1年以上；年龄不超过60周岁；3年内无重大以上交通责任事故；掌握相关道路旅客运输法规、机动车维修和旅客急救基本知识；经考试合格，取得相应的从业资格证件。要求经营性道路货物运输驾驶人应当符合下列条件：取得相应的机动车驾驶证；年龄不超过60周岁；掌握相关道路货物运输法规、机动车维修和货物装载保管基本知识；经考试合格，取得相应的从业资格证件。要求道路危险货物运输驾驶人应当符合下列条件：取得相应的机动车驾驶证；年龄不超过60周岁；3年内无重大以上交通责任事故；取得经营性道路旅客运输或者货物运输驾驶人从业资格2年以上；接受相关法规、安全知识、专业技术、职业卫生防护和应急救援知识的培训，了解危险货物性质、危害特征、包装容器的使用特性和发生意外时的应急措施；经考试合格，取得相应的从业资格证件。

要求经营性道路客货运输驾驶人以及道路危险货物运输从业人员应当在从业资格证件许可的范围内从事道路运输活动。要求道路运输从业人员在从事道路运输活动时，应当携带相应的从业资格证件，并应当遵守国家相关法规和道路运输安全操作规程，不得违法经营、违章作业。要求道路运输从业人员按照规定参加国家相关法规、职业道德及业务知识培训。禁止经营性道路客货运输驾驶人和道路危险货物运输驾驶人超限、超载运输或疲劳驾驶。要求经营性道路旅客运输驾驶人应当采取必要措施保证旅客的人身和财产安全，发生紧急情况时，应当积极进行救护。要求经营性道路货物运输驾驶人采取必要措施防止货物脱落、扬撒等。严禁驾驶道路货物运输车辆从事经营性道路旅客运输活动。要求道路危险货物运输驾驶人按照道路交通安全主管部门指定的行车时间和路线运输危险货物。要求道路危险货物运输装卸管理人员应当按照安全作业规程对道路危险货物装卸作业进行现场监督，确保装卸安全。在道路危险货物运输过程中发生燃烧、爆炸、污染、中毒或者被盗、丢失、流散、泄漏等事故时，要求道路危险货物运输驾驶人、押运人员应当立即向当地公安部门和所在运输企业或者单位报告，说明事故情况、危险货物品名和特性，并采取一切可能的警示措施和应急措施，积极配合有关部门进行处置。

③执法方式。

其一，通过道路运输从业人员从业资格证件的发放和管理，对道路运输从业人员的基本条件进行规定和控制。

其二，通过违章记录、计分考核和诚信考核方式，对道路运输从业人员的从业活动进行规范。

其三，对违反道路运输从业人员管理规定的行为，实施吊销从业资格证件、罚款等处罚。

(3)机动车驾驶证的申领和使用管理依照公安部部门规章《机动车驾驶证申领和使用规定》开展。

①执法主体。直辖市公安机关交通管理部门车辆管理所、设区的市或者相当于同级的公安机关交通管理部门车辆管理所负责办理本行政辖区内机动车驾驶证业务。县级公安机关交通管理部门办理机动车驾驶证业务的范围由省级公安机关交通管理部门确定。

②执法要求。要求申请机动车驾驶证的人符合下列规定：在年龄条件方面，申请小型汽车、小型自动挡汽车、残疾人专用小型自动挡载客汽车、轻便摩托车准驾车型的，在 18 周岁以上，70 周岁以下；申请低速载货汽车、三轮汽车、普通三轮摩托车、普通二轮摩托车或者轮式自行机械车准驾车型的，在 18 周岁以上，60 周岁以下；申请城市公交车、中型客车、大型货车、无轨电车或者有轨电车准驾车型的，在 21 周岁以上，50 周岁以下；申请牵引车准驾车型的，在 24 周岁以上，50 周岁以下；申请大型客车准驾车型的，在 26 周岁以上，50 周岁以下。在身体条件方面，申请大型客车、牵引车、城市公交车、大型货车、无轨电车准驾车型的，身高为 155cm 以上；申请中型客车准驾车型的，身高为 150cm 以上；申请大型客车、牵引车、城市公交车、中型客车、大型货车、无轨电车或者有轨电车准驾车型的，两眼裸视力或者矫正视力达到对数视力表 5.0 以上。申请其他准驾车型的，两眼裸视力或者矫正视力达到对数视力表 4.9 以上；无红绿色盲；两耳分别距音叉 50cm 能辨别声源方向。有听力障碍但佩戴助听设备能够达到以上条件的，可以申请小型汽车、小型自动挡汽车准驾车型的机动车驾驶证；双手拇指健全，每只手其他手指必须有三指健全，肢体和手指运动功能正常。但手指末节残缺或者右手拇指缺失的，可以申请小型汽车、小型自动挡汽车准驾车型的机动车驾驶证；双下肢健全且运动功能正常，不等长度不得大于 5cm。但左下肢缺失或者丧失运动功能的，可以申请小型自动挡汽车准驾车型的机动车驾驶证。右下肢、双下肢缺失或者丧失运动功能但能够自主坐立的，可以申请残疾人专用小型自动挡载客汽车准驾车型的机动车驾驶证；躯干、颈部无运动功能障碍。

对不得申请机动车驾驶证的情形也作出了要求，包括：有器质性心脏病、癫痫病、美尼尔氏症、眩晕症、癔病、震颤麻痹、精神病、痴呆以及影响肢体活动的神经系统疾病等妨碍安全驾驶疾病的；吸食、注射毒品、长期服用依赖性精神药品成瘾尚未戒除的；吊销机动车驾驶证未满两年的;造成交通事故后逃逸被吊销机动车驾驶证的;驾驶许可依法被撤销未满三年的;法律、行政法规规定的其他情形。

不得申请增加大型客车、牵引车、中型客车准驾车型的情形包括:发生交通事故造成人员死亡,承担全部责任或者主要责任的;醉酒后驾驶机动车的;在本记分周期和申请前最近连续三个记分周期内有饮酒后驾驶机动车行为的;在本记分周期和申请前最近连续三个记分周期内有驾驶机动车行驶超过规定时速百分之五十以上行为,机动车驾驶证未被吊销的。

对机动车驾驶证的申领实施全国统一的考试科目内容及合格标准。科目一考试题库的结构和基本题型由公安部制定,省级公安机关交通管理部门结合本地实际情况建立本省(自治区、直辖市)的考试题库。科目二考试项目包括:桩考、坡道定点停车和起步、侧方停车、通过单边桥、曲线行驶、直角转弯、限速通过限宽门、通过连续障碍、百米加减挡、起伏路行驶。科目三考试基本项目包括:上车准备、起步、直线行驶、变更车道、通过路口、靠边停车、通过人行横道线、通过学校区域、通过公共汽车站、会车、超车、掉头、夜间行驶。

③执法方式。

其一,通过考试和行政许可的方式对申领机动车驾驶证的人的基本条件进行规定和控制。

其二,对违反机动车驾驶证申领和使用管理规定的行为,实施罚款、不予换发机动车驾驶证和注销机动车驾驶证等处罚。

其三,通过道路交通安全违法行为累积记分制度对道路交通安全违法行为进行处罚。

对在一个记分周期内累积记分达到12分的机动车驾驶人,要求其在十五日内到机动车驾驶证核发地或者违法行为地公安机关交通管理部门接受为期七日的道路交通安全法律、法规和相关知识的教育。机动车驾驶人接受教育后,车辆管理所在二十日内对其进行科目一考试。对在一个记分周期内两次以上达到12分的机动车驾驶人,车辆管理所在科目一考试合格后十日内对其进行科目三考试。

二、车辆管理

(1)机动车登记管理依照公安部部门规章《机动车登记规定》开展。

①执法主体。省级公安机关交通管理部门负责本省(自治区、直辖市)机动车登记工作的指导、检查和监督。直辖市公安机关交通管理部门车辆管理所、设区的市或者相当于同级的公安机关交通管理部门车辆管理所负责办理本行政辖区内机动车登记业务。县级公安机关交通管理部门车辆管理所可以办理本行政辖区内摩托车、三轮汽车、低速载货汽车登记业务。条件具备的,可以办理除进口机动车、危险化学品运输车、校车、中型以上载客汽车以外的其他机动车登记业务。具体业务范围和办理条件由省级公安机关交通管理部门确定。

②执法要求。要求机动车所有人到机动车安全技术检验机构对机动车进行安全技术检验,取得机动车安全技术检验合格证明后方能申请注册登记。申请注册登记的,机动车所有人应当填写申请表,交验机动车,并提交机动车所有人的身份证明、购车发票等机动车来历证明、机动车整车出厂合格证明或者进口机动车进口凭证、车辆购置税完税证明或者免税凭证、机动车交通事故责任强制保险凭证等证明和凭证。

不予办理注册登记的情形包括:机动车所有人提交的证明、凭证无效的;机动车来历证明被涂改或者机动车来历证明记载的机动车所有人与身份证明不符的;机动车所有人提交的证明、凭证与机动车不符的；机动车未经国务院机动车产品主管部门许可生产或者未经国家进口机动车主管部门许可进口的；机动车的有关技术数据与国务院机动车产品主管部门公告的数据不符的；机动车的型号、发动机号码、车辆识别代号或者有关技术数据不符合国家安全技术标准的；机动车达到国家规定的强制报废标准的；机动车被人民法院、人民检察院、行政执法部门依法查封、扣押的；机动车属于被盗抢的等。

已注册登记的机动车有下列情形之一的，机动车所有人应当向登记地车辆管理所申请变更登记：改变车身颜色的；更换发动机的；更换车身或者车架的；因质量问题更换整车的；营运机动车改为非营运机动车或者非营运机动车改为营运机动车等使用性质改变的；机动车所有人的住所迁出或者迁入车辆管理所管辖区域的。

对已达到国家强制报废标准的机动车，要求机动车所有人向机动车回收企业交售机动车。要求机动车回收企业确认机动车并解体。报废的大型客、货车及其他营运车辆应当在车辆管理所的监督下解体。

③执法方式。

其一，对于不符合机动车登记规定要求的，不予办理注册登记。

其二，对于违反机动车登记规定的行为，实施警告、罚款、责令恢复原状等处罚。

(2)汽车运输业车辆技术管理依照交通运输部部门规章《汽车运输业车辆技术管理规定》开展。

①执法主体。交通运输部归口管理全国汽车运输业车辆技术管理工作；各省、自治区、直辖市交通运输厅(局)或其授权的所属公路运输管理部门归口管理本地区汽车运输业车辆技术管理工作。经各省、自治区、直辖市交通运输厅(局)认定后的检测站可代表交通运输管理部门对车辆行使质量监控。

②执法要求。要求对运营性运输车辆的选配和使用实施前期管理。交通运输管理部门应根据当地社会运力、油料供应、运量、运距和道路、气候等社会和自然条件，制定车辆发展规划。对运力的增长，进行宏观控制。凡需购置营业性运输车辆的单位和个人，应事先向交通运输管理部门提出申请，经审核批准后，方可购置。未经交通运输管理部门批准购置的车辆，不予签发营运证。

对运营性运输车辆的装备管理提出要求。车辆的经常性装备应符合相关国家标准和行业标准的有关规定，并保证齐全、完好，不得任意增减。要求车辆在特殊运行条件下使用时，应根据需要，配备保温、预热、防滑、牵引等临时性装备。要求车辆运输超长、超宽、超高等特殊物资时，应根据需要增加临时性装备。要求运输危险货物的车辆装备符合有关规定。

要求建立车辆技术档案并进行管理。要求车辆从购置到报废全过程的技术管理，应系统记入车辆技术档案。运输单位和个人必须逐车建立车辆技术档案。技术档案应认真填写，妥善保管，记载及时、完整和准确，不得任意更改。车辆办理过户手续时，车辆技术档案应完整移交。车辆技术档案的主要内容包括：车辆基本情况和主要性能、运行使用情况、主要部件更换情况、检测和维修记录、事故处理记录等。

要求实施运输业车辆检测制度。根据车辆从事运输的性质、使用条件和强度以及车辆老旧程度等，进行定期或不定期检测，确保车辆技术状况良好，并对维修车辆实行质量监控。要求运输单位和个人应建立健全车辆技术检验和安全检查制度，做好出车前、行车中及收车后的车辆检查工作，发现故障及隐患，及时排除。

对车辆驾驶操作和日常维护工作提出基本要求。要求驾驶人须爱护车辆，严格遵守驾驶操作规程。行车前，做到预热起动、低速升温、低挡起步。行驶中，注意保持温度、及时换挡、保有余力、行驶平稳、安全滑行、合理节油。在拖带挂车时，加强主、挂车之间连接机构的检查，避免冲击。要求驾驶人对车辆进行日常维护，主要内容是坚持三检，即出车前、行车中、收车后检视车辆的安全机构及各部机件连接的紧固情况；保持四清，即保持机油、空气、燃油滤清器和蓄电池的清洁；防止四漏，即防止漏水、漏油、漏气、漏电。

要求车辆装载符合以下规定：车辆的额定载质量，应符合制造厂规定；经过改装、改造的车辆，或因其他原因需要重新标定载质量时，应经车辆所在地主管部门核定；车辆换装与制造厂规定最大负荷不相同的轮胎，其最大负荷大于原轮胎的，应保持原车额定载质量；最大负荷小于原轮胎的，必须相应地降低载质量；车辆增载必须符合有关规定；所有车辆的载质量，一经核定，严禁超载；车辆总质量超过桥梁承载质量或运输超长、超宽、超高货物时，应报请当地交通、公安主管部门，采取安全有效措施，经批准后才能通行；车辆运载易散落、飞扬、泄漏、污秽物品时，应封盖严密。要求车辆在通过危险的路段、渡口、桥梁和遇有临时开沟、设线、水毁、塌方、冰坎、翻浆等情况时，采取切实有效的技术措施，保障行车安全。

要求车辆在低温条件下使用时，应采取以下措施：车辆在低温条件下停放时，应采取防冻、保温措施。使用前应预热；各总成和轮毂轴承换用冬季润滑油（脂），制动系换用冬季用制动液。柴油发动机使用低凝点柴油；调整发电机调节器，增大发电机充电电流。注意保持蓄电池电解液的合适密度和蓄电池的保温；发动机罩和散热器前加装保温套，注意保持正常工作温度；使用防冻液时，应掌握其正确的使用方法；在冰雪路面行驶时，应采用有效的防滑措施。

要求车辆在高温条件下使用时，应采取以下措施：对汽油发动机供油系，采取隔热、降温等有效措施，防止气阻；加强冷却系的维护，清除水垢，保持良好的冷却效果。行车中注意勿使发动机过热；各总成和轮毂轴承换用夏季润滑油（脂）。制动系换用夏季制动液；调整发电机调节器，减小充电电流。检查调整蓄电池电解液密度，保持液面高度和通气孔畅通；行车途中经常检查轮胎温度和气压，不得采取放气或冷水浇泼的方法降低轮胎的气压和温度。

要求车辆在山区或高原等地区使用时，应采取以下措施：加强制动系和操纵系的检查和维护工作，确保制动和操纵装置可靠，工作正常；爬长坡、陡坡时，注意提前换挡；下坡前，注意制动系压力及制动机构工作状况。禁止熄火空挡滑行。防止制动毂过热；对点火系和供油系作适当调整；风沙严重地区注意车辆的密封。加强发动机空气、机油和燃油滤清器保养工作；可酌情采取提高压缩比、改变配气相位、增压等措施，提高发动机的动力性。

要求车辆修理贯彻视情况修理的原则。根据车辆检测诊断和技术鉴定的结果，视情况按不同作业范围和深度进行，防止拖延修理造成车况恶化。车辆修理必须根据国家和交通运输部发布的有关规定和修理技术标准进行，确保修理质量。

要求对经长期使用，车型老旧，性能低劣，物料超耗严重，维修费用过高，继续使用不经济、不安全的车辆予以报废。

③执法方式。

其一，对推行现代化车辆技术管理，使车辆技术状况不断改善，取得显著成效的，以及发现车辆隐患，及时防止和避免重大事故的单位或个人给予表彰和奖励。

其二，对技术管理混乱，玩忽职守，职责不清或无人管理，对车辆损坏不作及时处理，造成车辆技术状况严重下降的，违反检验维修规程，降低标准，以致维修质量低劣，造成经济损失或安全事故的单位或个人，给予批评教育和经济处罚。

(3)道路运输车辆维护管理依照交通运输部部门规章《道路运输车辆维护管理规定》开展。

①执法主体。各级交通行政主管部门归口管理辖区内道路运输车辆的维护管理工作，各级道路运输管理机构负责组织实施。

②执法要求。道路运输经营业户和驾驶人，必须按国家或行业有关标准规定的行驶里程或间隔时间，对车辆进行维护作业，进口车辆及特种车辆按出厂说明书的规定执行。

要求从事道路运输车辆维护作业的维修企业遵守国家有关法规、标准，按规定的作业规范或说明书进行作业，不得漏项或减项作业。

③执法方式。对违反道路运输车辆维护管理规定的单位和个人，由交通行政主管部门(或其委托的道路运输管理机构)按有关行政处罚规定予以处罚。

(4)报废汽车回收管理依照国务院行政法规《报废汽车回收管理办法》开展。

①执法主体。国家经济贸易委员会负责组织全国报废汽车回收(含拆解，下同)的监督管理工作，国务院公安、工商行政管理等有关部门在各自的职责范围内负责报废汽车回收有关的监督管理工作。

②执法要求。要求对达到国家报废标准，或者虽未达到国家报废标准，但发动机或者底盘严重损坏，经检验不符合国家机动车运行安全技术条件的机动车实施报废。

要求报废汽车回收企业必须拆解回收的报废汽车，回收的报废营运客车应当在公安机关的监督下解体。拆解的“五大总成”应当作为废金属，交售给钢铁企业作为冶炼原料；拆解的其他零配件能够继续使用的，可以出售，但必须标明“报废汽车回用件”。

禁止任何单位或者个人利用报废汽车“五大总成”以及其他零配件拼装汽车。禁止报废汽车整车、“五大总成”和拼装车进入市场交易或者以其他任何方式交易。禁止拼装车和报废汽车上路行驶。

③执法方式。对违反报废汽车回收管理办法的行为，实施没收违法所得、罚款、吊销《资格认定书》、《特种行业许可证》、营业执照等处罚。

三、道路环境管理

(1)公路管理依照《中华人民共和国公路法》开展。

①执法主体。国务院交通运输主管部门主管全国公路工作。县级以上地方人民政府交通运输主管部门主管本行政区域内的公路工作；但是，县级以上地方人民政府交通运输主管部门对国道、省道的管理、监督职责，由省、自治区、直辖市人民政府确定。乡、民族乡、镇人民政府负责本行政区域内的乡道的建设和养护工作。县级以上地方人民政府交通运输主管部门可以决定由公路管理机构依照公路法规定行使公路行政管理职责。

②执法要求。要求公路的发展应当遵循全面规划、合理布局、确保质量、保障畅通、保护环境、建设改造与养护并重的原则。

要求新建公路应当符合技术等级的要求。原有不符合最低技术等级要求的等外公路，应当采取措施，逐步改造为符合技术等级要求的公路。

任何单位和个人都有爱护公路、公路用地及公路附属设施的义务，有权检举和控告破坏、损坏公路、公路用地、公路附属设施和影响公路安全的行为。

禁止任何单位和个人在公路上非法设卡、收费、罚款和拦截车辆。

要求公路规划应当根据国民经济和社会发展以及国防建设的需要编制，与城市建设发展规划和其他方式的交通运输发展规划相协调。规划和新建村镇、开发区，应当与公路保持规定的距离并避免在公路两侧对应进行，防止造成公路街道化，影响公路的运行安全与畅通。

要求公路建设单位根据公路建设工程的特点和技术要求，选择具有相应资格的勘查设计单位、施工单位和工程监理单位，并依照有关法律、法规、规章的规定和公路工程技术标准的要求，分别签订合同，明确双方的权利义务。

要求承担公路建设项目的可行性研究单位、勘查设计单位、施工单位和工程监理单位必须持有国家规定的资质证书，并按照国家有关规定建立健全质量保证体系，落实岗位责任制，并依照有关法律、法规、规章以及公路工程技术标准的要求和合同约定进行设计、施工和监理，保证公路工程质量。

要求施工单位改建公路时在施工路段两端设置明显的施工标志、安全标志。需要车辆绕行的，应当在绕行路口设置标志；不能绕行的，必须修建临时道路，保证车辆和行人通行。

公路建设项目和公路修复项目竣工后，应当按照国家有关规定进行验收；未经验收或者验收不合格的，不得交付使用。

建成的公路，应当按照国务院交通运输主管部门的规定设置明显的标志、标线。

要求公路管理机构按照国务院交通运输主管部门规定的技术规范和操作规程对公路进行养护，保证公路经常处于良好的技术状态。公路养护人员进行养护作业时，应当穿着统一的安全标志服；利用车辆进行养护作业时，应当在公路作业车辆上设置明显的作业标志。

因严重自然灾害致使国道、省道交通中断，公路管理机构应当及时修复；公路管理机构难以及时修复时，县级以上地方人民政府应当及时组织当地机关、团体、企业事业单位、城乡居民进行抢修，并可以请求当地驻军支援，尽快恢复交通。

要求县级以上地方人民政府交通运输主管部门应当认真履行职责，依法做好公路保护工作，并努力采用科学的管理方法和先进的技术手段，提高公路管理水平，逐步完善公路服务设施，保障公路的完好、安全和畅通。

要求任何单位和个人不得擅自占用、挖掘公路。因修建铁路、机场、电站、通信设施、水利工程和进行其他建设工程需要占用、挖掘公路或者使公路改线的，建设单位应当事先征得有关交通运输主管部门的同意；影响交通安全的，还须征得有关公安机关的同意。跨越、穿越公路修建桥梁、渡槽或者架设、埋设管线等设施的，以及在公路用地范围内架设、埋设管线、电缆等设施的，应当事先经有关交通运输主管部门同意，影响交通安全的，还须征得有关公安机关的同意；所修建、架设或者埋设的设施应当符合公路工程技术标准的要求。

要求任何单位和个人不得在公路上及公路用地范围内摆摊设点、堆放物品、倾倒垃圾、设置障碍、挖沟引水、利用公路边沟排放污物或者进行其他损坏、污染公路和影响公路畅通的活动。

要求在大中型公路桥梁和渡口周围二百米、公路隧道上方和洞口外一百米范围内，以及在公路两侧一定距离内，不得挖砂、采石、取土、倾倒废弃物，不得进行爆破作业及其他危及公路、公路桥梁、公路隧道、公路渡口安全的活动。

要求除农业机械因当地田间作业需要在公路上短距离行驶外，铁轮车、履带车和其他可能损害公路路面的机具，不得在公路上行驶。确需行驶的，必须经县级以上地方人民政府交通运输主管部门同意，采取有效的防护措施，并按照公安机关指定的时间、路线行驶。要求在公路上行驶的车辆的轴载质量应当符合《公路工程技术标准》(JTG B01—2003)要求。超过公路、公路桥梁、公路隧道或者汽车渡船的限载、限高、限宽、限长标准的车辆，不得在有限定标准的公路、公路桥梁上或者公路隧道内行驶，不得使用汽车渡船。超过公路或者公路桥梁限载标准确需行驶的，必须经县级以上地方人民政府交通运输主管部门批准，并按要求采取有效的防护措施；运载不可解体的超限物品的，应当按照指定的时间、路线、时速行驶，并悬挂明显标志。要求机动车制造厂和其他单位不得将公路作为检验机动车制动性能的试车场地。要求任何单位和个人不得损坏、擅自移动、涂改为保护、养护公路和保障公路安全畅通所设置的公路防护、排水、养护、管理、服务、交通安全、渡运、监控、通信、收费等设施、设备以及专用建筑物、构筑物等公路附属设施。

要求造成公路损坏的责任者及时报告公路管理机构，并接受公路管理机构的现场调查。

要求任何单位和个人未经县级以上地方人民政府交通运输主管部门批准，不得在公路用地范围内设置公路标志以外的其他标志。

要求在公路上增设平面交叉道口，必须按照国家有关规定经过批准，并按照国家规定的技术标准建设。

要求除公路防护、养护需要的以外，禁止在公路两侧的建筑控制区内修建建筑物和地面构筑物；需要在建筑控制区内埋设管线、电缆等设施的，应当事先经县级以上地方人民政府交通运输主管部门批准。建筑控制区的范围，由县级以上地方人民政府按照保障公路运行安全和节约用地的原则，依照国务院的规定划定。建筑控制区范围经县级以上地方人民政府依照前款规定划定后，由县级以上地方人民政府交通运输主管部门设置标桩、界桩。任何单位和个人不得损坏、擅自挪动该标桩、界桩。

③执法方式。

其一，通过对公路规划的批准、备案管理制度，对公路规划科学性和合理性进行审查和控制。

其二，通过公路建设项目施工批准制度、招投标管理制度和工程监理制度对公路建设质量进行控制。

其三，针对不同的违法行为，可采取责令停止违法行为、责令停止施工、责令限期拆除、责令恢复原状、没收违法所得、罚款等处罚措施。

(2)公路安全保护依照国务院行政法规《公路安全保护条例》开展。

①执法主体。国务院交通运输主管部门主管全国公路保护工作。县级以上地方人民政府交通运输主管部门主管本行政区域的公路保护工作。但是，县级以上地方人民政府交通运输主管部门对国道、省道的保护职责，由省、自治区、直辖市人民政府确定。公路管理机构依照本条例的规定具体负责公路保护的监督管理工作。

县级以上各级人民政府发展改革、工业和信息化、公安、工商、质检等部门按照职责分工，依法开展公路保护的相关工作。

②执法要求。要求任何单位和个人不得破坏、损坏、非法占用或者非法利用公路、公路用地和公路附属设施。

要求县级以上地方人民政府应当根据保障公路运行安全和节约用地的原则以及公路发展的需要，组织交通运输、国土资源等部门划定公路建筑控制区的范围。公路建筑控制区的范围，从公路用地外缘起向外的距离标准为：国道不少于 20m；省道不少于 15m；县道不少于 10m；乡道不少于 5m。属于高速公路的，公路建筑控制区的范围从公路用地外缘起向外的距离标准不少于 30m。公路弯道内侧、互通立交以及平面交叉道口的建筑控制区范围根据安全视距等要求确定。在公路建筑控制区内，除公路保护需要外，禁止修建建筑物和地面构筑物；公路建筑控制区划定前已经合法修建的建筑物不得扩建，因公路建设或者保障公路运行安全等原因需要拆除的应当依法给予补偿。在公路建筑控制区外修建的建筑物、地面构筑物以及其他设施不得遮挡公路标志，不得妨碍安全视距。新建村镇、开发区、学校和货物集散地、大型商业网点、农贸市场等公共场所，与公路建筑控制区边界外缘的距离应当符合下列标准，并尽可能在公路一侧建设：国道、省道不少于 50m；县道、乡道不少于 20m。

禁止将公路作为检验车辆制动性能的试车场地。

禁止在公路、公路用地范围内摆摊设点、堆放物品、倾倒垃圾、设置障碍、挖沟引水、打场晒粮、种植作物、放养牲畜、采石、取土、采空作业、焚烧物品、利用公路边沟排放污物或者进行其他损坏、污染公路和影响公路畅通的行为。

禁止在下列范围内从事采矿、采石、取土、爆破作业等危及公路、公路桥梁、公路隧道、公路渡口安全的活动：国道、省道、县道的公路用地外缘起向外 100m，乡道的公路用地外缘起向外 50m；公路渡口和中型以上公路桥梁周围 200m；公路隧道上方和洞口外 100m。因抢险、防汛需要修筑堤坝、压缩或者拓宽河床的，应当经省、自治区、直辖市人民政府交通运输主管部门会同水行政主管部门或者流域管理机构批准，并采取安全防护措施方可进行。

除按照国家有关规定设立的为车辆补充燃料的场所、设施外，禁止在下列范围内设立生产、储存、销售易燃、易爆、剧毒、放射性等危险物品的场所、设施：公路用地外缘起向外 100m；公路渡口和中型以上公路桥梁周围 200m；公路隧道上方和洞口外 100m。

禁止擅自在中型以上公路桥梁跨越的河道上、下游各 1 000m 范围内抽取地下水、架设浮桥以及修建其他危及公路桥梁安全的设施。确需进行抽取地下水、架设浮桥等活动的，应当经水行政主管部门、流域管理机构等有关单位会同公路管理机构批准，并采取安全防护措施方可进行。

禁止在公路桥梁跨越的河道上、下游的下列范围内采砂：特大型公路桥梁跨越的河道上游 500m，下游 3 000m；大型公路桥梁跨越的河道上游 500m，下游 2 000m；中小型公路桥梁跨越的河道上游 500m，下游 1 000m。

在公路桥梁跨越的河道上、下游各 500m 范围内依法进行疏浚作业的，应当符合公路桥梁安全要求，经公路管理机构确认安全后方可作业。

禁止利用公路桥梁进行牵拉、吊装等危及公路桥梁安全的施工作业。禁止利用公路桥梁（含桥下空间）、公路隧道、涵洞堆放物品，搭建设施以及铺设高压电线和输送易燃、易爆或者其他有毒有害气体、液体的管道。

禁止损坏、擅自移动、涂改、遮挡公路附属设施或者利用公路附属设施架设管道、悬挂物品。

涉路施工的建设单位应当按照许可的设计和施工方案进行施工作业，并落实保障公路、公路附属设施质量和安全的防护措施。涉路施工完毕，公路管理机构应当对公路、公路附属设施是否达到规定的技术标准以及施工是否符合保障公路、公路附属设施质量和安全的要求进行验收；影响交通安全的，还应当经公安机关交通管理部门验收。涉路工程设施的所有人、管理人应当加强维护和管理，确保工程设施不影响公路的完好、安全和畅通。

要求车辆的外廓尺寸、轴载和总质量应当符合国家有关车辆外廓尺寸、轴载、质量限值等机动车安全技术标准，不符合标准的不得生产、销售。

要求公安机关交通管理部门办理车辆登记，应当当场查验，对不符合机动车国家安全技术标准的车辆不予登记。

要求超过公路、公路桥梁、公路隧道限载、限高、限宽、限长标准的车辆，不得在公路、公路桥梁或者公路隧道行驶；超过汽车渡船限载、限高、限宽、限长标准的车辆，不得使用汽车渡船。

载运易燃、易爆、剧毒、放射性等危险物品的车辆，应当符合国家有关安全管理规定，并避免通过特大型公路桥梁或者特长公路隧道；确需通过特大型公路桥梁或者特长公路隧道的，负责审批易燃、易爆、剧毒、放射性等危险物品运输许可的机关应当提前将行驶时间、路线通知特大型公路桥梁或者特长公路隧道的管理单位，并对在特大型公路桥梁或者特长公路隧道行驶的车辆进行现场监管。

车辆应当规范装载，装载物不得触地拖行。车辆装载物易掉落、遗洒或者飘散的，应当采取厢式密闭等有效防护措施后方可在公路上行驶。

公路上行驶车辆的装载物掉落、遗洒或者飘散的，车辆驾驶人、押运人员应当及时采取措施处理；无法处理的，应当在掉落、遗洒或者飘散物来车方向适当距离外设置警示标志，并迅速报告公路管理机构或者公安机关交通管理部门。其他人员发现公路上有影响交通安全的障碍物的，也应当及时报告公路管理机构或者公安机关交通管理部门。公安机关交通管理部门应当责令改正车辆装载物掉落、遗洒、飘散等违法行为；公路管理机构、公路经营企业应当及时清除掉落、遗洒、飘散在公路上的障碍物。

要求公路管理机构、公路经营企业应当加强公路养护，保证公路经常处于良好技术状态。良好技术状态，是指公路自身的物理状态符合有关技术标准的要求，包括路面平整，路肩、边坡平顺，有关设施完好。

公路管理机构、公路经营企业应当按照国务院交通运输主管部门的规定对公路进行巡查，并制作巡查记录；发现公路坍塌、坑槽、隆起等损毁的，应当及时设置警示标志，并采取措施修复。公安机关交通管理部门发现公路坍塌、坑槽、隆起等损毁，危及交通安全的，应当及时采取措施，疏导交通，并通知公路管理机构或者公路经营企业。其他人员发现公路坍塌、坑槽、隆起等损毁的，应当及时向公路管理机构、公安机关交通管理部门报告。

要求公路管理机构、公路经营企业应当定期对公路、公路桥梁、公路隧道进行检测和评定，保证其技术状态符合有关技术标准；对经检测发现不符合车辆通行安全要求的，应当进行维修，及时向社会公告，并通知公安机关交通管理部门。

要求公路养护作业人员作业时，应当穿着统一的安全标志服。公路养护车辆、机械设备作业时，应当设置明显的作业标志，开启危险报警闪光灯。

发生公路突发事件影响通行的，公路管理机构、公路经营企业应当及时修复公路、恢复通行。设区的市级以上人民政府交通运输主管部门应当根据修复公路、恢复通行的需要，及时调集抢修力量，统筹安排有关作业计划，下达路网调度指令，配合有关部门组织绕行、分流。设区的市级以上公路管理机构应当按照国务院交通运输主管部门的规定收集、汇总公路损毁、公路交通流量等信息，开展公路突发事件的监测、预报和预警工作，并利用多种方式及时向社会发布有关公路运行信息。

③执法方式。

其一，对涉路施工活动进行审查批准，保证施工不影响公路安全。

其二，对车辆载运不可解体物品，车货总体的外廓尺寸或者总质量超过公路、公路桥梁、公路隧道的限载、限高、限宽、限长标准，确需在公路、公路桥梁、公路隧道行驶的车辆进行审查批准，以保证该类运输活动不影响公路安全。

其三，对违反《公路安全保护条例》的行为，可实施责令改正、责令限期拆除、罚款、强制拖离、扣留车辆、扣留工具、责令停止从事营业性运输、责令停业整顿、吊销车辆营运证、吊销道路运输经营许可证、吊销其资质证书、没收超限运输车辆通行证、没收伪造或变造的超限运输车辆通行证等处罚。

(3)公路工程质量监督管理依照交通运输部部门规章《公路工程质量监督规定》开展。

①执法主体。交通运输部主管全国公路工程质量监督管理工作。县级以上地方人民政府交通运输主管部门负责本行政区域内公路工程质量监督管理工作。交通运输部、省级人民政府交通运输主管部门、有条件的设区的市级地方人民政府交通运输主管部门委托所属的质量监督机构具体实施公路工程质量监督工作。县级人民政府交通运输主管部门和未设置专职质监机构的设区的市级人民政府交通运输主管部门应有专职或者兼职质量监督人员，并接受上一级质监机构的业务指导。质监机构应当在交通运输主管部门委托事项的范围内实施公路工程质量监督工作。

②执法要求。要求交通运输主管部门对公路工程质量监督开展以下工作：监督检查从业单位是否具有依法取得的相应等级的资质证书，从业人员是否按照国家规定经考试合格，取得上岗资格；监督检查建设、勘察、设计单位、施工和监理单位质量保证体系的针对性、严密性和运行的有效性，以及各单位质量保证体系之间的协调性和一致性；监督检查勘察、设计文件是否符合国家规定的技术标准和规范要求，设计文件是否达到国家规定的编制要求；监督检查施工、监理和设备、材料供应单位是否严格按照有关质量标准和技术规范进行施工、监理和供应设备、材料；监督检查监理单位的质量管理和现场质量控制情况，以及对公路工程关键部位和隐蔽工程的旁站情况、对各施工工序的质量检查情况；监督检查试验检测设备是否合格，试验方法是否规范，试验数据是否准确，试验检测频率是否符合有关规定；监督检查材料采购、进场和使用等环节的质量情况，并公布抽查样品的质量检测结果，检查关键设备的性能情况；对公路工程质量情况进行抽检，分析主要质量指标的变化情况，评估总体质量状况和存在的主要问题，提出加强质量管理的政策措施和指导性意见，定期发布质量动态信息；对完工项目进行质量检测和质量鉴定。

要求建设单位办理公路工程质量监督手续，向公路工程项目所在地的质监机构提出申请，并提交以下材料：包括公路工程项目名称及地点、建设单位、联系方式、提出工程质量监督的申请等内容的公路工程质量监督申请书；公路工程项目审批文件；公路工程项目设计、施工、监理等合同文件；公路工程项目从业单位的资质证明材料；交通运输主管部门要求的其他相关材料。

要求建设单位应当按照现行的国家标准、行业标准规定的质量要求进行交工验收，未经交工验收或者交工验收不合格的工程不得交付使用。公路工程竣工验收前，质监机构对工程质量进行质量鉴定并出具质量鉴定报告。未经质量鉴定或质量鉴定不合格的项目，不得组织竣工验收。质监机构对质量鉴定结果负责。

要求公路工程发生质量事故时，有关单位应当在二十四小时内向当地交通运输主管部门和质监机构报告。对重大质量事故，当地交通运输主管部门应当向上级交通运输主管部门报告。特大质量事故的调查处理按照国务院有关规定办理。

③执法方式。其一，交通运输主管部门及其委托的质监机构履行监督检查职责时，可要求被检查的单位提供有关工程质量的文件和资料；进入被检查单位的施工现场进行检查；发现有影响工程质量的问题时，责令改正。

其二，交通运输主管部门及其委托的质监机构对检查中发现的问题，可以书面方式通报有关单位。对一般质量管理问题和一般质量缺陷，责令限期整改；对不合格工程，责令限期返修；对违法的质量行为依法予以纠正。

其三，对违反《公路工程质量监督规定》的行为，实施责令限期补办手续、责令改正和罚款等处罚。

(4)城市道路管理依照国务院行政法规《城市道路管理条例》开展。

①执法主体。国务院建设行政主管部门主管全国城市道路管理工作。省、自治区人民政府城市建设行政主管部门主管本行政区域内的城市道路管理工作。县级以上城市人民政府市政工程行政主管部门主管本行政区域内的城市道路管理工作。

②执法要求。要求县级以上城市人民政府组织市政工程、城市规划、公安交通等部门，根据城市总体规划编制城市道路发展规划。市政工程行政主管部门应当根据城市道路发展规划，制订城市道路年度建设计划，经城市人民政府批准后实施。

要求承担城市道路设计、施工的单位，应当具有相应的资质等级，并按照资质等级承担相应的城市道路的设计、施工任务。城市道路的设计、施工，应当严格执行国家和地方规定的城市道路设计、施工的技术规范。城市道路施工，实行工程质量监督制度。城市道路工程竣工，经验收合格后，方可交付使用；未经验收或者验收不合格的，不得交付使用。

要求承担城市道路养护、维修的单位严格执行城市道路养护、维修的技术规范，定期对城市道路进行养护、维修，确保养护、维修工程的质量。市政工程行政主管部门负责对养护、维修工程的质量进行监督检查，保障城市道路完好。

设在城市道路上的各类管线的检查井、箱盖或者城市道路附属设施，应当符合城市道路养护规范。因缺损影响交通和安全时，有关产权单位应当及时补缺或者修复。

城市道路的养护、维修工程应当按照规定的期限修复竣工，并在养护、维修工程施工现场设置明显标志和安全防围设施，保障行人和交通车辆安全。

城市道路范围内禁止下列行为：擅自占用或者挖掘城市道路；履带车、铁轮车或者超重、超高、超长车辆擅自在城市道路上行驶；机动车在桥梁或者非指定的城市道路上试制动；擅自在城市道路上建设建筑物、构筑物；在桥梁上架设压力在 $4kg/m^2$(0.4MPa)以上的煤气管道、

10kV 以上的高压电力线和其他易燃易爆管线；擅自在桥梁或者路灯设施上设置广告牌或者其他挂浮物；其他损害、侵占城市道路的行为。履带车、铁轮车或者超重、超高、超长车辆确需在城市道路上行驶的，事先须征得市政工程行政主管部门同意，并按照公安交通管理部门指定的时间、路线行驶。军用车辆执行任务需要在城市道路上行驶的，应当按照规定采取安全保护措施。

依附于城市道路建设各种管线、杆线等设施的，应当经市政工程行政主管部门批准，方可建设。

未经市政工程行政主管部门和公安交通管理部门批准，任何单位或者个人不得占用或者挖掘城市道路。

因特殊情况需要临时占用城市道路的，须经市政工程行政主管部门和公安交通管理部门批准，方可按照规定占用。经批准临时占用城市道路的，不得损坏城市道路；占用期满后，应当及时清理占用现场，恢复城市道路原状；损坏城市道路的，应当修复或者给予赔偿。

城市人民政府应当严格控制占用城市道路作为集贸市场。确需占用城市道路作为集贸市场的，应当经县级以上城市人民政府批准；未经批准，擅自占用城市道路作为集贸市场的，市政工程行政主管部门应当责令限期清退，恢复城市道路功能。

因工程建设需要挖掘城市道路的，应当持城市规划部门批准签发的文件和有关设计文件，到市政工程行政主管部门和公安交通管理部门办理审批手续，方可按照规定挖掘。经批准挖掘城市道路的，应当在施工现场设置明显标志和安全防围设施；竣工后，应当及时清理现场，通知市政工程行政主管部门检查验收。

③执法方式。

其一，对城市道路建设计划执行审查批准制度，从规划方面对城市道路建设进行审查和控制。

其二，对确需在城市道路上行驶的履带车、铁轮车或者超重、超高、超长车辆进行审查批准，保证城市道路安全。

其三，对依附于城市道路建设各种管线、杆线等设施的情况进行审查批准。

其四，对占用或者挖掘城市道路的行为进行审查批准。

其五，对占用城市道路作为集贸市场的行为进行审查和批准。

其六，对违反《城市道路管理条例》的行为，实施警告、责令停止设计、停止施工、责令限期改正、罚款、提请原发证机关吊销设计、施工资格证书等处罚。

四、道路交通行为管理

(1)道路交通参与行为管理依照《中华人民共和国道路交通安全法》和行政法规《中华人民共和国道路交通安全法实施条例》开展。

①执法主体。国务院公安部门负责全国道路交通安全管理工作。县级以上地方各级人民政府公安机关交通管理部门负责本行政区域内的道路交通安全管理工作。县级以上各级人民政府交通、建设管理部门依据各自职责，负责有关的道路交通工作。

②执法要求。要求各级人民政府应当经常进行道路交通安全教育，提高公民的道路交通安全意识。要求公安机关交通管理部门及其交通警察履行职责时，加强道路交通安全法律、法规的宣传，并模范遵守道路交通安全法律、法规。要求机关、部队、企业事业单位、社会团体以及其他组织，应当对本单位的人员进行道路交通安全教育。要求教育行政部门、学校应当将道路交通安全教育纳入法制教育的内容。要求新闻、出版、广播、电视等有关单位，进行道路交通安全教育。

对机动车实行登记制度。机动车经公安机关交通管理部门登记后，方可上道路行驶。尚未登记的机动车，需要临时上道路行驶的，应当取得临时通行牌证。准予登记的机动车应当符合机动车国家安全技术标准。申请机动车登记时，应当接受对该机动车的安全技术检验。

驾驶机动车上道路行驶，应当悬挂机动车号牌，放置检验合格标志、保险标志，并随车携带机动车行驶证。机动车号牌应当按照规定悬挂并保持清晰、完整，不得故意遮挡、污损。

机动车所有权发生转移、机动车登记内容变更、机动车用作抵押和机动车报废的，应当办理相应的登记。对登记后上道路行驶的机动车，应当依照法律、行政法规的规定，根据车辆用途、载客载货数量、使用年限等不同情况，定期进行安全技术检验。

实行机动车强制报废制度，根据机动车的安全技术状况和不同用途，规定不同的报废标准。应当报废的机动车必须及时办理注销登记。要求达到报废标准的机动车不得上道路行驶。报废的大型客、货车及其他营运车辆应当在公安机关交通管理部门的监督下解体。

任何单位或者个人不得有下列行为：拼装机动车或者擅自改变机动车已登记的结构、构造或者特征；改变机动车型号、发动机号、车架号或者车辆识别代号；伪造、变造或者使用伪造、变造的机动车登记证书、号牌、行驶证、检验合格标志、保险标志；使用其他机动车的登记证书、号牌、行驶证、检验合格标志、保险标志。

要求驾驶人应当依法取得机动车驾驶证。申请机动车驾驶证，应当符合国务院公安部门规定的驾驶许可条件；经考试合格后，由公安机关交通管理部门发给相应类别的机动车驾驶证。驾驶人应当按照驾驶证载明的准驾车型驾驶机动车；驾驶机动车时，应当随身携带机动车驾驶证。

要求驾驶人驾驶机动车上道路行驶前，应当对机动车的安全技术性能进行认真检查；不得驾驶安全设施不全或者机件不符合技术标准等具有安全隐患的机动车。要求机动车驾驶人应当遵守道路交通安全法律、法规的规定，按照操作规范安全驾驶、文明驾驶。

对于饮酒、服用国家管制的精神药品或者麻醉药品，或者患有妨碍安全驾驶机动车的疾病，或者过度疲劳影响安全驾驶的，禁止驾驶机动车。

任何人不得强迫、指使、纵容驾驶人违反道路交通安全法律、法规和机动车安全驾驶要求驾驶机动车。

全国实行统一的道路交通信号。任何单位和个人不得擅自设置、移动、占用、损毁交通信号灯、交通标志、交通标线。道路两侧及隔离带上种植的树木或者其他植物，设置的广告牌、管线等，应当与交通设施保持必要的距离，不得遮挡路灯、交通信号灯、交通标志，不得妨碍安全视距，不得影响通行。

道路、停车场和道路配套设施的规划、设计、建设，应当符合道路交通安全、畅通的要求，并根据交通需求及时调整。公安机关交通管理部门发现已经投入使用的道路存在交通事故频发路段，或者停车场、道路配套设施存在交通安全严重隐患的，应当及时向当地人民政府报告，并提出防范交通事故、消除隐患的建议，当地人民政府应当及时作出处理决定。道路出现坍塌、坑槽、水毁、隆起等损毁或者交通信号灯、交通标志、交通标线等交通设施损毁、灭失的，道路、交通设施的养护部门或者管理部门应当设置警示标志并及时修复。

未经许可，任何单位和个人不得占用道路从事非交通活动。因工程建设需要占用、挖掘道路，或者跨越、穿越道路架设、增设管线设施，应当事先征得道路主管部门的同意；影响交通安全的，还应当征得公安机关交通管理部门的同意。施工作业单位应当在经批准的路段和时间内施工作业，并在距离施工作业地点来车方向安全距离处设置明显的安全警示标志，采取防护措施；施工作业完毕，应当迅速清除道路上的障碍物，消除安全隐患，经道路主管部门和公安机关交通管理部门验收合格，符合通行要求后，方可恢复通行。

要求在学校、幼儿园、医院、养老院门前没有行人过街设施的道路上施画人行横道线，设置提示标志。

要求机动车、非机动车实行右侧通行。

根据道路条件和通行需要，道路划分为机动车道、非机动车道和人行道的，机动车、非机动车、行人实行分道通行。没有划分机动车道、非机动车道和人行道的，机动车在道路中间通行，非机动车和行人在道路两侧通行。

要求车辆、行人按照交通信号通行；遇有交通警察现场指挥时，应当按照交通警察的指挥通行；在没有交通信号的道路上，应当在确保安全、畅通的原则下通行。

要求机动车上道路行驶，不得超过限速标志标明的最高时速。在没有限速标志的路段，应当保持安全车速。夜间行驶或者在容易发生危险的路段行驶，以及遇有沙尘、冰雹、雨、雪、雾、结冰等气象条件时，应当降低行驶速度。

要求同车道行驶的机动车，后车应当与前车保持足以采取紧急制动措施的安全距离。有下列情形之一的，不得超车：前车正在左转弯、掉头、超车的；与对面来车有会车可能的；前车为执行紧急任务的警车、消防车、救护车、工程救险车的；行经铁路道口、交叉路口、窄桥、弯道、陡坡、隧道、人行横道、市区交通流量大的路段等没有超车条件的。

要求机动车通过交叉路口时，应当按照交通信号灯、交通标志、交通标线或者交通警察的指挥通过；通过没有交通信号灯、交通标志、交通标线或者交通警察指挥的交叉路口时，应当减速慢行，并让行人和优先通行的车辆先行。

要求机动车遇有前方车辆停车排队等候或者缓慢行驶时，不得借道超车或者占用对面车道，不得穿插等候的车辆。

在车道减少的路段、路口，或者在没有交通信号灯、交通标志、交通标线或者交通警察指挥的交叉路口遇到停车排队等候或者缓慢行驶时，机动车应当依次交替通行。

要求机动车行经人行横道时，应当减速行驶；遇行人正在通过人行横道，应当停车让行。机动车行经没有交通信号的道路时，遇行人横过道路，应当避让。

要求机动车载物应当符合核定的载质量，严禁超载；载物的长、宽、高不得违反装载要求，不得遗洒、飘散载运物。机动车运载超限的不可解体的物品，影响交通安全的，应当按照公安机关交通管理部门指定的时间、路线、速度行驶，悬挂明显标志。在公路上运载超限的不可解体的物品，应当依照公路法的规定执行。机动车载运爆炸物品、易燃易爆化学物品以及剧毒、放射性等危险物品，应当经公安机关批准后，按指定的时间、路线、速度行驶，悬挂警示标志并采取必要的安全措施。

要求机动车载人不得超过核定的人数，客运机动车不得违反规定载货。禁止货运机动车载客。货运机动车需要附载作业人员的，应当设置保护作业人员的安全措施。

要求驾驶人、乘坐人员在机动车行驶时按规定使用安全带，摩托车驾驶人及乘坐人员应当按规定戴安全头盔。

机动车在道路上发生故障，需要停车排除故障时，驾驶人应当立即开启危险报警闪光灯，将机动车移至不妨碍交通的地方停放；难以移动的，应当持续开启危险报警闪光灯，并在来车方向设置警告标志等措施扩大示警距离，必要时迅速报警。

高速公路、大中城市中心城区内的道路，禁止拖拉机通行。在允许拖拉机通行的道路上，拖拉机可以从事货运，但是不得用于载人。

要求驾驶非机动车在道路上行驶时应当遵守有关交通安全的规定。非机动车应当在非机动车道内行驶；在没有非机动车道的道路上，应当靠车行道的右侧行驶。

要求残疾人机动轮椅车、电动自行车在非机动车道内行驶时，最高时速不得超过15km。

要求行人应当在人行道内行走，没有人行道的靠路边行走。行人通过路口或者横过道路，应当走人行横道或者过街设施；通过有交通信号灯的人行横道，应当按照交通信号灯指示通行；通过没有交通信号灯的人行横道的路口，或者在没有过街设施的路段横过道路，应当在确认安全后通过。行人不得跨越、倚坐道路隔离设施，不得扒车、强行拦车或者实施妨碍道路交通安全的其他行为。

学龄前儿童以及不能辨认或者不能控制自己行为的精神疾病患者、智力障碍者在道路上通行，要求由其监护人、监护人委托的人或者对其负有管理、保护职责的人带领。盲人在道路上通行，应当使用盲杖或者采取其他导盲手段，车辆应当避让盲人。

要求乘车人不得携带易燃易爆等危险物品，不得向车外抛洒物品，不得有影响驾驶人安全驾驶的行为。

要求行人、非机动车、拖拉机、轮式专用机械车、铰接式客车、全挂拖斗车以及其他设计最高时速低于70km的机动车，不得进入高速公路。高速公路限速标志标明的最高时速不得超过120km。

机动车在高速公路上发生故障时，应当立即开启危险报警闪光灯，将机动车移至不妨碍交通的地方停放；难以移动的，应当持续开启危险报警闪光灯，并在来车方向150m以外设置警告标志，车上人员应当迅速转移到右侧路肩上或者应急车道内，并且迅速报警。

机动车在高速公路上发生故障或者交通事故，无法正常行驶的，应当由救援车、清障车拖曳、牵引。

在道路上发生交通事故，车辆驾驶人应当立即停车，保护现场；造成人身伤亡的，车辆驾驶人应当立即抢救受伤人员，并迅速报告执勤的交通警察或者公安机关交通管理部门。因抢救受伤人员变动现场的，应当标明位置。乘车人、过往车辆驾驶人、过往行人应当予以协助。在道路上发生交通事故，未造成人身伤亡，当事人对事实及成因无争议的，可以即行撤离现场，恢复交通，自行协商处理损害赔偿事宜；不即行撤离现场的，应当迅速报告执勤的交通警察或者公安机关交通管理部门。在道路上发生交通事故，仅造成轻微财产损失，并且基本事实清楚的，当事人应当先撤离现场再进行协商处理。

车辆发生交通事故后逃逸的，事故现场目击人员和其他知情人员应当向公安机关交通管理部门或者交通警察举报。

③执法方式。其一，公安机关交通管理部门对机动车驾驶人违反道路交通安全法律、法规的行为实行累积记分制度。公安机关交通管理部门对累积记分达到规定分值的机动车驾驶人，扣留机动车驾驶证，对其进行道路交通安全法律、法规教育，重新考试；考试合格的，发还其机动车驾驶证。对遵守道路交通安全法律、法规，在一年内无累积记分的机动车驾驶人，可以延长机动车驾驶证的审验期。

其二，公安机关交通管理部门接到交通事故报警后，赶赴现场的交通警察可组织抢救受伤人员，并采取措施，尽快恢复交通。交通警察对交通事故现场进行勘验、检查，收集证据；因收集证据的需要，可以扣留事故车辆。

其三，公安机关交通管理部门应当根据交通事故现场勘验、检查、调查情况和有关的检验、鉴定结论，及时制作交通事故认定书，作为处理交通事故的证据。

其四，对交通事故损害赔偿的争议，公安机关交通管理部门可以经当事人请求后开展调解。

其五，对于道路交通安全违法行为，可实施指出违法行为、纠正、给予口头警告后放行、令其立即驶离、警告、罚款、暂扣或者吊销机动车驾驶证、拘留、扣留其非机动车、扣留机动车至违法状态消除、将妨碍其他车辆和行人通行的机动车拖移至不妨碍交通的地点或者公安机关交通管理部门指定的地点停放等措施。

其六，对伪造、变造或者使用伪造、变造的机动车登记证书、号牌、行驶证、驾驶证的，以及伪造、变造或者使用伪造、变造的检验合格标志、保险标志的，由公安机关交通管理部门予以收缴。

其七，驾驶拼装的机动车或者已达到报废标准的机动车上道路行驶的，公安机关交通管理部门应当予以收缴，强制报废。出售已达到报废标准的机动车的，没收违法所得，处销售金额等额的罚款。

其八，对六个月内发生两次以上特大交通事故负有主要责任或者全部责任的专业运输单位，由公安机关交通管理部门责令消除安全隐患，未消除安全隐患的机动车，禁止上道路行驶。

其九，对醉酒驾驶机动车的约束至酒醒，吊销机动车驾驶证，依法追究刑事责任，五年内不得重新取得机动车驾驶证。对醉酒驾驶营运机动车的约束至酒醒，吊销机动车驾驶证，依法追究刑事责任，十年内不得重新取得机动车驾驶证，重新取得机动车驾驶证后，不得驾驶营运机动车。饮酒后或者醉酒驾驶机动车发生重大交通事故，构成犯罪的，依法追究刑事责任，吊销机动车驾驶证，终生不得重新取得机动车驾驶证。

其十，造成交通事故后逃逸的，由公安机关交通管理部门吊销机动车驾驶证，且终生不得重新取得机动车驾驶证

(2)道路交通事故处理程序管理依照公安部部门规章《道路交通事故处理程序规定》开展。

①执法主体。道路交通事故由发生地的县级公安机关交通管理部门管辖。未设立县级公安机关交通管理部门的，由设区市公安机关交通管理部门管辖。道路交通事故发生在两个以

上管辖区域的，由事故起始点所在地公安机关交通管理部门管辖。对管辖权有争议的，由共同的上一级公安机关交通管理部门指定管辖。指定管辖前，最先发现或者最先接到报警的公安机关交通管理部门应当先行救助受伤人员，进行现场前期处理。

②执法要求。要求存在下列情形之一的，道路交通事故当事人保护现场并立即报警：造成人员死亡、受伤的；发生财产损失事故，当事人对事实或者成因有争议的，以及虽然对事实或者成因无争议，但协商损害赔偿未达成协议的；机动车无号牌、无检验合格标志、无保险标志的；载运爆炸物品、易燃易爆化学物品以及毒害性、放射性、腐蚀性、传染病病源体等危险物品车辆的；碰撞建筑物、公共设施或者其他设施的；驾驶人无有效机动车驾驶证的；驾驶人有饮酒、服用国家管制的精神药品或者麻醉药品嫌疑的；当事人不能自行移动车辆的。

公路上发生道路交通事故的，驾驶人必须在确保安全的原则下，立即组织车上人员疏散到路外安全地点，避免发生次生事故。驾驶人已因道路交通事故死亡或者受伤无法行动的，车上其他人员应当自行组织疏散。

机动车与机动车、机动车与非机动车发生财产损失事故，当事人对事实及成因无争议的，可以自行协商处理损害赔偿事宜。车辆可以移动的，当事人应当在确保安全的原则下对现场拍照或者标画事故车辆现场位置后，立即撤离现场，将车辆移至不妨碍交通的地点，再进行协商。非机动车与非机动车或者行人发生财产损失事故，基本事实及成因清楚的，当事人应当先撤离现场，再协商处理损害赔偿事宜。

③执法方式。其一，适用简易程序处理道路交通事故时，在掌握并固定现场证据后，可责令当事人撤离现场，恢复交通。拒不撤离现场的，予以强制撤离；对当事人不能自行移动车辆的，交通警察应当将车辆移至不妨碍交通的地点。交通警察根据现场固定的证据和当事人、证人叙述等，认定并记录道路交通事故发生事实，并根据当事人的行为对发生道路交通事故所起的作用以及过错的严重程度，确定当事人的责任，制作道路交通事故认定书。对当事人共同请求调解的交通事故，交通警察当场进行调解，并在道路交通事故认定书上记录调解结果，由当事人签名，交付当事人。

其二，公安机关交通管理部门应当根据当事人的行为对发生道路交通事故所起的作用以及过错的严重程度，确定当事人的责任。

其三，公安机关交通管理部门自现场调查之日起十日内制作道路交通事故认定书。交通肇事逃逸案件在查获交通肇事车辆和驾驶人后十日内制作道路交通事故认定书。对需要进行检验、鉴定的，应当在检验、鉴定结论确定之日起五日内制作道路交通事故认定书。

其四，对发生道路交通事故构成犯罪，依法应当吊销驾驶人机动车驾驶证的，应当在人民法院作出有罪判决后，由设区市公安机关交通管理部门依法吊销机动车驾驶证；同时具有逃逸情形的，公安机关交通管理部门应当同时依法作出终生不得重新取得机动车驾驶证的决定。

其五，专业运输单位六个月内两次发生一次死亡三人以上道路交通事故，且单位或者车辆驾驶人对事故承担全部责任或者主要责任的，专业运输单位所在地的公安机关交通管理部门应当报经设区市公安机关交通管理部门批准后，作出责令限期消除安全隐患的决定，禁止未消除安全隐患的机动车上道路行驶，并通报道路交通事故发生地及运输单位属地的人民政府有关行政管理部门。

五、其他道路交通安全执法情况

公安部门与相关部门开展的各项专项治理行动是道路交通安全执法的一种重要形式，通过统一、集中的执法活动对道路交通安全违法行为进行治理，取得了突出的效果。近年来，我国各地先后开展“预防特大道路交通事故百日竞赛”、“预防重特大道路交通事故专项行动”、“双超（超速、客车超员）专项整治”、“公路客运交通安全集中整治行动”、“高速公路交通秩序集中整治行动、交通安全宣传集中统一行动”、“农村道路交通安全集中整治行动”、“道路危险化学品运输车辆集中整治行动”、“涉牌涉证违法行为集中整治行动”、“中小学幼儿园校车交通安全集中整治行动”、“全国公安机关奥运道路交通安全攻坚战”、“预防特大道路交通事故百日会战”等一系列全国范围的统一专项治理行动。与此同时，各地公安机关还会同有关部门联合开展了针对三轮汽车、低速载货汽车、拖拉机违法载人以及客运车专项整治等行动。此外，各地还针对本辖区道路交通违法行为和道路交通事故的特点及暴露出的突出问题，组织开展区域性整治，对严重交通违法行为形成了长期严管严控的态势，有效遏制了严重交通违法行为多发的势头。近几年各部门开展的与道路安全相关的专项行动见表 7-1。

近几年各部门开展的与道路安全相关的专项行动　　表 7-1

行动名称	时　间	发起单位	主要内容
预防重特大道路交通事故专项行动	2006 年 10 月 20 日至 2006 年 12 月 31 日	公安部	开展交通安全宣传
			整顿排查客运企业、车辆及驾驶人村庄的安全隐患
			整治交通安全秩序
高速公路交通秩序整治统一行动	2006 年 11 月 16 日 9 时至 2006 年 12 月 6 日 24 时	公安部	整治重点是超速行驶、客车超员、疲劳驾驶、违法停车、不按规定车道行驶等五种严重交通违法行为
校车安全专项治理	2006 年 11 月 27 日至 2006 年 12 月 6 日	教育部、公安部（《关于对中小学校车开展集中排查整治的紧急通知》）	教育行政部门会同公安部门对中小学校车开展集中排查整治行动
	2007 年 8 月 14 日	教育部、公安部、国家安全监管总局[《关于加强农村中小学生幼儿上下学乘车安全工作的通知》(教基[2007]12 号)]	加强农村中小学生幼儿上下学乘车安全工作
酒后驾车专项整治	2007 年 2 月 20 日至 2007 年 3 月 5 日	公安部	根据节日期间酒后驾车交通违法行为发生规律，在饭店、餐馆、酒吧、娱乐场所周边地带和酒后驾车易发生的时段，科学部署警力，开展统一查处行动
严重交通违法行为专项整治	2007 年 5 月 20 日至 2007 年 6 月 30 日	公安部	以预防重特大交通事故为目标，根据辖区道路特点和交通事故、违法行为规律，采取有效措施，深入推进专项整治行动

续上表

<table>
<tr><th colspan="2">行动名称</th><th>时间</th><th>发起单位</th><th>主要内容</th></tr>
<tr><td colspan="2" rowspan="5">治理违法载客专项行动</td><td rowspan="5">2008年5月28日</td><td rowspan="5">国家安全监管总局、公安部、交通运输部、农业部</td><td>加强监管，切实落实拖拉机、低速载货汽车和三轮汽车安全监管责任</td></tr>
<tr><td>开展对拖拉机、低速载货汽车和三轮汽车的清理整顿工作</td></tr>
<tr><td>加强农村交通安全宣传教育工作，提高广大农民的交通安全意识</td></tr>
<tr><td>加强政策研究和指导，从源头上解决拖拉机、低速载货汽车和三轮汽车违法载人问题</td></tr>
<tr><td>严格落实事故责任追究制度</td></tr>
<tr><td colspan="2" rowspan="5">奥运道路交通安全攻坚战</td><td rowspan="5">2008年4月1日至2008年10月31日</td><td rowspan="5">公安部</td><td>奥运交通安全集中宣传</td></tr>
<tr><td>高速公路交通秩序集中整治</td></tr>
<tr><td>农村道路交通安全集中整治</td></tr>
<tr><td>危险化学品运输交通安全集中整治</td></tr>
<tr><td>中小学、幼儿园校车交通安全集中整治</td></tr>
<tr><td rowspan="21">事故预防</td><td rowspan="5">预防事故</td><td rowspan="5">2008年7月13日</td><td rowspan="5">公安部[《关于加强事故预防工作的紧急通知》(公交管〔2008〕156号)]</td><td>开展全面排查</td></tr>
<tr><td>落实警力部署</td></tr>
<tr><td>强化源头管理</td></tr>
<tr><td>加强应急管理</td></tr>
<tr><td>快速处置事故</td></tr>
<tr><td rowspan="4">预防客运车辆特大道路交通事故</td><td rowspan="4">2008年9月14日</td><td rowspan="4">公安部[《关于预防客运车辆特大道路交通事故的紧急通知》(公交管〔2008〕202号)]</td><td>全面加强客运车辆通行秩序管理，依法严厉查处客运车辆违法行为</td></tr>
<tr><td>加大客运交通安全源头监管力度，坚决消除安全隐患</td></tr>
<tr><td>加大宣传力度，迅速掀起交通安全宣传高潮</td></tr>
<tr><td>依法落实责任追究，认真吸取教训</td></tr>
<tr><td rowspan="5">预防特大道路交通事故百日行动</td><td rowspan="5">2008年9月21日至2008年12月31日</td><td rowspan="5">公安部[《关于印发《预防特大道路交通事故百日行动工作方案》的通知》(公交管〔2008〕206号)]</td><td>全力整治高速公路行车秩序</td></tr>
<tr><td>大力消除农村地区道路交通安全隐患</td></tr>
<tr><td>集中整顿客运交通安全</td></tr>
<tr><td>重点加强校车和危险化学品运输车辆的安全监管</td></tr>
<tr><td>持续开展交通安全宣传教育活动</td></tr>
<tr><td rowspan="7">进一步加强预防特大道路交通事故工作</td><td rowspan="7">2008年11月5日</td><td rowspan="7">公安部[《关于进一步加强预防特大道路交通事故工作的紧急通知》(公交管〔2008〕229号)]</td><td>专题向地方党委、政府汇报情况</td></tr>
<tr><td>组织开展集中行动</td></tr>
<tr><td>加强客运车辆源头管理</td></tr>
<tr><td>整治农村地区道路交通安全隐患</td></tr>
<tr><td>掀起宣传高潮</td></tr>
<tr><td>加强事故分析研判</td></tr>
<tr><td>研究长效工作机制</td></tr>
</table>

续上表

<table>
<tr><th colspan="2">行动名称</th><th>时间</th><th>发起单位</th><th>主要内容</th></tr>
<tr><td rowspan="9">加强特殊天气下交通安全工作</td><td rowspan="5">加强汛期道路交通安全工作</td><td rowspan="5">2008年6月19日</td><td rowspan="5">公安部[《关于切实加强汛期道路交通安全工作的紧急通知》(公交管〔2008〕132号)]</td><td>切实提高预警能力</td></tr>
<tr><td>全面排查道路安全隐患</td></tr>
<tr><td>强化重点路段巡逻管控</td></tr>
<tr><td>确保道路安全畅通</td></tr>
<tr><td>进一步加强值班备勤和信息上报</td></tr>
<tr><td rowspan="4">做好恶劣天气交通安全工作</td><td rowspan="4">2008年12月2日</td><td rowspan="4">公安部[《关于全力做好恶劣天气交通安全工作的紧急通知》(公交管〔2008〕250号)]</td><td>加强预警</td></tr>
<tr><td>加强工作部署</td></tr>
<tr><td>加强投入</td></tr>
<tr><td>加强宣传</td></tr>
</table>

第三节　道路交通安全执法的司法保障

一、刑法修正案对交通肇事犯罪的司法追究

2011年2月25日，第十一届全国人民代表大会常务委员会第十九次会议通过中华人民共和国刑法修正案(八)，其中关于道路交通安全的内容如下：

二十二　在刑法第一百三十三条后增加一条，作为第一百三十三条之一："在道路上驾驶机动车追逐竞驶，情节恶劣的，或者在道路上醉酒驾驶机动车的，处拘役，并处罚金。"

"有前款行为，同时构成其他犯罪的，依照处罚较重的规定定罪处罚。"

该条扩大了交通肇事罪的犯罪行为的范围。修正案八将"飙车"行为和"醉酒驾车"行为都归为交通肇事罪，将对这种行为的处罚由行政处罚升格为刑事处罚，对此类犯罪行为的判罚处拘役并处罚金。同时，将其归为"想象竞合犯"，如果此类行为也构成其他犯罪，择一重罪处罚。

北京"醉驾入刑"第一案：2011年5月2日0时10分许，被告人郭某于饮酒后驾驶机动车由北向南行至北京市房山区京周路"碧桂园"小区路口时，撞在前方一辆等候放行的小客车尾部，致使小客车又与前方一辆货车相撞，造成三车损坏。事故发生后群众报警，郭某被传唤到案。经鉴定，郭某血液内酒精含量为153.2mg/100mL。2011年5月9日，北京市房山区人民法院对郭某涉嫌危险驾驶罪一案作出一审判决，以危险驾驶罪判处郭某拘役4个月，并处罚金2 000元。

北京市首例因追逐竞驶提起公诉的案件：2011年5月15日下午14时50分许，犯罪嫌疑人蒋某驾驶宝马牌小轿车在北京市门头沟区主干道新桥大街由北向南行使中，因怀疑与同向王某驾驶的本田牌小轿车剐蹭，双方停车发生口角。后王某认为未发生剐蹭并驾车离开。蒋某一气之下，高速驾车从王某左侧车道猛追，追出50m左右要超过王某车辆时，蒋某突然向右猛打方向并线，致使两车相撞并冲出隔离带，将骑车途经此地的一对母子撞伤，并撞损路边停放的两辆轿车，本田车也当场侧翻。后经法医鉴定，被撞伤母子均属轻伤，本田车主属轻微伤。公安机关将该案移送审查起诉后，门头沟区检察院审查后认为，蒋某为别停对方车辆，违反交

通安全管理法规的相关规定，在高速追赶中强行并线，致使发生交通事故，造成2人轻伤及2万余元的较大经济损失的行为，符合刑法修正案八规定的“在道路上驾驶机动车追逐竞驶，情节恶劣”的规定。因案件社会危害性尚未达到以危险方法危害公共安全罪所要求的程度，故以涉嫌危险驾驶罪提起公诉。

二、司法鉴定工作对道路交通安全工作的推动

司法鉴定是指在诉讼活动中鉴定人运用科学技术或者专门知识对诉讼涉及的专门性问题进行鉴别和判断并提供鉴定意见的活动。或者说，司法鉴定是指在诉讼过程中，对案件中的专门性问题，由司法机关或当事人委托法定鉴定单位，运用专业知识和技术，依照法定程序作出鉴别和判断的一种活动。

道路交通事故司法鉴定主要针对交通事故中的车辆行驶速度、事故原因、事故过程、驾驶人血液酒精含量等事实开展的鉴定活动，运用科学技术或者专门知识对对上述情况进行鉴别和判断后，给出鉴定结论。道路交通事故司法鉴定结论，作为法定证据之一，对交通警察部门处理道路交通事故和人民法院审判因道路交通事故引发的纠纷都起到重要的技术支持作用。

道路交通事故司法鉴定的主要事项可归纳为以下几个方面：

(1)交通事故车速鉴定。鉴定交通事故中车辆的行驶速度。

(2)交通事故过程鉴定。鉴定事故机理、交通事故发生时车辆的运动状态、行驶方向、事故原因、碰撞过程、停驶状态等。

(3)交通事故中车辆痕迹相符性鉴定。鉴定车辆之间或车辆与现场构造物之间的痕迹是否相符，鉴定漆片成分是否一致。

(4)车辆类型鉴定。鉴定电动(燃油)二轮车或三轮车是否属于机动车。

(5)事故车辆性能鉴定。对事故车辆的制动系、转向系、灯光系统、反光设施等进行鉴定。

(6)交通事故因果关系鉴定。鉴定交通事故的发生是否与车辆零部件的损坏情况存有因果关系，是否与道路设施(路基、路面、护栏、标志等)存在因果关系。

通过对以上事项的道路交通事故司法鉴定，可以查明道路交通事故发生的具体原因，确定导致道路交通事故发生的人员责任、车辆以及道路环境的具体因素，进而为预防和处置道路交通事故提供有力的技术支持和数据依据。

参 考 文 献

[1] 中华人民共和国行业标准. JTG B01—2003 公路工程技术标准[S]. 北京:人民交通出版社,2003.

[2] 中华人民共和国行业标准. JTG D20—2006 公路路线设计规范[S]. 北京:人民交通出版社,2006.

[3] 中华人民共和国行业推荐性标准. JTG/T D81—2006 公路交通安全设施设计细则[S]. 人民交通出版社,2006.

[4] 中华人民共和国国家标准. GB 5768—1999 道路交通标志与标线[S]. 北京:中国标准出版社,1999.

[5] 公安部交通管理局. 中华人民共和国道路交通事故统计年报(2010 年度)[M]. 北京:公安部,2011.

[6] 世界卫生组织. 速度管理手册[M]. 北京:人民交通出版社,2008.

[7] 交通运输部公路科学研究院. 2011 年中国道路交通安全蓝皮书[M]. 北京:人民交通出版社,2011.

[8] 周荣贵.《公路纵坡坡度与坡长限制》修订《公路工程技术标准》(JTJ 001—97) 专题项目(NO. 04).

[9] 同济大学. 公路隧道进出口运行安全研究. 交通运输部西部交通科技项目.

[10] 汪双杰,周荣贵,孙小端,郭腾峰. 公路运行速度设计理论与方法[M]. 北京:人民交通出版社,2010.

[11] 左小纲,侯德藻. 中国公路交通安全影响因素分析[J]. 交通科技,2010(2):91-93.

[12] 王媛媛. 山区公路事故成因分析研究[D]. 北京:北京工业大学,2008.

[13] 陈坤,王艳妮. 山区公路交通安全对策研究[J]. 公路与汽运,2007(3):34-36.

[14] 许洪国,周立,鲁光泉. 中国道路交通安全现状成因及其对策[J]. 中国安全科学学报,2004(8):34-38.

[15] 姬永兴. 中国道路交通事故现状及发展趋势[J]. 现代职业安全,2004(12):12-15.

[16] 姬永兴. 未来十年,中国道路交通安全形势堪忧[J]. 现代职业安全,2005(3):61.

[17] 唐国利. 山区公路道路条件与事故作用机理及事故对策研究[D]. 成都:西南交通大学,2004.

[18] 李振福. 基于交通文化的交通安全策略[J]. 中国安全科学学报,2004(9):64-67.

[19] 郭斌斌. 浅析山区高速公路线形设计对交通安全的影响[J]. 山西交通科技,2011(4):25-27.

[20] 华卉. 山区高速公路安全浅议[J]. 公路与管理, 2011(19):740.

[21] 刘军民. 驾驶人安全态度对行车的影响及其养成[J]. 道路交通安全,2004(01):6-8.

[22] 杜志刚,潘晓东,杨轸,郭雪斌. 高速公路隧道进出口视觉振荡与行车安全研究[J]. 中国公路学报,2007.

[23] 杜志刚,潘晓东,郭雪斌. 高速公路隧道进出口视觉适应实验[J]. 哈尔滨工业大学学报.

[24] 徐进. 道路几何设计对车辆行驶特性的影响机理研究[D]. 成都:西南交通大学,2006.
[25] 朱孔俊. 国外交通安全教育一瞥[J]. 交通与运输,2003,(5).
[26] 邢俊强. 中小学生交通安全教育的思考[J]. 实践与探索,2003:32-33.
[27] 付玲. 我国中小学交通安全教育分析[J]. 中国科技信息,2005(16):284.
[28] 屈增瑞. 各具特色的国外交通安全教育[J]. 视野,2005:57-58.
[29] 汶爱萍,邱惠敏. 国外交通安全教育和宣传措施简介[J]. 道路交通与安全,2010,10(3):59-63.
[30] 谭叶平. 我国机动车驾驶证申领制度的反思与重构[D]. 湘潭:湘潭大学,2008.
[31] 张焕,许海东. 机动车驾驶学员培训改革探讨[J]. 科技创新导报,2010,25:247.
[32] 刘俊利,王作舟,谷祖波. 我国驾驶培训若干问题研究[J]. 济南交通高等专科学校学报,2001,9(1):37-39.
[33] 游小青,万义国. 浅析驾驶适宜性检测对驾驶培训的重要性[J]. 山西科技,2010,25(5):127-128.
[34] 王晓丽. 山区高速公路线形设计的问题及对策研究[J]. 中国新技术新产品,2011(2):127.
[35] 郭远辉. 山区高速公路长坡路段事故多发原因分析[J]. 公路与汽运,2010(5):49-53.
[36] 刘罡,陈宇亮,郤正彬,莫振龙. 山区高速公路交通安保技术体系研究[J]. 科技经济市场,2010. 12:20-21.
[37] 付立家,张博,黄叶娜. 山区高速公路安全设施设置方案研究[J]. 公路交通技术,2010(10):107-111.
[38] 张国生,王培林. 山区高速公路设计与交通安全问题研究[J]. 中国水运,2010(10):2-6-207.
[39] 王华荣,孙小瑞,辛红旗,胡希元. 山区双车道公路的安全改善对策研究[J]. 交通标准化,2009. 8:103-107.
[40] 吴高雄. 山区农村公路交通安全综合评价研究[D]. 赣州:江西理工大学,2009.
[41] 史小丽. 基于交通安全的西部线形设计标准研究[D]. 西安:长安大学,2005.
[42] 巴布可夫著. 道路条件与交通安全[M]·景天然译. 上海:同济大学出版社,1990.
[43] 唐国利. 山区公路道路条件与事故作用机理及事故对策研究[D]. 成都:西南交通大学,2004.
[44] 世界卫生组织. 世界预防道路交通伤害报告. 2004.
[45] 陈恭. 山区道路安全审计探讨[J]. 科学之友,2009(7):33-34.
[46] 胡江碧. 国外道路交通安全系统研究现状及发展趋势研究[J]. 东北公路,2003. 3:121-123.
[47] 周蔚吾. 公路平面交叉口优化设计[M]. 北京:知识产权出版社,2006.
[48] 陆键,张国强,项桥君,等. 公路平面交叉口交通安全设计指南[M]. 北京:科学出版社,2009.
[49] 陆键,张国强,项桥君,等. 公路平面交叉口交通安全设计理论与方法[M]. 北京:科学出版社,2009.

[50] 刘洪启,沈涛,吴云,等.小磨公路和谐安全保障技术研究[R].北京:交通部公路交通安全工程研究中心,云南小磨公路建设指挥部,2007.

[51] 刘洪启.公路平面交叉口左转弯车道设置研究[R].北京:交通部公路交通安全工程研究中心.

[52] 刘洪启,吴云,沈涛,等.公路平面交叉口左转弯车道安全设计研究[J].中外公路,2009.8.

[53] 刘洪启,沈涛,吴云,等.非信号控制公路平面交叉口渠化设计方法研究[J].公路,2008.11.

[54] 王殿海.交通流理论[M].北京:人民交通出版社,2002.

[55] 贺玉龙,刘小明,任福田.城市快速路互通式立交的最小间距[J].北京工业大学学报,2001.

[56] 刘运通.道路交通安全指南[M].北京:人民交通出版社,2004.

[57] 项乔君,陆键,等.基于交通冲突技术的公路平交路口交通安全评价方法[J].公路交通科技,2004.11

[58] 罗石贵,周伟.路段交通冲突技术研究[J].公路交通科技,2001.1.

[59] 美国交通工程师协会编.道路通行能力手册[M].任福田,等译.北京:中国建筑工业出版社,1991.

[60] 杨永勤.城市道路节点规划设计理论与方法[D].北京:北京工业大学,2006.

[61] 孙祥龙.无控制交叉口车辆延误研究[D].哈尔滨:哈尔滨工业大学,2009.

[62] 吴德华,方守恩.路侧安全对策分析[J].交通科技,2004,5 .

[63] 秦丽辉.路侧净区计算方法及路侧安全保障技术研究[J].长春工程学院学报(自然科学版),2005 年第 6 卷第 3 期.

[64] 李长城,汤筠筠,阚伟生.公路路侧安全设计理念与案例[J].交通科技,2007 年第 2 期.

[65] 白玉凤,宋扬.山区公路路侧安全性研究及对策[J].黑龙江交通科技,2008 年第 1 期.

[66] 王淑芬,魏中华,任福田.公路路侧结构物空间尺度对人的影响机理[J].北京工业大学学报,2008 年 4 月.

[67] 交通部公路科学研究院.交通部西部交通建设科技项目研究报告:公路路侧安全研究报告[R].2008.

[68] 074 规范修编课题组.交通部公路科学研究院研究报告:高速公路交通安全设施调查报告[R].2001.

[69] 吴德华,方守恩.路侧安全对策分析[J].交通科技,2004 年第 5 期.

[70] 秦丽辉.路侧净区计算方法及路侧安全保障技术研究[J].长春工程学院学报(自然科学版),2005 年第 6 卷第 3 期.

[71] 李长城,汤筠筠,阚伟生.公路路侧安全设计理念与案例[J].交通科技,2007 年第 2 期.

[72] 孟繁胜,吴琼,林谦.黑龙江省高速公路雾的预报方法研究[J].林业勘察设计,2010,69-71.

[73] 田小毅,吴建军,严明良.高速公路低能见度浓雾监测预报中的几点新进展[J].气象科学,2009,29(3):414-420.

[74] 孙立军,秦健. 沥青路面温度场的预估模型[J]. 同济大学学报,2006, 34(4) : 480-483.
[75] 燕成玉,李延江,吴杰. 水泥及沥青路面温度的预报//2008 年年会论文集[C]. 北京:中国气象学会,2009.
[76] 曲海涛,薛龚波. 影响公路路况气象要素分析及路况预报[J]. 山东气象,2002,22(3):41-42.
[77] 欧盟道路交通安全标准化工作. 中国标准化. 2004.
[78] 公安部交通管理局赴荷兰考察团. 荷兰道路交通安全工作[J]. 道路交通与安全. 2006. 8:40-46.
[79] 王力强. 道路交通安全在瑞典[J]. 道路交通管理,2004. 10:32-33.
[80] 陈晓旭. 世界交通安全之冠——瑞典[J]. 价格与市场, 2005. 5.
[81] 吴京梅. 日本的道路交通安全对策[J]. 道路交通管理, 2006. 1:42.
[82] 赵华. 国外交通安全管理多措并举[J]. 现代职业安全,2009. 10:64-65.
[83] National Cooperative Highway Research Program. Safety Impacts and Other Implications of Raised Speed Limits on High-Speed Roads Final Report . NCHRP Web-Only Document 90 (Project 17-23)
[84] Transportation Research Board Managing Speed: Review of Current Practices for Setting and Enforcing Speed Limits . TRB Special Report 254,1998.
[85] Fred Wegman, Charles Goldenbeld. Speed management: enforcement and new technologies. SWOV, Leidschendam, 2006.
[86] AASHTO. A Policy on Geometric Design of Highways and Streets[M]. 2001.
[87] The Institute of Transportation Engineers and The Federal Highway Administration. Toolbox on Intersection Safety and Design,2004.
[88] U. S. Department of Transportation Federal Highway Administration. Manual on Uniform Traffic Control Devices[M].
[89] Gluck,J. ,Levinson,H. S. ,and Stover,V. NCHRP Report 420:Impacts of Access Management Techniques,TRB,National Research Council,Washington,D. C. ,1999.
[90] Transportation Research Board ,NCHRP Report 348,Access Management Guidelines for Activity Centers,1992.
[91] AASHTO. Roadside Design Guide. American Association of State Highway and Transportation Official,Washington,2002.
[92] National Highway Traffic Safety Administration. Fatality Analysis Reporting System [EB/OL]. (2009-06-18) [2009-08-20]. http://www. ynjtt. com/article/showarticle. asp? article ID=345 .
[93] American Association of State Highway and Transportation Officials. AASHTO Strategic Highway Safety Plan[R]. Washington D. C. : American Association of State Highway and Transportation Officials, 2005.
[94] UC Berkeley Traffic Safety Center. Rural road safety [R]. Online newsletter, 2 (2), 2004.

[95] United States General Accounting Office. Highway safety: federal and state efforts to address rural road safety challenges [R]. 2004.

[96] Kevin Hamilton, Janet Kennedy. Rural road safety: A literature review [R]. 2005.

[97] Parliamentary Advisory Council for Transport Safety. Parliamentary briefing on rural road safety [R]. 2003.

[98] CPRE Hampshire. Principles for road signage in rural areas [R]. 2006.

[99] Canadian Council of Transport Administrators. Rural road safety in Canada: Traffic collision trends & recommended strategies [R]. 2006.

[100] Transport Canada. Road safety vision 2010 (Annual report 2002) [R]. 2003.

[101] Transport Canada. Road safety vision 2010 (Annual report 2002) [R]. 2006.

[102] Intus Road Safety Engineering Inc. Rural road safety survey 2007 [R]. 2007.